计算性设计

孙 澄 著

COMPUTATIONAL
DESIGN

中国建筑工业出版社

审图号：黑S（2025）59号

图书在版编目（CIP）数据

计算性设计 = COMPUTATIONAL DESIGN / 孙澄著.
北京：中国建筑工业出版社，2024.12.（2025.11重印）
--ISBN 978-7-112-30824-8

Ⅰ. TU201.4

中国国家版本馆CIP数据核字第2025KH9749号

责任编辑：刘 静 徐 冉
书籍设计：锋尚设计
责任校对：张惠雯

计算性设计
COMPUTATIONAL DESIGN
孙 澄 著

*

中国建筑工业出版社出版、发行（北京海淀三里河路9号）
各地新华书店、建筑书店经销
北京锋尚制版有限公司制版
北京雅昌艺术印刷有限公司印刷

*

开本：880毫米×1230毫米 1/16 印张：34½ 字数：856千字
2024年12月第一版 2025年11月第二次印刷
定价：**299.00**元
ISBN 978-7-112-30824-8
（44541）

序 一

当今世界，数字科技更新迭代日新月异。大数据与人工智能的迅猛发展为人居环境学科的思维、理念、方法和技术创新提供强有力支撑。传统的建筑设计、城市设计、城乡规划等主要依靠经验和灵感为主的设计范式，在应对日益复杂的现实需求和多元的创意挑战时，相较新型数字技术方法，也逐渐显露出其对共性科学问题认识的局限性。

云计算、大数据、物联网、人工智能等数字和信息技术的进步，促使设计领域经历前所未有的变革。孙澄教授所提出的"计算性设计（Computational Design）"便在这样的背景下应运而生。孙教授一直推动计算性设计的研究和实践工作，推动设计技术与工具革新，致力于建构面向人居环境领域的计算性设计的基本理念与框架。同时，他曾牵头成立中国建筑学会计算性设计专业委员会，通过多年系列学术活动在国内搭建起计算性设计研究与实践成果交流共享的新平台。当前计算性设计已成为突破复杂设计问题瓶颈、促进可持续理念下人居环境多系统协调耦合的重要研究与实践方向。

《计算性设计》这本书具有多方面的重要学术价值。首先，它从历史的视角对"计算性设计"概念溯本求源，系统性梳理计算与建筑形秩、建筑模数、几何建模、性能仿真、算法生成以及万物互联等的关系及其发展脉络，让我们能够得以明晰计算性设计的产生根源，也初步明确了当下计算性技术推动下的人居环境学科发展方向。

再者，此书结合系统科学、复杂性科学等跨学科研究，提出了计算性设计的理论体系，并建立了计算性设计的操作方法与技术工具，为建筑学、城乡规划学、风景园林学、设计学等多学科的读者开展计算性设计教学、研究与实践提供理论方法和技术支持。

同时，这本书重视计算性设计研究与实践的知行合一，结合近年来孙澄教授以及团队成员的一系列计算性设计实践案例，向读者展示了计算性设计在未来城市营造、绿色建筑创作、智慧人居场景和建筑智慧建造中的关键技术应用过程，有助于读者全面深入了解计算性设计。

《计算性设计》立足人工智能语境，书中所建立的计算性设计理论和方法，能够推进人工智能时代的设计思维的演化和革新；构建的涵盖自组织生成和自适应优化模式的计算性设计方法体系，能够推动全链条智能化设计技术的创新发展，引导计算性设计研究与实践工作良性发展。

最后希望该书的出版能够加深广大读者对计算性设计前沿理念及其实践应用的理解，帮助更多的研究人员、设计师、管理者基于计算性设计解决复杂工程建设与管控难题，推进我国城乡环境建设的高质量发展。

是为序。

中国工程院院士
东南大学建筑学院教授

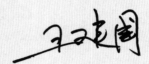

序 二

收到孙澄的《计算性设计》书稿之后，我仔细回想，才发觉时光荏苒如白驹过隙，回眸间，从1994年进入研究所跟随我读研至今，他已在建筑教育、科学研究以及工程实践领域工作了近三十年的时间。回首这近三十年的职业生涯，孙澄亲历了建筑行业作为国家经济发展的支柱产业，从市场导向、全面发展，到结构调整、产业升级，再到深化改革、高质量发展的转型之路。在行业转型的过程中，社会需求、国家政策以及科技发展的推陈出新，不断对当代建筑提出新的挑战，引导着建筑行业完成一次又一次的生态格局重建。值得欣慰的是，面对这些挑战和变革，孙澄作为哈尔滨工业大学建筑学人的优秀代表之一，不仅赓续传承了百年建筑学科的规格与功夫，而且持续拓新了符合国家和时代需求的特色研究领域，一直是我国建筑行业数字化转型发展大潮中的先行者和探索者之一。

《计算性设计》这本书虽然是孙澄当前最新研究成果的系统性体现，但其实早在1998年，他作为我的第一个博士生，就开始了对建筑创作与前沿技术之间关系的思辨，不仅深刻剖析了建筑与技术在发展进程中的互动关系，揭示了建筑技术理念的发展规律，而且提出了建筑创作思维中的技术价值观，凝练了技术演进对于建筑创作思维、理论、方法、技术的影响机制，从环境观、文化观、时代观三个方面科学构建了技术理念理论框架体系，探索解决建筑创作理论体系兼蓄文脉传承、创意转译、技术革新等的模式缺失问题。从那时起，孙澄就密切关注建筑学科的未来发展方向，我和他于2007年合著出版的《现代建筑创作中的技术理念发展研究》聚焦于建筑创作技术理念的发展，为其日后开展的数字建筑、计算性设计研究奠定了科学基础。

2007年党的十七大强调大力推进信息化与工业化融合。在此背景下，孙澄面向建筑行业两化融合的转型需求，基于建筑创作技术理念，进一步提出和探索了"数字建筑"理论，应当说他是国内最早一批开展数字建筑理论研究的学者之一。通过辩证剖析数字技术对建筑辅助设计、辅助分析、辅助决策等理论演化的推动逻辑，他提出了融合数字技术的建筑参数化设计创作理论体系，总结相关成果出版的《建筑参数化设计》对于推动建筑数字化设计领域的研究和实践发展发挥了积极作用。

随着工业4.0和人工智能时代的到来，机器学习、数据挖掘、云端计算等前沿技术在建筑行业深化应用的需求愈发强烈。孙澄基于在建筑创作技术理念与建筑参数化设计理论方面的长期积累，在国内率先立足人工智能时代语境，构建了计算性思维赋能建筑创作的"降维""嵌入""转译""仿真"理论与方法路径，并立足人居环境系统观与复杂性科学视角，建立了"面向人工智能的计算性设计理论与方法体系"。2019年，孙澄牵头成立了中国建筑学会计算性设计学术委员会，强化了人居环境学科体系与人工智能技术体系的融合创新，开辟了计算性设计研究新平台。同年，他牵头创立了"智慧建筑与建造"新工科本科专业，提出了人工智能时代背景下建筑工程科技人才培养的新标准、新体系和新模式。

更值得欣喜的是，孙澄始终坚持研究与实践并重，这些年他持续推动了一系列自主研发的计算性设计研究成果在国家西部科学城启动区（重庆两江协同创新区核心区）、首批中欧碳中和创新示范项目、牡丹江国土空间总体规划、哈尔滨（深圳）产业园区科创总部等重要工程实践中的落地应用，从多个尺度验证了计算性设计理论与方法体系对重要工程项目的赋能效果。

《计算性设计》一书全景式地展现了孙澄及其团队在计算性设计领域的最新研究成果，期待这本书能够带动更多专家学者从事计算性设计领域的研究，也期待孙澄及其团队今后在计算性设计研究与实践领域取得更多的成果。

中国工程院院士
哈尔滨工业大学建筑与设计学院教授

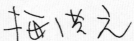

自　序

从历史视角看，建筑学科的发展始终与时代发展、科技进步和产业变革紧密相连，不断焕发出新的生命力。第一次工业革命，以蒸汽驱动机械制造设备的出现引发了以钢铁、混凝土和玻璃为代表的建筑材料的革新。第二次工业革命，基于劳动分工的电力驱动大规模生产，开启了以勒·柯布西耶提出的多米诺体系为代表的建筑工业化时代。第三次工业革命，以计算机及信息技术为主导，促进了建筑设计和建造的数字化发展。

当前，人类社会已步入以人工智能、虚拟现实、量子通信等技术为代表的第四次工业革命时代。如同汽车、电器等传统制造业向着"先进制造"模式转型那样，设计行业在功能复合化、设计目标多元化的双重要求下，也正面临工业化、信息化和智能化的转型升级挑战。在过去的几十年中，计算机辅助设计彻底变革了建筑和城市设计方式，伴随着复杂性科学、系统论研究的不断深入和计算机处理能力的不断提升，设计行业在人工智能技术的支持下，正进入"计算性设计"（Computational Design）新时代。

如何将计算性设计思维、方法和技术有机融入建筑科学，推动设计思维演化，促发设计流程与策略重构，推动设计技术工具革新，从而促进和实现第四次工业革命背景下的建筑发展转型，是笔者从事建筑教育、科学研究及工程实践等工作二十余年来一直在思考的问题。笔者带领团队在计算性设计领域从多方面进行了努力探索：2019年，牵头成立了中国建筑学会计算性设计专业委员会，连续多年开展了学术论坛、工作营、研习营等学术活动，来自六大洲28个国家的专家学者参与其中，开辟了计算性设计研究与实践新平台；2018年、2020年、2022年，作为特约学术召集人在《建筑学报》《当代建筑》等学术期刊主持"计算性设计"专栏，带动国内外学者深入开展计算性设计研究；2018年，主持教育部首批"新工科"研究与实践项目"建筑学专业'双主体'拔尖创新人才协同培养模式"，并于2019年首创"智慧建筑与建造（082807T）"国家新工科本科专业，提出了工程科技人才培养新标准、新体系和新模式。同时，笔者培养了博士后及硕、博研究生一百余名，他们的工作也都专注于计算性设计理论、方法和技术的探索，产出了一系列具有前沿性的研究成果。这些成果为本书得以付梓提供了坚实的基础和丰富的素材。

本书的撰写力求突出三个方面的特色：一是从历史的视角纵览建筑学科的发展，进行计算性设计概念的溯本求源，系统性梳理计算与建筑形秩、建筑模数、几何建模、性能仿真、算法生成及万物互联等的关系及其发展脉络，以此明晰计算性设计的产生根源，探索当下计算性技术推动下的建筑学发展方向。二是将视野扩大至整个人居环境科学范畴，结合系统科学、复杂性科学等跨学科研究，对计算性设计的操作方法、技术工具进行论述和引介，为建筑学、城乡规划学、风景园林学、设计学等多学科学者开展计算性设计教学和研究提供理论方法与技术支持。三是重视计算性设计研究与实践的"知行合一"，结合近年来笔者团队的一系列计算性设计实践案例，向读者呈现计算性设计与未来城市营造、绿色建筑创作等领域的互动关联和实践应用过程及其成果。

面对社会、经济、文化、技术等多方面发展所带来的复杂科学问题和高难度工程挑战，计算性设计立足于人工智能语境，对高质量人居环境营造的影响是广泛且深远的。本书的探索旨在建立计算性设计理论，触发设计思维革新；创新涵盖自组织生成和自适应优化模式的方法体系，引导计算性设计研究与实践工作良性发展；实现计算性设计方法、技术体系的多场景集成示范应用，助力解决复杂工程建设与管控难题。未来，计算性设计与深度学习等前沿技术的进一步融合，将为建筑行业的转型升级和高质量发展带来重要机遇和挑战。面向智能时代和可持续发展的需求，我们应该积极拥抱这种变革，推动计算性设计在建筑行业的广泛应用，为创造更加美好的未来贡献力量。

孙澄

2024年9月于哈尔滨

云计算、大数据、物联网、深度学习等技术交织构筑了人工智能时代的舞台，深化了科学技术与哲学思想的融合，推动了人居环境系统的信息化转型，催生了计算性设计思想、方法流程与技术体系，使之成为突破科学瓶颈、解决复杂工程难题的重要途径。计算性设计在前沿科学与重大工程实践领域均显示出蓬勃的发展潜力。如何将计算性设计思想、方法流程与技术体系有机融入城市与建筑科学，推动设计思维演化，重构设计流程与策略，革新设计技术工具，已成为当前亟待探索的重要方向。计算性设计作为一种新兴的设计方法，深度融合了建筑学、城乡规划学、计算机科学、系统科学和环境科学等多学科知识体系，将前沿计算工具与算法引入设计过程，有助于提升城市与建筑设计的信息化水平。近年来，麻省理工学院（MIT）、哈佛大学、伦敦大学学院（UCL）等高校的研究团队纷纷展开相关研究，致力于推动计算性设计的发展。未来，计算性设计将立足人工智能语境，融合深度学习等前沿技术，为突破城市与建筑设计等领域的复杂工程问题提供技术支撑，助力实现可持续发展、"双碳"目标、建筑产业智慧化和工业化转型等国家战略。

本书全面总结了"计算"在城市与建筑设计中的应用历史，建立了计算性设计的前沿理论、方法和工具体系。本书从计算性设计思维、理论、方法与技术工具四个方面进行阐述，并结合实际案例，展示了计算性设计在未来城市营造、绿色建筑创作、智慧人居场景和建筑智慧建造中的关键技术与应用过程。本书兼具理论性与实践性，适合建筑学、智慧建筑与建造及相关专业本科生、研究生作为教材，也适合设计人员和研究人员阅读参考，有助于读者全面深入了解计算性设计。

本书内容系统广泛，分为"上篇　溯本求源"和"下篇　知行合一"两个篇章。其中，上篇包括计算与建筑形秩、计算与建筑模数、计算与几何建模、计算与性能仿真、计算与算法生成、计算与万物互联6章，系统探讨了计算在建筑领域的基础应用与理论溯源；下篇涵盖计算性设计思维、计算性设计理论、计算性设计方法、计算性设计技术与工具、计算性设计助力未来城市营造、计算性设计革新绿色建筑创作、计算性设计赋能智慧人居场景、计算性设计驱动建筑智慧建造8章。

"上篇　溯本求源"的各章节内容如下。

第1章　计算与建筑形秩——探讨了计算与形秩在历史发展进程中的不同关联范式，指出两者在表现与功能两个维度上的张力特征。按照历史发展规律，描述了计算干预下的建筑形态演变轨迹，列举了不同时期的典型案例，并对建筑形秩的发展进行了总结。

第2章　计算与建筑模数——对建筑模数进行了深入剖析，指出模数是身体信息的一种具身表征，是一种将身体信息反馈给身体操作的双向交互符号，其本质不仅仅是对物质的简单肢解，还是协调建筑系统在环境中自我运行的重要规则。详细阐述了建筑模数的类型与特征，探讨了计算驱动下的建筑模数发展。

第3章　计算与几何建模——对几何建模的方法、工具进行了深度整理，并梳理了其历史脉络。指出在建筑学中，模型作为概念原型的物理化体现，其几何属性会引发对几何学科内容的探究，计算机技术破解了建筑几何可视化演绎的局限性，提供了多样的思考途径。对几何建模中的几何透视理论、数字三维功能操作及程序化建模等技术发展进行了历史性探究，并总结了这些标志性历史事件对几何建模技术的推动作用。

第4章　计算与性能仿真——深入探讨了性能仿真的类型与技术，揭示了结构认知与环境求解两条核心应用路线的重要性。依据时间线索对典型案例进行解读，梳理了从物理仿真到数字仿真的转变过程，指出计算在性能仿真中的核心地位，系统阐述了仿真技术与计算能力之间的相互促进关系。

第5章　计算与算法生成——围绕"建筑算法生成"这一议题，深入剖析了建筑算法生成的核心概念、创新应用及历史发展脉络。指出算法生成不仅重构了建筑物质的原始组成法则，还实现了智能设计上的多元数据决策支持。通过回溯形状语法、进化算法等在建筑设计上的创新应用，解读了建筑算法生成的起源与历史发展。

第6章　计算与万物互联——探讨了建筑与万物互联的融合，分析了从建筑设计到建筑物实现过程中范式的演变进化，并强调了数字技术在这一转型中的核心作用。梳理了计算组织下万物互联的多维阶段发展，具体包括数据采集下的建筑动态表皮、数据指导下的机器人建造、数据编织下的赛博空间，尝试指出当下计算性技术推动下的万物互联发展方向。

"下篇　知行合一"的各章节内容如下。

第7章　计算性设计思维——对数字技术和计算科学革命所引发的设计思维变

革进行了梳理和审视。通过梳理设计概念内涵、设计问题特征与设计过程模式，剖析了设计的可计算性。立足智能时代背景，分别从复杂科学、计算工具与算法规则的视角解析了设计思维转型后的系统化、信息化与智能化特征，并由此提出了面向人居环境创作的计算性设计的基本理念。

第8章　计算性设计理论——从复杂系统、时代技术与数字文化三个方面对计算性设计的理论体系进行了系统建构。从城市与建筑的不同层级，分别阐释其设计过程所涉及的系统协调与适应理论。从算据、算法和算力的技术变革探讨了时代进步为设计带来的可能性拓展。从数字技术的人文映射、虚实空间的具身认知和人机交互的智慧协同三方面探索了未来的发展方向。

第9章　计算性设计方法——通过梳理人居环境设计中自上而下、自下而上与兼而有之的设计思路，提出了计算性设计方法的二元体系：基于参数和规则调控需求的自组织逻辑转译方法，构建了自下而上的自组织生成方法体系；基于多并行计算的复合信息系统实现方法，构建了性能驱动的自适应优化方法体系。

第10章　计算性设计技术与工具——基于计算性思维与理论，具体对照降维、嵌入、转译、仿真等计算性设计流程，系统梳理了计算性设计技术与工具的研发成果：基于参数化建模平台的环境与建筑动态信息集成和建模技术、基于机器学习与仿真模拟的建成环境性能和使用者行为智慧预测技术及性能目标导向下的设计方案决策技术。

第11章　计算性设计助力未来城市营造——在解析了新城市科学引领下未来城市营造发展方向的基础上，提出了诊断、重构、推演、监管四个计算性设计助力城市营造全过程的重要流程。结合具体案例，深入阐述了计算性设计关键技术助力国土空间规划"双评价"方法与模式创新、城市建设全过程精细化管理、"城市双修"动态监测与情景推演、历史街区风貌特色保护与传承、社区安全疏散设计等的过程与效果。

第12章　计算性设计革新绿色建筑创作——面向生态文明建设国家战略，结合人工智能时代语境下的建筑产业"智能+"发展需求，精准识别了绿色建筑创作面临的多性能精准预测与权衡改善难、跨阶段多维度信息融通难、跨尺度协同集成应用难等瓶颈问题，创立涵盖降维、嵌入、转译、仿真的计算性设计革新绿色建筑创作的流程框架，并详细阐述了计算性设计方法与技术在国家西部科学城（重庆两江协同创新区核心区）、哈尔滨（深圳）产业园区科创总部等重要工程项目中的应用。

第13章　计算性设计赋能智慧人居场景——通过解析智慧人居场景在实现气候环境波动的动态响应、使用者需求的高效传动、虚实复合的智能控制与调节等方面面临的核心挑战，提出了以建筑为平台，借助人工智能、物联网等先进技术，通过诊断、嵌入、仿真、运维的计算性设计环节赋能智慧人居场景构建的流程框架。之后，结合牡丹江1946文化创意产业园建筑改造设计等重要工程项目，详细阐述了计算性设计赋能智慧人居场景的具体过程，为智慧人居场景的构建提供了新思路和新方法。

第14章 计算性设计驱动建筑智慧建造——在解析建筑智慧建造面临的核心挑战基础上，基于建筑机器人、数控建造平台等新兴智慧建构工具，创立了以"生形—模拟—迭代—建造"为核心的计算性设计驱动建筑智慧建造新模式。以计算性设计2019年与2020年国际工作营的建成作品"可计算的混凝土"与"冰拱壳建造"为例，展示了利用计算性设计思维、方法和技术，实现以混凝土材料和冰雪材料为核心的建筑智慧建造过程，并阐述其在降低建造误差、提高建造精度与效率方面的重要作用。

计算性设计为城市与建筑设计领域带来了革命性的变革，推动城市与建筑向着更智能、更绿色、更高效的方向迈进。如果本书能够为这一目标的实现作出些许贡献，笔者将感到由衷的欣慰。这不仅是对笔者工作的肯定，更是对城市与建筑未来发展的一份期许和贡献。希望本书能够为读者提供有益的启示和帮助，共同推动城市与建筑设计的进步和发展。

目 录

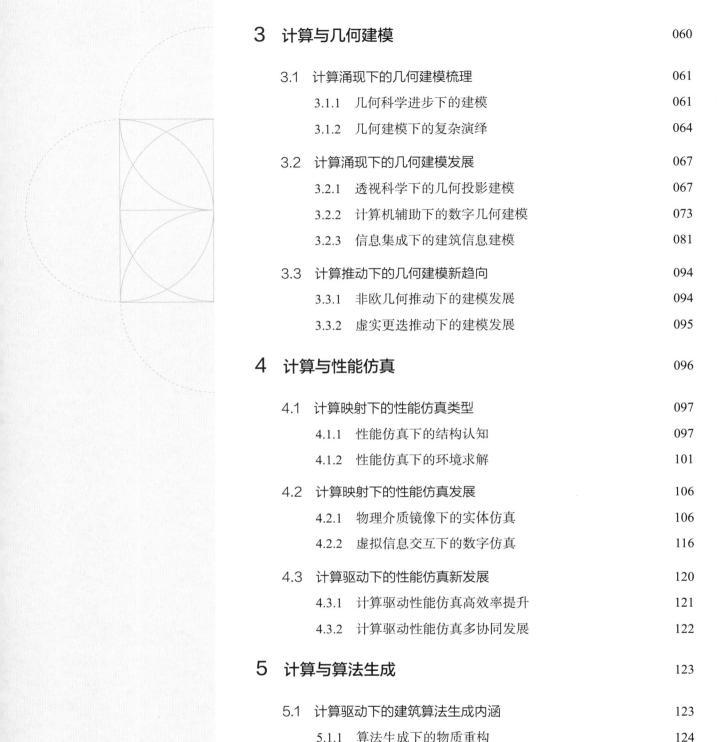

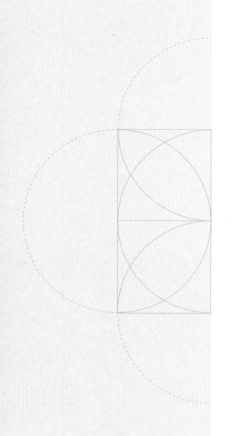

205
–
495

下篇
知行合一

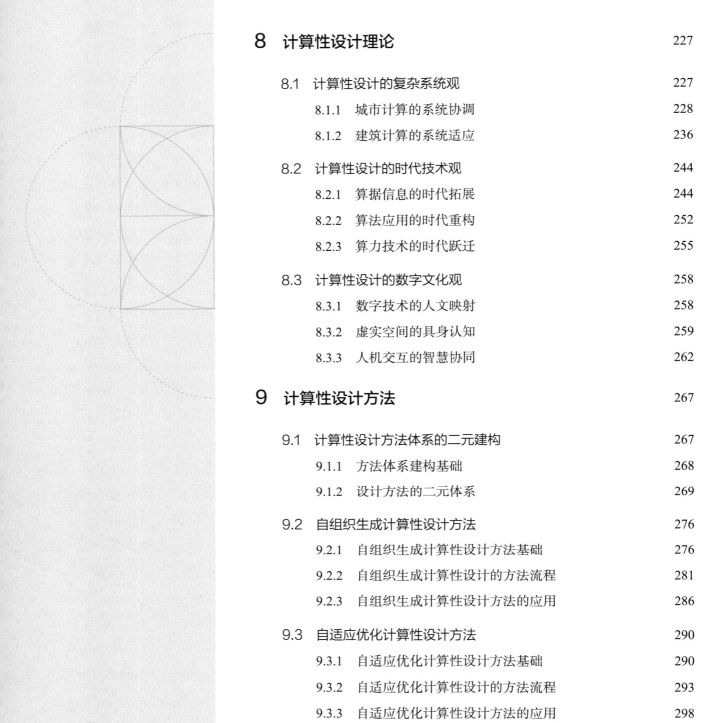

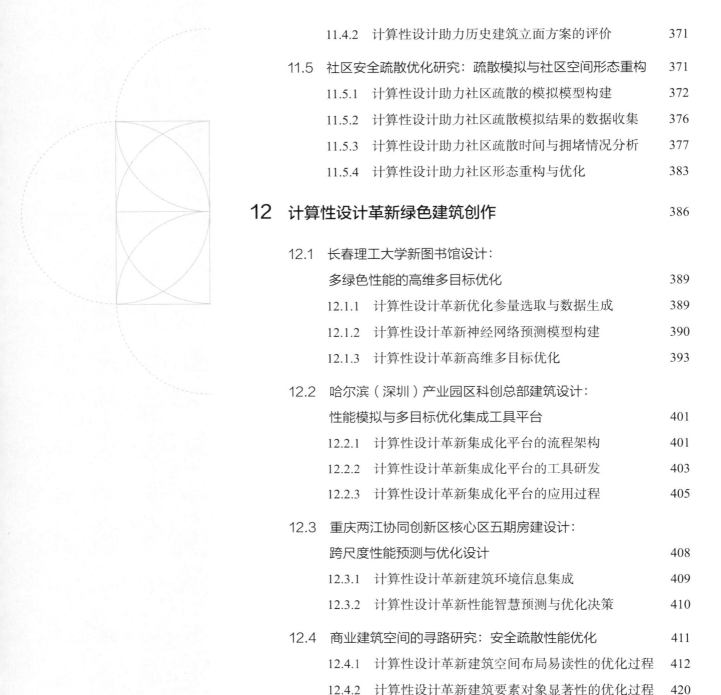

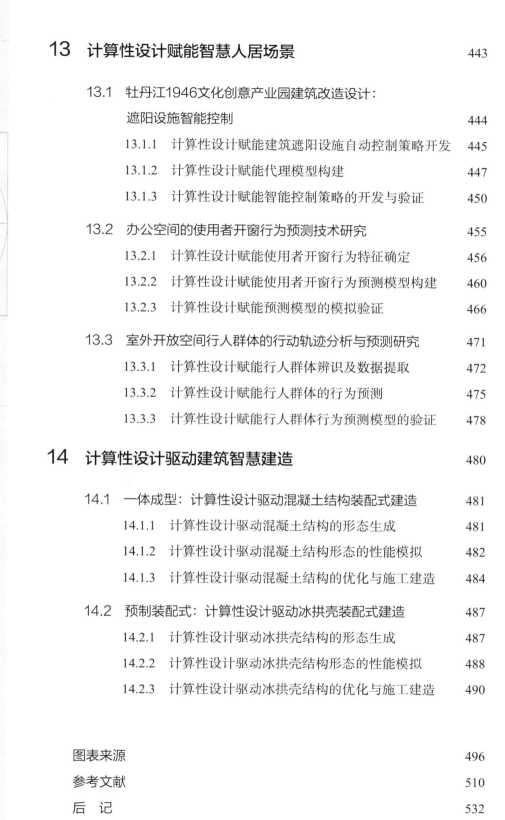

上 篇

溯本求源

1

计算与建筑形秩

"数学事物是自然事物的原因。"——亚里士多德《物理学》

"传统上，建筑依靠几何和数字来赐予其作为人与世界、微观与宏观之间直接形式协调者的角色。"——阿尔伯托·佩雷兹·戈麦兹《建筑学与现代科学危机》

建筑形秩，作为建筑的视觉感官呈现，涵盖了形式（form）与秩序（order）两大核心要素。形式是物质的外在描述性呈现，秩序则体现了物质形式中蕴含的规律与系统性表达。在建筑学中，形秩是一个无法回避的重要话题，其复杂性和多样性使得其范畴与类型极为宽广。不论从科学性还是从艺术性的视角来看，形式都可以通过笛卡尔坐标系下的点、线、面进行数学表达，而秩序则可以通过精确的数学逻辑进行几何转译呈现。这一观点在克里斯托弗·亚历山大（Christopher Alexander）的《形式综合论》（*Notes on the Synthesis of Form*）中得到了进一步强调，他指出建筑设计的最终目标就是形秩[1]。

建筑形秩与计算的关系密不可分，美国国家艺术学院院士安妮·泰恩（Anne Tyng）甚至认为"数字即形式，形式即数字"[2]，通过计算行为组织数字可实现对形秩的解码与编码。另外，建筑形秩与计算之间的关系又十分复杂，原因在于计算概念本身无法明确定义。法国科学历史学家艾米·达汉-达尔梅迪科（Amy Dahan-Dalmedico）指出，数学不是一个稳定的、定义明确的对象，而是具有历史性和多样性的多种对象、实践、理论、认知的集体建构[3]，其相关理论和方法在内容上不断更迭，具有复杂的不确定性。因此，"计算"作为"数学"的工具化操作行为，在不同历史时期具有理论和方法上的多样性与复杂性。这种复杂性导致不同方法在计算精度、效率、通用性和应用能力上存在差异，难以简要概括。因此，当对不同历史时期形秩多样的建筑进行考量时，计算的复杂性直接引发了建筑差异化的视觉表达和精神表征，形成了建筑形秩与计算之间难以明晰表述的张力关系，如同量子力学所定义的纠缠（entanglement）行为那样，不同个体间的关联复杂且飘忽不定[4]。

为了深入洞察计算对建筑形秩演变规律的影响，本章在历史发展脉络下，系统梳理了建筑形秩的不同范式，并总结了建筑形秩随着计算演变在形式与功能两个不同维度下所展现的张力特征。为了更具体地说明这一点，本章还结合不同时期计算干预形秩的典型案例，详细梳理了计算影响下的建筑形态演变轨迹。

---

① ALEXANDER C. Notes on the synthesis of form[M]. Cambridge: Harvard University Press, 1964.
② KIRKBRIDE R, TYNG A. Number is form and form is number[J]. Interview of Anne G. Tyng, FAIA, Nexus Network Journal, 2005, 7(1): 66-74.
③ DAHAN - DALMEDICO A. Mathematics and the sensible world: representing, constructing, simulating[J]. Architectural Design, 2011, 81(4): 18-27.
④ PETERSEN A. The philosophy of niels bohr[J]. Bulletin of the atomic scientists, 1963, 19(7): 8-14.

1.1 计算纠缠下的建筑形秩范式

计算与建筑形秩的关系纵然复杂，我们仍可通过数学在建筑上的应用类型展开自上而下的解析，从宏观视角观察到形秩与计算之间的逻辑关系。迈克尔·J. 奥斯特瓦尔德（Michael J. Ostwald）和金·威廉姆斯（Kim Williams）在《藏匿在建筑中的数学、建筑自身的数学与为建筑制定的数学》（*Mathematics in, of and for Architecture, A Framework of Types*）一文中，探讨了不同历史发展阶段数学与建筑之间的关系，将其归纳为"mathematics in, of and for architecture"三种辩证关系[①]。其中，mathematics in architecture（蕴含在建筑中的数学）关注的是建筑中可被直观感知的几何与数学性质，如美学、符号表征等；mathematics for architecture（为建筑制定的数学）则强调数学作为支持建筑设计、建造与运维等过程的实用性技术手段，涉及尺寸测量、数据调查、模数应用等方面；而mathematics of architecture（建筑自身的数学）则是利用数学作为分析工具，来确定与量化建筑的各种属性，包括空间句法（spcae syntax）[②]、分形分析（fractal analysis）[③]及图论（graph theory）[④]等（图1-1）。

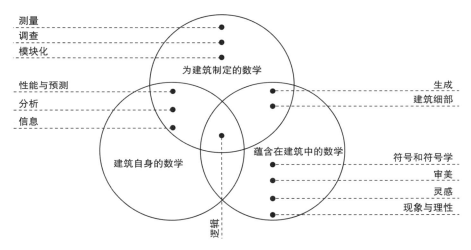

图1-1　数学与建筑的三种关系

上述三类关系的归纳较为清晰地凸显出数学在建筑多个层面的作用，跳出了计算作为视觉表层或功能因素的单维度认知，为计算与建筑形秩间的关系梳理提供了一种系统化视角。计算在数学与建筑的关系中显现出两种重要的角色属性：既作为视觉表现工具，又作为实用技术工具，对建筑形秩产生着深远影响。基于这种逻辑关系，计算与建筑纠缠下的形秩范式表现为数字表征下的计算性形秩与功能驱动下的计算性形秩两个方面。

① OSTWALD M J, WILLIAMS K. Mathematics in, of and for architecture: A framework of types[M]//Architecture and Mathematics from Antiquity to the Future. Cham: Birkhäuser, 2015: 31-57.
② HILLIER B, LEAMAN A, STANSALL P, et al. Space syntax[J]. Environment and Planning B: Planning and design, 1976, 3(2): 147-185.
③ BROWN C, LIEBOVITCH L. Fractal analysis[M]. New York: Sage, 2010.
④ WEST D B. Introduction to graph theory[M]. Upper Saddle River: Prentice hall, 2001.

1.1.1　数字表征下的计算性建筑形秩

"数字表征下的计算性建筑形秩"这一概念，强调的是利用计算手段对建筑形秩进行操作，使其具有明显的几何或数学感知属性。在这个过程中，数字不仅仅是形秩的"表达"或"现象"，更凸显了一种唯心主义（idealism）或唯物主义（materialism）的呈现方式。这种形秩范式体现了数学与建筑的深度融合，为建筑设计带来新的可能性和表达方式。

计算在建筑形秩上的唯心主义的表达，蕴含了美学、符号学（semiotics）、现象学等多层面的内涵。在美学层面，计算被用来实现几何韵律性，追求理性、和谐、统一的视觉美感。在这一过程中，建筑作品往往通过形式中的几何比例控制，在视觉上达到和谐统一的效果。例如，古埃及的胡夫大金字塔（The Great Pyramid of Khuf）、古希腊的帕提农神庙（The Parthenon）及古罗马的万神庙（Pantheon）都采用了符合自然生物特征的黄金分割比例，以凸显自然和谐统一之美[1]。历史上擅长在作品中表现几何美学的知名建筑师不胜枚举，如菲利普·布鲁内莱斯基（Filippo Brunelleschi）、弗朗西斯科·迪乔治·马提尼（Francesco di Giorgio Martini）、勒·柯布西耶（Le Corbusier）、汉斯·范·德·兰（Hans Van Der Laan）等，他们在作品中通过基于计算的不同设计手法的运用，实现几何比例的物化呈现，表达和谐、理性与逻辑的美学思想。计算在建筑形式操作中的符号学表达，借助神圣几何学（sacred geometry）中的几何图形、数学比例来构建传递宗教或文化思想的符号，具有神秘主义和象征主义色彩。古典主义建筑中常蕴含不同的几何图案，作为表达宇宙秩序的隐秘符号，如圣索菲亚大教堂（Hagia Sophia）、圆厅别墅（Villa Capra）等，都是此类经典范本，曾被建筑理论家柯林·罗（Colin Rowe）等学者深度研究。古典主义建筑大师阿尔伯蒂（Leon Battista Alberti）、安德里亚·帕拉第奥（Andrea Palladio）等将宇宙几何比例奉为建筑形式操作的圭臬，创作出许多体现符号化表达的作品。现代主义和后现代主义时期的建筑也通过几何计算操作构建文化符号，建筑元素依照意义生成的规则相互组合，传递视觉信息。例如，罗伯特·文丘里（Robert Venturi）的母亲住宅（Vana Venturi House，Philadelphia）、查尔斯·科里亚（Charles Correa）的斋浦尔艺术中心（Jawahar Kala Kendra）、弗兰克·劳埃德·赖特（Frank Lloyd Wright）的休斯住宅（Hughes House）等作品，彰显对传统建筑文化符号的解构理念，寻求作品承载的复杂意义或建构的诗意（图1-2、图1-3）。而几何计算下的现象学表现，则通过计算方式使建筑表皮或体量在组合上呈现出几何秩序，从而唤起感官体验，并引发现象学思考。这在一些著名的纪念性建筑中体现得尤为明显，建筑师通过象征、隐喻等手法，激发观者深层次的意识共鸣与哲学反思[2]。

另外，建筑形秩的计算性表征不仅蕴含美学、符号学、现象学等理论思想，而且体现技术变革引发的计算性科学热忱和理性精神，即将"计算"变革视为一种积极进步的信号，建筑设计探索从形式上积极"拥抱计算"。17世纪微积分、线性代数等高等数学理论的出现，打破了笛卡尔坐标系下的欧式几何学的正统性和唯一性，促进了非欧几何公理体系的诞生，扩大了几何学的研究范畴，激发了建筑师在建筑形秩上的

---

① BRUNÉS T. The secrets of ancient geometry--and its use[M]. Berlin: Rhodos, 1967.
② EVANS R. The projective cast: architecture and its three geometries[M]. Cambridge: MIT press, 2000.

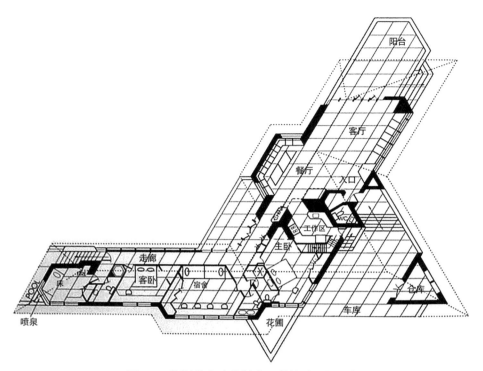

图1-2 休斯住宅（弗兰克·劳埃德·赖特）

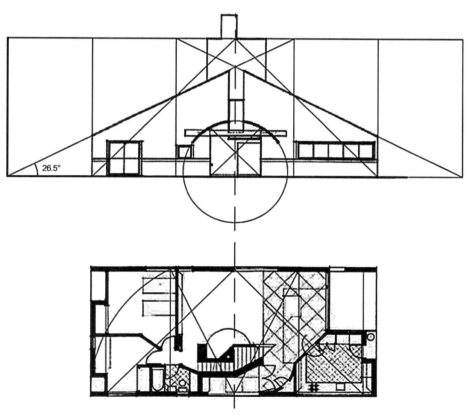

图1-3 母亲住宅（罗伯特·文丘里）

创新和变革意识。在现代科学诞生与启蒙运动前期，由于技术限制，建筑学对高等数学理论的应用相对滞后，仅在17～19世纪中出现过少量复杂几何学概念的应用。然而，进入20世纪下半叶，计算机图形学的发展推动了建筑计算性辅助设计工具的诞生，使得建筑师能够创作更为复杂的建筑形秩。非标准形体可通过基本几何体的布尔运算生成，复杂自由曲面则可通过三角形网格、贝塞尔曲面、NURBS曲面等进行表达。这一技术革新促使20世纪90年代一批先锋建筑师将"计算"作为形秩生成的手段，创作出一系列极具抽象性、风格化的建筑概念方案和实践作品，彰显出对建筑技术革新的热情和对技术理性化的期盼（图1-4）。

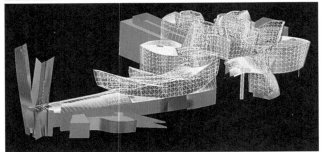

图1-4　毕尔巴鄂古根海姆博物馆（Museo Guggenheim Bilbao）[弗兰克·盖里（Frank Gehry）]

1.1.2　功能驱动下的计算性建筑形秩

功能驱动下的计算性建筑形秩，强调建筑的整体形式是由其功能主导并理性生成的，建筑的形式化感受源自其使用功能，而非最终目的。这与康德的美学观点相契合。他在《判断力批判》中曾指出，"美是合目的性的形式，这种形式是由内而外的自然表达，并非有意创造"[①]。另外，计算与建筑功能紧密相关，建筑作为一个服务功能的系统，其合理组织与有效运转离不开严密的计算。计算贯穿于建筑的全生命周期，涉及从设计阶段到建造和运维阶段的方方面面。建筑师和工程师需要通过计算实现建筑功能性内容的设计目标，如建筑环境适应、土地利用率最佳、标准规范达标、经济效益最大与舒适性能优化等[②]。在此基础上，形秩成为合理功能推导下的产物，是计算性功能驱动下的建筑设计生成，而非独立的艺术或符号存在。

从历史发展来看，建筑功能驱动在建筑形秩生成中起着重要作用，这一转变起始于现代科学诞生时期，标志着建筑重心从"形式"向"功能"的转移。古典时期，建筑注重宇宙秩序、人体比例，将几何符号视为神谕与崇高精神的象征。然而，当形秩准则与功能相冲突时，功能往往被剥离。随着17～18世纪现代科学的兴起与启蒙运动的暴发，理性主义开始倡导对现象的客观描述，建筑形秩的视觉表征不再压抑功能的真实表达，建筑开始重视使用功能和建造逻辑。

在现代科学发展下，不同时期计算对建筑功能的影响不同，因而形式表现的方式也不一样。现代科学启蒙初期，计算对建筑与城市形秩的影响，主要体现在"地理"与"材料"学科的发展与应用。为应对军

① 康德. 判断力批判：上卷[M]. 韦卓民, 译. 北京: 商务印书馆, 1964.
② SWALLOW P, DALLAS R, JACKSON S, et al. Measurement and recording of historic buildings[M]. London: Routledge, 2016.

事防御和城邦建设，地形测量和计算方法得以发展，旨在快速掌控复杂地理环境中的水文、气象、地质、高差等信息，进行资源统筹分配和功能区间规划。这一时期的计算技术帮助人们更好地理解和利用地理环境，为建筑和城市规划提供了科学依据，使得建筑功能更加符合实际需求，形式也更加合理和高效。1782年，法国数学家查尔斯·德·福克罗伊（Charles de Fourcroy）发明了测量表（tableau poléometrique），这是一种树状分层数据地图，通过几何图示按城镇面积对城镇进行分类（图1-5）[①]。19世纪，钢铁、混凝土等新工业材料得以大规模生产，逐渐成为建筑工程的核心材料，激发了建筑结构新形式的思考和新功能的设想，同时也对设计和建造提出了更高要求。这一变革催生了微积分、线性代数等划时代计算方法，推动了理论力学与材料力学的发展，有效解决了建筑工程中钢结构和钢筋混凝土结构在荷载传递和受力平衡上的控制难题。

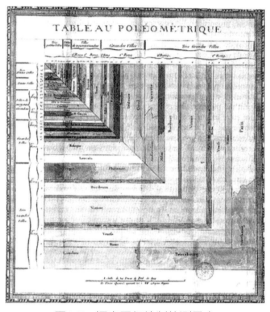

图1-5　福克罗伊绘制的测量表

除了与"地理"和"材料"学科的发展紧密相关外，计算用于解决建筑功能难题、驱动建筑形秩还显著体现在对"以人为本"的使用功能诉求的响应上。这反映了人们对居住平等、人居健康和使用性能的关注。19世纪，随着第二次工业革命的推进，城市人口急剧增长，急需短时间内建造大量住宅，并有效利用土地资源。建筑工程师开始思考工业模数化设计，提出批量化快速建造技术，以科学方法管理建筑生产与材料调度，严格限制材料使用。20世纪初，德意志制造联盟进一步推动了这一进程，将建筑设计、施工与建造进行标准化、模式化处理，催生了模块化协同系统（modular co-ordination）。在工业模数化操作下，建筑形式受到统一标准的框架结构系统约束，古典主义时期的形秩自洽性随着建筑去装饰化几乎完全消失，装配式建筑

① 伍时堂. 让建筑研究真正在研究建筑——肯尼思·弗兰姆普顿新著《构造文化研究》简介[J]. 世界建筑，1996（4）：78.

仅遵从使用功能和成本效益权衡下的最佳布局，这促成了现代主义工业风格的诞生，开创了功能性建筑形秩表达的新纪元。

　　计算和建筑在人居健康层面的联动，主要体现在对环境物理信息和人体舒适性之间相关性的研究，以及健康舒适指标的建构和应用。自19世纪以来，城市人居环境健康和舒适问题日益凸显，促使建筑学开始关注"医学身体"（medical body）[1][2]，旨在提升建筑健康效益。而实现这一效益提升的前提在于厘清并量化环境要素对人体健康和舒适度影响的差异性。为此，相关的健康舒适计算方法被提出，用于评价健康影响功效。20世纪30年代，埃尔斯沃思·亨廷顿（Ellsworth Huntington）通过观察美国东北温和地区的能量变化与人体健康程度，进行了季节性气候对身体健康影响的相关研究，将全年季节月份作为环境信息指标，绘制出生产效率与人口死亡率随季节变动的图表[3]；温斯洛（C. E. A. Winslow）、赫林顿（L. P. Herrington）与加格（A. P. Gagge）则发现气温、热辐射与空气流速显著影响人体新陈代谢率，并推导出在31~32℃的临界工作温度下，新陈代谢产生的热量与辐射、对流和蒸发损失的热量总和相平衡[4]；1962年，维克多·奥戈雅（Victor Olgyay）提出了生物气候图表（bioclimatic chart），将干球温度与湿度作为环境动态物理信息，将人体舒适度量化为舒适/非舒适区域选项类别，其中非舒适区域又进一步被细化为增加/减少风速与蒸汽气压等几项需求（图1-6）[5]。这些指标成为后续建筑健康设计策略的依据，以及数字性能模拟和性能驱动设计（performance-

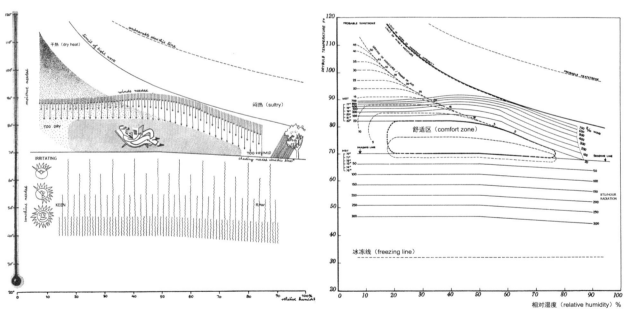

图1-6　奥戈雅提出的生物气候图表

① OVERY P. Light, air and openness: modern architecture between the wars[M]. London: Thames & Hudson, 2007.
② COLOMINA B. The medical body in modern architecture[M]//Cynthia davidson. Anybody. Cambridge: MIT Press, 1997: 228-239.
③ HUNTINGTON E. Civilization and climate[M]. New Haven: Yale University Press, 1924.
④ WINSLOW C E A, HERRINGTON L P, GAGGE A P. Physiological reactions of the human body to varying environmental temperatures[J]. American Journal of Physiology-Legacy Content, 1937, 120(1): 1-22.
⑤ OLGYAY V. Design with climate: bioclimatic approach to architectural regionalism-new and expanded edition[M]. Princeton: Princeton university press, 2015.

driven design）的理论基础。这种通过"计算"去获悉人的身体参数、收集身体信息与总结身体经验的方式，有助于将设计科学化，为满足不同建筑功能中的使用者健康需求和使用性能提升提供了保障。

1.2 计算纠缠下的建筑形秩演变

数字表征与功能驱动下的计算性形秩，体现了形式在建筑设计中既是"因"也是"果"的双重角色，而计算则是实现这一因果关系的优化工具。计算贯穿于设计的始终，不仅帮助实现形式的优化，还驱动着功能需求的满足。同时，形秩与建筑的因果关系受到社会导向、设计经验、可行技术、使用功能、经济效益和个人倾向等多种要素的综合影响。这些要素随着时代的发展而不断变化，导致形式和建筑间的因果关系也随之不断互换，展现了建筑设计领域的动态发展特性。

纵观建筑学的发展历程，形秩与计算的紧密关系一直是推动建筑变革的关键因素。科学技术的进步在不同时期主导了建筑形秩的演化变革，具体体现在古典主义几何原则、结构力学公理运算与数字技术辅助操作三个技术层面。这三个层面分别引领了古典比例下的宇宙映射、材料革命下的结构诠释和数字技术下的几何解构三个历史时期的发展脉络，展现了建筑形秩在不同科技背景下的独特表达与演变。

1.2.1 古典比例下的宇宙映射

罗宾·埃文斯（Robin Evans）在《投影计算——建筑与其三维几何》（*The Projective Cast: Architecture and Its Three Geometries*）中强调了比例对建筑学的重要性，指出它是建筑形秩中的基础存在[①]。柯林·罗在《理想别墅的数学及其他论文》（*The Mathematics of the Ideal Villa and Other Essays*）中也探讨了数学与音乐的和谐比例对柯布西耶等现代主义建筑师在形式创作构思上的影响[②]。比例在建筑学中具有深远的意义，它不仅能够通过尺度映射来确定几何形秩中的绝对距离，同时也能够反映标准几何形秩的对称性与秩序。当我们探讨古典建筑形秩与计算之间的关联时可以发现，比例在古希腊、古罗马直至文艺复兴时期这一漫长的历史阶段中始终扮演着举足轻重的角色。

比例这一概念最早源于古老的土地测量经验，后来经过毕达哥拉斯、柏拉图、欧几里得等哲学家和数学家的深入研究，逐渐形成了系统的理论。毕达哥拉斯基于对自然事物的观察与日常经验，创建了勾股定理与黄金分割，认为宇宙的实体由数字和空间构成，二者结合而生出宇宙万象；柏拉图在其著作《蒂迈欧篇》中运用数学与几何学对宇宙进行系统性解释，提出了宇宙基本要素的几何学关系及两套集合比例关系，认为它们能够揭示宇宙的秘密[③]。而欧几里得在《几何原本》中将比例定义为两个同类数量之间的大小关系，通过公理化方法将前人积累下来的成果整理在严密的逻辑系统运算中，使几何学成为一门独立的演绎科学。这一

① EVANS R. The projective cast: architecture and its three geometries [M]. Cambridge: MIT press, 2000.
② ROWE C. The Mathematics of the Ideal Villa and Other Essays[M]. Cambridge: The MIT press, 1982: 2-26.
③ 柏拉图. 蒂迈欧篇[M]. 谢文郁，译. 上海：上海人民出版社，2005：29-66.

发展过程不仅体现了人类对自然规律的深入探索，而且展示了数学与哲学思想的紧密结合。

　　比例与宇宙和万物规律的神秘联系，使得人们将完美比例奉为圭臬，试图在日常中展示对比例的崇拜，而建筑成为最好的载体。柏拉图将宇宙比作一座建筑物，因此符合完美比例的建筑被视为"宇宙的投影"。而古典建筑时期的建筑学史料也证实了这一点，比例控制在建筑理论和作品中广泛应用。维特鲁威的《建筑十书》中记载，古罗马时期大量神庙设计都是基于计算比例来获取有效建筑形式，尤其是黄金分割对建筑形秩的控制[①]。他认为神庙设计的平面图需完全由比例控制生成，使用柱子的最小直径作为基本模数，通过模块化的操作协调柱子与柱子间距的尺寸和比例。同时，维特鲁威还根据人体比例的系统性分析，总结出基于人体比例的动态美学，这种比例规则源于身体的自然性与完美塑造属性，而非一种单纯的固有比例关系[②]。

　　文艺复兴时期，以古典学术再生为口号的人文主义精神，将几何学提升至超出其自身固有工具属性的象征层面。建筑学者塞巴斯蒂亚诺·塞利奥（Sebastiano Serlio）在1561年撰写的《非凡之书》（*Extraordinario Libro di Architettura*）中提到，古希腊、古罗马时期的柱子基座都满足固定的矩形比例，并进一步推导出七个具体的矩形比例[③]，即1:1、4:5、3:4、1:$\sqrt{2}$、2:3、3:5、1:2（图1-7）。此外，古希腊与古罗马时期的圆形剧场平面设计也遵循严格的比例，主要存在两种三角几何比例：一种是基于边长3:4:5的毕达

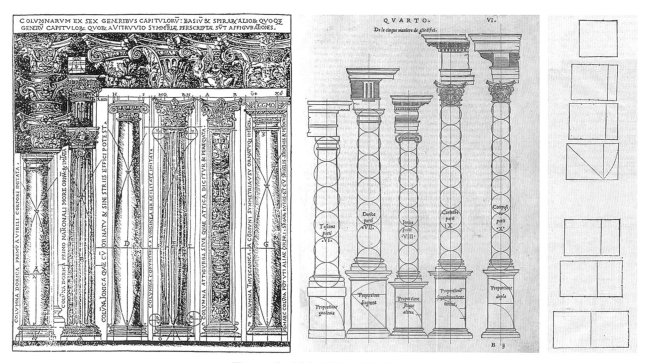

图1-7　塞利奥提出的五种柱式分析

① ROSE V. De architectura libri decem[M]. Leipzig: Teubneri, 1867.
② FRINGS M. Mensch und Maß: anthropomorphe Elemente in der Architekturtheorie des Quattrocento[M]. Weimar: Verlag und Datenbank für Geisteswissenschaften, 1998.
③ SPALLONE R, VITALI M. Rectangular ratios in the design of villas from Serlio's manuscript for book VII of architecture[J]. Nexus Network Journal, 2019, 21(2): 293-328.

哥拉斯直角三角形，通过一系列几何操作求取剧场舞台边线及整个剧场的平面外边线；另一种是以1∶1∶1的等边三角形替代毕达哥拉斯直角三角形，用同样的方法求取舞台平面（图1-8）[①]。比例作为一种形秩操控方法，在建筑有效几何形式的生成中起到了关键性作用。

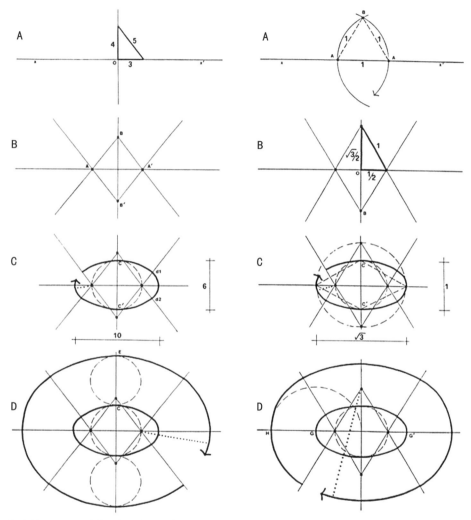

（a）基于3∶4∶5直角三角形求取的椭圆剧场平面 　（b）基于1∶1∶1等边三角形求取的椭圆剧场平面

图1-8　不同比例控制下的椭圆剧场平面

　　古罗马万神庙作为古罗马建筑的代表作，其建筑形秩同样采用了比例控制方法。通过大穹顶使建筑整体成为象征宇宙的完美球体，其中顶部的洞口暗喻太阳，圆形大厅周边的八座小教堂则象征着八颗行星，而入口处的神龛则象征着地球，平面上八个神龛空间与穹顶形成明确的几何对称关系，展现了古罗马人对

① GOLVIN J C. Comment expliquer la forme non elliptique de l'amphithéâtre de Leptis Magna?[J]. Études de lettres, 2011(1-2): 307-324.

宇宙秩序的理解与表征[1]（图1-9）。此外，万神庙中大量采用了Ad quadratum正方形的图案构成，作为建筑装饰与穹顶单元模块的母题，这一由一系列正方形组成的图案在相邻正方形之间形成了1：$\sqrt{2}$的比例关系，其推导可通过连续的内接圆获取（图1-10）。这一比例关系在万神庙的多个位置，如平面的门厅部分和内外墙的衔接部位等都有所体现[2]。这一发现不仅被塞利奥所证实，帕拉第奥与贾科莫·莱奥尼（Giacomo Leoni）在其后的平面分析中都证实了这一点[3]（图1-11）。此外，这种形秩的推导还可以产生正八边形，八边形作为一种有效的建筑结构形秩，为文艺复兴时期的建造者提供了最佳的几何解决方案之一，能够在建筑中心和周围的平面元素之间保持和谐[4]。这一理念与列奥纳多·达·芬奇（Leonardo da Vinci）常采用八边形结构作为设计母题的做法不谋而合，在不破坏建筑主体对称性的情况下，实现了连接小教堂和壁龛的设计目标[5]（图1-12）。

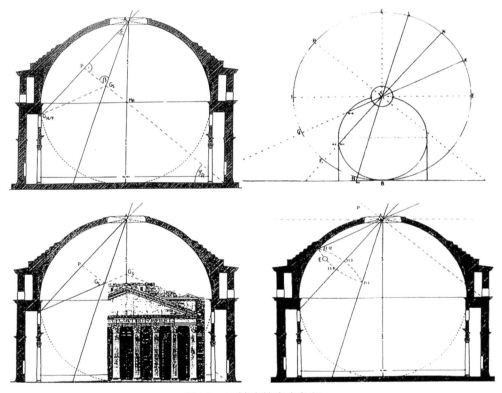

图1-9　万神庙的宇宙象征

此外，在文艺复兴时期的设计理论和建筑创作中，几何比例和建筑形秩之间的关联得到了深入探讨和实践。这一时期的建筑作品常用毕达哥拉斯的音乐比例理论作为建筑形秩处理的指导准则，这一观点在鲁

① MACDONALD W L. The Pantheon: design, meaning, and progeny[M]. Cambridge: Harvard University Press, 2002.
② SERLIO S, ROSENFELD MN. Serlio on domestic architecture[M]. Lowell: Courier Corporation, 1996.
③ PALLADIO A. The four books on architecture[M]. Cambridge: MIT Press, 2002.
④ FLETCHER R. Geometric proportions in measured plans of the Pantheon of Rome[J]. Nexus Network Journal, 2019, 21(2): 329-345.
⑤ REYNOLDS M. The octagon in Leonardo's drawings[J]. Nexus Network Journal, 2008, 10(1): 51-76.

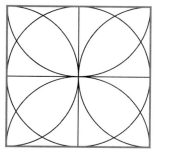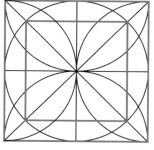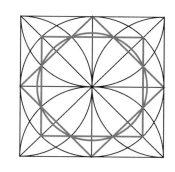

图1-10　Ad Quadratum母题

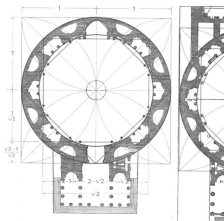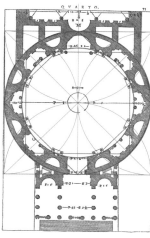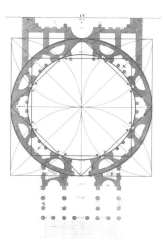

图1-11　塞利奥（左）、帕拉第奥（中）、莱奥尼（右）的万神庙平面比例分析

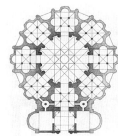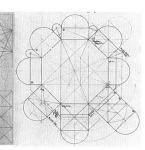

图1-12　列奥纳多·达·芬奇常采用的八边形平面

道夫·维特科沃（Rudolf Wittkower）的《人文主义时代的建筑原则》（*Architectural Principles in the Age of Humanism*）中得到了充分阐述。他指出，"只有通过欣赏文艺复兴时期建筑师和理论家所看到的建筑、音乐和数学之间的关系，才能理解阿尔伯蒂和帕拉第奥等大师设计的文艺复兴时期建筑的根源"[①]。阿尔伯蒂作为文艺复兴时期的杰出建筑师和理论家，将音阶中的五音度、四音度、八音度等音乐比例用于更为复杂的建筑比例的生成，并将其成功应用于一系列教堂建造中，其设计的新圣母玛利亚教堂（Basilica di Santa Maria

---

① MARCH L, WITTKOWER R. Architectonics of humanism: essays on number in architecture[M]. London: Academy Editions, 1998.

Novella）的正立面就展示出明确的比例形秩属性[①]（图1-13）。整个立面如同遵循着一种精确比例的机器系统，其中所使用的比例数字都与$\sqrt{3}$有关，体现了音乐比例在建筑形秩中的巧妙运用。此后，许多教堂都试图遵循不同复杂程度的音乐比例，以构建立面整体的和谐形秩。例如，文艺复兴时期位于印度的圣卡塔琳娜大教堂就采用了音乐比例来构建其和谐的立面形秩[②]（图1-14）。米开朗基罗（Michelangelo Buonarroti）在佛罗伦萨设计建造的美第奇教堂（Cappella dei Principi）也采用了音阶比例系统，整个教堂为边长约11.7m的立方体，其室内的结构与装饰都呈现出矩形嵌套的重构特质，并呼应$1:\sqrt{2}$的比例母题。在用于祭坛合唱的小教

图1-13　阿尔伯蒂为新圣母玛利亚教堂设计的立面

堂中，祭坛的正面与其正对墙壁之间的距离和教堂的宽度比为8：9，与音乐全音的比例相同。而教堂内其他尺寸也通过某种矩形比例三等分方式获取，这种方式同样对应一种有效的音乐比例，从而将音乐比例背后的神秘宇宙神学特质巧妙地呈现在立面之上（图1-15）[③]。

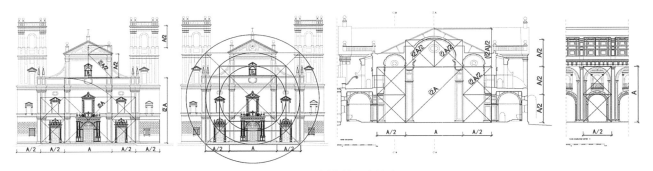

图1-14　圣卡塔琳娜大教堂

　　在文艺复兴晚期与巴洛克时期，比例对于复杂形秩的实现同样具有重要意义，尤其是与透视学的结合，对椭圆的求取与应用起到了关键作用。塞利奥在1545年出版的《论几何学》中系统讨论了椭圆的几何求取方法，包括用绳子固定在两个焦点上来绘制椭圆和通过比例同心圆求取放射半径的方法。这些方法基于"透视+比例"思维，创立了椭圆形教堂图绘模型（图1-16）[④]，带动了贾科莫·巴罗齐·达·维尼奥

① TAVERNOR R. On Alberti and the art of building[M]. New Haven: Yale University Press, 1998.
② PEREIRA A N. Renaissance in Goa: proportional systems in two churches of the sixteenth century[J]. Nexus Network Journal, 2011, 13(2): 373-396.
③ KAPPRAFF J. Musical proportions at the basis of systems of architectural proportion both ancient and modern[Z]. Architecture and mathematics from antiquity to the future: Volume I: Antiquity to the 1500s, 2015: 549-565.
④ HUERTA S. Oval domes: history, geometry and mechanics[J]. Nexus Network Journal, 2007, 9(2): 211-248.

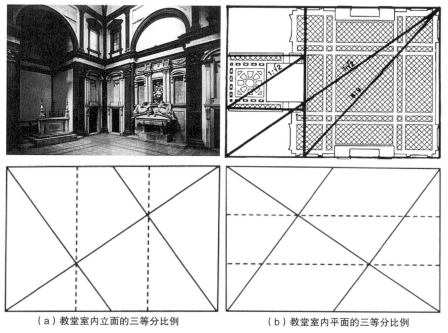

（a）教堂室内立面的三等分比例　　　　　　　　（b）教堂室内平面的三等分比例

图1-15　美第奇教堂室内三等分比例

拉（Giacomo Barozzi da Vignola）、吉安·洛伦佐·贝尼尼（Gian Lorenzo Bernini）、弗朗切斯科·博罗米尼（Francesco Borromini）等建筑师对椭圆形秩的建筑应用，并总结出一套椭圆建构理论与控制椭圆穹顶的几何比例计算方法，使穹顶空间在视觉上无限延伸，呈现动态宇宙的视觉效果（图1-17、图1-18）。

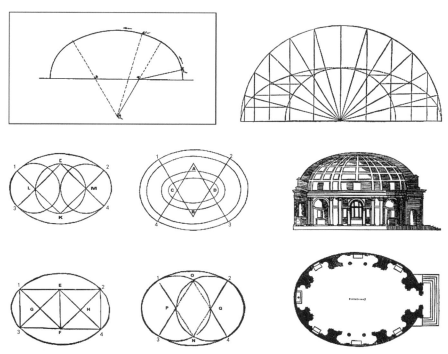

图1-16　塞利奥的建筑椭圆形式求取方法及其设计的椭圆形神庙方案

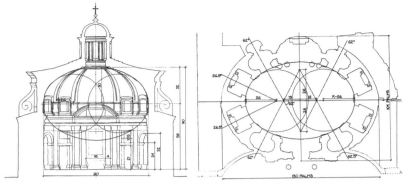

图1-17　罗马奎里纳莱圣安德烈堂的比例

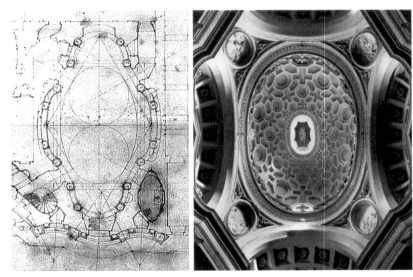

图1-18　四泉圣卡罗教堂中的穹顶几何比例

　　除了作用于建筑层面外，在古代城市规划与设计中，比例也常常作为有效的形秩调控手段被广泛应用。古代城市规划经常遵循明确的几何比例来构建城市的整体框架，以凸显宗教礼法关系并明确社会权力结构。美国著名城市设计理论家、城市规划专家凯文·林奇（Kevin A. Lynch）在《城市形态》一书中的描述，深刻揭示了古代城市形态的典型模式——宇宙论模式的本质。他认为，"城市被视为仪典性中心，是用来进行宗教仪式、诠释自然并控制其力量以造福人类的地方……这是一个把人类与巨大的自然力量联系起来的手段，也是一个促使宇宙世界安定与和谐的方式。人类因此而得到其长居久安的场所"[①]。在古代中国、古印度及古罗马等地区的城市规划中，这种宇宙论模式的发展尤为完善。例如，公元前110年罗马图拉真（Trajan）帝王创建的提姆加德城（Timgad），公元610年左右中国唐代长安城，以及公元800年左右日本京都新首都等，都是这种城市布局模式的典型代表（图1-19～图1-21）。这些城市布局往往具有明确的几何形秩特征，采用具有明确长宽比例的矩阵格平面，以网状形式进行规划布局。这种基于几何比例形秩的城市

---

① LYNCH K. The image of the city[M]. Cambridge: MIT press, 1964: 73-74.

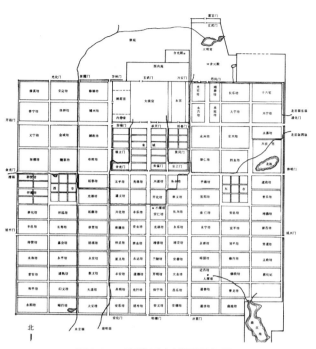

图1-19　唐代长安城平面布局

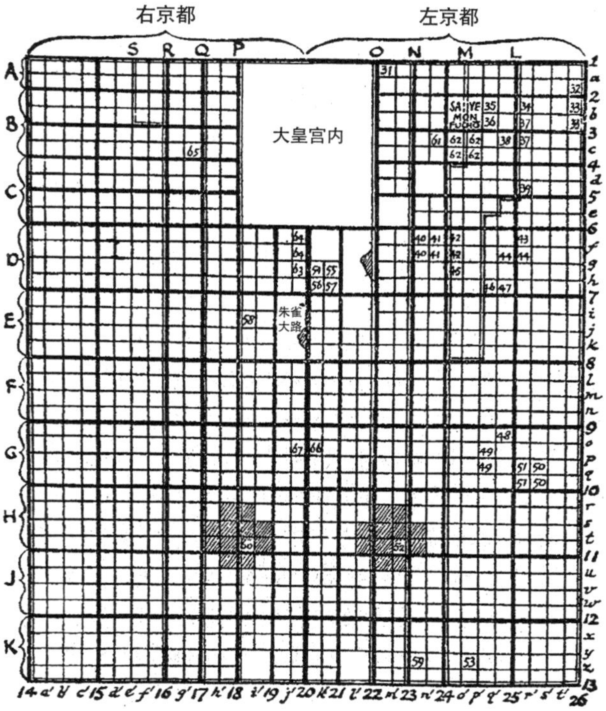

图1-20　日本京都平安京规划

肌理建设原则，不仅体现在城市的整体布局上，还贯穿于城市的各细节之中。它对轴线的序列和对称性、网格的秩序和重复性、空间的一致性都有详尽的要求。这些要求确保了城市在视觉上的和谐与统一，也体现了古代城市管理者对权力秩序稳定控制的追求。

然而，古典比例作为建筑形式的主导方法在17世纪后逐渐失去其主导地位。这一变化的背后有多重原因，现代科学的诞生击破了宗教领域的神秘观念，牛顿、伽利略、开普勒等科学家建立的新的"机械法则的宇宙"替代了旧的神秘宇宙法则，人们开始以科学客观的视角认知新世界。笛卡尔在《方法论》的附录《几何》中创建了笛卡尔坐标系，几何进入了代数化表达的新时代，引发了几何学的革命性进步，对建筑学产生了深远影响。古典比例的神学信仰随着技术革命和功能主义的诞生而被击破，逐

图1-21　提姆加德城规划

渐消退为纯粹具有描述意义的理性工具，并试图在时代背景下凸显其科学与功能的层面。阿尔伯托·佩雷兹-戈麦兹（Alberto Perez-Gomez）在《建筑学与现代科学危机》中强调，"伽利略的思考引发了认识论革命，也让几何失去了神性……几何与数字逐步成为实践操作的技术控制工具"[①]。鲁道夫·威特科尔（Rudolf Wittkower）在《人文主义时期的建筑学原理》中表达出现代科学的诞生导致建筑与艺术领域比例体系的崩溃感，直指牛顿所确立的"机械法则的宇宙"是一种"对建筑领域和谐比例规则的背弃"[②]。这一时期的建筑师开始寻求建筑形式的变革，显现出更多对建筑功能的理性思考趋向。克劳德·佩罗（Claude Perrault）受笛卡尔思想的影响，认为建筑没有固定规则，并将形秩美学进行了风格与功能性分类。他认为，数字比例不再是美学的唯一保证，而是具有不确定性，且不再具有建筑形秩上的决定性意义[③]。其后，19世纪的荷兰建筑师亨里克·彼图斯·贝尔拉赫（Henrik Petrus Berlage）认为几何学在建筑上的应用需从几何自身秩序出发，主张几何学是建筑设计的基础，避免使用历史风格的母题，应以最简单客观的方式发展各种形式[④]。这一系列观点标志着古典比例在建筑形式上的统治地位，在后续新材料、新结构的诞生下进一步分崩离析。

1.2.2　材料革命下的结构诠释

工业革命背景下的技术性变革，促发了钢铁、玻璃与混凝土等人工材料的革命性诞生，这一变革在建筑学领域产生了深远影响。一方面，新材料的出现打破了以往对木材、石材等自然材料的经验认知，推动了技术性探究与设计、建造方法的革新；另一方面，新材料的普及也促使人们重新思考"建筑为何"的哲学问题，材料作为建筑的物质性构成基础和外在形态的基本表征，成为形秩研究的重要视角。这种双向的推动促发了新的建筑形秩变革，在设计实践中也形成了不同的材料创新应用方式。德国建筑理论家戈特弗里德·森佩尔（Gottfried Semper）从对材料与建筑形式的关联关系认知上，将该时期的建筑师总结为唯物主义者（materialist）、历史主义者（historicist）与教条主义者（schematist）三类。其中，唯物主义者认为建筑形式应完全遵循材料的天然属性，摒弃任何主观因素上的考虑；历史主义者仅考虑历史风貌的传承，不顾历史形秩是否符合科学规律与材料属性；教条主义者则认为对材料的使用应遵循某种固定原则和方法，排除对材料的主观认知干扰[⑤]。

在新材料与弯矩理论等建筑结构计算方法的双重驱动下，钢框架结构、钢筋混凝土框架结构与壳体结构为代表的革新材料与结构成为建筑形秩的时代表现方式，相继产生了一系列具有变革意义的建筑作品。

钢框架结构的创新性运用在高层建筑中尤为突出，芝加哥学派在此方面的探索和实践最具代表性。美国内战与严重的火灾事故推动了建筑朝着低成本、快速建造、采用防火材料与高投资回报的方向发展，钢框架

① PÉREZ-GÓMEZ A. Attunement: architectural mean ng after the crisis of modern science[M]. Cambridge: MIT Press, 2016.
② WITTKOWER R. Architectural principles in the age of humanism[M]. New York: WW Norton & Company, 1971: 124-135.
③ PERRAULT C. Ordonnance des cinq espèces de colonnes selon la méthode des anciens[M]. Paris: JB Coignard, 1979.
④ BERLAGE H P. Iain boyd whyte trans. hendrik petrus berlage: thoughts on style, 1886-1909[M]. Santa Monica: The Getty Center Publication Program. 1996: 139.
⑤ SEMPER G. The four elements of architecture and other writings[M]. Cambridge: Cambridge University Press, 1989: 189-195.

结构成为首选。1885年,威廉·勒巴隆·詹尼（William Le Baron Jenne）设计的芝加哥家庭保险大楼（Home Insurance Building）竣工（图1-22）,作为第一座钢框架结构的高层建筑,实现了骨架结构建构理念,相比于原有构筑方法,不仅缩减了砌体高度,还大幅度增加了可用建筑面积,并解决了火灾时因铁构件与砖砌体膨胀率不同可能产生的挤压变形问题[①]。此后,钢框架结构在日益成熟的结构计算方法的支撑下,被广泛用于19世纪末、20世纪初的美国高层建筑中,如1895年竣工的布法罗担保大厦（Guaranty Building）、1931年建成的克莱斯勒大厦（Chrysler Building）、1958年建成的西格拉姆大厦（Seagram Building）等（图1-23）。这些钢框架结构建筑除了满足功能的理性诉求外,还从形秩上反映出材料与结构的高度协同性。

图1-22　家庭保险大楼

图1-23　布法罗担保大厦、克莱斯勒大厦与西格拉姆大厦

　　钢筋混凝土框架结构自19世纪80年代开始应用于建筑工程,因其优异的防火性能、更低的材料成本及抗压抗拉能力的高效结合,迅速成为替代钢结构框架的首选[①]。首座钢筋混凝土结构的公共建筑是由法国建筑师阿纳托尔·德·博多（Anatole de Baudot）设计的巴黎圣让蒙马特教堂（Chruch of Saint Jean de Montmartre）（图1-24）。该建筑采用钢筋混凝土实现了肋结构的砌筑和拱顶的形式弯曲,对哥特式风格进行了重新演绎[①]。随后,法国建筑师奥古斯特·佩雷（Auguste Perret）创造性地发展了钢筋混凝土框架结构,

① ADDIS W. Building: 3000 years of design engineering and construction[M]. London: Phaidon, 2007: 387-391.

并将其广泛应用于教堂、剧院和公寓等建筑中，成为20世纪建筑形式语言与技术探索的先驱。其代表作品如新香榭丽舍剧院、富兰克林路25号公寓，都采用了钢筋混凝土框架结构（图1-25、图1-26）。

图1-24　巴黎圣让蒙马特教堂

图1-25　新香榭丽舍剧院

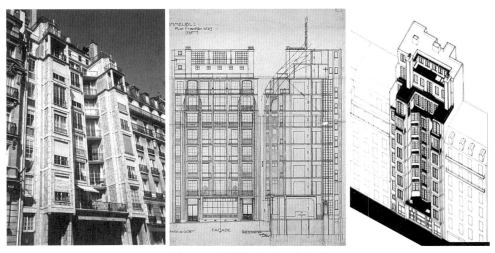

图1-26　富兰克林路25号公寓

钢筋混凝土的可塑性使其设计不再局限于钢框架结构中梁柱构件的网状组合承重，而是可以根据需要设计成各种形状和尺寸的结构或构件。1914年，勒·柯布西耶与瑞士工程师迈克斯·杜波伊斯（Max Dubois）基于钢筋混凝土的使用潜质与工业化组装思维，提出了预制装配式的"多米诺体系"（Dom-ino System）（图1-27）。该体系利用混凝土可塑性，实现建筑柱与楼板的构件化批量预制，并借助其自身的刚性与强度实现积木般的拼接组装。通过对预应力柱承重进行力学计算及整体稳定性测试，确定柱与楼板的合理形秩构造。柯布西耶试图

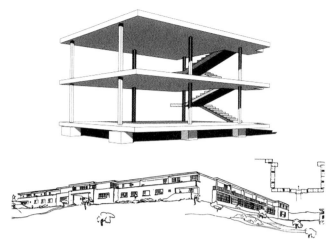

图1-27　柯布西耶提出的多米诺骨架体系

通过该结构体系实现二战后重建中住宅建筑的快速组装、室内空间的自由分隔，以及经济又符合时代要求的住宅工业化等愿景[1]。多米诺体系在结构体系、建造方式、美学特征等方面都蕴含着丰富内涵，为建筑设计中新材料、新技术和新思维的创新应用提供了启示。

在空间结构的发展历程中，钢筋与混凝土等材料的广泛应用为空间壳体结构的起步发展提供了重要基础。1861年，"施威德勒穹顶"（Schwedler cupola）的出现标志着新型穹顶设计的开始，其独特的辐射型体系为后续设计提供了新思路[2]（图1-28）。1889年的齐默尔曼穹顶（Zimmermann dome）则巧妙地建立了钢和玻璃的支撑系统，解决了正交水平推力问题，降低了穹顶自重，在形式美学与力学之间实现了数学层面上的融合[2]（图1-29）。此后，混凝土开始与薄壳结构结合，产生了如路德维希-马克西米利安慕尼黑大学（University of Munich）主楼（图1-30）和波兰弗罗茨瓦夫（当时德国的布雷斯劳）百年厅（Jahrhunderhalle

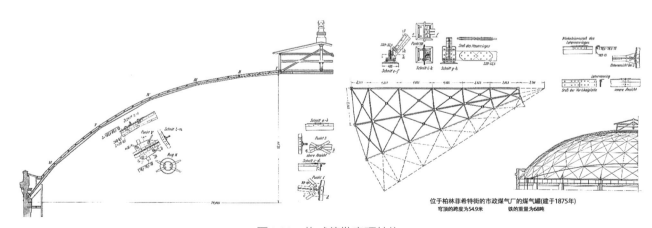

图1-28　施威德勒穹顶结构

① FRAMPTON K. Le Corbusier[M]. Madrid: Ediciones Akal, 2001: 27-30.
② KURRER K E. The history of the theory of structures: searching for equilibrium[M]. Hoboken: John Wiley & Sons, 2018: 476.

图1-29　德国国会大厦的原始穹顶

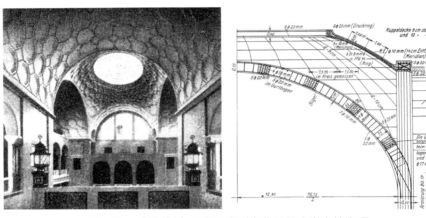

图1-30　路德维希-马克西米利安慕尼黑大学主楼穹顶

in Breslau）等具有里程碑意义的建筑[①]（图1-31）。在这些项目中，对壳体复杂结构的受力把控和材料属性的驾驭，得益于材料力学和结构力学的理论发展，以及相关力学计算方法在壳体结构上的创新应用。

　　非欧几何模型应用于建筑设计之中的代表性事件之一是20世纪40年代双曲抛物面（hyperbolic paraboloid）被广泛用于大跨度混凝土壳体结构中。这一结构形式由一系列双曲面和抛物面连接而成，双曲面具有对称性和稳定性，能够承受外部荷载的作用，而抛物面则能够形成整体的连续结构，增加结构的刚性和稳定性。西班牙建筑师、结构工程师菲利克斯·坎德拉（Felix Candela）被誉为混凝土薄壳大师，其最为著名的双曲抛物面壳体建筑作品是1958年竣工的霍奇米洛克餐厅（Los Manantiales Restaurant）（图1-32）。其建筑屋面由四个连续双曲抛物面组成，经过严密的计算将结构跨度扩展到了42.5米，壳体厚度仅42毫米，保证了复杂数学模型下建筑形秩的有效性[②]。此外，乌拉圭建筑师、结构工程师艾拉迪欧·迪斯特（Eladio Dieste）也是壳

① ADDIS W. Building: 3000 years of design engineering and construction[M]. London: Phaidon, 2007: 387-391.
② CANDELA F. General formulas for membrane stresses in hyperbolic paraboloidical shells[J]. Journal Proceedings. 1960, 57(10): 353-372.

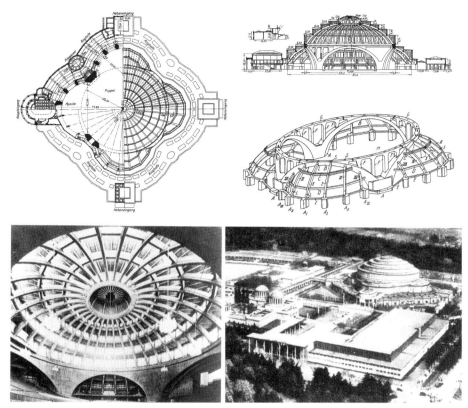

图1-31　布雷斯劳百年厅穹顶

图1-32　霍奇米洛克餐厅的双曲抛物面壳体

体结构建筑设计应用的代表人物。他倡导采用红砖砌体作为壳体的基本元素，认为新材料并不一定要取代传统材料。他于1958年完成的代表作乌拉圭阿特兰蒂达教堂（Cristo Obrero Church，Atlántida）也被称作工人基督教堂，教堂屋顶与侧面围护结构采用了红砖砌体，使用两片呈波浪状的直纹扭曲面支撑起了大跨度无梁拱顶，墙身蜿蜒连绵且达到了最薄，与屋顶交错成为完整的结构体系，达到了结构需求、材料特性和空间形式之间的完美平衡①（图1-33）。

　　新材料的迭代与结构力学计算方法的革新也推动了预应力张拉结构（tensile structure）的诞生与发展。

---

① ANDERSON S, DIESTE E, HOCHULI S. Eladio Dieste: innovation in structural art[M]. New York: Princeton Architectural Press, 2004: 175-210.

图1-33　阿特兰蒂达教堂的围护结构

张拉结构的优势在于能够充分利用材料抗拉而不抗压的天然属性，这使其在建筑领域得到了广泛应用和发展。最早使用预应力张拉结构屋顶的案例可以追溯到19世纪末，1896年沙俄工程师弗拉基米尔·舒霍夫（Vladimir Shukhov）为诺夫哥罗德格（Nizhny Novgorod）艺术与产业展设计的四个展馆采用了张拉膜结构，并通过新的计算性力学结构实现了新的建筑形秩[1]（图1-34）。此后，预应力张拉结构不断发展。1952年由建筑师马修·诺维斯基（Matthew Nowicki）设计的多顿竞技场（Dorton Arena）中首次采用了预应力索网结构，在两个钢筋混凝土抛物线拱之间悬挂由两套钢丝悬索正交而成的马鞍形屋顶。这种设计将屋面当作一个弹性预应力结构进行计算，简化了复杂形态屋面的建构过程[2]，成为后续张拉膜结构建筑设计的启蒙之作（图1-35）。

图1-34　诺夫哥罗德格艺术与产业展展馆采用的交织钢带张拉膜结构

① EDEMSKAYA E, AGKATHIDIS A. Rethinking complexity: Vladimir Shukhov's steel lattice structures[J]. Journal of the International Association for Shell and Spatial Structures, 2016, 57(3): 201-208.
② SPRAGUE T S. Floating Roofs: The Dorton arena and the development of modern tension roofs[M]//Structures and Architecture. Boca Raton: CRC Press, 2013: 1137-1144.

图1-35　预应力索网结构下的多顿竞技场

从上述历史追溯可以看到，19、20世纪的建筑形秩发展变革是第二次工业革命浪潮之下新兴工业与制造业影响下的直接结果。这一时期的工业与制造业快速发展，推动了钢铁、玻璃与混凝土等新材料的普及，同时也促进了对力学分析方法的探究。此外，工业与制造业的预制化构件制造、标准化生产体系及管理模式等，也极大地影响了建筑设计、建造与运维范式的流变。合理、科学地运用新材料与新结构，成为20世纪以来建筑设计中要面对的重要命题，"计算"成为掌控建筑形秩与材料和结构高度结合的主要途径。这一时期爱德华多·托罗哈（Eduardo Torroja）、皮埃尔·路易吉·奈尔维（Pier Luigi Nervi）等更具计算本领的结构工程师成为引发建筑形秩大胆而激进地先锋性跃迁的主要角色。20世纪初知名建筑杂志《混凝土与钢材》（*Concrete and Steel Supplement*）曾评价道："随着钢框架与混凝土时代的到来，建筑师逐渐发现，跟以往相比，自己需要更多的工程知识……但是，无论获得怎样的辅助，他们依旧是没能仔细而彻底地学习相关施工与计算基本原理的可怜建筑师"[1]。这促使建筑师与结构工程师之间的技术性合作得以增强，建筑师也开始意识到变革的重要性，积极主动地拥抱新技术，试图重新夺回建筑形秩的把控权。这种对新技术的拥抱态度，一直持续至第三次工业革命下的数字革命（digital revolution），计算机的诞生催生了数字技术辅助设计和建筑形式的几何解构。

1.2.3　数字技术下的几何解构

20世纪60年代，计算机技术的蓬勃发展催生了计算机辅助建模工具，并在建筑工程行业得以尝试性运用。80～90年代，面向数字三维几何实体建模的操作功能和参数化建模方法先后融入CAD平台，大大拓展了其建模能力，不同类型、不同复杂程度的几何模型得以在三维建模平台上把控和实现。计算性设计工具的革新进步赋予了建筑学发展的新机遇，不仅大幅度提升了设计效率，而且引发了新的设计思维模式、建筑形式与风格的变革，让建筑形式跳出了传统平面网格和笛卡尔三维坐标的束缚，创建了风格迥异的多种非标准建筑形式。这种计算性设计发展态势让传统几何学的建构方式与认知理论被新兴数字技术不断"解构"。西班牙建筑师和理论家拉斐尔·莫内欧（Rafael Moneo）感慨道，"今天，几何学在一个越来越追求数字化

---

① ADDIS W. Building: 3000 years of design engineering and construction[M]. London: Phaidon, 2007: 387-391.

的世界中消失了"[1]。与此同时，先进工业制造技术在20世纪末开始融入建筑建造过程，为复杂形态建筑方案提供落地支撑，建筑师在建筑形秩创作上获得了更高的自由度。其中，斯格特·科恩（Scott Cohen）、彼得·埃森曼（Peter Eisenman）、弗兰克·盖里、扎哈·哈迪德（Zaha Hadid）、蓝天组（Coop Himmelblau）等建筑师和团队成为数字化建筑设计领域的代表，积极探索数字技术对建筑形秩创造的多元化可能。

20世纪90年代，斯格特·科恩率先将计算机数字建模技术与画法几何透视技术结合，创建了突破常规透视逻辑的建筑几何新形式。他结合18世纪英国数学家布鲁克·泰勒（Brook Taylor）的三维投影法则与计算机三维透视，探索生成了新的形秩，并应用于建筑实践中（图1-36）。在1991年设计的佛罗里达州萨拉拐角房（Cornered House）项目中，科恩将三个体量进行透视处理后再进行融合，获得了弯曲、断裂与折叠的效果。此后在1994年设计的领先设施社区（Head Start Facilities）项目中，通过透视投影操作，他将成人和儿童、聚会和玩耍的过程在计算机中绘制成连续的排列，这些排列彼此保持恒定和可识别的关系，形成了复杂的透视相交（图1-37）。借助计算机技术，科恩实现了对传统几何学的解构，为建筑形式表现注入了新的可能性，充分体现了数字化工具的更迭为建筑师带来的创新动力与创造力。

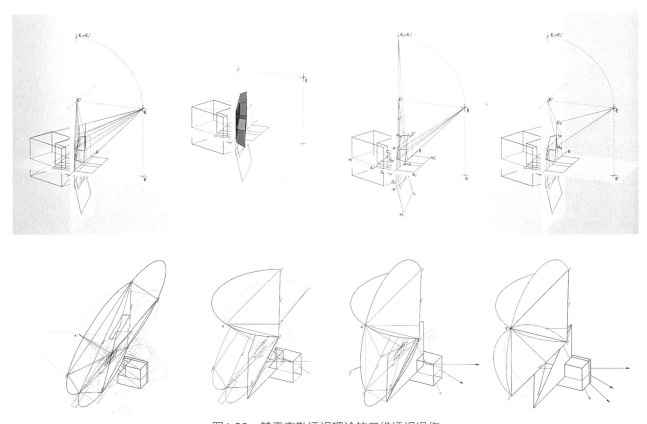

图1-36　基于泰勒透视理论的三维透视操作

---

① COHEN P S. Contested symmetries: and other predicaments in architecture[M]. New York: Princeton Architectural Press, 2001: 1-6.

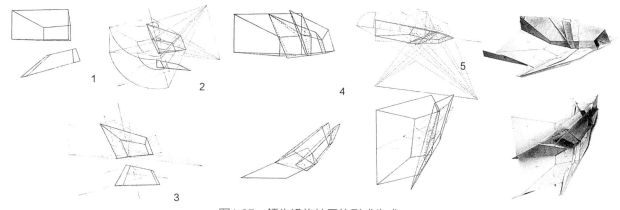

图1-37　领先设施社区的形式生成

　　计算机辅助设计技术的发展为数字几何操作带来显著的变革。它不仅增强了传统几何体量的实体组织与特征修改能力，还使得复杂的非欧几何形秩的三维操作成为可能。非欧几何作为欧式几何的拓展，其诞生与发展历经了17～19世纪。以17世纪英国数学家亨利·萨维尔（Henry Savile）、18世纪意大利数学家乔瓦尼·萨凯里（Giovanni Saccheri）、19世纪德国数学家高斯（Johann Carl Friedrich Gauss）等为代表的数学家都对其作出了重要贡献。随着罗巴切夫斯基（Nikolas Ivanovich Lobachevsky）和黎曼（Georg Friedrich Bernhard Riemann）提出两种新型的平行公理，非欧几何正式诞生，引发了后续德国数学家菲利克斯·克莱因（Felix Christian Klein）、戴维·希尔伯特（David Hilbert）等提出新的数学空间模型，推动了现代几何学的建立。欧式几何的权威性和宇宙神学秩序性逐渐被打破后，建筑师们开始试图突破古典主义的制约，摈弃单纯追求比例对称的形式秩序，但因设计工具的局限，许多创新尝试难以实现。计算机技术的出现带来建模功能的革新，激发了建筑师对非欧几何在建筑形秩创作上的大胆应用，推动了建筑设计的实验性探索。以彼得·埃森曼、本·范·伯克尔（Ben van Berkel）为代表的数字化建筑设计先驱者，率先尝试将非欧几何理论应用于建筑形式，利用复杂的数学模型和计算方法演绎创新的数字思维，驱动建筑形秩革新。

　　20世纪90年代，彼得·埃森曼尝试将图解形态语法与计算机数字模型相结合，突破欧几里得几何学的限制，尝试建筑形秩的非欧几何操作——错动、扭转、切割、放样、布尔交集与并集等，将建筑数字化设计推入新的实验阶段。其作品呈现出明显的非欧几何特征，如德国柏林马克思·哈因莱特大厦（Max-Reinhardt-Haus）采用了莫比乌斯环（Moebius）作为基础模型，通过旋转、放样等手法获得了复杂的三维形态[①]（图1-38）。

　　此后，莫比乌斯环，这一具有独特拓扑性质的几何形状，成为多位先锋数字化建筑师所采用的几何形制语汇。例如，1993年，荷兰建筑师本·范·伯克尔在阿姆斯特丹的住宅项目中，便以莫比乌斯环作为建筑空间的新型发生器，创造了一个双螺旋的、不可定向的建筑空间，使得生活与工作路径既独立又相交，完美契

---

① EISENMAN P, SOMOL R. Peter Eisenman: diagram diaries[M]. London: Thames & Hudson, 1999.

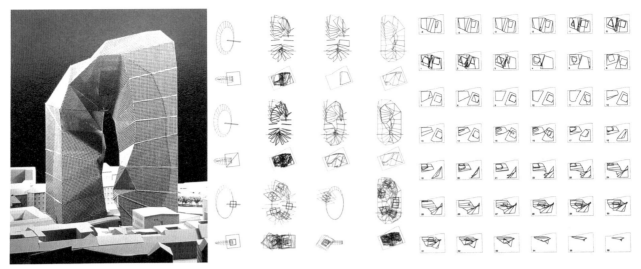

图1-38　马克思·哈因莱特大厦

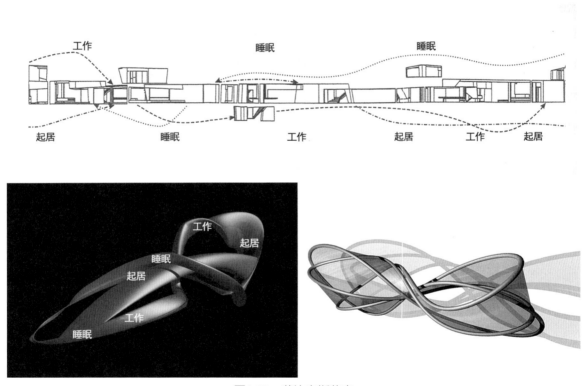

图1-39　莫比乌斯住宅

合了家庭24小时的生活和工作周期，该住宅也被称作莫比乌斯住宅（Möbius House）（图1-39）。1995年，扎哈·哈迪德在蓝图馆（Blueprint Pavilion）的设计中同样运用了莫比乌斯环，以表达时间流动与空间连续之感（图1-40）。

对建筑形秩产生重要影响的另一项计算机辅助设计技术和方法变革便是参数化建模的诞生。20世纪末至

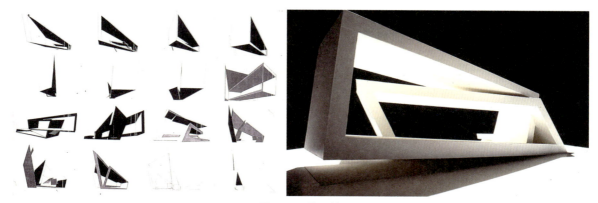

图1-40　蓝图馆

21世纪初，随着计算机参数化脚本工具的兴起，建筑师能够通过程序化操作的编程建模工具，自动实现建筑方案中的拓扑涌现形态。这一变革将形式生成转为程序化、逻辑化的操作，通过预先定义建筑几何控制要素与生成结果之间的关联，实现了建筑形秩操作的拓扑化组织。同时，参数化建模工具还融入了时间参数与物理环境模拟参数，使建筑形秩设计结果遵循一定因果关系下的合理逻辑，赋予其充分的科学性。参数化方法在形秩控制上的逻辑化特征，使得一批建筑师看到了数字建筑的未来，并将其迅速融入到设计中去，其中包括格雷戈·林恩（Greg Lynn）、扎哈·哈迪德事务所合伙人帕特里克·舒马赫（Patrik Schumacher）、当代建筑实践事务所阿里·拉希姆（Ali Rahim）及SPAN建筑工作室马蒂亚斯·戴尔·坎普（Matias del Campo）等。格雷戈·林恩是建筑参数化设计的先驱之一，传承了彼得·埃森曼的"生成—分析"的图解设计思维[1]，批判对传统欧式几何与古典形秩的绝对化教条式运用，认为笛卡尔坐标系成为束缚建筑形秩思考的镣铐[2]。但与埃森曼不同，林恩所期望的建筑几何形秩是一种具有自发性的自动生成与逻辑推演结果，而非形而上的人工干预。计算机智能辅助设计工具的出现，让其看到了这一理念实现的可能性，他试图通过计算机的智能计算生成一系列形秩，供建筑师进行决策判断，这种生成设计模式是最早的参数化设计操作雏形。

为了将吉尔·德勒兹（Gilles Deleuze）哲学思想与计算机设计工作流程相结合，林恩提出了折叠（folding）、泡状物（blob）、动画形式（animate form）与复杂性（intricacy）等形秩修饰关键词，用以描述生成的建筑形式特征[3]。他认为，借助计算机强大的算力和物理仿真算法，建筑可以在环境影响下实现持续性动态变化，从而实现德勒兹所提出的褶子概念原型。在具体操作中，林恩利用Autodesk Maya、Wavefront等三维动画软件中的动力学引擎模拟流体变化，如重力、弹力、风力等，并将场地中的不同要素抽象为不同大小、不同方向的力，通过参数控制这些力及物体的刚性和柔性，从而实现建筑的形变，如挤压、碰撞等。这一过程借助计算机模拟得以实现，且随时间不断迭代，形成持续动态的变化，最终建筑形态在参数调控下自动生成。同时，自动生成的结果随着时间的推移可得出不同类型的形式体量，可实现林恩所提出的量产定

① 埃森曼. 彼得·埃森曼：图解日志[M]. 陈欣欣，何捷，译. 北京：中国建筑工业出版社，2005.
② LYNN G, KELLY T. Animate form[M]. New York: Princeton Architectural Press, 1999.
③ LYNN G. Folds, bodies & blobs: collected essays[M]. Paris: La lettre volée, 1998.

制化（one of a kind）。其代表作胚胎住宅（Embryological House）便充分体现了这一设计理念（图1-41）。

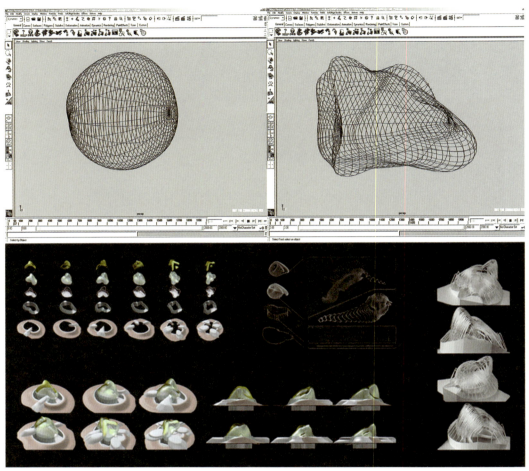

图1-41　胚胎住宅

扎哈·哈迪德和帕特里克·舒马赫同样是参数化设计的杰出倡导者，极力主张将参数化方法作为一种普适的标准设计方法加以应用。参数化方法的核心理念是通过计算视角将万物视为动态参数调配下的互动系统。这意味着不论是物理环境中物质个体之间关系的演变，还是社会与制度的运行过程，都可以被看作是参数化关系，并可以通过设计来进行调控和优化[①]。基于这一认知假设，建筑被重新构想为一套与环境紧密相连的自适应系统。在这个系统中，建筑的各组件之间，以及组件与环境之间都形成了参数化关联，这种关联促进了建筑自身组件间的有机衔接、调试与自适应响应。

为了实现这一设计理念，扎哈·哈迪德和帕特里克·舒马赫运用先进的计算机辅助设计工具展开相关实践探索。他们擅长使用曲面建模和参数化建模工具，创建具有视觉冲击力的动态流线型方案，这些方案中的

① SCHUMACHER P. Parametricism 2.0: rethinking architecture's agenda for the 21st century[M]. Hoboken: John Wiley & Sons, 2016.

曲面组织遵循一定的环境逻辑或视觉逻辑，旨在创造超越传统欧式几何原型的复杂形式和秩序，打破现代主义传统网格的限制。2004年设计的诺德公园火车站（Nordpark Railway Stations）便是扎哈·哈迪德事务所早期采用非欧几何原型的实践案例之一。在设计过程中，将场地中的不同海拔高度地形及人的行为轨迹作为影响参数，基于场地中的冰川形态及其运动特征，创建了模拟冰雪流动的自然形式生成逻辑，从而生成了独一无二的形态结果[①]（图1-42）。

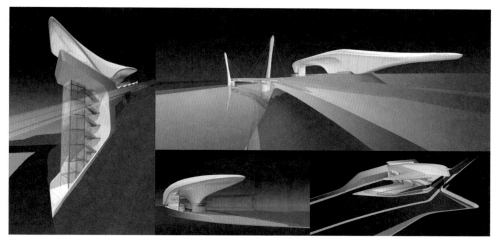

图1-42　诺德公园火车站的非欧几何形态

　　另外，最能集中体现扎哈·哈迪德与帕特里克·舒马赫的参数化设计思想与方法的是对复杂建筑表皮的程序化设计。其事务所的设计方案常采用具有有机规律的纹理形态建构建筑表皮，通过重复单元要素形成集群涌现的视觉表征，这些表征既可以是静态重复的，也可以是动态随机的。但不论是哪种表皮形式，其复杂形态都遵循着清晰的组织逻辑。这种形态视觉效果来源于数字语言生形编程，使表皮的不同元素形成丰富巧妙且具有理性美学的拓扑关系。在他们的作品中，单元拓扑和线性拓扑两种形式被广泛运用。例如，2005年在萨拉戈萨廊桥博物馆（Zaragoza Bridge Pavilion）的设计中，采用参数化方法创建拓扑表皮单元，形成偏移渐变的拓扑形态（图1-43）。而在2009年设计的香港理工大学赛马会创新楼（Jockey Club Innovation Tower）中，则采用了线性拓扑方式，创造出动态、复杂又充满韵律的水平线性表皮形态（图1-44）。

　　与格雷戈·林恩、扎哈·哈迪德与帕特里克·舒马赫一样，阿里·拉希姆也是早期追求环境参数动态驱动设计的先锋性建筑师，他倡导计算机辅助建模技术不仅应提升设计效率，还应成为推动设计创新的手段，助力创造新的建筑形式与风格，并将此数字设计新模式称为"技术型实践"（technical practice）[②]。在技术型实践中，设计是一个源源不断的环境要素反馈过程，涉及分析、干预和环境交互三者之间的动态作用。这一过程不仅仅局限于设计阶段，还会延伸到建造与运维阶段。基于这一计算性新型范式的思考，在项目设计时，拉希姆将环境中的影响要素转译为具有不同强度的动力向量，作用于计算机软件的粒子场中，粒子间的

① JODIDIO P. Zaha Hadid[M]. Cologne: Taschen, 2016: 47-49.
② 阿里·拉希姆. 催化形制：建筑与数字化设计[M]. 叶欣，译. 北京：中国建筑工业出版社，2012：27-28.

图1-43　萨拉戈萨桥型博物馆

图1-44　香港理工大学赛马会创新楼

相互作用力可通过参数予以调控，最终形成建筑形体。这种设计方法被拉希姆用于多个项目，如雅典奥运会休闲中心（Greece Olympic Pavilion）和上海锐步旗舰店（Reebok Store）等（图1-45）。由此可见，阿里·拉希姆与格雷戈·林恩、扎哈·哈迪德、帕特里克·舒马赫等建筑师都关注场地环境要素对建筑形式在时间维度下的动态影响，以及建筑表皮参数化形态生成，最终的建筑形秩呈现的是计算性技术、场地环境要素干预与设计者决策互动反馈的结果。

　　除了建筑尺度之外，在城市尺度上，借助数字设计工具进行城市规划与设计已成为新趋势。不同于传

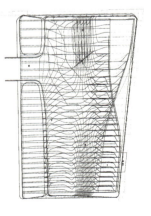

图1-45　上海锐步旗舰店

统设计模式，数字城市模型通过设定规则逻辑，以数据驱动设计找形策略，实现自下而上的城市空间拓扑几何计算生成，旨在探索新型城市空间。在这方面进行了积极尝试的代表性设计机构包括汤姆·梅恩（Thom Mayne）创立的墨菲西斯（Morphosis）事务所与扎哈·哈迪德事务所等。

在纽约新城公园（IFCCA New City Park）项目中，汤姆·梅恩融入计算性设计方法，应用参数生成工具通过迭代与拓扑生成多个备选方案，并依据规划目标自动选择最具有效适应性的城市形态[①]（图1-46）。同样，扎哈·哈迪德事务所在土耳其卡尔塔尔·彭迪克总体规划（Kartal Pendik Masterplan in Istanbul）中也采用了计算性设计方法实现城市街区体量形式生成，应用参数化工具建构城市不同设计要素与整体形态之间的逻辑映射，以道路网格与街区建筑体量为核心设计对象（图1-47）；同时，考虑公共与私人使用区域的面积配比及不同功能用地的容积率等约束指标。在城市路网优化上，羊毛线程模型（wool-thread model）被应用以实现自适应优化，该模型曾在20世纪70年代被建筑师弗雷·奥托（Frei Otto）用于形态发生，其后被德国斯图加特轻型建筑和概念设计研究所（Institut für Leichtbau Entwerfen und Konstruieren，ILEK）的马雷克·科洛齐耶茨克（Marek Kolodziejczyk）开发成路径寻优模型[②]（图1-48），用于确定城市整体路网布局，进而依据建筑功能划定体量高度范围，并依据高度设定不同类型的点式高层和围合式高层，通过参数化建模程序自动生成整体城市设计概念方案。

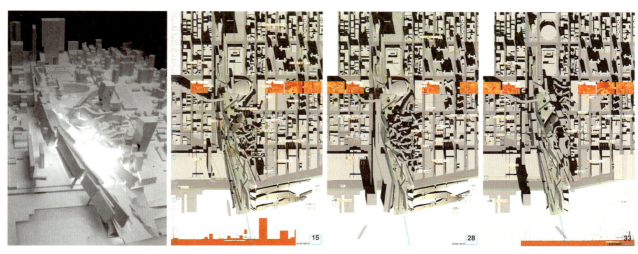

图1-46　纽约新城公园项目参数化模型

20世纪末至21世纪初，以参数化工具为代表的数字建模技术的普及，标志着建筑学进入了数字建筑设计发展的黄金时期。技术的革新使得建筑形秩的几何生成不再受限于经验与感觉之下的反复试错，而是趋向于更为精确和高效的量化控制操作。这种趋向不仅体现了城市与建筑设计的系统性与逻辑性的显著提升，更与建筑自组织特征的内在需求相契合，为设计带来新的可能性和方向。在计算性设计理论、方法与工具的赋能

① MAYNE T, ALLEN S. Combinatory urbanism: the complex behavior of collection form[M]. New York: Stray Dog Café, 2011.
② SCHUMACHER P. Parametricism: a new global style for architecture and urban design[J]. Architectural Design, 2009, 79(4): 14-23.

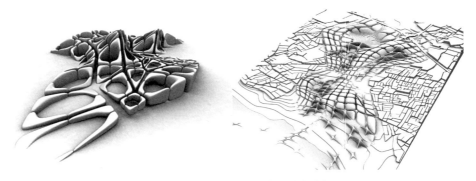

图1-47　卡尔塔尔·彭迪克总体规划

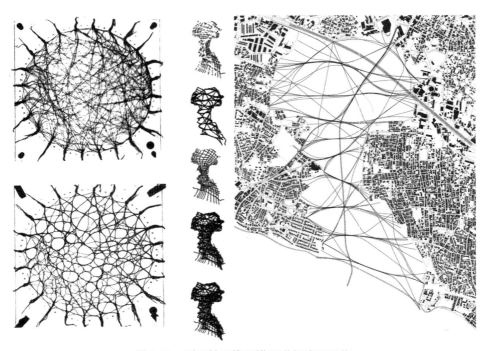

图1-48　利用羊毛线程模型进行路网寻优

下，相关数字化技术如生成、预测、优化和决策等不断涌现，为城市与建筑设计带来前所未有的变革。以算法为内核的智能生成设计和性能驱动设计得以蓬勃发展。这些新技术不仅提高了设计的效率和精度，更使建筑形秩的探索摆脱了形而上的思考局限，朝着智能化、科学化的方向不断深入。

1.3　计算影响下建筑形秩的未来

通过对计算性设计不同内容、不同操作阶段的知识认知和规律进行深入总结，我们能够更加透彻地探究建筑形式与风格的演变发展。这一过程不仅使我们充分理解计算对设计的巨大贡献和深远意义，还帮助我们预判在计算技术的持续影响下建筑形秩的未来发展方向。在这个过程中，我们观察到建筑形秩在时间纵向上呈现出复杂多样的绵延趋势。这意味着建筑形式与风格的变化不是单一的、线性的，而是受到多种因素的交织影响，形成了一种复杂而多变的演进路径。同时，我们还发现了形式操作影响要素的异质化趋向。在计算性设计的推动下，建筑形式与风格的变化不再仅仅局限于传统的建筑元素和构图方式，而是越来越多地受到数字化、智能化等新技术的影响。这些新技术为建筑设计带来新的可能性，也使得建筑形式与风格的变化更加多元化和异质化。

通过对计算性设计的深入探究，我们能够更加全面地理解建筑形式与风格的演变发展，并把握建筑形秩在未来发展方向上的重要趋势。这将为建筑设计领域的创新和发展提供有力的支持与指导。

1.3.1　计算影响下的建筑形秩绵延发展

"绵延"（durée）是法国哲学家亨利·柏格森（Henri Berson）提出的一个重要哲学术语，首次出现在其博士论文《时间与自由意志》（*Essai sur les Données Immédiates de la Conscience*）中，用于解释精神意识。它表示多重刺激共同作用下的情绪化感觉，这种感觉不具有时间先后顺序，而是通过"绵延"链接。在绵延状态下，不同情绪状态彼此连续但不一致，且始终不断差异化运动[1]。"绵延"概念可以很好地概括建筑形秩与计算之间的关联。建筑形秩受社会思潮、技术观念、审美取向、使用者意志等多重因素叠加影响，其中"计算"作为技术手段内嵌于设计、建造和运维等环节。这些要素交互牵引，使建筑形秩风格的变迁呈现持续而复杂的绵延状态，形成多元化发展。

纵观人类进步历史，科学技术的突破常成为社会变革的催化剂，计算方法、工具和手段的革新，如欧式几何、微积分、计算机的诞生，均在不同工业革命时期扮演了关键角色，推动了建筑设计和建造工具以及材料的发展变革。这些技术因塑造了时代的技术语境，激发了不同时代的创作思潮，从而影响了建筑形式语言。然而，形式语言的发展也受设计和建造工具局限性的制约，如20世纪末数字主义初期，复杂形式的实现便面临技术挑战。因此，形式语言、设计和建造工具、建筑材料三者间既相辅相成又相互约束，共同推动着建筑领域的进步与发展。

20世纪末到21世纪初，在计算性设计理论、方法与工具的赋能下，相关数字化生成、预测、优化和决策等技术得以不断涌现。以算法为内核的智能生成设计、性能驱动设计等得以蓬勃发展，对建筑形秩的探索摆脱了形而上的思考局限，朝着智能化、科学化不断深入。这一系列的变革不仅提高了建筑设计的效率，更使得建筑设计的过程更加精确和可控。如今数字技术不断变革，人工智能技术不断创新突破，建筑设计已进入人工智能时代语境。设计和建造工具不断趋向智能化发展，特别是在人工智能生成内容（artificial intelligence generated content，AIGC）的爆发式更迭下，生成式设计工具能够学习海量图像数据并生成建筑概念图像，为设计师提供创作灵感。这一变革有望改变原有建筑设计中建筑师主导设计灵感的传统，使得建筑设计的灵感来源更加多元化。在此背景下，建筑形秩将呈现出风格更为多元化的未来。我们期待看到更多

---

[1] 柏格森. 时间与自由意志[M]. 吴士栋，译. 北京：商务印书馆，2011：61-113.

由数字技术驱动的创新和突破，为人类社会带来更多的美好和惊喜。

1.3.2　计算影响下的建筑形秩异质发展

除了上述时间纵向的绵延影响外，建筑形秩还受到计算性技术在横向维度上的多样化、差异化影响，这种影响导致了形秩的"异质"现象。计算性方法和技术工具在建筑设计中的应用带来形式生成路径差异，得出的结果可能"殊途同归"或"大相径庭"。其中，计算"类型"指的是方法逻辑的差异性；"内容"则指在设计不同阶段中的计算流程操作，或针对设计所需探讨的计算性特征与数字化属性。不同设计阶段"内容"的不同选择会导致"类型"的不同，而"类型"中"内容"的绵延使建筑形秩复杂且多元。因此，"内容"中的不同计算流程与数字化要素是计算性设计理论溯源的重点。

纵观建筑学历史，多种计算性技术、工具和方法被沿用至今，对建筑形式的逻辑推导和科学赋能起到积极作用，并导致形秩"异质"。建筑模数用于考量建筑整体组织特征、协调计算逻辑；几何建模借助模型计算推敲设计潜在的几何形态；性能仿真则借助计算分析技术获取建筑性能数据，科学优化设计方案；算法生成借助智能化计算方法自动生成设计方案，拓展方案探索可能性；万物互联则通过计算性物理终端对设计流程进行延伸、强化、拓展。这些技术、工具和方法是建筑学在不同时期结合计算性技术的产物，对建筑形式的逻辑推导和科学赋能起到积极作用。不同的计算性方法和技术因计算逻辑、目标的差异会导致形秩结果的"异质"。例如，模数控制着建筑组件预制化，使形式呈现出单元组合化；性能仿真推导建筑形式的最优解；算法生成则呈现出形式拓扑化和自由化。在数字时代语境的当下，传统计算性方法与人工智能、大数据、云平台、物联网等新兴技术交叉融合，能够提升设计生成、建模、性能评估等的精度和效率，助力反向推演建筑形式合理性，提升建筑落地实际可行性，实现建筑设计多阶段融通。未来建筑形秩将是集中推演下的合理产物，不再是各自技术独立下的"异质"集合。

建筑模数、几何建模、性能仿真、算法生成、万物互联，这五个要素在计算性设计方法中起着相辅相成的作用，共同推动着建筑设计的进步。它们不仅是建筑发展中萦绕于计算和设计之间的共同话题与关键知识点，也是本书上篇深入探讨的重点。这五大要素在设计的计算和应用中相互交织，共同构成了计算性设计方法的核心。

2
计算与建筑模数

"这些数字契合于人类身体构造及那些空间体积的关键点。因此，它们是人性的。"——勒·柯布西耶《模度》[1]

　　建筑模数是在建筑设计中用于简化复杂计算的工具，它既是计算性思维的产物，也是衡量建筑尺度的标尺。模数可以是绝对数据的重复，如基本度量单位及其倍数；也可以是关联性比例的重复，如古典建筑中的长宽比例；还可以是某种形态的模式化重复应用。设计师针对建筑系统自身几何或物质特性制定专用模数，使其作为衡量标尺。在当下的建筑学科认知范畴内，建筑模数与工业化规则相关联，用于协调建筑尺度、把控预制构件，确保建筑设计、制造、施工安装、拆卸更新等各阶段的标准化和相互协调。对建筑模数的有效使用是解决大批量房屋建造任务、实现建筑工业化的先决条件。在《建筑模数协调标准》GB 50002—2013中，模数被认为是"各行各业生产活动最基本的技术工作，能够促使建筑全生命周期中在功能、质量、技术、经济四个方面得以综合优化，促进房屋建设由粗放型生产转化为集约型的社会化协作生产"[2]。模数在建筑发展历程中并非仅限于建筑工业化，早在古典主义时期就已将柱子直径作为柱式比例的模数出现在建筑形秩中，并通过几何计算反映一种宇宙、自然与神学的神秘性。直至现代主义时期，模数也常用于形秩的计算与协调，因此模数并非仅仅局限于建筑标准化、预制装配化的功能性诉求，更是一种系统性的计算性协调工具。建筑模数的核心意义在于"协调"，其对象和内涵随着建筑学科发展而不断变化，既有形而上学的神秘几何，又有真实物质组成的工业构件。模数与其对象的互动关系在不同时期具有不同的语境与内涵，包含自然隐喻、视觉协调、空间规训、结构优化、材料使用及经济成本权衡等不同协调行为，折射出多维度的复杂特性。在古典主义建筑中，模数关注自然中的神秘现象与几何对称秩序；而后随着机器时代的来临，模数成为批量生产与标准化的基础，经济、效率、精度成为其核心，特别是受工业革命影响，建筑趋向工业预制装配化，模数用于统筹建筑材料、结构、设备等在建筑系统中的互动配合。因此，建筑模数逐渐趋向理性主义与功能化，调和内容也愈发广泛复杂，计算对象也逐渐从几何抽象转向客观物质。在数字时代，模数是建筑系统实现自组织与自适应的前提，是建筑智能化的基础。因此，对模数发展历程的梳理和使用经验的总结，有助于深入理解其使用方法，挖掘其背后的使用逻辑，总结计算性原则，使其更好地融入几何建模、性能仿真、算法生成和万物互联的各关键阶段。

---

① 勒·柯布西耶. 模度[M]. 张春彦，译. 北京：中国建筑工业出版社，2011：27.
② 中华人民共和国国家标准. 建筑模数协调标准：GB/T 50002—2013[S]. 北京：中华人民共和国住房和城乡建设部，2014.

2.1 计算协调下的建筑模数解读

　　建筑模数，作为建筑学中的核心工具，通过计算协调着建筑构件之间的关联，确保了建筑设计的标准化、系列化和通用化。然而，当我们深入探讨模数的"协调"属性在建筑学中的深层意义时，则需回归建筑的本质——一个调节人类身体与环境之间共存关系的媒介。这一视角超越了物质层面，触及了建筑学的学术核心。在建筑史的长河中，尽管学术界对建筑本质的认知众说纷纭，但有一点可以达成共识，便是建筑始终扮演着调节人类身体与环境之间关系的角色。面对不确定的自然变化与身体的多重需求，建筑如同一个复杂的系统，展现出一定的适应能力。柯布西耶的经典名言"住宅是居住的机器"恰好呼应了这一观点，居住代表了身体对空间的需求，而机器则隐喻了建筑的复杂系统性。因此，对建筑模数及其建筑学意义的探讨，也需从使用者"身体"与"建筑系统"这两个核心议题出发。模数不仅关乎物质层面的精确协调，更在身体交互反馈与系统有机组织两个功能层面发挥着关键作用。

2.1.1 建筑模数中的身体映射

　　在建筑模数的设计中，身体作为一个重要的参考尺度，旨在使建筑空间和功能更加适应居住者的身体需求。将身体作为模数的观点早在古希腊时期便已出现，古希腊哲学家普罗泰戈拉（Platonis Protagoras）便曾提出"人是万物的尺度"[①]，强调身体作为人类认知世界、探索自然法则与宇宙秩序的基本模数。古文明时期，古代中国与古印度等封建王朝也常采用身体模数来规划城邦。例如，古印度城市规划文献《斯帕撒斯塔斯》（Silpasastras）记载，城市规划常采用"墓地之灵"（Vastu-purusa）的布局理念，由一系列身体平面模数组成，通过几何网格划分成不同区域，区域间具有严格的比例模数关系[②]（图2-1）。古罗马时期，维特鲁威进一步将建筑模数与人类身体比例相关联，其在《建筑十书》中指出度量单位和数学进制均源自于身体，如英寸、英尺、腕尺分别对应手指、脚、前臂，数学十进制则与十个手指的数量相呼应[③]。这些实例均凸显了身体在建筑模数设计中的核心作用。

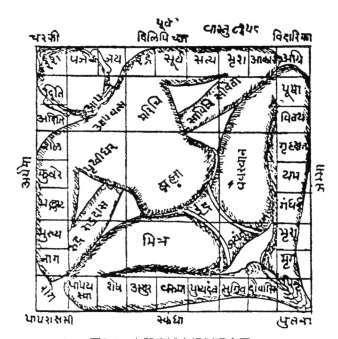

图2-1　古印度城市规划理念图

---

① WHITELAW I. A measure of all things: the story of man and measurement[M]. London: Maillan, 2007.
② 凯文·林奇. 城市形态[M]. 林庆怡，译. 北京：华夏出版社，2001：54-55.
③ 克鲁夫特. 建筑理论史：从维特鲁威到现在[M]. 王贵祥，译. 北京：中国建筑工业出版社，2005.

将身体尺度作为建筑模数的另一目的在于凸显对建筑形式美的追求。文艺复兴时期，对模数和身体之间的映射关系探讨出现在经典设计理论中，将人体模数作为理想建筑形式的表征，认为具有人体比例特征的建筑形态能够激活人们对美的感受，从而形成具身关联。意大利雕刻家弗朗西斯科·迪乔治·马蒂尼（Francesco di Giorgio Martini）在其论著《建筑条约》（*Trattati di Architettura*）中，将建筑的各部分与身体关节标准姿态紧密关联，从而赋予建筑一种秩序美。德国数学家阿道夫·蔡辛（Adolf Zeising）则系统研究了毕达哥拉斯的黄金分割在建筑与绘画上的应用，力求从18世纪盛行的法国理性主义与英国经验主义回归到以人类为中心的范式美学中，将模数扩展到美学普遍法则，在其1885年出版的《美学研究》中指出，黄金分割这一普遍法则"遍布宇宙与个体、有机与无机、声学与光学，并在人的形体中得到最充分的实现，是至高无上的精神理想"[1]。

相较于古典模数在建筑形秩和美学上的表达，现代建筑中的模数运用更强调功能上的高效性，是一种以功能调和为目标并解决身体与环境之间矛盾的途径。在空间规划上，设计者通过归纳人体活动的姿态与习性，建立人因工程学下的建筑模数，对不同建筑房间和家具进行界定，试图建立与人类身体的紧密关联。这一理念在现代主义建筑时期体现得尤为明显。曾任瓦尔特·格罗皮乌斯（Walter Gropius）助手的德国建筑师恩斯特·诺伊费特（Ernst Neufert）通过观察空间内影响和改变人体感知方式的要素，对人体在空间之中的使用情况进行了详细分类，科学统计了不同功能空间中的身体尺度数据，确定了有效的模数单位。在其1936年出版的著作《建筑设计手册》中开发出一套基于功能标准化的模数系统，以满足建筑空间设计的使用。他认为，模数设定会对使用者情绪造成影响，房间尺寸与家具布置会直接影响人体对所处空间的生理和心理感受[2]（图2-2）。

建筑模数与身体之间存在双向交互的具身性关联。建筑模数来源于身体的经验，旨在调和环境与身体在日常使用中的矛盾，确保建筑系统能够满足人们的基本需求。同时，居住和活动于模数所协调的空间中的人们，也会适应模数创造的空间秩序，因此模数同样在建筑环境中对身体进行规训。这种双向交互的现象被哲学家弗朗兹·布伦塔诺（Franz Brentano）称为一种人类精神的意向性（intentionality），即所有精神现象都具有针对性的意识性，它们除了指向对象，还反身性地回溯到感知自身[3]。在建筑模数协调下的感知经验建构中，身体与意识的关联是一种梅洛-庞蒂（Maurice Merleau-Ponty）式的相互交织性关联[4]，不具有清晰的顺序结构。模数从某种意义上也符合这一双向性，不断追问身体在环境维度中的信息投射，并总结经验以展开反馈。

① ZEISING A. Aesthetische forschungen von Adolf Zeising[M]. Frankfurt: Meidinger sohn & comp, 1855.
② NEUFERT E. Bauentwurfslehre[M]. Berlin: Ullstein, 1962: 30.
③ BRENTANO F. Psychology from an empirical standpoint[M]. London: Routledge, 2014.
④ CSORDAS T J. Embodiment as a paradigm for anthropology[M]//Body/meaning/healing. New York: Palgrave Macmillan US, 2002: 58-87.

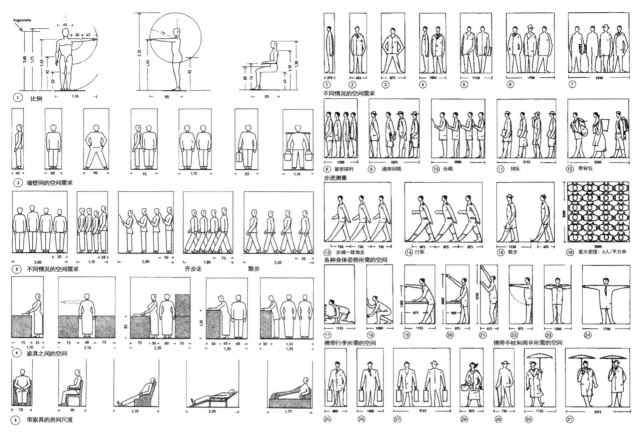

图2-2　恩斯特·诺伊费特的空间人体模数

2.1.2　建筑模数中的系统协调

建筑模数的基本功能是协调建筑系统，通过有效的固定数值将建筑分割成各自模数下的统一要素，如尺寸或比例等。这一机制与还原论（reductionism）的观点相呼应，即认为世界万物皆可拆分成基本要素，如分子与原子等基本粒子。在17～18世纪牛顿力学统治时期，还原论盛行，其视万物为由精巧的基本构件组成的机器。

还原论试图将复杂事物简化为更基本的组成部分，但这种方法无法解释生物体的自组织现象及新陈代谢、繁衍与能量耗散等生命规律。还原论主张通过分割的方法将复杂事物简单化、归一化，然而，对于生物体而言，简单的无机物组成并不能构建出鲜活的生命。因此，还原论无法解释生物的自组织现象，我们需要重新回到整体科学观的视角来认识事物。任何复杂动态系统的整体功能并非单一要素的聚集与组合，而是不同要素通过某种特殊关联形成的共同作用。作为适应复杂动态环境与人居需求的体系，建筑系统不能简单地用还原论思维进行归一化拆解。建筑在某种程度上与有机系统相似，为了适应复杂环境与使用者身体之间的动态需求，其自身必须具备生物体般的灵活性与主动性，否则难以解决户外环境气候变化与使用者舒适性之间的矛盾。正如凯撒·戴利（César Daly）所言，"建筑物并非一堆毫无生气的砖石、钢铁，它是具有自己血液循环系统和神经系统的生命体……光线、冷热水、人体营养物以及高级文明社会的无数附属物全部通过建筑系统得以处理"[1]。奥戈雅在其著作《设计结合气候：建筑地域主义的生物气候研究》（*Design with Climate: Bioclimatic Approach to Architectural regionalism*）中也强调，建筑具有生物属性意义上的调节作用，需"根据人体舒适性与否去过滤、吸收或抵制环境中的要素"，以适应不同地区的气候特点，展现出建筑自身的生物适应特质[2]。

在建筑学的思辨中，还原论与整体论的观点提供了不同的理论视角。还原论强调将整体拆分为部分进行分析，而整体论则注重整体的研究和理解，认为整体具有部分所不具备的属性。在建筑领域，单一的建筑模数若仅代表还原论下的归一观点，则难以应用于需要如生物体般灵活与主动的建筑系统中。实际上，建筑模数制度作为复杂建筑系统的组成规则，不应被简单归类为积木般行为可逆的规则。它更像是协调建筑系统在环境中自我运行的重要规则，或是驱动建筑系统自身如生物体般维持生命活动的"基因编码"。安德鲁·拉塞尔（Andrew L. Russell）在《模块化：一个跨学科的综合历史概念》（*Modularity: An Interdisciplinary History of an Ordering Concept*）中对模块化作了类似的描述，认为模块化是模数二维或三维化的表达，模块化系统由具有标准化接口的较小模块组成，这些模块在预定义的系统架构中组合在一起。每个模块封装了内部细节，便于与总体系统架构集成，并增加了系统的灵活性。这种"即插即用"的方式是应对和管理动态、复杂系统环境的一种有效手段[3]。其观点虽在探讨模块化操作，但模块化作为模数的集成化表达，因此同样指出了模数的复杂而又有机的组织特质。在后现代建筑史中，出现了许多借助模数构建复杂有机系统的建筑学案例，如结构主义时期吕西安·克罗尔（Lucien Kroll）的天主鲁汶大学医学院学生宿舍（Medical faculty and student housing, Catholic University of Louvain）、皮埃特·布鲁姆（Piet Blom）的立方体住宅（Kubuswoningen）（图2-3）、摩西·萨夫迪（Moshe Safdie）的1967年世界博览会栖息地67（Habitat 67）（图2-4），以及新陈代谢主义（Metabolist Movement）时期黑川纪章设计的中银胶囊塔（Nakagin Capsule Tower）（图2-5）等。这些作品都力求实现建筑有机体般的系统整体性及单元转换特质，以实现建筑系统规模的增长与单元转换的更新，从全生命周期的视角实现建筑的自我运维调节。

图2-3　立方体住宅的模块化操作

① CÉSAR D. Revue générale de l'architecture et des travaux publics[J]. Abraxas-libris, 1857(15): 346-348.
② OLGYAY V. Design with climate: Bioclimatic approach to architectural regionalism-new and expanded edition[M]. Princeton: Princeton University Press, 2015: 1-31.
③ RUSSELL A L. Modularity: an interdisciplinary history of an ordering concept[J]. Information & Culture, 2012, 47(3): 257-287.

图2-4 栖息地67的模块化操作

图2-5 中银胶囊塔的模块化操作

然而，真实系统中的不同机能构件并非具有同样的协调机理。若想让建筑达到系统化自适应运作，那么建筑系统需要拥有一套适用于不同建筑"组织"的模数，以分别协调不同类别的构件在内部的功能活动和性能支持。这与现实世界中的建筑现象是一致的，建筑围护、结构、设备等往往使用有别于公制单位的模数法则。这套模数服务于各自构件的批量加工、协调结构间的组合，以及性能与经济效应之间的有效平衡，并将组合起来的建筑系统进行有效的有机管理，使其作为一种自动机器运行。正如加拿大思想家马歇尔·麦克卢汉（Marshall Mcluhan）在《理解媒介：论人的延伸》（*Understanding Media: The Extensions of Man*）中的比喻："人类工作和协作的结构改革，是由切割肢解的技术塑造的，这种技术正是机械技术的实质。而自动化技术的实质则与之截然相反，它在塑造人际关系中的作用是整体化的、非集中制的、有深度的"[①]。而建筑模数便具有这种类似于自动化技术的秩序性，蕴含着一种机器内在的动力学逻辑。

2.2　计算协调下的建筑模数演进

随着时代的发展，模数在建筑中的协同方式和内涵不断发生变化，这种变化与新物质的涌现息息相

---

① 麦克卢汉. 理解媒介：论人的延伸[M]. 吴士栋，译. 北京：商务印书馆，2000：40.

关。建筑材料从早期的天然大理石、木材到工业时代的钢筋、混凝土等人工材料，其质地与性能的变化促使建筑师与工程师重新思考并修改原有的模数机制，甚至重建新的模数机制。在这一进程中，计算成为连接材料与模数的双向行为，通过模数可以揭示材料和模数自身的相互作用。下文将系统性梳理计算具身下的建筑模数演进。

2.2.1 几何比例下的古典模数

几何比例作为模数系统的使用源自于古希腊、古罗马时期，主要体现在古典主义建筑之中。为了加速国土扩张及贸易往来，古罗马帝国对建筑测量系统和度量单位进行了统一。这一举措不仅有助于提升石材交易的效率，还极大地提高了砌筑效率。工程师和建筑师们开始深入投入到测量系统的研究中，结合数学原理与日常经验对建筑度量单位及其依据进行了深入探究[①]。这些努力不仅推动了建筑技术的进步，还为后来的建筑模数系统发展奠定了坚实基础。

在古希腊与古罗马的椭圆形剧场设计中，常采用两种特定的三角形比例秩序：一种是基于3：4：5的毕达哥拉斯三角形，另一种是含有60°内角的等边三角形。这两种模数作为椭圆生成机制，代表着罗马柱式的标准化公制。这种标准化的模数化设计极大地提升了石材定制与加工效率，避免了不必要的时间与运输成本耗费。此外，统一简化的比例模数，如1：1、1：2与3：2，不仅导向了相对简约的建筑造型，还避免了复杂的加工和建造流程，有效降低了出错风险[②]。

古典时期的神庙立面设计具有明确的模数化操作特征。在奥林匹亚的宙斯神庙（Zeus at Olympia）、雅典的赫菲斯托斯神庙（Hephaistos at Athens）、巴萨伊的阿波罗神庙（Apollo at Bassae）、苏尼翁的波塞冬神庙（Poseidon at Sounion）、拉姆诺斯的复仇女神神庙（Nemesis at Rhamnous）等神庙中采用了三陇板（triglyph）的宽度作为模数参照，每个柱间距约5倍于三陇板的长度。尽管不同神庙在施工过程中会作出调整，造成柱间距存在差异，但在模数化操作的控制下，神庙立面的长度与高度往往保持2：1的比例关系，使其保持整体的形态和谐性。建筑师在组织建筑系统时，会先采用模数进行计算，再基于计算结果获取立面整体比例。在获取比例后再反过来调整模数大小，以协调模数使用与整体比例控制之间的冲突，这种方式被称为调制比例（modulated proportions）[③]（图2-6）。

1551年，塞巴斯蒂亚诺·塞利奥在其著作《非凡之路》中提出，建筑入口高与宽及附属装饰中的几何尺寸宜具有1：3和2：3的比例模数，并对立面形式要素进行了模数化定制，包含山花、檐部、柱身与底座等（图2-7）。这种模数化操作准则为后来的建筑立面设计提供了有效参考[④]。

---

① KOSTOF S. The practice of architecture in the ancient world: Egypt and Greece[J]. The architect: Chapters in the history of the profession, 1977: 3-27.
② JONES M W. Designing the roman corinthian capital[J]. Papers of the British School at Rome, 1991, 59(1): 89-151.
③ WILSON JONES M. Ancient architecture and mathematics: methodology and the Doric temple[M]//Architecture and Mathematics from Antiquity to the Future. Cham: Birkhäuser, 2015: 284.
④ SPALLONE R, VITALI M. Geometry, modularity and proportion in the extraordinario libro by Sebastiano Serlio: 50 portals between regola and licentia[J]. Nexus Network Journal, 2020, 22(1): 139-167.

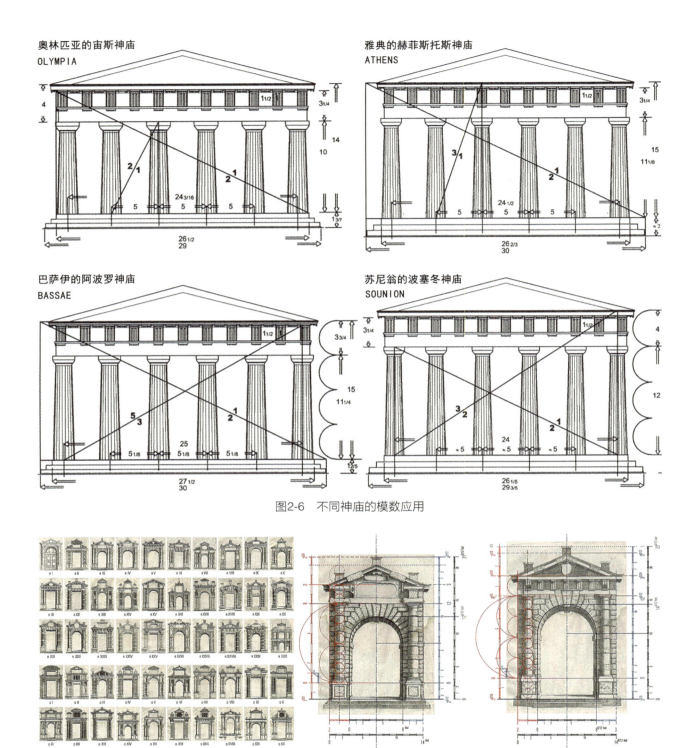

图2-6 不同神庙的模数应用

图2-7 《非凡之书》中总结的立面模数

　　除了采用具有典型几何图形比例的数值外，古典主义时期的建筑也常采用神圣比例作为协调建筑结构形式的模数。神圣比例模数的主要用途是控制建筑形式与秩序，将宇宙的隐喻视作建筑的准则。因此，比例需具有神学表征与自然法则的普世规律，才能成为有效的建筑模数。例如，身体比例、音乐比例与黄金分割比例都是古典主义时期建筑中常用的神圣比例。

文艺复兴时期，阿尔伯蒂与帕拉第奥传承了亚里士多德、柏拉图、欧几里得和维特鲁威等先贤们的比例模数思想，并将其广泛应用于建筑设计之中，在建筑空间结构与装饰中进行呈现。帕拉第奥与壁画家乔瓦尼·巴蒂斯塔·泽洛蒂（Giovanni Battista Zelotti）合作设计的埃莫别墅（Villa Emo）便是典型例证，其中采用了大量的音乐比例与黄金分割比例模数。别墅房间采用16：27的长宽比，这一比例源自于16：24：27的音乐复合比例，对应于五度音（16：24或2：2）和大调（24：27或8：9）。同时，黄金分割也被用作别墅立面与平面的形秩模数①（图2-8）。

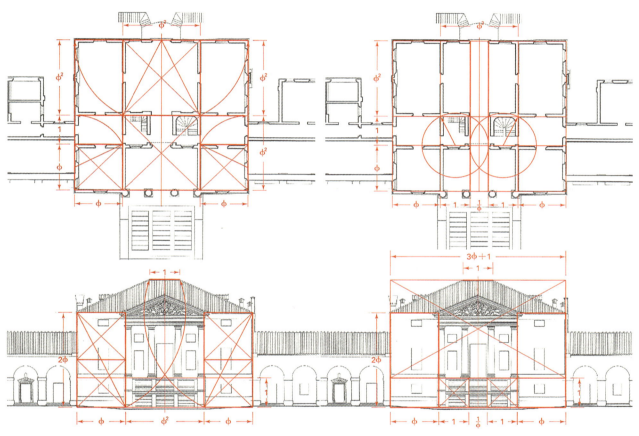

图2-8　埃莫别墅采用的黄金分割模数

除了古典建筑之外，现代主义建筑师的作品中同样显露出和古典模数"纠缠与暧昧"的痕迹。众多建筑师，如勒·柯布西耶、路易斯·康（Louis Kahn）②、阿尔多·凡·艾克（Aldo van Eyck）③、鲁道夫·辛德勒

① FLETCHER R. Golden proportions in a great house: Palladio's villa emo[J]. Architecture and Mathematics from Antiquity to the Future, 2000(2): 73-85.
② FLEMING S, REYNOLDS M. Timely timelessness: traditional proportions and modern practice in Kahn's Kimbell Museum[J]. Nexus Network Journal, 2006, 8(1): 33-52.
③ FERNÁNDEZ-LLEBREZ J, FRAN J M. The church in the Hague by Aldo van Eyck: the presence of the Fibonacci numbers and the golden rectangle in the compositional scheme of the plan[J]. Nexus Network Journal, 2013, 15(1): 303-323.

（Rudolph Schindler）[①②]、亚历桑德罗·德拉索塔（Alejandro de la Sota）[③]等，均认为古典比例模数可以延续到现代设计中，甚至可以作为普遍适用的设计原则（图2-9、图2-10）。其中，柯布西耶在理论和实践过程中将现代建筑与古典模数紧密结合。20世纪初，为了简化英制和公制单位在建筑设计中的转换，柯布西耶创造出和谐映射人体尺度的新型计算比例单位——模度（modulor）。模度的创建源自于柯布西耶对古代人体和谐比例的史料研究与理论挖掘，包括毕达哥拉斯的黄金分割、维特鲁威的人体比例、斐波那契数列等，并提出了著名的红蓝尺模度[④]；之后将其应用于马赛公寓、印度昌迪加尔法院等设计中（图2-11）。实践中不仅体现了对古典模数的尊重与延续，也展示了其在现代建筑设计中的创新应用。

随着20世纪建筑工业化与系统化管理的发展，"标准化"成为建筑行业的重要议题，特别是随着建筑产业的分工细化，设计与工程之间的协同配合愈发重要，模数系统逐渐成为建筑设计、施工、装配等各阶段相互协调的有效途径。然而，20世纪中叶后，基于身体尺度和自然秩序表征的几何比例模数，如黄金分割比例、斐波那契数列等，这些带有传统人文美学色彩的模数在建筑设计中的使用与探讨逐渐减少，不再作为建筑核心设计概念。模数制度转向更注重物质化与建造层面标准化的功能效应，如结构受力、静力可行、种类通用等，开始适用于预制化、装配化的建筑工业化操作流程。

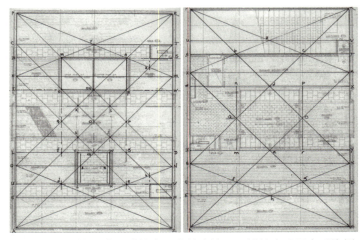

图2-9　路易斯·康设计的金贝儿美术馆平面模数中采用音乐比例

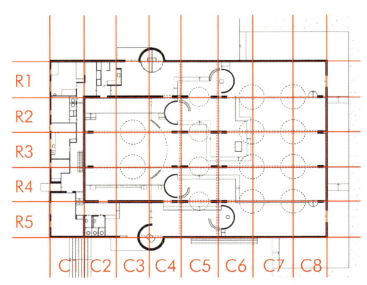

图2-10　阿尔多·凡·艾克设计的阿尔斯牧师教堂（Pastoor van Ars Church）其平面模数采用黄金分割变体——斐波那契数列矩形

① MARCH L, RUDOLPH M, SCHINDLER. Space reference frame, modular coordination and the row[J]. Nexus Network Journal, 2003, 5(2): 51-64.
② PARK J H, RUDOLPH M, SCHINDLER. Proportion, scale and the row[J]. Nexus Network Journal, 2003, 5(2): 65-72.
③ DEL CASTILLO SÁNCHEZ Ó. Proportional systems in late-modern architecture: the case of alejandro de la sota[J]. Nexus Network Journal, 2016, 18(2): 505-531.
④ 勒·柯布西耶. 模度[M]. 张春彦，译. 北京：中国建筑工业出版社，2011：27.

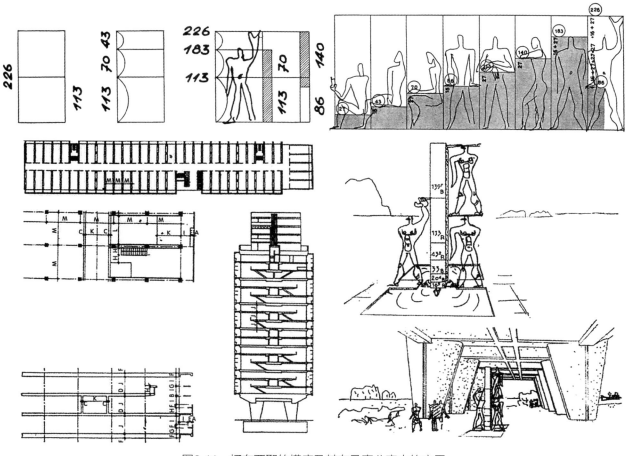

图2-11　柯布西耶的模度及其在马赛公寓中的应用

2.2.2　营造法式下的模数法则

模数并非西方建筑学计算性设计的独有内容，在中国古代建筑历史中同样占有重要地位。早在春秋末期的《周礼·考工记》中就曾记载了用于城市规划的理想模数标准，"匠人营国，方九里，旁三门，国中九经九纬，经涂九轨，左祖右社，面朝后市，市朝一夫"，这体现了模数制度在古代城市规划中的应用[①]。中国古建模数最早源自于生活或生产中的器物，如周代的"筵"席模数制源自于古人的桌案；南北朝则运用建筑构件"斗"作为模数，以解决古建筑设计与施工中的计算问题。

《营造法式》是中国古代记载传统建筑模数制最早的著作之一，这部由北宋著名建筑学家李诫编撰的书籍，是北宋时期官方颁布的一部建筑设计与施工的规范书。《营造法式》将当时和前代工匠的建筑经验加以系统化、理论化，提出了一整套木构架建筑的模数制设计方法，并提供了珍贵的建筑图样，对之后的建筑发展产生了深远影响[②]。

---

① 王贵祥. 匠人营国：中国古代建筑史话[M]. 北京：中国建筑工业出版社，2015.
② 史向红. 中国唐代木构建筑文化[M]. 北京：中国建筑工业出版社，2012：36.

《营造法式》的模数制体现了"因材定度"的思想，依据材料类型归纳了不同建筑中的使用模数，按照卷数次序依次包含壕寨制度、石作制度、大木作制度、小木作制度、雕作、旋作、锯作、竹作、瓦作、泥作、彩画、砖作、窑作等，详细规定了不同建筑构件的模数大小[①]。其中，最具代表性的模数是大木作中的"材分制"（图2-12）。在这一制度中，"材"被规定为一种统一规格的矩形截面，其截面高度的十五分之一被称为"分"，作为"材"的下一级模数单位。在"大木作制度一"开篇便指出，"凡构屋之制，皆以材为主，材有八等，度屋之大小，因而用之"，强调了"材"这一模数在宋代大木作中的重要地位。并提出"各以其材之广，分为十五分，以十分为其厚。凡屋宇之高深，名物之短长，曲直举折之势，规矩绳墨之宜，皆以所用材之分以为制度焉"。详细说明了如何利用"材"和"分"这两个模数来实现建筑构件的丈量，从而保证了木构建筑的预制和装配。

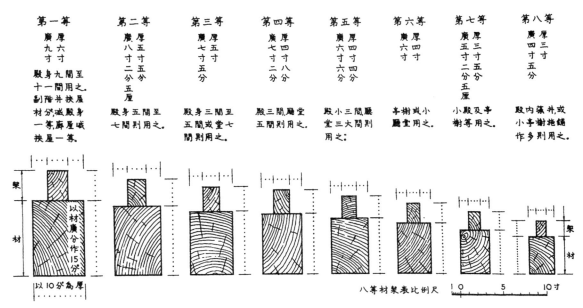

图2-12 《营造法式》中"材分制"的规定

　　材分八等，是按照建筑等级进行指定材的模数大小调配。对于第一等材而言，其尺寸为"广九寸、厚六寸，以六分为一分"，并规定"右（上）殿身九间至十一间则用之"。即殿身需要满足9~11间可采用一等材的模数单位，此后等数逐级不等量递减。这种明确的模数调配方式，既符合用于建筑结构支撑的物料使用配

---

① 梁思成. 营造法式注释[M]. 北京：中国建筑工业出版社，1983.

比，又与结构强度需求相契合。

  同样，"材分制"模数不仅用于斗栱结构中，也用于其他结构中，如壕寨立基、石作覆盆，以及大木作的梁、柱等。斗栱结构分为华栱、泥道栱、瓜子栱、令栱、慢栱五类，每类都有详细的模数规定（图2-13、图2-14）。除了斗栱之外，还对大木作中的其他结构作了同样的模数等级划分，如飞昂、爵头，以及"大木作制度二"中的梁、柱、椽等。除了大木作，"材分制"也应用于小木作，特别在门的装饰尺寸规定上应用较为频繁；此外，对额、门簪、地栿、门砧等不同构件都有详细的材分模数规定。

图2-13 斗栱中"材分制"模数的使用

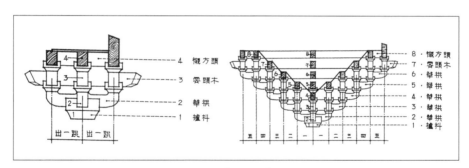

图2-14 铺作中"材分制"模数的使用

  "材分制"是《营造法式》中最为系统、特征最为鲜明、总结与应用最为全面和成熟的中国古代建筑模数制度。制定因等级、因材施用的设计规范，既体现了礼乐象征和等级区分，又便于计算工料和施工，同时也是为了"关防工料"，防止工程中的舞弊和贪污[①]。通过执行标准化、规范化的操作，"材分制"在保证建筑艺术水准的同时，大大减少了资源浪费，并极大地提升了设计建造效率。

  《营造法式》中的模数规则不仅涵盖了建筑构件的木作模数，还体现在建筑不同部分间的比例关系上，尤其反映在唐宋时期的单檐木构建筑中。其中，建筑檐高和柱高之间的比例关系是一个重要方面，它们之间

---

① 梁思成. 营造法式注释[M]. 北京：中国建筑工业出版社，1983.

存在着较为固定的比值 $\sqrt{2}$。这一比例关系不仅体现了对建筑整体形式的模数控制，还蕴含着深厚的建筑美学和象征意义。同时，不同开间内的当心间立面也存在精确的比例关系，进一步彰显了古代建筑设计的严谨与精妙[1]。在《营造法式》中，记录了"方一百其斜一百四十有一""圆径内取方一百得七十一"等相关规定，这实际上是描述了1和 $\sqrt{2}$ 之间的比例关系。通过学者陈明达在《营造法式大木作制度研究》中对山西南禅寺、山西佛光寺、山西镇国寺、福建华林寺等遗存建筑的勘测数据分析发现，唐宋时期建筑的檐高和柱高的比值大都在 $\sqrt{2}$ 上下浮动（图2-15），这一比例模数不仅用于柱檐高度的界定，还表现在木构建筑的当心间立面、单体建筑平面及院落组群平面的长宽比例上（图2-16）。对于这一模数的作用与意义，清华大学王贵祥教授认为它有助于保持建筑整体立面形式的美观协调与秩序一致[2]，使檐口线与柱头阑额线之间具有清晰明确

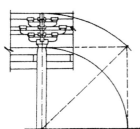 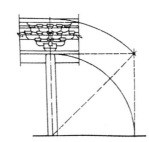 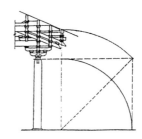

五台南禅寺大殿（唐，3间）柱檐比例　　宝坻广济寺三大士殿（辽，5间）柱檐比例　　义县奉国寺大殿（辽，9间）柱檐比例

图2-15　三开间、五开间、九开间殿堂柱檐比值

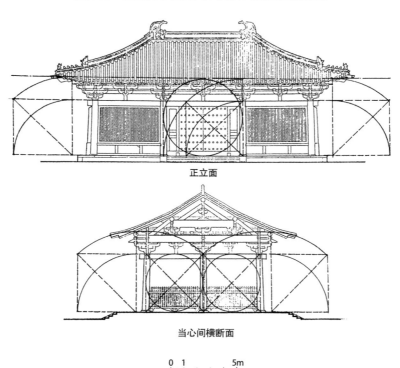

正立面

当心间横断面

0　1　　　　5m

图2-16　蓟县独乐寺山门剖面和立面图比例中的 $\sqrt{2}$ 模数关系

---

① 王贵祥. 唐宋时期建筑平立面比例中不同开间级差系列探讨[J]. 建筑史，2003（3）：13-14.
② 王贵祥，刘畅，段智钧. 中国古代木构建筑比例与尺度研究[M]. 北京：中国建筑工业出版社，2011.

的关系，整个结构形式自上而下过渡恰当合理，呈现出"不即不离"的视觉效应。此外，$\sqrt{2}$ 的比例也存在于正方形与圆形的内切和外接关系中，蕴含了"天圆地方"的概念，体现出建筑映照宇宙的象征性内涵。

《营造法式》是我国乃至世界建筑史上不可多得的光辉文献，代表了一套独立、科学、完整的设计和建造体系。相较于西方建筑的形式化操作，《营造法式》指导下的唐宋木构建筑，通过模数计算实现了系统化建构，由内而外地凸显出几何与数字的秩序、韵律之美。其内核在于对模数的灵活运用，使设计遵循严谨的程序化操作，不同构件之间得以有机高效地组合，实现建筑整体在形式、材料、结构上多维自洽。《营造法式》所体现出的模数化理念与预制化操作智慧，对现代建筑学在计算性设计领域的探索与创新具有重要的参考价值。

2.2.3　工业革新下的模块预制

在工业模数制的影响下，建筑结构的设计开始遵循工业化产品加工的原则与流程，通过模数计算，设计师能够设计出不同建筑构件的理想标准原型，并制定出系统化的建筑标准规则。这些规则明确了建筑构件用于协调空间的几何尺寸，进而实现了建筑模块化预制。建筑模块化预制是建筑数字模数的物化体现，它将三维几何直接作为模数要素进行系统化操作。这一发展特征是近代工业革命时期建筑发展的重要标志，也标志着新建筑范式的转型。

建筑模块化预制并非近代工业技术的独特产物，其概念和实践早在古文明时期就已初现端倪，如公元前40万年以前的游牧民就开始借助固定标准尺寸的树干、树枝等构件搭建房屋；公元前3500年的苏美尔人在寺庙建筑中也开始使用模块化的黏土砖[①]（图2-17）。进入工业革命时期，建筑模块化开始从支撑结构入手，铸铁作为最早投入建筑中的革新材料结构，引领了这一变革。18～19世纪，钢铁材料因其出色的强度与防火性能，在建筑中得到了广泛应用。同时，原有铸铁产品的标准预制化拼接模式也被引入建筑结构之中，这一创新推动了结构范式的革新。

图2-17　古代的模块化建筑

---

① STAIB G. Components and systems: modular building: design, construction, new technologies[M]. Basel: Birkhäuser, 2008: 14-15.

桁架结构作为工业革命早期最具代表性的建筑模块化预制系统，最早出现于19世纪初。1838年英国土木工程师查尔斯·福克斯（Charies Fox）设计的伦敦尤斯顿车站是首个采用全铸铁三角桁架顶棚的火车站（图2-18）。此后越来越多的三角静定桁架应用于建筑空间中，推动了对桁架设计方法与理论的探究。钢铁三角桁架的设计关键在于合理的单元三角架模块，其几何特征与尺度的有效性需借助力学计算方法进行推导。19世纪40年代，沙俄工程师尤拉沃斯基（Dmitrii Ivanovich Zhuravskii）与卡尔·盖加（Karl Ritter von Ghega）发明了直接计算桁架梁应力的方法[1]；1851年德裔瑞士工程师卡尔·库尔曼（Karl Culmann）通过对一系列悬臂桁架梁的研究拓展了桁架理论，应用图解法解析了受压和受拉构件，实现了对复杂受力的简化，并出版了著作《图解静力学》（Die Graphische Statik）。苏格兰工程师罗伯特·亨利·鲍（Robert Henry Bow）在其著作《支撑论》（A Treatise on Bracing）中将桁架结构分为四类，即两个平行梁、在支撑处相交的两个非平行梁、单拱、两个平行或近乎平行的灵活拱，从而进一步推动了桁架结构的模块化发展[2]（图2-19）。到70年代时，桁架结构在建筑的屋顶承载中得到大规模应用，标志着建筑模块化的兴起。综上所述，桁架结构的发展不仅推动了建筑技术的进步，也为现代建筑模块化预制系统奠定了基础。

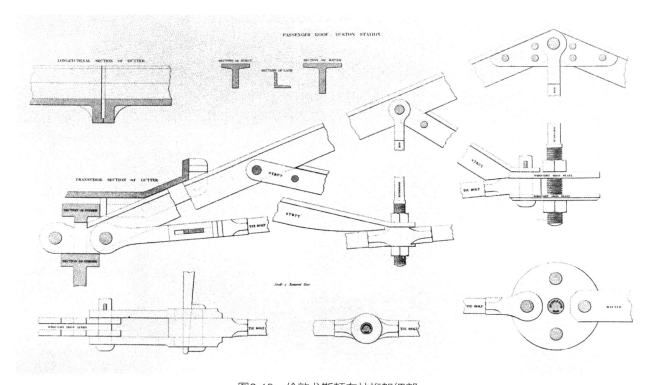

图2-18　伦敦尤斯顿车站桁架细部

---

① JOURAWSKI D I. Remarques sur les poutres en treillis et les poutres pleines en tôle[J]. Annales des ponts et chaussées, 1860, 3(2): 128.
② BOW R H. A treatise on bracing: with its application to bridges and other structures of wood or iron[M]. New York: Van Nostrand, 1874.

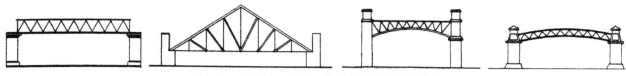

图2-19　罗伯特·亨利·鲍提出的四类桁架结构

工业革命时期的建筑模块化预制中，铁骨架结构是另一具有代表性的创新。其中，1851年建成的伦敦海德公园水晶宫（Crystal Palace in Hyde Park，London）是历史上最为著名的铁骨架模块化预制结构建筑，由英国园艺师、建筑师约瑟夫·帕克斯顿（Joseph Paxton）设计。水晶宫的建筑模块化预制体现在两个方面，一方面是建筑衔接件的安装设计，另一方面是建筑空间组织。在建筑衔接件的设计上，为了实现装配式安装，所有铸铁件都进行预制化处理，这保证了安装速度并降低了建设成本。在骨架的连接端头采用楔子形设计，替代了传统的螺栓与铆钉，实现了梁柱的快速安装。此外，拱形十字翼部位也设计了预制装配节点，安装时无须使用脚手架；更值得一提的是，该项目实现了双向框架系统的可扩展式设计，非常便于预制化安装与重组[①]。而在建筑空间组织上，水晶宫采用了模块化方法进行平、立面的划分，选取每个展位的规定宽度8英尺（1英尺约合0.30米）作为建筑的基本模数。在此基础上，建筑空间的所有尺寸都依据一系列指定的模数序列展开设定。例如，中央展台的尺寸为24英尺，中央展览大厅的外墙间距规定为120英尺，结构跨度为72英尺。结构跨度分为42英尺与24英尺两种，而支撑屋面的桁架结构体系由24英尺的标准桁架构成。中央大厅纵向桁架更是达到72英尺的跨度。这些模数的设定既满足了大型空间使用的有效性，又保证了铁骨架结构受力荷载的稳定性（图2-20）。

20世纪初至30年代，随着工业化发展进入繁盛期，"机器"成为社会、时代聚焦的新议题。机器辅助下的批量化生产迅速替代传统手工业，新兴工业产品的制造方式不断冲击着建筑师的设计观念，促使其思考如何将工业化制造方式应用于建筑设计。以模块化为核心的装配式设计（prefabricated building design）成为建筑学的热衷话题，预制装配式技术降低人工劳作的不确定性，用标准化建造来保证效率与质量，同时其所具备的快速建造特质也迎合了城市人口不断增长下急迫的居住需求，特别是为低收入阶层提供住所，缓解了社会矛盾。

为实现装配式设计，建筑师需统筹考虑整合设计、建造、管理、销售等各环节，并以产品思维思考建筑设计、材料、成本等方面的优化问题。这需要将建筑纳入工业产品批量化生产模式，并借助工业产品模数制定的方法进行建筑模块的尺度与结构计算和规定。历史上，许多知名建筑师都尝试探索过装配式设计下的建筑模块化和设计标准化问题，代表性人物有彼得·贝伦斯（Peter Behrens）、瓦尔特·格罗皮乌斯、勒·柯布西耶、密斯·凡·德·罗、理查德·巴克敏斯特·富勒（Richard Buckminster Fuller）等。柯布西耶于1914年提出了"多米诺体系"，开发了预制装配式住宅雏形；格罗皮乌斯于1932年设计的铜屋（Copper House）

---

① ADDIS B. The Crystal Palace and its place in structural history[J]. International journal of space structures, 2006, 21(1): 3-19.

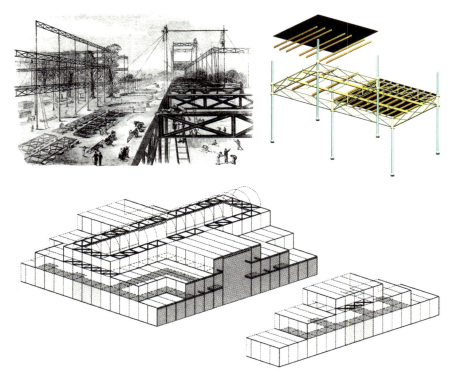

图2-20　水晶宫中的桁架梁与双向跨结构体现出的模块化操作

开拓了金属板式结构快速建造住宅的新范式；富勒于1927年设计了戴马克松住宅（Dymaxion House），开启了灵活住房实验，并构建了预制浴室模块[①]（图2-21）。其中，阿尔伯特·法威尔·贝米斯（Albert Farwell Bemis）、康拉德·瓦克斯曼（Konrad Wachsmann）与马克斯·门格林豪森（Max Mengeringhausen）在建筑模块化上的探索尤为激进和具有代表性。

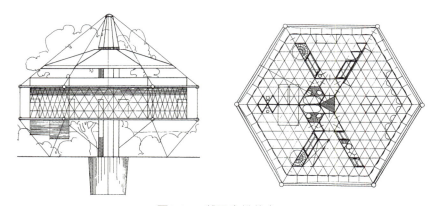

图2-21　戴马克松住宅

① FERREIRA S M, JAYASINGHE L B, WALDMANN D, et al. Recyclable architecture: prefabricated and recyclable typologies[J]. Sustainability, 2020, 12(4): 1342.

美国实业家贝米斯是建筑模块化的积极倡导者，其模数思想对战后美国建筑标准的建立有重要影响。在1936年出版的著作《进化的住房三部曲之三：理性设计》（*The Evolving House Volume III: Rational Design*）中，贝米斯系统地提出了立方体模块化概念，即以4英寸（1英寸合2.54厘米）立方体为单元的模数系统，也称为贝米斯模块系统（Bemis cubical modular concept）[①]。建筑的门、窗、墙壁、天花板等组件都以此为基础，每个组件都可以设计在立方体矩阵内。立方体作为设计的基础，提供的不仅仅是一个几何六边形图形，在其中还可以明确定位结构的所有特殊要求，包括尺寸、设计、三个方向中任何一个方向的互连，同时确保设计结构的统一性、多样性和对称性。贝米斯认为，立方体模块化概念的提出，可使基本层面上每个建筑组件实现空间协调，更会带动从设计到组件制造再到现场组装的建筑行业方方面面的转型，进而降低成本、减少浪费并提高效率（图2-22）。

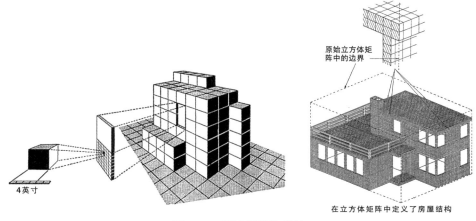

图2-22　贝米斯模块系统

　　德裔美国建筑师与建筑理论家瓦克斯曼一生都致力于预制装配式建筑理想结构的探索，不仅在工程应用上有所建树，而且还积极投身于灵活通用的模块化建筑构件等工程技术体系的研发。其主要贡献包括以"打包住宅"（packaged house）与"活动空间构架"（mobilar space-frame）为代表的实验性研究，"通用模数与节点"（universal module and joints）技术体系研发，以及在欧洲与美国的建造实践三个方面。1941年，他与格罗皮乌斯合作建立了通用板材公司（General Panel Corporation），致力于研发有效的模块化建筑，开发了"打包住宅"体系，希望其成为完善的预制体系，无须训练工人即可实现建筑构件的快速装配。"打包住宅"的主要构件是宽3英尺4英寸、高8英尺4英寸的标准模块化板材和楔形金属连接件，使得住宅具有良好的力学和抗震性能的同时，又可以无限延展，形成多种形式变体（图2-23）。1944年，瓦克斯曼尝试将预制模块系统应用于大跨度建筑中，于是开展了活动空间架构研究，并应用于飞机制造车间（图2-24）。这一模块化架构也被应用到加利福尼亚市政厅的大跨度空间设计中。1961年，瓦克斯曼出版了《建筑的转折点：结构与设计》（*The Turing Point of Building: Structure and Design*），预言性地指出依托预制模数计算的工业化建筑是建

① BEMIS A F. The evolving house: the economics of shelter[M]. Basel: Technology Press, 1934.

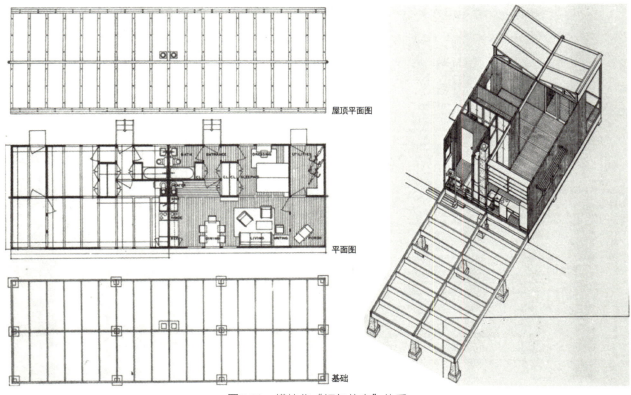

图2-23 模块化"打包住宅"体系

图2-24 模块化活动空间架构

筑行业发展的未来[①]。

　　德国工程师门格林豪森于1942年受德国学者奥古斯特·弗普尔（August Otto Föppl）的空间结构理论与工程师瓦尔特·波斯特曼（Walter Porstmann）的标准化理论基础的双重启发，发明了可拆卸的空间框架结构——MERO（mengeringhausen rohrbauweise）[②]。MERO系统基于管状构件和接头形成连接件的组合，能够实现灵活的调节与转动，每个接头有18个不同方向的螺纹孔满足不同杆件的连接，杆件被加工成标准长度，

① WACHSMANN K. The turning point of building: structure and design[M]. New York: Reinhold Publishing Corporation, 1961.
② KURRER K E. Zur Komposition von Raumfachwerken von Föppl bis Mengeringhausen[J]. Stahlbau, 2004, 73(8): 603-623.

从而实现不同截面框架的搭建，其模块形态结构可以实现任意空间的组织与延展。法国巴黎蓬皮杜艺术文化中心采用了MERO结构系统，使用标准件、金属接头和金属管件组成内部48米跨度无支撑的自由空间，创造出巨大的室内广场，充分发挥出模块化结构的优势（图2-25）。

图2-25　MERO模块化系统

随着20世纪60年代现代主义建筑运动接近尾声，欧美城市住宅短缺问题基本得以解决，以城市人口居住问题为导向的模块化装配式建筑不再具有刚需优势，相应的设计需求急剧缩减。此时，建筑师开始为建筑模块化预制系统寻求新的设计理念，将装配式设计、模块化系统转译为一种符合时代发展、指向城市未来的建筑风格化语汇。其中包括以伦佐·皮亚诺（Renzo Piano）、理查德·罗杰斯（Richard George Rogers）为代表的强调工业机械美学的高技派风格（High-tech），以阿尔多·凡·艾克、赫曼·赫兹伯格（Herman Hertzberger）为代表的荷兰结构主义建筑（Structuralism），以丹下健三、桢文彦、菊竹清训、黑川纪章为代表的新陈代谢主义（Metabolism）等。究其本质，这些建筑风格下的设计创作都是借助模数计算方法，搭建适用于特定环境场域、满足功能与使用需求的模块化系统，通过模数协调组合模块系统在尺度、功能、材料上的逻辑合理性。

2.3　计算作用下的建筑模数发展

意大利历史学家卡洛·金兹伯格（Carlo Ginzburg）的微观史学观点对理解建筑模数具有启示意义。金兹伯格强调"通过无名的个人，可以看到某个时代的世界缩影"，其将"个人"视为时代社会结构的模数，体现出以小见大的映射意义。这一观点同样适用于建筑模数，它是不同时代技术逻辑在建筑中的投射与反映，其技术发展和意义变迁体现了建筑学不断科学化、时代化的进程。

2.3.1　建筑模数科学化发展

建筑模数作为设计工具，实现了功能与形式的量化协调，增强了建筑设计的科学性。然而，其理性控制逻辑似乎与设计本体的"直觉"或"感性"相悖，可能干预设计的自由发展。但量化方法是评估建筑设计功能效益的科学途径，模数思考有助于设计师明晰空间与功能的组织逻辑。这与克里斯托弗·亚历山大（Christopher Alexander）的观点相呼应，他在其著作《形式综合论》中批判了风格类型分类的缺陷，强调"逻辑可涉及更为普遍的东西"，并指出直觉与风格的依赖可能疏远建筑师与工程师的合作。因此，建筑模数是量化建筑不同层面中的组织关系、把控和协调建筑形式风格与工程建造逻辑的有效途径。

建筑模数作为建筑设计中的标准尺寸单位，其未来发展将更加科学化。在人因工程学兴起的背景下，建筑模数将融合心理学、生理学、人体测量学等多学科知识，探究人居环境营造的关键要素和机理，这一趋势将推动建筑模数朝着更加精细化、人性化的方向发展，实现设计标准化、原则化，提高设计效率和质量，同时降低建筑成本。建筑模数将借助人因工程学等跨学科方法，科学推导空间尺度、进光量、空气质量等物理参数，使建筑空间的分析和评估更加准确。通过对人居环境设计参数和人体舒适、健康、绩效之间的映射量化关联研究，建筑模数将能更精确地界定理想阈值，实现空间的精细化设计。

如今，人因工程学与计算机科学、人工智能等形成了密切的多学科交叉，这一融合为数据分析带来了新技术和新方法。借助机器学习、深度学习和模型可解释分析方法，我们能够更深入地抽取复杂人因数据底层规律，从而克服传统数据分析中的瓶颈。传统数据分析在处理非线性关联和高维数据时存在不足，而新技术和新方法的应用能够更准确地探求人因复杂机理，从而提升模数设计的精度和应用可行性。

2.3.2 建筑模数反映时代发展

建筑模数不仅体现了技术变革的历程，而且深刻反映了社会发展的思潮。其发展不仅贯穿于建筑学历史的进程，更凸显了社会进步的思潮和变革。加拿大技术批判理论家安德鲁·芬伯格（Andrew Feenberg）在《质疑技术》（*Questioning Technology*）中总结出两类技术观点，一方面技术是一种纯粹中立的、马丁·海德格尔（Martin Heidegger）式的"揭示工具"，另一方面也是"技术决定论"（technological determinism）下一种自身作为政治手段的"规范与秩序"[①]。这一论述表明技术既是解决问题的中立工具，也是社会发展依赖的意识形态基础，具有深远的社会思想效应。

从历史发展来看，模数同样具有这种技术自身所带来的作用功效和社会思想效应。在古希腊时期，将黄金分割、音乐比例等作为建筑模数实现形式操作，旨在体现宇宙神学下的和谐秩序，石材加工中的模数设定基于经验和技术性反馈；《营造法式》中以"材分制"为主导的模数，既是对木材特质的应用总结，也体现了"社会控制技术"；而近代以来的标准化模数与模块化操作，是工业流水线技术的产物，支持社会平等秩序与居住权利保障；而高技派、新陈代谢学派的模块化发展，则反映了信息科学、系统科学与控制科学等多重影响下的技术认知和模块化设计思维渗透到不同科学领域带来的技术革新。因此，建筑模数不仅是技术工具，也体现了技术性意识形态，是建筑学对时代发展的积极反馈。

随着数字时代的创新发展，人工智能技术正以前所未有的速度进行迭代，预示着未来各行各业将面临运

---

① FEENBERG A. Questioning technology[M]. London: Routledge, 2012.

作格局的颠覆性变革。这一技术革命不仅将改变我们的工作方式和生活方式，而且可能对社会生产关系产生深远影响，引发一场前所未有的重新洗牌。建筑模数作为参数化组织方式，与代码运作方式无异，将在未来建筑智能化中继续扮演不可或缺的角色。另外，随着多学科的交叉融通，对建筑设计的探讨将会是不同学科背景与品质需求下整合的结果，建筑空间和结构的物理参量将受制于多学科方法研究结论的影响。在未来，建筑模数背后所蕴含的信息将愈发多维化，涉及更多学科和领域的知识与需求。

3
计算与几何建模

"科学并不是试图去说明、去解释什么，科学主要是建立模型。这种数学结构的合理性唯一且准确的理由是能够正确描述相当广泛流域的现象。"——约翰·冯·诺伊曼（John Von Neumann）《物理科学方法》[①]

在建筑学语境下，建筑几何建模是一种重要的设计工具化操作，建筑师通过预先获取真实建筑方案的几何模型，推敲和构想其在真实世界中的物质原型，进而生成、修改与评估空间的尺度与组合方式是否满足场地、使用及美学等多方面需求。这一过程有助于建筑师获得最终确定并投入建造的理想建筑模型。

计算与几何建模密不可分。特别是在当前的建筑学语境下，"计算"已经不再是简单的辅助手段，而是成为建筑几何建模工具中的技术核心。借助计算性辅助建模工具，建筑师能够对建筑几何形态进行精确的量化控制，通过客观视角对建筑方案进行多维度信息推敲、判断和修改。然而，计算在几何建模中的历史溯源仍未得以厘清，其原因在于既有理论并未有效结合不同社会背景下的技术发展，来对建筑几何建模展开实质性的思考和探讨。换句话说，我们缺乏一个将技术发展与社会背景相结合，来全面审视计算在建筑几何建模中历史演变的理论框架。

德国哲学家瓦尔特·本雅明（Walter Bendix Schonflies Benjamin）在其著作《机械复制时代的艺术作品》中明确指出，社会生产方式的变革促使艺术作品在社会中的功能和意义发生了根本性变化，这一观点广泛渗透于所有文化领域[②]。对于建筑这一实用性的"艺术作品"而言，几何建模在其设计过程中扮演着至关重要的角色，是建筑设计由概念到实体落地的"必经之路"。几何建模将物质抽象为具有典型几何模型的组合物，便于更为高效与直观地理解建筑实体和空间要素的自洽性，以及物体组合关系的逻辑合法性。这种合法性在不同时代因标志性技术的跃迁而具有不同体现，如从古典时期宇宙秩序下的对称美学到科学革命时期的力学定理，从微积分出现跃入非欧几何新阶段，再到信息时代下的系统复杂性表征，但从古至今，几何学始终对建筑产生着深远影响。如今，计算机辅助几何建模技术已在建筑领域普及，成为数字建筑发展的基石，深刻影响着建筑的功能性。我们急需深度整理几何建模的方法工具，梳理其历史脉络，对几何透视理论、数字三维功能操作及程序化建模等技术发展进行历史性探究。同时，总结标志性历史事件对几何建模技术的推动作用，探究计算的意义与运作机制，才能够有效总结计算性设计方法，并在新的社会结构中充分发挥其建设性作用。

---

① NEUMANN V J, TIBOR V. The neumann compendium[M]. Singapore: World scientific, 1995: 628.
② 瓦尔特·本雅明. 机械复制时代的艺术作品[M]. 王才勇, 译. 北京: 中国城市出版社, 2002.

3.1 计算涌现下的几何建模梳理

几何建模的操作对象是"几何"，它以一种虚拟的方式反馈了建筑的信息，这种虚拟性在德勒兹的哲学体系中被视为真实存在的事物。对于建筑实体而言，几何建模所产生的虚拟信息实际上是一种真实信息的存在，它包含了建筑设计的各种可能性和选择，最终所呈现的建造物只是其中某一套选定信息的物质化呈现。在自然科学系统的研究中，信息常被视为客观规律的存在，体现了物质与形式所呈现出的内在规律。几何建模作为一种描述方法，能够反映物质信息，进而成为描述客观规律的有力工具。在建筑领域，几何建模通过对建筑形态、结构、空间等要素的几何描述，帮助建筑师和研究者评估建筑方案的合理性、可行性和美学价值。另外，在建筑设计语境下，作为信息的几何不仅用于描述客观存在的形式与规律，还是主导形式创建与物质组织的媒介，用于建筑概念的物质化生产，象征着建筑方案的"生成"。这与彼得·埃森曼在《图解日志》（*Diagram Diaries*）中的论述相呼应，他认为"在建筑学中，图解既是解释与分析工具，又是生成工具"[①]。在埃森曼看来，图解的方法等同于一种用于描述事物间潜在关系的信息映射模型。因此，建筑几何模型兼具"结构"与"解构"的双重功效，既能够构建建筑的形式与空间，又能够解析和重塑建筑设计的内在逻辑与关系。在这种双重功效之下，隐藏在建筑几何建模背后的"计算"，既是建筑方案物质化呈现的辅助手段，又是贯穿建模过程的生成逻辑，表现出因果模糊性。这种模糊性既源于现代科学理论、方法、技术的历史发展特征，又源于几何建模在建筑设计中的多样作用。基于此，对建筑几何建模论题的探讨，可从纵向与横向两个视角进行切入。纵向维度主要关注的是几何建模的科学性在历史推动下的不断提升，而横向维度则侧重于几何建模中计算所扮演的多样性角色。

3.1.1 几何科学进步下的建模

在建筑设计中，建模是设计概念物理化的重要手段，是一种科学探究设计思维、设计结果的方法。这一科学性很大程度上源自于几何学对建筑建模的支持，几何学不仅是技术支持，更是建模过程中的核心工具。复杂的建筑模型需要高等几何学的支撑，同时几何学的进步也会推动建模技术的变革。正如哈佛大学学者安德鲁·维特（Andrew Witt）所言："设计与工具的进步往往是孪生互补的，甚至是一种共生关系：通过某种设计思维或工具，能够得以扩展彼此的进步。几何知识推动了对新工具的需求，而这些工具反过来又促进设计知识的更新与迭代"[②]。因此，几何学自身的不断进步和突破，必将推动建筑建模技术和工具的进步与升级，两者的发展紧密相关。建筑建模工具对真实世界空间物质信息描述的精度不断提高，这一进步在很大程度上得益于几何学在历史发展进程中的认知规律不断完善与充盈。从最初的古文明时期，几何学仅仅是一种希腊语中称为测地术（γεωμετρία，land measurement）的测量方法的统称，是由主观经验汇集而成的计算方法，到欧几里得的《几何原本》构建了身体经验可感知范畴下的完整几何体系，形成了作为世界认

---

① BRENTANO F. Psychology from an empirical standpoint [M]. London: Routledge, 2014.
② WITT A. Formulations: architecture, mathematics, culture[M]. Cambridge: MIT Press, 2022: 56.

知基础的共性建模逻辑，几何学的发展经历了漫长的历程。随着17世纪笛卡尔在《方法论》(*Discours de la Méthode*)的附录《几何》中首次引入了三维直角坐标系，实现了欧几里得几何与代数的结合，这一创举对后续解析几何、微积分的创立等具有重要的先导作用。此后，几何学的研究不断深入，涌现出了一系列重要的理论和发现。1822年，法国数学家和工程师吉恩-维克托·彭赛列(Jean-Victor Poncelet)探索了图形经过任意中心射影的不变性，并提出了彭赛列闭合(Poncelet Porisms)等一系列定理，从而赋予投影几何更大程度的抽象与普遍性，这一发现为几何学的发展开辟了新的方向；1854年，德国数学家波恩哈德·黎曼结合高斯曲面微分几何研究，提出空间流形概念，开创了黎曼几何，从而正式确定了非欧几何的存在；19世纪，俄罗斯数学家尼古拉斯·罗巴切夫斯基提出了双曲几何(Lobachevskian geometry)，推翻了原有欧式几何的第五公设，进一步完善了几何学对真实世界的正确认知。特别是庞加莱模型(Poincare model)、克莱因模型(Klein model)等非欧几何模型的提出，为双曲几何等学说提供了支撑，并开拓了利用代数解决几何问题的途径。这些非欧几何学的探索进一步扩展了人类对世界的认知与对人造物的想象力。1899年，德国数学家戴维·希尔伯特(David Hilbert)在《几何基础》中将几何学进行系统性公理化，将其转译为一组简单公理基础上的纯粹演绎系统，明确了公理之间的相互关系与其构筑的系统逻辑结构。希尔伯特不再将几何元素视为直观的现实对象，而是视为形式语言或其符号的变量，从而以一种科学自洽的方式明确了以数学概念进行空间解读的模式。这一贡献使得几何学更加严谨和科学，为建筑建模提供了更为坚实的数学基础。

非欧几何的复杂维度难以通过人类生理体验直接感知，这使得其在建筑实践层面的直接运用受到了一定限制。然而，建筑设计在非欧几何上的早期尝试并非没有价值，它们更多是基于艺术层面的解构化处理，为建筑设计带来新的思路和灵感。法国艺术家马赛尔·杜尚(Marcel Duchamp)曾将建筑非欧几何下的超维空间进行降维分析，认为"四个维度连续体的三维部分，可以被认为类似于我们所熟悉的真实世界中建筑物的二维平面部分，一个四维图形可以用三维剖面来表示"，这一观点为理解非欧几何在建筑中的应用提供了新的视角[①]。美国建筑师克劳德·布拉格登(Claude Fayette Bragdon)则借助超立方体的投影绘制出复杂的建筑装饰图案，并记录在其著作《高维空间入门》(*A Primer of Higher Space*)中[②]。荷兰艺术家特奥·凡·杜斯伯格(Theo van Doesburg)则将非欧几何中的超维概念作为其风格派作品的核心概念，并指出建筑空间中额外的维度源自时间，他认为"时间与空间的统一赋予建筑外观一个全新的、完全可塑的方面"，这一观点为建筑设计带来新的时间维度的思考[③]。在实践层面，1950年，奥地利雕塑家埃尔文·豪尔(Erwin Hauer)利用三维几何拓扑的莫比乌斯结构创作了著名的模块化建构主义风格的光漫射墙(light diffusing walls)(图3-1)[④]，这一作品将非欧几何的概念转化为了具体的建筑元素，为建筑设计带来新的可能性。此后，埃尔文·豪尔与美国数学家艾伦·H. 舍恩(Alan H. Schoen)于1970年合作开发了三周期空间填充极小曲面(triply periodic

---

① ADCOCK C E. Marcel Duchamp's notes from the large glass: an n-dimensional analysis[M]. Ann Arbor: UMI Research Press, 1983: 64.
② BRAGDON C F. A primer of higher space(the Fourth Dimension)[M]. Manaus: Manas Press, 1913.
③ DOESBURG V T. Towards a plastic architecture[J]. de Stijl, 1924, 12(1): 78-83.
④ HAUER E. Erwin Hauer: continua-architectural walls and screens[M]. New York: Princeton Architectural Press, 2004.

space-filling minimal surfaces）[1]（图3-2），这一成果被日本建筑师伊东丰雄（Toyo Ito）应用于其2005年设计的台中大都会歌剧院中。

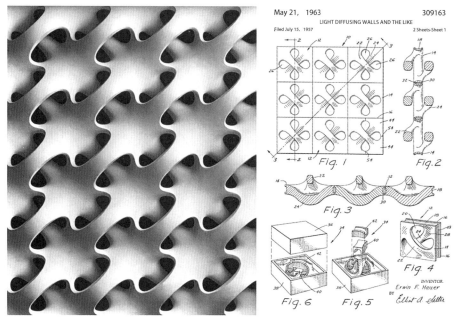

图3-1　埃尔文·豪尔创建的三维几何拓扑结构

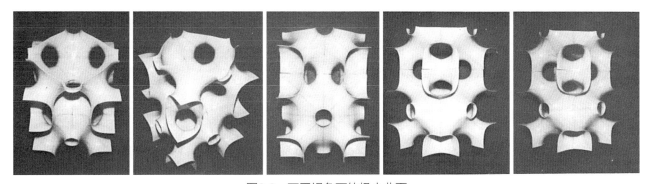

图3-2　不同视角下的极小曲面

随着现代计算机图形学中光栅化技术的发展，立体模型得以实现数字可视化操作，这一进步大大拓展了人们在非欧几何上的认知深度和广度。对于建筑设计而言，这无疑是一个全新的机遇，为创作提供了前所未有的新方法。建筑师不再满足于基于传统欧式几何形态的探讨，可以借助新兴的建模工具尝试建构更为复杂的空间和形态，从而探索更多的先锋建筑创作实践（图3-3）。

综上所述，我们可以看出，随着历史的演进，几何学的理论、方法和技术不断进步，其科学性在几何建模中得以不断提升。几何学是建筑设计的基础，它使建筑师能够将虚拟对象准确地投射到物质世界中。没有

---

① SCHOEN A H. Infinite periodic minimal surfaces without self-intersections[R]. NASA Technical Note, No. C-98, 1970.

图3-3　UNStudio设计的阿纳姆中央枢纽站（Arnhem Central Transfer Terminal）

几何学对空间的操作，建筑就无法满足人类在日常活动中的需求。随着数字技术的跃迁升级，人类对几何学的探究将会持续深入，从科学视角实现身体与空间关系的物质重构，进一步为建筑空间科学赋能。

3.1.2　几何建模下的复杂演绎

建筑学视角下的几何建模具有双重含义，既是一种行为描述，又是一种工具表达。"几何建模行为"指的是对建筑方案进行虚拟建构的过程，而"几何建模工具"则是指支持虚拟建构的建筑信息处理工具或平台。而从建筑设计操作工具的视角来看，几何建模工具可分为可视化与非可视化三维建模工具两种类型，其中可视化三维建模工具是建筑学应用中常用的手段，能够提供有效的可视化信息呈现支持，帮助设计者更直观地理解和构建建筑方案；非可视化三维建模工具则主要指的是统计学模型等数学信息模型的建构，能够为设计者提供信息预测支持，常用于建筑性能仿真与算法生成中。建筑建模的可视化演绎是将建筑方案以虚拟形式呈现，进行批判性审视与可行性探索的过程。它不仅是建筑效果图的展示，更是包含建筑系统中所有信息的整合，如构件关联、组织逻辑等。建筑可视化演绎的核心在于通过"表达"（representation）进行满足真实世界身体认知与经验下的空间雕刻。一旦勾勒的空间与想象的体验感发生冲突，可借助可视化进行方案的再次操作。

建筑绘图是传统的建筑可视化演绎工具，通过几何信息量化注解与三维空间的复现，实现对建筑物质实体的想象与理性控制。绘图中的三维操作则是利用二维图像与三维几何之间的投影关系，将建筑的三维形态转译为图纸上的表达[①]。然而，这种基于图纸的三维表达方式存在局限性，它无法全面反映三维物质在真实世界中的全部信息。这实际上是一种迎合人类大脑生理认知局限的信息"降维"，因为人类视觉的局限性使其无法同时看见物质的任意面。图纸上的平、立、剖面与透视投影下的扁平化表达，虽然能在人类有限的感知能力中将物质的三维信息最大化，但往往会忽视建筑物在真实世界中其他维度下的有效信息，从而限制了建筑形态的创新和建筑系统科学性的把握。

随着计算机技术的诞生和普及应用，传统几何建模的局限性得到了有效破解。计算机技术为几何模型

---

① VIDLER A. Diagrams of diagrams: architectural abstraction and modern representation[J]. Representations, 2000(72): 1-20.

的可视化演绎带来了多样性，极大地拓展了建筑方案的可能性。其为几何模型的赋能途径主要朝着维度的扩增、拓扑的并置与因果的颠倒三个矢量方向跃进。

维度的扩增指的是一种信息维度的增加，力求实现几何模型多维的视觉感知。这种探索早在包豪斯时期就已出现，视觉艺术家拉兹洛·莫霍利·纳吉（Laszlo Moholy Nagy）曾利用长曝光拍摄技术探索动态光残像所组成的虚拟动态模型[1]（图3-4）。如今，计算机技术驱动下的图形学几何建模平台，能够直接将所需构建的方案转译为数字三维模型或附加时间维度的四维模型，以观察建筑在真实世界中的潜在演变规律。这种技术不仅扩大了建筑信息的维度，还有助于更为细致地探究建筑形式的可能性与理性原则的契合度。

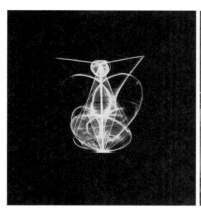

图3-4　拉兹洛·莫霍利·纳吉所提出的动态光虚拟模型和装置
《事物即将到来的形状》（*The Shape of Things to Come*）

而在拓扑的并置上，计算机为建筑领域带来了集合特质的拓扑形态。拓扑是一种几何数学概念，涉及在连续变形下保持的几何对象的特性，如拉伸、扭曲、皱折和弯曲，不同形态之中具有本体的相似存在。这种拓扑辩证关系与吉尔·德勒兹在《差异与重复》中提出的"虚拟存在"观点不谋而合，强调物质永远差异流动的持续过程[2]。而计算机则可以将这种拓扑差异进行捕捉与现象并置，将物质随时间发展的不同流变整合为同一物质集合[3]，成为建筑可视化演绎的一种新模式，有助于建筑师作为决策者进行方案优选。例如，格雷戈·林恩就擅长采用数字工具完成方案几何模型的拓扑，实现大批量建筑单体的生产[4]（图3-5）。

对于因果的颠倒，从辩证的角度来看，在建筑设计流程中，建筑物与建筑可视化演绎之间的因果关系一直处于不确定的状况之中，建筑物既可以是建筑可视化演绎的终极目标，也可以是其启示下的衍生物，这种"契合与差异"在不同设计情形中都会合理存在。其决策权随着设计者主观思维的跳跃而摇摆，这正是设计内核的一面：其必然包含某种具有不确定的"生成"概率，而非纯粹的功能理性或历史经验使然。而计算机技术支持下的数字模型提供了多维信息，放大了这种生成概率的值域，使建筑师能够在数字平台中获取不同

① SIBYL M N. Moholy-Nagy Experiment in Totality[M]. Cambridge: MIT Press, 1969: 1-20.
② DELEUZE G, GUATTARI F. A thousand plateaus: capitalism and schizophrenia[M]. Minneapolis, MN: University of Minnesota Press, 1987.
③ DELEUZE G. Difference and repetition[M]. New York: Columbia University Press, 1994.
④ CARPO M. The digital turn in architecture 1992—2012[M]. Hoboken: John Wiley & Sons, 2012.

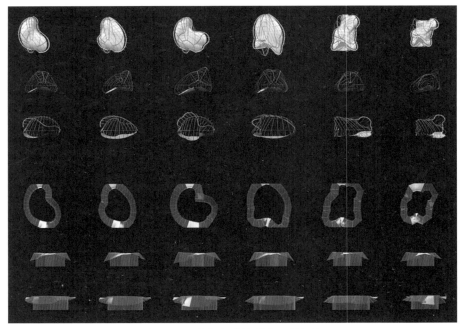

图3-5 胚胎之家（格雷戈·林恩）

视角、不同信息渠道下的模型呈现结果，并根据结果快速修改和推敲以获取下一步的方案。这种"物质—数字—物质"一体化工作流为建筑设计带来新的可能性，如建筑师弗兰克·盖里常借助三维扫描技术对非标准几何模型进行数字捕捉，在获取数字模型的基础上展开进一步深化设计[①]（图3-6）。

综上可见，几何建模的复杂性体现在对建筑及建筑物时空维度中不同完整信息关联的把控，它涉及对建筑中关乎使用者的一切使用品质的全方位考虑，特别是在不同建筑类型中所表现的文化制度与

图3-6 盖里事务所对瑞格尔侯爵酒店（Marqués de Riscal Hotel）项目模型的数字扫描过程

特征。因此，几何学与建筑的结合不再局限于视觉上的迎合，而是广泛关联使用者的各方面需求。如今，计算机工具的应用使这些信息能在建筑几何建模过程中得以体现，从而辅助建筑师更好地把控不同信息之间的关联与协同。

---

① MELENDEZ F. Drawing from the model: Fundamentals of digital drawing, 3D modeling, and visual programming in architectural design[M]. Hoboken: John Wiley & Sons, 2019: 69.

3.2 计算涌现下的几何建模发展

几何建模与计算之间的关联，可通过"计算对象"与"计算方法"两个视角加以辩证思考。"计算对象"探讨的是几何建模中的操作对象——模型，其中"计算"体现在几何学在建模应用下的计算性操作，如算法与公理在建筑设计中的应用；而"计算方法"则关注在建模任务中实现模型指定几何结果的方法与工具，"计算"体现在这些方法工具在几何建模任务中的逻辑性与推导能力。实际上，几何学模型应用与建模工具应用是相辅相成的。建筑在几何形秩与物质的交织中实现自身创造性本体的生成，而建模工具是实现这一结果的计算性中介。因此，建筑设计层面的几何模型与建模工具存在共生关系：建筑几何体量越复杂，对建模工具要求越高；反之，建模工具能力的提升也会推动建筑师探索更具挑战性的设计方案，进一步拓展建模工具的边界。这种共生关系形成一个双向推动进步的循环，促使建模技术与建筑创作不断同步革新。同时，这也导致建筑在文化层面与技术进行知识维度上的互动，正如安德鲁·维特所言，"设计和工具知识之间的界限是多孔的，从技术词汇开始的东西可能会迁移到艺术文化术语，而文化价值观不可避免地会影响技术系统的采用"[1]。

对几何建模议题的探讨，需平衡考虑建模技术工具与几何建模方法和理念的关系，避免单一视角的局限。基于此，下文围绕建筑几何建模，重点探讨几何学模型与操作方法，按照时代发展脉络，梳理出透视科学下的几何投影建模、非欧几何下的复杂模型操作及人机交互模式下的计算机辅助建模三个方面的关键影响事件，这些事件共同揭示了计算与建筑几何建模之间随时代发展的紧密联系和互动规律。

3.2.1 透视科学下的几何投影建模

三维投影下的建筑几何透视建模，指的是借助透视的投影机制，将建筑物不同位置的三维空间形式科学、客观、完整地展示于二维图纸上，使其能表现建筑形体与内部空间的几何信息，从而真实地表现空间中的建筑形式，便于建造者有效阅读所设计的建筑空间信息，并将其物化呈现。"透视"一词最早源于拉丁文"看透"（perspclre），人类对透视原理的认识可追溯到古希腊时期。欧几里得于公元前300年完成的几何视觉著作《光学》（Ὀπτικά），首次用数学方法进行光学与视觉研究，为后续的三维透视的几何计算与绘图建模表现奠定了基础[2]。将透视作为数学和几何学的独立分支的科学研究始于文艺复兴时期。14世纪的意大利已经出现具有透视痕迹的艺术绘画作品，努力寻求呈现真实空间视觉逻辑组织的计算规则。进入文艺复兴时期，基于欧几里得所著《光学》介绍的知识与过去一系列几何观察经验的总结，阿尔伯蒂将透视总结与发展成了一套科学性理论，由此透视开始全面进入建筑与绘画领域，作为一套正统的视觉表现方法用于物体的几

① WITT A. Formulations: architecture, mathematics, culture[M]. Cambridge: MIT Press, 2022: 56.
② SMITH A M. Ptolemy's theory of visual perception: an English translation of the Optics[M]. Philadelphia, PA: American Philosophical Society, 1996.

何可视化，用来对真实空间进行准确表现①。由此引发了此后三维几何透视计算在建筑上应用的展开，如今在建筑学中已将透视知识默认作为建筑几何建模与表现中最为基本的原则。

首次真正意义上借助计算方法绘制出科学透视构图的人物是文艺复兴时期意大利建筑师和工程师菲利普·布鲁内莱斯基。他在圣乔万尼教堂洗礼堂与佛罗伦萨领主宫的可视绘图中采用了独特的透视方法。他使用一面镜子进行绘图透视的校正，通过镜面光学成像的对称性，将建筑表面的点与其在镜面上的镜像点相对应，从而在二维图纸上完成了这两座建筑几何模型的绘制（图3-7）。这种方法使得他的绘图更加科学、准确，为后来的建筑透视绘图提供了重要参考。

图3-7　菲利普·布鲁内莱斯基的透视研究

《论绘画》（*De Pictura*）是阿尔伯蒂1435年完成的重要著作，其中首次提出了透视的理论性定义，并用图解方法诠释了透视规律与逻辑。该书承认了欧几里得《光学》的理论基础，将眼睛视为几何透视模型中的计算点，视野内的物质都由点组成，这些点与眼睛连接构成视觉射线，物体的映像通过点经由视觉射线传递到眼睛，从而感知物体的几何属性。阿尔伯蒂还将欧几里得的视觉金字塔模型（visual pyramids）作为透视框架进行理论阐述，其中人视点为定点，金字塔基底则作为视觉画面（图3-8）。

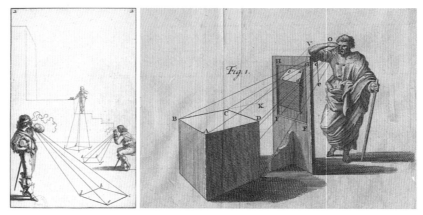

图3-8　对阿尔伯蒂视觉金字塔的诠释

---

① ANDERSEN K. The geometry of an art: the history of the mathematical theory of perspective from Alberti to Monge[M]. Berlin: Springer Science & Business Media, 2008: 20-40.

1475年，意大利文艺复兴初期著名画家皮耶罗·德拉·弗朗西斯卡（Piero della Francesca）完成了另一部关于绘画中透视计算的理论著作《论绘画透视》（De Prospectiva Pingendi）。该书不仅肯定并完善了阿尔伯蒂的透视原理，还在几何透视方法上有所突破与创新，特别是在多边形透视方面。皮耶罗发现采用对角线作为辅助线可定位多边形顶点，通过建立一个已知正方形透视的框架，将任意多边形置于其中，并使其对角线重合，进而求得该多边形在透视空间中的顶点，并将其与网格坐标系相结合，实现了几何图形的计算与形式建模[①]（图3-9）。皮耶罗的研究启发了达罗耶莱·巴尔巴罗（Daniele Barbaro）等一批学者对几何透视的深入探索，巴尔巴罗结合皮耶罗对几何平面图形、规则与不规则的多面体以及投影的研究，对正多面体进行了透视研究，通过获取正多面体在平面中的投影与体量节点的标高，求得几何体量的透视图（图3-10）。

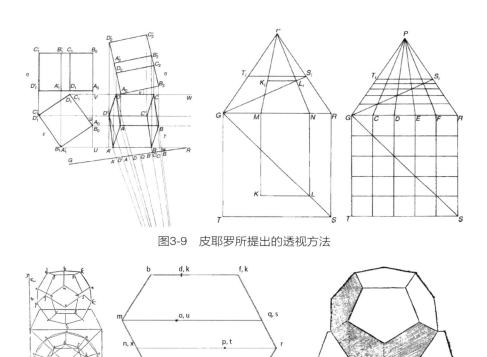

图3-9　皮耶罗所提出的透视方法

图3-10　巴尔巴罗对多面体的透视求法

　　德国著名画家与几何学家阿尔布雷特·丢勒（Albrecht Dürer）于1525年完成了关于几何学的知名著作《量度四书》（Underweysung der Messung mit Zirckel und Richtsheyt）。该书在欧几里得的《几何原本》等相关几何论著的基础上，系统地介绍了线性几何、二维几何与三维几何相关命题及透视方法。在线性几何学的研究中，他探讨了螺旋线、蚌线和外旋轮线的几何结构；在二维几何的研究中，他承袭了克罗狄斯·托勒密（Claudius Ptolemaeus）与欧几里得对正多边形结构的研究（图3-11）；在三维几何的研究中，讨论了五种正

① ANDERSEN K. The geometry of an art: the history of the mathematical theory of perspective from Alberti to Monge[M]. Berlin: Springer Science & Business Media, 2008: 77-78.

多面体与七种阿基米德多面体（Archimedean solid）的透视方法。此外，丢勒还将几何模型构建原理分别运用于建筑学、工程学与平面版式设计中，提出具体的应用方法。他在《量度四书》的最后一卷研究了多种机械装置，通过模型来介绍透视方法，并绘制了木刻版画插图（图3-12）。

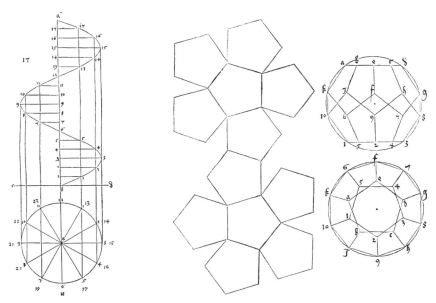

图3-11　丢勒对螺旋线与正多面体的研究

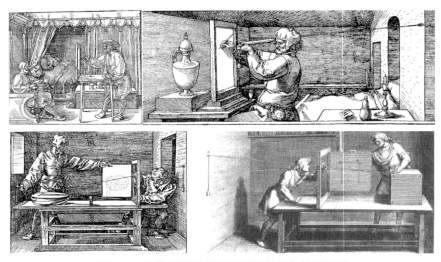

图3-12　丢勒所描述的不同透视装置与使用场景

17世纪初，意大利数学家吉多巴尔多·德尔·蒙特（Guidobaldo del Monte）在其专著《透视六书》（*Perspectivae Libri Sex*）中确立了透视相关的几何基础与数学理论，使得透视成为几何学的重要内容，被正式写入相关书籍。吉多巴尔多明确了透视灭点的相关定理，并首次引入了消失线的概念，提出了绘制多面体、圆柱、圆锥与球体投影的科学计算方法（图3-13）。

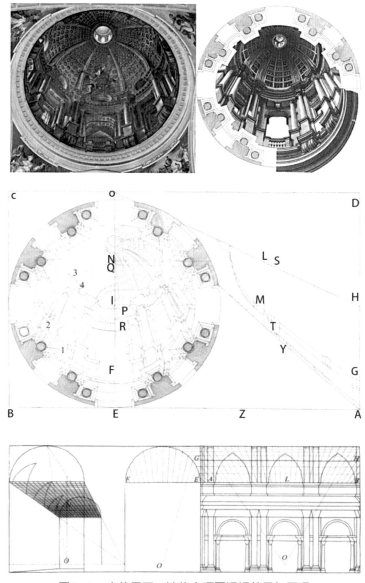

图3-13　安德里亚·波佐穹顶图透视效果与原理

　　18世纪初英国著名数学家、有限差分理论奠基者布鲁克·泰勒利用严密的数学推导总结了透视相关规律，开展平面图形的几何绘图建模研究，并于1715年与1719年分别出版了著名的《线性透视论》（*Linear Perspective*）和《线性透视原理》（*New Principles on Linear Perspective*）。泰勒将透视的基本理论分为19个定义和4个定理内容加以阐述，规定了点、线、面、体的透视法则，并分别进行了计算证明推导（图3-14）；同时，还强调了光影明暗对透视的深度表达，需纳入透视的基本要素中进行有效推导，以符合真实的光影逻辑。泰勒从前人的成果中汲取精华，建立了更全面、更系统的透视科学理论，被称为"现代透视之父"[①]。

① ANDERSEN K, ANDERSEN K. Brook Taylor's role in the history of linear perspective[M]. New York: Springer New York, 1992.

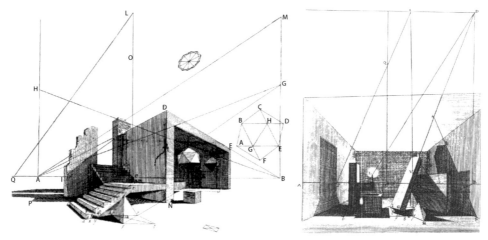

图3-14　泰勒在《线性透视论》中关于复杂透视场景的分析

　　18世纪法国数学家加斯帕尔·蒙日（Gaspard Monge）在深入研究线性透视理论的基础上，开创性地研发了一套全新的几何方法。这套方法利用二维平面图形分析与表现三维几何问题，极大地简化了复杂的三维空间计算。这一创新性的计算性画法被后人称为"画法几何"，同时也被称为"描述性几何"（descriptive geometry）。其原理是利用物理投影现象，通过投影将空间物体转换成平面图形，用多方位的正投影图来表示物理空间，引导人们在平面上描述、虚构三维物体，解读三维空间（图3-15）。线性透视在使用时仍取决于观察者的位置，因为一旦透视对象在物理空间中移动，线性透视的描绘结果往往会出现偏差。为了解决这个问题，需要固定观察点的方位。而画法几何则打破了这一局限，摆脱了对观察位置的依赖，实现了在任何方位与角度之下投影结果的真实可靠性。这一突破不仅改变了人类观察与认识事物的态度，还将三维问题简化为二维问题，极大地提升了人们对视觉知识的科学认知水平。画法几何的提出和发展推动了空间解析几何的进步，同时也为空间微分几何学的发展提供了重要支撑[①]。蒙日的画法几何将几何透视科学研究推向了完善的境地，也从理论探讨转化为实践应用。这套几何透视方法因其科学性和实用性一直沿用至今，在建筑、艺术、工程等多个领域都发挥着重要作用。

　　绘画中的建筑透视与建筑几何建模虽然方法不同，但它们的核心目标是一致的，都是通过对真实物质正确的视觉呈现，来向观察者传递建筑的有效信息。不同之处在于，建筑绘画的透视描摹具有选择权，服务于视觉艺术表达，可源于主观感受或客观认知；而建筑几何建模则注重将建筑方案按照未来建成"使用"的目的进行透视内容的推敲，从多维度、多层面审视几何体量成立与否。建筑绘画中的几何透视在一定程度上服务于建筑几何建模，能够科学捕获二维图纸与三维模型之间的映射关联，对保证建筑几何建模的精准性十分重要。综上所述，透视法的发展历程，从最初的稚嫩到如今的成熟，无疑是人类对几何学这一计算性学科分支的不断深入思考和探索的结晶。而建筑一直是透视法的重要研究与应用载体，透视法的最终目的在于解

---

① EVANS R. The projective cast: architecture and its three geometries[M]. Cambridge: MIT press, 2000.

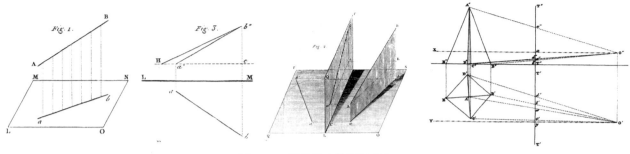

图3-15　蒙日提出的画法几何

释真实物体视觉效应背后的发生机制，明确视觉效应与真实物体转译之间的映射规律，助力精确控制几何体量在真实世界中的呈现。从网格图纸到透视镜、透视框屏装置等，技术工具在透视法的发展中起到了关键作用，是人类探索未知事物的灵感源泉和重要支撑。正如西班牙著名思想家何塞·奥尔特加·加塞特（José Ortegay Gasset）所阐述的观点，技术是"人类对自然或环境的反应，它导致一种新的自然、一种超自然的构建，介于人与原始自然之间"[①]。这一观点在计算机辅助下的建筑几何建模中体现得尤为明显。

3.2.2　计算机辅助下的数字几何建模

计算机辅助下的数字几何建模，是利用计算机辅助设计（computation-aided design，CAD）工具操作建筑几何形式进行数字化建模的过程。它借助计算机工具强大的几何控制能力与精确性把控，获得有效的信息模型，为后续方案的深入提供了建筑视觉效果展示信息，以及符合建造标准的信息图纸。CAD技术涉及图形处理、工程分析、数据管理及交换、文档处理等多个方面，是现代设计与制造中不可或缺的一部分。

计算机辅助设计诞生的标志是1961年帕特里克·汉拉蒂（Patrick Hanratty）开发的计算机自动化设计（design automated by computer，DAC），被视为是第一个涉及交互式图形的CAD系统[②]。CAD工具最初应用于汽车、航空航天等工业领域，研发成本高，操作复杂且成本高昂。随着计算机应用的普及与数字软件商业化发展，CAD工具被引入建筑与土木工程领域，辅助设计与绘图[③]。CAD的运行依赖于图形显示技术、计算机处理器和软件算法这三方面的技术能力[④]（图3-16），其相辅相成，

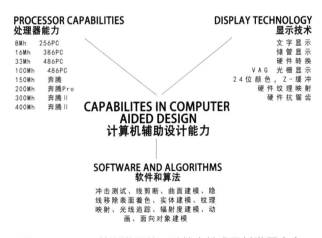

图3-16　CAD赖以发展的三种核心技术及其发展内容

① GASSET J. History as a system[M]. New York: Norton, 1941.
② BI Z, WANG X. Computer aided design and manufacturing[M]. Hoboken: John Wiley & Sons, 2020.
③ KALAY Y E. Architecture's new media: principles, theories, and methods of computer-aided design[M]. Cambridge: MIT press, 2004.
④ EASTMAN C M. Building product models: computer environments supporting design and construction[M]. Boca Raton: CRC press, 2018: 36.

在几何模型操作维度、操作对象类型与可视化效果等方面不断得以完善，共同推动了CAD技术与工具的发展。从二维透视图处理扩展到任意视角下的三维体量空间操作，从以点线面为初始操作要素下的线框建模发展到以几何体量为操作要素的直接建模①（图3-17）。

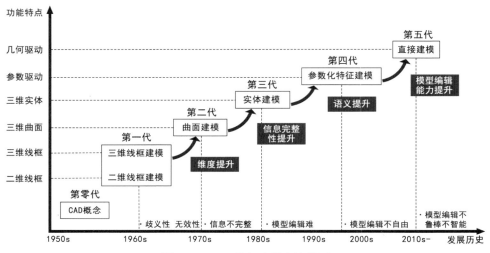

图3-17　CAD几何建模方法发展

　　历史上首个真正实现人机交互建模的计算机辅助系统为Sketchpad，它的出现标志着计算机辅助设计在应用层面的开启，其发明者是被誉为计算图形学之父的图灵奖得主伊万·苏泽兰（Ivan Edward Sutherland）。苏泽兰于1963年在其麻省理工学院的博士论文《Sketchpad，一种人机图形通信系统》（*Sketchpad, a Man–machine Graphical Communication System*）中全面介绍了这个具有划时代意义的人机交互辅助设计系统②。早期的计算机绘图系统只能用键盘输入复杂的代码和命令来描述几何形状，苏泽兰在其导师即信息论创始人、麻省理工学院教授克劳德·艾尔伍德·香农（Claude Elwood Shannon）的指导下，采用分层存储符号作为新型数据结构，解决了终端屏幕图像显示的难题，以光笔作为操作终端在计算机屏幕上创建绘制三维几何图像（图3-18）。通过终端便可进行指令操作，无需语言脚本编程，首次实现了计算机辅助设计的可视化反馈，也标志着计算机辅助绘图（computer-aided drawing）正式向计算机辅助设计迈进。

　　为了更好地实现三维建模，当时同在麻省理工学院进行计算机辅助设计项目研究的蒂莫西·约翰逊（Timothy Johnson）将Sketchpad进行了功能升级，开发了Sketchpad Ⅲ，开创性地采用旋转拨盘在图形界面上完成透视图的描绘，这成为首个实现在计算机上显示三维对象的三个正交视图及透视图的图形系统，这一人机交互方式也成为后续CAD系统的标准配置③。Sketchpad Ⅲ虽然实现了几何三维图形绘制，但还仅限于几何线框表达，在空间中确定所绘几何体的顶点，通过点与点之间的连线进行几何体量表达，难以应对复杂非标

① 邹强. 浅谈实体建模：历史、现状与未来[J]. 图学学报，2022，43（06）：987-1001.
② SUTHERLAND I E. Sketchpad a man-machine graphical communication system[J]. Simulation, 1964, 2(5): 3-20.
③ JOHNSON T E. Sketchpad III: a computer program for drawing in three dimensions[C]. Proceedings of the spring joint computer conference, Detroit, Michigan, USA, 1963: 347-353.

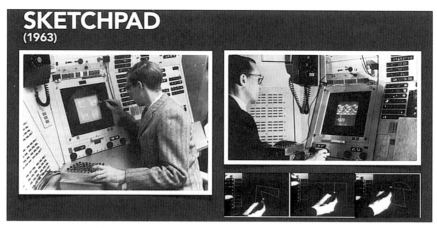

图3-18　苏泽兰使用林肯实验室的TX-2计算机测试Sketchpad系统

准及含有曲面的几何体的建模需求。

　　为了突破既有数字几何建模的应用瓶颈，麻省理工学院史蒂文·库恩斯（Steven Anson Coons）教授和法国工程师皮埃尔·贝塞尔（Pierre Étienne Bézier）率先开发了具有里程碑意义的曲面建模技术。库恩斯于1967年在其研究报告《用于计算机辅助设计空间造型的曲面》（*Surfaces for Computer-aided Design of Space Forms*）中提出了有效简化曲面构造的参数化方法，通过边界插值条件设计任意曲面，使其满足插值便可实现任意曲面造型，被称为库恩斯曲面（Coons surface）方法。该方法的提出，为B样条曲面（B-spline surface）、NURBS曲面奠定了计算基础[1]。1973年，库恩斯的博士生理查德·里森菲尔德（Richard F. Riesenfeld）对曲面建模做了更进一步的研究，完成了博士论文《B样条逼近在计算机辅助设计几何问题中的应用》（*Applications of B-spline Approximation to Geometric Problems of CAD*）[2]，提出在CAD系统中实现基于B样条曲线的曲面建模。1975年，锡拉丘兹大学的肯尼思·詹姆斯·维斯普里尔（Kenneth James Versprille）在其博士论文《有理B样条逼近形式的计算机辅助设计应用》（*Computer-aided Design Applications of the Rational B-spline Approximation Form*）中研究了非均匀有理样条曲面NURBS（non-uniform rational B-splines）在CAD平台上的交互设计应用可能性[3]。Bezier曲面、B样条曲面和NURBS曲面的诞生解决了曲面建模的技术瓶颈。贝塞尔曲线的数学基础是伯恩斯坦多项式（Bernstein polynomials），早在1912年便广为人知。1959年，当时就职于雪铁龙汽车公司的法国数学家保罗·德·卡斯特里奥（Paul de Casteljau）进行了图形化的尝试，利用其原创的递归算法解决了伯恩施坦多项式的计算难题，实现了通过少量控制点生成复杂平滑曲线的想法。1962年，就职于雷诺汽车公司的皮埃尔·贝塞尔将这种方法用于汽车车体设计，并进行了专利注册与推广，使得贝塞尔曲线因此得名，其后成为计算机图形学中用于控制曲线与曲面形态的基础参数化方法[4]。

① COONS S A. Surfaces for computer-aided design of space forms[R]. Massachusetts Inst of Tech Cambridge Project Mac, 1967.
② RISENFELD R. Applications of B-spline approximation to geometric problems of CAD[D]. Syracuse: Syracuse University, 1973.
③ VERSPRILLE K J. Computer-aided design applications of the rational B-spline approximation form[M]. Syracuse: Syracuse University, 1975.
④ MICHIEL H. Encyclopaedia of mathematics: supplement volume II[M]. Berlin: Springer Science & Business Media, 2012.

1968年，贝塞尔还开发出了面向汽车车身设计与制造的建模系统UNISURF，首次实现了具有先驱意义的数字化曲线建模，其后成为达索系统公司（Dassault Systèmes）CATIA软件中重要的组成部分[1]。使用UNISURF系统时，工程师通过控制曲线端点和协调曲率的中介点，完成曲线绘制和实体模型创建[2]（图3-19）。

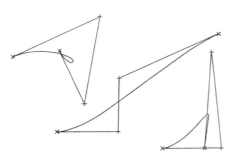

图3-19　使用UNISURF进行贝塞尔曲线绘制

　　曲线和曲面在计算机平台中的计算实现与可控操作，标志着CAD应用摆脱了对"两点连线"式建模方法的依赖，解决了非欧几何的计算与表现难题，进一步打开了设计师对几何建模的探索欲望。在20世纪70年代，曲面建模功能被引入CAD系统，实现了完整的曲面三维几何表现。然而，仅通过曲面操作展开建模需针对几何物体的每个面进行单独处理，且需对组合的曲面进行严格修剪与调整，以保证准确衔接，因此难以高效完成几何建模任务。为提升建模精度与效率，相关研究者开始尝试探索更有效的实体建模技术。实体建模是指利用三维几何要素进行空间组合操作，获取新的三维模型的技术，是科学和工程计算领域的重要研究内容。通过实体建模方法能定义三维物体的内部结构形状，完整描述物体的所有几何和拓扑信息，从而确定计算区域，是科学与工程数值模拟计算的前提，也是计算机图形学、动画、科学计算可视化等领域相关应用实现的基础。计算机实体建模技术诞生的标志是布尔运算操作程序的成功研发。1973年，斯坦福大学的布鲁斯·鲍姆加特（Bruce G. Baumgart）开发了著名的布尔运算操作程序，以完整围合的几何体作为基本操作单元，能够求取给定两个围合几何体量之间的空间交集（intersection）、并集（union）与差集（difference）[3]（图3-20）。同一时期剑桥大学计算机实验室CAD研究小组的伊恩·布雷德（Ian Braid）博士开发了BUILD边界表示建模器（BUILD boundary representation modeller），这是一种类似于布尔运算操作的人机交互实体建模程序[4]。即通过计算机软件和程序设计特定的数据结构来描述和表达物体的几何外形，进而生成相应的几何模型。这一技术不仅有效摆脱了传统CAD工具中仅仅依赖曲面要素进行单一操作建模的冗余，还极大地提升了设计师在体量建模上的自由度和灵活性。基本的实体建模方法包括构造实体几何法（constructive solid geometry，CSG）和边界表示法（boundary representation，B-rep）。前者数据结构简洁，可以利用简单的形

① BÉZIER P. The mathematical basis of the UNIURF CAD system[M]. Oxford: Butterworth-Heinemann, 2014.
② BÉZIER P E. Example of an existing system in the motor industry: the Unisurf system[J]. Proceedings of the Royal Society of London. A. Mathematical and Physical Sciences, 1971, 321(1545): 207-218.
③ BAUMGART B G. A polyhedron representation for computer vision[C]. Proceedings of the national computer conference and exposition, California, USA, 1975: 589-596.
④ STROUD I. Boundary representation modelling techniques[M]. Berlin: Springer Science & Business Media, 2006.

体构建出复杂的实体，通过布尔运算快捷完成对实体的修改；后者通过定义相应的拓扑数据结构，准确表达实体的边界，几何元素之间的拓扑关系明确，便于进行局部操作和调整。实体建模技术的拓展突破了传统设计工具的局限性，推动了设计风格的发展，潜移默化地改变了设计思维。

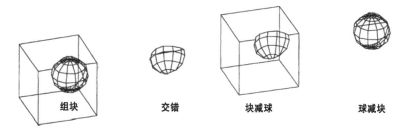

图3-20　鲍姆加特提出的布尔运算对实体的操作

在计算机图形技术发展的早期阶段，除了注重复杂三维几何的可描述性与整体建模的可操作性之外，相关研究团队也试图攻关数字几何模型可视化的相关问题，特别是光学环境下的物体阴影显示问题、纹理显示问题、材质反射问题及图像渲染问题。

阴影显示能够使设计师在数字虚拟环境中直观感受物体表面阴影分布，预判其在真实环境下的光学特征。建模人员可通过阴影迅速判断几何体量上凹凸情况，避免出现视觉错位问题，因此对于几何建模操作具有重要意义，是计算机图形学领域的重要研究方向。在20世纪60~70年代，以美国麻省理工学院、雪城大学与犹他大学为代表的研究机构，针对计算机几何建模中的阴影显示问题展开了深入的程序算法研发工作。1967年，犹他大学克里斯·怀利（Chris Wylie）研究小组取得了阴影显示技术的重要突破。他们通过有限三角划分技术，成功开发了针对任意几何表面的阴影显示技术[1]。其基本原理与有限元理论相似，通过将几何面划分成无数个小三角单元进行阴影着色计算，从而实现了对包括曲面在内的复杂几何表面的有效处理。研究小组利用FORTRAN Ⅳ语言进行编程，自主开发了几何模型显示软件PIXURE，并成功实现了十二等三角面体与四面锥体的阴影成像显示（图3-21）。在同一时期，计算机图形学家亚瑟·阿佩尔（Arthur Appel）在美国IBM研究中心进行了基于光线追踪（ray tracing）技术的几何建模阴影数字可视化研究[2]。在光线追踪技术下先确定被观察物体表面光线投射于画面的所有点，再借助入射光线与物体表面相交关系确定表面是否可见，从而获取阴影图像（图3-22）。光线追踪技术本身其灵感源自于16世纪阿尔布雷特·丢勒的透视描述方法，通过人眼的视角，反向跟踪从物体表面穿过"相框"到达视点的光线，

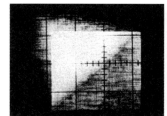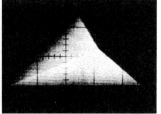

图3-21　PIXURE对几何阴影的处理

---

① WYLIE C, ROMNEY G, EVANS D, et al. Half-tone perspective drawings by computer[C]. Proceedings of the joint computer conference, Anaheim, California, USA, 1967: 49-58.
② APPEL A. Some techniques for shading machine renderings of solids[C]. Proceedings of the joint computer conference, San Francisco, California, USA, 1968: 37-45.

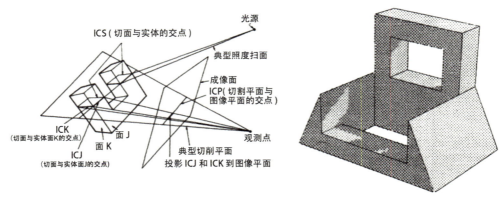

图3-22　光线追踪技术用于几何建模阴影渲染

相框相当于我们现在的计算机屏幕或者预设的画幅显示大小，是观察者和被观察物体之间的一个窗口。光线穿过相框与物体表面相交所获得的交点，便是被观察物体通过该光线在相框上所显示的像素点。光线追踪技术的优势在于，它既能获得符合光学物理传播逻辑的高精度图像，又能通过避免渲染相框之外的光线，显著减少计算量。特别

图3-23　光线追踪技术渲染下的数字物理图像

是在场景中存在多个光源时，能大大减少处理时间，同时允许任意光源位置下的几何阴影显示，实现了反射、折射、散射等各种复杂光学效果的逼真模拟。随着计算机图形学的不断发展，基于光线追踪逻辑的新型图形渲染算法也在不断涌现[1]（图3-23）。进入21世纪后，光线追踪算法在计算机三维渲染中得到了重点运用，并逐渐成为建模渲染器的主流算法。

　　计算机图形学界在三维建模阴影可视化的基础上，进一步探究了复杂三维几何模型的可视化全局渲染，针对纹理映射与光照反射两个关键要素展开技术攻关，犹他大学成为该领域的研究重镇。1969年，世界上第一位计算机图像学博士生，来自犹他大学的戈登·罗姆尼（Gordon Romney），创造了历史上的一个里程碑。他成功生成了第一个复杂几何体——Soma Cube的计算机三维渲染图。Soma Cube是一个类似于积木的多颜色体块组合，罗姆尼采用红、蓝、绿三通道进行扫描渲染，从而生成了立方体的彩色渲染图像。这一技术不仅在当时具有开创性，也为后来的计算机图形渲染技术奠定了基础，成为基本渲染途径之一[2]。1972年，犹他大学博士生艾德文·卡特姆（Edwin Earl Catmull）与弗雷德里克·帕克（Frederic Parke）共同研发了动态三维渲染技术，将曲面模型细分为不同的多面体（polygons），计算入射光线的反射率和折射率，并融入模型动态控制技术，并以人体手关节活动为原型，成功制作了历史上第一个三维渲染动画[3]。1976年，

① ARVO J, KIRK D. Fast ray tracing by ray classification[J]. A Siggraph Computer Graphics, 1987, 21(4): 55-64.
② ROMNEY G W. Computer assisted assembly and rendering of solids[M]. Salt Lake City: The University of Utah, 1969.
③ CATMULL E. A system for computer generated movies[C]. Proceedings of the ACM annual conference, Boston, Massachusetts, 1972, 1: 422-431.

犹他大学计算机科学家马丁·纽维尔（Martin Newell）与吉姆·布林（Jim Blinn）基于艾德文·卡特姆研发的曲面渲染技术，成功生成了理想的三维体量纹理映射与体量渲染效果[①]。通过在几何体量表面建立坐标系，实现表面的参数化表示，并将贝塞尔曲面细分为无数个附着在体量表面的矩形网格面（patch）。随后再结合加权算法与数字信号处理技术，建立几何表面与纹理图像之间的映射关联，实现不同内容、不同大小的图像纹理映射，且对来自给定方向的光通量进行镜面反射模拟，并借助纹

图3-24　马丁·纽维尔与吉姆·布林测试的纹理映射和反光映射

理映射计算出的图案显示强度推导表面的反射情况（图3-24）。这些步骤共同构成了几何体量纹理映射与渲染的核心技术流程。

　　计算机图形学可视化技术的突破，为数字三维实体模型渲染技术奠定了基础。20世纪80年代，随着计算机高性能处理器与图形显卡的出现，三维渲染引擎得以开发，并迅速应用于工业设计和建筑设计等领域。建筑设计特别关注建筑体量在建成环境之中的视觉效果，因此，人机交互建模过程中的视觉效果呈现尤为重要。建筑师开始运用数字实体渲染技术进行建筑方案建模的推敲，最具代表性的案例是1989年美国建筑师弗兰克·盖里设计的刘易斯住宅（Lewis Residence）（图3-25）[②]。

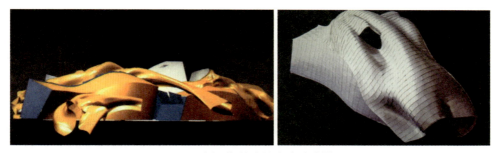

图3-25　刘易斯住宅的表皮渲染模型

　　20世纪80年代末，随着电影特效、三维动画和游戏等新兴数字产业的发展，动态几何实体建模工具开始出现。这些工具以时间为功能参数之一，为数字动画三维场景设计与建模提供了新的可能性。这一时期的研发热潮吸引了众多知名行业公司参与，如Wavefront Technologies、Alias Systems Corporation与Thomson Digital Image等都投身于这一领域的探索与发展。著名的集成化动画建模软件平台Maya就是上述三家公司技术成果的结晶，后被Autodesk收购更名为Autodesk Maya，它在CAD工具类型上扩增了新的分支，为建筑设

① BLINN J F, NEWELL M E. Texture and reflection in computer generated images[J]. Communications of the ACM, 1976, 19(10): 542-547.
② SMITH R. Fabricating the Frank Gehry legacy: The story of the evolution of digital practice in Frank Gehry's office[M]. Rick Smith, 2017: 100-123.

计行业带来新的建模表现方式与形式推演可能。这一平台辅助设计师对建筑形式的理性推敲与科学决策。格雷戈·林恩是早期率先应用数字动画建模工具的建筑师代表。1997年，林恩在胚胎住宅的设计中，创新性地结合应用Mircrostation与Maya两套建模软件，尝试探索建筑动态有机生长的理念①。在具体建模操作流程中，林恩利用Microstation的曲面参数化建模功能，通过12条原始控制曲线放样组成住宅的基本几何形状，并通过移动控制点改变体量的几何特征。同时，林恩使用Maya的"混合形状"（blend shape）功能，创建一系列渐变形态，自动计算几何参数范围，获取形式迭代变化过程模型，呈现住宅由原始到成熟的生物学生长过程②（图3-26）。林恩在建筑设计领域对数字动画建模工具的成功应用，为行业带来了一次革新，迅速引发了以扎哈·哈迪德为代表的一批先锋建筑师的浓厚兴趣与积极探索。这些先锋建筑师开始关注并致力于非标准建筑形态的设计与研究，他们借助计算性设计建模技术与工具，打破传统建筑设计的束缚，勇于尝试和创造

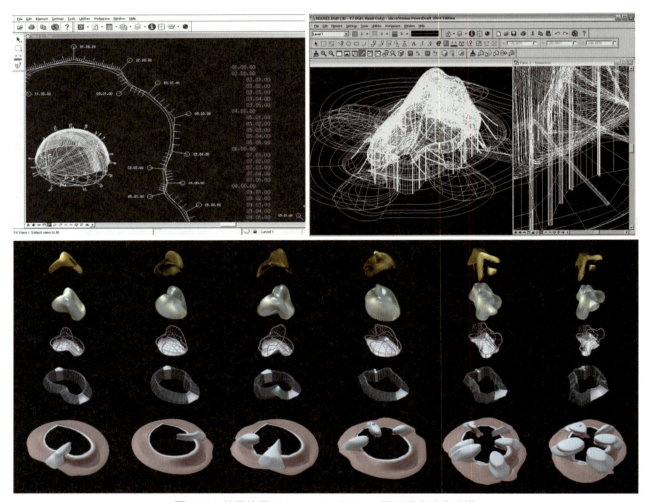

图3-26　林恩使用Mircrostation和Maya展开数字迭代建模

① BIRD L, LABELLE G. Re-animating Greg Lynn's embryological house: A case study in digital design preservation[J]. Leonardo, 2010, 43(3): 243-249.
② CCA. Greg Lynn's embryological house: case study in the preservation of digital architecture[EB/OL]. (2024-02-14)[2024-12-18]. https://www.docam.ca/conservation/embryological-house/GL3ArchSig.html.

新的建筑形式风格。计算机辅助设计下的几何建模工具不断进化，推动了人机交互方式的历史性变革。这一进程体现了计算机技术对建筑信息模型数据交互和组织方式的升级，反映出建筑设计关注点的时代差异。CAD平台内部建筑信息模型数据的归类和分层方法持续变化，特别是在建构计算机编程语言与几何建模语言的映射关系上，建筑师与计算机工程师共同努力，旨在缩小建筑领域与计算机学科间的知识鸿沟。几何建模操作逐渐简化，从复杂的编程语言输入命令演变为虚拟空间中的直观可视化操作，降低了操作难度，激发了设计师的应用兴趣，提升了建模效率，并扩展了建模多样性。计算性建模工具对几何特征的强大改造能力使设计师在几何建模中游刃有余，有助于充分拓展和表达设计理念。

总之，CAD系统平台操作功能的演替与人机交互技术的变迁，是设计需求、技术发展、学科交叉等多重因素共同影响下的结果。著名计算机专家彼得·詹姆斯·丹宁（Peter James Danning）指出，"计算性思维是许多领域的共有特征，而并非仅指计算"[①]。在建筑学领域，这种思维随着系统性科学方法的发展而进化，计算机辅助下的建筑设计逐渐视觉脚本化，将其"图解"属性不断放大，与计算机语言逻辑产生共鸣。以"图"这种可视化模式来表达"程序语言"，是计算性思维在建筑学中的具体体现。这种模式引发了参数化建模等建筑信息模型系统的发展，进一步推动了建筑设计领域的创新。

3.2.3 信息集成下的建筑信息建模

CAD在复杂曲面与实体建模方面的支持，极大地丰富了建筑设计中的几何建模多样性，为建筑形式的创新提供了更多可能。然而，建筑设计并非仅关注几何形式的自由操作，还需综合考虑空间使用功能、建筑材料、结构性能等多重约束条件。因此，真正意义上的建筑模型需要蕴含不同维度的信息，CAD建模平台需对这些相关信息予以功能化呼应，以更好地辅助建筑设计方案的深化与实施。此外，建筑模型由众多重复性建筑构件组成，构件间的组合需满足一定的关联关系。因此，建筑设计急需实现自动化的设计建模协同操作，要求CAD建模技术与工具具备"精确、自动、可调、可控"的新特性。在上述目标影响下，学术界从三个方向展开了深入思考和探索：一是探索建筑模型中的拓扑结构（topological structure）建构机制，二是创建自动化操作建模程序，三是建构建筑信息集成数据库。拓扑结构在建筑学中指的是建筑内部构件所具有的系统化的组成逻辑，这一结构强调构件相互之间具有规则化的关联性，而非简单的、无机的几何拼接。20世纪70年代，美国计算机科学家、数学家罗恩·雷施（Ron Resch）倡导将几何拓扑功能作为复杂建筑组件的管理规则，他明确指出，计算机辅助设计系统应当具备协调与组织建筑几何要素的拓扑功能。其在1973年发表的论文《雕塑和建筑系统的拓扑设计》（*The Topological Design of Sculptural and Architectural Systems*）中，主张在计算机建模中融入拓扑学，用于参数化协调建筑构件与整体之间的组织关系[②]；在建模自动化操作方面，随着个人计算机的普及、商业平台操作系统的标准化发展，以及各领域计算机技术的应用需求，引

① DENNING P J, TEDRE M. Computational thinking[M]. Cambridge: MIT Press, 2019.
② RESCH R D. The topological design of sculptural and architectural systems[C]. Proceedings of the national computer conference and exposition, New York, USA, 1973: 643-650.

发了定制化程序的开发热潮。在这一背景下，CAD工具的研发也开始探索新的方向。开始深入思考如何将程序设计思维更好地融入几何建模操作之中，希望通过引入参数化的方法，能够实现更加精确和可控的建模目标；建筑信息集成数据库则是将预制化的常用建筑组件要素进行几何信息与非几何信息的全面整合，这样的数据库在建模时能够发挥巨大作用，允许设计师直接调用这些已经整合好的建筑组件，从而避免了基础构件的重复建模，显著提升了建模效率。更重要的是，建筑信息集成数据库还具备反向推导的能力。可以通过分析建筑构件的信息，反向推导出建筑整体的几何形式，并检验这一形式的逻辑合理性。在上述三个技术方向的影响下，CAD建模技术与工具开始走向参数化、自动化、信息集成化的智能发展道路。70年代中期，以爱丁堡大学计算机辅助建筑设计中心（the Edinburgh Computer-aided Architectural Design，EdCAAD）、剑桥应用研究中心（Applied Research of Cambridge，ARC）、卡耐基-梅隆大学（Carnegie-Mellon University）和密歇根大学（University of Michigan）联合创建的CAD图形实验室（CAD-Graphics Laboratory）为代表的CAD研发机构在该领域取得了丰硕成果，推动了CAD技术的不断进步和应用拓展。

20世纪70年代，英国学者阿特·比吉尔（Aart Bijl）领导的爱丁堡大学计算机辅助建筑设计中心，率先开展了住宅建筑设计和住宅区规划的CAAD系统设计方法与工具平台研究。这一项目受到苏格兰特别住房协会（the Scottish Special Housing Association，SSHA）的资助，因此研发的工具平台被称为SSHA平台[1][2]。该平台由两个操作子系统组成，分别是智能平面布局系统（intelligent floorplan layout system）和场地规划系统（site planning system）。在智能平面布局系统中，住宅墙体、窗户、门、楼梯等建筑元素被预先定义为可调用的模块，并附有明确的几何形状、材料、节点尺寸、工艺标准等建材信息。建模时，模块可根据设计需求进行调用和组合，保证平面布局的合理性并满足现场施工标准（图3-27）。在完成住宅单体建模后，设计者

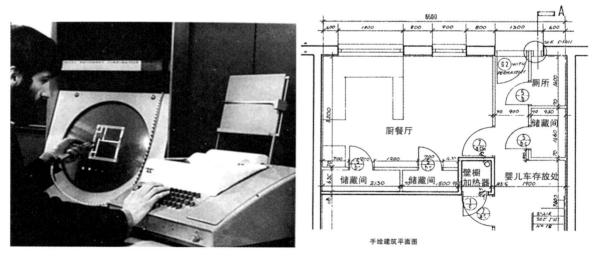

图3-27　SSHA平面布局系统

① BIJL A. Computer aided architectural design[M]//Advanced Computer Graphics: Economics Techniques and Applications. Berlin: Springer, 1971: 433-448.
② BIJL A, RENSHAW T, BARNARD D F. The use of graphics in the development of computer aided environmental design for two storey houses[J]. Building Science Series, 1971, 39: 21.

可使用场地规划系统进行住宅组群规划设计，包括标定地形高度、创建地形等高线，以及根据设计意图排布建筑单体、绿化景观及道路等[1]。该系统可以自动识别不同功能区域边界线，并计算出住宅区整体开发造价（图3-28）。从技术工具平台发展演变的视角来看，SSHA平台标志着计算机辅助建筑设计系统在信息建模上已经趋向成熟，为后续建筑信息模型（building information modeling，BIM）工具架构设计与功能开发奠定了基础。

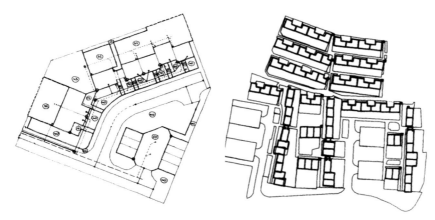

图3-28　SSHA场地规划系统

不同于爱丁堡大学在住宅项目中的建模平台研发，剑桥应用研究中心（ARC）则在早期专注于为医院建筑开发辅助设计系统。ARC作为一个商业单位，起源于剑桥大学建筑学院的土地利用和建筑形式研究中心（现称"马丁中心"）。其在20世纪70年代采用Fortran编程语言定制化开发了OXSYS系统，该工具专为支持基于OXSYS的医院设计。OXSYS是由牛津地区卫生局开发的预制建筑系统，其产生背景与英国工党政府将医疗保健系统国有化密切相关。这一系统的核心目的是促进医院的建设，并为此提供了采用牛津法（Oxford method）的预制医疗建筑结构系统的计算性设计工具[2]（图3-29）。牛津法是一种基于泰恩网格（Tartan grid）布局的预制化梁柱结构系统。泰恩网格由不同尺寸的网格单元系统叠加而成，通过不同的网格组合方式，可以获得多样化的形式结果。这些结果虽然各不相同，但都遵循一定的几何组织关系，从而形成了具有重复性和模块化的几何组织图案，能够很好地契合建筑平面功能布局，因此常被用于建筑平面设计。事实上，20世纪荷兰结构主义（structuralism）建筑的许多作品都带有明显的泰恩网格应用痕迹，证明了其在建筑设计领域的广泛影响和实用价值[3]。OXSYS系统一个专注于建筑设计的辅助工具，特别针对牛津法结构中的多种建筑构件进行了数字化定义和归类。这些构件包括梁柱、楼板、吊顶单元等，系统根据它们的建造属性、几何尺寸、材料属性、结构强度等要素进行归类（图3-30），并形成树状分叉的族（family）存储于程序库中。族的内容可根据建材工艺标准变化进行更新与扩展。在建模时可按需调用，每个族组件都提供不同视角的正交

① BIJL A, SHAWCROSS G. Housing site layout system[J]. Computer-Aided Design, 1975, 7(1): 2-10.
② HOSKINS E M. The OXSYS system[J]. Computer Applications in Architecture, Applied Science Publishers, London, 1977: 343-391.
③ GROSS M D. Grids in design and CAD[J]. Proceedings of Association for Computer Aided Design in Architecture, 1991: 1-11.

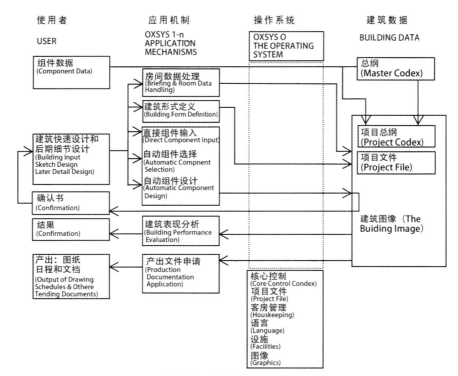

图3-29　OXSYS系统框架

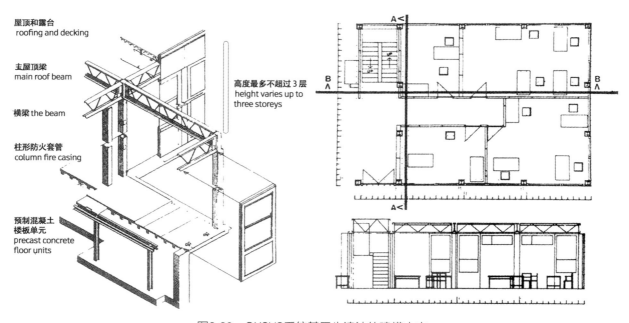

图3-30　OXSYS系统基于牛津法的建模内容

透视图，便于设计师直观地了解构件的几何特征，并根据设计条件构思空间组织方式。与SSHA建模系统类似，OXSYS也可在平面图上检查组件连接时的碰撞冲突，并生成相关数据指标，及时反馈承重结构的力学性能。建模完成后，系统能自动生成整体平面图与剖面图。OXSYS在1978年被更名为BDS（building design system）并开始商业化发展。其独特的库与族的功能架构模式被后来的众多建筑信息建模软件所沿用，如ArchiCAD®、Autodesk Revit®、Bentley Architecture、Digital Project™和Nematschek Vectorwork®等，提高了建筑设计的效率和准确性，成为行业的基础。

SSHA与OXSYS作为早期计算机信息建模系统的代表，标志着建筑设计工具从几何建模到信息建模的迭代升级。这两套平台不仅处理几何信息，还整合了建筑功能、结构、经济等多方面的要素与数据，实现了功能的跃迁。然而，其局限性在于主要服务于特定的建筑类型，更像是基于不同建筑设计规范的自动化建模系统，即将建筑规范转化为计算机程序规则，用于定义和分析建筑组件及其相互间的组合行为。

针对上述局限性，卡耐基-梅隆大学CAD图形实验室给予了针对性的技术研究与工具开发。CAD图形实验室是最早积极探索计算机辅助建筑建模技术开发的前沿团队之一，被誉为BIM之父的查尔斯·伊斯特曼（Charles M. Eastman）曾担任实验室主任。实验室的研究不局限于单一建筑类型的设计工具研发，而是致力于创建具有通用性和功能集成性质的辅助建筑设计的计算性环境（computing environment）。立足于这一目标，重点展开两个方向上的研究探索，一是开发满足不同建筑设计任务需求的实体建模技术工具，二是将实体建模与其他相关功能进行集成，以创建功能更为齐全、使用更为高效的CAD系统开发环境。伊斯特曼认为，一个通用高效的建筑建模系统应将建筑组件编辑的权利赋予设计者，让设计师根据项目类型创建相应的建筑几何组件，并自行赋予成本、材料、性能、结构等关键信息，完成组件属性的编辑。此观点旨在摆脱建模技术与工具在不同建筑类型上的局限性，便于集所有模块信息进行项目整体性能的协同分析。因此，伊斯特曼主张开发一套面向建筑设计建模任务的通用编程语言[1]。

基于这一思考，伊斯特曼带领团队于1977年基于其早期开发的几何建模工具——建筑描述系统（building description system，BDS）的逻辑基础，成功开发了交互式设计图形语言系统（graphical language for interactive design，GLIDE）[2]。GLIDE是一种三维几何建模语言，专为辅助建筑设计而开发。它允许设计者通过操作规定的编程语言命令，直接生成包含不同建筑信息的新的几何原型。在GLIDE建模环境中，三维几何模型以多面体的方式呈现，由不同平面组成。展开几何建模时，其语法描述对象为组成指定几何多面体的多边形平面。相较于之前计算机图形学对多边形的复杂描述，GLIDE采用了一种全新的分层化的局部描述（hierarchically partial description）方法完成建模（图3-31）。在GLIDE系统中，建筑模型以物体（object）的方式呈现，包含可以充分表达建筑的多维度物质化信息，而非简单几何形状的单维信息。此后，伊斯特曼在GLIDE的基础上开发了GLIDE Ⅱ及基于GLIDE Ⅱ的计算机辅助工程与建筑设计系统（computer-aided engineering and architectural design system，CAEADS）[1]，其中融入了模型数据库的功能，从程序操作层面为设计人员提供建筑信息建模的技术支持（图3-32）。

上述以SSHA、OXSYS、GLIDE与CAEADS等为代表的建筑信息建模系统和平台具有时代创新意义，推动

① EASTMAN C M. Modeling of buildings: evolution and concepts[J]. Automation in Construction, 1992, 1(2): 99-109.
② EASTMAN C, HENRION M. GLIDE: a language for design information systems[J]. A SIGGRAPH Computer Graphics, 1977, 11(2): 24-33.

图3-31　使用GLIDE开展多面体建模的形状生成结果显示

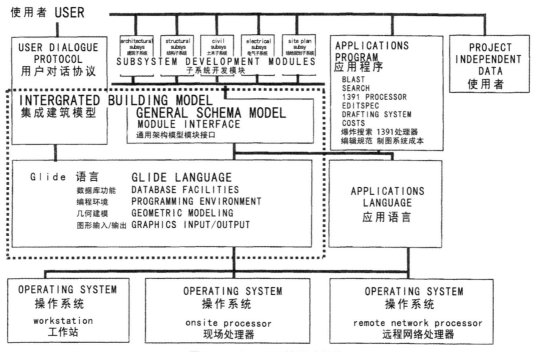

图3-32　CAEADS的程序结构

了建筑智能建模的发展。这些系统和平台在技术架构设计上充分发挥了计算机数据处理的优势，将建筑的几何形状、材料属性、物理性能等物质化特性转译为数据，进行加工、分析、存储和修改。更重要的是，在这些早期的数字建模工具中，以控制变量作为操作媒介的参数化建模方法已初具雏形。在编程的推动下，建筑设计中的建模内容从"几何建模"升级为"信息建模"，为后续CAD技术和工具的快速发展提供了有力支撑。

　　20世纪80年代，随着计算机技术迭代升级，几何信息建模技术开始由二维层面朝向三维层面发展，这一转变旨在实现更复杂的建模需求。基于参数控制的建模方法逐渐占据主导地位，力求实现面向三维实体对象特征编辑功能的全局几何元素量化控制，提高了建模的精确度和灵活性。1985年，数学家、软件工程师塞缪尔·盖兹伯格（Samuel Geisberg）创立了参数技术公司（Parametric Technology Corporation，PTC），并于1988年推出了历史上第一个商业级别的参数化软件Pro/ENGINEER，也是首个将实体特征建模（feature-based solids modeling）方法和参数化技术相结合的设计平台[1]。特征建模源自于工业产品设计中的几何建模，它将特征技术引入设计，为产品设计提供更为丰富和精确的信息服务，模型信息包含三维几何尺寸等形状信息、尺寸公差和位置公差等精度信息、材料强度等材料信息及性能功能等技术特征信息等，使得模型更加全面和实用。从本质上看，特征建模与建筑信息建模异曲同工，都是将建模过程进行全局参数化的过程，通过设定和调整参数来控制模型的形状、尺寸、材料和其他属性，从而实现更为精确和灵活的建模。Pro/ENGINEER采用几何实体进行动态建模，操作直观且人机交互性强。在具体建模过程中，使用者首先构建几何对象的轮廓线，然后通过旋转、放样等方式创建实体模型。此外，利用布尔运算操作可以实现复杂几何体量的建构。在全局关系有效建立后，通过设置控制几何模型数字形态的全局参数，即可完成整体形态的迭代重建（图3-33）。

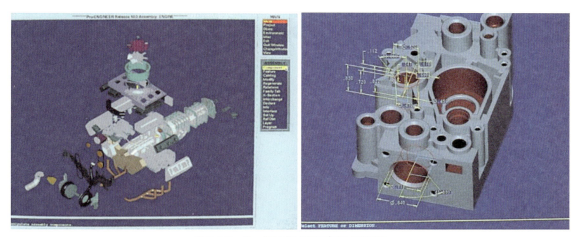

图3-33 Pro/ENGINEER参数化建模

Pro/ENGINEER早期的参数化建模框架为用户提供了通过输入参数来描述几何形状的功能。例如，用户可以通过输入球心和半径参数创建球体，或通过输入顶点坐标位置参量来确定一个六面体的形态。这种参数化的建模方式不仅直观，而且大幅降低了操作难度，使得设计师能够更加轻松地创建和修改几何模型。为了进一步提升用户体验，Pro/ENGINEER还采用了可视化图形界面，实现了便捷的人机交互。图形界面主要由两部分组成，即含有控制参数的几何基本要素功能模块（primitive of the form）和运算功能模块（operator）。对不同模块进行参量值修改可获取不同的整体运算结果，从而在设计逻辑保持不变的条件下，灵活地控制模型的几何属性[2]。总而言之，Pro/ENGINEER作为一款具有里程碑意义的软件，为后续的参数化建模工具开发奠定了坚实的基础。它彻底改变了传统的设计建模方式，通过引入参数化的概念，设计师能够更加高效、准确地创建和修改几何模型。同时，Pro/ENGINEER还建立了有效的CAD参数化程序操作框架，为后续的CAD软件发展提供了重要的参考和借鉴（图3-34）。尽管其主要应用于机械制造和工业设计领域，但它为所有

① WEISBERG, D. The engineering design revolution cad history[M]. Cambridge: MIT Press, 2008: 444-448.
② EASTMAN C M, EASTMAN C, TEICHOLZ P, et al. BIM handbook: a guide to building information modeling for owners, managers, designers, engineers and contractors[M]. Hoboken: John Wiley & Sons, 2011: 35.

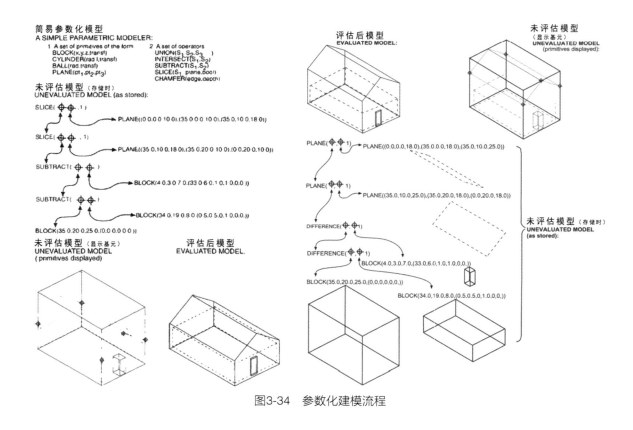

图3-34　参数化建模流程

CAD工具的发展开辟了一条全新的参数化设计路径。

Pro/ENGINEER的成功展示了参数化设计在几何体量量化控制与动态信息交互上的巨大潜力，受其影响，20世纪末至21世纪初，许多CAD建模系统陆续扩展了参数化建模功能。1993年，法国达索系统（Dassault Systèmes）公司在其旗下软件CATIA中融入Pro/ENGINEER的参数化功能，先后开发出了CATIA V4与 CATIA V5。2003年，美国奔特力系统（Bentley Systems）公司研发出参数化CAD建模软件Generative Components，其结构功能与CATIA V5相似，都采用分层化的数据结构建构几何拓扑函数。但与CATIA不同的是，Generative Components增加了阵列排布参数功能，且创新性地采用符号式编程方法，将几何操作命令封装在一系列可视化模块中，用户可以通过简单的连线方式组织操作逻辑，无须编写复杂的代码，从而降低了使用难度、提高了设计效率（图3-35）。这一创新引发了设计行业对可视化编程语言在参数化设计上的应用热潮，迅速推动了不同可视化编程平台的开发，使得节点式编程（node-based programming）模式得以兴起。节点式编程模式的核心思想是，将不同的程序命令封装成一系列具有特殊功能的节点，在调用这些节点时，用户只需将其操作端口按照设计逻辑进行有效关联，即可形成基于几何对象特征的逻辑操作流程（图3-36）。Grasshopper for Rhino是当下建筑设计领域广泛应用的参数化设计工具之一，作为曲面造型建模平台Rhino的参数化插件，它充分发挥了节点式编程的优势（图3-37）。

一批先锋建筑师如弗兰克·盖里等，迅速将参数化几何建模工具应用到设计实践中。弗兰克·盖里

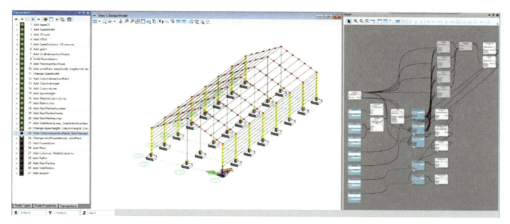

图3-35　Generative Components的参数化建模

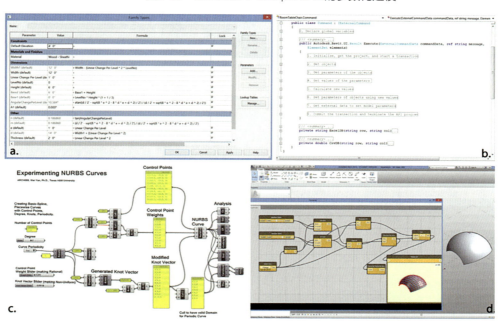

图3-36　不同参数化软件的可视化编辑界面

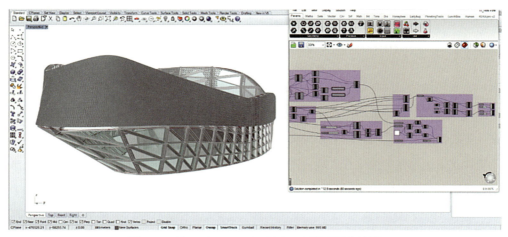

图3-37　Grasshopper for Rhino中的可视化编程

将CATIA应用于巴塞罗那的鱼雕塑项目（The Golden Fish）[①]、毕尔巴鄂古根海姆博物馆等的非标准几何形态建模中[②]（图3-38）。这一系列工作使盖里认识到技术工具的重要性，因此他创建了盖里科技（Gehry Technologies）公司，专注于研发针对建筑设计的参数化设计建模工具，并于2004年成功开发了Digital Project®，其内置CATIA V5作为建模引擎，提供易于理解和操作的可视化交互界面，进一步降低了参数化设计工具的应用难度（图3-39）。

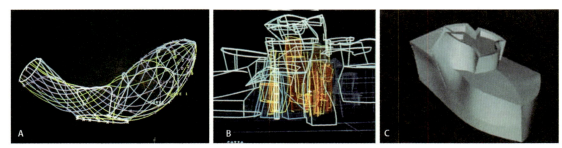

图3-38　利用CATIA创建的古根海姆博物馆模型

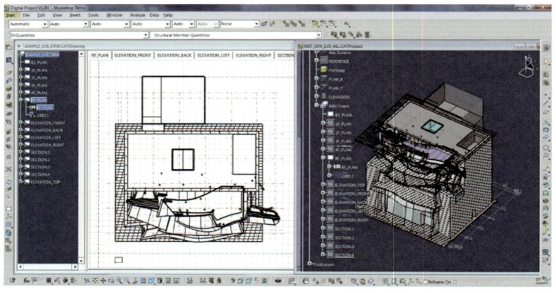

图3-39　Digital Project的建模界面

　　20世纪末，参数化设计功能在数字三维几何实体建模平台上的普及与广泛应用，标志着建筑信息建模系统成功突破了二维几何图形操作上的传统局限。相较于早期CAEADS等程序化建模系统，这一时期的建筑信息建模技术在计算机图形学技术的支持下，实现了在三维实体模型全局架构中的全方位几何形态控制，不再局限于固定几何样式下的建筑组件排布。这一进步使得参数化设计能够突破程序命令规则的思维架构，转而

① Sébastien Bourbonnais. Sensibilités technologiques: expérimentations et explorations en architecture numérique 1987-2010. Architectures Matérielles [D]. Paris: Université Paris-Est, 2014.
② FRANK O, GEHRY. Frank O. Gehry: Guggenheim Museum Bilbao[M]. NewYork: Solomon R. Guggenheim Museum, 2003.

面向几何对象展开模型生成逻辑的探索，从而快速生成多套方案，有效提升建模效率并缩短设计周期。与此同时，参数化辅助设计技术在几何建模上的成功，极大地推动了设计行业对功能与效率更为极致的追求。这种追求促使当代建筑信息建模技术出现，并迅速得到广泛推广和应用。

BIM被定义为"关乎建筑设计性能、建造与运行过程相关信息的工具、流程与技术"[①]。这一技术的诞生与发展，不仅是过去几十年计算机辅助建模工具功能不断扩展与叠加的结果，更是当下建筑设计行业追求设计效率与品质，不断趋于精细化、产品化、流水线化、标准化及多阶段一体化特征的直接体现与呼应。在技术操作层面，BIM技术工具的核心应用是基于对象操作的参数化建模（object-oriented parametric modeling），而操作平台内部通常具备预定义的、可编程的不同组别对象家族（object families），这些对象家族包含了建筑设计中常见的各种元素和组件，如墙体、门窗、楼梯等[①]。BIM技术的核心优势之一在于其能够调用并协同多种建模与分析工具，以实现模型信息的全面集成。这一特性适应了建筑设计过程的复杂性，包括概念设计、性能优化与技术深化三个方面。在概念设计阶段，BIM技术注重空间功能的逻辑性和设计审美；在性能优化阶段，致力于分析评价模型的使用性能，便于方案的修改与调整；在技术深化阶段，则在形式优化结果的基础上深化模型内容，完善几何要素之外的建造与设备信息，为后续建筑施工提供详细的图纸信息。

BIM通过跨平台、一体化的数字化设计模式，解决了传统设计过程中建模平台单一化所带来的局限性问题。在传统建筑设计工作流中，不同阶段对建模的需求不同。概念设计阶段注重基础体量与空间描述，如直接使用标准构件模块则可能限制形态推敲；方案深化阶段若使用Rhino、SketchUp等轻量级模型，则需重建建筑模块，大幅度增加工作量。对于大型公共建筑，特别是复杂几何形态建筑，在空间使用、结构受力、造价控制等方面的统筹更具挑战性，对建模效率与精度的需求更高，BIM建筑信息协同的必要性更为凸显。弗兰克·盖里、诺曼·福斯特、让·努维尔（Jean Nouvel）等建筑大师，在大型复杂工程项目设计中常采用BIM技术。以弗兰克·盖里1987年设计的沃尔特·迪士尼音乐厅（Walt Disney Concert Hall）为例，该项目采用了具有流动性的复杂曲面组合形态。为保证设计方案的实施，设计团队、技术团队和项目承包商利用BIM建模工具进行协同操作，构建了基于模型数据交互的计算性设计与项目管理工作流程。这一流程推动了建筑从概念体量到方案深化，再到材料、设备等施工信息的全周期协同，充分发挥了信息建模优势，成功解决了该音乐厅功能与形态的复杂难题（图3-40）。

弗兰克·盖里通过采用BIM工作流程，为建筑项目实践树立了典范，同期其他一些大型建筑设计项目也采用了类似的工作流程。例如，澳大利亚皇家墨尔本理工大学教授马克·伯利（Mark Burry）在参与完成安东尼奥·高迪（Antonio Gaudi）的遗作——西班牙圣家族教堂（Sagrada Família Basilica）西十字翼玫瑰窗加建工程中，利用BIM建模优势，有效应对教堂复杂的有机空间形态和类型多样的支撑结构，助力设计与建造过程中对教堂的几何形式推导、结构分析与找形，以及新旧建筑部分之间的衔接，实现了多专业和多团队的

---

① Archsupply. Open Buildings Generative Components[EB/OL]. (2024-02-14)[2024-12-18]. https://download. archsupply.com/get/download-openbuildings-generativecomponents.

高效沟通与协同，保障了加建工程的顺利进行[①]（图3-41）。

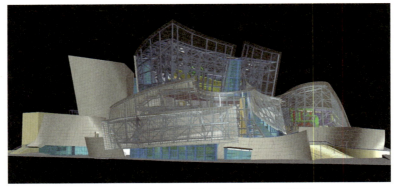

图3-40　沃尔特·迪士尼音乐厅的BIM模型

图3-41　圣家族教堂建模中CATIA与Rhino工具的协同

诺曼·福斯特也是率先采用建筑信息化建模辅助设计的建筑大师之一，其团队在1998年专门成立了集信息建模技术、工具开发、跨平台数字技术于一体协同攻关的研究型专家建模小组（The Specialist Modelling Group），简称SMG小组。SMG小组的核心目标是提供有效建模策略，并与概念设计方案紧密结合，进行数字模型的深化与工程项目推演。SMG小组承担了伦敦市政厅项目（City Hall in London）的建筑信息建模工作，包括参数化设计建模、建筑性能分析、幕墙表皮构造等不同阶段的设计任务[②]。SMG小组采用Microstation作为建筑信息建模的核心平台，利用此平台完成建筑体量模型的拓扑推敲与信息集成，并将模型交由英国奥雅纳工程顾问公司（Arup Group）进行性能分析，涉及表皮辐射、建筑能耗、室外风环境等多项性能。此外，借助Microstation参数化模块完成曲面表皮幕墙细分，生成指导加工制造的几何信息、材料信息及空间坐标，直接应用于数控加工和后续的现场快速安装（图3-42）。

多平台交互下的建筑信息建模方法为建筑设计提供有效支持，这种支持不仅体现在提高设计、分析、建造过程中的信息交互效率，实现各阶段信息共享、协同工作和数据沟通，而且体现在对复杂建筑设计深度和

① BURRY M. BIM and MetaBIM: design narrative and modeling building information[J]. Building Information Modeling: BIM in Current and Future Practice, 2015: 349-362.
② WHITEHEAD H. Laws of form[J]. Architecture in the digital age: design and manufacturing, 2003: 81-100.

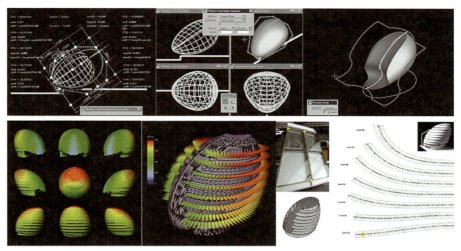

图3-42　伦敦市政厅建筑信息建模与分析

精度的把控能力上，通过模拟仿真分析，可以评估设计方案的可行性和效果。让·努维尔在2010年建成的纽约第11大街100号公寓（100 11th Avenue）项目中设计了复杂的幕墙系统，整个幕墙使用了1647种具有不同尺寸与倾斜角度的玻璃面板，采用钢结构边框与骨架，开窗尺寸与立面分布随机，节点需大量定制化加工。为应对上述挑战，让·努维尔与幕墙技术顾问团队Front Inc合作，采用Rhino、Digital Project等数字工具进行建筑多维信息交互建模。一旦出现结构与形式设计上的冲突，及时将模型反馈给让·努维尔团队进行方案的优化与修改（图3-43）。项目整体优化完成后，采用Auto CAD进一步绘制幕墙结构的细部大样，导入Digital Project补充模型的建造信息，并自动生成所有施工建造图纸[①]。

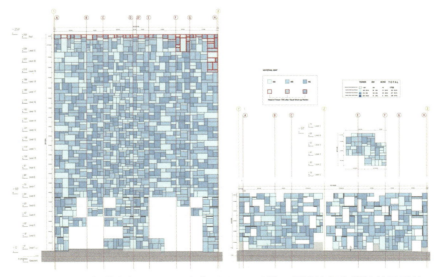

图3-43　让·努维尔与Front Inc合作采用BIM建模工具设计复杂幕墙单元系统

---

① EASTMAN C M, EASTMAN C, TEICHOLZ P, et al. BIM handbook: A guide to building information modeling for owners, managers, designers, engineers and contractors [M]. Hoboken: John wiley & Sons, 2011: 35.

3.3 计算推动下的几何建模新趋向

纵观几何建模工具的历史变迁，我们不难发现，计算对建模工具的赋能效应不言而喻。在计算的加持下，几何建模技术不断得以革新，建筑模型的信息维度也因此得到了极大拓展，使其更加贴近真实的建筑系统。这一技术变革不仅充盈和完善了模型建构中的操作信息，还推动几何建模逐渐演化为迎合工程实践需求的信息协同建模。在此背景下，几何建模开始朝非欧几何建模方向拓展，并伴随着计算赋能下的虚实更迭，引发了虚拟模型新唯物主义的思考。

3.3.1 非欧几何推动下的建模发展

建模工具的不断进步正在推动复杂模型的创建和运用，这使得设计师能够更深入地挖掘和尝试复杂虚拟空间的设计。实际上，在数字建模工具诞生前，人们对复杂虚拟空间的思考和追求就已经开始。在美国著名科幻小说家罗伯特·海因莱因（Robert Heinlein）1941年出版的短篇小说《他盖了一座弯曲的房子》（*And He Built a Crooked House*）中，作为主人公的建筑师昆塔斯·蒂尔（Quintus Teal）渴望打破既有欧式几何的限制，他在同行中大声疾呼："为什么我们要被祖先僵化的观念所束缚？欧几里得的静态几何是唯一的数学吗？"[①]这表明，在那个时代，尽管建模工具的功能有限，人们仍然对非欧几何或更为复杂的概念几何模型充满好奇和追求。然而，由于当时的技术限制，这些复杂的几何模型只能通过手工建模进行推演，难以进行科学分析和完善模型落地的可行性与构成逻辑的有效性。

随着计算赋能下的数字建模技术与工具的发展，昆塔斯的大胆构想得以实现。借助先进的计算性平台，设计师可实现对复杂非欧几何模型的可视化构建与编辑。特别是参数化设计和建筑信息模型的普及应用，使几何模型的生成过程得以逻辑化、程序化、构件化，并能衔接建筑生产加工过程和使用过程，协同建造端和运维端的性能评价目标。同时，参数化和BIM的结合，为建筑设计和性能评价带来全新的可能性。这种结合不仅兼并了物理环境性能评价的工作流程，还形成了性能驱动设计与优化流程，使得设计端能够对几何模型展开多维度的优化目标决策评价，选择最佳的设计方案。建筑在建成后的使用过程中更好地契合使用需求，降低后续因性能不符而进行的改造成本。如今在人工智能时代下，随着生成算法模型的出现，几何建模工具向自我建模的智能体发展。利用计算机视觉技术进行高质量的三维重建，实现二维图像到三维模型的智慧生成，能够降低人工建模的成本，避免设计师在建模中投入大量不必要的精力，改变工作流中设计和建模的时间比值，优化设计工作模式。特别是大语言预训练模型的应用，将推动数字几何建模类型化、模式化，借助低维向量生成高维模型数据，复杂几何建模将更简单易行、自由与多样化。

---

① HEINLEIN R A. And he built a crooked house[J]. Astounding Science Fiction, 1941, 26(6): 68.

3.3.2 虚实更迭推动下的建模发展

在建筑历史的长河中，建筑几何建模的虚拟性与真实世界物质属性的关系经历了显著变化，这种变化深受时代意识形态的影响。古典主义时期建筑被视为宇宙象征，运用真实世界物质来表达神秘宇宙学说的虚拟空间；文艺复兴时期阿尔伯蒂同样认为建筑虚拟信息超出真实世界物质价值，将记录建筑方案模型的图纸视为价值本体，而建成建筑仅是其虚拟模型的复制品（bonàtirer）[1]；现代科学启蒙时期，建筑趋向物理逻辑与真实材料的表达，被视为理性科学下物质空间的真实建构；进入计算机技术驱动下的数字时代，人类对自然科学的认知程度不断提高，不断挖掘物质背后的现象学本质，物质信息维度由二维拓展到时空四维。建筑几何建模的虚拟性随时代意识形态发展而改变，反映了人类对建筑与自然、宇宙关系的不断思考和探索。这种物质信息的虚拟化建模通过可操作模型进行降维转译，以简化高度抽象的数值问题，从而便于归纳信息。在计算性技术所支持的虚拟世界中，通过调整参数自由控制物质形态，超脱物理束缚，如反重力、逆时生长等。这种自由控制引发了人们对几何建模技术"创造新物质"和"模仿既有物质"两种不同观点的争议，也促发了雅克·德里达（Jacques Derrida）、曼纽尔·德兰达（Manuel DeLanda）等哲学家致力于解构主义、新唯物主义等哲学思想的研究。彼得·埃森曼、格雷戈·林恩、扎哈·哈迪德等建筑师也尝试在虚拟空间中创造超越日常经验的建筑形式与空间。可见，物质信息的虚拟化建模技术不仅拓展了艺术与科学的边界，而且激发了哲学与建筑领域的深入探索和实践。

数字技术的迅猛发展推动物质与虚拟之间的转换，虚拟模型在信息价值上呈现出超越物质模型的趋势，为设计赋能。数字技术使虚拟模型封装更多的多维信息，且随着工具的智能化发展，虚拟模型价值将进一步升维。特别是大语言模型结合自然语言处理与三维重建技术，能够实现生成超现实形式模型。因此，数字几何不再局限于物质层面经验与现实世界逻辑，开始超越常规形式，成为设计的创新驱动力。

总之，几何建模中对物质虚拟化发展与存在意义的思考，是工具智能与人类认知双向交互的结果。正如康思大（Kostas Terzidis）所说，尽管人类的思维在某些方面受到定量复杂性的限制，但计算机等数字工具为我们提供了超越这些限制的手段，曾经被认为是不可能的事情实际上只是概率较低或者需要更复杂的计算和思考过程，"不可能"不再是一个绝对判断，而变成一个可以通过概率和可能性来衡量的概念[2]。几何建模与计算的共生发展为建筑设计领域带来前所未有的变革，推动其跃迁至工具智能化的新阶段。这一进步为建筑设计注入新的创造力和可能性，促进了建筑设计向性能仿真驱动的转型，为建筑设计的方案生成与设计建造一体化提供了有力支持，并预示着建筑设计向万物互联的拓展。

---

[1] CARPO M. The alphabet and the algorithm[M]. Cambridge: MIT Press, 2011: 64-65.
[2] 瓦尔特·本雅明. 机械复制时代的艺术作品[M]. 王才勇，译. 北京：中国城市出版社，2002.

4

计算与性能仿真

"所有建筑的概念规范中，性能（performance）是唯一设法评估建筑目标效能的因素。不同于仅关注建筑本身，性能探索建筑与其所在系统之间的反馈循环。"——安德烈亚斯·鲁比（Andreas Ruby）[1]

广义上的性能仿真，是借助模型动态重现对象系统中事件发展的方法。它通过不断改变相关测试参数，模拟并观察环境要素的变化对某一目标结果的具体影响。这种方法旨在揭示系统内在的普遍发生规律，帮助我们深入洞察和理解系统背后的本质内容及其运作机制。而建筑性能仿真，专注于"建筑"这一特定的人居环境系统，是利用建筑信息模型和数据计算技术，深入模拟和演绎建筑系统中物质、信息与能量的交换过程。这种方法在几何建模的基础上更进一步，旨在全面评价不同建筑形态、材料、环境等要素对建筑性能的复合影响。在建筑和城市设计中，性能仿真技术扮演着重要角色。它常用于预测不同尺度下，如建筑、街区或城市等未来潜在的使用风险。具体而言，性能仿真技术能够评估建筑结构的稳定性，如梁柱的抗拉、抗压及抗震性能；还能模拟室内环境对人体舒适度、视力、注意力、睡眠等的影响；也能预测能耗、污染等对社会资源与可持续发展的潜在损害。建筑性能仿真的有效性取决于仿真模型对真实建筑系统中的环境、使用者、物质属性、时间等要素的贴合度，及其运作逻辑的真实映射程度。相较于几何建模侧重于形式层面，性能仿真是在几何建模的基础上，以数字形式量化形式背后的多维性能信息，揭示建筑系统中难以察觉的信息、能量的动态交换规律。

性能仿真的核心作用在于预测，而预测在系统科学领域中被视为最为关键的技术性术语之一。英国伦敦大学学院教授马里奥·坎波（Mario Carpo）曾指出，"对于许多经验主义、实证主义和功利主义思想家而言，科学的主要目标始终是预测未来"[2]，这一观点不仅揭示了科学的本质追求，也间接表明了性能仿真在建筑和城市设计当中应用的科学性。这一计算性设计技术不仅改变了传统的设计思维和流程，更使建筑师和设计师不再仅仅依赖于直觉、经验和抽象思考来完成他们的设计。性能仿真模型能够准确地模拟环境、建筑和使用者身体之间能量交换的复杂关联，帮助设计者洞悉人们难以直接感知的客观规律。通过降低这些规律背后的信息维度，助力设计者能够更有效地理解复杂空间形态的多维性能信息，指导其对方案进行更理性把控，开辟了一条以性能驱动为导向的新途径，使设计更加科学、精确和高效。本章将深入探讨性能仿真的技

① CROS S. The metapolis dictionary of advanced architecture: city, technology and society in the information age[M]. New York: Actar Publishers, 2003.
② CARPO M. The second digital turn: design beyond intelligence[M]. Cambridge: MIT press, 2017: 94.

术类型和应用特征，进行系统的理论梳理和内容解析。将依据时间线索对相关典型案例进行解读，梳理性能仿真技术的发展脉络，从而更全面地理解其在建筑学领域的应用历程。在此基础上，还将总结性能仿真在建筑学发展中的历史意义，阐明其在计算依托关系下对计算性设计的推动作用。

4.1 计算映射下的性能仿真类型

性能仿真致力于解决建筑和城市设计中的两类最基本问题，即结构的合理性与环境的舒适性，两者也是建筑学理论中经久不变的内核。纵观相关建筑学理论在不同时段的论述，从法国建筑理论家马克·安托万·洛吉耶（Marc-Antoine Laugier）描述的人类建筑的雏形——原始棚屋（primive hut）木构架中的力学传递，到维特鲁威在《建筑十书》中提出的实用、坚固、美观三项基本原则，到此后英国设计评论家雷纳·班汉姆（Reyner Banham）在《和谐环境的建筑》（*The Architecture of the Well-tempered Environment*）中指出的建筑设备对环境调控的必要性和环境调控在建筑学中存在的必然性，再到维克多·奥戈雅在《设计结合气候：建筑地域主义的生物气候研究》中对建筑环境性能的科学解读和气候适应策略的归纳，以及美国建筑历史学家肯尼斯·弗兰姆普顿（Kenneth Frampton）在《建构文化研究》（*Studies in Techonics Culture*）中对现代建筑结构细节的关注与建构思维的剖析，这一系列论著都强调了科学方法和技术手段在建筑和城市设计中的重要性。而科学方法和技术手段的本质是计算：基于力学计算展开的结构优化，是保障建筑物质建造科学性的有效途径，通过计算，可以实现力学原则的遵循与协调，使建筑结构更加合理；而对于建筑环境调控而言，温度、采光、气流、能耗等空间性能的计算至关重要，是满足使用者需求、维持人居环境可持续发展的必要手段，在这一过程中，"能量"作为协调主体，通过遵循能量传递的定律和法则，实现建筑环境的科学调控。而性能仿真则是依托计算实现对"力"与"能量"两种虚拟介质在建筑物质结构与环境中的量化审视，它不仅能够帮助我们深入理解建筑在真实世界中受到"力"与"能量"这两个介质影响时的性能表现，还能通过精确的计算和模拟预判建筑在实际使用中的性能结果。

4.1.1 性能仿真下的结构认知

结构的合理有效是设计从虚拟方案到现实物质化的关键前提。古希腊时期，建筑师"architekton"一词，由"建筑"（archi-）与"工程"（-tektura）两部分合并而成，体现了设计与建造的紧密结合，那时的建筑是建筑师兼工程师或工匠进行结构操控的结果，建筑设计更像是一种合理结构的呈现[①]。然而，从历史视角梳理建筑学与计算之间的演变关联时，结构并未在其中呈现出连续且清晰的发展脉络。文艺复兴时期，阿尔伯蒂强调建筑师仅需负责完成建筑设计图纸，而不必再实际指导施工过程。这一转变旨在强化建筑师设计方案

---

① ADDIS W. Building: 3000 years of design engineering and construction[M]. London: Phaidon, 2007: 387-391.

的权威性与著作权的归属，使得建筑与结构从学科体系上开始分离[1]。此后，在漫长的古典主义时期，建筑学的研究兴趣逐渐转向对建筑几何形秩的思考与探究。在另一条发展路径上，结构工程学随着微积分、力学与钢铁等新材料的产生逐渐演化成一门独立且成熟的学科。19世纪，钢铁、钢筋混凝土材料在大型结构工程中崭露头角，促使以奥古斯特·舒瓦西（Auguste Choisy）、维奥莱-勒-迪克（Viollet-le-duc）、奥古斯特·佩雷（Auguste Perret）等为代表的建筑学者重新思考结构与建筑的关系，追求结构理性主义。这种理性主义思潮促使建筑师和结构工程师探索新型结构形式，合作更加紧密。其间埃罗·沙里宁（Eero Saarinen）、约恩·伍重（Jørn Utzon）、安东尼奥·高迪等创作了许多举世瞩目的有机形态作品。这也引发了一批结构工程师如爱德华·托罗哈、皮埃尔·奈尔维、海因茨·伊斯勒（Heinz Isler）、弗雷·奥托等，对新型建筑空间形式进行了大胆尝试。他们创新性地探索了薄壳结构、双曲拱结构和张拉膜结构等，常采用物理模型性能仿真的方式进行复杂结构的受力分析与生形推导，验证结构的承载力与抗弯抗剪能力。这种基于模型实验手段的性能仿真技术，在很大程度上降低了结构计算的复杂度，以更为直观的方式辅助设计师把握建筑结构形态与力学性能之间的关联规律，使得复杂建筑形态的落地实施更加可行和高效。

物理模型在结构性能仿真中的应用并非源自于建筑学，其历史可以追溯到工程学领域的实验研究与实践探索，常被应用于桥梁、城墙、水利等古代军事基础设施的设计与验证中。最早的工程模型记录于公元前250年左右，由军事学家菲隆（Philon）与赫仑（Heron）共同完成了史上第一个木构弹石装置模型。这一重要的创新被维特鲁威详细记录在《建筑十书》中；在16世纪70年代，建筑师帕拉第奥在为巴萨诺·德尔·格拉帕（Bassano del Grappa）的布伦塔河设计桥梁时，就采用了木构模型来验证其承重稳定性[2]；在80年代，负责建造圣彼得大教堂的工程师多梅尼科·丰塔纳（Domenico Fontana）研发了一种专门用于移动梵蒂冈方尖碑的机械装置，通过模型推导出移动方尖碑的装置底部所需的承载力与动力大小，展现出其对模型仿真技术的深刻理解和成熟应用[3]（图4-1）；18世纪中叶，英国著名土木工程师、发明家约翰·斯米顿（John Smeaton）采用1:8缩尺模型模拟水车发电，推翻了当时工程科学上关于机械动力发电中水车与风车能效问题的结论[4]（图4-2），此后，在英国普利茅斯的埃迪斯通灯塔（Eddystone Lighthouse in Plymouth）项目中，他再次运用物理模型进行结构分析与测试，研究岩石的组合方式，以确保结构整体受力的稳定性[5]（图4-3）。

工程项目的不断扩展推动了工程科学的进步，促进了结构力学与材料力学的理论研究，并解决了建筑设计中的诸多应用难题。然而，对复杂结构的三维体量分析，物理模型仍是更为直接、便捷、可控的方法。因此，基于物理模型的结构仿真成为工程学科的基础研究方法，用于解决建筑设计中的实际问题。

进入20世纪以后，物理性能仿真，如风洞试验、抗震试验、光弹性应力分析实验等，成为求解有效结

---

① ADRIAENSSENS S, BLOCK P, VEENENDAAL D, et al. Shell structures for architecture: form finding and optimization[M]. London: Routledge, 2014.
② PUPPI L, PALLADIO A. Andrea Palladio: das Gesamtwerk[M]. Stuttgart: Deutsche Verlag-Anstalt, 1994.
③ ADDIS B, KURRER K E, LORENZ W. Physical models: Their historical and current use in civil and building engineering design[M]. Hoboken: John Wiley & Sons, 2020: 36-37.
④ SMEATON J. FRS[M]. London: T. Telford, 1981: 35-38.
⑤ SMEATON J. A narrative of the building and a description of the construction of the Edystone Lighthouse with stone[M]. J. Smeaton, 1791.

计算性设计
COMPUTATIONAL DESIGN

图4-1　丰塔纳研发的九种
移动装置模型

图4-2　斯米顿水车仿真装置

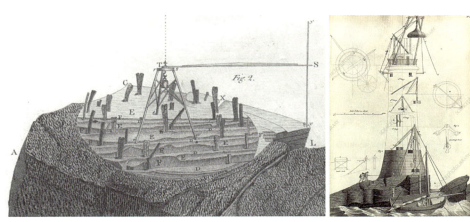

图4-3　斯米顿绘制的埃迪斯通灯塔受力模型

构形式的必要途径。同时，数字仿真技术也在发展，其应用先河也并非源自于建筑工程，而是航空航天与汽车制造等先进制造业产品的动力性能评价。有限元法（finite element method，FEM）是传统数字仿真分析的代表，由奥尔吉德·塞西尔·辛克维奇（Olgierd Cecil Zienkiewicz）、雷·威廉·克拉夫（Ray William Clough）与约翰·哈吉·阿吉里斯（Johann Hadji Argyris）同时提出，其计算逻辑是将结构划分为指定数量、固定几何形状的连续体，通过计算每个连续体的能量值以实现整体的整合。而计算机技术的产生与发展促进了有限元法在操作层面的实现，并随后应用于建筑工程。可见，建筑学科对仿真技术的认知与应用，得益于工程学科的跨专业交叉及学科部分内容上的整合，是建筑与工程学科紧密合作的结果，也是建筑学科追求理性、运用科学方法解决复杂问题的客观表现。

性能仿真通过系统还原的方式，克服了传统结构分析方法在科学性和操作性方面的局限性，能够发现并分析假设场景中的问题。传统结构力学计算方法的发展经历了公元前阿基米德原理等的实践经验总结、

16世纪西蒙·斯蒂文（Simon Stevin）的几何图解矢量静力学[1]及19世纪材料力学与结构力学相结合等主要阶段。材料力学理论的发展也经历了列奥纳多·达·芬奇与伽利略·伽利雷（Galileo di Vincenzo Bonaulti de Galilei）的抗拉强度理论研究、路易斯·亨利·纳维（Claude-Louis-Marie-Henri Navier）的弯矩理论总结及约瑟夫·拉格朗日（Joseph-Louis Lagrange）的力学能量分析方程建立等阶段[2]（图4-4、图4-5）。而力学分析在建筑领域的应用始于18世纪初，在戈特弗里德·威廉·莱布尼茨（Gottfried Wilhelm Leibniz）、伯努利家族（Bernoullis family）与莱昂哈德·欧拉（Leonhard Euler）等的努力下，微积分开始用于分析梁柱的静力学（statics）与线性弹性（linear elasticity）计算。而后将一系列力学原理归结为系统性的建筑结构工程学科，则得益于纳维、卡尔·库尔曼（Karl Culmann）、詹姆斯·克拉克·麦克斯韦（James Clerk Maxwell）等力学家所作的贡献。其中，库尔曼的桁架和框架理论对图解静力学的发展具有重要意义。库尔曼通过投影几何学为结构分析赋予数学合理性，其出版的两卷《图解静力学》（Die Graphische Statik）成为该领域的基石。然而，传统结构分析方法在实践应用中有不同程度的局限性，随着性能仿真方法的提出，结构的受力情况得以可视化呈现。这种方法将计算嵌入模型，通过模型的结构形变结果演绎计算过程，避免了耗时耗力的公式计算，对于设计者而言更为清晰直观。

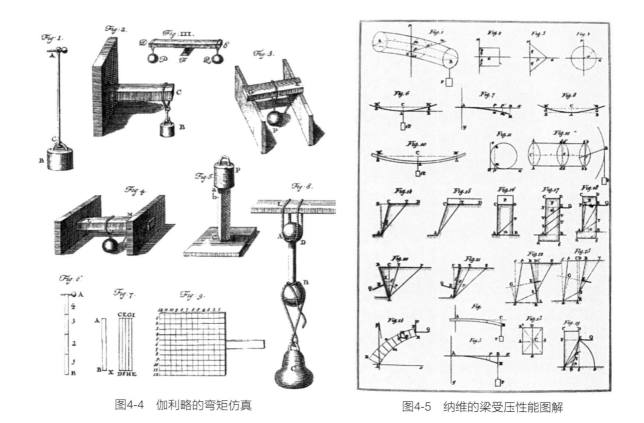

图4-4　伽利略的弯矩仿真　　　　　　　　　　　图4-5　纳维的梁受压性能图解

① STEVIN S. De beghinselen der weeghconst[M]. Inde druckerye van Christoffel Plantijn, Françoys van Raphelinghen, 1973.
② KURRER K E. The history of the theory of structures: searching for equilibrium[M]. Hoboken: John Wiley & Sons, 2018: 476.

计算机技术对结构性能仿真的影响是巨大的，其改变了传统性能仿真的架构模式，推动了现代结构力学研究与应用的技术性革新，成为建筑结构设计计算的主要方式[①]。一方面，相较于制作成本较高的物理实验模型，计算机辅助下的性能仿真能够实现快捷的建模操作，高效实现无人值守的模拟计算与数据分析。有限元方法与计算机的结合促使ANSYS、MSC、ABAQUS、Altair等一系列结构性能分析软件广泛应用于各种科学研究和工程领域。另一方面，计算机技术的促进作用不仅体现在计算效率与信息认知维度的提升上，更重要的是为建筑设计提供了结构分析与优化的一体化方法。将复杂的算法隐藏在工具平台背后，使得设计者无须深入了解晦涩的结构计算过程，通过数字化传统物理找形，提升对建筑形式的探索广度和复杂形式的优化效率与精度。自20世纪90年代以来，一系列以建筑设计为导向的数字结构找形方法与工具得到了不断开发和推广。例如，澳大利亚皇家墨尔本理工大学教授谢亿民提出了渐进结构优化法（the evolutionary structural optimisation，ESO）及其后续的双向渐进结构优化法（bidirectional evolutionary structural optimisation，BESO），并研发了软件操作平台Ambea，推动了结构拓扑优化工具在建筑设计领域的应用与发展；瑞士苏黎世联邦理工学院教授菲利普·布洛克（Philippe Block）基于图解静力学提出了壳体结构的计算性生形、优化和施工方法，并与其团队共同开发了RhinoVAULT结构找形软件，为建筑师和结构工程师提供了共享的设计工具；英国设计师丹尼尔·派克（Daniel Piker）模拟粒子系统（particle system）基于Rhino和Grasshopper平台开发了Kangaroo Physics插件，可以实现一系列交互式找形、优化和物理模拟；哈佛大学设计研究生院教授帕纳约蒂斯·米哈拉托斯（Panagiotis Michalatos）基于连续体拓扑优化等方法，在Grasshopper平台开发了千足虫插件（Millipede），实现了结构性能分析与建筑形态生成工具的一体化[②]。应用这些工具平台，设计者可以更为便捷地结合性能仿真技术的找形优势展开设计方案创作。

展望未来，随着计算性设计技术的不断发展，这些工具平台有望进一步与算法生形、性能优化及数控建造技术形成一体化操作的综合性能驱动设计路径。这将使建筑师和设计师能够在创作过程中更加全面地考虑建筑的性能需求，并通过先进的计算技术和数字化建造手段实现更加精准、高效和可持续的建筑设计。

4.1.2　性能仿真下的环境求解

意大利建筑师和建筑理论家维托里奥·戈里高蒂（Vittorio Gregotti）对环境与建筑之间的关系作过如下阐述，"对待环境（context）只存在两种重要态度：第一种态度的手段是模仿（mimesis），即对环境的复杂性进行有机模仿和再现；而第二种态度的手段则是对物质环境、形式意义及其内在复杂性进行诠释（assessment）"[③]。环境性能仿真在建筑和城市设计中融合了上述两种对环境问题的处理态度。一方面，通过技术手段实现环境的在场重构，是对戈里高蒂所说的"模仿"态度的体现，通过对环境的有机模仿和再现来辅助设计；另一方面，应用有效的分析方法诠释环境的复杂动态变化，是对戈里高蒂所说的"诠释"态度的

① KURRER K E. The history of the theory of structures: searching for equilibrium[M]. Hoboken: John Wiley & Sons, 2018: 476.
② ROMNEY G W. Computer assisted assembly and rendering of solids[M]. Salt Lake City: The University of Utah, 1969.
③ GREGOTTI V. Lecture at the New York architectural league[J]. Section A, 1983, 1(1): 8-9.

体现，通过深入分析和理解环境来指导设计决策。

环境要素在设计中的重要性不言而喻，历史上诸多设计经验与原则均围绕其展开。古罗马时期，维特鲁威在《建筑十书》的第一书中就强调场地选择的重要性，其指出，"城市需选择有益于健康的土地，保证处于无雾无霜的温和高地，同时避免沼泽的邻接地带"[①]；文艺复兴时期，阿尔伯蒂同样强调建筑用地需"远离狂暴的乌云，以及所有浓郁厚重的潮湿之气"[②]。美国历史学家、理论家与评论家雷纳·班纳姆（Reyner Banham）在其著作《良好环境中的建筑》（*The Architecture of the Well-tempered Environment*）中进一步指出，技术、人类需求和环境问题是建筑不可或缺的组成部分。他认为，近代建筑学的变革在于通过机械系统实现了对建筑环境性能的主动调节，打破了建筑围护结构对环境控制权的垄断地位[③]。

工业技术无疑为人类带来前所未有的抵御恶劣自然环境、提升生活品质的能力，然而，也带来严重的大气污染与资源浪费问题。这一现实迫使人们从生理健康与环境保护的批判视角出发，深入思考如何在建筑和城市设计中多方面权衡环境需求。1872年，英国医生特拉斯代尔（J. J. Drysdale）与约翰·海沃德（J. W. Hayward）共同撰写了《房屋建筑中的健康与舒适》（*Health and Comfort in House Building*）一书，基于他们丰富的实践项目经验，为如何设计和建造健康舒适的房屋提供了许多实用建议[④]；19世纪末，英国病理学家欧内斯特·雅各布（Ernest H. Jacob）教授针对环境问题出版了一系列关于建筑通风的论述，从生理学视角提出了室内风环境调控原则，倡导在建筑设计与建造中重视对环境通风性能的考虑[⑤]。

现代主义建筑盛行时期，柯布西耶也基于其实践创作，提出了"精确呼吸"（respiration exacte）、中性墙体（mur neutralisant）等五项环境调控技术要素，倡导建筑可以像自动机器一样展开动态环境调控，持续满足人们的舒适需求，并开发了一种新的设计工具——气候表格（climate chart），通过建筑形式的操作实现环境策略与气候问题的有效解决[⑥]；格罗皮乌斯基于日照规律提出了住宅设计与规划的重要原则[⑦]（图4-6），指出建筑占地面积与日照角度及房间数量之间具有紧密关联。1963年，奥戈雅在论著中明确指出了地域气候与建筑设计之间的紧密联系，强调处于不同地域气候的建筑应采取不同的设计策略，以适应各自独特的环境条件。他将建筑比作生物体，认为其应具备"根据人体舒适性与否去过滤、吸收或抵制环境中的要素"的能力，并系统分析了环境温度、湿度、日照辐射、风速等环境因素与人体舒适度之间的关联，提出了基于人体舒适度的建筑环境调控策略[⑧]。此后，随着全球对能源危机与环境可持续议题的深入反思和广泛关注，建筑与环境之间的关联成为科学研究和设计实践的重要焦点。人们开始积极探索如何科学地认知与管控建筑与环境之间的相互作用，以期在设计中融入更多的绿色性能考量。

---

① 维特鲁威. 建筑十书[M]. 高履泰，译. 北京：中国建筑工业出版社，1986：16-17.
② 莱昂·巴蒂斯塔·阿尔伯蒂. 建筑论：阿尔伯蒂建筑十书[M]. 王贵祥，译. 北京：中国建筑工业出版社，2010：10-11.
③ BANHAM R. Architecture of the well-tempered environment[M]. Chicago: University of Chicago Press, 2022.
④ DRYSDALE J J, Hayward J W. Health and comfort in house building, or, Ventilation with warm air by self-acting suction power : with review of the mode of calculating the draught in hot-air flues; and with some actual experiments[M]. London: E. & FN Spon, 1872.
⑤ JACOB E H. Ventilation[J]. Nature, 1886, 33(845): 222.
⑥ 仲文洲，张彤. 环境调控五点——勒·柯布西耶建筑思想与实践范式转换的气候机制[J]. 建筑师，2019（6）：6-15.
⑦ GROPIUS W. The scope of total architecture[M]. London: Routledge, 1955: 79.
⑧ OLGYAY V. Design with climate: bioclimatic approach to architectural regionalism-new and expanded edition[M]. Princeton: Princeton university press, 2015.

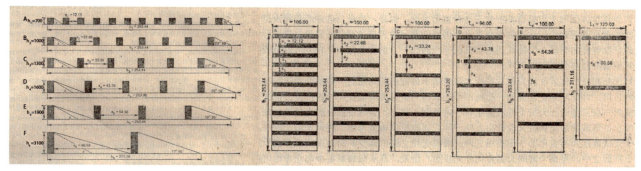

图4-6　格罗皮乌斯根据太阳照射角制定的建筑布局原则

建筑环境性能仿真主要由环境变量控制实验与指标信息可视化两个核心部分组成。环境变量控制实验是建筑环境性能仿真的基础，在这一阶段，通过仿真平台构建出环境变量和性能数据之间的映射关系。而指标信息可视化则将性能数据通过几何图解等直观手段转化为易于理解的视觉信息。通过可视化设计，可以清晰地看到环境性能在不同变量影响下的变化趋势，从而更加准确地解析建筑环境性能的机理。建筑环境性能可视化的起源则是温度计的发明和与之相关的温度指标的建立。1592年，伽利略基于不同温度下的液体扩张实验，制作出世界上第一支温度计，首次实现了温度的可视化表达。1715年，物理学家丹尼尔·加布里埃尔·华兰海特（Daniel Gabriel Fahrenheit）基于温控实验发现了水银具有更稳定的温度表达特质，从而发明了水银温度计，提升了温度指标表达的科学性，华氏温标也沿用至今。另外，针对实验数据计算的复杂与冗余问题，为了简化数据表达，便于快速阅读环境性能参量，一系列性能图解表达方法得以开发和应用。1843年，里昂·拉兰尼（Léon Louis Lalanne）基于地理学家菲利普·布阿什（Phillppe Buache）的多变量图解表示法，开发了一套应用于工程学领域的几何图表系统，其中最为著名的便是风玫瑰图[①]（图4-7）；1782年，法国建筑师皮埃尔·帕特（Pierre Patte）在其著作《论剧场建筑》（*Essai sur l'Architecture Théâtrale*）中结合剧场不同观测点传声介质的振动情况，应用图解方法将复杂的声学性能分析结果以直观、易懂的形式

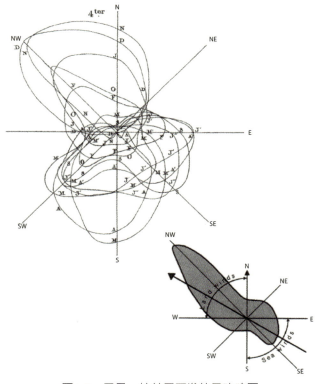

图4-7　里昂·拉兰尼开发的风玫瑰图

---

① ADDIS W. Building: 3000 years of design engineering and construction[M]. London: Phaidon, 2007: 387-391.

呈现出来①（图4-8）。在环境性能研究的历史长河中，基于环境变量控制的实验性研究方法和可视化数据表达始终扮演着举足轻重的角色。这些方法不仅为研究者提供了深入探究环境性能的有力工具，更为后续的数字化环境性能仿真奠定了基础。

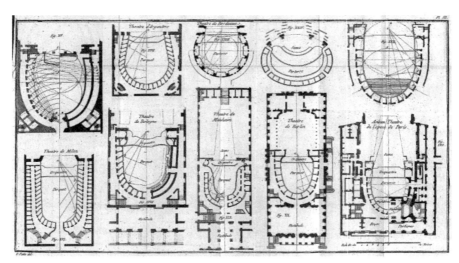

图4-8　皮埃尔·帕特对剧场建筑的声学分析图解

数字环境性能工具的发展是多种因素共同作用的结果，其中对环境问题的深入认知、计算性技术手段的支撑及环境调控的时代需求是最为关键的三大驱动力。自20世纪60年代起，随着计算机技术的发展，建筑环境性能仿真数字化工具不断涌现（图4-9），如Fluent、TARP、LUMEN-I、TRNSYS等，分别用于分析风、热、光环境及能耗等。70年代石油危机爆发后，全球密切关注能源与可持续发展议题，制定了一系列规范标准，如能源与环境设计先锋评价认证（Leadership in Energy and Environmental Design，LEED）、国际节能规范（International Energy Conservation Code，IECC）、国际绿色建筑规范（International Green Construction Code，IGCC）等，并加强了数字化环境性能仿真工具的研发，以提升建筑和城市可再生能源利用、全生命周期性能评估及设计策略制定的精度与效率。美国能源局（U. S. Department of Energy，DOE）和劳伦斯·伯克利国家实验室（Lawrence Berkeley National Laboratory，LBNL）等研究机构与专家合作，研发了DOE-2、PowerDOE、eQUEST、EnergyPlus、THERM等建筑性能数字仿真模拟工具②。

计算机技术与建筑环境仿真的融合，赋予建筑和城市设计全新的科学性，降低了解决建筑与城市科学问题的局限性。哈佛大学教授安托万·皮孔（Antoine Picon）在《建筑和数学——在傲慢和约束之间》（*Architecture and Mathematics: Between Hubris and Restraint*）一文中，对计算机辅助下的性能仿真工具的应

---

① PATTE P. Essai sur l'architecture theatrale. Ou de l'ordonnance la plus avantageuse à une salle de spectacles, relativement aux principes de l'optique & de l'acoustique. Avec un examen des principaux théâtres de l'Europe, & une analyse des écrits les plus importans sur cette matiere[M]. Chez Moutard, 1782.
② WINKELMANN F C, Birdsall B E, Buhl W F, et al. DOE-2 supplement: version 2.1E[R]. Lawrence Berkeley Lab. CA(United States)；Hirsch(James J.)and Associates, Camarillo, CA(United States), 1993.

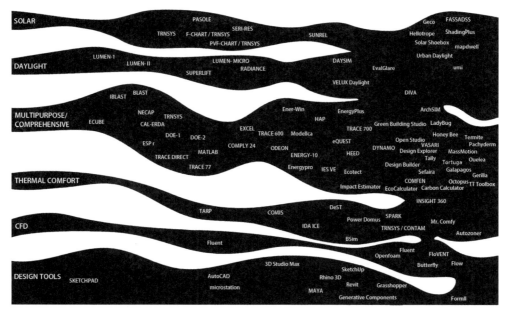

图4-9 特里·彼得斯（Terry Peters）绘制的建筑性能仿真工具简史图

用表达了期待。他指出，随着微积分的出现和计算机技术的发展，一系列复杂性科学问题中的计算瓶颈得以有效解决。

对于建筑和城市设计而言，微积分这一数学工具具有巨大潜力，有望解决工程应用中的众多优化问题，然而，自17、18世纪之后，随着建筑师与工程师的细化分工，建筑师自身对高等数学，特别是微积分等复杂计算的理解能力逐渐衰退。这种衰退导致建筑师在面对微积分等数学工具时，往往表现出一种"冷淡与疏离"的态度[①]。而环境性能仿真工具的出现，极大地改变了建筑和城市设计的方式。这些工具能够封装复杂且费时的计算程序，无须手动计算与推导公式，将抽象的多维数字信息转译为易于理解的视觉图表信息。它们能够将建筑环境中难以直接观测的温度、湿度、声音、能量等复杂信息从潜在状态中"抽离"出来，结合性能指标进行二进制编码与图像解码。通过迭代计算实现了时空维度上的性能分析，既可以观察纵向时间纬度上的发展进程，又可协同对比在相同时点横向纬度不同环境要素干预下的状态差异。利用这些工具，设计者可以将所有设计方案的可视化模拟结果进行横向审视，实现对方案基于量化指标的科学决策。可见，数字性能仿真技术利用仿真引擎，建立环境、建筑几何、时间参量与性能指标之间的函数关系，实现对性能的有效预测。该技术能分析不同条件下的建筑性能及其对环境的影响，通过设定边界条件并置入优化算法，模拟能量与信息流动，精确表达出建筑结构和环境在各种情况下的性能变化。在人工智能技术的推动下，以数字代理模型为代表的新型环境性能仿真方法开始出现，显著提升了性能仿真的计算效率。

---

① PICON A. Architecture and Mathematics: between hubris and restraint[J]. Mathematics of Space, Architectural Design, 2011, 81(4): 28-35.

4.2 计算映射下的性能仿真发展

对建筑性能仿真发展历程的梳理与探讨，既可透过其技术对象进行审视，也可根据底层技术类型进行归纳。对技术对象的分析则聚焦于建筑的不同性能类型，包括风、光、热、声、能耗等环境性能，以及建筑结构中的刚度、强度、稳定性等力学性能；而底层技术类型的归纳则侧重于不同技术应用的有效性和效果，如仿真核心技术类型、结构逻辑、计算效率与演变规律等。在这两个维度上都具有历史可溯性。从古罗马时期到20世纪，基于实体模型的仿真实验在土木建筑工程中发挥了重要作用。这种实验方法被广泛应用于桥梁、河道、堤坝、塔楼、穹顶等结构性能的力学测试，推演结构性能的物理仿真技术成为解决工程建设难题的重要手段；20世纪以后，随着汽车、航空航天等制造业的迅速崛起，工程界面临着前所未有的挑战。为了攻克产品动力性能与结构性能难关，风洞测试等计算流体动力学（CFD）实验应运而生，并逐渐成为重要的研究方法。与此同时，计算机技术的诞生也催生了数字性能仿真技术，以迎合尖端产业复杂性能优化的迫切需求，并迅速被应用于建筑设计领域，成为设计方案优化的科学方法。20世纪70年代的能源危机推动了对建筑环境议题的关注，促进了数字性能仿真工具的开发，标志着从实体模型仿真到数字仿真的技术迭代和社会发展进程。下文将分别对实体仿真计算与数字仿真计算两条线索的历史发展脉络进行梳理。

4.2.1 物理介质镜像下的实体仿真

物理介质镜像下的实体仿真指的是，将设计方案的实体模型放置在与其最终使用环境相似的真实环境中进行性能观察和评估的方法。观察和评估建筑模型在结构、采光、声学、空气质量、消防安全、能耗等方面的性能，总结性能变化的数理计算规律，推导建筑合理形态。在实体模型出现前，建筑建造的过程主要依赖于工匠日积月累的砌筑经验，通过反复试错和推敲，对建筑方案进行不断调整和优化。这种方法主要依赖于主观评价，基于日常生活的先验观察和身体在建成环境中所获得的反馈进行判断。实体模型作为辅助建筑师分析的工具，其历史可以追溯至14世纪末。公元1390年，意大利建筑师安东尼奥·迪·文森佐（Antonio di Vincenzo）在博洛尼亚圣彼得罗尼大教堂（Basilica of San Petronio in Bologna）的设计与建造中，创新性地制作了18.71米长的实体模型，模型采用砖与灰泥砌筑而成，主要用于检查整体与局部结构的稳定性及受力情况。这一举措使得建筑师能够及时发现潜在问题并做出调整，从而确保教堂整体结构的安全性[1]。这是历史上最早有文献记载的应用物理模型推演建筑结构稳定性的实例，标志着建筑物理仿真模型应用的开端。1418年，布鲁内莱斯基在设计圣母百花大教堂时，采用了1∶12的物理缩尺模型来推敲砖石砌筑的过程[2]，以此来推导穹顶结构的侧向推力是否满足要求。此后，物理模型开始广泛应用于大型公共建筑、军事与水利设施的设计中。

在此基础上，达·芬奇、伽利略·伽利雷、罗伯特·胡克（Robert Hooke）等学者也通过物理仿真模型对结构力学的科学原理与应用原则进行了推导与归纳，总结出一系列建筑设计、结构工程的力学计算方

---

[1] ROWLAND J M. Developments in structural form[M]. Cambridge: MIT Press, 1975: 75.
[2] HOWARD S. Filippo Brunelleschi[J]. The cupola of Santa Maria del Fiore, London, A. Zwemmer, 1980.

法[①]。15世纪末期，达·芬奇通过缩尺模型对拱门受力情况进行了详细研究，研究过程被记录在留存下来的手抄本中，其中包括拱门模型的力学图解（图4-10）。通过对模型的研究，达·芬奇成功地揭示了拱门的受力规律。他发现，当拱顶点与拱脚点的连线能够穿越拱所在的砌体结构内部时，拱顶就能承载足够的重力，且外拱弦与内拱弦保证不接触时，拱结构便可以保持稳定状态，且不发生断裂[②]。

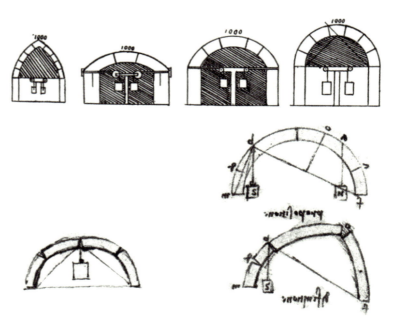

图4-10　用于比较结构推力的拱门模型

17世纪70年代，提出胡克定律的英国科学家罗伯特·胡克采用悬链线模型对不同受力状态下的建筑穹顶形态进行了深入研究。他观察到当悬链线自然下垂时，呈现出一种最稳定的状态。他进一步推断，如果将悬链线反方向放置，它也应该保持一种稳定的状态。在这种状态下形成的穹顶结构能够有效消除变形力矩以保持稳固。胡克的这一创新性理论和方法迅速得到建筑工程领域的广泛认可和应用。其与英国建筑师克里斯托弗·雷恩（Christopher Wren）基于此方法完成了曾于1666年焚毁的圣保罗大教堂穹顶的重建项目[③]（图4-11）。众多建筑师和结构工程师，如安东尼奥·高

图4-11　圣保罗大教堂穹顶与悬链线模型

迪、海因茨·艾斯勒（Heinz Isler）等，都在胡克的研究启发下将悬链线模型应用于建筑形态和结构方案的推敲中，完成了形式更为复杂的建筑设计与建造。

19世纪末的新艺术运动抵制了历史主义与折中主义建筑装饰风格，主张使用现代材料，展现自然主

① THODE D. Die Rettung des, weiBen Tempels[J]. Die Bauwirtschaft, 1974, 28(51/52): 2066-2067.
② MILLINGTON J. Elements of civil engineering[M]. Philadelphia: smith & palmer, 1839: 652f.
③ ADRIAENSSENS S, BLOCK P, VEENENDAAL D, et al. Shell structures for architecture: form finding and optimization[M]. London: Routledge, 2014.

义、象征主义色彩的美学。西班牙建筑师安东尼奥·高迪是新艺术运动的代表人物，其设计作品避免直线与平面的使用，倡导探索有机形态和曲线风格，如螺旋线和抛物线等，并将这些几何形态应用到实际作品中。高迪受到胡克悬链线模型的启发，采用逆吊的物理仿真方法来推敲建筑形态的可行性。在著名的圣家族大教堂项目中，高迪制作了由细绳和沙袋构成的悬链线实体模型（图4-12），以优化调整其通过静态计算推导出的最初方案[①]。

图4-12　圣家族大教堂悬链线模型

瑞士结构工程师艾斯勒对薄壳结构的发展有显著贡献。其结构设计过程也受到胡克的启发，运用逆吊实验方法，借助物理仿真模型进行方案推敲。在1959年的国际薄壳结构协会（IASS）会议上，他提出了三种基于物理仿真的薄壳结构形式分析方法，并探讨了壳体可能呈现的形态（图4-13）。此后，艾斯勒进行了大量实践，在20年内完成了40多种壳体类型的设计探索[②]。他特别推崇织物的逆吊法，通过涂抹液态石膏并悬挂晾干后倒转，得到所需的壳体模型，用以推敲建筑屋面的壳体结构形式。艾斯勒还将逆吊法应用于冰雪建筑的设计与建造，通过水结冰凝固后拆除支

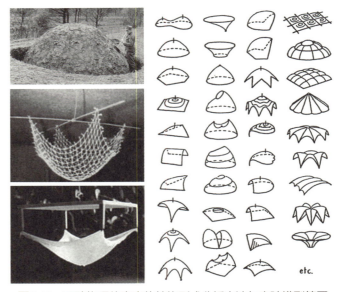

图4-13　三种物理仿真壳体结构形式分析方法与实验模型简图

① HUERTA S. Structural design in the work of Gaudí[J]. Architectural Science Review, 2006, 49(4): 324-339.
② ABEL J F, CHILTON J C. Heinz Isler - 50 years of new shapes for shells: preface[J]. Journal of the International Association for Shell & Spatial Structures, 2011, 52(3): 131-134.

撑获得所需的冰壳结构（图4-14）[1]。

图4-14 基于逆吊法的冰雪建筑设计实践

除悬链线模型逆吊实验方法外，缩尺模型试验是辅助结构设计的另一重要实体仿真方法。1930年，德国工程师弗朗兹·迪辛格（Franz Dischinger）采用1∶5的混凝土模型对德累斯顿批发市场大厅的壳体结构进行测试，该案例在壳体结构发展史上具有标志性意义[2]（图4-15）。同年，意大利工程学代表人物阿图罗·达努索（Arturo Danusso）教授在米兰理工大学创建了模型与结构实验研究所（Istituto Sperimentale Modelli e Strutture，ISMES），专注于采用缩尺物理模型进行结构受力研究。奥尔维耶托机库（Orvieto Hangars）是皮埃尔·奈尔维的代表作，其结构分析测试便是在该实验室完成，通过在1∶37.5的赛璐珞（含同塑料）模型上悬挂可控重物分析其在恒荷载与活荷载下的结构弹性变形[3]（图4-16）。1955年意大利设计大师吉奥·庞蒂（Gio Ponti）也委托ISMES完成了其作品倍耐力大厦（Pirelli Tower）的风荷载仿真实验。通过制作9米高的钢筋混凝土结构模型，保证与实际建造材料和构造的一致性，底部放置橡胶以模拟土壤变形，对柱子与楼板施加静荷载与不同方向的侧推力用于模拟振动与风荷载。因其仿真模型的超大尺寸与复杂性，倍耐力大厦成为意大利结构工程黄金时代的象征之一[2]（图4-17）。

图4-15 迪辛格设计的壳体仿真模型——Biebrich模型

① CLOTON J C. Form-finding and fabric forming in the work of Heinz Isler[C]. Proceedings of International Conference on Fatigue and Fracture, Tokyo, Japan, 2012.
② THODE D. Die Rettung des, weißen Tempels[J]. Die Bauwirtschaft, 1974, 28(51/52): 2066-2067.
③ OBERTI G. The development of physical models in the design of plain and reinforced concrete structures[J]. L'Industria Italiana del Cemento, 1980, 9: 659-690.

图4-16　对奥尔维耶托机库模型进行结构仿真测试

图4-17　倍耐力大厦的混凝土模型搭建

随着20世纪高层建筑的出现，风荷载成为结构设计中一个不可忽视的重要因素。与重力产生的静荷载相比，风荷载具有更大的复杂性和不确定性。它是作用于建筑表面的可变动态压力，其大小与分布不仅受到最大风速、风频风向等环境要素的影响，还受到建筑高度、形状、表面情况等本体因素的制约。因此，在高层建筑设计中风荷载是重点考虑对象，因其对结构安全和舒适性有重要影响。风洞试验方法常用于高层建筑风荷载仿真，通过缩尺模型测试，评估结构性能。风洞试验最早在20世纪20年代用于飞机、汽车等的设计优化，30年代后应用于建筑与土木工程结构的风荷载测试，代表人物有德国工程师奥托·弗拉赫斯巴特（Otto Flachsbart）、丹麦工程师约翰·伊尔明格（Johann Irminger）、美国工程师休·德莱顿（Hugh Dryden）。

弗拉赫斯巴特在诺威的莱布尼茨大学建立了风洞实验室，该实验室具备对不同建筑高度、宽度与屋顶形式的建筑进行风荷载测试的能力[①]；伊尔明格于1894年建造了第一座用于建筑物测试的风洞实验室，并与工程师克里斯蒂安·诺肯特维德（Christian Nøkkentved）合作，共同开展针对不同类型建筑的实验，探究影响风荷载的相关要素，并总结观察结果形成理论资料，为后续几十年欧洲相关领域的发展奠定了基础[②]；德莱顿则重视模型细节，认为越是真实的模型其仿真结果越具有说服力，1932年他在参与设计的纽约帝国大厦

---

① FLACHSBART O, WINTER H. Modellversuche über die Belastung von Gitterfachwerken durch Windkräfte[J]. Der Stahlbau, 1935, 8(8): 57-63.
② IRMINGER J O V. Wind pressure on buildings[J]. Experimental researches, 1936: 42.

项目中，与工程师乔治·希尔（George Hill）合作制作了1∶250的铝制模型，并基于其共同开发的风洞试验平台进行建筑风荷载测试。在模型周边三个不同高度设置了34个测压口，测试建筑承受的最大正压值与负压值。测试结果为帝国大厦形态的最终确定提供了重要参考[①]（图4-18）。

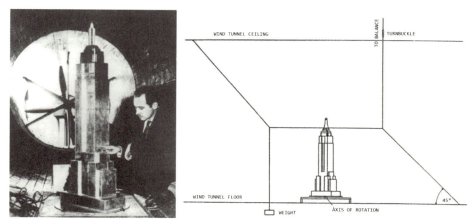

图4-18　纽约帝国大厦风洞试验

　　悬链线模型逆吊、缩尺模型测试和风洞试验作为三种重要的物理仿真方法，在砌体结构、混凝土结构等结构形式的建筑设计上得到了广泛应用。这些方法的应用不仅提升了建筑设计的科学性，而且使建筑的形式与结构得到了完美统一。随着材料科学与结构技术的不断进步，建筑师开始通过创造性的物理仿真实验探寻跨度更大的轻型结构形式的可行性。这些新型结构形式不仅具有更小的质量和更大的跨度，而且能够满足更高的建筑美学和功能需求。通过物理仿真实验的应用，建筑师可以更加准确地把握新型结构形式的受力状态和性能表现，为建筑设计创新提供有力支持。德国著名建筑师、工程师、普利兹克奖获得者弗雷·奥托在其60余年的从业生涯中，对张拉膜结构建筑进行了深入探索，设计出一系列形式上展现结构力学特征的建筑作品。奥托采用肥皂泡、织物等制作物理仿真模型，以探寻张拉膜结构的理想形态。奥托将闭合的框架浸泡在肥皂液中（图4-19），取出后框架中形成表面积最小且受力形式相同的薄膜，作为张拉膜结构的初始形态。在完成初步分析后，采用织物制作更大比例的物理仿真模型，将织物裁剪成与拉力作用下曲率相反的形状，

图4-19　弗雷·奥托的肥皂泡物理仿真模型

① DRYDEN H L, HILL G C. Wind pressure on structures[M]. Washington: US Government Printing Office, 1926: 697-732.

以获得最大的结构强度抵抗风力作用，调整初始预应力与曲率，使屋顶面积最小化并满足受力要求。德国慕尼黑奥林匹克体育馆是奥托基于物理仿真方法完成的设计作品，其结构合理且形式美观，充分展现了物理仿真方法在建筑设计中的可行性与优势[1]（图4-20）。

图4-20　慕尼黑奥林匹克体育馆

除结构性能外，光、热、声等物理环境性能同样是保障建筑空间品质的重要因素，也是建筑设计过程中需要重点考虑的环节。为了直观了解和预测设计方案的环境性能水平，建筑师在进行方案设计时，常常结合缩尺模型以便更准确地把握设计方案在实际环境中的表现，从而确保物理环境性能水平达到预期。为直观感知建筑光环境的性能水平，各研究机构致力于人工天穹的研发，用以模拟真实的天空亮度分布情况。1930年，英国伦敦科学与工业研究部（Department of Scientific and Industrial Research London）的米科克（H. F. Meacock）与兰伯特（G. E. V. Lambert）设计了一个名为Whitened Room的试验装置（图4-21），装置中设置了两盏充气灯，以模仿天空光源。1933年，列宁格勒国立光学研究所（State Optical Institute Leningrad）的格尔顺（A. A. Gershun）与科伊（V. A. Koy）研发了一个直径为4米的半球形人工天穹（图4-22），形成了现代人工天穹的雏形。20世纪50～70年代，尺度更大、精度更高的人工天穹相继问世。1981年，美国加利福尼亚大学劳伦斯·伯克利国家实验室史蒂芬·塞尔科维兹（Stephen Selkowitz）团队研发出相对成熟的人工天穹（图4-23），可模拟不同天

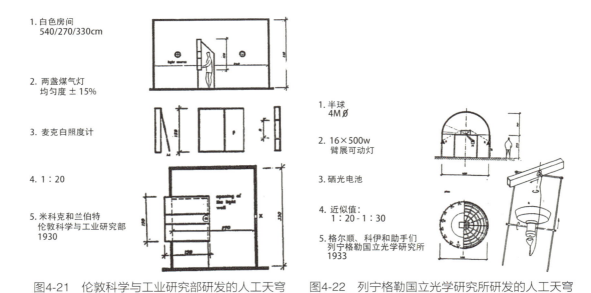

图4-21　伦敦科学与工业研究部研发的人工天穹　　图4-22　列宁格勒国立光学研究所研发的人工天穹

---

① GLAESER L. The work of Frei Otto[M]. New York: The Museum of Modern Art, 1972.

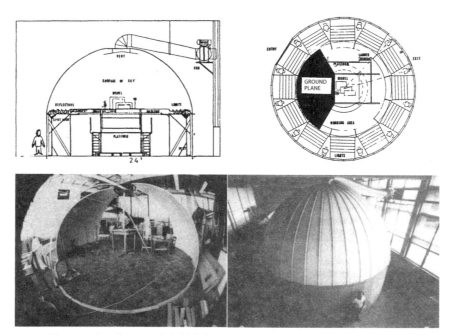

图4-23　加利福尼亚大学劳伦斯·伯克利国家实验室研发的人工天穹

气下的天空亮度，仿真精度可以满足设计决策需求[①]。

　　随着人工天穹技术的成熟，其在建筑和城市设计领域的应用日益广泛。研究人员开始应用人工天穹结合建筑缩尺模型进行光环境的物理仿真，以评估和优化设计方案。2004年，意大利马尔凯理工大学（Università Politecnica delle Marche）的卡尔卡尼（B. Calcagni）与帕罗西尼（M. Paroncini）应用配备有视频记录系统的人工天穹与1∶50的建筑缩尺模型，对中庭空间的采光性能进行了评估。在评估过程中，模型的墙体与地面由不同颜色的纸板加以区分，用以复现不同材料的反射率（图4-24）。缩尺模型制作完成后，研究人员将其置于人工天穹下的旋转支架上，在距地面0.85m高的工作面高度使用光度计测量中庭区域的采光情况，以确

图4-24　人工天穹下的缩尺模型

---

① NAVVAB M. Development and use of a hemispherical sky simulator[D]. Los Angeles: University of California, 1981.

保评估结果的准确性[①]。

20世纪初，第一部空调系统诞生，推动了建筑热环境研究的发展。20年代，一些研究人员开始采用搭建人工气候室的方式开展大量室内热舒适实验。1922～1923年，美国采暖、制冷与空调工程师学会（ASHRAE）的前身美国暖通工程师协会（ASHVE）建构了世界上第一个焓湿控制人工气候室（图4-25），通过调整环境的温度与湿度获取人体静止状态下的热舒适范围，用以制定空调参数的设置策略（图4-26）。这一实验开启了使用者行为导向下室内热环境研究的先河，对后续研究中不同行为模式下设备系统设计参数的制定具有重要的启示意义[②]。

热成像技术在建筑设计领域，尤其在制定空间形态与材料构造类参量方面，发挥着重要作用。该技术常被应用于物理仿真过程中，通过生成可视化图像，清晰地呈现出围护结构表面的温度分布情况。这种直观的呈现方式使得设计者能够准确地评估空间中的热环境性能水平，从而为建筑节能设计提供有力支持。特别是在处理复杂形态的建筑时，热成像技术的适用性尤为突出。普林斯顿大学副教授弗雷斯特·梅格斯（Forrest Meggers）团队致力于结合建筑热力学的复杂形态建筑设计研究，2014年研发了一种圆锥形单元组件，可将空间中的热辐射收集至组件中的冷却装置，从而降低空间温度。为了测试组件的空间降温效果，该团队基于热成像技术进行物理仿真，将组件组装成一个穹顶形状的装置Thermoheliodome，通过热成

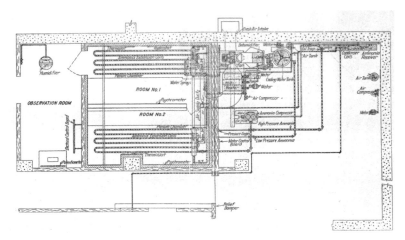

图4-25　美国暖通工程师协会设计的人工气候室平面

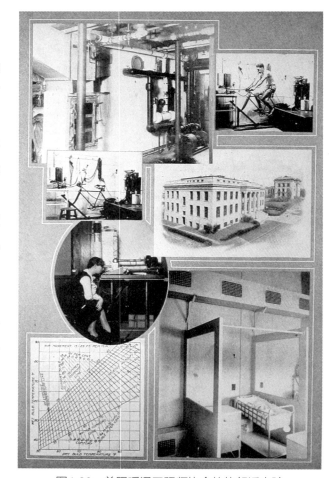

图4-26　美国暖通工程师协会的热舒适实验

---

① CALCAGNI B, PARONCINI M. Daylight factor prediction in atria building designs[J]. Solar Energy, 2004, 76(6): 669-682.
② CHANG J H. Thermal comfort and climatic design in the tropics: an historical critique[J]. The Journal of Architecture, 2016, 21(8): 1171-1202.

像仪辅助分析装置表面的温度分布情况[①]（图4-27）。

缩尺模型测试也是建筑声学设计中常用的物理仿真方法，广泛应用于音乐厅、影剧院等建筑类型中。2009年，让·努维尔完成了丹麦国家广播公司音乐厅的方案设计，负责音乐厅

图4-27　Thermoheliodome装置的热成像测试

声学设计的日本工程师丰田泰久（Yasuhisa Toyota）采用1∶10的缩尺模型展开物理仿真实验。模型严格设置了各位置的吸声材料，与待建成的音乐厅有很高相似度，实验声源选取一种指向性高频扬声器用于模拟铜管乐器，一种无指向性十二面体扬声器用于模拟弦乐器与打击乐器，同时也相应选取了两种指向性类型的电容传声器。在缩尺模型的各测点采用双通道人工系统测试声源的脉冲响应，用以分析音乐厅的音质效果（图4-28）。在缩尺模型测试的辅助下，音乐厅设计方案的声学性能得到了有效提升[②]。

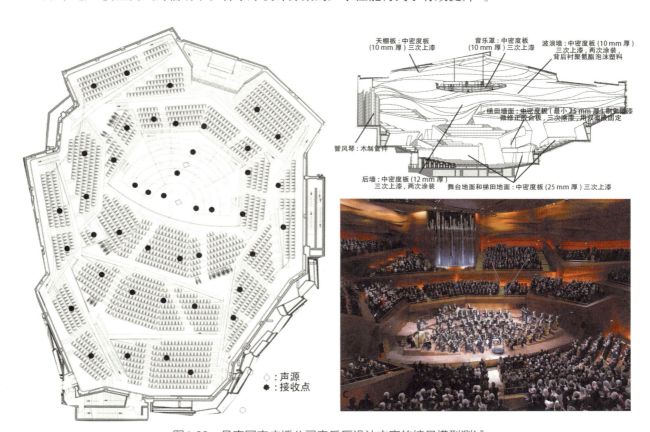

图4-28　丹麦国家广播公司音乐厅设计方案的缩尺模型测试

① MEGGERS F, GUO H, TEITELBAUM E, et al. The thermoheliodome - air conditioning without conditioning the air, using radiant cooling and indirect evaporation[J]. Energy and Buildings, 2017(157): 11-19.
② 祝培生，路晓东. 丹麦国家广播公司音乐厅建筑声学设计[J]. 电声技术，2013，37（7）：1-4, 9.

物理仿真在建筑和城市设计中起到了积极的推动作用，使建筑的形式更加符合建造逻辑，并有效改善环境性能，助力了一批优秀建筑作品的呈现。然而，该方法也存在一定的局限性，传统物理仿真过程中需要进行大量繁复的比例模型制作与推敲，耗时长且成本高，难以快速预测不同状态下建筑的相关性能。随着计算机技术的高速发展，物理仿真的瓶颈得以突破。设计师现在可以借助先进的计算机技术，探索更为复杂的结构形式与更为广泛的物理性能，为建筑和城市设计带来更多的可能性和创新。

4.2.2 虚拟信息交互下的数字仿真

计算机辅助下的数字仿真技术，为建筑和城市设计领域带来了一场革命性变革。这项技术能够深入探索真实建筑原型背后的性能状态，并以虚拟结果的形式直观呈现，从而能够预测建筑在不同状态下的性能，并将其进行量化。计算机技术不仅实现了对传统物理模型的形态推敲与表达，更展现出其强大的编码与解码能力，将那些在传统物理模型中无法直观展现的能量与信息进行数字化处理。通过时序变化下的数字可视化方式，实现对建筑性能在时间维度上的控制。利用这一技术，既可以观察到建筑性能在纵向时间维度上的发展过程，又可以对比横向纬度不同假设状态下的建筑性能，从而突破了传统物理仿真的局限性。性能仿真实现了对建筑动态环境现象的全面描述与考量，将人类无法直接感知的内在物理性能变化以可视化的方式呈现出来。对于建筑结构潜在风险、建成后的能耗损失及使用者舒适度等问题，设计者能够沿时间维度进行精准预判。计算机能够实现设计方案的拓扑变换，并将所有方案放置在同一外部环境状态中进行横向对比和审视，从而帮助设计者作出更加明智的决策。20世纪50年代后期，专用于建筑设计领域的计算机程序得以开发，这一创新为建筑设计行业带来了革命性变化。这些计算机程序被广泛用于计算建筑结构中的压力、弯曲力矩与形变量，使得原本重复性的、庞大且复杂的计算过程变得高效而合理。只需将相关数据输入计算机程序，即可迅速获取准确的结果，极大地提高了性能分析的效率和准确性。

有限元模拟分析是最常用的结构性能计算机仿真技术，从形态对力学的适应出发，为结构设计提供了全新的思路和方法，使得建筑结构形式能够更好地满足力学要求。有限元法的起源可以追溯到20世纪40年代航空业的快速发展时期，为了分析和设计飞行器内部结构，使其满足质量小、强度高与刚度好等高标准要求，有限元法应运而生。20世纪60年代后期，有限元模拟分析在土木建筑、机械水利等领域开始得到广泛应用。与传统结构分析技术相比，有限元模拟分析需设定边界条件与外力作用，并以此为基础推导结构形态逻辑。在计算机技术的推动下，研究人员基于力学原理和模型，开发了一系列专门用于建筑结构分析的设计工具，可用以辅助探索更多的形态设计可能性并推敲其结构可行性。

在这一时代背景下，1963年，美国加利福尼亚大学伯克利分校有限元技术研究小组的爱德华·威尔逊（Edward L. Wilson）与雷·克勒夫（Ray W. Clough）共同研发了SMIS程序（Symbolic Matrix Interpretive System）。这一程序用于结构静力与动力分析的教学，弥补了传统手工计算方法在耗时耗力方面的不足。1969年，威尔逊在第一代程序的基础上进行了研发升级，开发了第二代线性有限元分析程序SAP（Structural Analysis Program）与非线性程序NONSAP，这些新程序的研发进一步提升了有限元分析的能力和应用范围。

1970年，第一个有限元分析商用软件ANSYS研发成功，推动了结构性能仿真技术进入蓬勃发展时期。此后，随着技术的不断进步和需求的日益增长，越来越多的有限元分析工具被不断研发出来，为工程界和科学界提供了更为强大和多样化的分析手段。

日本建筑师伊东丰雄与结构工程师佐佐木睦郎（Kuro Sasaki）于2003～2005年合作完成的MIKIMOTO银座二丁目店项目（图4-29）即应用了有限元模拟方法，通过结构拓扑优化，生成无柱无梁且仅依靠钢板混凝土外墙承重的特殊结构。图4-30展示了墙体形态的有限元模拟分析结果，其中橙色代表所受压力，黄色代表所受拉力。生成的墙体形态可有效抵御地震破坏，充分展现了有限元模拟技术对异形结构的分析优势，助力设计师摆脱传统结构体系的束缚，实现创新设计[①]。

有限元模拟分析不仅可以用于二维结构体系的设计，还适用于复杂空间结构的受力分析。2004～2012年，大都会建筑事务所（Office for Metropolitan Architecture，OMA）与奥雅纳工程顾问公司合作设计的中央电视台总部大楼项目（图4-31）采用了创新的结构设计，并通过有限元模拟技术实现了复杂建筑形态的实施。两座倾斜塔楼在空中悬挑连接，与裙房形成了一个闭合的环状空间结构。设计团队利用有限元模拟软件分析建筑结构中每一根杆件的受力情况。如图4-32所示，从紫色到红色表示杆件的受力由小及大的变化情况，杆件的尺寸根据受力大小设计，确保结构安全并有效节约用材量。在有限元模拟技术的助力下，复杂建筑形态得以实施[②]。

图4-29　MIKIMOTO银座二丁目店

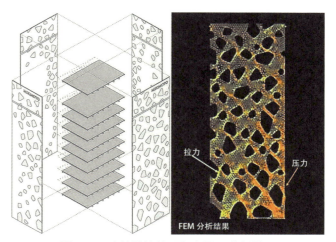

图4-30　建筑结构体系与有限元分析结果

图4-31　中央电视台总部大楼主楼项目

① ITO T. Toyo Ito 2 2002—2014[M]. Tokyo: TOTO Publishing, 2014.
② KOOLHAAS R. Elements of Architecture[M]. Cologne: Taschen, 2018.

为使有限元模拟工具更适合建筑师使用，2014年，克莱门斯·普赖辛格（Clemens Preisinger）与Bollinger + Grohmann结构事务所合作研发了Rhino插件Karamba3D。其被内置于参数化建模平台，通过电池块节点的便捷连接，能让建筑师轻松完成设计方案的结构性能分析，符合建筑师的使用习惯，在一些知名建筑师事务所的项目中得到广泛应用。它被用于模拟分析复杂建筑形式的结构性能，在友好的人机交互操作过程中，为建筑师的创造力提供充分的支持。2017年，奥雅纳工程顾问公司与大都会建筑事务所合作，应用Karamba3D插件为阿姆斯特丹城市博物馆的永久展品设计了钢制展览墙（图4-33）。独立的墙体在空间中创造出一条独特的开放式流线，为参观者带来特殊的空间体验。设计师利用Karamba3D插件进行人机交互（图4-34），实时调整墙体尺寸并获取结构性能反馈。为增强墙体稳定性，采用加固构件固定，从而降低墙体移动与振动的概率。这些加固构件的位置经遗传算法优化，确保结构性能最佳①。

随着能源危机的出现，建筑物理环境性能受到密切关注。在计算机技术的支撑下，仿真工具的出现为建筑师提供了即时反馈数据，以辅助设计方案的推敲。这些技术突破了物理仿真耗时长、成本高的局限性，充分展现了计算机算力的优势，推动了

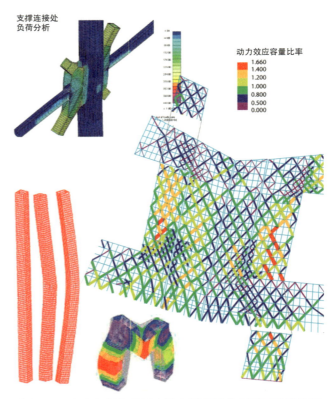

图4-32　中央电视台总部大楼主楼项目的有限元模拟分析

图4-33　阿姆斯特丹城市博物馆展览墙项目

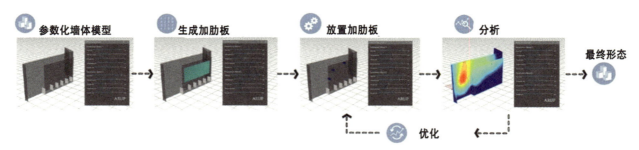

图4-34　应用Karamba3D插件进行墙体结构分析的工作流程

① Karamba3D. Stedelijk BASE[EB/OL]. (2022-10-24)[2024-12-17]. https://www.karamba3d.com/project/stedelijk-base/.

建筑设计向可持续方向发展。

20世纪90年代，奥雅纳工程顾问公司即展开了建筑绿色性能仿真工具的研发与工程应用。1995年，其与伦敦Future Systems设计事务所合作完成了ZED高层建筑形态优化项目。建筑采用自给自足的能源供给方式，形体中心的开洞中安装了巨大的风力涡轮机，百叶窗上设置了光伏电池，提高了太阳能与风能等可再生能源的利用率。设计中采用了CFD模拟分析以优化建筑形体，尽可能地减小对建筑周边环境的影响，并将大量气流引向中心的涡轮机用于风力发电。在模拟分析技术的助力下，设计方案的风环境性能水平得到有效提升，同时也显著改善了建筑的节能效果[1]（图4-35）。

图4-35　ZED项目的CFD模拟分析

奥雅纳工程顾问公司还研发了声环境与日照性能的模拟分析工具，并于2002年在福斯特建筑事务所（Foster and Partners）设计的伦敦市政厅方案中加以应用。奥雅纳工程顾问公司的工程师利用其开发的声学性能仿真模拟软件分析了建筑室内的声环境特征，运算得出的可视化模拟结果提供了直观的声学设计参考（图4-36）。同时，应用日照模拟分析软件进行了建筑形态优化（图4-37），通过尽可能减小太阳直射表面降低建

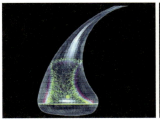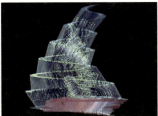

图4-36　伦敦市政厅声环境模拟分析

筑能耗，最终得到的设计方案比相同体积的立方体表面积小25%，大幅度降低了建筑表皮的热量交换。通过性能仿真技术的应用，设计方案的室内声环境性能和节能效率均得到了有效提升[2]。

BIG建筑事务所由丹麦建筑师比亚克·英格尔斯（Bjarke Bundgaard Ingels）于2005年创立，倡导全球本土化设计理念，注重参数化设计与绿色性能仿真。其开展了大量相关研究，提出了性能模拟分析新技术，将气候信息反映在建筑表皮肌理上，实现复杂形态的同时具有良好的气候适应性。2009年，新技术在哈萨克斯坦阿斯塔纳国家图书馆项目中实践应用，将建构的参数化表皮进行了细分，计算太阳辐射情况，根据模拟结果确定建筑的开窗面积[3]（图4-38）。

图4-37　伦敦市政厅
日照模拟分析

除针对上述性能的仿真模拟外，人流疏散分析也是建筑设计中重要的数字仿真方法。人流组织是建筑、

① KOLAREVIC B. Architecture in the digital age: design and manufacturing[M]. New York: Spon Press, 2003: 38-40.
② KOLAREVIC B. Architecture in the digital age: design and manufacturing[M]. New York: Spon Press, 2003: 41.
③ BIG. Astana National Library[EB/OL]. (2012-11-10)[2024-12-17]. https://big.dk/projects/astana-national-library-5572.

图4-38　哈萨克斯坦阿斯塔纳国家图书馆中太阳辐射模拟分析与开窗形态生成

城市空间设计的重要环节，顺畅的人流疏散对保障空间安全与舒适性至关重要，人流疏散的仿真结果可作为空间设计推敲的重要参考，被广泛应用于实际工程设计中。2003年，第二届国际步行和疏散动力学大会在英国格林威治大学召开，建筑疏散模型及其应用成为会议的核心议题之一，标志着人流疏散仿真领域的研究与应用成果受到国际广泛关注。此后，人流疏散仿真相关的技术与工具快速发展，被许多建筑师应用到实际工程设计中，特别是在人流密集的大型城市与建筑空间设计，为创造更安全、更舒适的环境提供了有力的辅助和支持。

纽约范德比尔特一号（One Vanderbilt）超高层建筑综合体由KPF事务所设计，2020年建成，位于曼哈顿中城，建筑密集度高，人流量大，与地铁和区域交通系统直接相连，内部交通空间与城市公共空间连通（图4-39）。设计中充分考虑了人流疏散问题，采用模拟分析工具对建筑内部交通空间及与其连通的城市公共空间进行了人流疏散仿真（图4-40），结合模拟结果分析持续调整方案直至达到优化目标①。

图4-39　范德比尔特一号超高层建筑及其内部空间结构

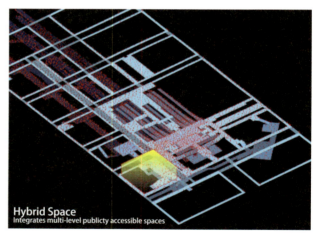

图4-40　范德比尔特一号超高层建筑人流疏散分析

4.3　计算驱动下的性能仿真新发展

性能仿真作为工程设计和科学研究的重要工具，其发展历程充分展现了技术进步的显著特征。纵观其历

---

① KPF. One Vanderbilt[EB/OL]. (2022-11-24)[2024-12-17]. https://ui.kpf.com/projects.

史脉络，我们可以清晰地看到两个方面的发展进步。

一方面是数据计算处理的智能化、高效化、准确化与精细化。性能仿真在数据计算处理方面经历了显著变革。早期的性能仿真主要依赖于简单的数学模型和手工计算，效率低下且准确性有限。随着计算机技术的飞速发展，现代的性能仿真工具能够利用先进的算法和强大的计算能力，对复杂系统进行高效准确的模拟和分析。

另一方面是多性能计算引擎的复合化与平台性能协同能力的提升。传统的性能仿真工具往往只能针对单一性能进行计算和分析，而现代的性能仿真平台则集成了多个性能计算引擎，能够同时对多个性能指标进行计算和分析，大大提高了仿真的全面性和准确性。此外，平台性能协同能力与数据交互能力也在不断提升，使得不同仿真工具之间能够实现无缝连接和数据共享，进一步提升仿真的效率和准确性。

4.3.1　计算驱动性能仿真高效率提升

计算驱动下的性能仿真，其核心在于通过高效的计算手段对系统或过程进行模拟和分析。随着建模技术的不断发展，性能仿真分析效率也在持续提高。仿真的关键在于模型。正如美国弗吉尼亚建模分析仿真中心科学家约翰·索科洛夫斯基（John A. Sokolowski）所描述的："仿真的本质是对模型的重复观察、分析和可视化的行为，模型是与现实世界系统的近似"①。这一观点深刻揭示了仿真与模型之间的紧密关系。模型作为仿真的基础，其质量和准确性直接影响仿真的结果和效率。因此，提高仿真效率的关键在于对系统模型的建构和使用方式。需要不断优化和改进建模技术，以构建更准确、更精细的系统模型。同时，还需要探索更高效的模型使用方式，以充分利用计算资源，提高仿真的速度和准确性。作为一个集结构、环境、使用者于一体的综合体系，建筑系统的复杂性不言而喻。它不仅要在不同力的作用下保持结构平衡，还要确保建筑、环境、使用者之间能够共同构筑一个动态循环的能量系统。因此，建筑设计所面对的实际上是一个系统重构的问题。然而，建筑系统自身的复杂特质给建筑师带来巨大挑战。他们难以全盘感知系统所有力和能量的类型及它们之间的平衡关系。这不仅是因为建筑系统本身包含着众多的变量和未知因素，还因为建筑师在面对不同环境时，往往难以通过自身的经验来切身感知系统的所有变量。这种未知的盲点使得建筑师需要通过各种手段和方法，来尽可能地了解和掌握建筑系统的所有变量和平衡关系，以确保设计的准确性和有效性。早期物理仿真模型虽然替代了基于几何数学公式的手动计算，解决了复杂模型处理的难题，但其数据获取需依赖感知设备，难度与成本随布控密度增大而上升，且精细的局部数据捕捉难以实现。在结构性能仿真中采用的缩尺模型也难以表征性能映射的非线性变化，如对网壳结构的弯矩计算等。计算机的诞生为建筑仿真领域带来非凡的变革，使得建筑仿真能够通过数字技术平台实现信息的模拟，进而使不同性能信息在建筑方案的虚拟模型中得以计算协同、信息集成与可视化呈现。数字模型中虚拟传感器的分布可通过指令实时参数化调节，不仅摆脱了对物理传感硬件的依赖，还使得对复杂性能信息的计算变得更为智能和高效。随着算法、算

---

① Principles of modeling and simulation: a multidisciplinary approach[M]. Hoboken: John Wiley & Sons, 2011.

力的进步，性能仿真工具得以不断优化与升级，计算效率不断提升。

　　未来建筑仿真将趋向更进一步的智能化发展。借助机器学习、深度学习等智能算法，构建性能仿真代理模型，实现性能结果快速预测，从而替代物理仿真的迭代计算。展望未来，建筑仿真技术将迈向一个新的台阶，其核心在于实现多种智能算法在仿真平台上的协同应用，以及多源数据的互补。这一技术突破将为解决建筑复杂系统仿真提供极具价值的契机，意味着建筑仿真将不再局限于单一算法或模型，而是能够整合多种算法的优势，更加全面地计算和推演建筑系统不同层级的性能交互，避免过去因算力不足而简化模型的窘境，形成更为全面、准确的仿真结果。这将大大提高建筑仿真的精度和可靠性，为建筑师和工程师提供更全面、更深入的决策支持。

4.3.2　计算驱动性能仿真多协同发展

　　计算驱动下的性能仿真技术，正在经历从单一性能模拟转向多性能协同仿真的变革。自20世纪70年代起，针对人居环境不同领域，一系列性能仿真工具得以研发，应用于能耗、热环境、光环境、声环境等的分析与预测，这些仿真工具因采用不同的算法架构而拥有不同的算法逻辑、基于不同的数据模型平台，导致在进行性能计算时，模拟结果具有差异性，无法全面精确地反映建筑的复合性能。

　　随着性能仿真平台模拟引擎的不断进步，其支持的数字模型类型持续扩增，复合性能协同量化评估能力显著提升，实现了从算法分离到整合的计算互联。这一转变不仅促进了单一性能评价向多性能共享平台评价的进化，而且为复合性能驱动的优化设计提供了强大助力，推动其迅速发展与广泛应用。上述技术趋势也推动建筑和城市设计者亟待围绕不同设计环节和信息维度，开展更为深入的宏观与微观层面研究，不断拓展多领域的性能指标，力求设计方案对人居环境产生积极影响。如今人工智能时代下，我们见证了数字模拟工具的智能化飞跃，并不断投入到实际应用中。这一技术革新为建筑性能属性的进一步提升带来了无限机遇。特别是智能建筑终端、数字化建造、机器人装配技术的发展，使性能仿真技术有望直接通过物联网技术以智能反馈的方式参与到建筑全生命周期中，实现性能驱动设计、建造与运维一体化。与此同时，运用数字云端技术，实现多模拟引擎的分布式数据上下传输，从而摆脱本地硬件部署计算的限制，实现多性能分析的快速并行生成结果。随着对环境信息数据认知的深入，未来建筑仿真的预测范围日益扩大，涵盖更广泛的人居环境相关信息，甚至触及社会与生活的各个层面。正如英国建筑史学家乔纳森·希尔（Jonathan Hill）所阐述的，"如果建筑实践涉及对建筑环境相关未来场景的想像和预测，那么通过不断探索性能仿真技术的边界，可以揭示建筑的新潜力，并且可以预测未来生活的新情景"[①]。这一观点强调了建筑仿真在未来城市规划和建筑设计中的核心地位。随着技术的不断进步，我们有能力以前所未有的精度和深度来模拟和预测建筑环境及其对社会生活的影响。这不仅为我们提供了优化现有设计的工具，还为我们打开了探索未来建筑可能性的大门。

---

① HILL J. Actions of architecture: architects and creative users[M]. London: Routledge, 2003.

5

计算与算法生成

"生成设计一种形态发生过程，使用非线性系统结构的算法，由思想代码执行无尽的独特和不可重复的结果，就像在自然界一样。"——克里斯蒂诺·索杜（Celestino Soddu）[①]

算法是计算机系统中程序化的操作机制或规则，用于解决特定问题。算法代表着一系列清晰的指令，能够在有限时间内对规范的输入产生所需的输出。算法的英文单词"Algorithm"源自于9世纪波斯著名数学家阿尔·花剌子模（Al-khwarizmi）的拉丁化名"Algorizmi"，其本意是算术方法。20世纪30年代，大卫·希尔伯特（David Hilbert）基于决策问题研究，发展了现代算法概念。当代算法的含义已超出了数学计算，涵盖逻辑推导、状态定义、数据传输、自动推理等复杂程序化设计过程。可以说，算法不仅是计算机科学中指令与状态的混合定义，更是任何求取合理结果的可执行规则。数学家、计算机学家史蒂芬·沃尔夫拉姆（Stephen Wolfram）指出，"无论是自然还是人为的一切进程，都是计算的表现"[②]。建筑算法生成是通过采用明确的计算性规则，在指定步骤内能够自行生成有效建筑设计结果的计算过程。这一过程需要借助计算机工具平台，并通过编程代码来描述和实现这些规则。建筑算法生成的核心在于建立起控制参量、优化目标与建筑表达结果之间的清晰逻辑关系，从而确保生成的建筑设计结果能够满足指定的设计任务需求。这种方法不仅提高了建筑设计的效率，还为创新设计提供了更多的可能性。本章将深入探讨"建筑算法生成"这一议题，通过回溯计算机辅助设计历史演变，特别是形状语法、进化算法等创新技术在建筑设计领域的应用，系统性地解读建筑算法生成的内涵、外延和未来发展脉络。

5.1 计算驱动下的建筑算法生成内涵

算法生成将建筑设计过程抽象为一系列符合特定逻辑规则的组织要素，这些要素被嵌入计算机载体，并按照预设的逻辑实现设计方案的迭代生成。厄梅尔·阿克因（Ömer Akin）认为，建筑设计的内涵是基于一个丰富多样的知识库（knowledge base）进行的创作活动，这个知识库不是简单的信息集合，包含代表性知识或设计符号、转换知识与转换规则、算法知识与启发式规则三个核心方面的内容[③]。若将其进一步归纳，

① SODDU C. The design of morphogenesis: an experimental research about the logical procedures in design processes[J]. Demetra Magazine, 1994, 1: 56-64.
② WOLFRAM S, GAD-EL-HAK M. A new kind of science[J]. Appl. Mech. Rev. , 2003, 56(2): B18-B19.
③ AKIN O. Models of architectural knowledge: an information processing view of architectural design[M]. Pittsburgh: Carnegie-Mellon University, 1979.

首先，代表性知识或设计符号在服务于设计内容转化的过程中，形成"输入—输出"型的设计映射，这种映射关系实际上是一种建筑方案的结构化编码方式，它使得建筑设计过程中的各种要素和关系被精确定义和描述。其次，启发式算法在算法生成中扮演着至关重要的角色。它基于对设计综合目标的解读，通过参数搜索的方式，洞悉不同要素的影响权重。这种智能化的方法使得算法能够在庞大的设计空间中高效地搜索和优化，从而无限逼近最优解。因此，算法生成的核心内涵不仅在于对建筑物质形式的解读与符号化、信息化重构，更在于如何巧妙地运用智能化决策技术方法来实现设计的自动化生成。这一过程的实现，不仅极大地提高了建筑设计的效率和质量，也为建筑设计领域的创新和发展开辟了新的道路。

5.1.1 算法生成下的物质重构

算法驱动设计逐渐成为真实世界中的物质性经验，被纳入物质标准评价体系，需审视其发展脉络。算法生成规则驱动下的建筑虚拟形式，作为一种新物质形态，满足计算机制特性，比主观感觉更具有技术观上的说服力。算法驱动设计逐渐成为真实世界中的物质性经验，被纳入物质标准评价体系，需审视其发展脉络，并梳理与总结算法生成的相关理论和技术手段，使其有效地为我们所利用。若物质是迭代过程下的生成结果，那么算法则符合隐形规则的逻辑自洽条件。

建筑史学家和理论家、哈佛大学教授安东尼·皮孔（Antoine Picon）对物质的体验有着深刻的见解。他认为，"我们对物质既有亲密的体验，又有遥远的体验。物质通过我们的生理知觉被知悉，并存在于我们的周遭环境中；同时，一旦剥夺其周边附属品质，它则成为一种抽象的概念。我们开始从更宏观、更理论的角度去思考和理解物质，而不再是简单地依赖于直接的感官体验。物质的日常经验充斥着可证与不可证的矛盾（paradoxical mix of evidence and elusiveness），我们既能够通过观察和实验来验证物质的某些特性，又无法完全揭示其所有的秘密和面向"[①]。上述认知在传统建筑学中普遍存在，导致学科性与理论性存在不确定性，逻辑性较难自洽。算法生成试图对物质进行特定逻辑下的重组，重构建筑物质形态，为建筑学带来新的发展路径。这有助于打破传统建筑学的学科壁垒，推动建筑学向更理性、更逻辑的方向发展。

算法生成在一定程度上正在引领建筑设计的革新，它使建筑设计不再受限于类比与模仿，摆脱狭隘的设计惯性，通过科学的计算工具，深入探究物质背后的组成逻辑。在生成结果的基础上，有效承认了物质组合逻辑的合理性与科学性，以及这种逻辑存在的价值与意义，促成建筑学思维、方法、技术的确立，使其"有法可依"，并有助于消除"建筑学纯粹是主观经验的总结或艺术化的创作"这一误解，为建筑学的发展提供了有力支持。

计算机技术的发展，推动了建筑学科在算法生成理念上的探索，这一技术进步使得建筑师和研究者们能够以前所未有的方式思考、设计和构建建筑。20世纪70年代，英国数学家、建筑学家莱昂内尔·马奇（Lionel John March）便是这一领域的先驱者。他探索了应用计算机二进制与十六进制算法来实现建筑的二维

---

① PICON A. The materiality of architecture[M]. Minneapolis: University of Minnesota Press, 2021: 8-9.

与三维表达，通过将建筑均值化为立方格系统，并利用二进制中的0或1表达建筑所占的位置，创造了被称为"布尔描述"（Boolean description）的方法。这种二进制的计算方法与当今建筑三维体素（voxel）的表达是一致的，显示出计算机技术在建筑学领域应用的前瞻性和持久性[1]（图5-1）；建筑学家克里斯托弗·亚历山大借助树形图解建构设计变量与设计目标之间的关联，以数学集合方法构建了建筑形式优化算法，该模式也影响计算机面向对象编程语言的发展[1]；乌托邦建筑师尤纳·弗莱德曼（Yona Friedman）基于控制论思维设计出建筑设计计算机交互系统Flatwriter，该系统的核心在于将建筑不同功能性组件封装成一个个独立的体素单体，并由建筑师制定不同的组装规则，将这些规则编辑成代码，客户只需基于代码规则与实体组装结果之间的映射关系，便可以轻松实现自主设计，且可以根据自己的需求和喜好调整组装规则，从而得到满意的设计方案[2]。这一系统不仅提高了设计的效率和精度，更为客户提供了更大的自主性和创造性，也预示着设计领域将迎来一个更加智能化、自主化的新时代。

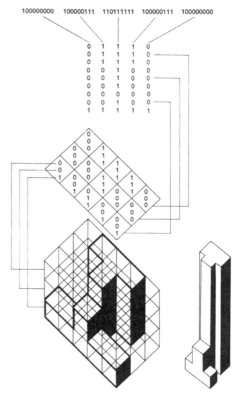

图5-1 马奇利用二进制算法对建筑关系进行定义

建筑算法生成不仅代表了技术的进步，在更深层次，它反映了不同时代人们对建筑在物质视角下的认知跃迁，不再仅仅是将建筑视为一种静态的物质存在，而是将其看作一个动态、可变、可优化的系统。从传统的手工绘图、模型制作，到如今的算法生成，建筑设计的方法论经历了巨大的变革。这一变革的背后，是人们对建筑物质性的深入理解和对设计效率、精度的不断追求。从建构层面来看，建筑本身作为真实世界中的一部分，其物质性是不可忽视的。这种物质性不仅体现在建筑的实体形态上，更贯穿于建筑设计的整个过程之中。对于建筑设计而言，如何操作这一物质及操作的内容，无疑是需要重点考虑的问题。这不仅涉及建筑的结构、材料、空间布局等物理层面，更与建筑的功能、美学、文化等深层次因素紧密相连。安东尼·皮孔所提出的物质性（materiality）观点，为我们提供了一个全新的视角来审视建筑与人类思想和实践之间的关联。他强调，物质性不仅关乎建筑本身作为真实世界中的物质存在，更涉及现象、事物、对象或系统等多个命题中与人类思想和实践紧密相关的物质维度（material dimension）[3]。在不同时期的社会中，人类对物质的观点和改造策略受上层意识形态、文化、经济和技术水平的共同影响。古典主义时期，欧式几何成为建筑形式生成依据，其对称性凸显出一种绝对秩序性，契合当时的神秘宇宙观，使建筑形式具有排他性与一元性。同时，这种几何计算方式满足物质间合理的力学约束，符

① MARCH L. The architecture of form[M]. Cambridge: Cambridge University Press, 1976.
② FRIEDMAN Y. Towards a scientific architecture[J]. Trans. The MIT Press, 1975.
③ PICON A. The materiality of architecture[M]. Minneapolis: University of Minnesota Press, 2021: 8-9.

合真实世界中的物质组合规律。在文艺复兴后，尽管机械工具的发展拓展了几何形式的多样性，但依旧遵循合理的物质组合条件。现代科学革命后，胡克定律的发现为建筑领域带来重要启示。这一发现激发了建筑工程师采用材料自组织的方法来实现结构的生成，而不再局限于传统的基于欧式几何算法的图解推导，这一转变推动了后续非标准形态壳体结构的诞生与发展。20世纪下半叶，计算机图形学的发展实现了复杂非欧几何模型在虚拟世界中的可视化描述。为了实现这些虚拟模型在真实场景中的落地应用，建筑师开始寻求工业界的先进材料作为物化依托，如将更轻盈、韧性更强的铝板或合成材料作为建筑表皮。这表明，技术变革不仅影响着算法生成在建筑设计和建造上的操作逻辑，还引发了材料的创新变革，物质与算法生成则在设计上不断产生新的因果关系互动。这也正如历史学家弗朗索瓦·哈托格（François Hartog）所描述的那样：“不同时期存在不同的历史性制度（regimes of historicity）”[1]。在这一制度中，建筑学的算法生成来源于物质，又受制于物质。因此，物质既是不同时代下建筑算法生成的约束条件，同时又是推动算法生成方法不断进步的媒介。

5.1.2　算法生成下的智能决策

算法不仅是上述演绎、归纳、抽象、泛化与结构化物质生成逻辑的方法，同时也是一种在有限数量步骤中展开决策、解决问题的计算手段。实际上，算法对物质复杂现象的重构和抽象表达，其最终目的是为了求取最合理、最有效的建筑物质化结果，这充分体现了算法的决策智能化。

在《算法式建筑》（Algorithmic Architecture）这部著作中，康思大指出，算法的智能之处体现在它能够不断推出新知识，并在此过程中扩展人类智力的某些极限[2]。面对多维决策目标时，由于人类思维的局限性，我们往往难以短时间内协调不同目标之间的平衡。然而，算法却能够通过不同的迭代优化机制，探究不同信息协同影响下决策目标的变化情况，并无限逼近最优解。这种能力使得算法在处理决策信息时能够超越人类处理数据的局限性，为我们提供更加精准有效的决策支持。算法智能化决策的设计源于对系统自组织和自适应特性的模仿。系统科学揭示了系统动态维持稳态的本质特性，而建筑作为人类居住的系统，需通过最优化设计以平衡人的需求与内外环境的动态变化。为了实现算法智能决策，需根据优化目标设定评价标准。这些标准源自于设计者对建筑方案预判效应的理想假设，也源自于环境的能量法则或人类的使用、感知偏好。执行这些评价标准，可视为建筑系统对内外环境反馈时的自组织、自适应行为，使建筑系统在设计的虚拟层面达到稳态平衡。在系统科学理论中，自组织、自适应机制被视为基本共识，其中伊里亚·普里戈金（Ilya Prigogine）的耗散结构理论（dissipative structure theory）和约翰·霍兰（John Henry Holland）的复杂适应系统（complex adaptive system）无疑为自组织、自适应机制提供了最具代表性的解读[3][4]。“耗散结构”

① HARTOG F. Regimes of historicity[M]. New York: Columbia University Press, 2015.
② 瓦尔特·本雅明. 机械复制时代的艺术作品[M]. 王才勇, 译. 北京: 中国城市出版社, 2002.
③ PRIGOGINE I, LEFEVER R. Theory of dissipative structures[M]//Synergetics: Cooperative Phenomena in Multi-Component Systems. Wiesbaden: Vieweg+Teubner Verlag, 1973: 124-135.
④ HOLLAND J H. Hidden order: how adaptation builds complexity[M]. Boston: Addison Wesley Longman Publishing Co., Inc., 1996.

理论强调开放系统远离平衡态时，通过非线性机制与外界进行物质、能量与信息的交换，形成有序结构。该理论认为，系统内部参数变化达到一定阈值时，会发生"涨落"或"突变"，使系统由无序转变为时空上的有序结构，即"耗散结构"（dissipative structure），该结构需不断与外界交换物质能量以维持平衡。其中，"涨落"描述系统运行时实际与理想状态之间的统计区别，而"突变"则指系统控制参数偏离临界值时的失稳与震荡，促使系统形成有序的"耗散结构"。这一过程促成系统的自适应与自组织，维持系统有序稳定的结构。

而复杂适应系统的基本思想是将系统组成的个体称为适应性主体（adaptive agent），其具有与外部环境进行交互的属性。适应性主体在持续不断的交互过程中会进行学习与经验积累，并将其应用于自身结构与行为方式的改变，以更好地适应外部环境和其他主体的变化。同时，适应性主体还通过反馈机制实现集体共同演化，通过相互之间的反馈和调整，以保证个体之间的互相适应，以及整个系统与外部环境的适应。这种集体共同演化的过程有助于系统的稳定性和持续发展。霍兰提出的"趋向混沌边缘"这一概念，是对复杂自适应系统状态的一种深刻描述。他认为，这样的系统并不会简单地成为完全秩序化或完全无序化的状态，也不会停留在两者之间的某个简单中间态；相反，它处于一种持续迭代、永不停歇的"涌现"（emergence）状态。这种状态是由各适应性主体相互关联、交织而成的复杂整体现象。

在系统科学影响下，建筑学融入系统自组织、自适应思维，尝试将智能算法应用于建筑生成。具体而言，用于决策的智能算法包含专家算法、进化算法、群体智能算法、启发式算法。专家算法通过布尔变量进行理性决策，后引入模糊逻辑增强设计弹性；启发式算法则解决了复杂约束求解问题，实现多维信息推演。1968年，英国建筑理论家约翰·弗雷泽（John Frazer）基于进化算法创建了一套被称为"爬行系统"（reptile system）的建筑生成平台，通过代码编译设计出两种不同的折叠单元体，利用算法生成合理的建筑平面，这一尝试标志着智能算法在建筑生成中的实际应用[①]（图5-2）。

21世纪初，人工智能实现了从理论到方法层面的跃迁，同时数据信息维度的急剧增加及解决复杂环境问题的迫切需求，共同推动了人工智能算法在设计层面的广泛应用。这一转变标志着人工智能技术开始在设计领域发挥重要作用，为处理复杂的设计问题提供了新的方法和工具。面对传统优化方法在处理复合目标多重决策任务时的效率瓶颈，人工智能技术中的数据挖掘算法展现出了显著优势，能够有效提升任务迭代效率。同时，利用机器学习算

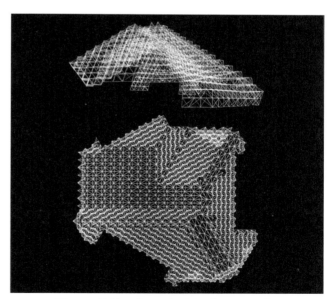

图5-2　约翰·弗雷泽提出的"爬行系统"

---

① FRAZER J. An evolutionary architecture[M]. London: Architectural Association Publications, 1995.

法，我们可以克服人类在复杂问题认知中决策的局限性，实现更加精准和高效的决策过程。"优化"问题如今已不再局限于简单的布尔判断，已发展成为一套复杂的求解体系。这一体系需要借助梯度下降、贝叶斯优化等先进的优化器，来求解在最佳性能协同下的建筑生成形态。这标志着"优化"问题已经进入了一个全新的阶段，需要更加深入和精细的研究方法来解决。

5.2 计算驱动下的算法生成外延

计算驱动下的算法生成学派发展涉及形状语法、复杂性科学与人工智能三大领域，下文从形状语法下的形状结构生成、复杂性科学下的系统逻辑隐喻、人工智能下的语义信息生成三个方面进行系统介绍。

5.2.1 基于形状语法的算法生成

美国语言学家诺姆·乔姆斯基（Noam Chomsky）在1957年出版的《句法结构》（*Syntactic Structures*）中提出了普遍语法（universal grammar）理论，他认为语言的产生是基于有限的语汇和语言结构规则的生成过程。其中，转换是常用的语言结构规则，如句子成分或顺序的转换可生成新的句子。在此基础上，乔姆斯基进一步提出了转换生成语法（transformational-generative grammar）的概念，作为普遍语法的重要组成部分[1]。通过反复使用这些语言结构规则，语言得以持续生成。

乔治·斯蒂尼（George Stiny）与詹姆斯·吉普斯（James Gips）受到转换生成语法的启发，1971年在前南斯拉夫卢布尔雅那召开的第71次IFIP大会上提出了一种名为形状语法（shape grammar）的创新生成方法[2]，巧妙地将几何形状与转换规则相互关联，为形状的设计和分析提供了新的视角与工具。1977年，斯蒂尼将形状语法应用于艺术设计，分析了中国传统冰裂纹图案的形态构成规则（图5-3）[3]。在同一时期，特里·奈特（Terry Knight）于1980年解析了一种名为赫波怀特式（Hepplewhite）盾形椅背的形态构成逻辑，提出了一套直线转化为曲线的形状语法（图5-4）[4]。这些研究推动了形状语法在艺术设计领域的应用，并逐渐渗透至建筑设计领域。

形状语法是基于特定规则进行迭代与推理生形的系统，为建筑设计作品形式的解读提供了新视角。因此，建筑师在方案设计过程中可侧重于研究形态生成规则，通过递归过程生成设计结果，实现以简单的语法规则推理出复杂设计方案的目标。形状语法自问世以来，其基本内涵与实施方法得到持续拓展与完善，在建筑计算性设计领域发挥了重要作用，逐渐应用于建筑与城市的方案设计中，并实现了同类风格设计方案的数

---

① CHOMSKY N. Syntactic structures[M]. Berlin: Walter de Gruyter, 2002.
② STINY G, GIPS J. Shape grammars and the generative specification of painting and sculpture[C]. Proceedings of IFIP Congress, Boston, USA, Ljubljana, 1971.
③ STINY G. Ice-ray: a note on the generation of Chinese lattice designs[J]. Environment and Planning B: Planning and Design, 1977, 4(1): 89-98.
④ KNIGHT T W. The generation of hepplewhite-style chair back designs[J]. Environment and Planning B: planning and design, 1980, 7(2): 227-238.

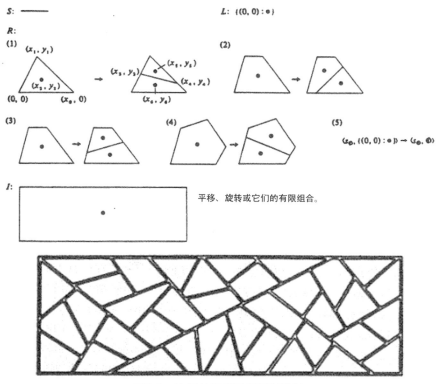

图5-3　冰裂纹图案及其形状语法

字化批量生成。

　　斯蒂尼首次将形状语法应用于建筑领域的实践，以图示与符号化的推理方式分析复杂的生形过程。1978年，斯蒂尼与英国剑桥大学（University of Cambridge）的威廉·米切尔（William Mitchell）将帕拉第奥的建筑风格定义并归纳出一套参数化形状语法，应用该生形规则推理出马尔康坦塔别墅（Villa Malcontenta）的平面图形式。该别墅平面图最显著的特征是两侧对称，在推导过程中使用了附有标签的网格，并按照特定的规则生成了马尔康坦塔别墅坐北朝南的对称式布局，网格与生成规则如图5-5所示。网格在此研究中被用于建筑外墙的生成（图5-6）。帕拉第奥设计的别墅的室内空间多为矩形、I形、T形或十字形，研究依据图5-7中所示规则，通过递归的方式生成了上述四种形状的房间，并确保

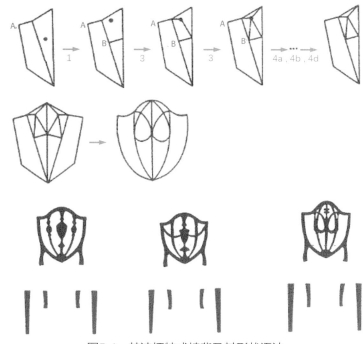

图5-4　赫波怀特式椅背及其形状语法

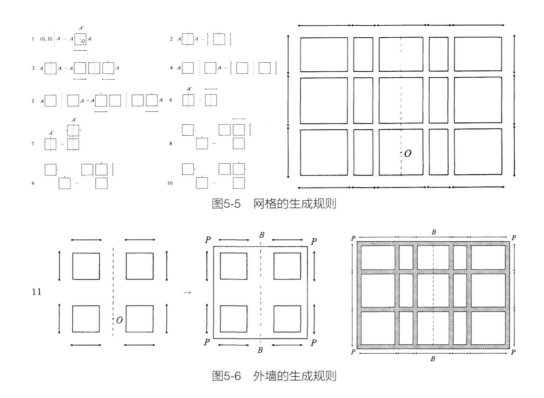

图5-5　网格的生成规则

图5-6　外墙的生成规则

平面图的对称性。在达到预设的终止条件后，成功生成了马尔康坦塔别墅的平面图（图5-8），其与帕拉第奥在《建筑四书》中所描述的形式（图5-9）高度相似。这一实践应用通过对既有帕拉第奥建筑风格的深入解析，成功地完成了建筑设计方案的推导。这一过程不仅展示了形状语法在建筑设计领域的强大潜力，还验证了其在实际应用中的可行性和有效性[①]。

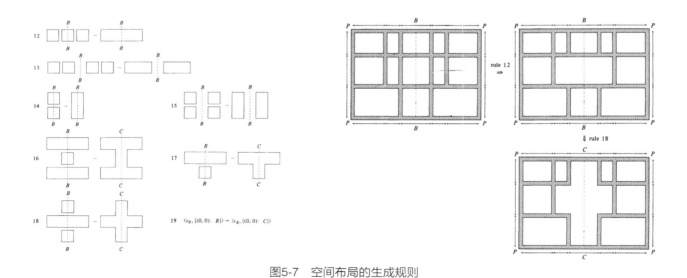

图5-7　空间布局的生成规则

① SWALLOW P, DALLAS R, JACKSON S, et al. Measurement and recording of historic buildings[M]. London: Routledge, 2016.

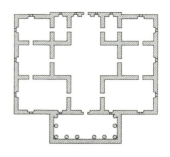

67 $E \rightarrow E$

68

69 $\langle s_\phi, \{(0,0): P\} \rangle \rightarrow \langle s_\phi, \varnothing \rangle$

70 $\longrightarrow \langle s_\phi, \varnothing \rangle$

71 $\langle s_\phi, \{(0,0): P\} \rangle \rightarrow \langle s_\phi, \varnothing \rangle$

72 $\langle s_\phi, \{(0,0): E\} \rangle \rightarrow \langle s_\phi, \varnothing \rangle$

图5-8　终止条件与生成的最终平面

在斯蒂尼对帕拉第奥别墅形状语法分析的启发下，研究人员对经典建筑风格的形状语法展开了深入推理。具体而言，1981年，汉克·科宁（Hank Koning）与朱莉·伊森博格（Julie Eizenberg）对赖特草原住宅的设计风格进行了详细解析[1]（图5-10）；特里·奈特对日本传统茶室的设计风格展开了推理研究[2]（图5-11）；弗朗西斯·唐宁（Frances Downing）与马尔里希·弗莱明（Ulrich Flemming）则共同对美国布法罗住宅的设计风格进行了深入探讨[3]（图5-12）。这些研究均展示了形状语法在理解和解析经典建筑风格中的重要作用。

除斯蒂尼外，奈特也对形状语法在建筑领域的应用进行了深入的理论研究。他指出，形状语法的应用范围不仅限于对形态构成的解析，设计中具有直观可读性和可操作性的其他定性逻辑体系，同样可以作为建筑的生成规则。形状语法需做到逻辑规则浅显易懂，并且能够清晰地描述出规则的推理过程。这样，设计师们才能更容易地理解和应用形状语法，从随机化与复杂化的设计中提取出内在的生

图5-9　帕拉第奥在《建筑四书》中描绘的马尔康坦塔别墅

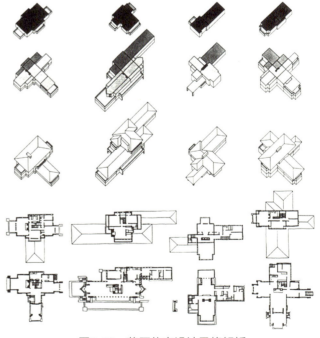

图5-10　草原住宅设计风格解析

---

① KONING H, EIZENBERG J. The language of the prairie: Frank Lloyd Wright's prairie houses[J]. Environment and Planning B: planning and design, 1981, 8(3): 295-323.
② KNIGHT T W. The forty-one steps: the language of japanese tea-room designs[J]. Environment and Planning B: Planning and Design, 1981, 8(1): 97-114.
③ DOWNING F, FLEMMING U. The bungalows of buffalo[J]. Environment and Planning B: urban analytics and city science, 1981, 8(3): 269-293.

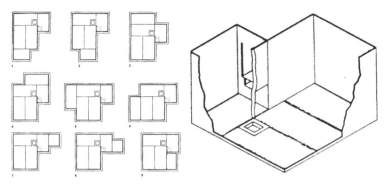

图5-11　日本茶室设计风格解析

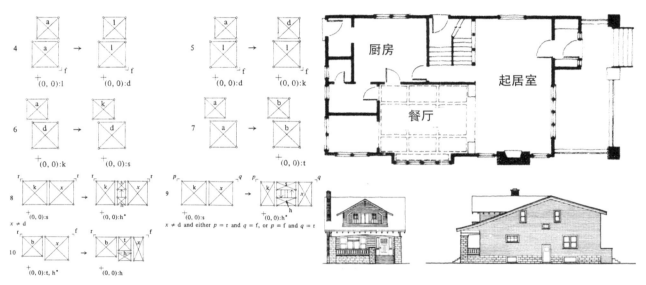

图5-12　布法罗住宅设计风格解析

成规律。1989年，奈特通过分析归纳绘画作品的设计风格①（图5-13）提出了色彩语法（color grammar）的概念，将平面构成的色彩与线条转译为生形逻辑（图5-14）。色彩语法以透明度和不透明度两个指标属性处理

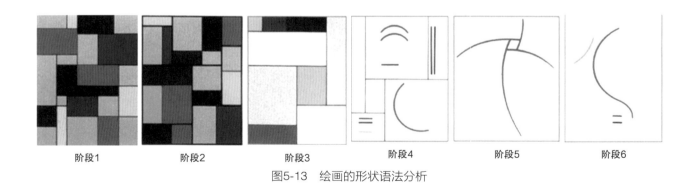

| 阶段1 | 阶段2 | 阶段3 | 阶段4 | 阶段5 | 阶段6 |

图5-13　绘画的形状语法分析

---

① KNIGHT T W. Transformations of De Stijl art: the paintings of Georges Vantongerloo and Fritz Glarner[J]. Environment and Planning B: planning and design, 1989, 16(1): 51-98.

区域空间重叠时的支配关系，不仅适用于二维平面艺术设计，在建筑设计领域同样具有良好的可应用性①。

1990年，奈特在美国加利福尼亚大学洛杉矶分校（UCLA）与麻省理工学院（MIT）设置了形状语法的研究生设计工作坊，课程涉及色彩语法的应用。一名MIT的研究生详细记录了自己在课程中应用色彩语法进行建筑方案设计的过程，如图5-15所示。在应用色彩语法进行建筑方案设计时，首先需要建立一套基本语法，包括确定语汇、定义空间关系并制定一系列规则。随后在基本语法的基础上，设计者将色彩引入设计过程。通过考虑所有可能的色彩组合，创造一个色彩语法矩阵，从中选取一个能够满足特定建筑设计项目需求的语法。这个选择基于对项目目标、环境约束、审美偏好及可行性等的深入理解。在初步选择语法后，设计者需要不断地调整和完善设计，以确保它完全适应项目的特定需求和条件。这可能涉及重新定义语汇、推导新规则及建立新的语法，以应对设计过程中出现的挑战和变化。在奈特的理论研究与丰富的教学实践影响下，形状语法在建筑设计领域迅速获得了广泛认可与普及。奈特的工作不仅为建筑设计提供

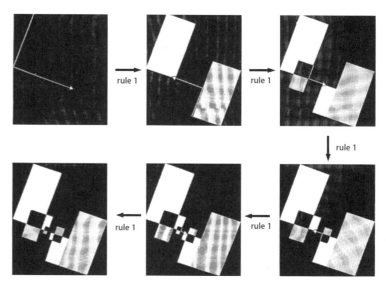

图5-14　基于色彩语法的形态生成

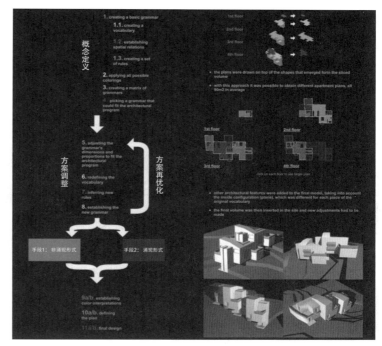

图5-15　基于色彩语法的建筑设计过程

了新的思路和方法，更为设计师们开辟了一个全新的创作空间，推动了一系列优秀设计项目的产生②（图5-16）。

直至2000年前后，何塞·平托·杜阿尔特（José Pinto Duarte）在建筑设计领域作出了一项重要贡献。他通过解析阿尔瓦罗·西扎（Âlvaro Siza）的建筑风格语法，成功地批量生成了具有相同风格的住宅设计。杜阿尔特在

① KNIGHT T W. Color grammars: designing with lines and colors[J]. Environment and Planning B: planning and design, 1989, 16(4):417-449.
② FRANK L W. Application in architectural design and education and practice[R]. NSF(National Science Foundation)/ MIT(Massachusetts Institute of Technology)Workshop on Shape Computation, 1999: 729-740.

其博士论文中应用形状语法对西扎的建筑空间布局逻辑进行了深入解析（图5-17），并运用递归推理的方法，生成了一系列风格相同但形态各异的建筑设计方案（图5-18）。这些方案不仅保留了西扎建筑的独特风格，还在形态上展现出了多样化的特点。在此基础上，杜阿尔特研发了一个交互式设计系统，能够在给定的风格中探索住宅设计方案，实现大规模批量设计与建造住房的同时，保持区域风貌统一。该系统包括程序语法和设计语法两部分（图5-19），分别编入葡萄牙住宅设计指南和西扎

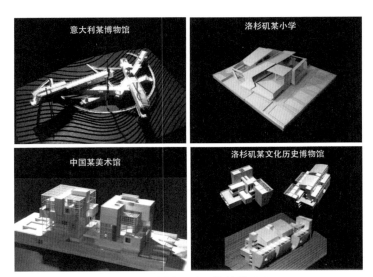

图5-16　奈特设计工作坊的项目

设计风格的生形逻辑。借助这两个模块，建筑师可以得到大量符合设计规范、形态多样化但风格统一的住宅方案[1][2]。这一成就不仅展示了形状语法在建筑设计中的巨大潜力，更推动了形状语法的应用向数字化方向发展。

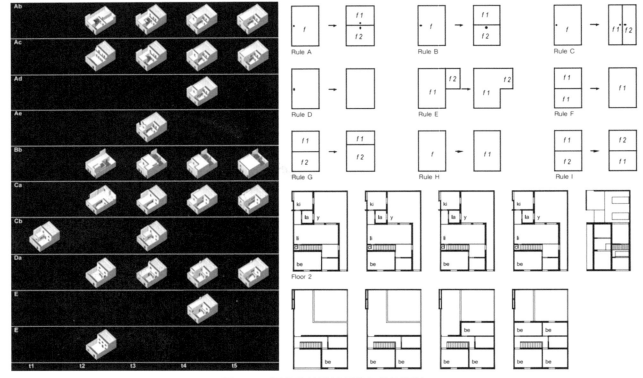

图5-17　西扎建筑设计风格与生形语法

---

① DUARTE J P. Democratized architecture: grammars and computers for Siza's mass houses[M]. Macau, Elsevier Press, 1999: 729-740.
② DUARTE J P. A discursive grammar for customizing mass housing: the case of Siza's houses at Malagueira[J]. Automation in Construction, 2005, 14(2): 265-275.

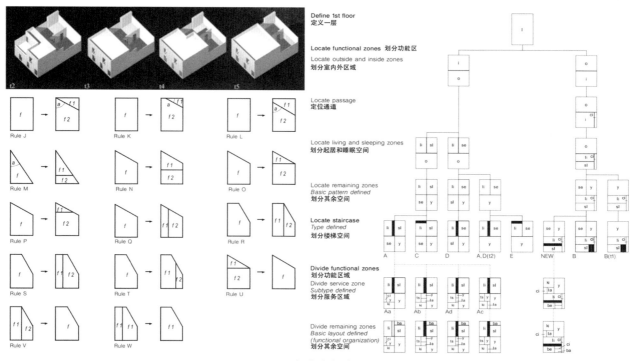

图5-18　新方案的生形过程

从更广阔的视角审视，基于形状语法的设计方案生成技术不仅局限于建筑尺度，其应用还可以进一步拓展至城市设计领域。杜阿尔特于2001年在里斯本工业大学（Universidade Técnica de Lisboa）创立了城市设计工作坊，标志着形状语法在城市设计领域研究的开端。自2005年起，杜阿尔特与何塞·贝朗（José Beirão）合作，基于形状语法开展了一系列城市设计实践，旨在深入探索并应用这一方法解决不同的城市设计问题，同时制定有效的实施策略。图5-20所展示的设计方案，其核心理念是从场地的形状中提取出生成规则。这一方法基于多边形区域的划分来构建城市结构，并通过递归的方式不断扩大城市的规模，最终得到图案化的城市形态。图5-21展

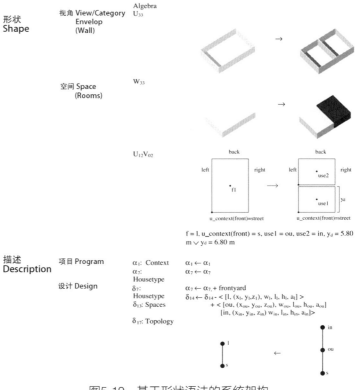

图5-19　基于形状语法的系统架构

示的新城镇建设项目，通过形状语法规则实现渐进式增长，生成高度灵活且多样化的设计方案。该项目利用形状语法规则，从场地形态及其与周边环境的视觉关系中提取设计元素。街区单元由四个部分构成，通过递归运用这些规则实现渐进式增长。这种方法生成的设计结果具有高度的灵活性，可以根据不同的组合可能性进行调整，直至满足设计师的需求。这种基于形状语法的设计方法在详细规划方面也展现出了其强大的应用能力，如图5-22所示，设计师以灵活性布局为导向制定了生成规则，在递归推理的辅助下，成功地完成了详细规划平面布局的生成[1]。

与形状语法近乎同期，林登麦伊尔系统（Lindenmayer System，LS）算法是在1968年由生物学家林登麦伊尔（Aristid Lindenmayer）提出的，这一算法最早被应用于植物生长过程的研究[2]。在后续的研究中，林登麦伊尔团队对这一算法的概念进行了拓展，将其定义为一种字符串的重写机制[3]。LS算法本质上是一组产生式规则，与形状语法十分类似，但有所不同。形状语法侧重于事物内部本源的静态推理规则，需要逐次完成语汇的生成；而LS算法则更注重自然事物生长过程中的动态生成逻辑，能够同时替换语汇中的基本构成元素。

20世纪70年代，分形理论产生，它主要用于描述和量化具有自然特征的事物。1975年，被誉为"分形几何之父"的本华·曼德布罗特（Benoit Mandelbrot）在其著作《大自然的分形几何学》中首次明确了分形的概念。他指出，分形几何的一

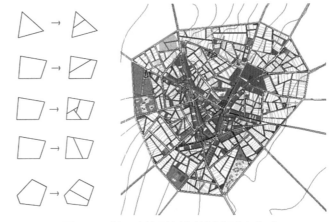

图5-20　基于多边形划分的城市形态生成

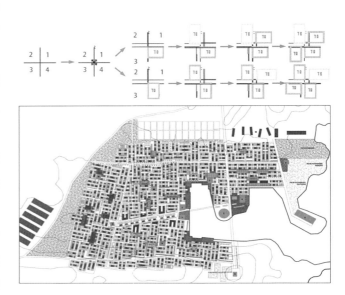

图5-21　基于形状语法的新城镇建设项目示例

① BEIRÃO J, DUARTE J. Urban grammars: towards flexible urban design[C]. Proceedings of eCAADe 23, Copenhagen, Denmark, 2005: 491-500.
② LINDENMAYER A. Mathematical models for cellular interaction in development[J]. Journal of Theoretical Biology, 1968(18): 280-315.
③ PRUSINKIEWICZ P. Graphical applications of L-systems[C]. Proceedings of Graphics Interface, Vancouver, B. C. , Toronto, Canada, 1986: 247-253.

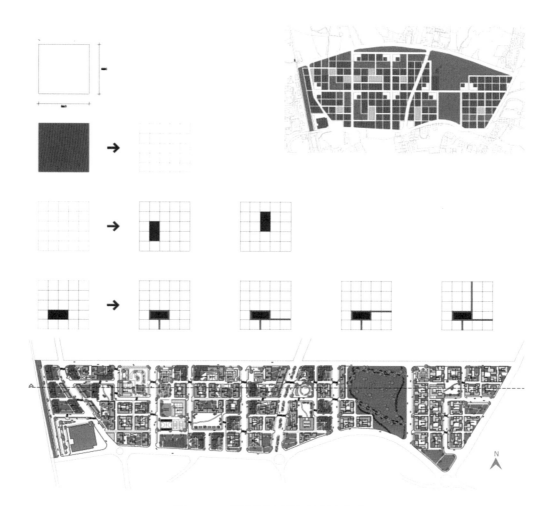

图5-22 形状语法在详细规划中的应用

个核心特性是其部分与整体之间需具有自相似性，这一观点为分形理论的发展奠定了基础①。1984年，阿尔维·雷·史密斯（Alvy Ray Smith）指出，LS算法与分形几何的概念存在关联性，这一发现为LS算法在计算机图形学中的应用提供了新的思路和方向，推动了LS算法在该领域的应用。受到史密斯的启发，普热米斯劳·普鲁辛凯维奇（Przemyslaw Prusinkiewicz）团队展开了大量基于LS算法生成分形几何图形的研究，他们的研究成果如图5-23所示②，不仅丰富了分形几何图形的生成方法，而且为后续LS算法应用于建筑与城市设计领域奠定了基础。

20世纪末至21世纪初，城市增长模式的研究揭示了其逐步进化的过程，各阶段城市形态展现出自相似性，与分形几何图案的生成方式相似，促使LS算法在城市设计研究领域得到应用。2000年，中国台湾成功大学建筑系的邱茂林团队验证了将分形几何、LS算法、扩散限制凝聚模型（diffusion-limited aggregation）与城市发展理论进行集成的可行性，并设计了一个线上模拟系统Fractal_US，该系统利用分形几何的原理，对

① 曼德布罗特. 大自然的分形几何学[M]. 陈守吉，凌复华，译. 上海：上海远东出版社，1998.
② PRUSINKIEWICZ P, HANAN J. Lindenmayer systems, fractals, and plants[M]. New York: Springer-Verlag, 1989.

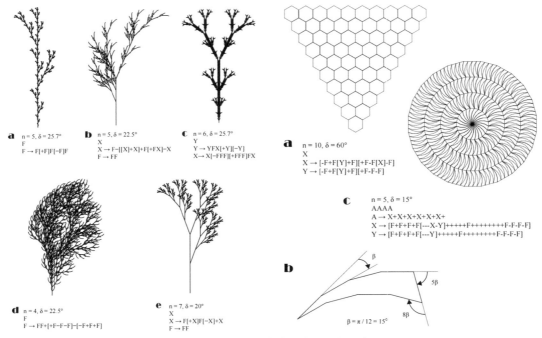

图5-23　LS算法生成的分形几何图案

城市发展模式进行模拟和分析（图5-24）。设计师在应用这一系统时，需先建立城市形态原型，随后采用LS算法生成分形网格，基于DLA模型为城市形态的生成制定扩散与凝聚条件。系统按照空间层次进行分析，最终通过分形网格对城市形态进行计算，并将生成结果呈现在网页上（图5-25）。此过程形象地展示了城市的全方位特征，有助于设计师了解不同因素影响下的城市未来发展情况[①]。

分形几何图案以其独特的形式美学，激发了建筑师群体对LS算法在方案设计中的探索热情。2005年，美国犹他大学建筑与规划学院安东尼奥·塞拉托-库姆（Antonio Serrato-Combe）通过两个项目案例，率先展示了LS算法在建筑设计中的应用潜力。在第

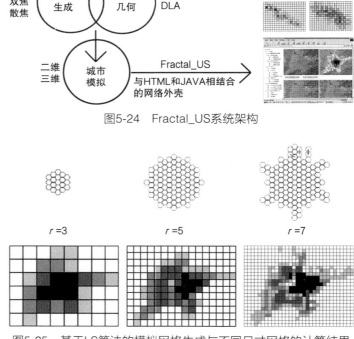

图5-24　Fractal_US系统架构

图5-25　基于LS算法的模拟网格生成与不同尺寸网格的计算结果

① CHAN C, CHIU M. A simulation study of urban growth patterns with fractal geometry[C]. Proceedings of CAADRIA , Bangkok, Thailand, 2000: 55-64.

一个项目中，建筑师利用LS算法生成了一个独特的形体，其在逐渐旋转的过程中不断增长，并将其嵌入建筑方案设计中。在形体的推敲过程中，建筑师分别设置了不同的旋转角度与迭代次数，通过算法的不断迭代和计算，生成了多样化的形态（图5-26）。第二个项目应用LS算法生成了分形几何中常见的谢尔平斯基镂垫（Sierpinski gasket）图案，作为用于建筑的大型结构形态。初始的生成形态具有9个层级的递归，建筑师可随时调节递归的层数，直至生成满意的方案形态，最终得到了应用该结构的建筑设计方案（图5-27）。这两项设计实践展现了LS算法在分形几何形态生成上的优势，表明其在建筑形态设计上具有良好的可应用性[①]。

LS算法在建筑设计中的应用不仅仅停留在概念层面，还在实际工程项目中验证了其可行性。2011年，英国思锐建筑师事务所（Serie Architects）在印度孟买完成了托特屋（the Tote Restaurant）餐饮建筑改造项目（图5-28），基于LS算法对空间内部结构柱的形态展开设计。该项目制定了树状结构柱的多种分形方式，通过算法控制树杈的旋转角度，自下而上计算生成支撑屋面的分支结构（图5-29）。在有限元结构分析的辅助下，建筑师可以比较不同方案的结构性能，从中选取最佳结构形态方案，最终生成的结构形态复杂且相互交叉，为使用者带来置身于树林中的空间体验，模糊了与室外环境的空间界限。该项目体现出LS算法应用于实际工程项目中的良好潜质[②]。

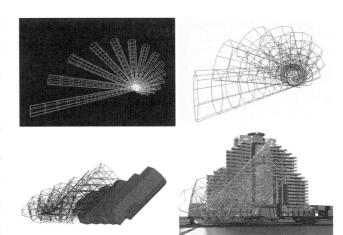

图5-26　基于LS算法的旋转增长形态生成

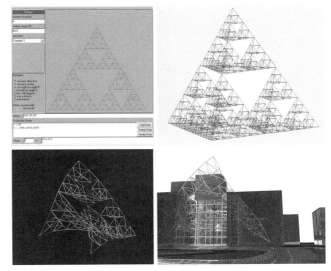

图5-27　基于LS算法的谢尔平斯基镂垫形态生成

图5-28　托特屋项目

① SERRATO-COMBE A. Lindenmayer systems-experimenting with software string rewriting as an assist to the study and generation of architectural form[C]. Proceedings of SIGRADI, Buenos Aires, Argentina, 2005: 161-166.
② RIAN I M, SASSONE M. Tree-inspired dendriforms and fractal-like branching structures in architecture: a brief historical overview[J]. Frontiers of Architectural Research, 2014, 3(3): 298-323.

5.2.2　基于系统逻辑隐喻的算法生成

复杂性科学作为一门跨学科的领域，对其深入研究和探索不仅推动了多学科的交互与融合，还催生了一系列新算法的出现。这些新算法不仅丰富了算法库，而且为解决复杂问题提供了新的思路和方法。例如，元胞自动机算法借鉴了细胞间的状态驱动作用，遗传算法借鉴了基因遗传进化机制，群体智能算法借鉴了生物群体行为模式等。这些算法通过优化目标函数展开计算，采用迭代运算方式搜寻最优值，并使生成式设计的结果更具多样性，在复杂问题的求解方面展现出显著优势。

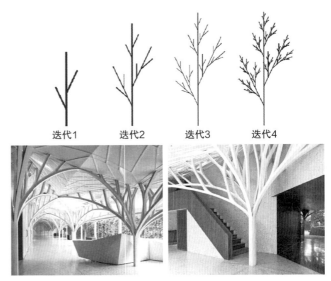

图5-29　基于LS算法的结构形态生成

线性优化算法是基于优化目标函数对复杂问题进行求解的最简单算法，最早在建筑领域的场地规划问题中得到应用。1957年，佳林·库普曼斯（Tjalling C. Koopmans）与马丁·贝克曼（Martin Beckmann）开始使用线性优化算法，针对运输成本与工厂租金进行优化，以寻求工厂选址的最优解[①]。此问题计算量庞大，最终借助当时IBM公司开发的CRAFT计算机完成求解。

自20世纪70年代以来，计算机性能得到大幅度提升。这一时期的计算机开始拥有大屏幕、大容量存储及很强的网络通信能力，为各种复杂计算和问题求解提供了强大的技术支持。依托这一技术背景，研究人员对线性优化算法进行了改进和优化，从而使线性优化求解的计算变得更加容易和高效。1978年，耶鲁大学建筑学院的乌尔里希·弗莱明（Ulrich Flemming）提出了一种创新的建筑平面自动生成方法，该方法基于线性优化算法，采用特殊的数据结构来建立线性优化问题的子问题，显著提升了既有线性优化算法的性能（图5-30）。弗莱明基于这一方法编写了DIS程序，并成功在耶鲁计算机中心的IBM 370计算机上运行[②]。

弗莱明的研究在一定程度上降低了线性优化算法求解的难度，但其编写的DIS程序由于依托特殊算法，不利于这一方法的全面普及。在弗莱明之后，研究人员的研究重点更多地侧重于线性优化算法搜索策略的改进问题，致力于寻找更加高效、通用的搜索策略，以提高线性优化算法的性能和适用性。1999年，佐治亚理工大学杰夫·林德罗特（Jeff Linderoth）与马丁·塞维尔斯伯格（Martin Savelsbergh）对20世纪70年代以来有关线性优化算法搜索策略的研究进行了全面综述，比较了不同研究的算法性能水平，并总结出具有实用性的搜索策略，这些策略为后续线性优化工具的研发奠定了基础。

2005年，泰国兰实大学建筑系卡莫尔·凯特鲁昂卡马拉（Kamol Keatruangkamala）与朱拉隆功大学科学

---

① KOOPMANS T C, BECKMANN M. Assignment problems and the location of economic activities[J]. Econometrica: journal of the Econometric Society, 1957: 53-76.
② FLEMMING U. Representation and generation of rectangular dissections[C]. IEEE, New York, USA, 1978.

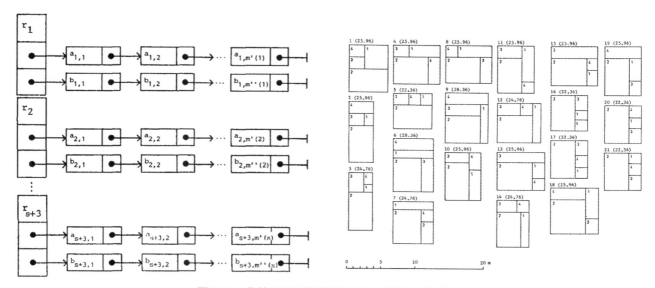

图5-30 弗莱明采用的数据结构与建筑平面的生成

系克鲁格·西纳皮罗姆萨兰（Krung Sinapiromsaran）将林德罗特与塞维尔斯伯格总结出的搜索策略引入到线性优化算法中，合作研发了线性编程与混合整数线性编程求解软件GLPK（图5-31），用于解决建筑平面布局优化设计问题。该软件可根据用户设定的功能约束、尺寸约束与目标函数，解决建筑平面布局的自动生成问题。应用该软件展开建筑平面布局优化设计时，用户首先需建立包含设计变量、问题目标与约束条件的数学模型，通过线性优化运算自动生成多个方案供建筑师比选。在实际应用中，运用该软件运算生成的方案可达到与建筑师人工设计方案相同的精度（图5-32），这一成果充分体现了线性优化算法在二维平面布局生

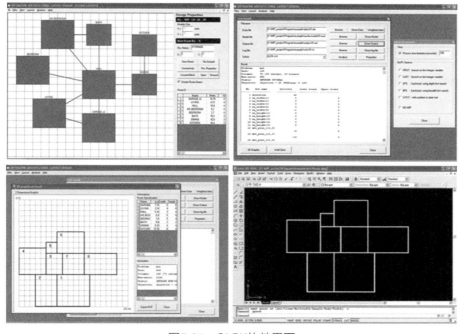

图5-31 GLPK软件界面

成式设计方面的显著技术优势[1]。

2019年，东南大学建筑学院教授李飚等将线性优化算法整合至参数化建模平台，展开建筑与城市尺度的平面布局设计研究。在建筑尺度上，研究制定了建筑中空间的布局关系逻辑与约束条件，应用线性优化算法优化空间的拓扑关系（图5-33）[2]。对于城市尺度的平面布局

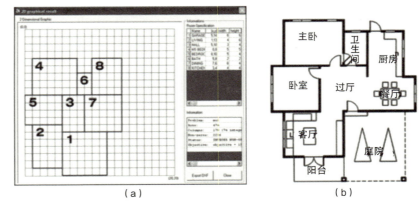

图5-32　软件生成方案与建筑师设计方案对比

设计，研究选取城市设计导向原则作为优化目标，通过线性优化算法自动运算得出各项优化目标均优的平面布局方案（图5-34）[3]。

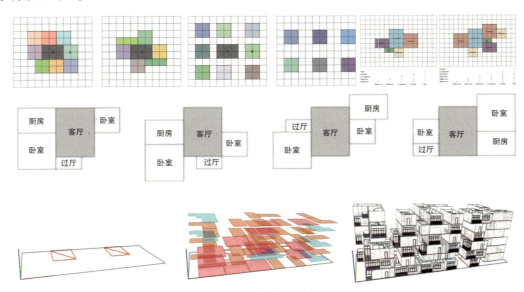

图5-33　建筑尺度的线性优化算法应用

线性优化作为处理二维平面优化问题的有效方法，开启了复杂设计问题的数学建模与优化计算的先河。尽管其应用范围相对有限，但其工作流程架构为后续研究提供了重要启示。随着学科互鉴的发展，一系列智能化算法如元胞自动机算法、遗传算法、群体智能算法等逐渐应用于建筑领域，大幅度提升了计算性能，并在建筑与城市设计中的更多方面得到普及。

20世纪50年代，"现代计算机之父"冯·诺依曼率先提出了元胞自动机（cellular automata，CA）的概念，

① KEATRUANGKAMALA K, SINAPIROMSARAN K. Optimizing architectural layout design via mixed integer programming[M]. Dordrecht: Springer, 2005: 175-184.
② XU J, LI B. Searching on residential architecture design based on integer programming[C]. Proceedings of CAADRIA, Hong Kong, China, 2019: 263-270.
③ HUA H, HOVESTADT L, TANG P, et al. Integer programming for urban design[J]. European Journal of Operational Research, 2019, 274(3): 1125-1137.

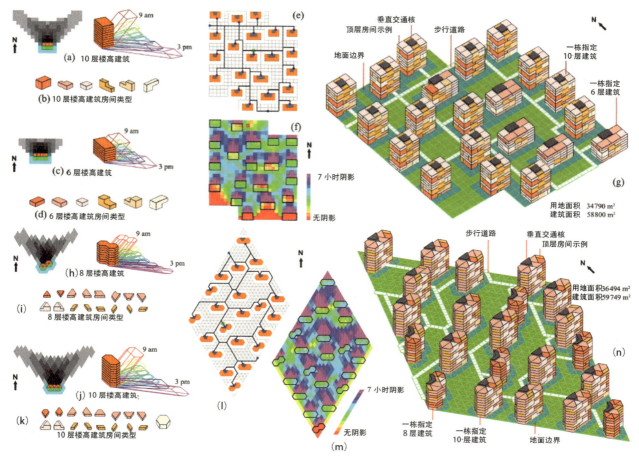

图5-34　城市尺度下的线性优化算法应用

主要用于模拟生命系统①。直至1970年约翰·康卫（John Conway）提出了"生命游戏"，并由马丁·加德纳（Martin Gardner）刊登在《科学美国人》（*Scientific American*）杂志的数字专栏后②，元胞自动机引起了学界的广泛关注。80年代，斯蒂芬·沃尔夫勒姆（Stephen Wolfram）奠定了元胞自动机的理论基础，将其分为稳定型、周期型、混沌型与复杂型四类③。90年代，兰顿（C. G. Langton）提出了"人工生命"概念，重新定义了元胞自动机④，从而再次引起学界的密切关注。随着计算机技术的飞速进步，元胞自动机的研究也取得了显著进展。尤其是沃尔夫勒姆在2002年发表的著作《一种新科学》（*A New Kind of Science*），标志着元胞自动机理论研究趋于成熟⑤。

元胞自动机是一种特殊类型的动力学系统，其核心特征在于时间和空间都是离散的。这种设计使得元胞自动机成为模拟复杂性系统的有力工具。元胞自动机是一种特定形状网格上的细胞集合，根据规则驱动相邻

---

① 蒲宏宇，刘宇波. 元胞自动机与多智能体系统在生成式建筑设计中的应用回顾[J]. 建筑技术开发，2021，48（5）：23-28.
② GARDNER M. The fantastic combinations of John Conway's new solitaire game life[J]. Science American, 1970, 223(10): 120-123.
③ WOLFRAM S. Universality and complexity in cellular automata[J]. Physical D: Nonlinear Phenomena, 1984, 10(1-2): 1-35.
④ LANGTON C G. Life at the edge of chaos in artificial life II[J]. New York: Addison-Wesley, 1991: 41-91.
⑤ WOLFRAM S, GAD-EL-HAK M. A new kind of science[J]. Appl. Mech. Rev., 2003, 56(2): B18-B19.

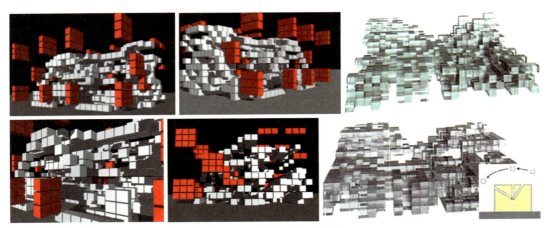

图5-35　科茨与渡边的设计

细胞并实时更新状态。系统的复杂性部分取决于网格的类型，可以是一维直线、二维网格，也可以是任意维的笛卡尔网格。在元胞自动机的基本运算法则中，某元胞下一时刻的状态可以表示为上一时刻的状态与周围邻近元胞状态的函数，倾向于遵循"形式跟随功能"的方法。类比于建筑领域，元胞自动机用于研究和模拟基于邻近条件的社会效应。例如，在城市设计、分区规划及建筑群布局等方面，元胞自动机都能够提供有价值的模拟和分析。理论上，元胞自动机具有解决任何以网格为生成单元，且网格单元受到邻近单元影响的建筑与城市设计问题的潜力。元胞自动机在建筑设计领域中的应用起源于20世纪末至21世纪初，这一时期元胞自动机理论逐渐成熟。随着理论的完善，一些研究人员开始展开大量的元胞自动机算法（简称CA算法）生形实验（图5-35）。1996年，科茨（P. Coates）等研究人员完成了一系列三维的CA算法实验，探索了与多个生形问题相关的不同规则，研究引入了一种创新的生成机制，允许以任何形式访问和操作数据，从而显著增加了生成形态的可能性[①]。2002年，渡边（M.S. Watanabe）完成了一项颇具创新性的概念方案设计，方案以日照情况作为核心标准，采用CA算法来完成生形过程[②]。然而，尽管这些实验在形式上取得了显著成果，但它们主要局限于形式上的讨论，对实际功能与建构逻辑层面的考虑则相对不足。

2007年，香港大学建筑系克里斯蒂安·赫尔（Christiane M. Herr）与托马斯·克万（Thomas Kvan）改进了传统CA算法模型，加强了对实际功能与建构逻辑的考虑。其研究应用改进后的CA算法模型复现了西班牙建筑设计团队Cero9在日本青森市设计的高密度城市街区方案，该方案是一个高度密集的混合用途综合体，形式为一排25层的高层建筑（图5-36）。复现过程基于三维建模软件AutodeskVIZ展开，根据Cero9提供的生形图解建构数学模型，将CA算法附加脚本分配给三维建模环境中指定的对象。与传统均质性的元胞自动机生形方法相比，这种方法可减少几何建模所需的单元数量，大幅度降低计算负荷。运算生成的结果如图5-37所示，与Cero9通过人工方式生成的方案具有较高的相似度，从而验证了CA算法作为有效设计工具而广

① COATES P, HEALY N, LAMB C, et al. The use of cellular automata to explore bottom-up architectonic rules[C]. Eurographics UK Chapter 14th Annual Conference, Imperial College London, 1996.
② WATANABE M S. Induction design: a method for evolutionary design[M]. Basel: Birkhäuser, 2002.

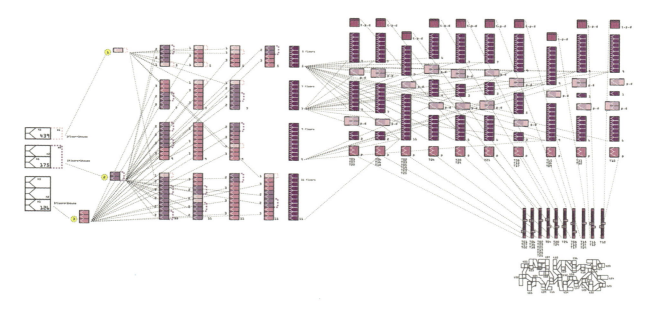

图5-36　Cero9的高密度街区设计方案及其生成过程

泛应用于建筑设计中的可能性[①]。

　　此后，建筑师们开始将CA算法作为生成式设计工具，展开了大量项目实践。2015年，加拿大卡尔加里大学环境设计学院萨勒曼·哈利利·阿拉吉（Salman Khalili Araghi）与新加坡国立大学建筑系鲁迪·斯托夫斯（Rudi Stouffs）合作应用CA算法进行高密度住区的形态生成设计，使其满足密度、可达性与采光要求。该方案成功地将设计问题的功能需求转换为数学模型，并将这些模型应用于每个网格。通过CA算法的驱动，相邻网格细胞的状态在不断迭代中逐渐收敛，最终生成了符合设计要求的多样化方案（图5-38），最终

---

① CHRISTIANE M, KVAN T. Adapting cellular automata to support the architectural design process[J]. Automation in Construction, 2007, 16(1): 61-69.

的深化方案如图5-39所示[①]。

除线性优化算法与CA算法外，遗传算法也是常用的建筑生成式设计算法。20世纪60年代，约翰·弗雷泽（John Frazer）提出了进化建筑设计理论，特别关注建筑设计过程的"自组织生成需求"与"性能目标控制需求"之间的平衡，与后来霍兰德（J. Holland）在1975年正式提出的遗传算法概念非常相似。弗雷泽研究探索了建筑中基本形式的生成过程，将建筑视为一种人工生命。为了模拟建筑与环境的共生行为和代谢平衡，他编写了一种类似于DNA遗传过程的代码脚本。在这一理论框架下，弗雷泽强调建筑的生形过程必须遵循一系列核心规

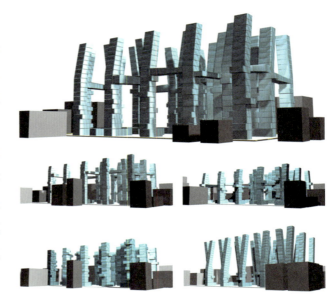

图5-37　CA算法生成的设计方案

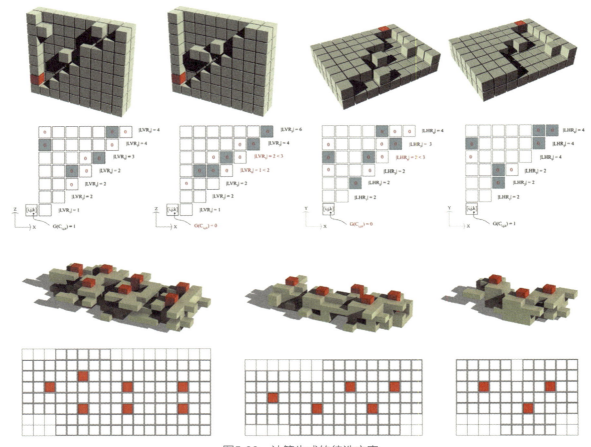

图5-38　计算生成的待选方案

① ARAGHI S K, STOUFFS R. Exploring cellular automata for high density residential building form generation[J]. Automation in Construction, 2015, 49: 152-162.

图5-39　最终的高密度街区方案

则，包括形态生成、基因编码、复制和选择。这些规则共同构成了进化建筑设计理论的基础，并指导建筑设计的实践。约翰·弗雷泽团队在1990～1995年深入应用进化建筑设计理论，完成了大量构筑物生成探索实验，如图5-40所示。在这一系列探索中，构筑物的生成始于一个被称为"种子"的基本结构单元，它是生形过程中进行转换与操作的最小结构，蕴含着生成整个构筑物的潜在信息。"种子"的设计具有高度的环境敏感性，它能够根据所处环境的具体条件，在其位置上产生出相适应的形式。这种特性

图5-40　约翰·弗雷泽的生形实验

使得"种子"能够根据设计需求，在空间中自动配置并完成生形过程，从而生成满足特定环境条件和设计要求的构筑物。

在弗雷泽的实验中，"种子"这一概念与遗传算法中的基因算子有着直接的对应关系。算子在这里被赋予了承载建筑形态生成要素的角色，每一个算子代表一个建筑生成方案。这种对应关系不仅体现了进化建筑设计理论与遗传算法之间的紧密联系，也展示了如何将生物进化的原理应用于建筑设计领域，以创造出多样且适应环境的建筑形态。遗传算法在建筑设计领域的应用已经越来越广泛，其核心理念与生物进化过程相似，都是通过选择、交叉和变异等机制来驱动搜索过程，以找到最优解或满意解。

遗传算法的可行性已在实践工程项目中得到了验证。2017年，Autodesk公司在拉斯韦加斯会议中心完成了一项展厅布局设计项目，设计方案应用遗传算法自动搜索完成（图5-41）。展厅布局重点考虑了活跃区域分布与展位接近活跃区域的程度，并编写了相应的目标函数指导设计。借鉴欧洲传统城市的自组织生形逻辑，设置基因算子，通过仿真运算确定展位位置。该项目运用遗传算法完成了100代优化运算，探索了32000个设计方案，筛选出三个最符合设计目标的方案，对其进行深化设计后得到最终方案。相比于传统对称式布局依赖设计师经验，遗传算法实现了目标导向的启发式设计，弥补了设计师主观决策的不足[1]（图5-42）。

---

① Autodesk. Generative design for architectural space planning[EB/OL]. (2023-10-24)[2024-12-17]. https://www.autodesk.com/autodesk-university/article/Generative-Design-Architectural-Space-Planning.

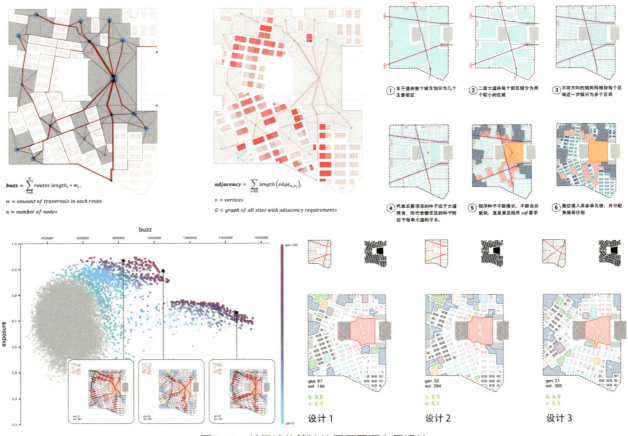

图5-41　基于遗传算法的展厅平面布局设计

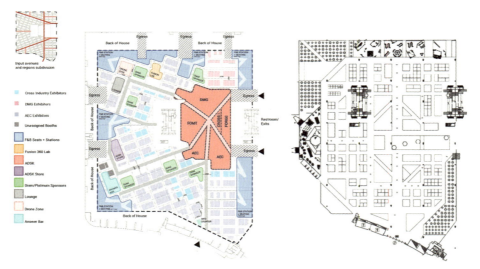

图5-42　遗传算法生成的方案与设计师主观决策方案对比

　　群体智能算法源于多智能体系统的研究，是一种常用的生成式设计算法。多智能体系统（multi-agent system，MAS）最早出现于20世纪70年代，是一种分析与模拟复杂系统的计算性技术。1980年，麻省理工学院举办了首次分布式人工智能领域研讨会，探讨了MAS在工程领域的应用，从此推动了群体智能算法的快速发展。1987年，克雷格·雷诺兹（Craig Reynolds）提出鸟群运动的三个规则[①]，对后续群体智能算法设计具有启发性。1995年，肯尼迪（J. Kennedy）与埃伯哈特（R. C. Eberhart）模拟鸟群的捕食行为提出了粒子群算法，这是历史上首个群体智能算法。群体智能算法在近年来得到了显著发展，研究人员相继开发了蚁群算法、蜂群算法等多种类型的群体智能算法。这些算法都借鉴了生物的集体智能，通过模拟自然界中生物群体的行为，基于多个个体的协作与竞争方式搜索解空间。与传统的单个智能体相比，群体智能算法在解决复杂问题方面展现出了更大优势。该算法通过启发式的信息辅助全局搜索过程，能够在较少的限制条件下对目标函数进行优化，从而有效拓展了其适用范围。2004年，建筑师罗兰·史努克（Roland Snooks）与罗伯特·斯图尔特-史密斯（Robert Stuart-Smith）合作成立了Kokkugia研究机构，旨在深入探索生物、社会和物质系统的复杂自组织行为，并从中发展出全新的生成式设计方法。该机构自成立以来，致力于探索群体智能算法在建筑设计中的应用，通过"涌现"理论成功建立起智能体与群体的关系。自2007年起，史努克开始开设一系列与群体智能算法相关的课程与工作营，并进行了一系列形态生成实验。图5-43所示2009年完成的一项名为"SWARM URBANISM"的生形实验尤为引人注目。该实验成功地将政治、经济、社会等方面的城市规划要素及其对当地的影响转译为一套群体智能系统，用以模拟和驱动城市形态的自组织生成，为城市规划提供了新的思路和方法[②]。

在自然科学的不断进步中，研究人员发现了更多具有生命智能的群体。2010年，日本北海道大学（Hokkaido University）中垣俊之（Toshiyuki Nakagaki）等在《科学》（Science）杂志发表了有关黏菌的研究。这种菌类具有强大的群体生物智能，通过在东京地铁站点放置食物，引导黏菌自动生成地铁交通网络图（图5-44），其通行效率高于既有的东京铁路交通网络[③]。由此可见，黏菌在最佳路径生成方面具有优势，有望应用于建筑与城市公共交通空间的设计中。

2018年，英国伦敦大学巴特莱特建筑学院城市

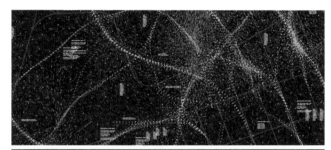
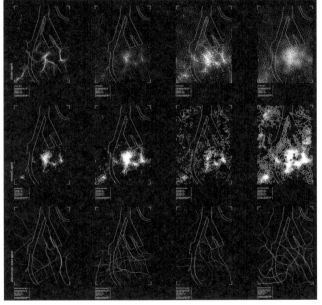

图5-43　SWARM URBANISM生形实验

① O'SULLIVAN D, HAKLAY M. Agent-based models and individualism: is the world agent-based?[J]. Environment and Planning A, 2000, 32(8): 1409-1425.
② Swarm urbanism[EB/OL]. (2009-09-27)[2025-05-16]. https://neilleach.wordpress.com/wp-content/uploads/2009/09/swarm-urbanism_056-063_lowres.pdf.
③ TERO A, TAKAGI S, SAIGUSA T, et al. Rules for biologically inspired adaptive network design[J]. Science, 2010.

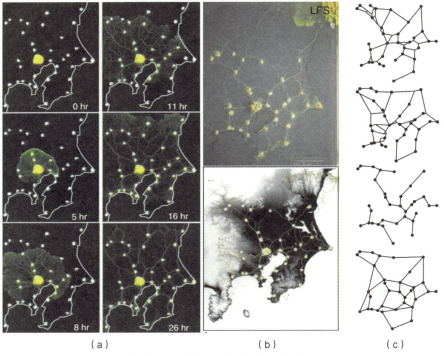

（a）　　　　　　　　　　　（b）　　　　　　　　　（c）

图5-44　黏菌生成的东京地铁网络

形态学实验室（Urban Morphogenesis Lab）克劳迪娅·帕斯克罗（Claudia Pasquero）团队展开了一系列基于黏菌路径生成的城市设计实验。在"利瓦绿洲城"（The Liwa Oasis City）的概念方案设计中，该团队借助黏菌的寻路行为，寻找通往绿洲区域的最佳路径，从而建造沙漠中的绿洲城市[①]。方案设计中首先在场地中水源丰富的点位放置黏菌的食物，随后根据黏菌的行为总结出路径生成的数字逻辑（图5-45），最终通过数字化算法生成设计方案（图5-46）。

随着绿色建筑设计标准的逐渐提升，建筑形态的生成过程正经历着深刻的变革。这一变革的核心在于，建筑设计不再仅仅关注形态的美观和实用性，而是越来越多地考虑其绿色性能水平，这种转变推动了性能驱动生形方法的发展。在建筑绿色性

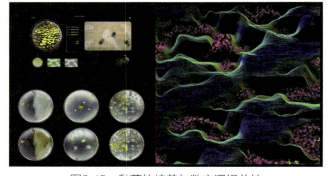

图5-45　黏菌的培养与数字逻辑总结

图5-46　最终的"利瓦绿洲城"方案

---

① Urbanmorphogenesislab. The Liwa Oasis City[EB/OL]. (2023-04-14)[2024-12-17]. https://www.urbanmorphogenesislab.com/.

能驱动生形设计中，复杂系统理论下的智能算法与绿色性能模拟技术相结合，为设计师提供了强大的工具。通过这些工具，设计师可以在庞大的解空间内搜索性能良好的设计方案。这一过程不仅充分探索了设计的多样性，还使得设计方案的绿色性能水平得到了全面提升。

澳大利亚迪肯大学（Deakin University）建筑与建成环境学院阿米尔·塔巴德卡尼（Amir Tabadkani）等采用遗传算法进行采光性能导向下的建筑表皮生形研究，旨在改善建筑室内的光舒适度。该研究建立了表皮单元的参数化模型，并引入时序性模式，使模型形态随时间变化（图5-47）。利用Grasshopper中的Ladybug与Honeybee工具进行采光性能模拟，通过Galapagos工具的遗传算法模块迭代运算，筛选出光舒适度较高的方案形态[1]（图5-48）。

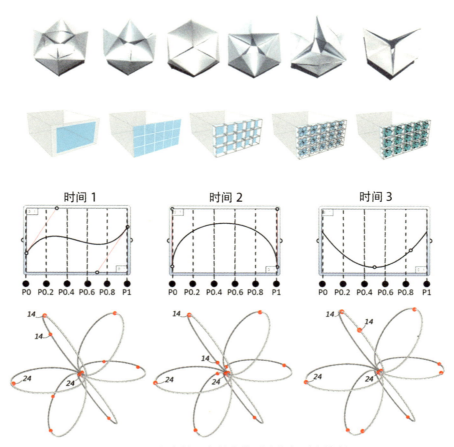

图5-47　表皮单元参数化模型建构与时序控制

复杂系统理论下的智能算法实现了设计目标导向下建筑形态与空间上的自组织生成，超越了人脑主观决策能力，全面提升了设计效率与设计精度。在此基础上，一些研究整合智能算法提出了一系列结构优化设计方法，拓展了传统有限元分析方法的生形能力，弥补了其生形能力不足的问题，同时有效避免了材料的无

---

[1] TABADKANI A, SHOUBI M V, SOFLAEI F, et al. Integrated parametric design of adaptive facades for user's visual comfort[J]. Automation in Construction, 2019, 106: 102857.

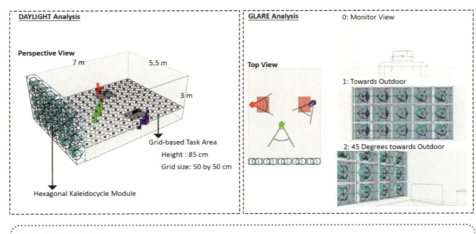

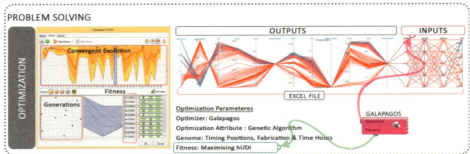

图5-48　采光模拟与性能优化

效利用。该方法有利于生成超越人脑想象力的多样化结构形式，并使其同时具有力学上的逻辑性，解决了传统方法中设计方案形态种类有限、较难达到形与力完美统一的问题。1992年，谢亿民与格兰特·史蒂文（Grant Steven）依托进化算法机制提出了渐进结构优化（ESO）算法，其核心思想是通过拓扑优化逐渐消除结构中抵抗荷载效率较低的材料，同时保留有效的受力部分，以提高结构的整体抵抗荷载效率[1]。1998年，谢亿民等后续提出了双向渐进结构优化（BESO）算法，该方法与ESO算法的区别在于消除无效材料的同时，将其补充至结构性能薄弱的位置，以实现结构的进一步优化[2]。BESO算法被广泛应用于实际工程项目中，如矶崎新2006年的作品上海喜马拉雅中心（图5-49）。设

图5-49　上海喜马拉雅中心及基于BESO算法的结构优化

---

① XIE Y M, STEVEN G P. Shape and layout optimization via an evolutionary procedure[C]. Proceedings of the International Conference on Computational Engineering Science, Hong Kong, 1992.
② QUERIN O M, STEVEN G P, XIE Y M. Evolutionary structural optimization(ESO)using a bi-directional algorithm[J]. Engineering Computations, 1998, 15: 1034-1048.

计师制定了所有结构构件中只有轴力而没有弯矩的边界条件，运用BESO算法，根据给定力学条件进行自动迭代优化拓扑生形过程（图5-49），最终得到的结构形态新颖，并展现出符合材料力学特性的美学效果[1]。

菲利普·布洛克在图解静力学领域有深入研究，提出了推力网格分析法（TNA）。该方法适用于三维空间，尤其在壳体结构设计中表现突出。它利用图形解与力图解的对应关系，确定薄壳结构在二维空间的合理形态，并结合线性优化算法和外加荷载数值进行优化，最终求得三维空间结构形态。2011年，布洛克应用此方法完成了首个自由形态的瓦拱结构设计与施工（图5-50），验证了其在建筑领域的可行性。此后，布洛克团队建造了多种形式的瓦拱结构，并于2015年首次实现了冰瓦拱结构的建造[2]（图5-51）。

图5-50 应用推力网格分析法完成的首个自由形态瓦拱结构

图5-51 应用推力网格分析法完成的首个冰瓦拱结构

史努克在应用群体智能算法的基础上，加强了对结构性能的考虑，尝试结合粒子群算法与BESO算法，用于复合材料构筑物的建造（图5-52）。2021年，他正式提出SwarmBESO设计方法。如图5-53所示，该方法将群体智能粒子赋予每个有限元分析单元的网格中，并根据应变能量场为每个群体智能粒子分

图5-52 罗兰·斯努克工作室（Studio Roland Snooks）
作品Composite Wing

配一个代表结构驱动行为的初始速度。同时，引入基于群体规则的改进方法对初始速度进行修正。随着速度的变化，群体智能粒子将在网格内运动，持续改变下一个有限元单元的性能，直至迭代运算收敛得到最终的优化结构。该方法改良了BESO算法性能，实现了结构拓扑优化，并发挥了群体智能算法在生形上的优势[3]。

① 邢日瀚. 矶崎新·中国1996—2006[M]. 武汉：华中科技大学出版社，2007.
② LÓPEZ D, VAN M T, BLOCK P. Tile vaulting in the 21st century[J]. Informes de la Construcción, 2016, 68(544): 33-41.
③ WEN B, XIN Y, ROLAND S, et al. SwarmBESO: multi-agent and evolutionary computational design based on the principles of structural performance[C]. Proceedings of CAADRIA, Kyoto, Japan, 2021: 241-250.

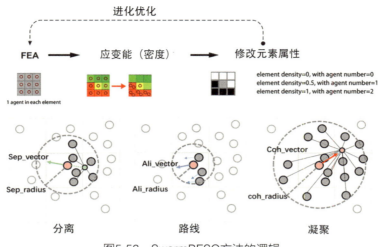

图5-53　SwarmBESO方法的逻辑

5.2.3　基于人工智能的语义信息生成

随着第四次工业革命的浪潮不断推进，以人工智能、虚拟现实、量子通信等为代表的科技前沿正在逐渐改变我们所知的世界。在这场科技革命中，生物、物理和数字技术的深度融合为各行业带来前所未有的变革，建筑行业也不例外。建筑创作始终与时代的发展、科技的进步及产业的变革保持着密切联系，在这样的时代背景下，也必将迎来更加广阔的发展空间和无限可能。人工智能的研究始于20世纪50年代，距今已有70多年的历史。其发展对人类的生产与生活方式产生了极大影响，其进步与变革不仅推动了科技的飞速发展，还曾引发了深入的伦理哲学讨论。在建筑设计领域，人工智能正充分发挥其技术优势，展现出前所未有的潜力和价值。它能够在建筑师的较少干预下，自主组织并生成满足设计要求的方案。这种能力不仅极大地减少了建筑师繁重的人机交互工作量，使他们能够更专注于创意和策略性的思考，而且显著提升了设计方案的创造性。

1950年，人工智能之父阿兰·图灵（Alan Mathison Turing）发表了论文《计算机器与智能》，提出了图灵测试方法，用以判别计算机是否智能[1]。若计算机能在与人类对话时不被辨别出其机器身份，则被认为具有智能。这一测试为人工智能理论奠定了基础。1952年，IBM公司科学家亚瑟·塞缪尔（Arthur Samuel）研发了跳棋程序，可通过学习棋子当前位置的隐藏模型指导后续对弈，提出了"机器学习"的概念，这一概念指的是赋予计算机无须明确编程就能进行学习和适应的能力的研究领域[2]。1957年，弗兰克·罗森布拉特（Frank Rosenblatt）设计出了第一个神经网络模型感知机（perceptron）[3]，标志着机器学习模型建构热潮的开端。

20世纪60年代，戈登·帕斯克（Gordon Pask）等提出了控制论，基于"对话理论"（conversation theory）

---

[1] TURING A M. Computing machinery and intelligence[J]. Mind, 1950, 59: 433-460.
[2] WIEDERHOLD G, MCCARTHY J. Arthur Samuel: pioneer in machine learning[J]. IBM Journal of Research and Development, 1992, 36(3): 329-331.
[3] ROSENBLATT F. The perceptron: a probabilistic model for information storage and organization in the brain[J]. Psychological review, 1958, 65(6): 386.

建模，将建筑空间与使用者定义为交互式反馈系统①。在这一时期，一些建筑师受此启蒙，将控制论思想应用于方案设计中。1961年，英国建筑师塞德里克·普莱斯（Cedric Price）与帕斯克合作完成了名为"欢乐宫"的剧场建筑设计项目。与传统静态的剧场建筑不同，该项目设置了一套建筑形式自动控制系统，回应用户与环境变化（图5-54），如实时调整自动扶梯以满足人流需求。项目中控制系统的反馈机制已初具机器学习雏形，对后续建筑设计领域的应用具有启发性②。

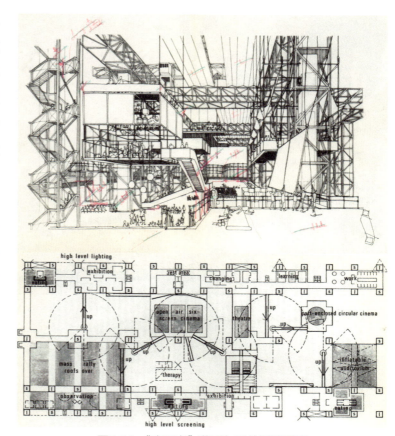

图5-54　"欢乐宫"草图与系统反馈示意

20世纪60年代中期至70年代末，人工智能研究遭遇了较大瓶颈，理论发展停滞。尽管面临挑战，但人工智能技术在工程领域的应用并未受阻，持续展现其价值。1976年，普莱斯与约翰·弗雷泽及其妻子茱莉亚·弗雷泽（Julia Frazer）合作，开启了"生成器项目"（The Generator Project）的研发（图5-55）。该项目能响应设计者的不同要求，自组织生成建筑布局。在此基础上，普莱斯研制出单芯片微处理器，可嵌入建筑构件中作为控制处理器。此项目依托人工智能技术，推动了建筑向智能化方向发展③。

20世纪70年代末，第一台微型计算机问世，开始逐渐影响建筑师的方案创作方式。1977年，弗雷泽夫妇将微型计算机引入贝尔法斯特艺术与设计学院，进行编程辅助建

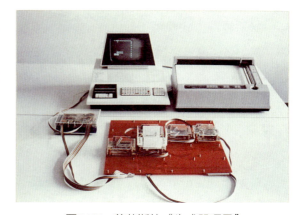

图5-55　普莱斯的"生成器项目"

筑设计③（图5-56）。同一时期，工程师还研发了用于城市设计的Urban5系统（图5-57），以人机交互方式完成方案创作。该系统允许用户使用光笔在屏幕上绘制图形并输入相关属性，实现了直观易用的操作界面。该

① PICKERING A. The cybernetic brain: sketches of another future[M]. Chicago: University of Chicago Press, 2010.
② PRICE C. The square book(Architectural Monographs)[M]. Cambridge: Academy Press, 2003.
③ TRAJKOVSK A. How adaptive component based architecture can help with the organizational requirements of the contemporary society?[D]. Tokyo: University of Tokyo, 2014.

图5-56　弗雷泽引入的微型计算机　　　　　　　　　图5-57　Urban5系统

系统还能设置一系列问题，与用户产生交互式对话，引导设计过程，直至方案完成。这一系统被视为现代交互式建筑设计工具的雏形，为后续面向设计师群体的工具研发提供了有益指导和启示[①]。

直至1981年，伟博斯（P. J. Werbos）采用反向传播（back propagation，BP）算法，建构了多层感知机模型（multi-layer perceptron，MLP）[②]，这一成就为人工智能领域的研究创造了重要的突破口。在此后的整个80年代至20世纪末，现代机器学习理论经历了显著的完善过程。研究人员设计了大量机器学习模型结构，如Hopfield神经网络、决策树、支持向量机和随机森林等。2006年，杰弗里·辛顿（Geoffrey Hinton）提出了深度学习（deep learning）算法，标志着机器学习研究迎来大爆发时代[③]。深度学习算法进一步提升了机器学习模型的性能，成为相对于浅层学习（shallow learning）的另一重要方面。在深度学习出现之前，浅层学习模型基于反向传播算法建构，但因其训练多层神经网络较为困难，通常仅具有一层隐藏层，模型精度有限。而深度学习算法可实现多个隐藏层神经网络的建构，逐层降低模型误差，模型精度得到进一步提升。

随着建筑设计领域进入参数化主义1.0时代，机器学习模型的应用逐渐普及。2005年，建筑师迈克尔·汉斯迈耶（Michael Hansmeyer）应用机器学习算法展开研究，通过简单过程产生异质、复杂的输出结果，使形态生成过程标准化。该方法仅需调整权重参数，即可得到风格相似的多样化方案。汉斯迈耶将此方法应用于一个建筑展馆的生成式设计中，将两个相互连接的立方体框架作为每个展馆的原型，并通过调整参数权重来获得多样化的设计方案（图5-58）。这种方法不仅显著提升了设计的多样性，而且大幅度提高了设计效率[④]。

参数化主义1.0时代的作品因过于注重方案形态的复杂度，导致了高昂的造价。建筑师在参数化主义2.0时代开始以理性的方式研究建筑的本体与设计过程，这一转变旨在持续提升参数化作品的品质，避免出现1.0时代因形态复杂度过高而带来的问题。帕特里克·舒马赫在扎哈·哈迪德建筑师事务所和AA设计研究实验室（DRL）工作期间，对机器学习的空间形态生成研究产生了浓厚的兴趣。不同于参数化主义1.0时代主要关注设计方案多样性与设计效率的提升，舒马赫的研究有着新的出发点。他从社会行为与空间组织的关

① 何宛余，赵珂，王楚裕. 给建筑师的人工智能导读[M]. 上海：同济大学出版社，2021.
② WERBOS P J. Applications of advances in nonlinear sensitivity analysis[C]. Proceedings of the 10th IFIP Conference, NYC, 1981: 762-770.
③ GEOFFREY E H, OSINDERO S, THE Y M. A fast learning algorithm for deep belief nets[J]. Neural computation, 2006: 1527-1554.
④ MICHAEL H. Subdivided Pavilions(2005)[EB/OL]. (2023-12-27)[2024-12-17]. https://www.michael-hansmeyer.com/subdivided-pavilions.

图5-58 汉斯迈耶的展馆实验

系出发，深入研究基于机器学习的建筑空间形态生成，提出了多代理人模型技术，这一技术能够有效描述使用者与环境之间的互动关系。2010年以来，其团队展开了大量基于代理的空间生成研究。如图5-59所示，丹尼尔·博洛扬（Daniel Bolojan）在舒马赫的指导下，于2017年完成了其博士设计研究。该研究采用机器学习算法与决策树模型，建构使用者行为代理，通过运算得到满足使用者需求的建筑空间布局。博洛扬还引入名为影响图（influence

图5-59 舒马赫指导的设计研究

maps）的游戏人工智能，在Unity 3D平台将多代理人模型与运算生成的空间布局进行了可视化表达①。

机器学习模型，尤其是深度学习模型，在建筑形态与空间生成方面展现出显著优势。相较于传统浅层学习模型，深度学习模型性能更佳，能够解决更复杂的设计问题。强大的数据特征提取能力，助力计算机自组织生成多样化设计方案。生成对抗网络（GAN）、卷积神经网络（CNN）等深度学习模型在建筑设计中得到广泛应用。除此之外，一些全新的深度学习模型如循环生成对抗网络（CycleGAN）、注意力生成对

---

① LINDENMAYER A. Mathematical models for cellular interaction in development[J]. Journal of Theoretical Biology, 1968(18): 280-315.

抗网络（AttnGAN）等也在解决复杂设计问题中发挥作用。生成对抗网络于2014年由伊恩·古德费洛（Ian Goodfellow）等提出[1]，是最早应用于工程领域的深度学习模型之一。其模型结构包括一个生成模型和一个判别模型，分别用于样本数据的分布捕捉与输入数据的真实性判断，在图像的识别与生成方面具有显著优势。生成对抗网络的这一优势引起了建筑师群体的广泛关注，他们在方案设计中开始广泛采用生成对抗网络，以实现设计效率与创造力的提升。

2018年，法国建筑师斯坦尼斯拉斯·沙尤（Stanislas Chaillou）基于生成对抗网络提出了一个名为AchiGAN的建筑布局智能化生成框架，该框架是其哈佛大学硕士论文中的主要研究成果。AchiGAN框架采用Pix2Pix算法对模型进行训练，链接生成器与判别器，输入成对图像。通过模型嵌套，实现轮廓生成、功能分区与家具布置三个步骤。该研究采用波士顿市的GIS地理信息数据训练生成对抗网络，得到建筑典型占地面积，基于此选取800余个平面图进行二次训练，在此过程中使用色彩标注不同功能。最后，将房间颜色映射至家具布局，完成室内空间的详细设计。该框架对不规则形状平面具有良好的适应性（图5-60），并可扩展至整栋建筑乃至社区尺度的详细规划（图5-61）等设计[2]。

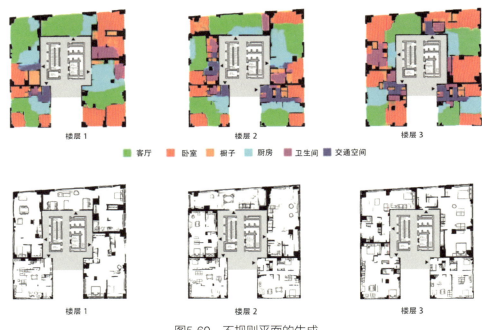

图5-60　不规则平面的生成

2015年，德国图宾根大学（University of Tubingen，Germany）里昂·盖蒂（Leon Gatys）等提出了一种算法，该算法开创了风格迁移领域，能够将一种艺术风格应用于任何原始图像，生成具有独特风格的艺术作品。其团队利用风格迁移技术，为普通照片增添了名画的风格。实践中，他们构建了基于卷积神经网络的模

① GOODFELLOW I, POUGET-ABADIE J, et al. Generative adversarial nets[M]//Neural Information Processing Systems. Cambridge: MIT Press, 2014.
② LINDENMAYER A. Mathematical models for cellular interaction in development[J]. Journal of Theoretical Biology, 1968(18): 280-315.

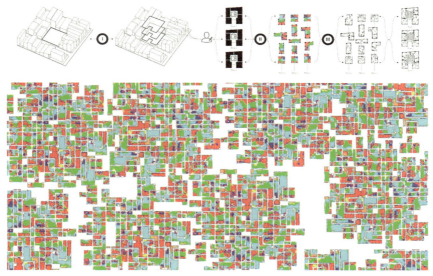

图5-61　整栋楼房的生成与社区尺度的详细规划

型，该模型包括两个分支，一个负责深度学习内容，另一个负责风格的表达，这与传统的单线式结构有所不同。在应用模型时，其团队对输入的内容与风格图像进行了重构，内容图像注重保留画面信息，而风格图像则关注剔除内容，仅保留绘画风格（图5-62）。模型将重构的图像进行表达与组合，最终生成了带有名画风格的平面艺术设计作品[①]（图5-63）。

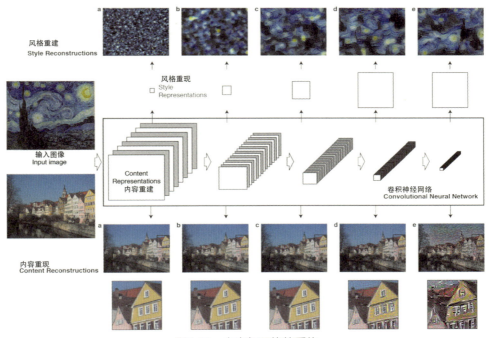

图5-62　内容与风格的重构

① GATYS L A, ECKER A S, BETHGE M. A neural algorithm of artistic style[J]. Journal of Vision, 2015.

图5-63　不同绘画风格的作品

受平面艺术设计启发，一些艺术家尝试将风格迁移的生成作品融入建筑空间，创造独特的艺术氛围。媒体艺术家雷菲克·阿纳多尔（Refik Anadol）将设计概念要素转化为抽象的艺术图形，并映射于建筑表面，以传达设计理念。2019年，阿纳多尔团队将纽约城市活动图像进行艺术化处理，投射至建筑内墙表面，打造出具有视觉冲击力的空间氛围（图5-64）。该团队下载了2.13亿份纽约市建筑物的公开照片资料，利用深度学习算法识别并删除含有人物的照片，最终保留了950万张照片。

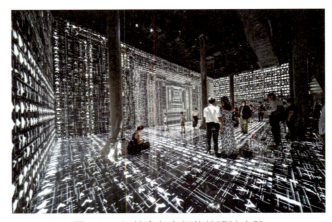

图5-64　阿纳多尔在纽约的设计实践

应用风格迁移算法对这些照片进行抽象化处理，生成了一部时长为30分钟的室内空间电影。室内墙面上播放这部电影，使废弃锅炉房转化为独特的展览空间，产生了强烈的视觉冲击效果[①]。

马蒂亚斯·戴尔·坎普的SPAN建筑工作室深入探索风格迁移领域，并将其应用于复杂形态建筑的概念设计中。在2019年的"人工智能教堂"（The Church of AI）研究中，坎普团队利用深度学习技术对教堂建筑进行了艺术化的二次设计。该研究创建了两个数据库，分别包含符合规范的建筑方案与巴洛克风格建筑方案，分别作为风格迁移模型的内容与风格进行训练（图5-65），最终得到经过二次设计的教堂方案。这一实践将预期的设计风格自动融入建筑创作中，产生了极具艺术性的设计方案，推动了建筑设计创造力的突破[②]。

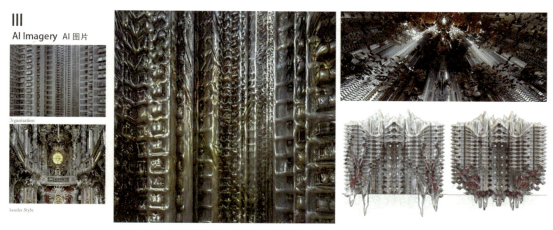

图5-65　教堂的风格迁移生成过程

深度学习技术的进步推动了功能强大的模型陆续出现，解决了更复杂的设计问题。2017年，伯克利人工智能研究实验室（Berkeley AI Research Laboratory，BAIR）朱俊彦等提出了循环生成对抗网络模型[③]，该模型改进了传统生成对抗网络的结构，采用循环式结构，并通过反馈机制提升转换效果。此网络与盖蒂提出的风格迁移方法相似，能实现图像的画风迁移，且性能更强大。如图5-66所示，循其画风的迁移过程双向可逆，不同域之间的图像可以相互转换而形状维持不变。

循环生成对抗网络的强大性能和域迁移功能引起了建筑师们的浓厚兴趣，并激发了他们超越图像画风迁移的深层思考。这一网络不仅能够在图像层面上实现风格迁移，还具备在不同域之间进行语义特征转化的潜力。引申至建筑设计领域，循环生成对抗网络的域可承载建筑设计要素，通过组合不同要素拓展设计的可能性。2021年，设计师博洛扬建构了六组相互联结的循环生成对抗网络，包含圣家族教堂、树林等图像要素，通过调整语义特征优化设计方案。循环生成对抗网络能增强设计师强化的语义特征，并过滤无关特征，从而

① LINDENMAYER A. Mathematical models for cellular interaction in development[J]. Journal of Theoretical Biology, 1968(18): 280-315.
② CAMPO M D, MANNINGER S, SANCHE M, et al. The church of AI: an examination of architecture in a posthuman design ecology[C]. Proceedings of CAADRIA, Hong Kong, China, 2019: 767-772.
③ ZHU J-Y, PARK T, ISOLA P, et al. Unpaired image-to-image translation using cycle-consistent adversarial networks[C]. 2017 IEEE International Conference on Computer Vision, Venice: IEEE, 2017: 2242-2251.

莫奈 ⮂ 照片　　　斑马 ⮂ 马　　　夏天 ⮂ 冬天

莫奈 → 照片　　　斑马 → 马　　　夏天 → 冬天

照片 → 莫奈　　　马 → 斑马　　　冬天 → 夏天

照片　　　莫奈　　　梵高　　　塞尚　　　浮世绘

图5-66　循环生成对抗网络模型的图像生成

生成高质量方案图像（图5-67），广泛拓展设计的可能性[①]。

2017年，美国理海大学（Lehigh University）许涛等提出了注意力生成对抗网络，这是一种改良的生成对抗网络模型。该网络通过建构基于文本的注意力模型，驱动多阶段的图像细化，最终能够自动运算得到细粒度的图像[②]。2020年，坎普的SPAN建筑工作室将注意力生成对抗网络应用于深圳一所高中的方案设计中（图5-68），创作概念借鉴了东、西方建筑中山丘聚落的历史谱系，旨在打造宜居的校园环境。坎普团队以绘画的形式定义了不同功能空间的意象，并利用注意力生成对抗网络将这些绘画逐步细化为具体的建筑形态（图5-69）。这一过程由编写的注意力生成对抗网络模

图5-67　博洛扬的循环生成对抗网络建构及多样化方案

---

① BOLOJAN D. Creative AI: augmenting design potency[J]. Architectural Design, 92: 22-27.
② TAO X, ZHANG P, HUANG Q, et al. AttnGAN: fine-grained text to image generation with attentional generative adversarial networks [C]. IEEE, San Francisco, USA, 2017.

图5-68　坎普的深圳某高中建筑设计方案

图5-69　基于注意力生成对抗网络的方案生成

型引导完成，生成的结果具有较高精度。注意力生成对抗网络的应用使模糊的设计意象转化为清晰、具体的设计方案，充分发挥了深度学习技术在生成超出人脑想象力方案上的优势，为建筑设计领域带来新的创新手段和可能性[①]。

① Span-arch. Peaches & Plums[EB/OL]. (2022-10-08)[2024-12-17]. https://span-arch.org/peaches-plums/.

5.3 计算赋能下的算法生成发展

半个世纪以来，生成算法在建筑设计上的创新运用已使其不仅仅作为一种设计工具，还深深融入设计思维之中，成为一种全新的设计范式。在这种范式的引领下，计算性技术对于建筑设计的用途发生了根本性转变，从最初无经验的先锋性尝试，逐渐过渡到围绕建筑设计流程本身进行有针对性的赋能。这种赋能主要体现在"涌现"计算和协同计算两个方面。其中，"涌现"计算强调通过算法生成非预期、创新性的建筑设计方案，为设计师提供新的灵感和思路；而协同计算则注重算法与设计师之间的紧密合作，共同推动建筑和城市设计的优化与创新。在这两个方向的推动下，生成算法不断得以创新和优化。设计师们可以利用这些算法来探索更多的设计选项，提高设计效率和质量，同时也可以更好地满足人们对建筑功能、美观和可持续性的需求。

5.3.1 "涌现"计算赋能的算法生成发展

"涌现"是复杂系统科学中的一个核心概念，它描述了在复杂系统中单个简单事物按照某种规则组合、互动，最终生成一个复杂组织的神秘过程。正如约翰·霍兰所指出的，"涌现"的本质是由小生大、由简入繁，"这种特征也使得'涌现'变成一种看似神秘的、似是而非的现象"[①]。"涌现"之所以显得神秘而复杂，是因为它并不是简单地将不同的要素堆砌在一起，而是能够将这些简单的要素组织成一个动态、有机的自适应系统。在这个系统中，各要素之间相互关联、相互影响，共同形成一个整体，展现出全新的、不可预测的行为和特性。这种自组织、自适应的能力是"涌现"现象的核心，也是其魅力所在。它让我们意识到，即使是最简单的要素，在特定的条件下，也能够创造出令人惊叹的复杂性和多样性。"涌现"现象为算法生成设计赋予了新动能。通过将建筑和城市解码为可组织的要素，并按照某种复杂机制进行组织，生成更高层次的结构。这一过程在低维度信息交互中易于理解，但当达到"涌现"状态时，生成过程超越了使用者的认知范围，唯有通过数字计算工具才能驾驭，涌现出的先锋形式为建筑师带来新灵感。

如今，建筑和城市设计生成的"涌现"现象展现出横向丰富度拓展和纵向复杂性深入两个显著的发展特征。这一趋势推动其朝着以性能为导向的计算性生成设计方向发展。在这种背景下，建筑、人与环境被看作是一个共同组织的复杂系统。这个系统不仅仅是形式、物质和能量间具有交互关系的数理模型，更是一个具有呼应人体心理和情绪感知特征、迎合人体正向体验需求的多信息维度复杂动态模型。这意味着建筑和城市设计需要更加关注人的需求和体验，不仅仅是物理层面的，还包括心理和情感层面的。

在这一系统观下，算法生成的角色定位发生了变化。它不再仅局限于作为一种关乎身体尺度、物质结构和能量循环的空间优化工具，而是逐渐发展成更为全面、多维覆盖的设计手段。算法生成开始服务于人体生理需求相关联的指标决策，通过协调平衡多维目标，智能创造舒适、健康的人居环境。同时，它致力于激活多重感官体验，通过建筑形态、色彩、光影等元素的巧妙组合，营造出富有层次和变化的空间氛围，让使用

---

① 约翰·霍兰. 涌现：从混沌到有序[M]. 陈禹，译. 上海：上海科学技术出版社，2006:1-10.

者在其中获得丰富的感知体验。更重要的是，建筑算法生成开始协调具身认知（embodied cognition），考虑建筑和城市如何与人的身体、心智和情感产生互动，通过设计来引导和影响人的认知过程，促进人与建筑和城市之间的深度交流和共鸣。此外，建筑算法生成还致力于改良甚至重塑使用者的身心映射关系，通过建筑和城市空间的巧妙布局与设计，潜移默化地影响使用者的情绪、心态和行为模式，从而创造出更加积极、健康的生活和工作环境。综上所述，建筑算法生成在这一系统观的共识下，超越传统的语法和优化工具范畴，逐渐成为一种能够全面响应生理需求、激活多重感官体验、协调具身认知、改良甚至重塑使用者身心映射关系的有效渠道。

神经网络算法，作为人工智能的核心架构，其革命性的出现和技术迭代为算法生成领域带来颠覆性变革。使算法生成不再受限于传统条件判断下的线性结构图解，而是展现出前所未有的功能，能够塑造逼真的环境视觉场景，重构物质肌理，并实现系统组合模式的创新。特别是以生成对抗网络（GAN）、变分自编码器（VAE）为代表的生成式算法，它们通过特征挖掘和风格迁移的方式，将多要素进行融合和重组，从而构筑出身体感官多尺度的建筑人居环境。这些算法的应用，不仅会提升设计效率和质量，还为建筑行业带来更多的创新和可能性，推动了建筑生成算法的功能升级与建筑和城市设计的智能化发展。如今，随着大语言模型（large language model，LLM）的跨时代问世和突破性的迭代革新，以及多模态预训练模型和扩散模型的结合，生成式算法会迈上一个新的智能台阶。这一里程碑式的进展不仅标志着算法能力的显著提升，更预示着人工智能领域即将迎来一场深刻的变革。LLM的出色表现和多模态技术的融合，共同推动了生成式算法向更高层次、更广泛的应用领域迈进。数据技术现在能够从低维数据映射到高维数据，实现端到端的处理，意味着可以从简单或有限的数据中提取出丰富、复杂的信息。这种技术能够跨不同媒介（如文本、图像、音频等）理解信息，打破了传统信息处理方式的界限。通过跨模态理解，对事件和场景的理解力能得到显著提升，有可能达到甚至超越人类的直觉和思维水平。随着技术的不断发展，有望实现对人类直觉和思维的深层次转译，这标志着人工智能正在向更高层次、更接近人类智能的方向发展。这种进步不仅限于模仿人类思维，还可能超越人类的创造性，展现出前所未有的创新能力和解决问题的能力。

在建筑领域，这种技术进步有望实现更小尺度、更微观的物质重构，这意味着建筑设计可以更加精细、个性化，并考虑到更多的细节和因素，这种微观视角下的物质重构将推动建筑学设计思维理论和通用技术方法的革新，为建筑和城市设计带来全新的可能性和创新方向。

5.3.2　协同计算赋能的算法生成发展

算法生成所展现的另一个重要发展趋势便是"协同"。这种协同体现在两个方面：多模态信息的协同交互和生成目标下的协同优化。多模态信息的协同交互强调不同信息媒介经由算法处理后的转译，以及不同模态信息在生成指定结果时的彼此补充；生成目标下的协同优化则是对生成结果作用下的不同性能展开平衡和协调，避免建筑和城市人居环境多项性能评价指标之间的冲突。二者共同体现了协同的重要性，以确保生成结果的全面性和平衡性。多模态信息协同的核心目的在于能够全方位、多角度地描述事物或现象的特征属性，这种协同机制致力于在生成对象时实时弥补所需信息的缺失，确保信息的完整性和准确性。在"建筑—

环境—人"这一复杂系统之中，多模态信息协同显得尤为重要。这个系统不仅包含宏观视角下的全生命周期，即"设计—建造—运维"，还涵盖了更为细致的碳足迹生命周期，如"建筑材料生产—运输—组装—拆除—回收"。在这两个层次的生命周期中，多模态信息协同发挥着关键作用。它能够帮助我们更全面地了解建筑在不同阶段的特点和需求，从而做出更为精准的决策。在设计阶段，我们可以利用多模态信息协同来整合不同来源的数据，如环境数据、用户需求数据等，以确保设计方案的可行性和优化性。在建造和运维阶段，多模态信息协同则可以帮助我们实时监控建筑的状态，及时发现并解决问题。同时，在碳足迹生命周期中，多模态信息协同也发挥着重要作用。通过整合不同模态的信息，可以更准确地计算建筑的碳足迹，从而制定出更为有效的减排策略。这种协同机制有助于在建筑的全生命周期实现可持续发展，降低对环境的影响。

"建筑—环境—人"系统是一个建筑与环境和使用者之间持续彼此动态响应的过程。实际上，面向不同的专业、知识背景和学科类别，这一流程会被细化为不同的环节，并得到多样化的视角解读。这意味着，在建筑和城市设计、环境科学和人类行为学等多个领域，人们会根据自己的专业知识和研究背景，对这一系统的动态响应过程进行深入分析和理解。这种多元化的解读有助于我们更全面、更深入地理解"建筑—环境—人"系统的复杂性和动态性。这些动态过程在当下的数字设计中很大程度上依赖于数据信息模型来展开预测。然而，既有的建筑信息模型在实际应用中往往只能实现动态流程中的某一部分数据挖掘和预测功能。这一局限性主要源于算法模态协同能力的不足，使得模型难以生成多层级、跨尺度的数据结果。为了克服这一挑战，未来的研究和发展需要着重提升算法的模态协同能力，以便更好地整合和分析来自不同层级和尺度的数据，从而实现对"建筑—环境—人"系统更全面、更准确的预测和模拟。如今，随着人工智能时代的深入发展、算法的不断变革创新和计算机技术的升级，先进的智能算法能够更轻松地驾驭多模态、跨模态的数据。这一技术进步为建筑领域带来新的机遇，有望有效协同建筑不同环节中的数据模态转化，构筑多模态数据信息拟合模型。通过这一模型，实现多信息流程和标准评价下的建筑方案与运维策略生成，从而进一步提高建筑和城市设计的效率与准确性。生成目标的协同优化在建筑性能驱动设计中较为常见。以多目标优化算法作为核心技术手段促成建筑使用性能、环境性能和结构性能之间的平衡，生成满足复合性能最优解的建筑方案，完成建筑系统的自组织、自适应。但面对高维性能目标时，既有算法难以快速与精准实现解集的变异重组和非支配解（即在所有目标上都不被其他解支配的解）的权重解析，面对大批量样本搜寻和最优性能协同方案匹配探究时往往受限。如今，在人工智能背景下，聚类算法和降维算法不断升级，机器学习、深度学习构建代理模型，助力优化解在全局范围内得以探索，有望突破建筑方案多性能目标协同优化的计算效率瓶颈，赋能方案迭代与性能评估。

总之，随着"涌现"计算和协同计算的不断开拓创新，算法在建筑与城市设计和创作中的赋能已超越对设计师设计意图的理解和挖掘，正逐步跳出固化思维框架，涌现出超越既有设计范式、发挥时代技术潜质的概念方案。算法生成为人类提供了全新的设计渠道，通过算法与人类的思维对话，实现了对传统设计理念的先锋性超越。在此背景下，建筑师的角色不再局限于传统的方案修改和决策，而是转变为调试和校正算法异化、使其能在真实世界物质化的边界条件下理想收敛的算法工程师。这一转变无疑也为未来建筑师和建筑业带来新的要求和方向。

6

计算与万物互联

"万物的始基不是可以感觉的具体物，而是抽象的数；数才是万物的始基，数支配着世界，数包含着万物的实质；认识世界的结构及其规律，就意味着认识支配世界的数。"——毕达哥拉斯学派

万物互联（Internet of Everything，IoE）描绘了一个将各种元素（包括人、流程、数据和事物）紧密结合在一起的网络景象。这种紧密的网络连接带来前所未有的价值和可能性。它极大地增强了我们对环境的感知能力，显著提升了问题处理能力，并赋予了事物更强的行为执行能力。计算性设计下的万物互联强调信息的交互潜力，使得各种变量与生成结果之间能够进行实时互动和反馈。如今，借助大数据、云计算、物联网技术，建筑和城市已经实现了从设计、建造到运维多个阶段的融通和一体化。这些先进的技术打破了传统技术壁垒，使得各阶段和多平台之间能够进行无缝交互和协作。计算性技术下的万物互联融合，正促使建筑学和工程学在数字时代重新整合。二次工业革命时期，工程科学的迅速崛起和发展，造成建筑建造、建筑设备运维控制等环节的知识体系逐渐从传统的建筑学领域分离出去。这种分工在一定程度上提升了设计效率，因为它使得各专业领域能够更加专注于自身的技术发展和创新。然而，这种知识体系的分化也使得建筑师在建筑全过程中的话语权被削弱，带来一种"技术性话语权的丧失"。由于专业知识和技术话语的分离，建筑师可能不再像过去那样全面掌握建筑的所有方面，包括结构、材料、空调通风技术等。在数字时代，建筑的不同环节呈现出多源互联的特质，这一变革使得时间和空间维度上的信息互联变得更加紧密和多维。这种万物互联的融合趋势为建筑师提供了绝佳的机遇，使他们有望重新获得对建筑全过程的话语权，并减少在技术层面上的失语现象。法国哲学家布鲁诺·拉图尔（Bruno Latour）的"万物聚集"（gather of things）概念为理解数字时代下技术与主体的关系提供了新的视角。在这个概念下，新事物不断与主体绑定和连接在一起，在技术驱动下进化为一种新的聚合物种[1]。在建筑领域，这种万物聚集的现象尤为明显。建筑师开始重新获得对建筑全生命周期下的多模态与多操作阶段的把控，这得益于先进技术的发展。通过简易的先进技术终端，建筑师能够直接实现对生成与分析过程中复杂操作的掌控。

6.1 计算搭接下的建筑万物互联

万物互联的内涵可通过美国哲学家唐·伊德（Don Ihde）的技术哲学进行概述。唐·伊德将技术定性为

---

① LATOUR B. Why has critique run out of steam? From matters of fact to matters of concern[J]. Critical inquiry, 2004, 30(2): 225-248.

两类"中介"关系，即解释关系（hermeneutic relation）和具身关系（embodiment relation）。前者指技术用于解释人类世界中的复杂现象，帮助人类理解并应对复杂环境；后者则指技术延伸和强化人体对环境的感知与操作能力，使人类能够更好地与环境互动[①]。在万物互联的背景下，技术成为日常生活的一部分，人类往往在技术失效时才能意识到其存在，这体现了技术与人类生活的深度融合。在万物互联技术支持下，建筑设计、建造、运维环节彼此融通，建筑成为拥有生命周期、与环境持续互动的系统，不断组织生长、自我感知与反馈适应。物联终端扩大了建筑系统对内外环境信息的捕捉能力，解译人类难以感知的人居环境信息，对建筑和城市环境有解释作用；同时，建筑系统的运作又反映着设计者、建造者、使用者的意志，并作用于使用者，形成交互循环，具备具身关系。因此，万物互联强化了建筑和城市的环境解读能力及具身特性。

6.1.1　万物互联下的环境解读

万物互联这一创新技术范式的直接效应，便是显著增强了对环境认知和理解的深度。在万物互联的框架下，多源感应技术得以实现，它能够捕捉并解释环境中的潜在信息数据，无论是定量还是定性。这种捕捉和解释信息的过程实现了数字化转译，使得原本未知或难以捉摸的现象变得可以被量化、被分析，从而为建筑的智能反馈提供有力支持。简而言之，万物互联技术让我们能够更深入、更全面地理解和感知我们所处的环境。同时，在万物互联的背景下，人居环境被多模态、多信源的传感物联全局覆盖，实现动态化、分布式协同数据采集，构筑多模态大数据集。这种数据构筑方式有助于挖掘和解析潜在未知信息，补充和拓展环境、建筑和人之间的信息维度，加深对人、建筑与环境之间复杂交互关系的理解。2017年，加泰罗尼亚高等建筑研究所（Institute for Advanced Architecture of Catalonia，IAAC）的pneuSENE研究项目通过创新单片机装置，成功收集了纽约市内的各种环境和生物特征数据（图6-1）。这一举措为设计团队打开了一个全新的窗口，使他们能够更深入地了解城市中那些通常难以察觉的宏观信息。这些数据不仅揭示了城市居民的身体指标和生活状况，还动态地呈现了这些指标和环境之间的复杂关系。通过数据的可视化和映射，设计团队获得了宝贵

 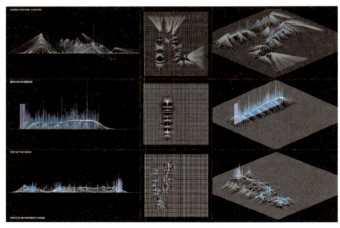

图6-1　pneuSENE研究项目中的数据采集单元（左）和数据可视化界面（右）

---

① 唐·伊德. 技术与生活世界：从伊甸园到尘世[M]. 韩连庆，译. 北京：北京大学出版社，2012.

的信息，为更科学、更人性化的城市设计提供了有力支持①。这一研究项目证明了万物互联技术在城市设计和环境理解方面的巨大潜力。

万物互联的另一显著优势在于，其能够促成多源异构数据的集成。这一特性不仅实现了数据维度的提升，更在信息采集的广度上带来前所未有的增强。正因为如此，复杂环境的解读变得更为深入和全面，为我们揭示了更多隐藏的信息和规律。在多源异构数据的支持下，多尺度、多维度的环境信息都得以解析。无论是宏观还是微观、时间还是空间，数据分析所涵盖的层级和幅度都不断扩张。设计调研是设计方案前期的基本步骤，旨在理解环境信息和人类行为及需求。传统设计调研方法依赖身体知觉进行现场观察、体验和记录，同时利用测量工具采集场地尺度和气候历史数据，并借助设计经验进行解释与策略转译。然而，这种方法存在片面性和局限性，未考虑环境在建筑落成后的未来动态变化，且在探究不同尺度环境变化影响时具有很大局限性。特别是对于城市设计或国土空间规划而言，环境的多尺度信息对设计对象的影响呈现出不同程度的时空差异，这些信息涵盖了各种类型的自然资源、人力资源和信息资源，如水文、土地、气候、人口、劳动力、技术等。传统上，设计师依赖人为经验来理解这些信息，但这种方法在面对如此复杂和多变的数据时显得力不从心。然而，在万物互联的支持下，设计师能够借助多源信息采集终端和协同平台，实现对日常生活中不同类别数据的全面采集。这些数据来源广泛，从物理空间到虚拟社交媒体，甚至包括社会议题的重要信息。通过全方位、多尺度、跨模态的数据挖掘，设计师能够更深入地理解环境信息，从而做出更科学、更精准的设计决策（图6-2）①。这种新的数据采集和分析方法不仅提高了设计的准确性，而且为城市设计和国土空间规划带来了创新机遇。

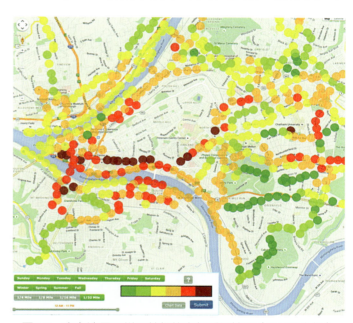

图6-2　宾夕法尼亚州匹兹堡的空气质量地图（GASP小组）

与此同时，万物互联不仅深化了我们对环境的理解，更在建筑和城市设计、建造和运维中展现了其独特的智慧赋能。万物互联促进了多技术融合和全链条协同，打破数据壁垒，使得实时建模、建筑模拟、性能评估等关键环节能够整合成一体，实现了数据的无缝对接与高效利用。借助大型信息基础网络集群设施，数据的存储与管理变得更加便捷，减少了数据转接的烦琐工作，显著提升了多源数据转接效率。更为重要的是，万物互联技术能够针对设计、建造、运维环节中的矛盾和不足提供及时的反馈和调整。这使得建筑作为一个系统，在面对环境变化时具备了更强的自组织

① Data, matter, design: strategies in computational design[M]. London: Routledge, 2020: 19-35.

和自适应能力。此外，万物互联技术框架不仅促进了多技术的融合与全链条协同，还展现了其强大的兼容性，能够兼容物联传感终端、人工智能等新兴智能技术，支持这些新兴技术在数字建筑与建造领域的融通应用。借助数据挖掘技术中的机器学习、深度学习算法，万物互联能够将抽象数据转译为具体、可用的信息，实现场景预测分析与价值评估，并通过不同终端实现可视化的协同反馈。更为重要的是，万物互联技术能够预测未来环境的变化，并即时完成反馈。同时，大数据与云计算的结合，强化了数据采集与处理的效率和性能，迅速获取海量数据，提升了数据挖掘算法建模的泛化性能。智慧预测和互动协同提升了设计过程与性能评价过程的时效性，使得在相同设计周期内能探究更多迭代方案，便于不断优化设计结果；指导设计方案创作完成不同目标决策，动态反馈施工、建造过程中的进展情况，即时调整工艺流程，提高方案完成度，快速推动方案落地，降低试错成本，提升设计的科学性。总之，万物互联技术对环境的解读展现出了前所未有的深度、广度和智慧性，这一变革为我们解释了建筑和城市发展的新趋向。这种范式变化的核心动力源自于数据维度与存量的迅猛发展和持续扩张，与20世纪通信技术时代相比，如今的数据信息量已经实现了质的飞跃，其规模与复杂度都远超以往。这一变革不仅深刻影响了我们的日常行为和社会文化，还全面渗透到时代技术与全球经济之中，成为推动社会进步与发展的重要力量。更为深远的是，这种数据维度与存量的革命性变化已经悄然改变了人类审视世界的方式与思维定势。正如英国伦敦大学学院教授马里奥·坎波在《第二次数字化转折：超越智能的设计》（*The Second Digital Turn: Design Beyond Intelligence*）中所说，"我们正从一种新的制造方式向一种新的思维方式转变"[1]。可以说，这一范式变化正引领我们走向一个全新的数据时代，一个充满无限可能与挑战的新时代。

6.1.2　万物互联下的具身特性

万物互联的具身特性，在方法技术层面得到了直接而深刻的体现。它实现了真正意义上的系统自组织和自适应，使得建筑不再是一个静态的、固定的存在，而是一个能够智能响应动态环境的活跃体。这一转变的核心在于智能调控技术的应用，它使得建筑成为一个具有自适应机制的机器。智能调控的运作机制是万物互联具身性的关键。这一机制的核心在于，载体拥有信息和其对应的反馈机制。建筑作为这一机制的载体，能够实时感知和收集环境信息，并通过智能分析和处理作出相应的反馈和调整。这一原则源自于美国数学家罗伯特·维纳（Norbert Wiener）所提出的著名系统科学理论——控制论（cybernetics）。1948年，在其奠基性著作《控制论：或关于在动物和机器中控制与通信的科学》中，维纳准确归纳了控制系统的共同特性。他指出，不论是动物还是机器，都包含类似于通信系统中信息传输和处理过程的共同特点，这一观点确认了信息和反馈在控制中的基础性地位[2]。其后相关学者也对控制论在建筑中的应用展开了先锋探索。MIT媒体实验室创始人尼古拉斯·尼葛洛庞帝（Nicholas Negroponte）于1969年创建了一套自适应机器居住装置——Seek（图6-3），装置中有若干沙鼠和一系列堆叠起来的相同模块积木。沙鼠行为影响积木排列，机器则采集、分

---

① CARPO M. The second digital turn: design beyond intelligence[M]. Cambridge: MIT press, 2017: 94.
② 维纳. 控制论：或关于在动物和机器中控制和通信的科学[M]. 郝季仁，译. 北京：北京大学出版社，2007.

析环境数据，通过智能控制系统对积木变化作出响应。尼葛洛庞帝借此模型展示了建筑作为自动机器的潜力，体现了人机互动中的正向具身效应，实现了环境和人类之间的供需优化与协调。

万物互联技术的兴起为控制论在人居环境中的应用提供了强有力的支持。其不仅使建筑能够完成信息的剥离，还实现了反馈的嵌入，极大地增强了建筑与环境之间的交互能力。其对物理终端的深度技术支持，为建筑带来了一种全新的能力——对环境周遭的描述和可解释能力，能够实时感知、捕捉并量化人居环境中产生的各种动态信息。同时，能够协同计算机处理器，搭载面向不同建筑任务需求的控制程序。这种协同工作模式使得建筑能够在设计端、建造端和运维端实现全面的信息优化和反馈，能够实现设计端的方案生成优化、建造端的结构拓扑优化及运维端的环境性能协同优化。数字时代下，计算机视觉（computer vision）、激光雷达

图6-3　尼葛洛庞帝设计的机器居住装置——Seek

等数字技术的出现，进一步强化和拓展物理终端的功能和反馈性能，实现环境三维扫描、物理参量和人行为的感知与计算。这支持了数字建筑信息模型在全过程的运用，实现智慧数字孪生，精准调控建筑空间性能，满足可持续需求，从而智慧赋能人居环境。一方面，万物互联的具身性体现在对人类操作物理能力的显著强化上。通过不同的技术终端，人类能够触碰到感官难以直接察觉的信息，这种技术的运用实际上成为人类身体的一种延伸。这种延伸正如加拿大思想家马歇尔·麦克卢汉在《理解媒介：论人的延伸》中对技术媒介的概括：技术如同身体的义肢般对肉体进行了功能强化[1]。这一观点在建筑建造方法与技术的发展中体现得淋漓尽致，尤其是数控加工技术在建筑建造上的应用和更迭，更是这一理论的具体实践。20世纪90年代，数字建筑逐渐兴起，一系列大胆、具有复杂几何形态的虚拟数字方案被提出，然而在实际建造过程中，这些方案常面临传统施工技术难以实现的困境，促使人们探索新的建造技术和方法。计算机数控技术（computer numerical control，CNC）因其高精度和高效能，被广泛应用于建筑建造中，特别是针对复杂几何幕墙单元等建筑构件的加工。随着CNC技术的广泛应用，数字先锋设计的建造完成度得到显著提升。高精度的铣削和预制化生产有效解决了复杂建筑构件的加工和落地问题，使得一系列复杂几何形态的建筑设计得以实现。然而，CNC技术主要局限于减法工艺和预制，这在一定程度上限制了其在建筑建造中的进一步应用。为了

---

① ADCOCK C E. Marcel Duchamp's notes from the large glass: an n-dimensional analysis[M]. Ann Arbor: UMI Research Press, 1983: 64.

突破这一局限，机械臂等工业机器人被引入建筑研究中，为数字制造手段带来全新的可能性。工业机器人相较于CNC机床，具备更高的灵活自由度，能实现粘合、钻孔、切割等多种加工动作，达到人类手工艺难以实现的效果。其也不再局限于零件加工定制，能够应用于建筑现场整体建造，实现差异化结构砌筑，激发设计创作灵感。工业机器人的高灵活性有助于将复杂的虚拟模型在真实世界中物质化，突破复杂虚拟几何体难以落地的瓶颈。另一方面，建筑万物互联的具身性还体现在对虚拟空间体验的支持上。设计者能够借助互联全过程链接平台，运用增强现实和虚拟现实等技术，将所设计的数字空间模型直接投射到体验者所处的真实环境中。随着技术的不断突破与升级，人类在虚拟空间和虚实混合空间中的体验与互动已成为可能。技术的发展助力建构了数字沉浸体验空间，使体验者能够在数字异托邦（digital heterotopia）中感知到有别于真实世界中的虚拟新物质，从而获得新鲜的、生动的和别样化的体验。除了创造新体验外，这种虚拟交互技术还具备实际应用价值。例如，在防灾疏散仿真中，它可以发挥重要作用，帮助我们应对未来的突发事件，确保空间使用安全。总之，借助万物互联对虚拟空间建构的支持，使得建筑和城市设计的目的从虚拟模型到实物的单向发展，跃迁到人类从真实世界走入虚拟空间的新范式。这一转变使建筑开始摆脱"虚拟到物质"单向管控的桎梏，在虚拟与物质的交互中游刃有余。其借助数据驱动流程不断模糊物理空间和虚拟空间的界限，虚实交互这一曾经只存在于科学小说中的乌托邦愿景逐渐成为日常生活中触手可及的现实。

6.2　计算搭接下的万物互联发展

万物互联的发展主要经历了建筑动态表皮设计、机器人数控建造与虚拟现实应用三个技术并行阶段，共同塑造了当今建筑与环境交互的新格局。其中，建筑动态表皮作为建筑与环境间的重要互动媒界，不仅是一种设计上的创新，更是一种技术上的突破。通过计算机环境下的控制算法，动态表皮能够实现与真实物理环境的自适应交互。这种交互不仅体现在对建筑外观的动态调整上，更深入到建筑内部环境的智能调控中。信息技术的迅猛发展使数据的使用量急剧增加。这一趋势，伴随着数字编程与电子单片机的日益成熟，为建筑动态表皮的发展提供了强大的推动力。在数据采集的支持下，建筑动态表皮能够实现更加精准和高效的自适应交互，更好地响应环境变化和用户需求。与此同时，机器人数控建造技术作为近年来的新兴建造方法，借助工业制造中的数字加工机械工具，实现智能运行，能够精确地完成建筑构件加工及建筑结构的砌筑等工作。物联网技术的发展使设计师能够驾驭复杂的数控技术，借助虚拟终端直接操控实体机械终端的运行，使得他们在物质操作上的能力得到了前所未有的延伸。虚拟现实技术则是20世纪90年代兴起的数字空间三维展示技术，通过综合三维图形技术、多媒体技术、仿真技术、显示技术及伺服技术，创建沉浸式的体验空间。近几年，计算机性能革命性提升和图形学技术的迅猛发展，推动了数字仿真技术与数学终端信息协同技术不断升级，虚拟现实的产品不断衍生，催生了增强现实、混合现实、扩展现实等一系列数字空间创建产品，为建筑空间体验带来了新可能，并注入了新动力。这三类技术通过专业跨界技术中的硬件工具实现了建筑设计、建造、运维之间的有效衔接，不仅推动了万物互联方式的变迁，更在学科交叉中促使建筑学不断朝向新的阶段迈进。

6.2.1 数据采集下的建筑动态表皮

建筑动态表皮旨在通过相应的数字化控制算法，控制建筑可变的围护结构实现"人—建筑—环境"间的自适应交互。它能够根据外界环境的变化，智能调整围护结构的状态，有望提高建筑舒适性，实现室内的微气候调节，减轻外界环境对室内造成的不利影响。同时也能激活环境，创造人与环境独特的互动关系，引发互动的乐趣。建筑动态表皮这种动态多元的特质，使其成为智能建筑设计的重要内容。

早在20世纪初，一些具有前瞻思维的建筑师便开始了动态建筑设计的构想。1908年，托马斯·盖纳（Thomas Gaynor）设计了一座具有创新性的可旋转建筑，虽然最终并未建成[①]，但为后来的动态建筑设计提供了宝贵的思路和启发（图6-4）。1935年，第一座真正建成的可旋转建筑——吉拉索莱别墅（Villa Girasole），由安杰洛·因弗尼齐（Angelo Invernizzi）设计问世。别墅的形式为L形平面，2层，坐落于一个直径为44米的圆形基座上，中心是一座高达42米的塔楼。更为引人注目的是，这座建筑可以通过电动机沿着三条圆形轨道进行旋转，在9小时20分钟内旋转一周[②]（图6-5）。这些动态建筑设计的探索打破了传统静态建筑的形式，为后来的建筑动态表皮设计提供了思路和启发。

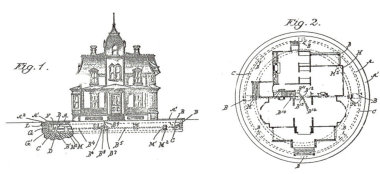

图6-4 盖纳设计的可旋转建筑

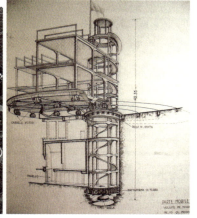

图6-5 吉拉索莱别墅及其草图

20世纪50年代末，尤纳·弗莱德曼（Yona Friedman）发布了"移动建筑宣言"（Mobile Architecture Manifesto），这一宣言不仅是对传统建筑观念的一次挑战，更是对未来城市与建筑形态的一种全新探索。与此同时，他还创立了"建筑移动小组"（Groupe d'Erudes d'Architecture Mobile，GEAM），这一组织汇聚了众多对移动建筑感兴趣的建筑师和研究者，共同推动移动建筑理念的发展与实践。弗莱德曼认为，建筑师不应单方面决定建筑的所有细节，而应该考虑到使用者的需求和意愿，强调建筑设计中使用者参与度的重要性。弗莱德曼在后续的研究中提出了"空

---

① NASHAAT B, WASEEF A. Kinetic architecture: Concepts, history and applications[J]. International Journal of Science and Research, 2018, 7(4): 752.
② RANDL C. Revolving architecture: a history of buildings that rotate, swivel, and pivot[M]. New York: Princeton Architectural Press, 2008.

间城镇规划"的构想（图6-6），指出城镇中的居民应该能够根据自身需求灵活布置空间，空间中的可变要素包括墙体、地板、顶棚等，都可以根据居民的需求进行调整和改变。此外，容易替换的基础设施网络及大型可移动单元等设计，也使得城市空间更加灵活多变，能够适应不同时间和场景的需求，形成移动、飞行或漂浮三个层级的城市构想[1]。这一构想是对传统城市形态的一种根本性挑战和颠覆，提供了一个全新的视角来思考城市的未来形态和发展方向，推动了人们对动态城市与建筑的研究。

图6-6 "空间城镇规划"构想

20世纪60年代，英国建筑师彼得·库克（Peter Cook）及其成立的建筑电讯小组（Archigram）展开了大量有关动态城市与建筑空间的研究。该小组依托波普艺术创作了900余幅未来城市与建筑空间的图像，其中最著名的是1964年库克完成的"插件城市"（Plug-in City）概念设计（图6-7）。库克认为，用户是城市设计的重要参与者，城市中的建筑需要像工业零件一样标准化，并能根据使用者的意愿进行移动与变换。"插件城市"体系的建立依托于道路与基础设施网络，适用于任意地形并可满足用户的任何需求，其顶部设有铁轨与起重机，可根据实际情况安插并淘汰相应的单元模块[2]。

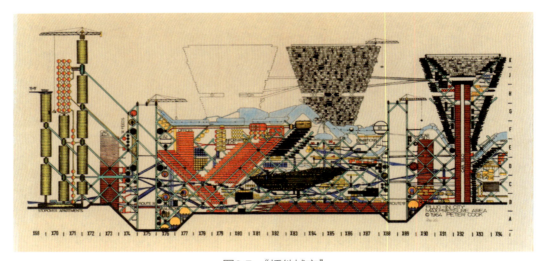

图6-7 "插件城市"

1970年，美国建筑师威廉·扎克（William Zuk）与罗杰·克拉克（Roger H. Clark）首次提出了动态建筑设计理论，在其合著的《动态建筑》（*Kinetic Architecture*）一书中明确指出，动态表皮是动态建筑中的

① EMANUEL M. Contemporary architects[M]. Berlin: Springer, 2016.
② 欧雄全，吴国欣. 明日畅想——建筑电讯派思想对未来城市建筑空间设计发展导向的影响[J]. 新建筑，2018（3）：126-129.

重要组成部分[1]。随着70年代能源危机的出现，建筑表皮的设计开始强调绿色性能的改善，促进了绿色性能导向下建筑动态表皮的发展。1977～1980年，瓦尔德马尔·贾尔奇（Waldemar Jaedsch）提出了可变表皮（changeable surfaces）的概念，并明确指出建筑表皮与建筑绿色性能间的紧密联系[2]。1981年，迈克·戴维斯（Mike Davies）提出了多元墙体（polyvalent wall）的设计理论，探索了建筑表皮中不同的构造层次在应对室外环境变化上的能力[3]。

1987年，建筑动态表皮首次应用于实际工程项目中，通过形态的改变响应外界环境的变化，有效改善了建筑的采光性能。在阿拉伯世界文化中心的设计中，让·努维尔创新性地设置了自适应表皮（图6-8），通过室外日照情况自动调整窗格大小，确保建筑室内光环境的品质。该项目借鉴阿拉伯文化中清真寺的雕刻窗，采用铝制材料设计了类似于照相机光圈的几何孔洞（图6-9），这些孔洞可根据天气情况通过内部机械驱动光圈的开闭以调节室内进光量，营造满足使用需求的空间氛围[4]。

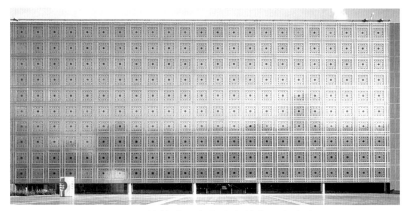

图6-8　阿拉伯世界文化中心的自适应表皮

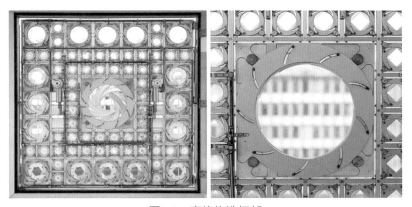

图6-9　窗格构造细部

① ZUK W, CLARK R. Kinetic architecture[M]. New York: Van Nostrand Reinhold, 1970.
② 英格伯格·弗拉格，等. 托马斯·赫尔佐格：建筑+技术[M]. 北京：中国建筑工业出版社，2003：182.
③ RUBIO-HERNANDEZ R. A wall for all seasons: a sustainable model of a smooth glass skin[J]. rita, 2017(8): 70-77.
④ JEANNOUVEL. Arab World Institute (AWI)[EB/OL]. (2023-01-24)[2024-12-17]. http://www.jeannouvel.com/en/projects/institut-du-monde-arabe-ima/.

在这一项目的启发下，建筑师们开始设计更多形态与传动方式新颖的建筑动态表皮。这些表皮在计算机控制系统的驱动下，能够灵活地调整其组成单元，以丰富的形变方式回应外部环境的变化。自21世纪以来，建筑动态表皮的实践工程项目大量涌现，这些项目不仅带来丰富的立面形态变化，还有效改善了建筑的室内物理环境，并显著提升了节能效率。

2007年，德国Ernst Giselbrecht + Partner建筑事务所在基弗技术陈列室（Kiefer Technic Showroom）项目中设计了一套折叠式自适应遮阳构件系统作为建筑动态表皮，能够根据室外环境的变化调整建筑表皮形态以优化室内环境，同时也支持用户对表皮的手动控制，实现个性化调节。建筑作为办公与展览空间，其表皮遮阳构件采用铝板，通过计算机控制系统可以实现其灵活开启与关闭。这一设计使得建筑能够根据一天中时间的变化实时调整表皮形态，从而在形成丰富立面效果的同时，也完成了对建筑室内环境的自动调控[1]（图6-10）。

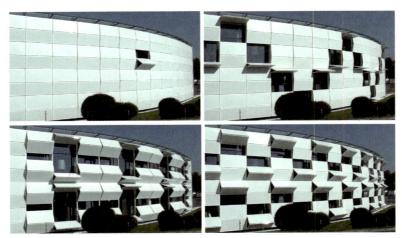

图6-10　基弗技术陈列室不同状态下的建筑表皮形态

2012年，由澳大利亚Sean Godsell Architects建筑事务所于2007年开始设计的墨尔本皇家理工大学设计中心项目建成，获得了澳大利亚绿色建筑委员会（GBCA）的五星级绿色建筑认证。在设计中，为了应对气候，赋予学习场所最恰当的学习环境，采用了动态表皮系统。其由16000块喷砂玻璃圆盘构成，玻璃圆盘直径为600毫米，圆盘固定在水平或垂直的轴上，每个面板单元都由12个可操作的玻璃圆盘和9个固定的圆盘组成，采用中央计算机控制，可根据时间、风向、阳光来调节玻璃盘的旋转角度，从而改善室内光环境舒适度。同时，部分玻璃模块单元可作为光伏太阳能发电集热器，提升建筑的能源利用效率。这种独特的自适应调整方式在助力建筑绿色性能提升的同时，也为建筑带来了丰富多变的立面效果[2]（图6-11）。

2012年，Aedas建筑事务所的设计作品巴哈尔塔（Al Bahar Towers）在阿布扎比建成，为了应对极端沙漠环境中建筑采光性能不佳与能耗严重的问题，建筑立面设计了一套动态表皮，能根据室外日照变化自动

① Ernst Giselbrecht + Partner. Connected architecture[M]. London: Scan Client Publishing, 2017.
② GODSELL S. RMIT Design Hub[EB/OL]. (2022-11-24)[2024-12-17]. https://www.seangodsell.com/rmit-design-hub.

调节室内光环境，减少太阳直射，降低空调需求。建筑师在设计过程中受到阿拉伯清真寺的雕刻窗，以及植物应对环境变化时的不同形态的启发，建构了一个以采光性能为导向的响应式表皮系统，表皮单元能够根据不同的日照情况灵活生成不折叠、中度折叠与最大折叠三种不同的形态（图6-12）。该项目设计中应用性能模拟软件对建筑日照情况及表皮与日照运动轨迹的交互情况进行仿真分析。建成后的建筑实现了减少室内50%以上太阳直射的目标，显著降低了建筑对空调的需求，提升了室内舒适度，成功获得了LEED绿色建筑认证，成为海湾地区的标志性建筑之一[①]。

2010年，西班牙建筑师恩里克·鲁伊斯·杰利（Enric Ruiz Geli）设计了Media-TIC办公楼项目。项目中设置了一个由三角形气枕单元构成的建筑动态表皮系统，能够根据室外太阳辐射自适应调整形态，以达到改善室内光舒适度的目的。具体来说，建筑立面上共有154个气枕，其中104个气枕可由计算机调整其充气状态，从而改变形状，使表皮能够根据太阳运动轨迹自适应调整形态，可最多透过95%的阳光或阻挡90%的日照（图6-13）。此外，表皮单元还采用烟雾式气囊遮阳方式，将烟雾注入气枕，由温度感应启动，通过控制气体中粒子的密度达到可变式遮阳的效果[②]。

2012年，奥地利SOMA建筑事务所设计建成的韩国丽水世博会主题馆以海洋动物形态为灵感，引入了仿生动力学表皮设计，旨在通过表皮形态的变化自适应调节室内光环境。表皮整体形态意在表达海洋与海岸的设计概念，长约140米，高度为3~13米，由108片具有优良抗拉与抗弯性能的玻璃钢动力薄板构成，能够实现大幅度的弹性变形（图6-14）。表皮设置传感器采集光照数据，通过薄板顶部与底部的驱动器即时调整形态，使室内光环境始终保持良好状态，形成表皮形态与室外日照环境互动的同时，提升建筑内部的采光性能水平[③]。

图6-11 墨尔本皇家理工大学设计中心动态表皮及其细部

图6-12 巴哈尔塔项目的动态表皮细部

① FOX M. Interactive architecture adaptive world[M]. New York: Princeton Architectural Press, 2016: 90-97.
② ENRIC R. Media-ICT building CZFB[EB/OL]. (2012-12-24)[2024-12-17]. https://www.ruiz-geli.com/projects/built/media-tic.
③ Soma-architecture. Theme Pavilion Expo Yeosu[EB/OL]. (2022-10-24)[2025-05-17]. https://www.soma-architecture.com/index.php?page=theme_pavilion&parent=2#.

图6-13　Media-TIC办公楼、表皮设计细部及室内空间

图6-14　韩国丽水世博会主题馆与仿生动力学表皮细部

　　2010年起，传感器数据采集、建筑信息建模、建筑性能仿真等数字化技术蓬勃发展，推动了建筑动态表皮设计多元化发展。传感器与新材料技术的不断革新，使得建筑动态表皮不再局限于机械控制方式，而是能够与外界环境实现更为丰富多样的交互。设计师们对未来表皮单元的形态设计进行了大量探索，使得表皮形态日趋复杂化，不仅提升了建筑的美学价值，还进一步增强了其功能性和适应性。同时，建筑动态表皮的控制系统也日益注重使用者的行为需求，通过基于传感器的数据采集技术，控制系统的精度得到显著提升，能够更准确地响应使用者的需求和外界环境的变化。此外，机器学习模型的引入为建筑动态表皮的控制系统带来新的智能化提升。这些模型能够预测表皮单元的调整情况，使控制系统能够根据预测结果进行精准调整和优化，从而进一步提升建筑的使用体验和性能表现。

　　在建筑动态表皮的多元化发展趋势下，表皮与环境的交互方式更为丰富多样。随着材料科学的不断进步，一些新型智能化材料如热敏树脂、记忆金属等开始应用于建筑动态表皮的设计中。这些材料具有独特的性能和交互方式，使得建筑动态表皮能够更好地与外界环境进行互动。例如，热敏树脂能够根据外界温度的变化而改变其形态和颜色，从而为建筑带来独特的视觉效果和环境适应性。而记忆金属则能够在受到外界刺激后恢复其原始形态，为建筑动态表皮提供更为灵活和多样的变形能力。这些新型智能化材料的应用，不仅丰富了建筑动态表皮的设计语言和表现形式，也为其与外界环境的交互提供了更多的可能性和创新空间。2011年，美国洛杉矶的DOSU工作室应用热敏双金属材料设计了一个环境响应装置BLOOM。该装置可根据太阳轨迹变化自适应改变形态，无须机械手段驱动，通过材料本身的特性对外界环境作出响应。热敏双金属材料由镍、锰及少量铁组成，在工业领域中较为常用，BLOOM装置则是其在建筑领域的首个应用实例。该装置由14000块智能热敏双金属板构成，每块板材都各不相同，板材能随太阳热量变化发生水平弯曲（图6-15）。板材在发生形变的同时，其颜色也会随之变化，带来更为丰富和动态的视觉效果。板材的外侧含有较高比例的锰和铁，这些元素在暴露于环境中后会迅速风化成铁锈色。而板材内侧含有较多的镍元素，使其表面呈现出鲜明的银色。该装置设计不仅展示了智能材料对外界环境的响应能力，更为建筑动态表皮的研究开辟了新的方向，带来更多的创新可能性[①]。

　　除了新型智能材料，诸如木材等生物质材料也展现出与外界环境的积极互动能力，特别是它们的"可呼吸"特性。这一特性使得建筑师能够设计出可变式装置，可以根据环境的变化作出独特的响应，并以不同的外观效果直观地反映出外部环境对装置的具体影响。2012～2013年，德国斯图加特大学计算设计研究所（Institute for Computational Design，ICD）阿希姆·门格斯（Achim Menges）与斯特芬·雷谢尔（Steffen Reichert）、奥利弗·戴维（Oliver David）共同设计两件木质装置Hygroskin（图6-16）和Hygrocope（图6-17）。木材的单一指向性使其在湿度变化时能够作出响应，无需任何能源或新陈代谢过程。这种湿度反应特性被巧妙地应用于这两个自适应装置中。在湿气的作用下，装置中的三角形薄木片会吸收空气中的水分膨胀并扩大；在干燥的环境下，木材则会释放水分并被压缩，从而展示出薄片的网状结构。通过装置形态的变化直观地反映外部环境情况，实现了与外部环境的积极交互，这种无需能量供应的自给自足方式为生态嵌入式建筑提供了全新的可能性，推动

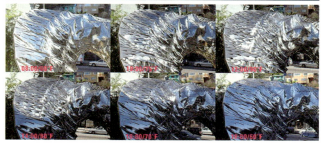

图6-15　不同时间与温度下BLOOM装置的形态变化

图6-16　Hygroskin装置

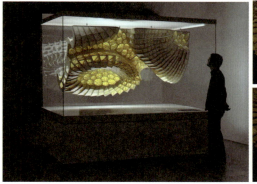

图6-17　Hygrocope装置

---

① FOX M. Interactive Architecture Adaptive World[M]. New York: Princeton Architectural Press, 2016.

了建筑动态表皮向可持续方向发展[1]。

为了更深入地探索建筑表皮与环境之间的交互方式，一些前沿的研究机构尝试通过先进的传感器技术，采集外部环境与建筑表皮间的交互行为数据，这些数据随后被转译为电信号，激活建筑表皮上的发光装置，使其以色彩上的变化来呼应外部环境的各种扰动。这种光电交互的设计不仅增强了建筑表皮的动态性和响应性，还赋予其独特的视觉效果。发光装置的种类多样，包括发光纤维、发光传感器等，它们能够在建筑表皮上形成各种图案和光影效果，使建筑与环境之间的交互以更加直观和具有冲击力的方式展现出来。2014年，美国艺术家杰森·凯利·约翰逊（Jason Kelly Johnson）等设计了一个建筑动态表皮装置"光群"（Lightswarm）（图6-18）。其由发光传感器单元构成，通过声音感知环境，并以单元色彩和排列方式的变化实现与使用者的互动。该装置融合了3D打印、传感器数据采集与群体算法形态生成三大核心技术。建筑动态表皮装置单元由3D打印技术加工完成，通过集成传感器实时采集使用者与建筑动态表皮的互动声音

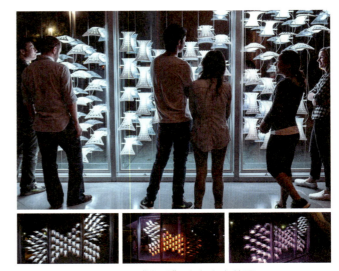

图6-18　"光群"动态表皮装置

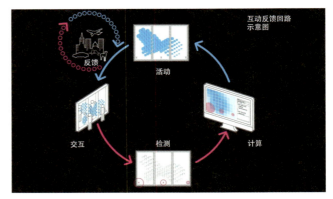

图6-19　"光群"装置的交互过程

数据，运用群体算法对这些数据进行计算，从而动态调整表皮单元的色彩和排列方式，最终将计算结果在装置上展示。该装置实现了使用者与建筑动态表皮之间的光电互动，感知城市环境并以可视化方式进行表达[1]（图6-19）。

随着建筑技术的不断进步和设计理念的革新，建筑动态表皮展现出前所未有的多元化发展趋势。在这一趋势下，表皮形态变得更为复杂多变，为建筑设计带来全新的视觉冲击效果。先进的材料和结构技术与建筑师的创意相结合，使得建筑动态表皮的形状改变具备了更多的可能性。近期，一些研究机构根据不同材料的特性，研发了一系列形状可变的机械系统控制交互式装置，这些装置能够为建筑动态表皮的形态设计提供重要的启发，推动建筑动态表皮在功能性、美观性和创新性方面取得更大突破。2020年，门格斯团队设计的纤维增强复合材料传感与驱动自适应交互装置（图6-20），展现了复合材料在智能交互领域的潜力。该装置可通过传感器驱动机械装置，使板材发生形变，实现了自适应交互功能。该装置采用了实时参数化建模、

① FOX M. Interactive Architecture Adaptive World[M]. New York: Princeton Architectural Press, 2016.

结构性能模拟、控制系统算法与传感器驱动方法，实现了对可变式结构的形态进行实时自适应调整。首先使用Rhino与Grasshopper软件对构件单元模块进行形体参数化建模，并应用SOFISTIK模拟软件对其进行结构与动力学性能的仿真计算。随后，使用Wi-Fi信号作为媒介连接控制系统算法模块，实时传输构件调整角度等关键信息，在建模模块中即时调整装置形态，并计算和验证其结构可行性。最终，通过传感器驱动机械装置对板材角度进行自适应调整（图6-21）。该装置基于计算机环境下的参数化模型，对真实物理环境中的可变结构装置进行形状调整，实现自适应匹配，这一研究成果为建筑动态表皮设计提供了新的思路和借鉴[①]。

图6-20　纤维增强复合材料传感与驱动装置

图6-21　计算机环境与真实物理环境之间的互动

在建筑动态表皮的多元化发展趋势下，其控制系统也趋向更为智能。控制系统作为实现表皮与环境自适应交互的核心，赋予了建筑动态表皮与普通建筑表皮截然不同的特征。在建筑动态表皮研究的控制系统层面，已经取得了显著进展。一些机构成功实现了基于机器学习算法的自适应控制系统设计，这一设计通过建筑信息建模与性能仿真，制订了不同表皮形态下的绿色性能数据。这些数据被用于训练机器学习预测模型，从而实现对不同环境下建筑表皮形态的精准预测。然而，随着绿色建筑设计标准的不断提升，建筑动态表皮控制系统的精度也面临着更大挑战。为了进一步提升控制系统精度，一些研究人员开始将使用者行为纳入考虑范畴，通过传感器数据采集，对其进行修正和优化，从而实现全面的精度提升。这一策略不仅考虑了建筑本身的需求，而且充分关注了使用者的实际行为和需求，为建筑动态表皮的智能化控制开辟了新的方向。

以一项最新研究为例，澳大利亚迪肯大学建筑与建成环境学院阿米尔·塔巴德卡尼等于2022年研发了一款共享办公空间自适应表皮个性化实时控制系统（图6-22），用以提升室内光舒适度并减少建筑能耗。该系统基于参数化编程对表皮单元进行形态控制，并通过多种模拟工具进行采光与能耗模拟。传感器采集了太阳辐射、照度、温度与湿度等环境数据，用以进一步提升控制系统的精度（图6-23）。同时，系统链接了用户使用界面，允许使用者根据需求发送表皮调整请求，即时改变建筑表皮形态，以达到满意的视觉舒适度与节能要求，两项绿色性能水平可分别提升61%与29%[②]。

---

① BUCKLIN O, BORN L, KÖRNER A, et al. Embedded sensing and control: concepts for an adaptive, responsive, modular architecture[C]. Proceedings of ACADIA, Online, 2020: 74-83.
② TABADKANI A, ROETZEL A, Li H, et al. Simulation-based personalized real-time control of adaptive facades in shared office spaces[J]. Automation in Construction, 2022, 138: 104246.

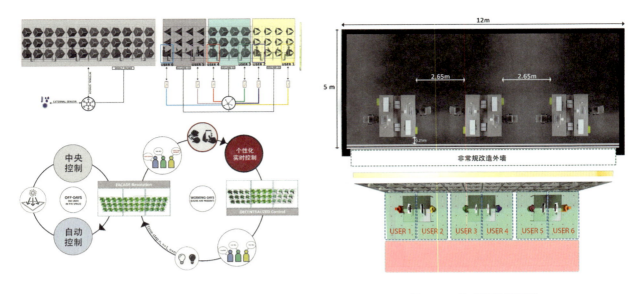

图6-22　控制系统设计　　　　　　　图6-23　传感器数据采集

6.2.2　数据指导下的机器人建造

传统建筑业面临劳动力短缺和建造精度提升的难题，亟待生产方式的转型升级。随着物联网技术的快速发展，劳动者现在可以通过虚拟终端操控机械终端，借助先进的机器人技术，更加高效地完成繁复的工作。在工业领域广泛应用的激光切割机、计算机数控（computer numerical control，CNC）机床、三维快速成型机等设备，极大提升了生产的自动化程度。这些技术的引入，有望有效解决传统建筑业生产效率偏低的问题，推动建筑业向智能化与集约化方向发展。1952年，约翰·帕森斯（John Parsons）在麻省理工学院的协助下研发出世界上第一台数控铣床，由穿孔纸带上的程序指令控制，成为工业机器人发展原型[1]。1959年，被誉为"工业机器人之父"的约瑟夫·恩格尔·伯格（Joseph Engel Berger）与乔治·德沃尔（George Devol）等研发出Unimate#001原型机，并首次将其应用于汽车厂装配线。两年后，以该原型机为基础的世界上第一台工业机器人出现并投入量产，标志着机器人在工业领域应用的崭新时代的到来。1969年，斯坦福大学（Stanford University）维克多·希曼（Victor Scheinman）发明了最早的智能机器人"斯坦福机械臂"（Stanford Arm）[2]。1973年，米拉克龙公司（Milacron）研制出第一台由微型计算机控制的工业机器人[3]，为智能机器人在工业领域应用拉开了序幕。自70年代以来，机器人在工业领域的应用取得了空前繁荣，但未对当时建筑领域的生产方式产生显著影响。

此后，日本、德国、美国等国家陆续展开了建筑机器人的研究。20世纪80年代，日本率先研发了涉及墙

① BOLLINGER J G, DUFFIE N A. Computer control of machines and processes[M]. New York: Addison-Wesley, 1988.
② SINGH B, SELLAPPAN N, KUMARADHAS P. Evolution of industrial robots and their applications[J]. International Journal of Emerging Technology and Advanced Engineering, 2013, 3(5): 763-768.
③ ROTH B, RASTEGAR J, SCHEINMAN V. On the design of computer controlled manipulators[M]//On Theory and Practice of Robots and Manipulators. Springer, Vienna, 1974: 93-113.

面抹灰、地面抛光、模板制作、混凝土浇筑等多个工种的建筑机器人，但自动化程度与建造能力有限，未使建筑业的生产方式产生实质性变革①。90年代，德国卡尔斯鲁厄理工学院（Karlsruher Institut für Technologie, KIT）研发出Rocco机器人，首次实现了建筑墙体的自动砌筑，极大地提升了施工效率。21世纪初，美国南加利福尼亚大学（University of Southern California）与宇航局（NASA）合作探索3D打印技术在建筑领域的应用，提出了轮廓工艺（contour crafting）技术，可用于大型混凝土结构的层积建造②。建筑机器人的研发不仅为数字建造在建筑领域的应用奠定了基础，更在很大程度上推动了建筑领域生产与施工方式的重大变革。2005年，苏黎世联邦理工学院法比奥·格马奇奥（Fabio Gramazio）与马赛厄斯·科勒（Matthias Kohler）成立了首个机器人建造研究工作站，开始探索机械臂的砖墙砌筑技术，并于2006年应用该技术完成甘腾拜因酒庄（Gantenbein Winery）建筑表皮的预制建造与拼装（图6-24）。该建筑是数字建造在实践中的开创性作品，为机器人建造复杂形态建筑提供了重要启示③。

图6-24　甘腾拜因酒庄中砖墙的机械臂砌筑与预制装配

2012年，格马奇奥与科勒团队进行了一项名为飞行组装建筑（flight assembled architecture）的创新性实验，利用集群无人机技术，实现不规则砖墙的自动化砌筑。这一技术借鉴了自然界中昆虫的社会性行为，如蜜蜂、蚂蚁的觅食和通信方式，使得无人机在搬运和定位标准化构件单元时具有显著优势（图6-25）。实验成功建造了一座由1500块轻质砖块构成的曲线形构筑物（图6-26），高度约6米，达到了实际建筑的建造尺度。这一成果

图6-25　砖块的搬运与定位

---

① BOCK T. Construction robotics[M]. Dordrecht Kluwer Academic Publishers, 2007.
② KHOSHNEVIS B. Automated construction by contour crafting-related robotics and information technologies[J]. Automation in Construction, 2004, 13(1): 5-19.
③ 瓦伦丁·比尔斯，安德里亚·德普拉塞斯，丹尼尔·拉德纳等. 甘腾拜因葡萄酒酿造厂，弗莱施，瑞士[J]. 世界建筑，2007（4）: 42-45.

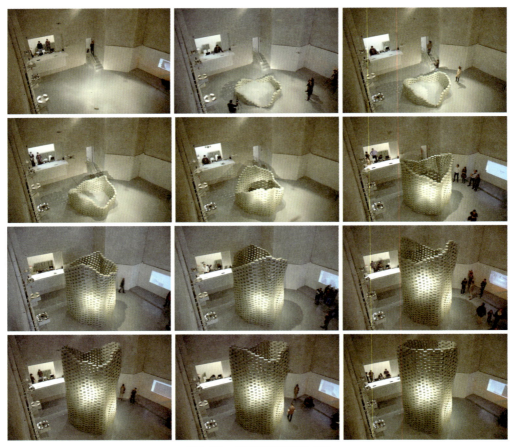

图6-26　构筑物的建造过程

验证了集群无人机在建筑领域应用的潜力，对数字建造技术产生了深远影响[1]。

　　面对集群无人机建造所展现出的独特优势，该领域的研究人员持续不断地进行探索和创新，致力于突破现有的技术局限，成功实现了在恶劣环境下对复杂构筑物的高效建造。在2022年的一项研究成果中，英国伦敦帝国理工学院（Imperial College London）、瑞士联邦材料科学与技术研究所（德语Eidgenössische Materialprüfungs- und Forschungsanstalt，EMPA）的研究团队及其合作者研发的3D打印无人机建造系统登上了《自然》（*Nature*）杂志的封面（图6-27），有望应用于火星建造（图6-28）。该系统的开发旨在解决恶劣环境条件下大型机械难以完成建造任务的难题，借鉴自然界生物建造机制，通过空中增材制造解决这一难题。该系统包括建

图6-27　2022年9月《自然》封面

① AUGUGLIARO F. The flight assembled architecture installation: cooperative construction with flying machines[J]. IEEE Control Systems Magazine, 2014, 34(4): 46-64.

造无人机（BuildDrone）与扫描无人机（ScanDrone）两个部分，分别负责材料放置与质量控制。系统的核心技术为蜂群算法路径规划框架与3D打印技术，可在29分钟内建造2.05米高的聚氨酯泡沫材料圆柱体，建造误差不超过5毫米（图6-29）。该系统有望在火星等恶劣环境下灵活、自主、可扩展地开展建造，并通过路径优化降低对先前已完成结构的依赖与限制[1]。

除格马奇奥与科勒团队外，阿希姆·门格斯团队在2013～2014年展开了基于机械臂的碳纤维结构编织研究。建造材料选取玻璃纤维与碳纤维增强聚合物丝，采用机器人无芯缠绕方法建造基本结构单元。该方法共使用两个相互协作的6轴工业机器人，由机器人握持的两个定制钢框架效应器在框架之间缠绕纤维丝，生成几何形状独特的双曲面形态模块（图6-30）。编织而成的模块可应用于建筑尺度的建造（图6-31），为工程实践应用提供了有益指导[2]。

图6-28　火星建造概念图

图6-29　系统建造成果

图6-30　碳纤维模块单元的建造

图6-31　鞘翅亭

2014年，瑞士国家科学基金会（The Swiss National Science Foundation，SNSF）在苏黎世联邦理工学院建立了国家研究能力中心数字建造实验室（Digital Fabrication for National Centre of Competence in Research，DFAB for NCCR），旨在应对建筑学的未来挑战。该机构研发了自动建造机器人In-situ Fabricator，可实现建

① ZHANG K, CHERMPRAYONG P, XIAO F, et al. Aerial additive manufacturing with multiple autonomous robots[J]. Nature, 2022(609): 709-717.
② MENGES A, KNIPPERS J. Architektur forschung bauen: ICD/ITKE 2010—2020[M]. Basel: Birkhäuser, 2021.

筑在地营造目标。该机器人由履带式移动平台与工业机械臂构成，安装了自主导航系统，适用于复杂施工环境，灵活性高。研究团队进行了起伏砖墙砌筑试验（图6-32），墙高2米、长6.5米，包含1600块砖与15个基点。通过点云扫描建造场地，准确定位施工（图6-33）。墙体模型被存储为图像格式，每一块砖被定义为一个节点，约束机械臂路径（图6-34）。在实际建造中，机器人可根据传感器测量值自适应调整砖墙的几何关系，应用K-Means算法对齐砖块方向、平衡砖间距[①]。

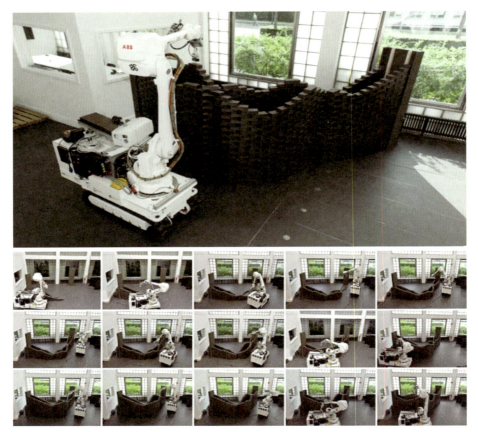

图6-32　砖墙砌筑试验

　　DFAB后续应用In-situ Fabricator机器人研发了网状模板（mesh Mould）、空间木结构拼装（spatial timber assemblies）、智能楼板（smart slab）等多项机器人建造技术，并在2019年建造完成了世界上首个应用3D打印技术与机械臂建造技术的房屋DFAB House[②]（图6-35）。该建筑是数字化建造领域的一个重要里程碑，它整合了DFAB成立四年以来的主要研究成果。这一作品彰显了机器人建造技术对建筑施工方式的影响，为未来建筑领域机器人数字化建造的应用提供了有益的技术支撑。

---

① DÖRFLER K, SANDY T, GIFTTHALER M, et al. Mobile robotic brickwork: automation of a discrete robotic fabrication process using an autonomous mobile robot[C]. Robotic Fabrication in Architecture, Art and Design, Springer, Vienna, Austria, 2016: 205-217.
② KONRAD G, BAUR M, ALEKSANDRA A, et al. DFAB house: a comprehensive demonstrator of digital fabrication in architecture[M]. London: UCL Press, 2020: 130-139.

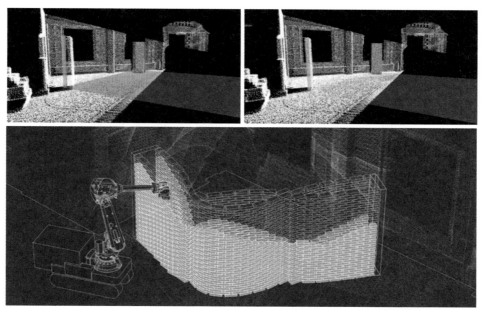

图6-33　施工现场的扫描与定位

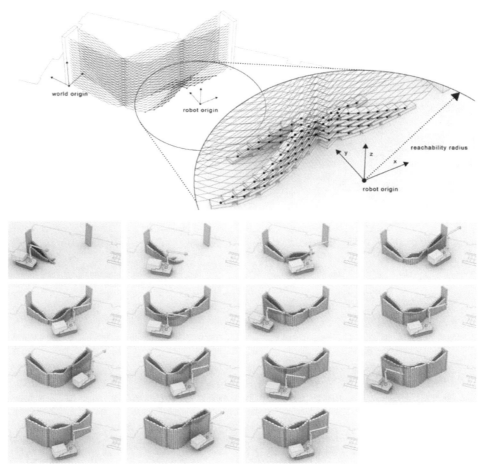

图6-34　砖墙砌筑模拟

图6-35　建成的DFAB House

图6-36　In-situ Fabricator对模板的编织

在DFAB House建造中，应用网状模板数字化建造技术，编织钢筋模板并浇筑混凝土，以解决模板建造效率低、材料浪费与强度不高的问题。钢筋网状模板特别适用于曲面墙的浇筑，能有效解决单元曲率与整体曲率问题，提升墙体施工质量（图6-36）。在实际建造中，首先对模板进行参数化建模，随后应用机器人对钢筋进行自动定位与扎结，最终将混凝土注入模板并对脱模后的墙体进行表面修饰（图6-37），实现了高效、高质量的复杂形态墙体的建造[①]。

图6-37　建造完成的墙体

图6-38　计算性设计模型

DFAB House的木结构框架应用了空间木结构拼装数字化建造技术，采用机械臂进行切割与搭建，由多个预制单元模块构成，通过计算性设计模型（图6-38）完成了多机器人系统的制作和装配设计。机械臂的应用可使其实现高度预制而无须考虑其复杂性，从而完成快速的现场拼装。在建造过程中，机械臂首先抓取每根木梁并定位，采用CNC控制的锯切割材料（图6-39）。随后，机械臂通过铣削与预钻加工所有构件连接所需的孔，在路径规划工具的辅助下对木梁进行空间组装（图6-40）。建造过程中产生的误差受内部参考系统（iGPS）与光学传感器的控制，维持在可接受范围内[②]。

DFAB House的复杂形态楼板（图6-41）采用了基于3D打印的智能楼板数字化建造技术，这一创新技术

---

① NORMAN H, WANGLER T, MATA-FALCÓN J, et al. Mesh mould: an on site, robotically fabricated, functional formwork[C]. Second Concrete Innovation Conference, Tromsø, Norway, 2017.
② THOMA A, ADEL A, HELMREICH M, et al. Robotic fabrication of bespoke timber frame modules[M]. Robotic fabrication in architecture, art and design. Montreal: Springer, 2019: 447-458.

图6-39　木材切割

图6-40　木框架单元拼装

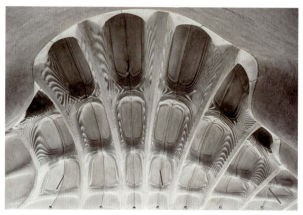

图6-41　DFAB House的楼板

图6-42　楼板吊装

结合了混凝土结构的优秀特性与3D打印在几何塑形上的高自由度，实现了建筑构件的高度优化与复杂混凝土结构配置的可能。应用3D打印技术加工模板，利用这些模板进行混凝土浇筑，实现一体化成形，最终将成形的楼板吊装至建筑屋顶，完成了整个施工流程（图6-42）。在模板制作中，首先通过结构分析与参数化软件进行楼板形态设计，再利用机器人打印出模板形态，并进行表面修饰，最终完成模板建造（图6-43）。浇筑后的楼板形态复杂且表面质感光滑，实现了高质量加工

图6-43　建造完成的模板

复杂形态建筑构件的目标[①]。

自2015年以来，3D打印技术在建筑智能建造领域得到了迅猛发展。建筑师们应用混凝土、钢材等多种常用的建筑材料，不断挑战更大体量的构筑物打印，为建筑尺度的施工建造奠定了坚实的基础。与此同时，新材料应用于3D打印的探索也在同步进行中。目前，这些新材料已达到足够的强度，可用于建筑尺度的打印建造，进一步推动了3D打印技术在建筑领域的应用和发展。MIT媒体实验室在3D打印机器人与3D打印材料领域开展了大量研究，旨在持续突破该领域的技术壁垒。2017年，该机构研发出一款数字建造平台（digital construction platform，DCP），尝试通过机械臂完成大型建筑的建造。该平台建造了迄今为止最大的3D打印穹顶结构，其直径约为美国国会大厦穹顶的一半，打印时间不超过13.5小时（图6-44）。该结构的打印由机械臂控制喷嘴逐层喷出膨胀性泡沫并固化生成两个平行壁结构，最终在平行壁结构间填充混凝土完成建造。即使不填充混凝土，该结构同样具有较高强度。建造平台可以自由活动，无须固定在车床上，自带光伏板可提供电能，具有较强的适应性[②]。

图6-44　3D打印穹顶结构的建造过程

图6-45　3D打印不锈钢桥

2018年，荷兰MX3D智能建造设计公司建造了世界上首座3D打印的不锈钢桥（图6-45）。该桥的设计运用生成式算法与拓扑优化技术，使生形更为自由并可有千克效节约耗材。在桥身的打印上，选取了4500千克

① NICOLAS R, BERNHARD M, JIPA A, et al. Complex architectural elements from UHPFRC and 3D Printed Sandstone[C]. Designing and Building with UHPFRC, Paris, France, 2017.
② KEATING S J, LELAND J C, CAI L, et al. Toward site-specific and self-sufficient robotic fabrication on architectural scales[J]. Science Robotics, 2017, 2(5): 8986.

的不锈钢焊丝，并采用数字激光烧结工艺完成构件的生成，并由四台六轴工业焊接机器人完成桥身的焊接与组装（图6-46）。与此同时，建成后的桥面安装了可监测结构受力、温度、空气质量等数据的传感器，通过这些数据建构该桥的"数字孪生"模型，用于监测桥梁的全生命周期状态①。

2019年，清华大学徐卫国团队在上海宝山智慧湾建造了世界上最大规模的3D打印混凝土步行桥（图6-47）。该桥全长26.3米、宽度3.6米，借鉴了中国古代赵州桥的单拱结构受力方式，拱脚间距14.4米，其强度达到站满行人的要求。该桥的打印应用了多项创新的混凝土3D打印技术，具有工作稳定性好、打印效率高、成形精度高、可连续工作等技术优势。该桥的建造应用两台机械臂3D打印设备，耗时450小时完成了全部混凝土构件的打印，包括桥体结构、桥栏板单元、桥面板及桥面图案等（图6-48）。桥内预埋实时监测系统，可实时收集桥体受力与形变状态数据，有利于对3D打印桥体构件力学性能的研究②。

带领MIT媒体实验室开展跨学科材料研究的建筑师内里·奥克斯曼（Neri Oxman）提出了材料生态学（material ecology）的概念，旨在将自然界材料的有机生长原理引入建筑学，研发了多种新型建筑材料与结构。这些材料与结构已达到建筑建造尺度，有望在未来应用于实际工程项目中。2018年，奥克斯曼团队从自然生态系统中寻找灵感，利用树木、昆虫外骨骼、苹果与骨头中提取的成分研发了一种用于数字制造的可编程水基复合材料Aguahoja，该材料可实现建筑尺度构筑物的建造。该团队应用该材料进行3D打印，建造了一个高5米

图6-46　3D打印不锈钢桥的施工建造过程

图6-47　世界上最大的3D打印混凝土步行桥

图6-48　混凝土桥的3D打印过程

① Mx3d. MX3D Bridge[EB/OL]. (2023-10-24)[2025-05-17]. https://mx3d.com/industries/mx3d-bridge/.
② 徐卫国. 世界最大的混凝土3D打印步行桥[J]. 建筑技艺, 2019（2）: 6-9.

的构筑物Aguahoja亭（图6-49）。该构筑物无须组装，由机器人一体化打印成型（图6-50），就像自然界中的物质通过纤维素、壳聚糖、果胶与碳酸钙等的堆积而自发生长。这一构筑物在生命周期末可于水中降解，实现了资源循环利用的目标[1]。

图6-49　Aguahoja亭

6.2.3　数据编织下的赛博空间

20世纪初，科幻小说中已出现虚拟与现实间编织与交互的构想。例如，美国作家莱曼·弗兰克·鲍姆（Lyman Frank Baum）的《万能钥匙》（*The Master Key*）中描述的眼镜，可以看到好人或坏人的标记，与增强现实的场景非常类似[2]。美国科幻小说家斯坦利·温鲍姆（Stanley G. Weinbaum）的《皮格马利翁的眼镜》（*Pygmalion's Spectacles*）中也提到了具有虚拟现实功能的眼镜，可为佩戴者提供身临其境的场景与全方位的感官效果[3]。随着数字仿真技术与数学终端信息协同技术的不断进步，这些小说中构想的场景已成为可能。

20世纪50年代中期，美国摄影师莫顿·海利格（Morton Heilig）研发了世界上第一台虚拟现实设备Sensorama，具有三维图像与立体声、振动座椅、电风扇、气味生成器等基本功能，但这一设备过于庞大且不能移动。为此，海利格在1960年设计了一款轻便的虚拟现实眼镜，但其仅具有立体显示

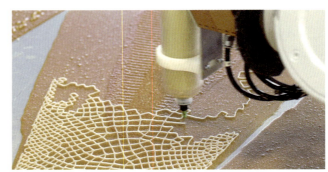

图6-50　Aguahoja材料的3D打印过程

功能，缺乏姿态追踪功能。直到1968年，计算机图形学之父伊万·苏泽兰研发了最接近现代虚拟现实设备的"达摩克利斯之剑"系统，弥补了既有设备缺失姿态追踪功能的不足，佩戴该设备还可看到叠加至现实场景中的虚拟图像，形成了增强现实技术的雏形[4]。20世纪90年代，虚拟现实设备虽受用户喜爱，但受到显示器、3D渲染、动作检测等技术的制约，视觉效果与体验感不佳。图6-51展示了1999年荷兰代尔夫特理工大

① TAI Y-J, BADER C, LING A, et al. Designing (for) decay: parametric material distribution for hierarchical dissociation of water-based biopolymer composites[C]. Proceedings of the IASS Annual Symposium, Brescia, Italy, 2018.
② 莱曼·弗兰克·鲍姆. 万能钥匙[M]. 北京: 现代出版社, 2017.
③ WEINBAUM S G. Pygmalion's spectacles[M]. Seattle: Createspace Independent Publishing Platform, 2018.
④ 杰伦·拉尼尔. 虚拟现实: 万象的新开端[M]. 赛迪研究院专家组, 译. 北京: 中信出版集团, 2018.

图6-51　20世纪90年代的虚拟现实环境场景

学弗雷德里克·简森（Frederik W. Jansen）团队的一项研究成果，该研究实现了将GIS数据转换为虚拟现实环境下的城市街景，但生成的场景缺乏真实感，图像颗粒感明显，场景切换不流畅，反映了当时虚拟现实设备在技术上的局限性，阻碍了技术的进步和更广泛的应用[①]。

尽管在这一时期虚拟现实技术发展缓慢，但增强现实技术迎来了理论体系上的建立与完善。1992年，美国波音公司托马斯·考德尔（Thomas P. Caudell）与大卫·米泽尔（David W. Mizell）首次运用了增强现实（augmented reality，AR）一词，意指计算机环境中的元素覆盖于真实物理环境中的技术[②]。1997年，美国休斯实验室（Hughes Research Laboratories）罗纳德·阿祖马（Ronald T. Azuma）对AR技术的应用展开了综述，并首次提出了其正式定义，指出AR技术需具备三维成像、实时互动与虚实结合的特征[③]。1999年，日本广岛城市大学加藤广和（Hirokazu Kato）与美国华盛顿大学马克·比林赫斯特（Mark Billinghurst）研发出首个增强现实开源框架ARToolkit，使AR技术的普及成为可能[④]。

2008年，华盛顿大学建筑与城市规划学院设计机器组（Design Machine Group）丹尼尔·贝尔彻（Daniel Belcher）与布莱恩·约翰逊（Brian Johnson）基于ARToolkit框架研发了MxR系统，用于建筑设计早期阶段的采光性能模拟与形态生成可视化（图6-52）。该系统集成了参数化建模、采光性能仿真、增强现实与虚拟

① GERMS R, MAREN G V, VERBREE E, et al. A multi-view VR interface for 3D GIS[J]. Computers & Graphics, 1999, 23(4): 497-506.
② CAUDELL T P, MIZELL D W. Augmented reality: an application of heads-up display technology to manual manufacturing processes [C]. Hawaii International Conference on System Sciences, Maui, Hawaii, USA, IEEE, 1992.
③ AZUMA R T. A survey of augmented reality[J]. Presence of Teleoperators & Virtual Environments, 1997, 6(4): 355-385.
④ KATO H, BILLINGHURST M. Marker tracking and HMD calibration for a video-based augmented reality conferencing system[C]. 2nd International Workshop on Augmented Reality(IWAR 99), 1999.

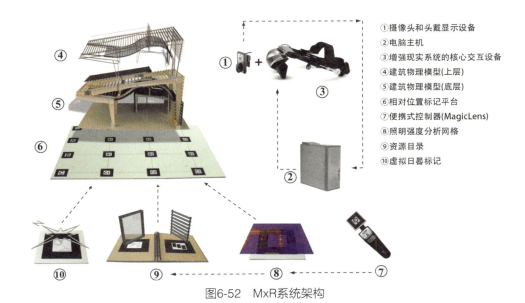

① 摄像头和头戴显示设备
② 电脑主机
③ 增强现实系统的核心交互设备
④ 建筑物理模型(上层)
⑤ 建筑物理模型(底层)
⑥ 相对位置标记平台
⑦ 便携式控制器(MagicLens)
⑧ 照明强度分析网格
⑨ 资源目录
⑩ 虚拟日晷标记

图6-52　MxR系统架构

现实等数字化技术（图6-53），建筑师可通过增强现实设备在会议室或工作室空间进行方案探讨，也可通过虚拟现实设备进行360°沉浸式观察。ARToolkit框架及其在建筑学领域的应用展示了增强现实技术在设计过程中的巨大潜力，为建筑师提供了更加直观、高效的方案构思、展示与交流方式[①]。

　　2012～2015年，显示器、3D渲染、动作检测等关键技术得到显著提升，推动了高质量虚拟现实（Virtual Reality，VR）设备的涌现，如Oculus Rift、HTC vive、HoloLens等，引领虚拟现实进入新一轮热潮。2015年，VR设备研发达到顶峰，被誉为"虚拟现实元年"。2016年，微软HoloLens眼镜在威尼斯双年展中亮相，建筑师格雷戈·林恩利用其混合现实技术，将虚拟数字内容叠加至真实物理环境下的场地现状模型中，进行建筑方案设计（图6-54），并进入实体模型内部进行观察与方案推敲（图6-55）。这一技术可替代传统设计

图6-53　MxR场景展示

图6-54　基于HoloLens的虚拟信息叠加

① BELCHER D, JOHNSON B. MxR: a physical model-based mixed reality interface for design collaboration, simulation, visualization and form generation[C]. Proceedings of ACADIA, Sherbrooke, Canada, 2008: 464-471.

工具，整合了实体场地现状模型与虚拟数字内容双重信息，有望将这一全新设计方式普及至未来设计领域①。

Fologram是一款全息影像辅助建造工具，可将Rhino与Grasshopper中的模型信息叠加至施工现场，结合参数化建模、三维扫描与全息影像技术，连接虚拟计算机环境与现实施工环境，用以辅助建筑的设计与施工过程。这解决了建筑业中依赖二维文档导致的效率低下、人为错误和成本增加等问题。2018年，Fologram公司完成了世界上首个基于全息影像混合现实技术建造的编织钢结构（Holographic Fabrication of Woven Steel Structures）。在应用Fologram辅助设计与建造过程中，首先在Rhino与Grasshopper中完成参数化建模并进行结构性能优化，随后应用三维扫描还原施工场景，并辅助设计师在Grasshopper环境中将模型中的构件与全息图进行对齐（图6-56），最终将数据信息传递至佩戴全息眼镜HoloLens的施工人员，辅助其完成现场的拼装操作（图6-57）。Fologram使设计师能够创建交互式全息指令，将设计模型转化为智能过程，摆脱了二维文档对新形式、结构、材料与制造方法的制约②。

图6-55　Hololens的建筑模型内部空间视角

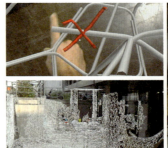

图6-56　三维扫描施工场景与全息对齐操作

图6-57　全息图像对施工人员的辅助

蓬勃发展的虚拟现实技术已经引起了国际知名事务所的广泛关注，并促使大量应用虚拟现实技术进行方案设计的项目涌现出来，在建筑领域引领着全新的设计方式探索。虚拟现实技术以其高质量的渲染画质与流畅的场景转换，为建筑师提供了全新的沉浸式设计体验，有利于激发创造力。2018年，扎哈·哈迪德事务所设计的Correl VR项目，使建筑师用户能在沉浸式虚拟环境中通过对建筑模型构件的操作完成方案的修改（图6-58），展示了新型沉浸式技术在建筑设计中的应用可行性。参与者可在数字空间自由移动，根据自己的喜好选择、缩放和放置组件，并根据对所选组件的操作分配动态规则。组件的规模和放置位置完全取决于参与者，单独放置的组件将很快从VR空间中消失，除非它们与其他组件连接起来形成集群。集群中连接在一起的组件越多，它在VR空间中存在的时间就越长。该项目探索了在虚拟空间中展开沉浸式方案设计的可能性，为建筑师基于虚拟现实技术的方案设计提供了指导借鉴，获得了Archiboo Web Awards评选的"最佳科技

① Studio Lynn. HoloLens[EB/OL]. (2022-10-24)[2024-12-17]. https://www.studiolynn.at/.
② JAHN G, NEWNHAM C, BERG N, et al. Making in mixed reality: holographic design, fabrication, assembly, and analysis of woven steel structures[C]. Proceedings of ACADIA, Mexico City, Mexico, 2018: 88-97.

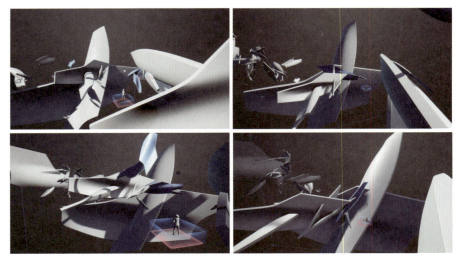

图6-58　Correl VR项目中沉浸式方案调整体验

应用奖"[①]。

　　鉴于虚拟现实技术能够提供身临其境的空间体验感的优势，一些研究项目尝试将建筑物理环境可视化分析图表叠加至虚拟空间环境中，用以辅助建筑设计中空间品质的提升。2019年，帕也特建筑事务所（Payette Associates）、SHoP建筑事务所（SHoP Architects）、基尔兰和汀波莱克（Kieran & Timberlake）建筑事务所与罗德岛设计学院（Rhode Island School of Design）设计了一个辅助建筑师声学设计的交互式虚拟现实系统"声空间"（sound space）（图6-59），它将建筑方案的室内声环境进行可视化展示，为建筑师提供直观的声环境认知，以启发其方案设计。该系统结合了建筑信息模型、建筑声学模拟与虚拟现实技术，将无形的建筑室内声环境转化为可视化图像，使建筑师能够在沉浸式环境下直观地感受建筑设计方案的声环境特征，为方案的修改调整提供了参考依据[②]（图6-60）。

　　与此同时，面对使用者空间感知的差异问题，

图6-59　"声空间"中声波的可视化

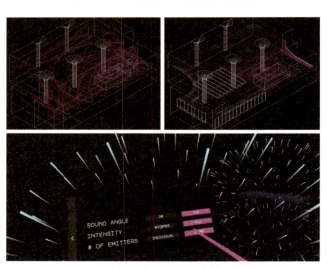

图6-60　建筑室内声学模拟与声波可视化界面

① ZAHA-hadid. Project Correl [EB/OL]. (2022-10-24)[2024-12-17]. https://www.zaha-hadid.com/architecture/project-correl/.
② HAHM S. Sound space: an interactive VR tool to visualize room acoustics for architectural designers[C]. Proceedings of ACADIA, San Diego, USA, 2019: 346-351.

一些创新性的研究开始将使用者的空间感知情况进行可视化处理，并进一步将这些数据整合到虚拟空间环境中，为建筑师的空间设计推敲提供指导性反馈。2020年，Neomorph工作室与NS Interiors事务所设计了一套建筑空间情感计算虚拟现实系统（图6-61）。该系统采用行为数据采集与虚拟引擎图像渲染方法，利用游戏技术将使用者对空间的感知表达为兴趣热图。该系统采用脑机接口（brain-computer interface，BCI）与眼球跟踪（eye-tracking）硬件，获取使用者面对不同空间形态图片时的移情反应。基于Unity游戏引擎以体素全局照明（voxel-based global illumination，VGI）方式对建筑空间进行实时渲染，得到兴趣热图（图6-62）。这一系统有助于建筑师根据使用者对空间的感知情况调整设计方案，从而营造更为宜居的空间环境[1]。

图6-61　建筑空间情感计算虚拟现实系统　　　　　　图6-62　测试得到的多样化结果

随着数字化产品的快速发展，虚拟空间为人们带来前所未有的强体验感和多维度感官享受，日益受到人们的广泛欢迎。在这一背景下，建筑师面临新的挑战与机遇，需要探索设计沉浸式的VR体验建筑作品，为客户创造虚拟世界中多维度、高保真、强舒适性的质感体验。2019年，扎哈·哈迪德虚拟现实组（Zaha Hadid Virtual Reality Group，ZHVR）与L-Acoustics Creations公司合作完成了LOOP休息室（图6-63）的方案设计，将L-Acoustics沉浸式声音艺术（L-ISA）的最高分辨率音频与扎哈·哈迪德事务所的标志性设计语言相结合，力求打造音乐会级体验（图6-64）。LOOP在形态的设计上采用曲线几何形式，无缝结合L-Acoustics技术，将设备抬离地面并辅以照明的调节，打造出漂浮于空中的效果。饰面材料选取手工木材与碳纤维，以期提供最佳的声学性能。该项目充分发挥了建筑师的主观能动性，通过实体空间的设计为虚拟世界的视听体

① BARSAN-PIPU C, SLEIMAN N, MOLDOVAN T. Affective computing for generating virtual procedural environments using game technologies [C]. Proceedings of ACADIA, Online, 2020: 120-129.

图6-63　LOOP休息室

图6-64　LOOP休息室的沉浸式体验

验赋能[①]。

　　建筑师打造优质虚拟空间体验的方式不仅局限于物质实体对虚拟体验的加持，虚拟世界的数字化元素也可以反过来作用于实体建筑空间，从而带来意想不到的空间体验效果。teamLab是一个跨学科领域的艺术团队，由艺术家、程序员、工程师、CG动画师、数学家、建筑师等跨领域专家组成，通过团队创作探索艺术、科学、技术、设计及自然界的交汇点，旨在通过艺术探索人类与自然、自身与世界的新关系。该团队通过与机场、酒店、商场等公共空间的合作，巧妙地将虚拟世界中的艺术融入实体环境，为观众带来独特的沉浸式体验。这不仅重塑了实体建筑空间的效果，还营造出具有视觉震撼力的氛围，使虚拟与实体空间无缝对接，形成了一体感、无边界的个性化空间。2018年，该团队打造了一个名为teamLab Planets的主题展览，展览由四个巨大的作品空间和两个庭园作品组成，营造出独特的沉浸式艺术环境。包括可置身于水中参观的美术馆

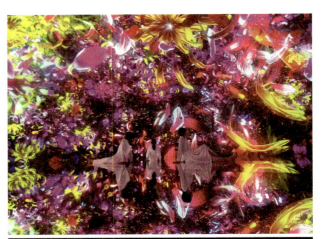

图6-65　teamLab Planets主题展

和与花朵融为一体的花园，通过沉浸式体验模糊身体与作品间的界限[②]（图6-65）。

　　2020年新冠疫情在全球范围暴发，人们的生活方式受到了巨大影响，许多原本在真实物质世界中进行的活动被迫转移到赛博空间，即虚拟世界中完成。这一转变不仅仅是一种临时的应对措施，它实际上正在潜移

① ZAHA-hadid. Loop immersive sound lounge[EB/OL]. (2020-10-24)[2024-12-17]. https://www.zaha-hadid.com/design/loop-immersive-sound-lounge/.
② Teamlab. Exhibitions[EB/OL]. (2022-10-24)[2024-12-17]. https://www.teamlab.art/zh-hans/.

默化地影响人们的行为模式，使得人与虚拟世界之间的联系变得前所未有的紧密。为了追求更加接近真实物质世界的空间效果，一些设计师开始积极探索和创新，为人们在虚拟世界中的沟通提供身临其境的空间体验。这种体验不仅仅是对真实环境的模拟，更是对人们感知和交互方式的一种全新拓展。通过这些设计，人们可以逐渐习惯于在赛博空间中生活和工作，这也标志着一种全新的生活方式正在逐渐形成。2020年，SpacePopular事务所设计了全球首个建筑学VR会议厅（图6-66），替代传统的线上会议形式，通过VR技术使参会的建筑师可以进入虚拟空间展开活动。该会议厅由九个虚拟房间组成，用于举办多种活动，如圆桌讨论、演讲、颁奖典礼等。会议厅的设计灵感来源于巴塞罗那的网格状街道规划，采用九宫格的形式进行空间设计。参与者可通过链接进入会议厅，选择自己的身份，并在空间中体验听报告、看展览等活动，并有机会偶遇空间中的其他人，从而打造了一种全新的社交方式[1]（图6-67）。

图6-66　虚拟会议厅

图6-67　虚拟会议厅中的角色与活动

　　马克·艾略特·扎克伯格（Mark Elliot Zuckerberg）作为社交网站Facebook的创始人，对虚拟空间中的社交方式产生了浓厚兴趣。他宣布将Facebook改名为"Meta"，标志着公司正式转型为一家专注于"元宇宙"的公司。扎克伯格认为，"元宇宙"是一个最大化的、相互关联的虚拟体验集，它利用VR、AR、区块链、AI等技术创造了一个平行于现实世界的虚拟空间。"元宇宙"（Metaverse）一词源自于1992年美国科幻作家尼尔·斯蒂芬森（Neal Stephenson）的科幻小说《雪崩》（*Snow Crash*）。书中描述了一个平行于现实世界的虚拟数字世界——"元界"，人类以"avatar"数字替身的身份生活其中。自21世纪20年代以来，"元宇宙"概念重新兴起，成为将虚拟与现实更紧密地联系在一起的新型技术，并已渗透于多个领域，其中也包括建筑领域。在建筑领域，"元宇宙"被视为共享的三维虚拟空间，它依托互联网的快速发展而迅速崛起。扎克伯格强调，"元宇宙"中的两个核心要素是虚拟替身与个人空间，共同构建了"元宇宙"的基石。建筑作为联系人与空间的互动纽带，在"元宇宙"中同样扮演着举足轻重的角色。而建筑师，作为建筑的创造者，其专业技能和创造力势必会在"元宇宙"世界中发挥重要作用。随着"元宇宙"的不断发展，建筑师们将面临

① FUNDACIÓN A. Inflexión P[EB/OL]. (2023-03-13)[2024-12-17]. https://fundacion.arquia.com/mediateca/filmoteca/p/Conferencias/Detalle/787.

新的机遇和挑战，需要在虚拟空间中重新定义建筑的设计、功能和交互方式。一些国际知名建筑事务所已经敏锐地捕捉到了这一趋势，纷纷在"元宇宙"平台展示自己的设计作品。这些作品风格前卫，不受现实世界的过多限制，充分展示了在"元宇宙"中的无限创意和可能性，也为未来建筑设计领域的发展指引了方向。

2021年，扎哈·哈迪德事务所在迈阿密海滩巴塞尔艺术展上推出了NFT（Non-Fungible Token，非同质化代币）主义"元宇宙"画廊（图6-68），旨在通过举办NFT主义艺术展览来探索虚拟世界中的建筑和社交互动，采用流体几何式解构主义风格，强调用户体验、社交互动和"戏剧化"构图。画廊结合空间设计、大型多人在线游戏（Massively Multiplayer Online Game，MMOG）与交互技术服务，为观众带来新颖的体验感，支持多样化的新型数字艺术产品（图6-69）。"元宇宙"虚拟画廊的沉浸式、互动式与社会参与式特点，引领了未来建筑对话"元宇宙"的发展趋势[①]。

图6-68　NFT主义"元宇宙"画廊

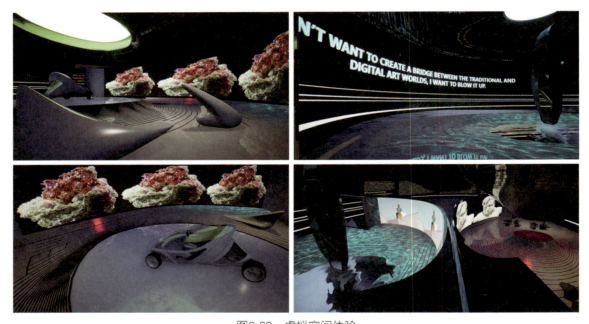

图6-69　虚拟空间体验

① ZAHA-hadid. NFTism at Art Basel Miami Beach[EB/OL]. (2021-12-14)[2024-12-17]. https://www.zaha-hadid.com/design/nftism-at-art-basel-miami-beach/.

6.3 计算推动下的万物互联新未来

计算性技术，作为理性的代表和技术内核，在建筑和城市设计研究与实践中发挥着重要作用。与之前探讨的建筑技术历史中的代表性技术内容相比，这种延伸还体现在建筑和城市设计与实践中操作流程的连续性上。如果性能模拟和算法生成是对已知人居环境系统的肢解、分析和重构，那么万物互联则在此基础上进一步聚焦于对人工环境系统的技术改造和功能升级。万物互联通过分布式智慧终端与人居环境的深度融合，实现了环境性能的动态诊断和精准调控。它不仅能够实时分析人的行为对环境的影响，还能解析复杂环境数据之间的交互机理，从而实现对人居环境中不同影响要素的多维时空分析。基于这种深入分析，万物互联能够精准地调节能量流动，确保人居环境满足人类的宜居需求。这不仅是对人居环境系统的一次技术革新，更是对未来生活方式的一次深刻重塑。

在未来，计算性技术的发展将展现出新的趋势和挑战。一方面，它将朝着多系统共存耦合的范式进行转变，这意味着不同的计算系统、数据平台和技术应用将更加紧密地集成和协作，形成一个更加复杂而统一的计算生态；另一方面，计算性技术也需要迎合自然经验，这意味着技术的发展不仅要追求高效和精确，还要更加注重与人类直觉、感知和行为的契合。为了实现这一目标，计算性技术需要形成更为通用的框架，这些框架应该能够容纳多样的数据和模型，支持灵活的计算和推理方式，并且能够与人类的知识和经验进行有效对接和交互。

6.3.1 多系统耦合计算下的万物互联

在万物互联的推动下，建筑正不断趋向一种多系统耦合的状态，并且在各自阶段对不同终端进行智能化组织。这种智能化组织不仅提升了建筑内部各系统的协同工作效率，还使得建筑整体具备了自控、自组织、自适应、自进化的特性，从而趋向成为一种复杂的系统。万物互联技术，如同英国哲学家亚当·斯密（Adam Smith）在《国富论》中所提出的"看不见的手"一般，正以其独特的智能驱动方式引领着建筑系统和环境系统之间的互动与进化。建筑系统能够实时感知外部环境的变化，并根据这些变化自主调整自身的结构和功能，以保持最佳的运行状态。同时，万物互联技术也在重构着人居环境组织内容。传统的人居环境往往只关注建筑本身的设计和布局，而忽略了建筑与环境之间的动态关系。然而，在万物互联的时代背景下，人居环境不再是一个静态的概念，而是一个动态、智能、自适应的生态系统。

复杂系统，作为系统智能的最高称谓，其核心特性体现在智慧性、有机性和高效性上。这些特性的实现，需立足于系统内部不同组成要素之间的信息互动。在复杂系统中，每一个组成要素都扮演着重要角色。它们之间彼此关联、相互影响，共同构成了系统运作的基石。这种信息互动不仅保证了系统内部的协同工作，还使得系统能够适应外部环境的变化，展现出强大的自适应能力。智慧性、有机性和高效性，这三者相辅相成，共同构成了复杂系统的独特魅力。智慧性使得系统能够像人一样进行思考和决策，有机性则保证了系统内部的各部分能够像生物体一样协同工作，而高效性则确保了系统在处理信息和执行任务时的速度和准确性。

复杂系统科学首创者之一、著名科学家约翰·米勒（John H. Miller）在其研究中明确提出了"复合系统"（complicated worlds）和"复杂系统"（complex worlds）两个概念，并深入阐述了两者之间的本质区别。复合系统，其内部的构成要素之间保持着一定程度的独立性。这意味着，在复合系统中，各要素虽然相互关联，但彼此之间的依赖程度相对较低。因此，当移除某个要素时，虽然会降低系统的复杂性，但不会对整个系统的运作造成混乱甚至颠覆性影响。复合系统具有一定的稳定性和鲁棒性，能够容忍一定程度的要素变动。然而，复杂系统截然不同。在复杂系统中，内部组成要素之间具有强烈的依赖性。这种依赖性是复杂系统能够实现多种与环境互动功能的基础。复杂系统中的各要素紧密相连，彼此之间的相互作用和影响构成了系统的整体行为[1]。这些差异使得我们在面对不同类型的系统时，需要采取不同的分析和应对策略。对于复合系统，可以更加关注其构成要素的独立性和系统的稳定性；而对于复杂系统，则需要更加深入地理解其内部要素之间的相互作用和影响，以及系统对环境变化的适应性。

　　同样，建筑被嵌入以物联网技术为内核的万物互联系统时，其整体性质发生了根本性转变。建筑不再是若干不同且相互独立的子系统的叠加，而是内部各系统彼此依赖和耦合，共同维持建筑整体的有效运作。这种互联性使得建筑能够面对环境变化和使用者行为作出及时的自我调整，从而提供更加舒适、高效和可持续的使用体验。在此技术范式下，互联系统中的不同子技术在使用上的任何调整，都会对建筑设计、建造、运维等所有环节产生深远影响，并导致不同的技术效果。这些子技术之间并非孤立存在，而是彼此具有不同程度的共线关联性。这种关联性使得子技术之间的相互作用变得复杂而多样，进一步加剧了使用效果的多样性和差异性。具体来说，子技术的调整可能会影响建筑设计的理念、方法和技术选择，进而影响建筑物的功能、性能和外观。在建造阶段，子技术的调整可能会影响施工工艺、材料选择和工程进度，从而对建筑物的质量和成本产生影响。在运维阶段，子技术的调整可能会影响建筑物的维护、管理和使用体验，进而影响建筑物的寿命和价值。

　　因此，对于互联技术的使用效果，需围绕其整体效应进行测试。为了实现这一目标，我们可以基于复杂系统科学下的计算建模方法，对建筑复杂系统展开信息模型的有效建立。通过建立信息模型，我们可以模拟建筑主体在不同组合条件下的运作情况。这种模拟方法使我们能够分析模型在不同条件下的运作效果，并探究其背后的不同抽象含义。例如，我们可以观察不同技术组合如何影响建筑的能耗、舒适度、安全性等关键指标，以及这些指标如何随时间和环境变化而变化。通过这种深入分析，可以揭示不同技术的使用方法对建筑主体在其生成和运行中的影响程度。这不仅有助于我们更全面地理解互联技术及其子技术的作用机制，还可以为我们在实际应用中做出更明智的技术选择提供有力支持。因此，围绕互联技术的整体效应进行测试，并基于复杂系统科学进行建模分析，是我们在当前技术范式下推动建筑领域创新发展的重要途径。

---

① 约翰·H. 米勒，斯科特·E. 佩奇. 复杂适应系统：社会生活计算模型导论[M]. 隆云滔，译. 上海：上海人民出版社，2012：10-11.

6.3.2　融合自然经验的通用万物互联

在动态自适应数字表皮、机器人建造和虚拟现实等技术的介入下，建筑设计的表现特性正逐渐发生变化。这种变化趋向于关注环境能量信息、人工合成材料及结构静力中的动态调和，从而创造出异于自然属性的数字异托邦。这种具有鲜明技术特征的人机交互产物试图将其应用效应转化为一种精神或文化，并渗透于当下的数字审美趋向和潮流之中，呈现出数字时代的社会发展面貌。换句话说，万物互联技术的运用本身会催生一种适应其技术特征的新型建筑学范式，这种范式将创造出一种新的建筑学理念，它不再依附于传统的建筑空间营造理念和方法，而是独立发展，自成一体。这一观点与美国纽约州立大学石溪分校教授唐·伊德的"放大—缩小"结构（amplification-reduction structure）理念一致。他认为，在人机交互的过程中，技术作为中介，不仅改变了我们的感知方式，还通过放大现实的特定方面，同时减少了我们对其他方面的关注。唐·伊德的"技术的意向性"（technological intentionality）观点非常具有启发性。他通过红外相机的例子，展示了技术如何改变我们的感知方式，使我们获得不同于肉眼感知的视觉体验。这种体验的转变，实际上揭示了技术在"终结"我们与现实之间的传统感官联系的同时，也在不断地重新塑造和定义我们所感知的事物的属性。唐·伊德所说的"技术的意向性"，正是指技术这种内在的、改变我们感知和现实世界的能力[①]。技术不仅仅是一个中立的工具，它实际上在引导我们如何看待和理解世界。因此，我们需要更加深入地思考技术对我们感知和认知的影响，以便更好地利用技术，同时避免其可能带来的误导或偏见。传统建筑学强调人类与自然的紧密联系，追求设计与自然环境的和谐共生，探索通过建筑实现身体与自然之间的调和，让居住者能够更加敏感地感受自然的存在，并强化与自然的关系。然而，现代技术，尤其是那些与自然割裂的互联技术，所创造出来的体验可能与传统建筑学的理念相悖。这些技术终结了我们的感知，使我们与自然的直接联系变得模糊，甚至可能削弱我们对自然的敏感度和感知能力。因此，对于技术的开发和应用，我们应该始终保持批判态度。万物互联的技术框架需具有多重通用性和多重稳定性。为了保证这一点，我们需要确保万物互联技术不仅仅在单一维度上发展，而且能够在多个维度上发挥其效用，同时保持与传统建筑空间中所重视的自然环境调和方法的和谐。具体来说，万物互联技术应该既能够尊重和保护自然环境，又能利用复杂系统科学的模拟与分析手段，确保建筑系统、人体系统与内外环境系统之间有序、科学地交互和运行。这意味着我们需要在技术设计时就充分考虑其对环境的影响，以及如何与人体和其他系统实现良好互动。为了实现这一目标，我们需要对万物互联技术进行深入的底层逻辑认知与归纳，理解其在不同环境视角下的应用方式和可能产生的影响。同时，我们也需要进行多样性的假设和资料总结，以便更好地掌控技术的发展方向和应用效果。

总之，万物互联技术的发展应该是一个多维度的、全面的过程，既要考虑技术的进步和创新，也要考虑其对环境、人体和社会的影响，以实现真正的可持续发展。

---

① 唐·伊德. 技术与生活世界：从伊甸园到尘世[M]. 韩连庆，译. 北京：北京大学出版社，2012.

下 篇
——
知行合一

7

计算性设计思维

思想走在行动之前，就像闪电走在雷鸣之前一样。——海因里希·海涅（*Heinrich Heine*）

设计科学是对人类真正意义上的研究。——赫伯特·亚历山大·西蒙[①]

将思维当作一门技艺而不是一种天赋，是不断提高自身思维水平的第一步。——爱德华·德博诺（*Edward de Bono*）[②]

机器不是一个中性的元素，它有自己的历史、逻辑和现象的组织观点。——朱塞佩·隆戈（*Giuseppe Longo*）

我们所使用的工具影响着我们的思维方式和思维习惯，从而也将深刻地影响着我们的能力。——艾兹赫尔·狄克斯特拉（*Edsger Dijkstra*）

作为人类最重要的活动方式之一，设计具有广泛而复杂的对象与内涵，对于其背后的思维模式，也存在尚未统一的多重理解。关于设计思维的讨论和研究诞生于第一次工业革命之后，旨在针对机械化与标准化生产所导致的产品艺术性丧失问题，探讨技术与艺术的结合方式与路径。

早在1966年，美国人工智能专家和认知心理专家赫伯特·亚历山大·西蒙（Herbert Alexander Simon）就在《人工科学》（*The Sciences of the Artificial*）一书中将设计视为一种思维方式，强调了由设计师主导的"问题概念化""选择、综合、决定"思维过程[①]。英国谢菲尔德大学建筑学院教授布莱恩·劳森（Bryan Lawson）将设计视为一种解决问题的过程，设计师经过专业训练可掌握其技巧，并发展出独特的思维与决策方式[③]。英国设计方法论大师奈杰尔·克罗斯（Nigel Cross）[④]和美国当代教育家、哲学家唐纳德·舍恩（Donald Schön）[⑤]等则通过细致的调查研究，探讨了具有高度创意的设计师的思维与决策方式和其他专业或普通设计有何不同。1987年，自哈佛大学设计学院院长彼得·罗（Peter Rowe）首次提出"设计思维"（Design Thinking）这一术语起，设计思维的概念得以正式确立[⑥]。随后，学者们尝试从不同视角针对设计思维的应用展开研究。例如，原卡梅隆设计学院负责人理查德·布坎南（Richard Buchanan）从应用范围的角度，探索设计思维在解决不明确的、复杂的棘手问题与模糊目标时所具有的潜力，并在《设计思维中的棘手问题》

① SIMON A H. The sciences of the artificial[M]. Cambridge: MIT Press, 1969.
② BONO E. Practical thinking[M]. London: Vermilion, 2017.
③ LAWSON B. How designers think: the design process demystified[M]. London: Routledge, 2005.
④ CROSS N. Designerly ways of knowing[J]. Design Studies, 1982, 3(4): 221-227.
⑤ BOGUMIL R J. The reflective practitioner: how professionals think in action[J]. Proceedings of the IEEE, 1985, 73(4): 845-846.
⑥ ROWE P G. Design thinking[M]. Cambridge: MIT Press, 1987.

（*Wicked Problems in Design Thinking*）中展示了从设计思维到创新的实现路径[1]。而随着美国斯坦福大学D. School设计学院提出"共情—定义—构思—原型—测试"五阶段模型[2]，设计思维成为一种创新方法论并广泛应用于各领域，鼓励设计师打破传统思维，以创新为导向，以用户为中心，对方案进行反复迭代与改进，以解决复杂的设计问题。

在人居环境设计领域，设计可以被理解为"有意识地形成适应特定目的和环境的人工物的过程"。与科学往往尝试通过"分析"与"符号化"来理解或解释事物的情况不同，设计关心的是如何通过探索复杂问题的不同解决方案来实现设计师的构想。因此，设计思维的对象通常指向不存在的未来人工物，即通过人的活动和人为干预而创作的具有可能性的事物，其思维本质既非科学发现，也非技术发明，而是设计构想。在城市与建筑设计中，设计思维中的构想或设计"意图"通常需要基于问题或需求产生，其目标是创造"结构与功能统一的人工物"，设计即为达到预想目标所进行的有目的的调整过程。工业4.0时代，数字技术与科技手段的强力冲击已颠覆传统的人居环境设计概念与思维模式，而数学、生物学等科学技术与系统论、控制论等哲学概念的发展也催生出新的空间形式与设计灵感。面对计算性趋向给人居环境设计行业所带来的前所未有的挑战与机遇，以下问题值得引起业界的关注和重视：数字技术为当下的城市与建筑设计行业提供了新方法与新工具，计算性设计更是开辟了人居环境设计实践的新领域，那么，这种跨学科的计算技术的融合与迁移会催生出怎样的设计思维模式，由此又会激发出怎样的新型设计范式？围绕以上问题，本章将尝试对数字技术和计算科学革命所引发的设计思维变革进行梳理和审视。

7.1 可计算的设计

7.1.1 何为设计

设计是一个被广泛应用于各领域但却缺乏统一定义的概念。英国学者约翰·克里斯托弗·琼斯（John Christopher Jones）曾将设计定义为"对人造事物做出的改变"[3]，并将其描述为"完成一项非常复杂的事关信念的行为"[4]。在科技快速发展的当下，其所引发的社会变革促使设计师颠覆原有的思维方式，以形成新的设计观念。在这一背景下，日本著名设计师原研哉（Kenya Hara）围绕设计中信息传达的本质功能，强调其并非一种技能，而是"捕捉事物本质的感觉能力和洞察能力"[5]。美国帕森斯设计学院教授布鲁斯·努斯鲍姆（Bruce Nussbaum）曾指出：20世纪90年代的创新意味着技术，而当今的创新却意味着设计，设计已成为选择的新标准[6]。数智时代的到来，促使我们重新认识和发现生活在其中的世界，反思技术工具演化与设计创

① BUCHANAN R. Wicked problems in design thinking[J]. Design Issues, 1992, 8(2): 5-21.
② LEWRICK M, LINK P, LEIFER L. The design thinking playbook: mindful digital transformation of teams, products, services, businesses and ecosystems[M]. Hoboken: John Wiley & Sons, 2018.
③ JONES J C. Design methods: seeds of human futures[M]. New York: John Wiley & Sons, 1970.
④ JONES J C. The design method: design methods reviewed[M]. Boston: Springer, 1966: 295-309.
⑤ 原研哉. 设计中的设计[M]. 纪江红, 朱锷山, 译. 济南: 山东人民出版社, 2006.
⑥ NUSSBAUM B. Annual design awards[J]. Business Week, 2005, 27(7): 62-63.

新之间的内在关系，建构全新的理论体系和思维方法。我们在审视这个时代设计的本质与现象时，需要首先回到"何为设计"这一基本问题的思考上来。

从词源学的角度，设计（design）与意大利语中的绘制（disegno）及法语中的计划或意图（dessein）、绘制或概述（dessin）同源，均来源于拉丁语designare，指"某种先于执行的创造性设想"。在英语中，设计既可以作为动词，又可以作为名词。《韦氏词典》中对设计的动词解释主要包括根据计划创造、执行或建造、在头脑中构想或计划，以及绘制图案或草图等；其名词解释则主要包括目的或意图、计划、初步草图和装饰图案等。《大不列颠百科全书》（第15版）中将设计解读为"为实现目的而进行的设想、计划和筹划，包括了物质生产和精神生产的各个方面"。

在古希腊的语言体系中，设计（σχέδιο）起源于词根σχεδου，该词根具有几乎、大约的含义，使得设计在具有不确定、不完整或不完美的含糊性特征的同时，蕴含着关于可能性或预期的意味。进一步对σχεδου进行追溯，其源于εχω（拥有、持有）的过去式εσχειν，将设计与过去失去或遗忘的状态间接地联系在了一起，与西方语境中的设计形成了某种对立关系。在西方文化中，设计含有进入未来寻找新的实体和形式的意思，常与创新性（innovation）、新奇性（novelty）等概念相关联。

从语言哲学的角度，巴西哲学家、媒介理论家威廉·弗鲁塞尔（Vilém Flusser）[①]在其所建构的设计理论中，特别强调了"设计"与"狡猾"（cunning）所指代的语境之间存在密不可分的关联关系，并将设计师称为"一个机灵狡猾的设置陷阱的策划者"。这一领域经常涉及的概念，如机械（mechanics）、机器（machine）、技术（technique）、工艺（ars）和艺术（art）等，也因其体现出人为活动对自然法则或原有状态的改变及其所暗示出的"欺骗"意味而与设计发生关联。

上述关联使得设计、技术和艺术等词汇得以在同一语境中建立起联系并加以讨论。虽然自文艺复兴以来技术与艺术之间便已存在明确界限：前者表现出科学的、定量的"硬"特征，而后者则呈现出与之相反的美学的、定性的"软"特征。但是，看似彼此抽离的"科技机械世界"与"美学艺术世界"，其本质都是通过思考去利用自然、改造自然，因此二者均与设计密不可分。同时，由于设计与技术和艺术之间各自存在的内在关联性，使之成为一种交流方式，架起连接二者的桥梁，并逐渐出现在更为广泛的有目的的价值创造活动中：对于工程师而言，设计是指对结构、设备、过程或系统进行的有意识的理性建构；而对于艺术家来说，设计源自于内心和灵感，具有强烈的个人色彩，充满对美学的想象力和不可知因素，设计的本质在于对文化和美学的思考与重塑。通过结合技术与艺术各自的思维方式和方法特征，设计推动新的文化形式的演进和发展。

从建筑与城市设计的角度来说，设计是一种在执行之前即已开始的设想和有计划活动，其创意既可以来源于过去又可以面向未来，其中不仅蕴含着人文主义内涵，而且涵盖了技术层面的相关知识。人们对设计的定义和理解，也随着不同的历史时期、哲学背景和文化语境而变化，但作为技术与艺术的结合，设计必须同时兼顾两个方面的问题，即实践层面的需求和理念层面的价值。前者指设计作为一种实践活动时所需关注的

---

① FLUSSER V. The shape of things: a philosophy of design[M]. London: Reaktion Books, 1999.

核心问题，包括使用者的需求与相关技术的限制，主要涉及人体工程学、结构力学、材料学等学科领域；后者则是将设计对象作为观点和理念的承载物，直接或间接地表达设计者的思想及其对世界的观察与理解，成为设计师与自然、社会及公众对话的媒介。

在设计的模糊属性和双重语境下，设计思维似乎成为一个隐性的、难以准确定义的过程。在开始对其本质进行剖析之前，对设计问题的模式和特征进行梳理和定义，有助于找到解析设计思维的支点。

7.1.2　设计问题的可计算性

7.1.2.1　设计问题的经典模型

自20世纪60年代兴起的"设计方法论运动"（Design Methodology Movement）起，许多研究者开始从方法论的层面对设计过程中所蕴含的规则和模型范式展开深入探讨，以期对设计过程的一系列步骤进行细分，并对设计问题的本质与逻辑结构进行界定。早期研究关注如何将科学思维与系统论、运筹学等新兴学科引入设计领域，以得出科学、理性、合乎逻辑的设计程序、过程框架和方法论，这一阶段奠定了设计方法论的基础。后续研究在此基础上进行了反思和拓展，研究者们认识到设计的本质是一个开放的、不断解决问题的过程，设计问题与科学问题存在本质区别，从而进行研究重点的调整和转向，强调多领域的专家协作和公众参与。进而，受到存在主义、批判主义、结构主义、现象学、解释学等理论和方法的影响，设计领域的研究趋向多元。当下，随着以数字技术为核心的新兴技术工具的不断发展与进步，再加上全球亟待解决生态、能源、社会等方面危机问题的迫切需求，共同推动了设计理论、方法、技术和实践进入新的转型阶段。

在设计方法论的早期系统化时期，克里斯托弗·亚历山大就曾借鉴图论（Graph Theory）的相关学说来系统描述设计问题[①]。其在著作《形式综合论》中指出，"今天越来越多的设计问题已到了一种不可解的复杂程度。我们应寻找一种简洁的方法，来将复杂问题记录下来，并将其拆解为较小的问题"。据此他提出了设计问题的树状结构模型（图7-1）及"分解—综合"的设计过程模式，即将一个问题分解为若干次级问题，并进一步分解为若干子问题，对子问题逐个攻破后进行综合归纳，以形成对初始问题的解答。但是，实际设计

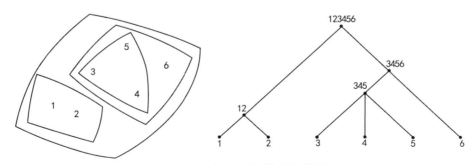

图7-1　设计问题的树状结构模型

① WEST D B. Introduction to graph theory[M]. Upper Saddle River: Prentice Hall, 2001.

问题的复杂程度远超于此,子问题中各元素之间并不是像树状结构那样具有明确的相互独立或包含的关系。因此,亚历山大在随后发表的《城市不是一棵树》(*A City is Not A Tree*)中进行了修正,提出了更为复杂的网状结构模型(图7-2)[①],由此,对设计方法论的研究转向了对设计思考的系统认知和复杂设计问题的解决上。

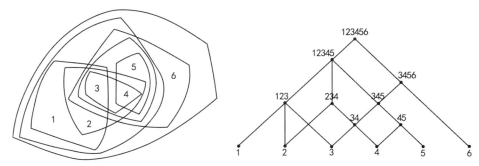

图7-2　设计问题的网状结构模型

德国设计理论学家霍斯特·里特尔(Horst Rittle)和麦尔文·韦伯(Melvin Webber)[②]在对现实设计问题进行考察后,于1973年首次提出了"棘手问题"(wicke dproblems)的概念,意指由于难以识别的不完整的、矛盾的和不断变化的要求及其复杂的相互依赖性而无法用简单方法解决的复杂问题。"棘手问题"无法进行明确的定义,且相互之间存在复杂的内在联系,因而也不存在解答的标准或最终明确的结论。该类问题无法像"驯服问题"(tame problems)那样通过科学方法来解决,因此,引入了基于问题的信息系统(issuebased information systems,IBIS)来进行处理。

如果说里特尔和韦伯是从设计问题的特征出发对其进行分析和解构,谢菲尔德大学教授布莱恩·劳森则从设计约束(design constrains)的角度建立了关于设计问题的完整思维模型[③](图7-3)。其对设计约束进行了全面定义,约束来源包括设计师、客户、用户或立法者,且"设计约束的每个来源,施加给解决方案的约束强度是不一样的——立法者施加的约束强度最高,最灵活的则来自设计师"。而约束类型则分为内部约束和外部约束两种。其中,内部约束主要影响设计物体自身内部元素(如不同功能的空间)之间的关系,外部约束则主要指设计物体(如建筑物)与场地之间建立联系的各项规范和限制条件(如场地的边

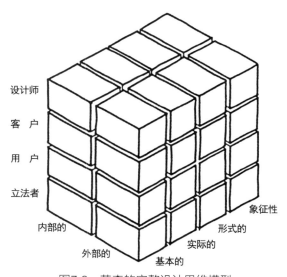

图7-3　劳森的完整设计思维模型

① ALEXANDER C. A city is not a tree[M]. Portland: Sustasis Press/Off The Common Books, 2017.
② HORST W J, MELVIN M R. Dilemmas in a general theory of planning[J]. Policy Sciences, 1973(4): 155-169.
③ 布莱恩·劳森. 设计思维:建筑设计过程解析(第3版)[M]. 范文兵,译. 北京:知识产权出版社,中国水利水电出版社,2007.

界、日照条件和街道文脉等）。相比较而言，内部约束由设计师主导，其自由度和选择度会更大。同时，设计约束具有基本的、实际的、形式的和象征的四项功能，分别对应设计的主要目的、生产建造过程中的现实条件及技术条件、设计物体的视觉组织（比例、形式、色彩和肌理等）和象征意义。基于设计约束的来源、领域及功能三个维度构成的立体思维模型作为解析工具，不会直接催生出某种特定设计方法，但会"帮助人们更好地理解设计问题的本质，辅助设计师建立一个适当的设计程序"，做出更恰当的决定。可以帮助我们理解如何处理不同约束源之间的关系、不同类型的设计师是否会侧重于关注不同的设计约束类型、哪一种约束是设计成功的关键等问题。

7.1.2.2 设计问题的计算拆分

人工智能领域的开创者之一、美国卡内基梅隆大学教授赫伯特·亚历山大·西蒙在其著作《人工科学》中指出，设计的目标是创造具备人们期望性质的人工物，创造人工物的设计过程即是以期望情形为目标而构想如何改变现存情形的思考与行动过程。该过程包含功能、目的和适应性三项要素。其中，功能指人工物的内部体系所具有的性质，目的指人们的目标或期望，适用性则是指其对外部环境的适应，三者共同构成了人工物及其环境的整体关系模型（图7-4）。在这一模型中，人工物的外部环境与内部体系呈现出约束性与适应性的双向互动关系，外部环境提供自然物质、社会人文和专业知识等方面的资源支持，内部体系也需同时满足其所限定的约束条件。

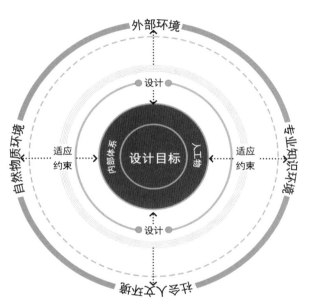

图7-4 人工物及其环境的整体关系模型

在人居环境设计中，同样需要界定与解决城市或建筑与外部环境及内部体系之间的约束关系。外部环境应考虑为实现人类可持续生存而需满足的遮风避雨、节能低碳、运营维护等性能要求，以及人的感知、舒适度、审美、文化等主观需求；内部体系则主要呈现为城市与建筑本体的几何形态和组织关系。在此基础上，结合数字时代的信息化、人工智能与算法技术，可将人居环境设计中的相关问题拆分为可被量化的离散问题和不可被量化的人本问题。其中，离散问题可以通过引入逻辑学、集合论、数论、图论及概率学等，借助算法语言、图表等方式对其进行描述与量化，进而实现设计对象的计算性生成；而人本问题通常涉及人的情感、体验、满意度等主观感受，难以用具体的数字或指标来衡量，更多地依赖于设计师的直觉和用户的反馈来进行调整与优化。

由此可以看出，人居环境设计具有高度复杂、多约束、多目标等特点，其与计算复杂性理论（computational complexity theory）中的非确定性多项式（non-deterministic polynomial，NP）问题相类似。所谓NP问题，即指在有限时间内仅能够验证一个正确解，而不能穷尽所有正确解的问题。后者被定义为P类问题，即易于求解与验证的问题，通常具有较为明确和高效的求解方法。因此，通过尽可能地将复杂设计问题拆分为多个简单P类问题，同时建构各子问题的关联关系，进而集成整合各子问题的解决方案，有助于保证整体设计方案的合理性和可行性。

拆分设计问题时，首先需要识别其中的核心子问题（如空间组合、形体体量、功能布局、人车流线、结构性能、环境性能、立面风格、经济成本等），并通过算法运用、数学建模及限制解空间等方法将其简化和抽象为独立、明确的P类问题，进而建立不同子问题之间的复杂关联，并通过多次迭代优化来逐步逼近或实现设计的最优解。设计师可基于其既有的文化、艺术、审美等方面的知识系统，对设计问题中的大量复杂约束进行主观梳理和策略甄别，并将其拆分为机械与灵活、模块与离散、局部与整体等的多层级问题。在此过程中，设计中的离散问题即可交由擅长大量重复计算和推理工作的算法与机器，通过对分层模块的程序化控制与演化算法的介入，辅助生成或寻求潜在的最佳解决方案；而擅长情感、综合的设计师则通过平衡城市、社会等多方因素形成设计判断和干预，以协同机器解决复杂设计问题。

因此，根据复杂人居环境设计问题的特征属性将其合理拆分为可用逻辑定义的离散问题和模糊、不确定的人本问题，有助于机器和设计师各自明确其角色分工并完成协同工作，最终实现设计任务的分步计算与综合寻优。

7.1.3　设计过程的模式解析

传统的设计理论通常将设计视为一种"黑箱"过程，设计及其评价往往是高度主观的，依赖于知识、经验和直觉，设计师无法解释、证明其决定和行动的合理化，是一个迭代的试错过程，因此无法建立一致的设计过程与步骤。相比较而言，若将设计定义为解决问题的过程，则可将其视为一种系统的、理性的活动，即对于每一个问题，都存在一个包含所有可能解决方案的解集，设计则是在这个解集中搜索满足特定目标的解的过程，通常包含了一个设计项目从策划、可行性研究到实体形成、最终使用的全过程中所发生的设计活动[①]。随着对设计过程的研究和认知不断深入，对其规律的归纳总结也在不断变化。在众多关于设计过程的理论研究中，较为经典的有分析—综合、猜想—分析及镜像互动三种模式[②]。

分析—综合模式是由约翰·克里斯托弗·琼斯、英国皇家艺术学院教授布鲁斯·阿彻（Leonard Bruce Archer）等学者基于系统论、运筹学等相关理论，于20世纪60年代提出的。对该模式的研究受到笛卡尔科学哲学认识论的影响，"将面临的复杂问题尽可能地细分，细至能用最佳方式将其解决为止"，并且"以特定的顺序……从最简单和最容易理解的对象开始，一步一步逐步上升，直至最复杂的知识"。设计被描述为通过分析来发现问题，进而对其加以综合解决，并形成最终方案的一个系统化的逻辑推理过程。莫里斯·阿西莫（Morris Asimow）[③]通过引入系统工程理论并结合信息传输术语，将设计过程概括为包括分析、综合、评

---

① 田利. 建筑设计基本过程研究[J]. 时代建筑，2005（3）: 72-74.
② 赵红斌. 基于设计方法论的建筑设计过程研究[J]. 建筑与文化，2014(6): 148-149.
③ MORRIS A. Introduction to design[M]. Upper Saddle River: Prentice Hall, 1962.

价与决策、优化、修改和补充等的若干步骤。琼斯的研究则是在系统论的基础上，运用逻辑与理性的设计方法作为传统以直觉、经验为基础的设计方法的有力补充，提出了包括分析、综合与评价三阶段的设计过程理论模型：首先拆解分析设计问题的各部分、关系因子及其子问题，分别得出解决方案，进而进行综合调整，形成最终设计方案（图7-5）。阿彻则重点探讨了系统设计方法与设计流程的相关问题，力求将设计过程的不同阶段纳入到一个序列中，在设计过程模型中提出了几个核心阶段，即制定计划、数据收集、分析、综合、发展和信息交流，各阶段交叠混合，形成非线性的反馈环（feedback loops）（图7-6）。亚历山大将分析—综合模式引入建筑设计中，参考现代数学和逻辑学理论，关注设计过程中的逻辑顺序问题，并试图建立一套基于图解的理性的建筑设计方法。

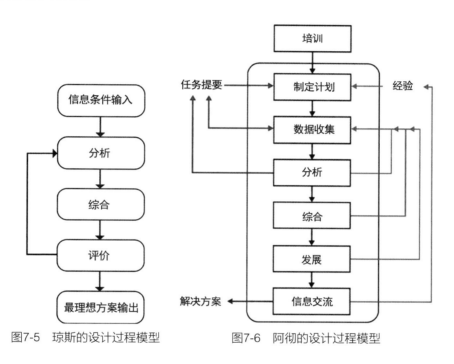

图7-5　琼斯的设计过程模型　　　图7-6　阿彻的设计过程模型

　　20世纪70年代后期，随着科学哲学研究的进一步发展，传统笛卡尔式的理性归纳哲学方法受到了质疑和挑战，奥地利裔英国哲学家卡尔·波普尔（Karl Popper）提出的观察—猜想的哲学观点则为设计方法论的研究带来新思路。他认为由部分推论整体的归纳法得出的结论具有一定的偶然性，科学的逻辑应从问题而非经验开始。无论是科学家还是设计师，在面对问题时，都会进行各种猜测与设想，进而进行严格检验，经受住检验的理论被保留下来。受到波普尔作品《猜想与反驳》思想的影响，英国伦敦大学学院教授比尔·希利尔（Bill Hillier）提出了建筑设计中以假设（猜想）—综合—评价为核心的猜想—分析设计过程模型[①]。他主张设计是一个需要先行构想的活动，设计师以其所掌握的"潜伏的工具"（设计师的经验与知识，包括工具性知识、信息密码、偶然性对比、隐喻或"灵感"等）作为基础进行预感、猜测或假设，进而形成设计方案，并

① HILLIER B, O'SULLIVAN M P, MUSGROVE J. Knowledge and design[M]. 1984.

对其进行验证。随后，简·达克（Jane Darke）通过访谈法对该模型进行了进一步补充研究，他认为，在设计过程中设计师首先会在"原始动机"（primary generator）的诱导下提出猜想，然后再进行测试与分析，并由此补充提出了动机—猜想—分析模型[①]（图7-7）。

前述两种模式主要受到科学哲学观变化的影响，重点在于对设计过程的系统建构。其后，方法论的研究重心逐步转向对设计主体——设计者自身的研究，包括其行为、思维意识和认知等。赫伯特·亚历山大·西蒙认为设计作为解决问题的一系列心智活动，其原点不是产生于资料分析、问题研究或成果评价，而是取决于设计者认识问题的能力及其预先存在脑海中的认知图示。劳森[②]通过展开大量观察与访谈研究后发现，设计过程中的各环节与步骤并非具有明确的独立时间，且不是按照特定顺序依次发生的，而是更接近于"问题与解决方案一起出现的过程"。根据上述发现，劳森的模型图体现出设计问题与解决方案之间的镜像互动关系（图7-8），分析、综合和评价行为均包含其中，各行为的发生并没有一个方向明确的流程[③]。

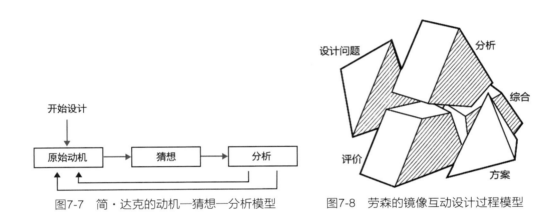

图7-7　简·达克的动机—猜想—分析模型　　　图7-8　劳森的镜像互动设计过程模型

可见，设计问题的复杂性和设计者的个性化因素使得"建立一种一劳永逸的顺序"[④]的想法难以实现。但是，具有普遍范式意义的合理的过程理论与灵活、可变的设计主体的个性化之间仍可实现充分协调。因此，可以将设计理解为一种涉及时间、空间和设计主体三方面的动态开放系统，形成具有不确定性的、非线性的循环过程范式。在该过程中，设计者首先需要通过资料搜索与初步分析明确不同层级的设计问题，进而针对各种设计问题形成概念性构思与解决方案，并根据评估反馈进行循环修改，形成对设计问题的解决方案组合。这一循环进化的协同过程即反映了设计过程的本质特征。

自20世纪60年代起，在启蒙文化思想和计算机技术的影响下，设计师开始通过算法将设计问题抽象为结构特征，并通过引入集合理论、结构分析和计算理论作为解决设计问题的工具。由于设计过程具有开放性，其中既包括基于理性决策的设计步骤，也包括非理性的决策步骤，因此设计中往往需要同时考虑大量约束条

① DARKE J. The primary generator and the design process[J]. Design Studies, 1979, 1(1): 36-44.
② 布莱恩·劳森. 设计师怎样思考——解密设计[M]. 杨小东，译. 北京：机械工业出版社，2008：46.
③ 布莱恩·劳森. 设计思维：建筑设计过程解析（第3版）[M]. 范文兵，译. 北京：知识产权出版社，中国水利水电出版社，2007.
④ BROADBENT G. Design in architecture: architecture and the human sciences[M]. Hoboken: John Wiley & Sons, 1973.

件。面对具有复杂性、不确定性及模糊性的设计问题，设计师无法找到一个适当的解决方案来满足所有的约束条件，因此，需要将算法引入设计过程，通过一系列有限的、一致的合理步骤，产生对明确问题的特定解决方案，或者探索模糊、不确定性问题的潜在解决路径。理论上，只要某问题可以用逻辑术语来定义，就可以产生一个方案来解决该问题的需求，算法可通过问题的语言表达实现对问题的描述与解决方案的传达。在计算性设计过程中，算法作为设计者与计算机之间的中介，以及处理问题的一种手段，能够为设计者提供超越其传统思维方式的提示、建议或替代方案，协同探索设计中不可预测的未知因素。设计作为一种系统的、有限的、理性的解决问题的过程，其每一个问题都存在一个包含所有可能解决方案的解空间，而处理问题的过程即可被描述为在此解空间中搜索满足特定目标的解决方案的过程。

7.2 智能时代下的设计思维

智能时代，随着计算机技术的发明、改进与广泛应用，其在数据挖掘、逻辑推理等方面显现出巨大的优势和潜力，已逐步成为人脑的延伸和扩展。传统以自上而下方式展开的、依靠主观决策的设计思维方式容易受到设计者自身能力的限制，导致设计过程与结果不确定性大。当下，在系统科学和复杂性科学思想的影响下，在计算机与信息化技术的催化下，借助进化计算、深度学习等人工智能技术，可以实现人居环境设计过程中的信息集成、关联建构和决策制定，从而高效集成建成环境信息，准确解析各设计问题间的非线性关联关系，展开多性能目标耦合下的自组织生成与自适应优化设计。在此基础上，人居环境设计思维呈现出系统化、信息化与智能化的特征趋向。

7.2.1 复杂性科学视野下的系统化思维

自20世纪起，一直以来在科学中占据主导地位的还原论在面对复杂问题时开始捉襟见肘，复杂性科学与复杂系统理论应运而生，为科学研究的发展指明了新方向。概括来说，复杂性科学的发展过程是人类对自然界复杂现象的认识过程及对复杂问题求解方法的探索过程。复杂性科学的研究是复杂而综合的：还原论与整体论相结合，微观分析与宏观综合相结合，确定性分析与不确定性分析并存，定性判断与定量计算并举，人工智能与专家智能并用。

在复杂性科学中，关于复杂性（complexity）的概念和定义一直是诸多学者持续研究并试图解决的问题。从语义的角度来看，复杂性源于拉丁词根plectere，意为缠绕、折叠、编织等，是系统自组织水平的衡量，具有"难以理解和解释、不清楚"等含义。赫伯特·亚历山大·西蒙则认为"复杂性是我们生活的世界的一个关键特征，也是共同栖居在这个世界上的复杂的关键特征"。自20世纪后半叶开始，复杂性的概念在如生物学、医学、社会学、经济学、计算机科学、人类心理学等诸多学科中广泛出现，罗伯特·文丘里也在其著作中提出了建筑的复杂性概念。从复杂性科学的角度来看，我们周围所能看到的事物表现出来的无限多样性（infinite diversity）和复杂性只能是组合（composition）的结果；从哲学观点看，复杂与简单是一种辩证关系，事物的复杂性是由简单性发展起来的；从系统的角度看，复杂性寓于系统之中，是系统的关键特性。

当前，对复杂性科学的研究主要针对有组织的复杂问题。随着复杂性科学的发展，复杂性的概念也不断涌现，其中，计算复杂性（computational complexity）以计算量、计算时间的耗费为主要衡量标准，代数复杂性以代数计算的次数为衡量标准，而语法复杂性是对形式语言的复杂性的测度。赫伯特·亚历山大·西蒙在其提出的分层复杂性的概念中强调了复杂系统的层次结构；而朗顿（C. Langton）则把复杂性理解为"混沌边缘"，认为复杂性出现于事物从有序向无序转换的过程中，或者介于有序与无序之间；美国近代遗传算法之父约翰·霍兰认为复杂性是一种隐秩序，认为适应性造就了复杂性，而复杂性就是系统的一种"涌现"。总体来说，复杂系统理论是研究复杂性与复杂系统中各组成部分之间相互作用所涌现出的复杂行为、特征与规律的科学。其发展过程中产生的系统论、控制论、信息论等系统科学理论，耗散结构论、协同论、突变论等自组织理论，以及混沌动力学、分形理论、复杂适应系统理论、开放的复杂巨系统理论等复杂性科学理论，对设计领域均产生了巨大影响，为复杂性的设计与建构奠定了重要的理论基础。

复杂性科学理论致力于模拟、再现复杂的自然现象或者解决实际生活中的复杂问题，其核心对象是复杂性问题。如前所述，人居环境设计中存在着多样化的复杂性问题，且相比于传统的城市与建筑设计，计算性设计往往具有更高的复杂度，在形态生成、功能分布、流线组织等方面都会面临一系列复杂问题。应用复杂性科学理论，并辅之以计算机工具，能够更好地理解和应对设计中的复杂性问题。

在复杂性科学理论中，较为重要且对设计思维产生深远影响的包括自组织理论、"涌现"理论、集群智能、复杂网络理论、混沌理论等。相比较而言，自组织理论描述的是自下而上地生成具有一定系统性的有序复杂形态的过程，是复杂形态生成的重要依据。"涌现"理论则更倾向于对结果的描述，忽略单元本身的形态特征，强调整体大于部分之和，注重复杂系统的整体性。集群智能强调的是在无中心管控的情况下，具有相近大小的个体所展现出的应对某些问题的群体智慧。

自组织理论主要从多个角度对自然界中大量存在的自组织现象进行分析和解释，并进一步提出模拟这些复杂现象的基本思路与方法。概括来说，自组织是"系统通过自身的力量自发增加其活动组织性和结构的有序度的进化过程"，不需要外界环境和其他外界系统的干预或控制。自组织的行为模式主要具有信息共享、单元自律、短程通信、微观决策、并行操作、整体协调、迭代趋优等特征。作为研究自组织现象与规律的理论集群，自组织理论包括耗散结构理论、协同学、突变论、超循环理论、分形理论及混沌理论等。其对自然现象（如鸟群迁徙、鱼群游动、反应扩散系统、涡流现象等）的模拟可以应用到设计的形态生成中。基于以上现象所建立的动态模型可以在大量子系统的反复作用中呈现出一种有序的适应性状态，并形成相应的空间结构，进而生成新的空间形态。

"涌现"理论讨论的是当某一整体或系统达到一定复杂度时，其所表现出的组成部分不具有的特征，系统高层次具有还原到低层次就不复存在的属性、特征、行为或功能。具有一定规模的复杂系统才会表现出自组织现象，而自组织现象和"涌现"在概念上具有很强的相关性，二者均用来描述系统自发形成复杂结构的过程，"涌现"侧重于系统所形成的新的宏观结构，而自组织强调的是形成复杂结构过程中各组分之间的相互作用。

集群智能（swarm intelligence）是无中心的、自组织的一种群体性行为。集群智能系统由若干个简单代理组成，通过代理之间的相互作用、代理与环境之间的相互作用构成。自然界中的蚂蚁寻路等现象都属于集群智能，该行为的本质在自组织系统中是一种基于群体的全局优化结果。这些系统的构成单元都是平等、一致的，各单元聚集在一起所表现出的群体性行为具有一定的智能化特征。在建筑设计中，集群智能通过单体形态的交互和忽略单体形态的代理模型两种主要模式加以展现。其中，单体形态的交互能够直接作用于几何形体，通过形体单元的形态变化来实现整体上的优化结果；在代理模型中，通过简单的交互规则，获得代理的变化数据，并利用这些数据实现形态生成。建筑设计中，集群智能的应用并不追求最为优化的结果，而是期待通过类似模型的建立获得若干一致、协调的形态结果，或者获得某一由系列形态结果组成的复杂群体形态。例如，皇家墨尔本理工大学教授罗兰·史努克设计的韩国丽水世博会主题馆方案（图7-9），以及苏梅恩·哈姆设计事务所（Soomeen Hahm Design）、伊戈尔—潘蒂奇工作室（Studio Igor Pantic）和Fologram公司合作设计的蒸汽朋克展亭（Steam Punk Pavilion）（图7-10），都是尝试探索基于集群智能逻辑的设计方法的实践案例。

图7-9　韩国丽水主题馆设计方案

图7-10　蒸汽朋克展亭

混沌（chaos）存在于很多自然系统中，如天气和气候，其核心特征为"并非随机却貌似随机"。在混沌理论中，混沌的含义并不是"无序"，而是更倾向于"难以预测"。对于一个动力学系统而言，如果同时具备"对初始状态敏感""拓扑传递性""有密集的周期轨道"三个要素，那么它就是一个混沌动力系统。混沌动力学理论包含蝴蝶效应（初始条件的极细微变化随着时间的推移会显著地影响系统的宏观行为）、函数迭代（无论经过多少次迭代也不会回到初始值的非周期点）等内容，其理论和公式模型能够直接应用于设计中的形态生成，并作为设计雏形直接加以利用。混沌设计提倡自由和开放的思维方式，强调打破既定规则，鼓励不确定性、随机性和自由性的设计创造。

总体而言，计算性设计在发展演化中受到科学思想推动，融合了系统科学、复杂性科学思想，形成了系统化的思维体系。基于系统科学与复杂性科学思想，计算性设计思维将人居环境系统解析为建筑子系统和环境子系统，温度、湿度、天空亮度、日照辐射变化等环境子系统扰动会改变人居环境系统平衡状态，并通过两组子系统之间的能量、物质交互逐步回归于平衡状态。因此，计算性设计思维具有鲜明的系统化和动态化特征，其系统化特征推动了建筑设计过程从建筑单系统主导向建筑—环境双系统协同转型，深化了建筑设计过程对人居环境系统的权衡响应；其动态化特征促发了建筑设计决策过程由自上而下主观决策过程转变为自下而上自组织与性能导向自适应相协同的建筑环境双系统动态耦合过程。

7.2.2　计算工具作用下的信息化思维

在计算性设计的语境中，"工具"通常被定义为执行操作的媒介，用来描述设计师与计算机的协同关系，其内涵涵盖控制（control）、支配（dominance）、技能（skill）和艺术技巧（artistry）等。作为一种逻辑机器，计算属于数学的一个特殊分支，在某种程度上可以追溯到柏拉图的《智者篇》（*Sophist*），其所关注的是形式逻辑原理在数学问题中的应用。形式逻辑研究的是思维结构，其与数学的耦合启发了如何运用代数符号表达自然语言。在跨越多个世纪后，这种融合了符号学的代数思想被整合到现代计算机中。而源自于数字计算的形式逻辑也为软件工具的可塑性提供了解释：在用户的交互界面之外，任何软件执行的基本操作都被转译为对由0和1两个数字组成的二进制代码的操作。

当谈及现代计算时，就不得不提到17世纪德国哲学家和数学家戈特弗里德·威廉·莱布尼茨的开创性工作。他从理性主义中的论证演绎和计算两个方面继承了前人的思想，认为计算机可以用来解决复杂的数学问题，甚至可以用来模拟人类的思维过程。他提出了"思维可计算"的思想与规则，其所开创的形式逻辑研究领域，以及为探索计算自动化而研制的计算机器具有重要的里程碑式的意义。历史发展到今天，我们更加清楚地认识到，复杂设计过程需要借助数字化的计算工具加以实现，但是计算机介入的设计过程不同于设计师的思考模式，而是以形式逻辑为基础，利用计算代替设计师的概念方案，通过检测假设与人机协作，自动完成设计任务并优化迭代出最后的结果，计算工具与设计师之间呈现出一种实验性的、开放的、迭代的关系。

为了更好地理解计算工具与设计之间的关联性，可以对计算的相关概念及其对设计的作用方式作进一步解读，主要涉及计算机化（computerization）和计算（computation）两个主要概念。前者指在计算机或计算机系统中输入、处理或存储信息的行为，涉及将模拟信息转换为数字信息的数字化过程，主要增加信息的数量和特异性；后者则指通过数学或逻辑方法进行计算的过程，是对不确定、模糊、不明确性的探索过程，旨在模拟、延伸或扩展人类的智力行为。由此，计算工具可以通过计算机辅助方法（computer-aided approach）或计算性方法（computational approach）两种方式融入设计思维过程中。

在计算机辅助方法中，计算机对于设计师来说只是一个运行程序的高级工具，用来产生复杂的形式，并控制其更好地实现；而在计算性方法中，算法和脚本技术根据既有属性和设计规则真正介入到设计过程中。从根本上说，二者的区别在于设计方法，而非所需运用的计算工具、技能或知识。在前一种方法中，虽然计算机可以通过调整参数来改变设计生成的几何形态，但并没有改变设计思维方式，计算过程也并不参与设计的黑箱过程，计算工具不与设计过程直接关联，而是通过计算实现设计师脑海中的设计构想。而后一种作用方式则"以类似于写作的逻辑方式"直接作用于设计过程，引发设计师对设计基本原型的重新思考，从而为其提供更多的创意和可能性，使得设计过程更加智能化和个性化。

为了充分阐明计算工具对设计思维过程的影响作用，可以将其置于理论、技术和实践的背景与语境中加以考察。前文曾经述及的伊万·苏泽兰开发的第一个用于计算机设计的图形系统Sketchpad引入了约束系统技术，使得用户在绘制图形时可以定义各种约束条件，并且Sketchpad会自动调整其他元素以满足这些约束条件。其在定义诸如参数化、关联性和基于规则的系统生成等基本计算方法方面堪称典范，共同构成了Sketchpad在计算方法方面的核心特点。通过其创新的技术和交互方式，极大地改变了设计师与计算机的互动方式，提高了设计效率和精确性，同时激发了设计师的创造力，对设计思维变革产生了重要影响。其后，鉴于设计问题中各种约束、需求和意图的多样性，计算工具的发展逐步倾向于如何模仿人类的思维过程和独创性方面，以期通过自动化设计将复杂的设计问题转化成特定的设计方案。对于设计师来说，计算提供了一个能够协调和影响设计信息数据集之间相互关系的框架，其过程是从元素属性和生成规则开始，通过形式衍生与动态优化，从而生成复杂的秩序、形式和结构，为复杂系统的设计和优化提供有力工具。

从上述过程可以看出，随着计算工具的演变和革新，其与设计师之间的关系已发生变化，由初期利用计算机系统输入、操作或存储设计师头脑中已经概念化的方案，转向通过输入代码和定义语法规则来整合设计师的设计意图与计算的复杂性，实现从"设计编程"到"编程设计"的跨越与转变。在过去的几十年中，从早期的CAD程序到高性能计算机图形、建模和动画系统，无论计算工具参与设计的结果如何，其对设计的影响都是显著和深远的，因为它重新定义了设计与工具之间的关系（图7-11）。在传统设计中，对工具的依赖程度是由设计者控制的，根据项目的需求和目标，决定使用哪些工具和方法来完成设计任务。然而，当使用计算工具时，其设计结果则会呈现出一定的不可预测性，并不完全处于设计者的控制之下。这从基础上挑战了工具的涵义及其运用方式，其执行结果的非预期性又作用于设计，扩展了设计决策行为的主体范围，通过引入非人类的决策主体，使设计决策背后的意图概念与设计过程本身相关联。

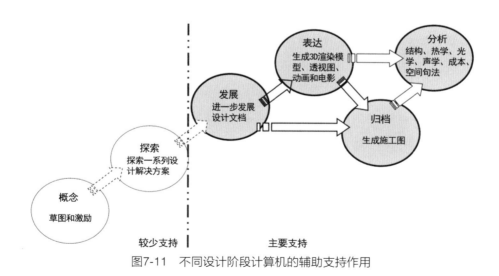

图7-11　不同设计阶段计算机的辅助支持作用

综上所述，随着大数据分析、图像识别、深度学习等方面的技术发展，计算工具在智能化方面取得了显著进步。这些技术的进步不仅提升了计算工具的处理能力，还使其具备了更高的自动化和高效化特征，促进了设计过程的自动化和智能化，同时也改变了人类对知识的获取和使用方式，从而增强了人类的设计思维与能力。

7.2.3　算法规则介入下的智能化思维

数字化与智能化的结合是信息技术发展的高级阶段。数智时代，计算工具的革新与影响作用带来了设计信息的复合化及形式创新的可能性，算法规则在其中起到了决定性作用，并一步步推动设计向智能化方向发展。在这一时代语境下，人工智能致力于实现非生物体人工系统对人类智能行为的仿真，旨在模仿人类逻辑思维、形象思维和灵感思维，从而展开创造性的活动。具体而言，人工智能在大脑扫描与心电感应方面的技术进步，为设计带来新的思维方式和设计工具，推动了计算性设计思维由物理场域下的系统化协同向涵盖心理、文化等的信息场域下多层次的复合系统化协同转型；同时，人工智能在图像识别、自然语言处理、大数据分析方面的技术发展，显著加强了计算性设计思维对自组织与自适应过程的解析能力，使得设计过程不再局限于传统的静态模式，实现了由设计阶段的动态化响应向全周期与即时性的拓展。

算法作为一种数学或逻辑机制，通过其精确而完整的描述，为解决实际问题提供了系统的方法和策略。对于已知目标的问题，虽然算法遵循的是人类思维领域之外的原则与机制，通过计算性思维，可以有效加以解决，将人类从机械性、重复性的劳动中解放出来，实现更为精准、高效的工作；而对于具有复杂性、不确定性及模糊性的其他问题，也可借由算法建立可行的解决方案。算法作为解决某一问题的计算方法，具有有穷性、确切性、输入项、输出项和可行性等特征，这些特征使得算法能够在有限步骤内终止，并且每一步骤都有确切的定义，从而确保算法的可靠性和有效性。算法的这些特性使其成为处理复杂问题的有效工具，尤其是在需要精确计算和数据处理的领域。例如，在数据分析、模式识别、优化问题等领域，算法通过处理大量数据和复杂计算能够提供有效的解决方案。此外，算法还可以应用于决策支持系统，帮助决策者基于数据和模型作出更加理性的决策。

在设计实践中，人类思维和计算机系统之间的协同作用是至关重要的。这种协同作用需要通过使用算法策略来实现，以确保人类思维和机器之间的互补和辩证的关系。因此，算法在人类思维和计算机处理能力之间扮演着重要的中介角色，在二者之间呈现出双向的解释能力：既是一系列解决问题的清晰指令，代表着用系统的方法描述解决问题的策略机制，又是一种将设计者复杂的思维过程转换为计算机可以理解和执行的操作的过程，从而实现问题的自动化解决。同时，通过算法的解释和可视化，设计者可以理解算法是如何处理数据和作出决策的，有助于评估算法的可靠性，以根据需要调整算法参数或改进算法设计。这种双向的交流和理解促进了设计者与计算机之间的交互，使得算法的应用更加广泛和有效。

从常用的算法种类来说，程序算法涉及大量常量、变量、分析、递归和随机性等。其中，常量、变量是程序的基本组成部分，用于存储和操作数据；分析则是对算法性能进行评估的重要手段，通过分析可以了解算法的时间和空间复杂度，从而优化算法性能；递归是一种重要的算法设计技术，用于解决一些可以通过分解为子问题来解决的复杂问题；随机性在算法中的应用，如随机化算法，增加了算法的灵活性和适应性，使得算法能够处理更多样化的输入和数据。

数学理性算法基于严谨的数学原理和逻辑推理，能够找到问题的最优解或近似最优解，在解决极值、最短距离等问题方面发挥着重要作用。而聚类（clustering）算法、分类（classification）算法、频繁项集

（frequent itemset）及概率图模型（probabilistic graphical model）作为数据分析和机器学习中的主要算法模型，在不同的应用领域发挥着重要作用。

聚类算法将数据按照一定特征进行分类，使同一组内的对象相似度较高，而不同组间的对象相似度较低，由此发现数据中的潜在模式和结构，以利于理解数据。常见的聚类算法如K-means、DBSCAN（density-based spatial clustering of applications with noise）、自组织映射算法等，常被用于流线分析或日常行为分类。分类算法将数据分类到既有的模式类别中，其目标在于通过学习数据集中的特征（属性）与标签（类别）之间的关系来预测新数据样本的类别，如人工神经网络、支持向量机、决策树、随机森林等，通常用于根据传感器数据进行行为类型识别。频繁项集用于挖掘出现频率高于特定阈值的项目组合或序列，以发现数据中的关联规则和模式，对理解数据特征、预测趋势及制定决策等方面具有重要作用，其中最具代表性的如Aprior算法、序列模式挖掘等，常被用于空间使用顺序关系及使用时段的相关度分析。概率图模型是一种用于建立不同状态间跳转概率的模型，在计算机视觉、人工智能、机器学习等多个领域均得到广泛应用，常用模型包括贝叶斯网络、隐马尔可夫网络等，主要用于建模和预测复杂系统中的行为。

在设计领域，常用的算法模型包括鸟群迁徙模型、元胞自动机、图论、最短路径算法等，帮助设计师更好地理解和解决复杂设计问题，提高设计的效率。其中，鸟群迁徙模型通过模拟鸟群在迁徙过程中的交互作用，展现群体智能和自组织现象，该模型包含的数据量大且维度丰富，可以用于模拟和优化复杂的系统行为，如在设计中模拟人流、物流等动态过程。由冯·诺依曼和乌拉姆最早提出的元胞自动机则是以统一的方形单元呈现出具有多样化和复杂性的整体系统，其核心内容是单元之间相互作用的规则，该模型可以用于模拟城市发展、交通流等复杂系统的演变过程，预测系统行为；用于研究事物之间关系的图论可以通过邻接矩阵表达设计中空间之间的拓扑关系，并进一步实现空间划分及其量化研究；最短路径算法是图论中的一个重要应用，用于寻找两点之间的最短路径，在设计和规划项目中广泛应用，如在城市交通网络中寻找最优路径。

如今，随着无线通信、嵌入式、微机电系统、片上系统等技术的发展，信息采集设备已经无缝集成到人们日常生活的各个领域。尤其是当物联网技术被嵌入到城市建成环境之中时，城市与建筑的功能不再仅仅局限于提供物理空间和场所，而将逐渐转变为数据的发生、采集、融合和交互中心，进而为使用者提供信息化服务。数据挖掘算法技术正逐渐成为多学科交叉研究的重要工具，特别是在建筑学、城乡规划学、社会学、行为心理学、信息学等领域，通过运用这些技术，我们可以更深入地理解和诠释人类的行为动机、行为模式及个性特征。

总之，智能算法在人机交流中的应用给设计师带来前所未有的机遇和挑战，推动了设计思维的智能化转型，促使设计师更加注重数据驱动和实验性的设计方法；通过分析和解读大量数据，能够更准确地理解设计需求，预测设计趋势，进而作出更加科学的设计决策。同时，算法模糊了理性科学与感性艺术的界限，这一现象体现了科技与艺术之间的交叉融合，不仅影响了设计成果的演化过程，还在时间和空间上展现了新的表达方式。在此过程中，设计师可以通过算法将传统的学科概念与新兴的技术文脉联系起来，利用算法的逻辑性和处理能力为传统学科注入新的活力，同时借鉴技术文脉中的创新元素，丰富设计的内涵与外延。

7.3　计算性设计的基本理念

数智时代，云计算、大数据、物联网、人工智能等数字和信息技术在短短几十年间迅速改变了人们生活的世界，通过现代化的技术手段颠覆了传统的时空观念，促使社会形成了全新的交往与协作方式，并深刻影响了人居环境的营造与建设理念。在人居环境设计步入全面多元化发展的今天，既往被奉为圭臬的传统设计思维已遭到严峻挑战，而科学技术与哲学思想的融合推动了人居环境系统的信息化转型，催生了计算性设计思想，使之成为突破复杂设计问题瓶颈、促进可持续理念下多系统协调耦合的重要方向。因此，为了将计算性设计思维有机融入人居环境学科领域，促发设计流程与策略重构，推动设计技术与工具革新，急需建构面向人居环境领域的计算性设计基本理念与框架。

7.3.1　概念界定

随着人工智能技术的不断发展，对计算性设计的研究与探讨相继展开，研究和实践领域的许多学者从不同角度对计算性设计进行了定义。

从设计过程的角度，MIT的设计和计算小组从宏观层面，将计算性设计定义为通过计算性思维、表征、感知和制造来构建设计意义、意图和知识的过程。葡萄牙里斯本大学（University of Lisbon）伊内斯·卡埃塔诺（Inês Caetano）、路易斯·桑托斯（Luís Santos）和美国肯特州立大学（Kent State University）安东尼奥·莱唐（António Leitão）三位学者则将计算性设计划分为四个具体过程：①自动化设计，主要基于演绎、归纳和抽象等过程来实现。其中，演绎指在知道其结果的同时对元素进行转换，归纳即推断所需的设计过程以获得特定的结果，抽象指通过去除不相关的信息来理解设计的基本特征。②完成并行化设计任务并有效管理大量信息。③以快速灵活的方式来整合变化。④通过自动反馈（如映射仿真结果等）协助设计人员完成找形过程[①]。

从设计方法的角度，以奥利弗·特斯曼（Oliver Tessmann）和多米尼克·扎辛格（Dominik Zausinger）为代表的德国达姆施塔特工业大学数字设计单元（Digital Design Unit，DDU）研究团队强调计算性设计是一种将计算机科学和数学方法应用于设计过程的方式，并在解读其定义时，排除了计算机辅助设计（CAD）、建筑信息模型（BIM）、数字设计（digital design）和数字化设计（digitized design）四类概念，强调了参数化设计、算法设计、组合设计、生成模型、进化优化、计算分析、找形、机器学习和自组织这九个相关概念，突出强调了计算性设计的跨学科性、过程性和创新性特征[②]。哈佛大学何塞·路易斯·加西亚·德尔·卡斯蒂略·洛佩斯（José Luis García del Castilloy López）和帕纳吉奥蒂斯·米哈拉托斯（Panagiotis Michalatos）则将计算性设计视为一个跨学科的方法，融合了计算机科学、计算几何和其他相关领域的知识

① CAETANO I, SANTOS L, LEITÃO A. Computational Design in architecture: defining parametric, generative, and algorithmic design[J]. Frontiers of Architectural Research, 2020, 9(2): 287-300.
② TESSMANN O. Collaborative design procedures for architects and engineers[D]. 2008.

与技术，强调算法和计算性思维在设计创新中的关键作用，为设计领域带来新的方法和可能性。澳大利亚斯威本科技大学达恩·斯托克斯（Dane Stocks）和昆士兰科技大学马德琳·斯温（Madeleine Swain）分别强调了数据和算法在计算性设计中的重要作用，前者强调了通过数据分析，设计师可以更深入地理解用户需求，预测设计趋势，从而作出科学的设计决策；后者认为算法是计算性设计的核心，不仅能够帮助设计师自动化处理烦琐的设计任务，还可以通过优化和迭代探索出更多的创新设计可能性[①]。

从设计工具的角度，美国计算机科学家彼得·詹姆斯·丹宁特别强调了创造新的计算工具和方法以解决复杂设计问题的重要性的观点[②]。马克·杜塞特（Marc Doucette）基于几个关键方面的共同点，深入阐述了计算性设计的基本问题[③]。

（1）参数设置：这是计算性设计的核心，涉及对设计过程中各种变量的精确控制和调整，以确保设计结果的准确性和可预测性。

（2）三维建模与可视化工具：这些工具在计算性设计中扮演着至关重要的角色，它们使得设计师能够以三维形式直观地展现和修改设计方案，极大地提高了设计的效率和效果。

（3）设计与数据：计算性设计强调数据与设计的紧密结合，通过分析和应用数据来优化设计方案，实现更科学、更精准的设计决策。

（4）生成设计：这是一种创新的设计方法，利用算法和计算技术自动生成设计方案，为设计师提供了更多灵感和选择。

（5）处理能力：强大的处理能力是计算性设计得以实现的基础，它使得设计师能够高效地处理和分析大量设计数据与模型，从而推动设计的不断创新和发展。

此外，意大利巴勒莫大学教授桑蒂娜·迪·萨尔沃（Santina di Salvo）对计算性设计进行了一个较为全面的描述。她强调计算性设计是一个融合了计算机科学、设计理论和实践的交叉领域。其核心在于利用计算方法和工具来辅助或增强设计过程，从而获得更高效、更有创造力和个性化的设计解决方案。她指出，计算性设计不仅关注设计结果的生成，还重视设计过程中的思维和方法。通过算法、数据分析和模拟等技术手段，设计师能够更深入地理解设计问题，探索更多的设计可能性，并作出更加明智的设计决策。这一描述揭示了计算性设计在当代设计领域的重要性和潜力[④]。

虽然来自不同背景的众多学者、设计师和计算机科学家等对计算性设计展开了广泛而深刻的讨论，但是，由于应用领域和学科认知的差异，其定义尚未达成统一共识，特别是缺少符合人居环境科学语境的系统定义。在此背景下，为积极应对当下人居环境建设的复杂挑战，笔者立足人工智能时代下行业发展与信息化

---

① SWAIN M. The evolution of computational design[J/OL]. (2020-05-20) [2024-12-17]. Australian Design Review. https://www.australiandesignreview.com/architecture/the-evolution-of-computational-design/.
② WING J M. Computational thinking[J]. Commuicatioins of the ACM, 2006, 49(3): 33-35.
③ DOUCETTE M. Computational design: the future of how we make things is tech-driven[EB/OL]. (2018-09-04) [2024-12-17]. https://www.visualcapitalist.com/computational-design-future-tech-driven/.
④ DI SALVO S. Computational design for architecture[EB/OL]. (2020-08-15) [2024-12-17]. Resilient Architecture. https://architetturaresiliente.com/computational-design-for-architecture/.

转型需求，结合团队十余年来在相关领域开展的科学研究与实践积累，依托算法、算力、算据的技术支持，提出如下计算性设计定义。

计算性设计是基于系统科学与复杂性科学思想，面向人居环境建设需求，以物联网多源信息数据为基础，应用神经网络与进化算法等人工智能技术，展开城市与建筑空间形态的自组织生成与自适应优化，生成城市规划与建筑设计方案的过程。

根据定义可知，计算性设计与传统设计存在较大不同。传统设计主要依靠主观决策思维，其设计过程通常遵循自上而下的方式。在此过程中，设计信息集成、关联关系建立及设计决策的制定是核心环节，但其中存在明显的局限性。首先是信息集成受限。由于设计者自身数据处理能力的限制，设计信息的集成往往不够全面和深入。其次是关联关系建立不确定性大。在建立设计元素之间的关联关系时，传统方法缺乏系统的分析手段，导致这一过程充满不确定性。最后是设计决策制定量化分析不足。制定设计决策时，往往缺乏充分的量化分析支持，影响了决策的准确性和科学性。而计算性设计基于系统科学与复杂性科学思维，以自组织生成与自适应优化流程为核心，展开信息集成、关联建构和决策制定；能够高效集成城市、建筑与环境信息，准确解析设计元素间的非线性关联关系，且权衡多性能目标制定设计决策。这一设计体系具有鲜明的思维与流程特征，高智能化程度的支撑技术可显著提升城市与建筑设计的精度和效率，是人工智能技术语境下的设计思维、方法与技术工具的创新探索。

7.3.2　理念层次

基于上述对计算性设计的概念界定，笔者团队提出如图7-12所示计算性设计体系框架，主要由思维基础、流程特征和支撑技术三部分构成。思维基础指系统科学与复杂性科学思想，强调整体、动态和非线性的思考方式；流程特征分为自组织生成与自适应优化两种思路；支撑技术则包括物联网大数据与人工智能技术等，为计算性设计提供强大的数据处理与分析能力。在该体系框架中，设计思维、流程方法和支撑技术之间相互依存、相互促进，共同推动计算性设计的不断发展和完善。其中，设计思维的发展需要方法流程的检验和相关技术的支撑，技术工具的创新又需要科学思维和方法流程的引领，换言之，科学思维为技术工具的创新提供方向和指引，而方法流程则确保创新过程的系统性和有效性。同时，方法流程本身也需要科学思维的指导和技术平台的支撑。具体来说，系统科学与复杂性科学为创新性的创造并实现复杂性的设计提供了坚实的思维基础，整体、动态和非线性的思考方式有助于科学拆解复杂的城市与建筑问题，在信息建模、性能预测与设计决策的不同层面，结合算法开发、设计找形，再到性能优化、数控建造等方法流程和技术工具，能够在城市与建筑设计、性能优化算法和机器人智慧建造之间建立连接与互补关系，实现更为高效与创新的设计。

在过去的几十年间，数字文化与计算机技术对城市和建筑设计产生了显著而深远的影响，始于早期的CAD技术，逐渐发展到今天以深度学习为代表的人工智能技术。在信息与通信的超级政权（super-regime）下，建筑已从传统的依赖经验与主观判断的设计实践转变为计算机驱动的计算性设计实践。面向具有不确定

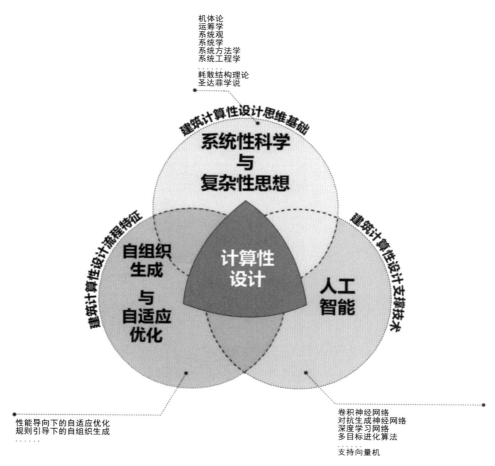

机体论
运筹学
系统观
系统学
系统方法学
系统工程学

耗散结构理论
圣达菲学说

建筑计算性设计思维基础

系统性科学
与
复杂性思想

建筑计算性设计流程特征

自组织
生成
与
自适应
优化

计算性
设计

人工
智能

建筑计算性设计支撑技术

性能导向下的自适应优化
规则引导下的自组织生成
......

卷积神经网络
对抗生成神经网络
深度学习网络
多目标进化算法
支持向量机

图7-12　计算性设计体系框架

性和模糊性特征的设计思维，计算逻辑可以提供一种依赖于人与计算机之间的交流能力的语言，以实现确定性与模糊性之间的互补。从上篇所述我们可以看到，设计中的计算表征可以追溯至更早以前，由建筑工程实践的模数序列计算和物理仿真分析，到石油危机促发的建筑环境交互机理量化分析研究，再到复杂性科学推动下的算法生成设计探索，每一步都见证了科学技术进步与工程难题攻关如何推动"计算"与设计的不断融合，为计算性设计的产生奠定了基础。21世纪以来，人工智能技术的飞速发展更是为计算性设计注入了新的活力，能够处理大规模的数据集，进行多环境耦合预测及多性能复合权衡，从而突破了计算性设计过程中的一系列瓶颈问题，并从复杂系统、时代技术和数字文化三个层面掀起了人工智能语境下的城市与建筑计算性设计发展篇章。

　　在复杂系统层面，城市与建筑作为人居环境中典型的复杂巨系统，涉及物质环境、非物质环境与人类活动的交织，承载着多重功能与属性。其中，城市中的环境、功能、技术、空间等子系统相互作用，共同推动城市系统的宏观"涌现"；建筑则通过与周围环境相互联系与相互制约，实现其对外部环境的适应与融合。这种复杂性体现在多个层面，包括人类自身的复杂性、自然与环境生态系统的复杂性，以及社会经济系统的复杂性等。城市与建筑系统作为人居环境建设的核心，面临人口、健康、气候、能源等多重挑战。规划师或建筑师需运用系统论思维，从整体出发，辩证处理人工物与自然环境的关系，平衡功能、形式与技术。同时，需重构多学科交叉方法，结合人工智能技术，寻求设计的最优解，以构建低碳、绿色、健康和可持续发展的城市人居环境。

在时代技术层面，在人类社会步入万物互联的信息与智能时代，大数据、物联网、云计算等技术的快速发展为城市与建筑的计算性设计提供了强大支持。算据、算法与算力的拓展与跃迁，不仅实现了人与物、物与物的介质互联，更促进了思维的互联。在这一进程中，人工智能不断创新与延展，通过信息转化产生动能，拓宽了可能性的边界，并将社会系统中的各要素紧密联系在一起。在此背景下，城市与建筑的设计研究正在发生转变，从基础数据的可视化展现逐步迈向对空间形态特征、空间感知及行为等问题的精准分析与高效评估。这一转变体现了行业对设计过程科学性和有效性的追求。正如墨尔本大学建筑学院前院长托马斯·凯文（Thomas Kvan）教授所言，"建筑与城市设计过去多依赖经验法则和灵感涌现，但在其效能影响上显得盲目。因此，未来的建筑与城市设计需整合新数据与新技术，以实现更高效而精准的设计导向"[①]。

在数字文化层面，我们正处在时代变迁的交叉口，受益于技术带来的高效率、稳定质量与强大竞争力，同时也面临着信息过载与人类思维局限的挑战。这促使我们反思技术革命与机器升级所造成的人机协作新模式，思考机器与人所形成的全新的关联性机体会如何扩展人类的感知、智慧与创造力，并进一步引发对人居环境营造的新需求与新框架的深入思考。瑞士苏黎世联邦理工学院教授法比奥·格马奇奥和马赛厄斯·科勒在《机器人之触：机器人如何改变建筑》（ *The Robotic Touch: How Robotic Change Architecture* ）一书中写道，"在当下的后工业世界中，只有对机械'界面'创造性地应用才有可能再次将物质——建造和人类个体的两个层面交织在一起……如是，工匠不会因为机器人的出现去而复返，反而是工匠传统中那些在当下仍然存续的文化能得到转换，并且通过数字建造的透镜被重新想像"[②]。

在信息与智能时代，人居环境学科群正在经历深刻变革，人工智能与机器技术的介入，不仅转变了对设计原则与基本属性的理解，还促使我们不断挖掘空间、材料、构造等的潜力，推动以计算视角重新思考未来设计的可能性。如今，通过"计算"与数字技术实现健康、舒适、安全、智慧的独一无二的设计，已成为信息与智能时代的驱动力量。

---

① KVAN T. Data-informed design: a call for theory[J]. Architectural Design, 2020, 90(3): 26-31.
② KOHLER M. The robotic touch-how robots change architecture[C]//Fiftyseven Ten Lectures Series at the Scott Sutherland School of Architecture (2018), 2018.

8
计算性设计理论

每一种技术都是一种社会建构：只有当技术供应与文化需求相匹配，且一项新技术与新的社会实践在同一技术—社会反馈循环中相一致时，创新才会发生。——安德烈·勒罗伊–古尔汗（*André Leroi-Gourhan*）[①]

在20世纪90年代的第一次数字浪潮中，借由数控技术的迅速发展与应用，设计师成功创造了一种新的文化、技术模式和视觉风格，促发建筑形态向复杂化与自由化特征转变，并推动了面向大规模定制需求的技术范式变革。而在当下的数智时代，方兴未艾的计算科学为解决城市建设中所面临的一系列复杂环境、经济、生活问题提供了有力的技术支撑。特别是人工智能技术的迅猛发展，激发了人居环境设计领域的智能化探索，逐步形成了融合数学理论、工程思维和计算机技术的当代计算性思维，并催生出基于计算性思维的设计理论与创作思想。

为了更好地回应人工智能时代语境下城市与建筑智能化设计的新需求，将智能算法、机器学习及计算科学原理融入优化设计过程中，需要从不同维度深度剖析计算性思维影响下的现代人居环境创作理念，以拓展既有城市与建筑优化设计理论体系，指导设计方法重构，并从理论层面推动城市与建筑优化设计的智能化发展。因此，本章尝试指导从系统、技术和文化三个维度剖析计算性设计的不同内涵，而复杂系统观、时代技术观与数字文化观也正共同构成了计算性设计理论的主要框架体系。

8.1 计算性设计的复杂系统观

科学范式的转向、后现代主义思潮的崛起与人工智能技术的演进，在客观上拓展了规划师与建筑师认知人居环境复杂性的能力。科学与技术哲学的发展为人们深入探讨城市和建筑系统的复杂性问题提供了坚实的理论基础。由于传统还原论在解释"整体大于部分之和"的复杂现象问题时的止步不前与无能为力[②]，复杂性理论应运而生，为探索人居环境的系统复杂性及其演化问题提供了新的思路和研究范式。

人居环境的学科研究从早期对城市与建筑的现象描述，到归纳总结相关特征规律，再到描述不同组成要素之间的相互关系，进一步发展到应用系统和复杂性理论的观点展开计算研究，学科发展经历了从定性到定量的演变过程。人居环境设计是一个关联多学科、多领域的复杂系统，涉及多个维度和层面，包括自然环

① ANDRÉ L-G. Milieu et techniques[M]. Paris: Albin Michel, 1945: 373–377.
② MITCHELL M. 复杂[M]. 唐璐，译. 长沙：湖南科学技术出版社，2011.

境、社会结构、经济条件及文化背景等。因此，需要采用系统科学的方法来进行综合分析和设计。系统科学提供了一种整体性和综合性的视角，帮助设计师和决策者更好地制定出全面和有效的解决方案。在系统科学的研究中，美籍奥地利哲学家路德维希·冯·贝塔朗菲（Ludwig Von Bertalanffy）作为一般系统论的创始人，对系统作出了如下定义：系统是相互联系、相互作用的各要素的综合体[①]，其中包含了要素与要素之间、要素与系统之间、系统与环境之间三个层级的关联关系。系统论中强调，任何系统都是一个有机整体，而非各要素的机械相加，其整体具有各要素在孤立状态下所不具有的特征与性质。系统中的各要素并非孤立存在，而是通过相互关联构成整体，并在其中起到特定作用。系统通过与外界环境的相互作用实现物质、能量与信息交换，表现出一定的环境适应性。在人居环境建设中，城市与建筑都是典型的复杂系统。其中，城市系统由大量移动又相互作用的个体组成，这些个体之间以空间系统或网络系统为载体发生联系，如交通网络、通信网络、社会网络等，构成了城市运行的基础设施和骨架，推动城市系统的宏观"涌现"；建筑系统则通过建筑单体、单体与周围环境构成的系统体，以及系统体的集合来实现其对外部环境的适应与融合[②]。

当下，系统论与控制论、信息论、运筹学、计算机等新兴学科的相互渗透和紧密结合，以及耗散结构论、协同学、突变论、模糊系统理论等科学理论的发展和演变，极大地丰富了系统论的内涵，为解决复杂设计问题提供了新的思路与方法。因此，在人居环境建设中，如何基于系统科学和复杂性理论，在计算性设计中处理好人居环境系统中的复杂关系，是一个重要的议题。通过模拟和优化系统行为，计算性设计可以辅助设计师实现更为精准的性能预测与设计决策，提高设计的科学性与精确性，为应对城市与建筑环境中的不确定性和复杂性提供新的可能性。

8.1.1 城市计算的系统协调

8.1.1.1 城市系统

从系统科学的研究视角来考察，城市是一个由物质环境、非物质环境和人类活动共同作用形成的、不断发展进化的复杂巨系统[③]，一方面承载着人类的生活与生产活动，另一方面又兼具政治、经济、社会、文化、生态等多重功能与属性。美国宾夕法尼亚州立大学教授吉迪恩·S. 格兰尼（Gideon S. Golany）曾说，"城市是已知的人类所建造的最大也是最复杂的工程"，而且其复杂性已远超任何一个既有学科的极限。城市进化是一个动态、复杂的过程，涉及人类创造力与城市自组织、自适应的相互作用。在这一过程中，城市不断与外界环境进行着物质、能量和信息交换，通过调整自身发展规划来适应环境变化。城市的结构与功能在循环往复、互相激发与耦合交互中不断演化，这一演化过程也反复重塑了人们的生活、工作与娱乐方式。

纵观城市发展史，城市规划与设计兼具自上而下的顶层设计与自下而上的自组织特性。自然生长形成的

---

① BERTALANFFY L. General system theory: foundations, development, applications[M]. New York: George Braziller, 1969.
② 孙澄，梅洪元. 现代建筑创作中的技术理念[M]. 北京：中国建筑工业出版社，2007.
③ 钱学森，于景元，戴汝为. 一个科学新领域——开放的复杂巨系统及其方法论 [J]. 自然杂志，1990（1）：3-10，64.

城市经历从简单到复杂的演化，随着时间、人口、经济和文明的集聚，逐渐发展出自身的运转机制与规律，呈现自下而上的自组织过程；而有些城市则是基于总体规划建造，或由人类意志主导，经人为干预形成的空间发展结果，呈现出自上而下的有序过程。不论设计起点如何，城市都是一个复杂且动态的系统，并呈现出非线性、随机性等特征。在万物互联的时代，城市中出现了更多复杂的网络结构，如通信网络、电力网络、交通网络等，促进个体间的便捷交流。因此，现代城市被形象地比喻为将经济、人类活动等凝聚在一起的"胶水"①，这一比喻强调了城市在连接和整合各种资源和活动方面的重要作用。近几十年来，随着城市的进一步扩张，许多邻近的城市在经济上的联系日渐紧密、人群交互更加频繁，形成了一个更大的有机整体。圣塔菲研究所学者贝滕科特（Bettencourt）认为②，城市系统具有异质（heterogeneity）、互联（interconnectivity）、缩放（scaling）、循环因果关系（circular causality）和演化（development）五种典型的复杂适应性特征，这些特征共同描绘了城市系统的复杂性和动态性。

为了更好地揭示城市的复杂特征和动态演化规律，许多学者尝试从社会学、经济学、形态学、环境与生态、历史与文化等各角度对城市系统展开多维度研究，并提出可能的解决方案。然而，城市系统的复杂性特征使其区别于一般的物理系统，难以将其分解为相互独立的子系统分别展开研究，这给借助传统理性主义思想矫正与引导现代城市设计问题的工作带来了挑战。相比较而言，约翰·霍兰所提出的系统科学思想，从系统角度出发，将城市视为一个各要素紧密相互作用的有机整体。有效地避免了理性主义和后现代主义在现代城市问题上难以做出纠正与指导的困境。在圣塔菲研究所成立十周年时，霍兰提出了复杂适应系统（complex adaptive system，CAS）理论③，主要针对微观层面主体的主动适应能力与宏观层面主体与环境之间的复杂演进关系进行了深入的梳理和研究。他认为构成整体的各部分以不同的方式相互作用，当这些部分聚合在一起时，整体会呈现出各部分所不具有的功能和特征。此外，该理论还提出了聚集（aggregation）、非线性（non-linearity）、流（flows）、多样性（diversity）、标签（tag）、内部模型（internal models）及构建模块（building blocks）等一系列概念，为城市系统研究提供了新的方向与思路。

霍兰认为，城市和生态系统具有某些共同特征，天然是一个复杂适应系统，具有缺少集中控制，不会固定为某种特定结构，而是不断适应新环境等特征④。对于城市系统来说，其内部子系统层级多、数量大，且各部分之间关联复杂，造成其演化过程的随机性与不确定性。随着公众对城市决策的参与度提高和城市设计的平等性诉求增强，城市的自适应发展逐渐起到越来越重要的作用，其空间与功能之间的对应关系已呈现非线性的变化趋势。总体来说，城市发展在时间和空间上均呈现出结构、功能及状态上的非线性与不确定性。在此基础上，可以将城市概念化为复杂适应系统，并由此描述城市这一复杂和不稳定的系统。与传统模型的理性范式不同的是，CAS模型并不能通过输入产生明确的、可预测的输出变化，但是能助力我们探索城市系统发展的各种潜力。

① SCOTT A J, STORPER M. The nature of cities: the scope and limits of urban theory[J]. International Journal of Urban and Regional Research, 2015, 39(1): 1-15.
② BETTENCOURT L. Introduction to urban science: evidence and theory of cities as complex systems[M]. Cambridge: MIT Press, 2021.
③ 约翰·H. 霍兰. 隐秩序：适应性造就复杂性[M]. 周晓牧，韩晖，译. 上海：上海科教出版社，2011.
④ LANSING S J. Complex adaptive systems[J]. Annu. Rev. Anthropol., 2003(32): 183-204.

在城市发展演进的动态过程中，构成城市系统的各子系统受到自然、社会和经济等多重因素的综合作用，共同呈现出动态、开放、有序的特征。在工业时代，传统城市主要通过物质生产与物理空间的扩张来满足其增长需求，此时社会空间与物理空间是各自独立的。然而，随着互联网和信息技术的飞速发展，城市逐渐可以在以大数据、云计算、区块链、虚拟/增强现实等为核心的信息系统的支持下，实现供需双方的精准匹配与高效连接。在这一转型过程中，一个重要的变化是衍生出了可以通过信息流联通社会空间与物理空间的信息空间。在这个新的信息空间下，城市系统里原本相互分隔的物理空间与社会空间的界限被打破，二者相互交织、重新组合，进而催生出一种新型的、高度互联的城市复杂系统（图8-1）。为了深入分析城市系统中的非线性、"涌现"、自组织、自适应与反馈循环等现象，需要将其解耦为更基本的要素，然后再以系统思维去观察整体的运行逻辑变化。通过运用数字技术的计算与连接能力，可以将各系统进行全面解耦与重组，从而依靠系统能力而非单一技术和设施去解决需求问题。这种方法使我们能够更好地理解和应对城市系统的复杂性和动态性，推动城市的可持续发展和创新。

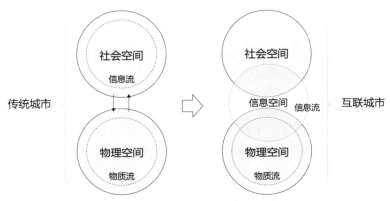

图8-1　城市系统的子系统关系变化

对于城市空间系统来说，随着实时数据与动态信息的整合与连接，功能单一、边界明确、形态固定的城市与建筑空间也会逐步转变为动态连接的"流"空间网络。城市与建筑实体作为人们生产与活动的重要场所，虽然其物质载体因结构和建造的稳定性不一定会产生较大变化，但其空间的使用功能、权属、视觉形式等均可实现动态变化和分时复用。同时，依托云技术的快速发展，产生于城市物理空间中的信息数据被收集至虚拟云端进行分析、计算与处理，由此所提取的知识再服务于物理世界的终端用户，实现了数据的虚实结合应用。在此过程中，数据信息在虚实结合的城市混合系统中不断传输，而城市空间与城市系统中的各项要素之间也呈现出互相叠加的效应。值得注意的是，各系统要素不是孤立存在的，而是相互影响、相互作用，共同组成具有整体特征的城市空间结构。在这种结构下，城市的发展不再仅仅是物理空间的扩张，而是更多地依赖于信息空间的拓展和系统要素之间的动态交互。正如卡斯特在《网络社会的崛起》[①]一书中所提到的："如

---

① CASTELLS M. The rise of the network society[M]. Hoboken: Wiley-Blackwell, 2000.

计算性设计
COMPUTATIONAL DESIGN

果流动空间真的是信息社会的支配性空间形式，未来几年，建筑与设计很可能必须在其形式、功能、过程与价值方面予以重新定义。"这一观点深刻揭示了信息化时代城市空间与建筑设计所面临的变革挑战。在城市开始由数字化迈向智慧化建设的新阶段，大数据分析和可视化、人工智能、人机交互、区块链等先进技术正共同改善着城市与社区系统的设计、管理、协调与运作。这些技术的融合应用，为城市系统带来了前所未有的创新能力并大幅提升其智能化水平。借助新兴计算技术的赋能与助力，研究者对城市系统在多个方面展开了创新研究和探索。首先，通过对现状问题的深入理解与分析，能够更准确地识别城市发展中面临的挑战；其次，利用城市性能的模拟与预测技术，可以对未来的发展趋势进行科学合理的预判；最后，在优化决策的共同制定方面，新兴计算技术可以促进多方参与者的协同合作，推动城市治理体系的创新和完善。综上所述，新兴计算技术正在深刻改变着城市系统的设计与运作方式，推动着城市向更加智慧、可持续的方向发展。

8.1.1.2 空间模型

系统论和复杂性科学的提出与发展为城市研究注入了新的活力，推动了研究视角的转变。研究者们不再局限于静态、均衡的传统视角，而是将城市视为一个开放、复杂和非均衡的动态系统，这种转变有助于更深入地揭示城市的发展机制，并预测其未来的演化路径。自20世纪60年代起，研究城市规划理论的学者们开始从多个不同视角，如语义、认知、结构、联结等，展开对城市空间模型理论的深入研究。这些研究为城市系统的复杂性研究引入了新的方法与理论，并为后续的城市计算性设计与研究奠定了坚实基础。在复杂语义解析方面，基于对逻辑经验主义设计方法论的反思，同时，伴随着科学理论语义观的形成、发展与应用，亚历山大等相关学者开始尝试从语义模型理论的独特视角，对建筑与城市空间的模式语言展开研究。这一研究方法与传统空间原型分析方法有显著不同，更加注重城市和建筑系统的整体性，侧重于从词汇、语法、语义等语言复杂性关系出发，来探究空间的关系系统及其可能的状态集合。通过对建筑的模式语言及其结构进行整体性描述和分析，为我们提供了一种新的理解和解释城市与建筑空间的方式。进一步来说，通过将上百种建筑与城市空间转化为模式语言，并依照特定的句法规则进行"书写"，可以创造出千变万化的建筑形态与城市环境。这一转化过程不仅丰富了城市与建筑的设计手段，还使得城市与建筑空间形式得以通过日常及科学语言进行表达与解释。这样一来，模型分析与现象分析的一致性得到了有效保证，从而为更深入地理解和塑造城市与建筑空间提供了有力的理论支持和实践工具。

在空间认知过程的模型化方面，受认知主义理论影响，相关学者不再局限于传统的城市空间结构系统研究，而是将焦点转向个体在城市空间中的行为活动及其认知体验；尝试将个体的空间感知过程进行计算化与抽象化，旨在通过构建模型来描述和解释对城市空间问题求解至关重要的空间特征。这一转变不仅丰富了城市空间研究的视角，而且也为理解和优化城市空间环境提供了新的思路与方法。例如，空间句法理论的创始人比尔·希利尔就尝试通过关联性（relationality）来分析城市与建筑空间特征并预测其功能。该理论模型与技术工具为描述城市和建筑空间的组织与结构提供了有力辅助，通过赋予空间内涵来匹配城市空间的拓扑形态与空间图示[①]。在之后的城市空间关联研究中，英国伦敦大学学院茹斯·康罗伊·戴尔顿（Ruth Conroy Dalton）[②]进一步推动了这一领域的发展。她创设出"情景感知图示"（embodied schema）这一术语，旨在实现对真实世界中存在物、行为、状态的提取或具象化。戴尔顿将这一概念引入空间句法理论，使得物质空间可以得到更直观的表述与标识，从而充分反映个体对空间环境的主观认知与感受。

在相似结构原理方面，从系统结构的角度考虑，不同系统之间如果在功能、结构或形式方面具有相似性或一致性，则可称其具有同构性[③]。这种同构性理论在多个领域都有应用，特别是在探讨系统间的相似性和关系时显得尤为重要。空间的同构模型即是基于结构的同构性理论提出的。在空间设计中，同构性理论被用来指导空间布局、功能分区和形式表达，以实现空间的有效利用和功能的最大化。美国心理学家黛迪莉·詹特纳（Dedre Gentner）在其结构映射理论（structure mapping theory）中[④]，进一步强调了事物之间形成同构和类比关系的条件。其指出这种关系的建立需要从功能、结构或认知方面进行深入联系和比较。这一理论为城市空间拓扑形态的建构提供了启发性思路。英国学者斯蒂芬·马歇尔（Stephen Marshall）在《街道与形态》（*Streets and Patterns*）中运用同构类比的思维模式，在城市空间拓扑形态与目标模型之间进行相似性匹配，从而对城市空间形态与结构进行了直观、充分的描述与分析（图8-2）。这种方法不仅有助于理解城市空间的整体性，还为深入研究城市空间系统的复杂性提供了基础。马歇尔通过对各类城市形态进行比较与深入分析，发现尽管这些城市在功能区位、形成过程及平面几何形态等方面存在较大差异，但在拓扑关系上却具有同构性的空间结构（图8-3）。上述研究对城市空间系统作出了更深层次的解释与分析，为深入研究城市空间系统构成元素间的复杂性关系提供了重要基础与条件。

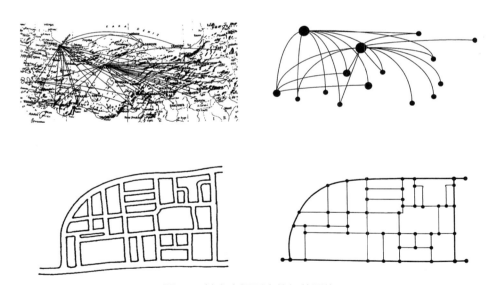

图8-2 城市空间形态的拓扑同构

① HILLIER B. Space is the machine[M]. Cambridge: Cambridge University Press, 1998.
② 茹斯·康罗伊·戴尔顿. 空间句法与空间认知[J]. 世界建筑，2005(11): 41-45.
③ 张光鉴. 相似论[M]. 南京：江苏科技出版社，1992.
④ GENTNER D. Structure-mapping: a theoretical framework for analogy[J]. cognitive science, 1893, 7(2): 155-170.

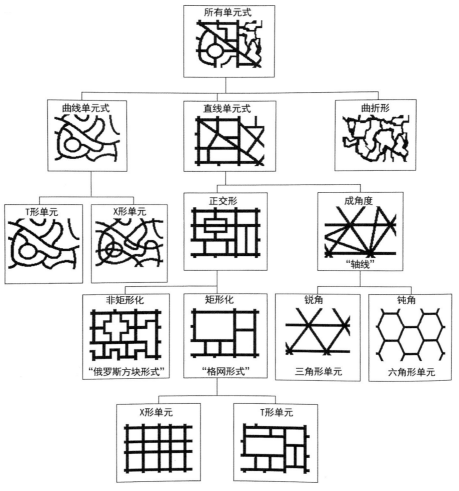

图8-3 马歇尔的城市形态分类

在联结主义理论方面，20世纪80年代，随着计算技术的发展和大规模集成电路制作水平的提高，人工神经网络重新获得了广泛关注。这一时期，一系列重要的研究成果和理论创新推动了联结主义范式的形成和发展，为空间形态的解析研究开辟了新的疆域，提供了新的思路和方法。联结主义范式突破了传统符号运算或还原论的个体认知理解局限，不再将空间视为孤立的对象或元素，而是将其视为一个由多个相互联结的单元组成的网络整体。通过对大脑认知过程的模拟，研究者们能够更全面地理解和分析空间现象，从而建构出联结个体心理或行为现象的网络模型[①]。在此基础上，亚历山大与尼科斯·A.萨林加罗斯（Nikos Angelos Salingaros）分别对城市系统结构及其构成要素之间的关联性展开深入研究，并建立了相应的网络模型（图8-4）。该模型通过单元（units）或节点（nodes）的相互联结来表征城市的动态系统。每个节点都同大量其他节点相联结，形成密切联结的、繁复的网络体系，而节点间的连接路径则极具拓扑性和可塑性，可以

---

① 卡尔纳普. 科学哲学和科学方法论[M]. 江天骥，译. 北京：华夏出版社，1990.

自由弯曲、拉伸或压缩。与认知模型不同，联结主义主张从内部对认知本身加以模型化，而不是借助认知过程的符号化从外部获得认知，强调一切复杂系统都可以通过各局部的动态行为及其与整体性的相互作用加以解释。因此，对城市空间形态与结构的整体演化研究，可以转化为对相应网络整体的行为研究；而城市系统整体与局部的关系也可以转化为对节点、连接路径与网络整体之间关系的研究。

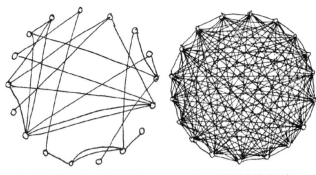

（a）网络城市的形成过程示意　　　（b）网络城市模型示意

图8-4　网络城市结构示意图

　　城市空间模型的复杂性体现在其作为一个开放、复杂和非均衡的动态系统，各子系统的演化受城市网络整体影响，且子系统间相互连接、相互依存。因此，需采用多变量度量参数进行描述与解析，结合系统科学和复杂性理论，运用计算性设计方法、技术与工具平台，以实现更精准的预测与决策，促进城市各子系统之间的协调平衡，赋能更优的城市设计。

8.1.1.3　协同耦合

　　现代系统理论与复杂性理论打破了传统学科的界限，促进了不同学科间的联系与合作，为理解城市系统的耦合协调关系提供了新的科学范式和思维方式。现代城市在多重要素的共同作用下不断演化，形态和功能日益复杂，子系统的数量与层级不断增加，关联也更加紧密。作为一个开放、自组织的结构系统，城市在演化进程中，各子系统及其构成要素通过耦合作用平衡相互作用关系，涌现新的空间形式，实现由简到繁、由无序到有序、由低级优化到高级共生的协调发展。关于城市系统耦合关系的理论与实证研究，大多建立在现代系统论的理论内核之上。现代系统论经历了三代发展，第一代系统论主要包括控制论、信息论和一般系统论，采用模型方法来简化系统构成，但存在不能解释不确定性的问题；第二代系统论如耗散结构、突变论、超循环、协同学等，直面系统的复杂性，进而描述了其不可预知性；第三代系统论为了反映主体对外部世界的自主观察和对环境的适应性，建立了复杂适应系统模型，为城市系统研究带来新的启发与契机。

　　20世纪末期，彼得·艾伦（Peter Allen）与伊里亚·普里戈金[①]基于系统论的相关理论与方法，根据城市演变发展过程中其空间形态所呈现出的耦合协调特征，提出了协同城市模型。这一模型旨在描述城市空间系统内部的不同子系统之间如何通过耦合实现协同发展。同时，艾伦[②]通过对城市和社区进化展开定性分析与计算机建模，奠定了城市空间系统耦合关系研究的理论基础。在大数据时代，德国物理学家赫尔曼·哈肯（Hermann Haken）[③]基于协同论思想，通过深入研究城市开放系统内部的协同耦合作用，成功在微观尺度上

① SCHIEVE W C, ALLEN P M. Self-organization in the urban system, self-organization and dissipative structures: applications in the physical and social sciences[M]. Austin: University of Texas Press, 1982: 142-146.
② ALLEN P M. Cities and regions as self-organizing systems: models of complexity[M]. London: Routledge, 1997: 82-96.
③ HAKEN H, PORTUGALI J. The face of the city is its information[J]. Journal of Environmental Psychology, 2003, 23(4): 385-408.

展示了城市空间系统结构的演进过程与临界条件。随后，荷兰学者拜茨克·布恩斯特拉（Beitske Boonstra）认识到个体空间活动在促进城市子系统耦合中的关键作用，因而将城市的空间行为主体纳入到城市耦合关系模型之中（图8-5），进一步扩展了城市系统耦合关系的研究。这一创新使得城市系统耦合关系理论的研究更加综合。基于系统论的相关理论或分析方法，能够更深入地解释城市空间系统演进过程中各子系统之间的耦合关系特征与作用机制。这些研究不仅有助于我们理解城市系统的复杂性和动态性，还为促进城市协调平衡发展提供了科学依据；同时，也为城市系统耦合关系的进一步模型化研究奠定了基础，使我们能够通过构建更精确的数学模型来预测和调控城市系统的演化过程。

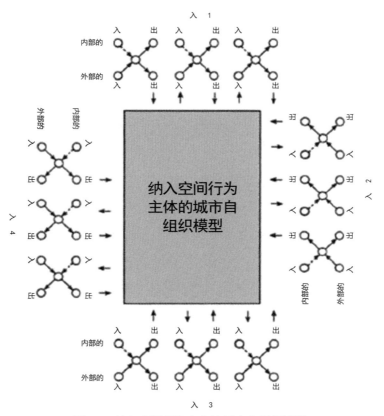

图8-5　纳入空间行为主体的城市自组织模型

随着大数据时代的到来，研究者和设计师能够通过物联网、传感器等获取丰富、详细、准确的城市数据，如众包地图数据（crowdsourced map data）、城市街景数据等。在大数据及精准挖掘算法的助力下，结合城市系统耦合关系理论，可以实现更精确的城市系统关联研究，包括从个体行为挖掘入手，探索城市子系统如何通过路径联结形成耦合作用，从而挖掘出个体层面无法观察的"涌现"行为。这为精细的城市计算与系统研究提供了强有力的数据和技术支撑，同时也带来了准确把握城市系统协调的本质特征、洞察现象背后内在机制的机遇和挑战。

8.1.2　建筑计算的系统适应

8.1.2.1　建筑系统

当前，全球环境、人口密度和科技发展的变化正在逐步增加人居环境的复杂性。与城市系统相类似，建筑系统作为一个复杂巨系统，包含多个相互影响的子系统，共同体现出动态适应和巨大开放等特征。各子系统及组成元素间以非线性交互形式构成系统整体，并产生有别于单个元素功能简单相加的系统特性。这种多样化的系统元素之间相互作用，使建筑能够根据环境反馈作出适应性调整，如我国不同地域的建筑在长期发展过程中逐步形成了多种风格和地域特征，展示了不同子系统间在建造方法和材料等层面的相互影响。

霍兰在其1996年出版的著作《隐秩序：适应性造就复杂性》（*Hidden Order: How Adaptation Builds Complexity*）[①]中提到，复杂系统是由众多相互作用的部分组成，各组成部分之间通过竞争与合作形成复杂的行为和结构，以适应环境变化，并展现出高度的适应性。复杂系统中的有序结构和自组织行为是其适应环境的结果，而非预设的秩序或规律所决定的，由于复杂系统的自组织与非线性特征，其行为和演化往往具有不可预测性。为了更好地理解和控制复杂系统的演化行为，可以通过构建计算机模型来模拟预测系统行为和演化过程，从而实现对不同环境变化的合理响应。

复杂适应系统强调以发展和进化的观点看待事物，着重研究系统内部各要素之间、系统与系统之间、系统与环境之间的结构、组成、功能及其各种相互作用。从系统科学理论的一般性原理出发来审视建筑系统，有助于更全面地认识建筑与环境及建筑系统内部子系统之间的相互作用关系，将其运用到数字文化观念下的建筑计算性设计中。建筑系统可被视为一个具有合理结构形式的有机整体[②]，包含建筑构件、结构形式与表皮界面等内容，并与系统边界之外的自然环境、气候条件、历史文化、空间结构与技术材料等因素相互作用，形成复杂性与非线性、开放性与适应性等整体系统特征。

在复杂性与非线性方面，自然界与人类社会中的诸多复杂系统，如环境系统、生物系统、经济系统、信息系统等，都是由其各组成要素通过相互作用与演进，产生出相应的复杂行为和自组织结构。类似地，建筑系统也是由诸多要素组成的复杂系统，其形态是外部与内部各项组成要素之间联合作用的最终体现，而复杂性是作为要素之间相互作用模式的结果"涌现"出来的[③]。通过建筑系统内部要素之间、要素与系统之间及系统与环境之间的复杂相互作用，系统产生适应性的动态行为，并呈现出难以预测的非线性特征。在这种作用关系下，系统输出并非是局部输入的线性叠加，而是会根据输入强度、模式或序列的变化，产生分叉、突变、自组织等行为现象[④]，并成为复杂性的一种表现形式。这种复杂的、难以预测的非线性思维特征可以启发建筑设计的多样性和创新性，如借由曲线形式表达更加富有变化和动态的建筑系统，生成更加独特的建筑空间形式。

---

① 约翰·H.霍兰. 隐秩序：适应性造就复杂性[M]. 周晓牧，韩晖译. 上海：上海科教出版社，2011.
② 沈雄，徐伟. 系统科学视角下的当代建筑形态分析研究[J]. 华中建筑，2023, 41（3）: 37-41.
③ 保罗·西利亚斯. 复杂性与后现代主义：理解复杂系统[M]. 曾国屏，译. 上海：上海世纪出版集团，2006.
④ 苗东升. 系统科学精要[M]. 北京：中国人民大学出版社，1998.

基于复杂性与非线性思维过程和逻辑组织，建筑师能够全面考量建筑空间与环境要素，并根据建筑系统要素的特点来梳理材料、力学与几何的关系，以确定最终的建筑设计方案。例如，MAD建筑事务所设计的哈尔滨大剧院所采用的异形双曲面模糊了建筑的边界，使建筑消隐于地平线（图8-6）。Momoeda事务所设计的长崎Agri教堂，室内运用小跨树形分支柱，与哥特式腾升元素建立起一种微妙的精神联系（图8-7）。而伊东丰雄设计的岐阜县市政殡仪馆，通过流动的结构界面实现了与周边山水环境的完美呼应（图8-8）。随着建筑系统的复杂性增加，其空间形态也变得更加多元化。在这种背景下，计算性设计方法在平衡各要素之间矛盾与非线性关系，以及寻求最优解时的优势也愈加突出，从而赋能创造形态多元、极具表现力的建筑形式。

| （a）鸟瞰图 | （b）室内效果图 |

图8-6　哈尔滨大剧院

图8-7　长崎Agri教堂　　　　　　　　　　图8-8　岐阜县市政殡仪馆

　　在开放性与适应性方面，就建筑本身而言，建筑复杂系统包含多个子系统，这些子系统的协同性表现出系统内部元素之间的相互作用与影响，有助于系统调整其内部结构状态，增强其稳定性与适应性。在建筑系统中，整体协同是建筑功能、空间与形态等之间的相互联系和整合，通过建筑的结构、构件、表皮等形成具有特定功能的空间场所。同时，在系统科学理论中，系统所具有的规定、限制元素和结构的边界起到了限定系统内部与外部的作用。这些边界具有模糊性与开放性特征，是系统内部与外界环境产生物质、能量和信息交换的基础[①]。在建筑系统中，建筑表皮、建筑空间与外部环境共同构成了一个开放系统，允许建筑系统内外发生互动。这种互动性使得建筑能够适应外部环境的变化，并与其形成和谐的共生关系。

在此基础上，建筑系统与环境之间通过交互作用彼此影响、相互依存。建筑通过优化自身系统元素和结构以适应环境的变化；同时，环境改变也会对建筑系统产生影响，为其提供必要的物质和能量，维持系统发展。建筑可通过调整其动力系统、建筑构件、表皮或空间元素，促进或限制与外部环境之间的能量交换。随着材料科学和信息技术的进步与发展，建筑动态表皮已能根据外界条件自动调节通风、采光和隔热效果，并能与可再生能源技术、智能控制系统等结合，实现自动化与可持续创新应用。阿布扎比阿尔巴哈尔塔采用了主动式动态表皮设计，利用电动机或液压系统，并通过外部输入信号或预设程序来控制表皮的展开、收缩、旋转或变形。动态表皮不仅赋予了建筑独特的生态美学意义，而且充分实现了节能可持续的效果（图8-9）。

图8-9　阿布扎比阿尔巴哈尔塔动态表皮

8.1.2.2　环境调节

建筑自诞生起就与气候要素息息相关，其本质动机是对气候环境的适应与调节，以满足人体舒适度的要求。正如瑞典建筑师拉尔夫·厄斯金（Ralph Erskin）所言，"如果没有气候问题，人类就不需要建筑了"。因此，由建筑调控系统、外部能量系统（气候）与人体反应系统（舒适）共同构成了建筑环境三元模型（图8-10）。在系统科学理论中，建筑系统与环境之间交流对抗、彼此依存，建筑通过调整其构件、表皮和空间，实现与环境的能量交换，为建筑内部营造出舒适的物理环境，以适应不同的气候条件。

从物质与能量转化的角度，建筑形式的生成、维持与稳定是一种

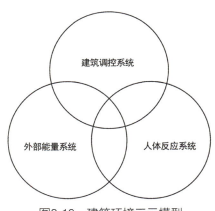

图8-10　建筑环境三元模型

---

① 黄冠迪. 论系统论八原理的整体结构——评《系统论——系统科学哲学》[J]. 系统科学学报，2022，30（1）：11-16.

自发形成有序结构的过程。根据热力学定律，为了抵抗熵增，建筑作为开放的热力学系统，需要与外界进行物质和能量交换，从而获取负熵以维持其有序性，这种有序结构的取得建立在能量系统的"耗散"之上，因此被视为一种"耗散结构"。建筑需要持续地消耗能量，以维持其基础与形态，适应外界气候环境，同时满足人的需求。

为了实现环境调节的整体目标，建筑系统由多个子系统组成，这些子系统负责储存、产生与控制能量。主要包括主动式环境调控系统与被动式环境调控系统，各层级的子系统之间相互协作，以完成特定功能并产生相应的物质形式。其运行过程与有机生物之间存在一定的相似之处："在这些看似不动的墙体中，流动着气体、水蒸气、液体和流质；这些烟道、管网与线路，恰似一种新型有机物的动脉、静脉与神经；通过这个系统，冬季可以输入热量，夏季可以引进新鲜空气，并且在全年中，光线、冷热水、人体营养物等全都得到处理"[1]。建筑通过机电设备的主动耗能和建筑形式的被动适应这两种方式使各子系统之间彼此协作、互补调节，从而积极适应环境变化。同时，建筑形式的划分也不再仅仅基于构造逻辑，而是更多地依据被动系统中能量流动与转化的规律和机制，形成各层级的能量子系统。这些子系统的协同工作使建筑具备了适应与进化的能力，使其成为能够高效利用与控制能量的开放系统。主动系统与被动系统及其分化的各层级的子系统结构共同构成了建筑形式维度的环境调控整体。

基于上述环境调节机制，建立建筑环境调节系统模型，需结合物理学、生命科学与环境科学，使建成环境成为一个可被观测、量化、计算与评价的整体。具体来说，该模型主要分为被动式调节和主动式调节两部分。在被动式环境调控系统模型中（图8-11），气候与建筑相互作用形成外部环境，建筑与人相互作用形成内部环境。建筑通过朝向、形体、界面等对外部环境提供的自然能量产生反馈与调节，以形成建筑室内与周边的环境条件。使用者则通过自身的生物调节机制与调节行为（如开关窗等）适应建筑的内部环境，最大限

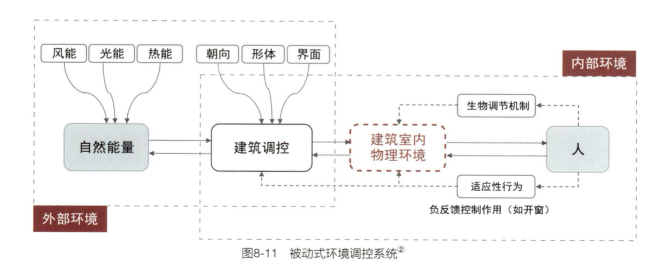

图8-11　被动式环境调控系统[2]

① HAWKES D. The environmental tradition: studies in the architecture of environment[M]. London: Taylor & Francis, 1995.
② 仲文洲. 形式与能量环境调控的建筑学模型研究[D]. 南京：东南大学，2020.

度地利用自然能量，其调节结果通常会受到外部环境的影响。而在主动式环境调控系统模型中（图8-12），建筑系统通过机电设备驱动外部环境提供的人工能量进行环境调节，以达到室内环境的稳态平衡，其调节不受外部气候影响，趋于恒定。

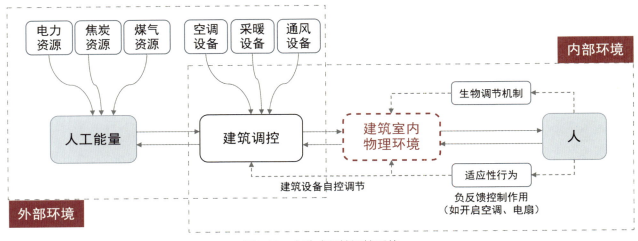

图8-12　主动式环境调控系统

　　在上述调节过程中，建筑作为开放的热力学系统，通过与外界进行连续的能量交换来维持稳定有序的物质结构，实现对环境变化的反馈和调节。物质结构作为环境调节的气候界面，起到划分建筑系统内部与外部不同层级系统的作用；能量在各层级间流动，即从外部环境到建筑外界面、从外界面到内界面、从内界面到室内环境进行能量传导、对流与辐射，以达到稳定的平衡状态。总结来说，在外部环境、建筑和使用者共同组成的复杂系统中，建筑起到中间环节的作用，通过主动或被动方式对外部环境进行调节，以营造舒适的室内环境。它是整个系统中最为重要的调节媒介，主要通过对环境变化作出适应性反馈来寻求能量平衡。在此过程中，建筑成为各种物质与能量要素彼此协同作用的自治系统，并通过能量交换与传递达到平衡状态。

　　考虑到现代化生活对设备系统的依赖，建筑设计已无法脱离设备语境被单独讨论，而需要考虑主动系统与被动系统的混合应用。因此，建筑形式的生成不仅关乎气候环境，还需要考虑形式与设备的关系。在环境调节过程中，建筑通过其形式与界面实现被动调节，并结合设备完成主动调节。建筑的形状、尺度与朝向决定其对日照、风等环境因素的应用潜力，界面中的围护结构、开启方式与遮阳构件影响太阳辐射和外部空气的引入或交换。而自工业革命之后，机械通风、空调系统在主动调节室内外环境的同时，也大量介入建筑空间，带来形式表现问题，成为现代建筑设计中无法回避的环节。为了实现计算性设计过程中的建筑系统环境调节，一方面可以将建筑系统中影响被动式调节作用的各项指标进行参数化处理，通过多层级信息关联完成建筑性能模拟计算，辅助设计决策，以充分发挥被动式调节系统的作用潜力；另一方面，可以通过整合建筑运维推演与物联感知技术，实现建筑设备运维数据的前置反馈与全周期信息建模，以更好地辅助建筑性能权衡优化。

8.1.2.3 建造逻辑

近年来，建筑设计与建造之间的关系在数字技术的推动下发生了显著变化。最初建筑设计以几何形态为起点，而现在建筑被视为复杂系统与环境、功能、建造之间的耦合产物[①]。数字技术使得建筑系统被构建为满足特定设计目标的数据化模型，建筑形态作为其计算结果，展现出了复杂的生成秩序与空间形式。因此，这一转变导致建筑形态趋向复杂化，同时也加剧了设计与建造技术之间的鸿沟。为应对这一挑战，计算性设计思维、方法与工具应运而生，致力于解决如何将建造逻辑转化为具体、可操作性的设计对象，实现设计形态与建造逻辑的协同呈现。这标志着建筑设计正迈向一个新的发展阶段，即设计与建造的深度融合与协同创新。

在建筑设计实践中，计算工具的演进经历了显著的历史变革，从模数序列计算到物理仿真分析，再到图形信息建模、交互过程模拟和算法生成设计[②]（图8-13）。20世纪90年代经历第一次数字化转型，主要关注数字技术如何改变设计与建造方式，CAD/CAM工具被用于转译建筑师的设计思考。而如今，在第二次数字化转型中，新的数字工具不再局限于寻找自由形态的数学表达式，而是由逻辑和规则生成形态，这一转变改变了建筑师的思维方式，使其开始尝试让计算机自主解决问题；使得新的数字化建造工具能够更为直接地参与和转译设计，生成的建筑形态朝着更加系统而科学的方向发展。同时，由于计算生形的过程和结果具有未知性，建筑形态更加趋向于自由化与复杂化。这种转变摒弃了传统加工制造中的标准化限制，形成了数字建筑生成与建造的新范式。该范式促使建筑设计与建造的关注重点从复杂曲面形态的数字解析转向具有建造意识（fabrication aware）的逻辑建构，以赋能实现建筑的设计与建造一体化流程。依托日渐成熟的数字技术，数字化设计与建造方法得到了不断拓展与更新，成为助力实现设计与建造一体化的重要手段[③]。这既大幅度拓展了从设计到建造的创作路

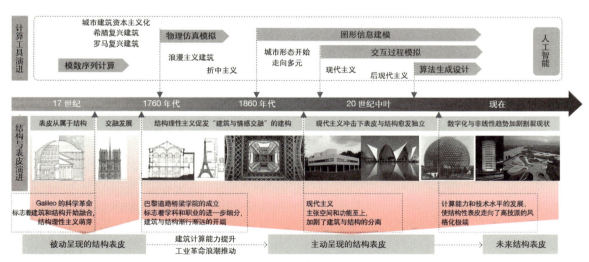

图8-13　计算性思维驱动下的建筑结构与表皮演进

---

① 施远，李飚. 基于规则筛选及多智能体系统的旧城公共空间更新策略探索——以江苏省淮安市老旧城区为例[C]. 智筑未来——2021年全国建筑院系建筑数字技术教学与研究学术研讨会，湖北，中国，2021：486-495.
② 孙澄，韩昀松，任惠. 面向人工智能的建筑计算性设计研究[J]. 建筑学报，2018（9）：98-104.
③ PETERS B, PETERS T. Inside smartgeometry: expanding the architectural possibilities of computational design[M]. Hoboken: John Wiley & Sons, 2013.

径与实现手段，又使得建造逻辑成为建筑设计的限定或创造条件，从而为设计带来更多可能性。

在此背景下，计算性设计驱动下的建筑设计建造思维旨在应用数字化设计方法实现人机协作，从设计目标出发，逐步展开逻辑推演，建构从"设计意图"到"建造"的连接关系，进而得到最终结果。在此过程中，建筑师需借助数字技术来平衡建筑系统中形式、材料、结构及环境的相互作用，并将技术进步整合至功能性材料的制造及建筑系统的生产中，形成从生形（formation）、迭代（iteration）、模拟（simulation）、优化（optimization）到建造（fabrication）的动态工作流程。这一流程包括逻辑生成、模拟评估和建造优化三个阶段，分别对应数字化设计与建造的起始、评估和优化环节，为建筑设计与建造提供全面支持。

随着数字技术的发展，计算介入建筑设计与建造的不同阶段已成为可能，实现了建筑的找形与优化。在建筑设计初期，算法能建立建筑系统中物质元素与最终形式之间的逻辑一致性，解决由抽象算法导致的建造物质信息缺失问题。基于计算思维的逻辑生成阶段，通过面向建造的预制概念，解决数字模型与物理建造之间的不连贯问题，将几何算法推向建筑系统的物质逻辑建构。例如，苏黎世联邦理工学院研发的双曲面堆叠技术（图8-14）[①]，结合几何算法优化，满足快速装配需求，简化浇筑支撑结构并降低运输成本，实现设计与建造阶段的协同，大幅度提升效率，具有巨大的实践应用潜力。

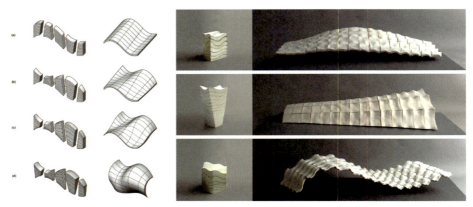

图8-14　预制混凝土双曲面堆叠技术

在建筑找形或性能模拟评估阶段，结合图解静力学等技术工具，可以实现建筑系统中"材料—结构—形式"的高度吻合。图解静力学从解决砖石结构平衡问题发展到数字时代，用数值模型分析结构构件，为分析建筑系统中建造要素与几何的相互作用奠定了基础，催生出科学的结构找形技术与新的建筑形式语言。近年来，数字技术不断革新，多个团队如苏黎世联邦理工学院的BRG（Block Research Group）、麻省理工学院的数字结构研究小组和结构设计实验室（Structure Design Lab）等，都在致力于结合优化算法和三维模型平台进一步发展传统图解静力学方法，提出了优化生成法、三维图解法、多边形图解法等，为建筑系统的形式创新和建造协同提供了有力支撑。其中，BRG提出的推力线网格分析法（thrust network analysis，TNA）已成

① BLOCK P, VAN M T, LIEW A.Structural design, fabrication and construction of the armadillo vault[J]. The Structural Engineer: Journal of the Institution of Structural Engineer, 2018, 96(5): 10-20.

功应用到2016年威尼斯双年展的双曲面薄壳等实际项目中（图8-15）[1]，展现了其应用于建筑领域的巨大潜力。

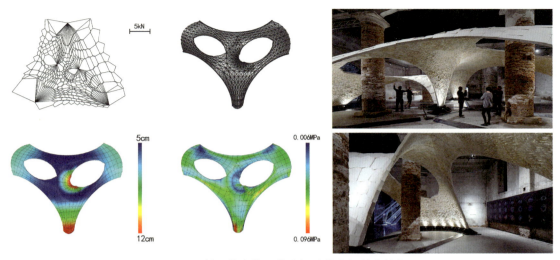

图8-15　基于推力线网格分析法的空间薄壳结构

除图解静力学之外，特殊形态的建筑设计与建造需要基于数值运算技术的找形拓展，结合直观、可视化的几何分析方法优化设计。在满足力学效率、材料尺寸、加工方式等需求的基础上，可运用结构图解、曲面重构、几何转化等方法进一步发展设计。例如，伊东丰雄设计的福冈Grin Grin植物园项目中，结构工程师佐佐木睦郎通过力学分析与多次运算迭代，综合权衡几何形态、结构性能与空间尺度等多重因素，确定了最优的建筑形式（图8-16）。皇家墨尔本理工大学谢亿民团队提出的双向渐进结构优化算法（BESO）[2]，突破了传统的局部尺寸和形状优化，发展到拓扑优化和布局优化的整体层面。该方法通过逐渐去除结构中的低效材

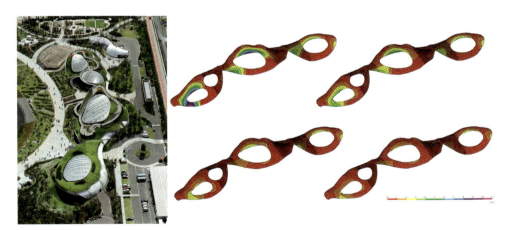

图8-16　福冈Grin Grin植物园项目结构优化示意图

① BRANDER D, BÆRENTZEN A, CLAUSEN K, et al.Designing for hot-blade cutting[C]. Advances in Architectural Geometry, Zurich, Switzerland, 2016.
② SELÇUK S A, GÜLLE N B, AVINÇET G M. Tree-like structures in architecture: revisiting Frei Otto's branching columns through parametric tools[J]. SAGE Open, 2022: 12(3).

料，或逐步将材料从低效区域转移至高效区域，实现了对潜在而未知的结构形式的探索与"进化"（图8-17）。通过数值运算结合几何优化，实现了建筑结构逻辑与空间形态的一致性表达，为建筑形态创新与建造决策制定提供了可靠依据。

图8-17　基于双向渐进结构优化算法的卡塔尔会议中心结构形态

在数字时代，数值模拟、人工智能算法、数控工具等技术革新颠覆了传统建筑设计与建造的思维模式和方法流程，并对建筑系统的建造逻辑产生了史无前例的推动作用。建造过程正逐渐摆脱作为建筑著作权的附庸和被动呈现的角色，转而通过算法将自身的特性作为决定性因素介入到设计过程中，从而推动从设计到建造的各个环节。未来，数字建筑设计建造一体化的实现亟需探索能够实时连接设计与建造两阶段的智能化工具，为建筑师的设计与建造决策提供更为科学、准确的依据。

8.2　计算性设计的时代技术观

8.2.1　算据信息的时代拓展

自21世纪以来，由人类和机器生成与处理的数据呈现爆炸式增长。依托大数据、物联网、云计算等技术的快速发展，涌现了大量、多源的城市与建筑算据，兴起了运用量化分析与数据计算来研究城市和建筑的模式。在大数据时代，数据科学家通过对原始数据的清洗、处理和组织，将其转化为信息并展开分析和解读，进而将其转化为知识加以利用[①]。这一过程不仅提升了数据的价值，也为城市与建筑设计的研究带来新的机遇。在这样的背景下，城市与建筑设计的研究正逐步从基础数据的可视化展现，转变为关于空间形态特征提取与空间感知、行为等问题的精准分析和高效评估。算据信息的数据拓展为城市与建筑的计算性设计提供了强有力的支持，使其呈现出大尺度、高颗粒、人本量化及经验量化的发展趋势[②]。正如墨尔本大学教授托马斯·凯文所指出的，"建筑与城市设计过去往往基于经验法则和灵感涌现，某种意义上说在其效能影响上是盲目的。未来的建筑与城市设计很有必要将新数据与新技术整合到设计过程中来，以改变这一现状并导向更高效而精准的设计"[③]。这一观点强调了数据与技术在设计中的重要性，也预示着未来的城市与建筑设计将更

① 维克托·迈尔·舍恩伯格. 大数据时代：生活、工作与思维的大变革[M]. 周涛，译. 杭州：浙江人民出版社，2012.
② 杨俊宴，曹俊. 动·静·显·隐：大数据在城市设计中的四种应用模式[J]. 城市规划学刊，2017（4）：39-46.
③ KVAN T. Data-informed design: a call for theory [J]. Architectural Design, 2020, 90(3): 26-31.

加依赖于数据驱动的方法，以实现更高效、更精准的设计目标。

8.2.1.1 城市算据拓展

城市作为复杂巨系统，无时无刻不在产生大量数据，通过分析和可视化交通、用电、用水、空气质量、基础设施、社区活动等多方面的大数据，可以辅助城市规划师和管理者更好地理解城市的运作机制，赋能城市设计与决策。在城市设计领域引入大数据，可以为规划师提供新的视角和不同维度的分析算据，实现更高精度、更多维度的城市发展规律分析，从而辅助规划师更好地理解社会活动与城市空间形态之间的作用机制[1][2]。城市算据的升级与应用离不开大数据与区块链（blockchain）技术的支持。利用大数据分析可以从大量未结构化的数据中提取信息和知识，而大数据可视化则可以将提取的信息和知识直观展现以指导决策[3]。区块链则可以通过智能合约（smart contract）[4]实现可追溯、透明、隐私可控且历史不可逆转的数据处理过程，并最终改善城市、社区的各种资源、系统的管理和运作。

随着信息通信技术与传感器技术的深入发展，多源新型城市数据为城市研究提供了新的数据源和分析可能（图8-18）。这些数据不仅有助于更好地把握城市空间形态特征，而且能帮助我们理解基于空间特征的经济、社会影响。数据内容主要包括反映建成环境特征（如Open Street Map数据、POI兴趣点数据等）和反映居民行为感知活动（如社交媒体数据、百度热力图数据等）的开放数据，这些数据为多尺度、定量化的城市

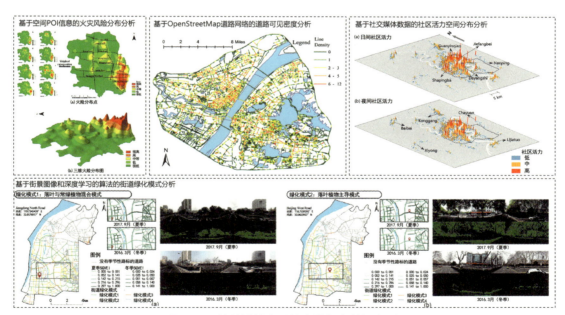

图8-18　计算性城市设计中的新兴数据类型

① BATTY M. Modelling cities as dynamic systems[J]. Nature, 1971, 231(5303): 425-428.
② BATTY M. The new science of cities[M]. Cambridge: MIT Press, 2013.
③ PROVOST F, FAWCETT T. Data science and its relationship to big data and data-driven decision making[J]. Big Data, 2013, 1(1): 51-59.
④ Investopedia. Smart contracts[R/OL]. (2024-06-12) [2024-12-17]. https://www.investopedia.com/terms/s/smart-contracts.asp.

物质空间环境特征提取和大规模、精细化的行为感知评价研究提供了可能[①②]。在此基础上，结合计算性设计方法，城市研究者和规划设计师可以在大规模兼具高精度的建成环境分析的辅助下，快速、高效地获取场地区域的物理空间与使用基础信息，从而实现更为合理与精细化的设计。这一变革不仅提高了城市设计的效率，而且为创造更加宜居、可持续的城市环境提供了有力支持。

从城市算据的样本比例和更新频率来看，通常可以将城市研究中的大数据分为四个维度[③]（图8-19），即高频大样本数据、高频小样本数据、低频小样本数据和低频大样本数据。这四个维度分别涵盖了不同类型的数据，如手机信令、空间能耗等属于高频大样本数据，微博签到、公交IC刷卡等属于高频小样本数据，卡口交通统计、问卷调查等属于低频小样本数据，而城市空间建筑形态、地块使用属性等则属于低频大样本数据。在传统的城市研究中，受限于数据采集与分析方式，大多采用低频或小样本数据，这导致只能以静态预判动态或以局部推断整体，难以保证研究的实时性与准确性，而新兴的高频大样本数据可以有效弥补这一不足。作为严格意义上的城市大数据，该类数据具有覆盖全、更新快等特点。结合云计算、人工智能等技术，可以实现高效、便捷的城市动态规律预测，从而为设计智能决策提供有力支持。

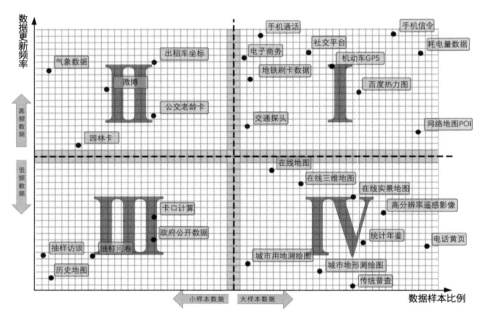

图8-19　城市数据样本二维矩阵图

相对于传统的街道、建筑、地块的形态及其功能、建筑面积、人口、房价等点状数据，图像数据也已成为城市算据的重要组成部分。近年来，随着计算机视觉领域机器学习技术的发展，城市街景大数据大量涌现。相比于其他数据类型，街景图像具有更加贴近人本视角、覆盖范围广、位置精度高等特征，且能够360°

① 叶宇，庄宇，张灵珠等. 城市设计中活力营造的形态学探究—基于城市空间形态特征量化分析与居民活动检验[J]. 国际城市规划，2016，31（1）：26-33.
② 叶宇. 新城市科学背景下的城市设计新可能[J]. 西部人居环境学刊，2019，34（1）：13-21.
③ 杨俊宴，曹俊. 动·静·显·隐：大数据在城市设计中的四种应用模式[J]. 城市规划学刊，2017（4）：39-46.

全景呈现城市街道的空间环境实景信息。因此，其在城市建成环境的空间品质研究中得到了越来越广泛的应用[1][2]。通过结合街景数据与图像识别技术，能够有效解决传统城市研究中存在的一些局限问题，如小样本数据调研成本高、采样局限性大，以及大样本数据缺少使用者人本视角、数据精度低等问题。借助这一新技术手段，能够提高研究的精细度和准确性，为城市研究带来新的视角和突破（图8-20）。

图8-20　街景数据与图像识别技术

　　基于上述新型城市算据与分析工具，城市规划师与决策者能够深入细致地理解与实时分析城市现状和居民行为。可以利用经过正确匿名处理的手机信号数据和社交媒体数据，获取关于生活—工作对应关系、人流移动模式、多种社区价值及人际互动等人群行为活动信息。通过可视化技术，这些信息可以直观地反映该区域的城市系统性能及活力，为决策者提供直观、全面的城市运行视图。除了人群行为活动信息，城市规划师与决策者还可以综合城市区域用地性质、交通流量、社交网络、全年日照辐射、风环境数据等多方面信息，通过综合分析方法对城市系统形成更为全面的洞察和理解，从而更好地把握城市的整体运行状况和潜在问题。这些以数据为支撑、以循证分析为基础的洞察不仅为决策者提供了深入理解城市现状的窗口，还可为下一步实现更准确的系统协调与城市干预（urban interventions）提供可靠的信息和依据。

　　在城市算据的应用方面，MIT媒体实验室展开了大量尝试与实践。其中，与欧洲国家安道尔政府联合成立的安道尔城市科学实验室（City Science Lab Andorra）的研究项目——安道尔数据瞭望台（Andorra Data Observatory）便是一个典型的例子（图8-21）。在此项目中，安道尔政府提供了丰富的数据资源，包括移动电话数据记录（call data records，CDR）、电力使用、交通流量、城市官方移动App等多方面数据。麻省理工学院

① YE Y, RICHARDS D, LU Y, et al. Measuring daily accessed street greenery: a human-scale approach for informing better urban planning practices[J]. Landscape and Urban Planning, 2018, 191(4).
② NAIK N, PHILIPOOM J, RASKAR R, et al. Streetscore: predicting the perceived safety of one million streetscapes[C]. IEEE Conference on Computer Vision & Pattern Recognition Workshops, Columbus, USA, 2014.

和安道尔的双方研究人员共同对这些数据进行了深入分析和可视化处理，针对当地城市的突出问题进行研究。他们的研究涵盖了多个方面，如举办大型活动时城市交通需求情况[①]、用电量预测、灾难疏散及游客行为模式分析[②]等。为了更有效地整合和分析这些多源数据，研究人员在数据分析与可视化系统中运用了基于代理的模型（agent-based model，ABM）。ABM模型具有显著的优势，它克服了信令数据（CDR）在时空分辨率方面的限制，通过整合用户国籍、历史位置等多方面信息，建立用户特征和代理，并根据信令数据中的起点和终点信息将其匹配至城市环境中。基于代理的用户特征和城市空间节点（如商铺或景点等）的相关特点，ABM模型能够模拟代理在城市中可能发生的移动路径、停留和消费等情况，研究人员还会根据真实历史数据进行模型参数调整，以确保其在统计意义上的准确性[③]（图8-22）。总的来说，安道尔数据瞭望台项目展示了城市算据在城市规划和管理中的巨大潜力。

图8-21　安道尔数据瞭望台城市物理模型及三维投影可视化

图8-22　安道尔数据瞭望台多代理建模分析及可视化

① LENG Y, RUDOLPH L, PENTLAND A S, et al. Managing travel demand: location recommendation for system efficiency based on mobile phone data[C]. Proceedings of Data for Good Exchange (D4GX), New York, NY, 2016.
② CHEN N, ZHANG Y, STEPHENS M, et al. Urban data mining with natural language processing: social media as complementary tool for urban decision making[C]. Proceedings of Future Trajectories of Computation in Design: 17th International Conference, Istanbul, Turkey, 2017: 101-109.
③ GRIGNARD A, MACIA N, PASTOR L A, et al. CityScope andorra: a multi-level interactive and tangible agent-based visualization[C]. Proceeding of the 17th International Conference on Autonomous Agents and Multi-Agent Systems(AAMAS), Stockholm, Sweden, 2018: 1939-1940.

在新城市科学迅速发展的背景下，计算性城市分析、设计与应用正逐渐增多。这得益于多源化的空间基础数据与感知行为数据，使得计算性城市设计在分析尺度上既具有城市尺度的广泛范围，又具备人本尺度的精细精度。这种双重优势让设计决策能够更加立足于人本感受和城市发展的实际需求，以科学、量化的形式来支撑更优质的设计实现。

8.2.1.2　建筑算据集成

与城市系统相类似，建筑作为一种复杂系统，其设计、建造、运维全过程所涉及的算据参数具有信息量大且复杂多变的特点。依托建筑信息模型、物联网、云计算等新技术，可获取建筑全生命周期的建成信息，包括建筑环境、本体、构件、使用者与机械设备等，共同组成建筑的特征参数，描述或模拟建筑的相关性能，赋能更高效、更精确的计算性设计。

随着信息技术的发展与完善，建筑领域实现了跨尺度、多维度、全周期的新型数据源获取，为建筑全生命周期数据关联与分析奠定了基础。数据类型主要包括反映建成环境特征的基于激光扫描或低空摄影技术的测绘数据（图8-23），反映建筑设计本体及其相关构件的图像数据与属性数据；以及反映建筑运行状态的使用者行为感知评价数据等，为精确、高效的建筑空间环境特征提取和运维过程管控赋能。集成多维建筑算据的计算性设计在数据挖掘与人工智能技术的辅助下，可实现高精度、高效率的多尺度和全周期信息建模。同时，通过多层级信息关联与跨平台数据交互，可以实现建筑数据结构降维，建立跨阶段数据链关联映射，从而实现建筑全生命周期数据高质量融通与更为精细、合理的建筑设计。

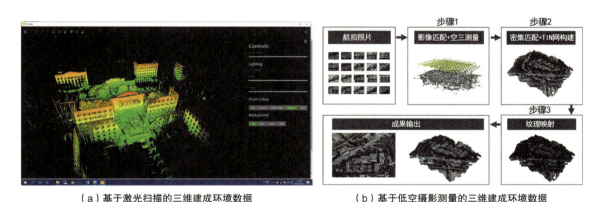

（a）基于激光扫描的三维建成环境数据　　　　（b）基于低空摄影测量的三维建成环境数据

图8-23　建筑信息模型中的三维建成环境数据

从算据类型来看，建筑数据在计算性设计中可以按照数据产生阶段进行划分。其中，建筑设计阶段的算据主要包括建筑的区位、主要用途、几何形体等特征参数，这些参数一般固定不变。按照层级划分，建筑设计阶段的数据信息可分为建筑环境信息、建筑本体信息与构件信息等[1]。具体来说，建筑环境层级算据涉及

---

① 韩冬辰. 面向数字孪生建筑的"信息–物理"交互策略研究[D]. 北京：清华大学，2020.

地域气候、自然环境（地形、植物、水体等）、城市环境（周边交通、建筑与景观）与场地环境（休闲服务、交通设施、场地景观、导视标识、配套设施）等方面的相关数据与信息，是建筑设计方案生成的基础，是定义主要设计问题与初始计算条件的基础。在建筑本体层级，核心算据信息包括建筑外观形态与功能空间的三维空间信息、几何信息与属性信息，这些数据对建筑的物理性能模拟与优化具有重要作用。当下，已有相关研究尝试应用人工智能技术从建筑图纸或立面图片中自动读取所需的建筑几何信息，如建筑平面几何信息数据、房间信息数据或窗墙面积比等，以大幅度提高数据的提取效率。在建筑构件层级，则主要涉及建筑的结构体系、围护体系、交通体系，以及室内空间的相关构件等要素。其中，结构体系构件包括基础、梁柱、板材与空间结构的几何、材料与力学性能数据，围护体系主要包括墙面、门窗及其附属构件等的相关信息数据，交通体系指楼梯、台阶、坡道、电梯、传送装置等的数量、位置等信息，室内体系则包括室内隔断、装饰、景观与专用设备的相关信息等。

在建筑运行阶段，建筑为使用者提供舒适、健康、安全的空间，而使用者也会根据自身偏好和舒适状态对建筑进行控制和调节，二者之间的互动产生了大量随时间变化的算据信息。鉴于使用者行为对建筑运行数据的重要影响，在计算性设计过程中，需要前置综合考虑其行为模式及其作用情况。因此，为了更加精准地计算建筑占用比例、供暖空调运行时间、温度设定、适应性调节行为等方面对建筑能耗性能的影响，最新的研究热点与趋势是通过被动式观察或传感器采集获取建筑运行阶段的使用者行为数据。在传统研究中，受限于技术和效率问题，多维数据的获取困难。然而，建筑信息模型、物联网、虚拟现实、数字孪生等新技术的发展，为提升建筑运维阶段的数据采集精度和范围提供了新的突破口。随着环境传感器、可穿戴设备、视觉相机等技术的发展，研究者已经可以从多维度采集与记录使用者的行为数据及其客观生理数据。特别是虚拟现实和生理传感器技术的便携化和普及化，为采集、测量人本尺度的建筑算据与计算性设计提供了新的可能（图8-24）。

图8-24　人因测量技术

目前，对建筑使用者行为数据的采集与应用研究，主要聚焦于建筑能耗性能。研究者通过整合建筑环境信息与使用者行为感知数据，建构行为感知模型，以辅助设计决策。近年来，跨领域研究广泛展开，旨在探究建筑声、光、热、空气质量等环境因素与使用者行为感知的复杂相互作用，以更好地预测和模拟使用者在不同建筑环境下的行为规律。例如，研究建筑环境对使用者开窗或照明控制行为的影响（图8-25），可进一步预测其对热舒适、照明舒适或建筑能源使用的衍生影响，从而辅助建筑节能设计决策。

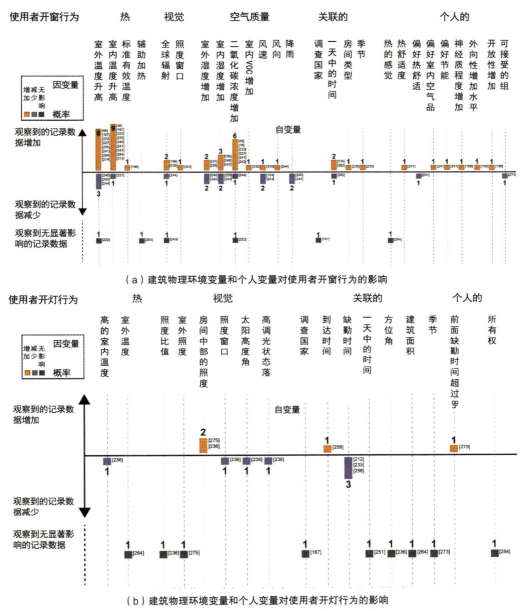

（a）建筑物理环境变量和个人变量对使用者开窗行为的影响

（b）建筑物理环境变量和个人变量对使用者开灯行为的影响

图8-25　不同建筑环境变量和个人变量对使用者行为的影响

　　在信息时代与智能时代的背景下，建筑设计与建造正经历深刻变革。随着建筑算据的极大丰富与数据技术的迅速完善，建筑客观物理数据与使用者主观感知行为数据的全周期高质量融通成为可能，这有效助力了计算性设计方法和技术的日益完善。这一趋势促进了跨尺度、跨周期的高效、精细化设计分析、预测与决策，为实现更为科学、合理的建筑设计提供了有力支持。立足复杂性科学与健康人居理念，建筑设计正逐步迈向一个新的发展阶段。

8.2.2　算法应用的时代重构

随着城市和建筑数据获取数量与精度的不断提升，人工智能技术与算法正深刻影响着城市与建筑设计的思维和方法范式。在早期，算法被视为可将烦琐的重复工作进行自动化处理的工具，强调理性、机械性与一致性，被诟病为忽视了人类的艺术敏感性和直觉趣味性。然而，随着算法的不断拓展，如神经网络等被应用到设计中，拓展出人类思维之外的全新的思维过程，成为对人类思维的扩展，常常产生难以被预测的设计结果。

结合计算性逻辑的出现，算法在城市与建筑设计中的应用随其属性特征发生重构。在早期应用中，算法主要用于描述、分析和制造设计者预先设想的手动创建的复杂几何形状，设计师通过图形界面控制模型形状，但编辑过程通常缓慢而费力。算法的第二种应用方式为参数化设计，在此过程中，模型的形式特征由抽象的参数（值）和计算程序（算法）生成并描述。设计师通过建立并编辑抽象关系生成模型的初始形态，进行性能模拟和视觉评估，再通过改变参数值或修改算法结构得到不同的模型形状。设计者使用的是一种延迟策略，从较少的参数和规则开始，逐步推敲至详细的模型。在算法主导的计算性设计中，设计师的工作重心从对象层面转移到了算法层面。通过执行算法系统，利用重复递归的方式生成多个形态。这种设计方式的核心在于，设计师不是单纯地追求一个独特且理想的设计方案，而是在大量可能的设计解中进行选择和改进，以期找到满足系统属性和设计要求的最优解。这一设计过程与自然选择下的生物进化有着显著的相似性。在生物进化中，适应环境的个体更有可能生存下来并传递其遗传信息。同样，在计算性设计中，那些更符合环境（即系统属性和设计要求）表达的适应性标准的设计解，会被选择并进一步发展，最终收敛于一个单一的、适合的设计结果。因此，在这种设计思维下，形式不再是设计的主要关注点，而是选择过程的次要结果。设计师更加注重的是如何通过算法找到满足所有条件和要求的最优设计解。

从设计趋向与风格角度来看，人工智能技术的涌现为计算机带来新的角色和定位。在计算机发明之初，因其强大的计算和处理能力被称为电子大脑（electronic brains），这一时期，计算机被视为能够模拟和扩展人类智能的工具，尽管其实际应用还相对有限。20世纪90年代，计算机主要被用于绘制建筑图纸和建造物质化实体，成为设计师的得力助手，相当于电子之手（electronic hands）。这一时期，计算机通过精确的计算和图形处理能力，帮助设计师实现了复杂的建筑形态和结构，如数字流线型自由曲面等。如今，在第二次数字化转型推动下，人工智能与机器学习技术的快速发展使得计算机再次被赋予新的意义，不再仅仅是辅助工具，而是成为具备自主思考和学习能力的"思考机器"，转向一种基于大数据和复杂计算的离散化（discretization）、体素化（voxelization）、超高分辨率（excessive resolution）的设计趋向与风格。由法国EZCT建筑与设计研究工作室开展的基于遗传算法的玻利瓦尔椅计算性设计研究就是对体素化风格的早期尝试之一（图8-26）；由艾丽莎·安德拉塞克（Alisa Andrasek）与何塞·桑切斯（Jose Sanchez）等设计的BLOOM城市游戏则是基于离散化与冗余原则，在信息系统的架构内回顾了自然界中物质系统的涌现复杂性，通过让公众在初始结构上添加部件来改变其结构形式，或产生全新的不可预测的结构序列（图8-27）。

对于设计过程的控制来说，计算性设计中的算法逻辑带来与传统设计模式截然不同的变革。计算性设计主要通过使用脚本语言对设计意图进行编码，基于规则逻辑生成城市和建筑的空间与形式。与传统设计模

图8-26　玻利瓦尔椅

图8-27　BLOOM城市游戏

式中的工具（如笔、CAD等）不同，算法工具具有强大的计算能力和数据处理能力，能够处理复杂的设计问题和任务，但设计师在使用算法工具时往往无法完全控制算法执行的过程与结果，这给设计师带来更大挑战和不确定性。同时，通过与机器学习和人工智能等计算工具相融合，结合机器人等通用设备，设计过程呈现出"自动化"（automation）趋向。算法结构是一种与经验或感知无关的抽象模式，其应用可以实现看似不相关的实体之间的相互联系，或者完成设计的进化，实现"一种超越感知极限的设计探索"[1]，为设计师提供更多的创新可能性。例如，在Evolving Floor Plans的实验研究项目中，美国洛克菲勒大学乔尔·西蒙（Joel Simon）从建筑平面优化的角度出发，进行了一系列有益的尝试，致力于探索新兴设计方法的组合，以实现高度复杂的平面图的"进化"与演变[2]。这一项目通过遗传编码，巧妙地采用了图形收缩或蚁群算法。在项目中，多种竞争性的主客观措施引导得出房间与走廊的相对位置、形状和大小，由此成功地组织了学校的教室和预期人流，从而最大限度地减少了步行时间和走廊使用（图8-28、图8-29）。另一个引人注目的案例是荷兰3D打印研发公司MX3D与Laarman Lab、建筑公司Heijmans、软件开发商Autodesk等机构合作在阿姆斯特丹共同创建的由3D金属打印制成的人行天桥。这座桥的设计过程是利用生成算法结合给定的一组参数展开，在确定形状后，通过数字仿真、结构计算与几何操作识别桥梁的受力情况，以去除多余的材料，从而实现了结合最小参数的形态设计与3D打印建造（图8-30）。

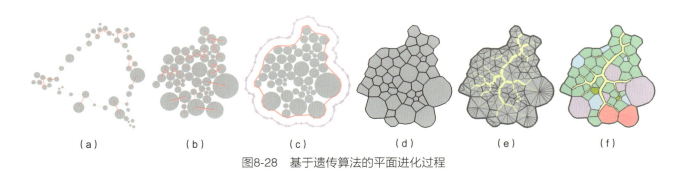

（a）　　　　　（b）　　　　　（c）　　　　　（d）　　　　　（e）　　　　　（f）

图8-28　基于遗传算法的平面进化过程

① MENGES A, AHLQUIST S. Computational design thinking[M]. Hoboken: John Wiley & Sons, 2011.
② SIMON J. Evolving floorplans[EB/OL]. (2017-10-12) [2024-12-17]. https://www.joelsimon.net/evo_floorplans.

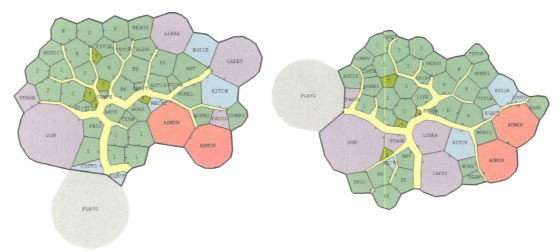

（a）最小班级间人流和用材的优化解　　　　　　（b）最短火灾逃生路径的优化解

图8-29　平面优化结果

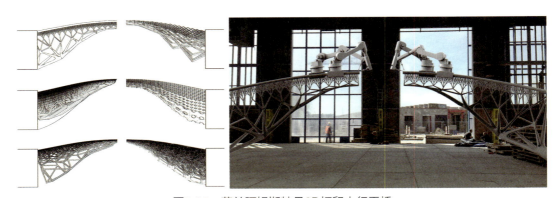

图8-30　荷兰阿姆斯特丹3D打印人行天桥

　　总结来说，算法作为一种新型的设计媒介，展现出与传统设计及非参数数字设计媒介完全不同的思维与工作模式。算法运用计算机编程语言，与模棱两可的自然语言不同，是经过预先设计的、更加精确和明确的规则表达。在设计初期就要求算法有高度的精确性，基于算法的设计需要每一步都必须用代码精确表示，这与自上而下的、从模糊逐渐过渡到明确的传统设计过程形成了鲜明对比。设计师的任务在于通过算法转译设计问题，并生成一个稳定的解决方案，而非直接设想解决方案。算法作为创造形式的不透明媒介，产生的方案结果是自组织生成的，设计师无法事先预见，设计师需要在探索的过程中逐步发展出代码与形式之间关系的直觉，这一认知过程也与传统设计存在显著不同。最后，正如前文所提到的，基于算法的计算性设计是对系统思维的反映与重构，面向复杂的建筑系统，能够更好地辅助设计师构建不同建筑要素之间的关联关系，算法应用有助于解决传统设计方法中难以全面思考设计问题的困境。诚然，从关系而非物体的角度来理解形式并非人类自然的感知模式，但对这种复杂约束与参数之间的抽象关系的探索会为设计提供更多的可能解，带来更多的可能性与创造力，推动设计的创新与发展。

8.2.3 算力技术的时代跃迁

8.2.3.1 算力升级跃迁

算据的拓展和算法的应用共同构筑了智能时代的设计舞台，为人居环境系统的信息化、数字化与智慧化转型提供了强大推动力。这一转型不仅催生了计算性设计的全新思维、方法与技术体系，还使其成为突破科学瓶颈、解决工程难题的重要途径。然而，这一切的实现都离不开算力的融合与跃迁作为坚实的基础。随着数据复杂度的不断提升和大数据应用的逐步深入，数据平台所承载的任务负荷日益加重，传统的以CPU为底层硬件的大数据技术，在面对以高维矩阵运算为代表的新型计算范式时，逐渐显露出性能瓶颈，无法有效满足日益增长的算力需求。因此，算力的爆发式增长成为人工智能和计算性设计领域得以迅速发展和进步的重要基础之一。这一增长不仅推动了计算性设计在更多领域的应用，还为其提供了更强大的计算能力和更高效的数据处理手段。

近几十年来，随着计算能力的提升和海量数据的积累，多种新兴计算技术在人居环境设计领域逐步得到应用，并且显现出巨大潜力。特别是最近50年左右，算力呈现几何级数的升级增长，推动建筑业向更高效率、更高质量、更加智能的方向发展。进入数字时代，设计思维方式也从经验思维转向数字化思维，为数据密集型智能技术主导的行业领域开辟出新道路。对于数据高度密集型的城市规划与建筑业来说，算力升级对新兴计算技术的高效应用起到决定性的重要作用。当前，为了解决异构算力平台开发中的软硬件协同等问题，Intel公司等产业机构已开始设计并研发支持多架构开发的编程模型，以进一步提升平台计算效率。

8.2.3.2 算力赋能设计

现代计算机及云计算服务显著降低了计算成本，同时，多方面海量数据与机器学习技术的成熟，使其在城市与建筑的计算性设计中得到广泛应用。

算力跃迁为快速、准确预测城市干预措施对使用者行为的影响（包括人与环境的互动方式、城市交通、消费资源和信息交流等方面）奠定了基础，有助于实现对城市建模工具的升级，使其快速预测城市干预效果。这进一步解决了传统城市性能模拟中计算量大、耗时长的问题，特别是在交通和日照模拟方面，使得实时反馈成为可能。例如，MIT媒体实验室研发的城市视景（city scope）是一个动态的、证据辅佐的城市决策辅助系统，旨在提高城市决策的可参与性和实时反馈能力。它结合了直觉的可触交互界面、增强现实可视化系统、多代理模拟和机器学习技术，能够模拟并预测城市的多种复杂性能。这些性能包括城市三维空间使用情况、人群创意互动、交通模式及其性能、城市可步行性、社区能源效率、环境舒适度、城市照明、医疗教育等城市资源的可达性、公共安全性等（图8-31）。通过运用机器学习技术，城市视景将原本耗时的城市模拟过程实时化，从而提供城市

图8-31　城市视景决策支持系统

各项性能的即时反馈，辅助决策者快速测试不同的设计原型场景[①]（图8-32）。在交通和日照模拟方面，该系统通过运用卷积神经网络[②]对大量城市模拟数据进行学习训练，实现了快速且准确预测。具体而言，该系统利用GAMA平台[③]搭建ABM模拟系统模拟交通流量与拥堵程度，同时利用DIVA日照分析软件模拟阳光辐射总量，生成了1万个随机城市模拟数据。经过学习训练，城市视景能够在极短的时间内（10ms）得到准确率超过85%的预测结果，进而将预测结果可视化呈现来辅助城市设计决策（图8-33）。

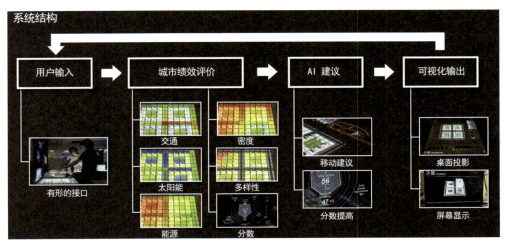

图8-32　城市视景的系统结构与工作流程

算力跃迁在城市系统优化决策方面的应用极大地提升了决策效率和质量。经过算力升级的城市视景平台不仅可以向城市决策者实时反馈多方案的模拟和测试结果，还通过人工智能决策建议引擎减小参与难度，使得更广泛的利益相关者参与到创造性的、迭代的城市决策过程中来。这一引擎利用蒙特卡洛树[④]、遗传算法[⑤]等优化搜索算法，生成并搜索城市设计的可能解，并选择其中的最优解为决策参与者提供建议。通过标注指示，向用户展示下一步的最优建议，并在雷达图上标出采纳建议后各项得分的可能增量[⑥]，从而帮助决策者逐步思考是否采纳人工智能助手的建议。考虑到城市系统的复杂性及其部分问题的不可计算性，智能建议引擎能够模拟优化的性能有限。多步计算的结果可能会忽略未被评估的方面，而逐步建议则能更好地辅助用户作出合理决策。在这一过程中，将机器智能在理性、定量计算方面的优势与人

① ZHANG Y, GRIGNARD A, LYONS K, et al. Machine learning for real-time urban metrics and design recommendations[C]. Proceedings of ACADIA 2018 Conference, Mexico City, 2018.
② NIEPERT M, AHMED M, KUTZKOV K. Learning convolutional neural networks for graphs[C]. Proceedings of the 33rd International Conference on MachineLearning, New York, NY, 2016: 2014-2023.
③ GRIGNARD A. GAMA 1.6: advancing the art of complex agent-based modeling and simulation[C]. International Conference on Principles and Practice of Multi-Agent Systems, Dunedin, New Zealand, 2013(8291): 117-131.
④ BROWNE C B. A survey of monte carlo tree search methods[J]. IEEE Transactions on Computational Intelligence and AI in Games, 2012, 4(1): 1-43.
⑤ KALYANMOY D. A fast and elitist multi-objective genetic algorithm: NSGA-II[J]. IEEE transactions on evolutionary computation, 2002, 6(2): 182-197.
⑥ ZHANG Y. CityMatrix: an urban decision support system augmented by artificial intelligence[D]. Cambridge: Massachusetts Institute of Technology, 2017.

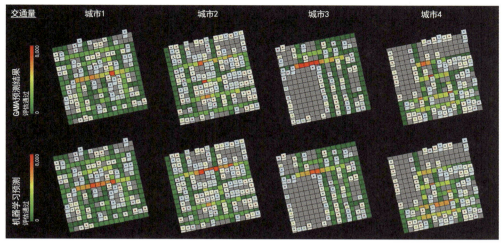

（a）交通模拟结果对比图

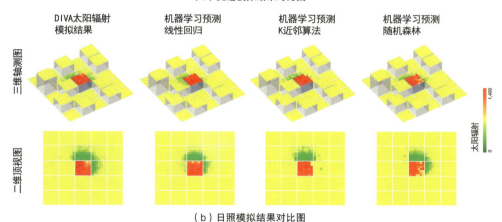

（b）日照模拟结果对比图

图8-33　城市视景模拟结果与机器学习预测结果对比图

类智能在感性、定性判断方面的长处相结合，有助于平衡和协调城市系统的多方面性能，从而获得更为合理的决策结果。

　　未来，随着多样性算力的融合升级，人类与计算机的沟通方式将发生深刻变革。除了传统的视觉和听觉，触觉等更多的感知方式将被引入，使我们能够更全面地感知和操作计算机中的信息。这一变革将极大地丰富我们与计算机的交互体验，使我们能够以更加直观、自然的方式与数字世界进行互动。同时，增强现实、混合现实等技术的普及也将为城市与建筑的计算性设计带来全新可能性。通过AR眼镜或移动设备的屏幕，我们可以在现实中的物体上叠加高分辨率、多种类型的信息，将抽象的数据具象化，从而极大地增加我们与信息的交互"带宽"。这种技术的应用将使我们能够更加深入地理解和分析城市与建筑的设计方案，实现更加精准、高效的决策和优化。

8.3 计算性设计的数字文化观

你是否接受这样一个确凿的事实：我们正处于一个转折之中？

——如果它是确凿的，那就不称其为转折。因为置身于一个时代变迁的关头（假如确有变迁）的事实本身，就排斥企图定义变迁的确凿的知识，它意味着确凿性失去自身的意义，成为不确凿性。我们从来也没有像今天这样不能把握自己：转折首先就是这样一种含蓄的力量。——莫里斯·布朗肖（*Maurice Blanchot*）

8.3.1 数字技术的人文映射

自工业革命以来，技术的飞速发展对人类社会的各方面产生了深远影响，不仅改变了人们的生产、生活方式，还重塑了人与自然的关系及人类对世界的认知。法国当代技术哲学家贝尔纳·斯蒂格勒（Bernard Stiegler）和贝特朗·吉尔（Betrand Gille）的观点都触及了技术与文化之间的复杂关系，以及这种关系如何随着技术的不断进步而发生变化。斯蒂格勒强调技术与时间的紧密联系，指出新技术的出现必然会导致旧技术的淘汰，进而影响到由旧技术所支撑的社会环境。这种由技术革新所带来的社会环境的变迁，往往会导致文化与技术的离异。吉尔在其著作《技术史导论》中也提到了类似的观点，他认为工业文明的基础就是持续不断的革新，而这种革新正是造成文化和技术离异的原因。随着信息化、数字化与智能化时代的到来，技术的这种影响力变得更加显著。人们体验、感知和衡量世界的方式已逐渐被技术图像所颠覆，由基于经验、实物与文本的行为方式转变为根据信息、计算与图像来理解自身与世界的关联。这种转变无疑对人类的思维、行为和价值观产生了深刻影响。面对这样的现状，我们需要以审慎的态度来审视人与技术的关系。技术并不是中立的，它既有积极的一面，也有潜在的风险和挑战。因此，我们需要批判地思考技术的角色和影响，并探索如何创造一种新的技术文化，以应对全球化生态和治理中存在的诸多问题。

就技术的本质问题而言，文艺复兴时期的人文主义哲学家就已经开始了相关的思考和探讨。他们秉持技术工具论（instrumentalism of technology）的观点，认为技术仅仅是人类认识世界的工具，世界是以人为中心的。然而，随着工业革命和计算机科学的发展，阿兰·图灵和马丁·海德格尔等技术哲学家对技术工具论观点发起了挑战。他们认为，现代技术的本质是一种格式化、体制化的力量，具有"无条件的统治地位"，且可能将人的目标和价值纳入到"操纵性权利"的政治推动中，这是一种不同于自然产出过程而强制逼促的"解蔽"。

技术与人类的辩证关系复杂多面。技术工具论强调技术内在于人类主体的工具属性，而海德格尔的技术本体论则认为技术是外在于主体人类的存在，在被人类建构的同时也在规训着人类。不同于上述观点，雅克·埃吕尔（Jacques Ellul）则认为，技术与人类一样具有自主性，与之融为一体。控制论及"赛博格"（cyborg）概念进一步验证了技术与人类深度融合的观点，强调机器与有机体的混合，以增强人类能力为目的。安迪·克拉克（Andy Clark）则从思维层面分析了技术的主体性问题，认为"赛博格"不仅是物质意义上的人机结合，更是人与技术在思维层面上的共同体，二者互为主客体、共同演化。

在城市与建筑设计领域，技术的发展与设计师的互动尤为突出。计算机、触控板、AI等数字技术的发展不仅为设计师提供高效、精确的设计工具，而且为其提供了传达设计创意与愿景的创新机会。这些技术引发了建筑行业的全面变革，改变了城市的形态及建筑的形秩、功能和建造，提升了城市与建筑性能预测效率与设计决策精度。数字技术在某种程度上已经超越了原本的工具属性，开始与人类设计师共同成为设计主体，二者相互补充、共同进化，逐渐演化成控制论设想中机器与人类无区别的场景。

在数字文化背景下，技术已全面渗透到我们的日常经验与实体结构中，深刻嵌入我们此前从未视为"技术"的客体之中。未来，人类世界将处于一个人与"智能"物体紧密相连的网络之中，人与机器、线上与线下、虚拟与现实之间，或者说"赛博空间"与"物质世界"之间的界限将逐渐模糊，形成一种"日益综合的技术"环境[①]。在建筑行业中，随着人工智能技术的深度介入，机器智能将不断扩展人类设计师的智慧与创造力，二者将形成一种全新的关联性机体，展现出全新的交互设计范式。

8.3.2　虚实空间的具身认知

设计界的人文主义传统（humanistic tradition）强调从人的角度来审视设计的意义和价值，"将人的活动和物质形式对人的精神影响视为最重要的价值"。城市与建筑通过其所呈现出的物质形式及其空间所承载的人类活动影响着人们对它的理解，而人们借以理解城市与建筑的媒介便是其所拥有的身体。20世纪以来，随着身心二元论传统的瓦解，与身体密切相关的研究领域如心理学、精神分析学和认知科学等获得了广泛关注，这些领域的研究成果进一步丰富了我们对城市、建筑与人之间关系的理解。

8.3.2.1　具身认知的基础理论

在西方传统的哲学体系中，柏拉图的理论奠定了关注心灵而非身体的主流思想。他认为身体的感官是感性且暂时的，而灵魂才是理性而永恒的，身体感官可能会误导心灵，因此，若要接近真理，必须脱离身体进行思考。这一观点对西方哲学产生了深远影响。随后，西方现代哲学思想的奠基人笛卡尔在17世纪提出"我思故我在"的著名哲学命题，表达了其扬心抑身的认识论思想。而他提出的身心二元论则主张物质实体与精神实体是异质且分离的，心灵处于高于身体或物质实体的地位。然而，这种观点低估了身体作为认知人类生存状态的基本载体的重要作用，忽略了具身的存在是人类与世界、自我意识及自我认知相互渗透、融合的基础。实际上，身体与心灵是密不可分的，它们共同构成了人类的完整存在。因此，在探讨人类认知和生存状态时，我们必须充分考虑身体的重要性。

具身认知理论强调认知是由身体或身体与环境的相互作用所构成或促进的，身体、认知和环境是不可分离的联合体。这一理论与笛卡尔的身心二元论截然不同，它认为生理体验与心理状态之间有着强烈的联系，

---

① 杰米·萨斯坎德. 算法的力量：人类如何共同生存？[M]. 李大白，译. 北京：北京日报出版社，2022.

生理体验能够激活心理感觉，反之亦然。具身认知理论的灵感部分来源于现象学理论，尤其是埃德蒙·胡塞尔（Edmund Husserl）和马丁·海德格尔等现象学家对身体感知世界、塑造思想及体验意识活动的研究，都对具身认知的身心关系分析产生了深远影响。梅洛-庞蒂在其著作《知觉的世界》中深刻指出，外部存在，如空间，是"精神和身体的混合"。他强调，"我们和空间的关联并不是一个不带肉身的主体与一个遥远的对象间的那种关联，而是一个居于空间中的主体与其熟悉的环境或场所间的关联"。梅洛-庞蒂认为，"人并不是一个精神和一个身体的简单组合，而是一个与身体紧密相连的精神"，"这种精神之所以能够通达诸物之真理，只因这身体就好像是黏附于诸物之中"。正是因为身体和其他物体一样拥有物质性，并在这个世界占有一席之地，我们才能理解自己与世界的关系、与空间的关系、与接触的物体的关系。这种感知与体验是建立在我们与事物之间的关系上的，不仅仅通过大脑进行认知，身体也会通过情绪和感觉参与进来，成为人们探索世界并与其互动的重要工具。因此，我们在世界上的完整存在是感官上的、具身的存在。这种特别的存在感就是我们存在知识的基础。正如让-保罗·萨特（Jean-Paul Sartre）所言："理解力并不是人类从外界获得的一种能力，而是人类存在的一种独特方式。"这进一步强调了具身认知的重要性，即我们的身体、认知和环境是相互关联、不可分离的。

随着现象学的方法被引入心智具身研究领域，4E认知的概念逐渐受到关注。这一概念主张认知是具身的（embodied）、生成的（enactive）、嵌入的（extended）和延展的（embedded），这四个方面密切相关且各有侧重。其中，具身认知强调认知是由身体或身体与环境的相互作用所构成或促进的，它认为身体在认知过程中起着关键作用，生理体验与心理状态紧密相连；生成认知主张认知产生于身体与环境相互作用的动力过程，而非局限于大脑之中，它强调认知是一个动态、不断生成的过程，身体与环境的互动是认知发生的基础；嵌入认知倡导当主体将自己嵌入环境（世界）中并与其特征发生互动时，即可增强个人的认知能力并降低认知负荷，认为认知不仅发生在大脑内部，还受到外部环境的影响和制约；延展认知则更为激进，认为环境或身体虽然并不在发生认知的神经系统内，但却可以被延展为认知系统的一部分，强调了认知系统的开放性和可扩展性。这几种理论均在不同程度上将人的认知视为大脑、身体和环境（包括社会历史文化因素、工具等）相互作用的产物。它们共同挑战了传统的身心二元论观点，强调了身体和环境在认知过程中的重要性，为理解人类认知提供了新的视角和思路。

对城市与建筑的认知也是如此，人们通过大脑和身体与城市和建筑的空间、物质、结构和光线等环境因素形成持续互动来感知其存在，并理解其对世界的隐喻表达。我们需要认识到城市与建筑并非抽象的、无意义的建造或美学构成，而是我们身体、记忆、身份和头脑的延伸及庇护所，因此，身体在城市与建筑的构成中承担着不可替代的角色。在数字时代，人们使用数字设备与虚拟和实体空间进行互动，为了充分理解这种新型互动，需要首先阐释身体与城市和建筑空间是如何建立关联的。这有助于我们更充分地理解数字时代的具身性，并探索人们如何运用数字技术与虚实空间进行更深入的交互。

综上所述，身体在城市与建筑的认知中扮演着至关重要的角色，我们需要更加关注身体与虚实空间的互动关系，以创造出更符合人类需求和体验的城市与建筑环境。

8.3.2.2　虚实空间与具身行为

在工业化、机械化与物质化的消费文化到来之前，人类的生活状态和发展、教育进程紧密依赖与自然的直接互动，这种互动为人类提供了丰富的感官体验和实践基础。如今，数字技术已深入人们的日常生活和公共空间，城市与建筑也因此转变为研究材料性、具身体验和数字媒介之间相互关系的载体。未来的人居环境将融合真实空间和混合现实，展现出新趋势。在此背景下，虚拟现实、增强现实等技术在多个领域得到积极探索，不仅引发了设计过程的变革，而且深刻影响着使用者与空间的感知和交互。

对于城市与建筑设计而言，与绘画等其他艺术形式不同，其本质不仅仅是追求视觉美学，更重要的是通过空间、结构、物质、重力和光线等手段来塑造一种存在哲学与形而上学的哲学思维模式。优秀的城市与建筑不仅美化了人类居所，还深刻地表达我们对存在的体验。人与空间的互动涉及务实和务虚两个层级。其中，务实层级往往无关感受，注重功能、效率等实用属性，以满足使用者的基本需求；而务虚层级则因大众审美情趣的不稳定而充满主观性和偶然性。英国艺术评论家艾德里安·斯托克斯（Adrian Stokes）指出了当代建筑与人之间疏离的关系，"对于人类的建构，丑陋、粗劣等都不是最可怕的。最可怕的是空虚——缺乏特性，缺乏焦点，产生一种不现实的感觉，在关系的缺失中毁灭自我"。

在数字时代，多媒体技术的发展与应用为建筑空间的重塑带来新的契机，由此也引发我们开始思考如下问题：当数字技术所建构的图像宇宙与传统建成空间相融合时，是否会催生出新的空间形式？人们体验、感知和衡量世界与自身的方式又会随之发生怎样的变化？巴西籍哲学家、媒介理论家威廉·弗卢塞尔（Vilém Flusser）在20世纪80年代建构了一个跨越200万年的宏大模型，来呈现人类如何从具体可感的世界走向抽象概括的文化历史。该模型由五个层级组成，即原始时期具体经验的层级，以石刀与雕刻为代表的掌握和形塑的层级，以洞穴壁画为代表的观察和想象的层级，以现行文本为基础的理解和解释的历史性的层级，以及以考量与计算为核心的技术图像的层级[1]。如今，数字技术使人们通过"考量与计算"生成一个可视图像的、被计算出的、无维度的宇宙，使客观情况变得可想象、可表现、可理解。这一转变使得人们体验、感知和衡量世界与自身的方式从一维线性方式转变为关注环境与场景的二维方式，行为也随之发生变化，开始更加关注对关系领域的融入。

伊丽莎白·格罗兹（Elizabeth Grosz）认为，数字科技显著改变了人们对材料性、空间和信息的感知，进而影响对城市与建筑空间及居住环境的理解。当虚拟空间与真实物质空间相叠加，虚拟图像与空间已成为真实体验的一部分，共同构成人们感知与理解的对象。此时使用者已成为体验的主体[2]，其感知与体验取决于身体的状态及与环境之间的互动。在当下的数字时代与信息社会，人的身体已成为融合物质实体与虚拟体验的媒介，具身体验则是对实体物理空间与数字虚拟空间共同构成的混合空间的感知与体验。相关研究表

---

① KALYANMOY D. A fast and elitist multi-objective genetic algorithm: NSGA-II[J]. IEEE transactions on evolutionary computation, 2002, 6(2): 182-197.
② ZHANG Y. City Matrix: An urban decision support system augmented by artificial intelligence[D]. Cambridge: Massachusetts Institute of Technology, 2017.

明，人们对真实和虚拟环境的反应基于相似的生理和感知机制，人们在虚拟现实中的体验是身体与意识共同协作的结果，虚拟物体可以产生与真实物体相同的感知效应。这一变革不仅重塑了人的感知方式，还拓展了人类体验与互动的边界。具身认知的相关理论表明，虚拟化身（avatar）的功能局限性会限制使用者在心理上探索虚拟环境的能力，而具身性通过身体和环境的互动而得到加强。这一观点与托马斯·舒伯特（Thomas Schubert）等的理论相呼应，即在场感与行为的可能性是否能在空间环境中被感知有关，当人们能够感受到行为的可能性时，就会相应产生在场感。因此，与身体相关的互动性是提升虚拟空间具身感知的重要因素，基于增强现实或混合现实的虚拟空间则可以通过改变身体参与的互动方式，影响人们对原有物理空间的认知过程。同时，研究也指出，身体与空间通过使用、运动等方式相互参与和共存，这一过程可以跨越物质实体和数字空间，具身性并不一定产生于对物质空间的感知当中。

除了使用者对虚实空间的感知过程之外，随着计算机、互联网等电子技术的快速发展及数字化媒介的广泛应用，城市与建筑空间设计过程中的虚实界限也逐渐模糊，形成超现实的感知体验。格雷戈·林恩是相关领域的先行者之一，将动画技术应用到建筑设计中，使设计过程呈现出丰富的细节变化，给设计构思过程带来必然和偶然并存的效果，为建筑形象创作带来新的可能性。随着数字媒体技术的快速发展，由虚拟电子媒介所带来的复杂、丰富的空间可能性使得城市与建筑设计从实际建造的场所向虚拟的媒介场所转移。虚拟的媒介感知已经成为设计师感知城市与建筑、设计空间的主导方式，推动着设计实践的主流走向理性化和计算化。数字化工具不仅使复杂形态的建构成为可能，还通过性能模拟优化形态使设计更加合理化。因此，虚实交互下的设计过程展现出更为理性和科学的特征，为城市与建筑设计带来全新图景和活力。这一变革不仅重塑了设计者的感知和工作方式，还拓展了人类体验与互动的边界，为城市与建筑空间设计带来前所未有的机遇和挑战。

8.3.3　人机交互的智慧协同

在数字和信息时代，随着技术的不断更新与普及，机器工具逐步参与到人居环境领域的全生命周期，对人居环境的影响日益显著，主要体现在两个方面：一方面是由技术革命与机器升级所引发的设计主体角色分工的再思考，人们开始探索如何通过人机协同实现更加智慧、高效、精确的设计、建造、运维一体化流程；另一方面则是基于人机交互的可能性，人们开始思考智慧人居环境的新需求与新框架，目标是建构面向未来的更加绿色、智慧、健康、人性化的城市与建筑环境。这一趋势不仅要求我们在技术上不断创新，更需要在设计理念上进行根本性的变革，以适应未来人居环境的发展需求。

8.3.3.1　作为设计主体的人机协同

在工业4.0时代，数字孪生、建筑信息模型等计算性技术极大地提升了设计师的思维能力、组织能力与建造能力。这些技术辅助形成了人机协同的全新设计过程。具体体现在以下几个方面：在设计、建造、运维全流程中，BIM等数字工具可以通过信息集成实现建筑师、施工方与多方代理之间的协同工作；数控工具可以实现非标准化的构件加工，而建造机械臂可以完成墙体砌筑、板材铺设、3D混凝土打印等自动化建造，以实现智能化的装配式加工组装与在场建造；机器人可以结合物联网与人工智能技术，在建筑运维中采集分析多方面数据，助力智慧城市、社区与建筑的营建；借助机械设备与技术，实现高效、精准的拆除作业，完成资源回收。可见，这些计算性数字技术与工具的应用不仅推动了设计创新，还提高了施工和运营的安全性，降低了能源需求，实现降本增效的可持续设计、建造与运维。

目前，机器智能在建筑行业中的应用主要包括七类场景，即建筑设计与可视化，材料设计与优化，结构设计与分析，预制加工与自动化，施工管理、进度与安全监控，智慧运行、建筑管理和健康监测，可持续性与全生命周期循环分析（图8-34）。机器工具在建筑全生命周期中的应用，正深刻影响着建筑师的设计思维与工作流程。从BIM模型维护到智能建造的分类，再到建筑机器人的实际应用，每一步都体现了机器智能的渗透与变革。正如马里奥·坎波所言，"所有工具都会影响使用者的习惯，而在设计行业中，这种反馈通常会留下明显的痕迹：当这些痕迹在物体、技术、文化、人物与地点之间变得一致和普遍时，它们会融合到一个时代的风格中并表达这个时代的精神"。因此，当人类设计师在使用机器智能辅助设计时，也应反思并适应这种共生关系，重新思考人机文化主导下创作主体、方法与流程。

图8-34　机器智能在建筑工业4.0中的应用

如今，在后人文主义思想的影响下，人们开始超越以人类为中心的思维范畴，转而以更具开放性和包容性的视角去审视文化、哲学、环境、技术与创造等相关问题。在这一思想体系中，创造力被视为一个多元化的过程，并非仅限于人类，还包括其与非人类主体的共同作用。人类并非唯一具有能动性的实体，人类以外的生物及机器、网络等混合实体都能够以不同方式激发和创造出新的想法或产品。设计创作领域也是如此，随着算法的介入与升级，计算工具已超越了传统的数据处理功能，而是通过几何生形建模、性能模拟预测、多目标优化决策、智慧建造等计算性操作环节，开始深度参与到方案的创造性工作与实践中。由此，在人居环境创建的过程中，机器已从制造工具转变为思考工具，参与到设计思考和决策中，与设计师形成协同合作关系，人机合作已经成为一种新的创作模式，二者共同构成创作主体。机器智能促使设计师突破传统设计思维，其创造力在计算工具的协同赋能下得到延伸与扩展，从而激发了设计师的创新能力。随着算法、算力和算据的全面升级，计算工具正逐步实现设计—建造—运维一体化全流程衔接和整合，形成全新的人机协同创作过程。不同于以往以设计产品为中心的"设计意图—制图—建造"的传统流程，人机协同的全新模式是以过程为中心的，通过机器工具间的数据传输形成实时反馈，使设计师能够利用计算过程与预测进行决策，实现与机器的有机协同，赋能创作实践。在此过程中，一体化的数据链条和工作流程打破了设计、建造和运维之间的信息壁垒，将更高效地推进产业的定制生产、自主建造和智慧运维，深刻影响未来的设计创作形式和产业格局。

8.3.3.2　面向机器未来的人机交互

在智能时代，机器的发展不仅局限于设计主体，还开始向自主化、拟人化与情感化的方向迈进。这一趋势意味着机器将更加深入地融入人们的日常生活和城市建筑空间中，为人们的生活体验带来前所未有的变革。因此，为了实现人居环境与智能机器更深层次的高度融合，城市与建筑设计和服务的主体需要向人机复合与协同的方向转移。这要求我们在进行设计时不仅要考虑其物理形态和功能，还要将其视为一个复杂的机器人系统，思考如何实现城市和建筑与机器的共生共存、互通互联。结合其自身特性，未来的城市和建筑系统将不再是一个静态的存在，而是需要具备自主适应环境、与人交流和提供服务的能力（图8-35）。例如，在建筑室内环境控制方面，可以通过机器传感系统来实时感知环境变量（如温湿度等），并联动建筑环境控制系统作出相应的调整，以实现建筑能耗与使用者舒适度的最佳平衡。这一过程需要机器具备感知、行为与

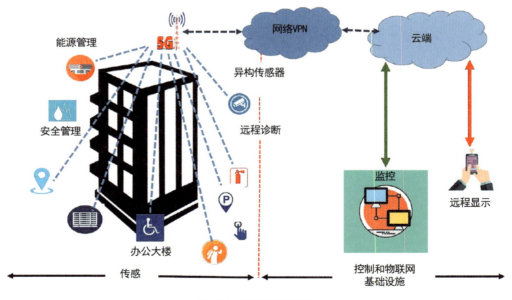

图8-35　智慧建筑系统

联动的能力，这也是未来建筑智能化发展的重要方向。

在环境感知方面，为了创造更高品质的室内环境，建筑系统需要能够根据使用者对其环境的感知情况来实现自适应调节。这一目标的实现可以类比于传统知觉系统的五个方面，即视觉、听觉、味觉、触觉与嗅觉。为了实现这一类比，建筑系统需要配备各类传感器以获取各种感官信息。具体来说，可以利用光线、摄像头等视觉传感器来感知室内光线和物体形态，声音及振动传感器则用于捕捉室内声音和振动信息，压力传感器可以感知物体表面的压力变化，温湿度传感器用于监测室内温度和湿度，触觉传感器能够感知物体的材质和纹理，气味传感器则用于检测室内气味。此外，通过联网获取的方位传感器，能够实时了解使用者的位置和移动轨迹。除了这些传统感官信息的获取，建筑系统还可借助红外成像、超声波、微波检测等先进技术，获取人类感官能力范围之外的信息。这些技术能够全局性、全时段、全要素地探测与检验环境内的各项信息与指标，为建筑系统提供更全面、更准确的环境感知数据。

在上述基础上，为了实现更加智慧的人机交互与联动，在智慧建筑系统中，信息处理系统的运用至关重要。这一系统首先通过传感器采集建筑系统内原始的环境数据，进而通过中央处理器对数据进行筛选、过滤和处理，通过逻辑推理与记忆联系，将其转译为机器可以理解的信号，为形成反馈决策奠定数据基础。此过程与人类对环境的感知和认知过程相类似，需要协同多种感官共同作用，借助多通道信息展开综合分析与验证。最终，系统能够综合评估用户情绪或健康状态，并针对性地提供空间回应与物理环境的实时调节。

在行为决策方面，在环境感知的基础上，人机交互与协同文化背景下的智慧建筑需要通过综合分析所感知到的外部环境信息和使用者信息，形成对空间环境需求的判断，并产生一系列调控决策。例如，建筑中的机器系统能根据使用者需求确定建筑构件与设备（如照明系统、立面遮阳设施等）的调控目标及其动作序列，从而产生可作用于外部环境的调控行为信息，并形成对建筑环境刺激的反馈。

在上述智慧调控决策的过程中，建筑系统需根据使用者对外部环境条件的感知与认知反应设定行为反馈逻辑，从而产生适宜的调控决策。在初始阶段，系统基于使用者的实时反馈计算相应的调控行为，以更好地满足其需求与喜好。随着使用阶段的推进，系统采集更多的行为数据，通过算法预测其环境喜好与行为习惯，建构有效的调控行为决策模型，助力探索更符合使用者偏好的、更为舒适的生活模式。

通常情况下，建筑系统的调控行为主要依托其构件和设备的智能反馈来实现，包括支撑结构体系、地面、墙、门、窗，以及照明、暖通系统等，它们分别起到骨骼、肌肉和腺体调节作用。其中，可以利用构成空间形态的承重结构（如可弯曲的墙体或可拆分组合的家具构件等）实现空间的转换；通过改变立面表皮系统构件的位置和形态，形成丰富的表皮肌理与表情系统变化；通过嵌入扬声器等音频设备，直接与使用者对话交流；在受到外部环境刺激时，通过智能设备应激性地调节室内环境状态。通过机器协同，可以赋予智能时代的建筑不同行为和状态的变化，从而产生多样化、层级化、情感化的行为表现。

在互联互通方面，在数字文化和人机协同的框架下，物联网技术的发展为机器赋予了生命属性，使其成为人类思维和行为的延伸与拓展。未来，城市和建筑与机器之间也需具备人类一般的社交能力，以实现二者之间的互联互通，从而推动智慧城市的不断升级与进化，提升城市与建筑的服务效率。

在智慧城市的开放共享系统中，建筑扮演着感应器和效应器的双重角色。作为感应器，建筑上传运维信息至城市数据库，实现信息数据的共享互通；作为效应器，建筑助力空间资源的重新调配和交互行为的更新设置，提高空间利用率和服务质量。建筑与机器的信息互联使建筑能从更细致的层面采集使用者行为数据，分析其需求，以提供个性化与定制化的反馈。智能机器则根据建筑的调控反馈为使用者提供全知觉渠道的综合服务，延伸交互范围与交互行为，全方位提升建筑环境的舒适度与使用者的空间体验。在人机交互的技术与文化语境下，城市、建筑、机器共同建构了一个共享、开放的整体系统，为人们提供高舒适度和便捷度的使用空间，解决了过去独立社交个体无法解决的问题，真正赋能以人为本的人居环境营造。

在数字文化与人机交互技术的背景下，我们欣喜于智能机器为行业升级带来的巨大潜力，但同时也需要对人机关系的发展方向保持反思与警惕。纵观科技发展的历程，机器的功能与角色逐步从人类肢体的延展演变为更为复杂的人类大脑的拓展，甚至成为能够模仿人类综合能力的、感知环境并形成反馈的物质载体。因此，在传统"人—建筑—环境"的思考框架中加入机器的部分，建构"人—建筑—环境—机器"的新设计框架尤为重要。未来挑战在于如何有效整合智能机器与建筑系统，突破个体间相互独立的数据与工作模式，实现人、建筑、环境、机器的跨层级、多通道协同与交互，赋能更加舒适、健康、高品质的人居环境营造。此外，智能机器对社会生活和行为的影响也将促使规划师与建筑师依托计算性设计思维和方法，思考如何让机器更有效、合理地介入城市与建筑人居环境的感知、行为与联动过程中，用技术与创新回应人居环境建设的时代需求。

9
计算性设计方法

在数据、算法和智能驱动的新时代，数字技术的迭代与跃迁正以惊人的速度重塑我们的世界，并推动城市与建筑设计发生从量变到质变的深刻转型。计算性设计的兴起不仅标志着技术手段的更新与变革，更是设计理念、思维模式和方法论的根本性转变。通过引入复杂性科学、系统科学和人工智能的最新研究成果，计算性设计方法正在打破传统设计模式的束缚，为人居环境设计开辟前所未有的可能性，也为重新思考空间、形式与功能之间的关系提供全新的视角。

面对现代社会日趋复杂的城市系统和多样化的功能需求，依赖经验、直觉和手工艺技能的传统设计模式往往存在设计数据系统分析难、复杂设计问题求解难、优化迭代效率低等局限与瓶颈问题。计算性设计可将复杂设计问题转化为可计算的形式，通过算法和数据生成设计方案、预测平衡多目标性能并辅助设计决策。本章在前述计算性设计思维和理论的基础上，从方法层面展开论述，通过引入降维、嵌入、转译、仿真的计算性思维，结合自上而下和自下而上的设计模式，建构自组织生成与自适应优化的计算性设计二元方法体系。

9.1 计算性设计方法体系的二元建构

城市与建筑设计正面临更高的要求和日益复杂的设计过程，需要在充分体现文化内涵的同时体现出生态、环保、低碳等理念。传统以设计师为主的设计方法已难以适应时代发展。德国斯图加特大学教授托马斯·沃特曼（Thomas Wortmann）提出了设计过程的三个发展阶段，分别为分析综合、生成与测试、平行进化[①]。其中，"分析综合"代表了理想化的方案优化过程，通过对优化问题的穷尽式分析直接获得最优解；"生成与测试"是指在无法进行穷尽式分析的优化场景下，通过有限的参数采样探索性能分布情况，从而取得较优方案的过程；"平行进化"则说明存在多个不同的阶梯路径，需要针对不同路径及对应的若干解决方案进行综合评判后取得设计问题的最优解答。

在信息化时代背景下，现代数字技术的飞速发展推动了数字建模技术和云端多方协作在设计上的应用，使得城市与建筑设计方法也越来越受到系统性、计算性方法的影响。计算性设计作为一种符合当代技术语境的设计手段，不仅可以帮助设计师利用数字工具及时将设计构思呈现在计算机上，同时作为一种虚拟技术手段，允许设计人员进行复杂形体设计的开发，实现更准确的城市与建筑性能预测。数字优化方法在此过程中发挥着重要作用，可以协助设计师识别性能良好的方案，并判定整体方案是否符合环保、低碳等设计要求。

---

① WORTMANN T. Efficient, visual, and interactive architectural design optimization with model-based methods[D]. Singapore: Singapore University of Technology and Design, 2018.

计算性设计是基于人居环境系统科学与复杂性科学思想的设计方法,它面向城市规划与建筑设计需求,综合应用进化计算、深度学习神经网络建模等人工智能技术。通过多性能目标耦合考虑,实现城市规划与建筑设计元素自组织生成与自适应优化,进而生成规划与设计方案。在自上而下、自下而上和兼而有之的三种设计思维基础上,形成了自组织生成计算性设计方法和自适应优化计算性设计方法,这两种方法在面对不同设计条件和问题时发挥各自的作用,共同构成了助力设计决策的计算性设计方法二元体系。

9.1.1 方法体系建构基础

在人居环境设计中,面对复杂多变的信息和设计问题,设计师需要采用系统性的方法进行统筹,筛选其中的关键信息,明确待解决的核心问题。在这一过程中,包括自上而下、自下而上及兼而有之的三种设计模式,分别对应高维目标导向的设计方法、底层逻辑驱动的设计方法及多维度信息并行的设计方法,为不同设计问题提供适宜的解决方案。

9.1.1.1 自上而下的设计模式

在城市与建筑设计领域,自上而下的设计思路是一种从整体出发,理解、整合和分析各方面因素,以此来制定出合理策略和解决方案的思路。其核心在于从宏观角度来理解整座城市和建筑,并逐渐深入探究各组成部分。这种设计模式具有较高的普适性,可应用于不同功能的人居环境设计中。设计师通常将人居环境视为一个整体系统,并将内部的不同功能视为系统的组成部分,建立起上下层级关系,这种自上而下的设计模式有助于设计师全面理解系统,制订满足人居环境性能、城市和建筑功能及各利益主体主观需求的解决方案。同时,该模式还可以促进设计团队协作,提升设计效率和质量,在设计方法与设计流程上均具有重要意义。

自上而下的设计模式在设计实践中具有显著的全局优势,能够保证设计方案的整体性和系统性,避免碎片化问题。这一模式强调从整体需求出发,考虑城市或建筑特点,确保设计方案符合总体要求。在设计推进过程中,明确的目标和逐步完善细化的模式使设计者能够有统一的方向指引,避免迷失在细节中,确保每个细节都符合顶层需求。该模式可应用于城市规划与设计、大型公共建筑设计等领域,保证整体设计方案能够高度服从于顶层需求,从而提升设计的整体协调性和一致性。

与此同时,自上而下的设计模式也在一定程度上受制于其从设计原点出发的方式,可能导致在实施过程中难以灵活应对特殊情况或设计变更,限制了设计的灵活性。从综合需求出发的主观设计过程也可能面临设计精度的问题,使得设计在主观需求与人居环境高性能之间向前者倾斜,而在实现后者的过程中花费较多时间和经济成本。总体而言,自上而下的设计思路有其优势,但也存在一定的局限性,需要在具体设计实践中灵活运用并适时调整。

9.1.1.2 自下而上的设计模式

与自上而下的设计模式相反,在城市与建筑设计领域,自下而上的设计模式从具体细节和局部出发,逐步构建整体设计方案。这种模式的特点包括：强调从小到大的递进过程，重点关注局部特性和需求，并将这些局部元素逐渐组合成整体设计；考虑多元变量，结合个体对设计的需求，以灵活的形式和具体的空间操作作出回应，从而完成整体的设计流程；综合考量主观与客观条件，设计师需要将多方的主观需求与自然环境和社会环境等综合考量，建立起主观需求与客观条件之间的对应关系；借助数字技术，基于极强的个体间逻辑关系对设计规则和过程进行逻辑设定和系统建模，调控最终的生成设计结果，实现客观合理的人居环境设计方案。

在设计实践过程中，自下而上的设计模式能将传统的主观决策设计流程转变为基于规则的生成过程，设计结果能够直接体现出设计单元内部和系统控制规则。该模式同时具有较强的设计因素综合能力，能够将不同维度的设计因素综合为复杂的人居环境系统，让使用者直观感受到设计过程。这种模式可应用于城市公共空间设计中，通过对个体行为的模拟生成功能布置方案，也可应用在具有较多类似功能单元的建筑中，利用功能单元的自发组织和约束得到整体设计方案。

然而，自下而上的设计模式可能会带来设计结果的高度不确定性问题。在设计进程中，设计师主要控制生成过程中的原型和逻辑，对最终设计结果只进行筛选而非精细化调整，所以控制力相对较弱，可能导致实际结果与设计预期存在较大偏差。这种随机性虽有助于概念设计的发散，但在实际项目中可能引发错误的空间形体或建构逻辑，影响方案的深化，继而影响人居环境的性能表现。

9.1.1.3 兼而有之的设计模式

随着城市与建筑空间对精细化设计与高性能需求的逐步提升，兼而有之的设计模式应运而生，它结合了自上而下与自下而上设计模式的优势，既考虑上位条件引导，又兼顾诸多设计变数，能够对设计结果的性能作出更精准把控。该模式以性能为目标，运用算法生成相对最优解集，再由设计者主观决策进行筛选。其对设计需求的考量，是对与设计相关的多学科因素积极回应的过程。整体流程从高位设计目标出发，向下拆解需求和设计单元，依靠逻辑和算法实现方案发散，同时依据设计目标高效筛选随机设计结果，进而完成整体设计流程。

兼而有之的设计模式融合了主观决策与自组织生成设计方法的特征，其双向的思维模式具有独特优势。该思路能够综合考虑各方需求，共同推进上位规划与底层设计细节，保持设计方案整体与细节的协调一致性；同时，具有高度适应性，能够在不同尺度、功能和气候条件下，科学挖掘设计需求与限制条件之间的可行解。兼而有之的设计思路因完善的方案迭代与筛选算法，展现出较高的效率，能代替机械重复的工作，为设计师提供优质选项。此外，该思路能够实现对建成人居环境性能的精准调控及多性能间的科学耦合，得到综合性能表现优异且符合设计出发点的设计结果。然而，因兼而有之的设计模式对设计软件与复杂算法有较高的依赖性，导致其学习和使用成本较高，对设计者的经验和能力有较大考验。该模式涉及的大量数据信息和复杂数据格式，也导致需要投入更多精力协调建筑环境信息，在一定程度上削弱了方法的可操作性，进一步提高了使用门槛。

9.1.2 设计方法的二元体系

综合前文所述，在现代城市与建筑设计中，自上而下、自下而上及兼而有之的设计模式被广泛运用。

自上而下的设计模式帮助设计师从整体上把握城市与建筑设计的框架，确保设计的一致性和前瞻性；自下而上的设计模式则注重设计结果的逻辑严密性，确保每个设计细节都符合预设的运行逻辑；兼而有之的设计模式则强调设计的性能表现，特别关注设计结果的可持续性和绿色性能。三者各具优势，互补不足，为不同设计任务的顺利推进提供了坚实的逻辑基础。在此基础上，笔者立足系统性科学与复杂性思想，引入计算性思维中的"降维、嵌入、转译、仿真"过程，整合上述三种设计模式，借助进化算法与深度学习等人工智能技术，构建了包括自组织生成与自适应优化的计算性设计二元方法体系。由此，设计师可通过信息集成、关联建构与决策制定，准确解析多性能设计问题间的非线性关联关系，实现设计可能性的充分探索以及不同性能的权衡改善。

9.1.2.1　二元方法体系建构

前述三种设计思路是针对城市与建筑设计领域的设计方法论，分别侧重于从宏观框架、微观逻辑和性能表现等不同层次和角度去考虑设计问题。而自组织生成计算性设计方法与自适应优化计算性设计方法，则是在此基础上引入计算机辅助设计拓展而成的两种方法。

自组织生成计算性设计方法基于算法和模型，对预定义的底层信息进行自组织模拟，从而产生具有高度复杂性和自相似性的设计；自适应优化计算性设计方法则基于优化技术，在给定的设计目标和约束条件下，自动调整设计参数以获得最优化的设计解决方案。这两种计算性设计方法均在设计过程中引入计算机辅助，以更严谨、准确和高效的计算过程替代传统基于设计师人力的设计过程。这两种设计方法可以与前述三种设计思路相结合，共同构建设计方法的二元体系（图9-1）。

自组织生成计算性设计方法利用算法和模型产生具有自组织特性的设计方案，使该方法可以与自下而上及兼而有之的设计思路相结合。在与自下而上的设计思路相结合时，设计者可选择具有自组织特征的局部

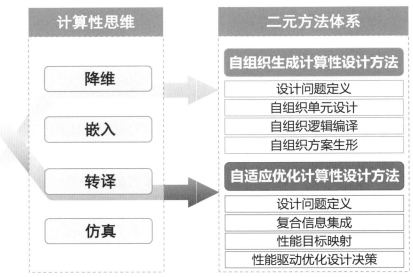

图9-1　计算性设计方法二元体系建构

设计元素，如城市设计中的建筑单体或建筑设计中的最小功能单元，利用计算模型和算法生成具有自组织特性、自相似性或模式重复的整体设计方案。在与兼而有之的设计思路相结合时，设计者可在生成自组织方案的同时兼顾高位设计目标，如对城市设计中天际线形态或建筑单体设计中外表皮形态等的强制要求，对自组织生成过程的引导与控制。

自适应优化计算性设计方法因其能在给定的设计目标和约束条件下，自动地调整设计参数以获得最优解，故能与自上而下和兼而有之的设计思路有效结合。在与自上而下的设计思路结合时，设计者可直接设定设计方案的整体性能目标，并对方案的设计参量进行优化与迭代，以达到在既有设计模型参量系统下的最佳性能表现。在与兼而有之的设计思路结合时，设计师可根据城市和建筑设计过程中的性能表现，逆推所需要优化的初始设计方案和关键设计参量，以实现整体性能的达标和局部性能的优化。

9.1.2.2　自组织生成计算性设计方法

自组织生成计算性设计方法是一种基于计算机算法和自组织理论的创新设计方法。设计师输入规则或随机的初始状态后，计算机通过演化生成符合设计要求的建筑形态和结构。这种方法灵活且适应性强，能在较短时间内生成大量设计方案，助力设计师更深入地理解设计空间。在城市与建筑设计领域，该方法模拟自然界的自组织行为和仿生系统，从局部元素出发，借助数学模型和算法生成整体设计方案，实现更高效的空间或环境资源组织。

在自组织生成计算性设计方法中，设计者通过设定初始参数和规则，如建筑的基本形态、功能需求、行为模式等，利用计算和迭代的方式，模拟局部元素之间的相互作用，逐步生成整体设计方案。该方法可应用于城市与建筑的形态生成、结构设计、空间布局等多个设计阶段，所生成的结果通常具有高度的复杂性和创新性。

自组织生成计算性设计方法的主要流程可以根据计算性思维的四个步骤拆分为人居环境设计问题定义、人居环境自组织单元设计、人居环境自组织逻辑编译及人居环境自组织方案生形四个子流程（图9-2）。

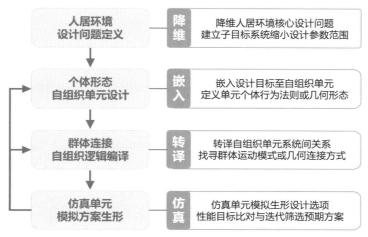

图9-2　自组织生成计算性设计方法框架

（1）人居环境设计问题定义

自组织生成计算性设计方法的第一步是人居环境设计问题定义。针对自组织生成计算性设计方法，设计师需明确与空间需求、空间品质和空间约束等直接相关的设计问题。因人居环境设计在项目间具有高度的特异性，设计师需要根据场地、环境或文化背景中存在的主要矛盾，明确需要生成式设计方法解决的空间形态或功能组织等问题。通过降维，设计师将设计问题拆解为一系列独立的设计目标，如空间需求可拆解为功能布局、空间拓扑关系、流线组织等，以缩小设计过程中需要使用的参数范围。此过程需在场地及环境的限制条件下进行，并根据相关标准规范细化设计目标的值域范围。同时，设计师可以通过主观决策等方法决定建筑空间在视觉和美学等主观方面的预期目标。

（2）人居环境自组织单元设计

在设计问题的基础上，设计师需要进行第二步嵌入的操作，将设计目标嵌入自组织生成计算性设计单元中，对设计单元作出明确定义。若设计单元为人，则应视为具有自我意识、能自由移动的智能体；若设计单元为空间要素，则应基于不同空间要素的基础几何形态或数学逻辑的构型法则来定义。这些设计单元，无论是智能体还是空间要素形态，都需通过自身定义实现对设计目标的微观映射，从而确保整体设计方案的合理性和有效性。

（3）人居环境自组织逻辑编译

设计单元作为人居环境中最小的行为模块，尚不足以构建整体系统，因此设计师需执行第三步的转译操作，找寻设计单元之间的逻辑基点。面对自由移动的个体，逻辑基点可以是基础运动模式，如路径方向、移动速率或者智能群体的密度；对于空间单元，则可以是功能单元间的几何数理关系，如空间连接关系和结构连接方式等。在这一步骤中，应考虑生成方案的技术条件和可行性，包括建筑结构、材料和施工工艺等，以确保设计方案在后续深化阶段的可执行性。

（4）人居环境自组织方案生形

在完成设计单元的定义与逻辑基点建立后，设计师开始仿真流程，借助计算机软件平台对自组织生成计算性设计过程进行模拟，得到大量设计选项。这些设计选项多具有形态复杂、功能抽象的随机特征，仅能作为最终方案的预备选项，仍需后续处理。在此基础上，设计师需评估设计选项与设计目标期望值之间的差距，对生成过程进行干预，调整设计结果。通过筛选形态、功能和性能，找到较优的设计选项，分析其不足，对设计单元和逻辑基点进行修正和优化，不断进行嵌入、转译和仿真的迭代操作，以获得更佳的设计结果。经过多轮方案生成和筛选，直至找到满足设计目标形态和性能指标的结果，即完成整体自组织生成计算性设计流程，输出最终结果进行深化设计工作。

自组织生成计算性设计方法能够模拟生物学或自然系统中的自组织现象，使设计过程中的形态、结果或功能能够自发生成，具有群体仿真生成设计系统、单元行为与系统逻辑协同及参数调控适应人居环境需求的特征。

在群体仿真复杂设计系统生成方面，自组织生成计算性设计方法展现出强大潜力。该方法能够模拟群体行为，生成丰富复杂的设计结果。通过引入随机性、多样性和异质性的控制条件，可以生成一系列不同形态、结构、功能的设计解。这些设计解在视觉表达或空间组织上可能呈现出高度复杂的细节特征。这种方法的多样性和复杂性有助于设计师在设计探索中获得更加创新和独特的解决方案，拓展设计解集的探索，推动设计结果的发展和演进。

在单元行为系统逻辑并行协同方面，自组织生成计算性设计方法展现出了独特的优势。该方法通常需要定义一定的单元行为规则和系统逻辑参数来引导设计过程。这些规则和参数可以基于数学公式、物理原理、生物学规律等，用于控制设计中的生成、演化和优化过程。设计师通过调整这些规则和参数可以对设计过程进行干预和引导，从而影响设计的结果。这种基于规则和参数化的特征使得自组织生成计算性设计方法具有一定的可控性和可调整性。设计师可以根据设计目标和需求对规则和参数进行灵活调整和优化，以获得满足设计目标的设计解。

在参数调控适应人居环境需求方面，自组织生成计算性设计方法通常具有高度的自适应性。该方法能够根据设计目标、空间及需求的不同自动生成符合要求的可行解，能够适应各种设计问题和场景，表现出高度的灵活性。当设计条件如场地形态等变化时，该方法能基于原有规则重新生成适应新场地的形态结果。这种高度的灵活性有助于设计师在核心规则的基础上，通过调整非核心的限制条件来修改设计方案，或利用经过验证的规则进行二次设计。

9.1.2.3　自适应优化计算性设计方法

自上而下和自下而上的两种设计方法各有优势，但也存在对建成人居环境性能难以准确把控的不足。为克服这一难题，综合两种方法优势的自适应优化计算性设计方法应运而生。该方法以人居环境性能为核心设计目标，结合气候条件和功能需求等，采用遗传算法进行设计决策，为设计师提供相对最优解集，实现对设计性能的精准把控，以性能驱动完整的设计流程。

自适应优化计算性设计方法是一种融合了进化算法和优化理论精髓的先进设计方法。在此方法中，设计师首先明确重点设计问题，通过设定目标函数来指示需要优化的关键指标，同时制定约束条件以确保设计方案的可行性。进化算法作为此方法的计算引擎，模拟生物进化过程的自然选择、交叉和变异等机制，在开放的解空间中搜索非支配优解。

自适应优化计算性设计方法具有较高的自适应性和可行性。较好的自适应性是指，该方法可以通过调整搜索策略和参数获得更优的解决方案；较好的可靠性是指，该方法可以在不同的设计问题和解空间中表现出良好的性能，适用于非单一目标和约束条件下的多目标优化，以获得更综合的设计结果。此方法在实际项目中应用范围广泛，如在建筑设计中，以提升建筑性能和节能效果为目标的建筑的形态和结构优化设计；在城市规划中，道路、公共交通和绿化等城市基础设施的布局和设计优化。

自适应优化计算性设计方法的主要流程可以根据计算性思维的四个步骤拆分为如图9-3所示四个子流程，分别为人居环境设计问题定义、人居环境复合信息集成、人居环境性能目标映射及设计性能驱动优化决策（图9-3）。这四个子流程相互关联、循序渐进，共同构成了自适应优化计算性设计方法的核心框架。

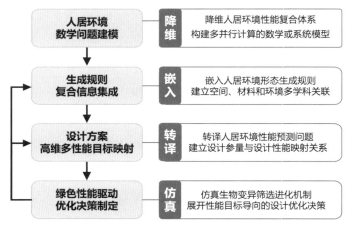

图9-3　自适应优化计算性设计方法框架

（1）人居环境设计问题定义

自适应优化计算性设计方法的第一步同样是人居环境设计问题定义。这一步骤对整个设计过程至关重要，它为后续的优化工作提供了明确的方向和框架。设计师需要根据项目的实际需求，深入分析和明确设计中的核心问题，包括考虑项目所涉及的限制性条件、甲方提出的具体要求，以及设计中可以高效利用的资源等。通过这些分析，设计师能够更准确地把握设计的重点和难点，从而有针对性地制订解决方案。为了更有效地进行后续的优化计算，设计师需要对复杂的性能目标体系进行降维处理。这意味着将整体性能目标拆解为一系列具体的、可操作的性能子目标。这些子目标不仅更易于理解和实施，而且有助于构建并行计算的数学或系统模型，为优化算法的应用奠定基础。在设计目标的定义上，设计师可以从多个角度出发，提升设计的全面性和综合性，如建筑能耗、自然采光效果、使用者热舒适性、日照辐射及建筑安全等都是重要的设计目标。设计师需要分别定义这些方面的具体目标，并保证它们至少满足相关的国家或行业规范和标准。此外，设计师还需要考虑城市总体规划及建设目标，确保设计方案与城市的整体发展相协调，并符合业主的建设成本要求，保证设计方案的可行性和经济性。

（2）人居环境复合信息集成

自适应优化计算性设计方法的第二步是对人居环境空间形态、材料构造和环境气候等多学科的信息参数进行系统集成与联动。这一过程旨在建立起一个基于规则的人居环境参数模型，为后续设计优化提供全面的数据支持。在信息集成过程中，设计师能够洞察不同性能目标之间的内在关联模式，从而构建出一个服务于整体设计的目标系统。这个系统不仅有助于明确设计中应该重点关注的方向，还能揭示在优化过程中需要优先考虑的性能瓶颈问题。基于目标系统，设计师可以开始着手设计，提出关于项目的设想与初步方案。在这一阶段，设计方案是否完全满足性能目标并不是主要的考核标准。相反，设计师更注重利用这个初步设想为后续的自适应设计流程提供一个基础的方案原型与性能模拟基准。通过对初步方案与目标系统的抽象和概括，设计师需要识别出对建筑性能影响较大的关键参量，并将其作为建立参数化模型的主要变量。通过建立参数化模型，设计师可以在确保初步方案整体框架稳定的前提下，通过灵活地调整某个或某组变量来有效控制建筑的整体性能。这种方法不仅实现了人居环境复合信息向参数方案模型的嵌入，还为设计师提供了强大的工具，使其能够在设计的早期阶段就综合考虑和平衡各种性能目标，为后续的优化工作奠定坚实的基础。

（3）人居环境性能目标映射

在人居环境性能目标映射步骤中，设计师需构建设计参量与人居环境性能之间的映射关系，将性能优化问题转化为设计参量筛选问题。通过对参数模型进行性能模拟的操作，获取设计参量与性能之间的映射关系。在此过程中，设计师需根据性能目标选用适合的仿真工具或平台，对基于不同设计参量生成的方案进行性能模拟与仿真。模拟结果能够直接对方案的建筑性能进行量化评估，同时大量参数与性能模拟结果可以建立起二者之间的映射关系，并借助人工神经网络实现设计方案性能的快速预测。该环节的性能快速预测精度对后续优化方向有直接影响，是自适应优化计算性设计方法中的核心计算步骤。

（4）设计性能驱动优化决策

在性能目标映射的基础上，设计师模拟自然界生物优胜劣汰的进化机制，对基础参数化方案进行性能优化设计。这一过程涉及对人居环境的热工性能、自然采光和风环境等独立性能指标的综合筛选，采用多目标优化的方式进行设计决策。借助第三步中的人居环境性能人工神经网络快速预测模型，该优化决策环节可以进行大量可行解生成、变异及评估，从而在控制整体优化耗时的情况下实现大范围解集的搜索。优化决策在人居环境的多项目标均满足设计需求时结束，输出最终的优化结果。若无法得到符合要求的结果，则返回性能目标映射环节，调整预测模型的结果和精度，重新进入优化决策步骤，以得到最优方案。

自适应优化计算性设计方法具有显著的技术特征，主要体现在人居环境复合信息参数化协同、人居环境综合性能一体化预测和性能驱动设计决策精度提升三个方面。此设计方法运用建筑环境信息模型、神经网络预测技术及多目标优化算法，加强多学科信息关联、提升性能预测效率和人居环境设计决策精度（图9-4）。

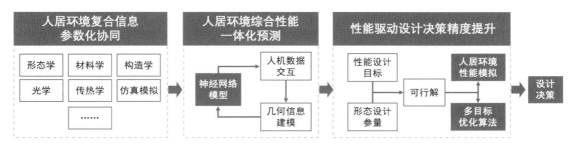

图9-4 自适应优化计算性设计方法技术特征

在人居环境复合信息参数化协同方面，性能驱动的城市与建筑设计过程涉及多学科信息交叉，包括城市与建筑形态学、材料学、构造学、光学、传热学和仿真模拟等。自适应优化计算性设计方法的一大优势在于其能将这些多学科信息进行综合统筹，从而免除了针对每个学科和设计目标进行单独模拟验证的环节。通过建立城市或建筑、环境和性能信息参数关联的系统模型，该方法能够确立不同学科信息间的参数约束关系，实现多学科的参数化高效协同。

在人居环境综合性能一体化预测方面，自适应优化计算性设计方法展现出了显著优势。通过在设计过程中引入神经网络预测技术，该方法成功地将原本耗时的性能模拟环节替换为高效的数值分析方法。这一转变不仅极大地提高了性能预测速度，还使自适应优化计算性设计方法能够在一次预测步骤中同时输出多项关键的性能指标，从而进一步提升了性能预测的整体效率。此外，这一自动化流程显著降低了因人为操作可能导致的误差风险，有效避免了数据错误的发生。这一特点使得自适应优化计算性设计方法在人居环境综合性能预测方面表现出更高的准确性和可靠性（图9-5）。

在性能驱动设计决策精度提升方面，城市与建筑形态数字化性能优化目标可以将设计决策制定由主观判断转变为性能驱动下的优化搜索过程，从而大大提高了决策的科学性和准确性。设计者首先基于设计条件，明确城市或建筑形态设计目标与设计参量。随后，在性能目标的驱动下展开可行解生成与可行解性能评价的迭代计算过程。在这一过程中，设计者应用多目标进化算法来制定城市或建筑形态的设计决策。其中，性能驱动技术发挥了重要作用，能够提供客观的性能数据，从而有效削弱设计师主观决策对性能设计的负面影响。同时，这一技术还能提升全局空间内可行解的搜索范围，使得设计者能够更全面地考虑各种可能的设计方案，并找到最优的设计决策。

9.2 自组织生成计算性设计方法

自组织生成计算性设计方法在设计思维中桥接了自上而下和自下而上这两种传统的设计路径，通过底层规则的演化与局部行为的涌现，形成了从微观到宏观的动态生成机制。这一方法不仅继承了自上而下的全局性视野和目标导向性，同时也吸纳了自下而上对局部复杂性和细节多样性的关注，通过算法驱动实现了从局部行为到整体结构的自然过渡。这种融合使得自组织生成计算性设计方法在面对复杂的城市和建筑设计任务时，能够以更具灵活性和创造力的方式探索出多样化的设计路径与可能性。

9.2.1 自组织生成计算性设计方法基础

自组织生成计算性设计方法可通过底层设计单元的逻辑基础划分为基于规则驱动的自组织生成计算性设计方法和基于数据驱动的自组织生成计算性设计方法两种。

9.2.1.1 基于规则驱动的自组织生成计算性设计方法

基于规则驱动的自组织生成计算性设计方法是一个复杂而多元的领域，可以根据承载规则的最小设计单元进一步细分为两种主要类型，即基于形状语法的自组织生成计算性设计方法和基于智能群体的自组织生成计算性设计方法。

（1）基于形状语法的自组织生成计算性设计方法

在人居环境设计中，形状语法作为一种灵活的设计方法，深受形式语言和计算机算法的影响。它借鉴了语言学中的形式语言理论，将城市与建筑形式和结构抽象成一种形式语言。通过这种抽象，设计者可以定义一系列的形状语法规则，并应用计算机算法来实现城市与建筑形态和结构的自动生成。这种方法不仅具有较高的灵活性和可适应性，还能够广泛应用于各种类型空间和设计问题中（图9-5）。

图9-5　基于形状语法的自组织生成计算性设计方法

正如前文所述，形状语法最早由乔治·斯蒂尼和詹姆斯·吉普斯在20世纪70年代提出，它基于有限的规则和形状集合进行替换，实现形式的迭代变化，不断产生新的设计方案。经过多次迭代之后，形状语法具有丰富的发展分支，在设计领域也被广泛运用在城市设计、平面设计和立面设计等不同尺度的对象中。

在城市设计领域，国内外学者致力于利用形状语法进行城市路网和街区形态的模拟与生形。常常选择城市中具有典型特征的地块或区域作为研究对象，通过历史街区地图或现有城市肌理作为学习案例，深入推演不同地区、不同时期的城市结构，并以形状语法的形式进行精准表达[1][2]。借助此类形状语法，设计师可以更好地理解城市的空间形态和构成法则，从而实现快速的城市生形和同质化空间营造。这种方法不仅提高了城市设计的效率，还为设计师提供了更多的方案拓展方向。

在平面设计领域，设计师巧妙地借助形状语法来对平面布置相关的诸多要素进行生成。这些要素包括但不限于功能区的划分、功能区的形态比例、功能区的相邻关系及围合界面的相邻关系等[3]。通过对这些不同要素设置科学合理的控制逻辑和数值关系，设计师能够实现特定功能类型的城市与建筑平面快速生成。这一方法不仅极大地协助了设计师进行方案的快速推演，还显著提升了方案表达和项目深化的效率。

在立面设计领域，形状语法展现出了其更灵活的应用场景。与城市设计和平面设计对空间布局合理性的高要求不同，立面设计在满足一定气候边界功能的基础上，更多地承担起了视觉需求的任务[4]。设计师可借助形状语法对立面的基本形态比例、立面元素位置、图案和纹理细节等进行快速生成与迭代。这样一来，建筑立面不仅能够符合基本形制的要求，还能在此基础上呈现出多样化的设计表现，极大地丰富了建筑立面的视觉效果和审美体验。

（2）基于智能群体的自组织生成计算性设计方法

智能群体，又叫智能集群、多智能体等，作为现代科学特别是计算机技术领域的热点，它通过研究生

① WANG Y, CROMPTON A, AGKATHIDIS A. The hutong neighbourhood grammar: a procedural modelling approach to unravel the rationale of historical beijing urban structure[J]. Frontiers of Architectural Research, 2023, 12(3): 458-476.
② COSTA E C E, VERNIZ D, VARASTEH S, et al. Implementing the santa marta urban grammar a pedagogical tool for design computing in architecture[C]. 37th Conference on Education and Research in Computer Aided Architectural Design in Europe and 23rd Conference of the Iberoamerican Society Digital Graphics, eCAADe + SIGraDi 2019, Porto, Portugal, 2019.
③ FAN Z, LIU J, WANG L, et al. Automated layout of modular high-rise residential buildings based on genetic algorithm[J]. Automation in Construction, 2023(152): 104943.
④ VAZQUEZ E, DUARTE J, POERSCHKE U. Masonry screen walls: a digital framework for design generation and environmental performance optimization[J]. Architectural Science Review, 2021, 64(3): 262-274.

命体的行为特征，借助计算机工具模仿生物的繁衍、进化、探索和自组织等行为。它利用分布式计算、信息共享和协作机制等关键技术，通过模拟自然界中群体行为和交互来解决复杂设计问题。常见的群体智能算法包括粒子群算法、蚁群算法、鱼群算法、蜂群算法和鸟群算法等，通过对不同物种行为模式的差异化定义，实现对不同

图9-6 基于智能群体的自组织生成计算性设计方法

设计问题的求解优化。在人居环境的设计问题中，群体智能算法能够协助设计师进行建筑组群设计、平面设计和形态设计等的设计解集探索，提供多元的可行解（图9-6）。

在建筑组群设计问题中，群体智能算法展现出了其独特的优势。通过模拟群体中个体的相互作用、合作和竞争行为，该方法能够优化建筑群体的布局、密度和交通网络等关键要素，从而为居民提供良好的城市人居空间。东南大学教授李飚及其团队利用多智能体对城市公共空间的可达性进行判断，通过测量多智能体到达公共空间的时间来反映人群在城市街区中前往不同场所的意愿，这种方法不仅直观而且有效，为公共空间的分类提供了新的思路[1]。进一步地，如果将居住区规划问题中的单体建筑抽象为智能体，那么我们就可以利用多智能体进行最短路径检索。通过这种方式，可以为居住区内部的最短道路布置提供可行解的探索，从而提升区域内的交通效率[2]。这种群体智能算法的应用，无疑为建筑组群设计带来新的视角和解决方案。

在建筑平面设计的过程中，群体智能算法能够帮助设计师优化建筑内部空间的布局，包括房间数量、功能区域位置和路径组织等，使得空间布局更加高效、合理，并且更符合人流动需求。具体来说，群体智能算法通过模拟个体在空间中的移动、互动和冲突避免等行为，可以生成多种可能的空间布局方案。清华大学教授徐卫国及其团队在这一领域进行了有益探索。他们利用群体智能算法生成游牧空间，通过模拟人群在空间中的活动过程，得到了不同功能节点之间人群可能的寻径轨迹。这些轨迹为建立空间形态的雏形提供了重要参考[3]。此外，国内学者还在商业综合体内部引入多智能体，对人流疏散过程进行模拟预测，其研究为相关建筑类型的安全疏散提供了科学合理的设计策略[4]。

在建筑形态设计方面，群体智能算法同样展现出了巨大潜力。通过模拟群体中个体的相互吸引、排斥和调整行为，设计师可以生成具有流线形、动态和生物启发特性的建筑形态。前文述及的皇家墨尔本理工大学教授罗兰·史努克在这一领域进行了深入研究。致力于利用群体智能算法对复杂造型的装置进行结构和形态的同步生成[5]，实现了数字化建造方式下的大尺度复杂形体设计。其群体智能算法能够将装置的完成面、结

① 施远，李飚. 基于规则筛选及多智能体系统的旧城公共空间更新策略探索——以江苏省淮安市老旧城区为例[C]. 智筑未来——2021年全国建筑院系建筑数字技术教学与研究学术研讨会，湖北，中国，2021: 486-495.
② 张柏洲，李飚. 基于多智能体与最短路径算法的建筑空间布局初探——以住区生成设计为例[J]. 城市建筑，2020，17（27）: 7-10, 20.
③ 吕帅，赵一舟，徐卫国，等. 基于游牧空间思想的建筑空间生成方法初探——以茨城快速机场概念设计为例[J]. 城市建筑，2013（19）: 30-33.
④ 郭松林，肖健夫，邢凯. 基于模拟仿真的商业综合体室内步行街疏散优化策略[J]. 城市建筑，2017（26）: 51-54.
⑤ SNOOKS R. Behavioral tectonics: agent body prototypes and the compression of tectonics[J]. Architectural Intelligence, 2022(1): 9.

构和纹理进行有机整合，生成兼顾美观与实用的建筑形态。

9.2.1.2　基于数据驱动的自组织生成计算性设计方法

基于数据驱动的自组织生成计算性设计方法可根据数据的模态进行进一步划分，最具代表性的是图像数据驱动的自组织生成计算性设计方法和多模态数据驱动的自组织生成计算性设计方法两种。

（1）图像数据驱动的自组织生成计算性设计方法

随着机器学习算法的发展和计算机显卡算力的提升，近年来，基于图像数据的设计方法在多个领域都受到了广泛关注。特别是在二维图像生成领域，生成对抗网络（GAN）已经成为一项极为流行的技术。GAN通过生成器和判别器之间的相互博弈机制，实现逼真图像的生成（图9-7）。在GAN的应用中，pix2pix是一个具有里程碑意义

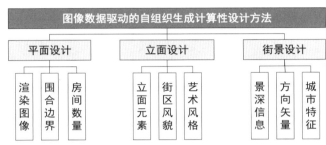

图9-7　图像数据驱动的自组织生成计算性设计方法

的图像转译工具。它由菲利普·伊索拉（Phillip Isola）等在2017年发布，实现了基于成组图像数据之间的语义风格转换。日向树川（Hina Kinugawa）和泷泽敦志（Atsushi Takizawa）利用该工具进行了基于街景图像深度预测的城市空间质量评估[①]。除了pix2pix之外，CycleGAN也是一个值得关注的图像转译模型，与pix2pix不同的是，CycleGAN不需要成对地训练图像数据集，这使得它在建立难以一一对应的图像间的映射关系时具有独特的优势。本杰明·斯帕思（Benjamin Spaeth）等学者通过改编CycleGAN实现了从设计草图到真实设计渲染图之间的转译。这一成果为设计师在设计初期提供了极为有力的辅助工具，能够更直观、更准确地表达其设计意图[②]。同样是基于GAN，奥地利维也纳技术大学马克西米利安·巴赫尔（Maximilian Bachl）和丹尼尔·费雷拉（Daniel C. Ferreira）提出了City-GAN，这是一个能够生成源自于四座不同城市拟真街景的工具[③]。与此同时，加利福尼亚大学伯克利分校凯尔·斯坦菲尔德（Kyle Steinfeld）也进行了相关研究，他通过在街景照片的基础上引入方向矢量信息，实现了不同城市环境图像的生成[④]。这两项研究结果验证了GAN在提取城市隐含空间信息，并将所提取信息重新应用于城市景象生成过程的能力。除了隐含映射关系的研究，艾哈迈德·阿里（Ahmed Khairadeen Ali）和李恩宰（One Jae Lee）提出的iFACADE同样基于GAN生成器，其聚焦于建筑立面的显式美学特征[⑤]，并通过生成相邻建筑混合样式的立面，巧妙地解决了城市空隙填补过程中新旧建筑之间的风貌矛盾。

① KINUGAWA H, TAKIZAWA A. Deep learning model for predicting preference of space by estimating the depth information of space using omnidirectional images[C]. Proceedings of 37 eCAADe and XXIII SIGraDi Joint Conference, Porto, Portugal, 2019: 61-68.
② CHAN Y H E, SPAETH A B. Architectural visualisation with conditional generative adversarial networks (cGAN) [C]. Anthropologic: Architecture and Fabrication in the Cognitive Age, Berlin, Germany, 2020(2): 299-308.
③ BACHL M, FERREIRA D C. City-GAN: learning architectural styles using a custom conditional GAN architecture[J]. CoRR, 2019, abs/1907.05280.
④ Steinfeld K. GAN Loci[C]. ACADIA 19: Ubiquity and Autonomy, Austin, Texas, 2019: 392-403.
⑤ KHAIRADEEN A A, LEE O J. Facade style mixing using artificial intelligence for urban infill[J]. Architecture, 2023, 3(2): 258-269.

卷积神经网络（CNN）则是区别于GAN的另一种强大的深度学习模型，广泛应用于图像处理和计算机视觉领域，包括风格化生成式设计。德国图宾根大学里昂·盖蒂等学者提出的基于CNN的风格迁移算法，能够在保持原始图像语义内容不变的基础上，将图像的风格转化为另一种表现形式[①]。日本庆应义塾大学若阿金·西尔维斯特（Joaquim Silvestre）利用这一算法成功进行了替换建筑二维图像材质表现的尝试，显示了风格迁移算法在建筑设计中的实际应用价值。通过改变建筑图像的材质表现，设计师可以迅速评估不同材质对空间表现的影响，从而作出快速决策[②]。中国科学技术大学吴文明等则利用CNN对居住建筑内的房间单元位置进行预测，通过预测房间单元的位置，可以实现居住建筑室内平面布局的快速生成[③]。

（2）多模态数据驱动的自组织生成计算性设计方法

多模态数据（multimodal data）指的是包含多种不同模态信息的数据，其中每种模态都可以提供独立的视觉、听觉、语言、触觉等方面的信息。这些模态常见的包括图像、音频、文本、视频等，它们在多模态数据中各自提供独立的信息，并且这些模态之间可能存在关联和互补关系。通过结合多个模态的信息，可以获得更全面

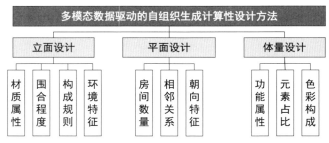

图9-8　多模态数据驱动的自组织生成计算性设计方法

和丰富的数据表示，这种综合性有助于深入理解和分析数据。此外，不同模态间的信息转译也属于多模态研究的一个重要方面。这涉及如何将一种模态的信息转换为另一种模态的信息，或者如何融合不同模态的信息以得到更全面的表示（图9-8）。

ChatGPT是由OpenAI公司研发的一款聊天程序，于2022年底正式发布，它能够根据输入的文字信息自动生成内容和逻辑与自然人高度相似的回答，甚至能完成撰写邮件、视频脚本、文案、翻译、代码等任务。此外，该程序还能对输入的图像进行理解，并以文字的方式输出反馈，将大语言模型从实验室推向了社会大众。

DALL·E 2和MidJourney是两款功能相似的产品，均于2022年内发布。二者均能根据使用者的文字描述生成内容相匹配的原创二维图像，广泛应用于平面设计和概念设计等领域。Stable Diffusion则是一款开源模型，同样利用文字描述生成二维图像。其开源特性允许使用者利用定制化的数据集进行训练，完成特定内容的图像生成。小库公司也在此基础上开发了由文字描述生成高质量渲染图的功能。

在建筑这个更为细分的设计领域，哈佛大学乔治·吉达（George Guida）基于从文字到图像的设计流程，进行了利用文本具有建筑师风格的图像工作，这一创新实现了从概念到可视化图像的直接转换。更进一步，他还利用计算机辅助建模技术，成功地将这些二维图像延伸到三维模型，从而实现了从文字到建筑三维

① GATYS L A, ECKER A S, BETHGE M. Image style transfer using convolutional neural networks[C]. 2016 IEEE Conference on Computer Vision and Pattern Recognition (CVPR), Las Vegas, NV, 2016: 2414-2423.
② SILVESTRE J, IKEDA Y, GUENA F. Artificial imagination of architecture with deep convolutional neural network[C]. Living Systems and Micro-Utopias: Towards Continuous Designing, Melbourne, 2016: 881-890.
③ WU W, FU X-M, TANG R, et al. Data-driven interior plan generation for residential buildings[J]. ACM Transactions on Graphics, 2019, 38(6): 1-12.

模型的完整工作流架构[①]。与此同时，马耳他大学西奥多罗斯·加拉诺斯（Theodoros Galanos）等则专注于居住建筑平面布局的研究，开发了Finch3D工具，这一工具允许设计师使用文字来描述功能划分和位置关系，进而自动生成符合设计需求的二维居住建筑功能分区图[②]。这两项具有突破性的研究为建筑设计带来全新的智能化可能性。

随着大语言模型的不断发展，文字直接生成三维模型的工作也成为可能。Nvidia和OpenAI等公司均发布了其研发的从文字到三维模型的工作内容[③]。这些技术可以实现根据输入的文字描述生成点云或网格面格式的模型，为高质量城市与建筑体量模型的生成提供了可能。

9.2.2 自组织生成计算性设计的方法流程

在人居环境的设计实践过程中，设计师面对不同的设计对象可以采用相似的设计方法。这些方法通常基于自组织生成计算性设计方法的框架，强调利用算法和计算技术来辅助设计过程。设计师可以结合具体数据，如地形、气候、文化等，以及先进的技术手段，如大数据分析、人工智能等来开展相关的生成设计。

9.2.2.1 人居环境设计问题定义

在自组织生成计算性设计方法中，人居环境设计问题的定义是一个核心环节，主要涉及确定设计任务的具体内容和范围。在这一过程中，需要明确设计的主要目标、约束条件及与人居环境相关的各种要素，以确保设计的全面性和协调性。

该流程第一步是场地要素处理。设计师矢量化、网格化处理场地，并将其数字化输出，获取包括区域内道路、房屋、功能分区、人口结构等在内的相关信息。其中，较容易获取的信息包括道路长度、道路交会情况、房屋建筑面积、房屋朝向及绿化分布等，这些信息为自组织智能体的运动和行为提供了基础性的限制条件。而人口数量、年龄分布、性别比例、职业分布等相对不易获取的信息则多用于规范多智能体的行为规则，成为制定多智能体行为规则的重要参考依据。

基于人行为自组织生成计算性设计方法高度依赖建筑所坐落的场地环境，设计师需深入挖掘并回应项目的环境条件。在设计过程中，设计师作为场地环境的体验者，通过对场地的完整体验，观察并发现对设计问题有用的关系和结构，以此作为自组织生成计算性设计的基础。这一过程涉及对人、建筑、环境等因素的汇总。参数分析主要集中在过程系统中，包含环境、人居环境、人三个系统的参数，三者之间信息的反馈使其成为一个不可分割的整体（表9-1）。

① Harvard Graduate School of Design. 2022 Digital design prize: george guida's multimodal architecture: applications of language in a machine learning aided design process[EB/OL]. (2022-03-02) [2024-12-18]. https://www.gsd.harvard.edu/project/2022-digital-design-prize-george-guidas-multimodal-architecture-applications-of-language-in-a-machine-learning-aided-design-process/.
② GALANOS T, LIAPIS A K, YANNAKAKIS G N. Architext: language-driven generative architecture design[J]. arXiv, 2023.
③ LIN C-H, GAO J, TANG L, et al. Magic3D: high-resolution Text-to-3D content creation[J]. 2023 IEEE/CVF Conference on CVPR, 2023.

环境系统		人居环境系统		人系统	
文化文脉	物质文脉	建筑技术	内在环境	用户需求	业主动机
社会 政治 经济 科学 技术 历史 美学 宗教 …	（1）场地情况 （2）物质特征 　　气候 　　地质 　　地形 （3）其他约束 　　土地利用 　　原有建筑 　　建筑形式 　　交通形式 　　法规限制	结构系统 空间划分系统 设备系统 安装系统	结构体系 围合体系 空间感官 环境采光 热工／通风 声学控制	机体需求 空间需求 场所位置 感官需求 社交需求	回收投资 扩建改建 特定活动需求

9.2.2.2 人居环境自组织单元设计

在人居环境自组织单元设计流程中，设计师扮演着至关重要的角色。他们不仅需要理解用户需求，还需要进行智能体转译的操作，制定智能单体的个体特征及运作规则，包括给定智能体的尺寸、数量及与环境相关的属性，确保智能体能够适应并优化人居环境。同时，设计师还需进行数据组织及规则的制定，以确保智能体能够按照预期的方式运作。

相对于传统设计过程中直接建立三维空间联系的方式，自组织生成计算性设计方法通过群体动态的参数转换，将设计焦点集中于人群的行为模式、流量和规律。这种方法使设计师能够更精细地选择智能群体行为模型，并设定相应的活动边界、人行速度、人群流量等关键参数，进而引导城市与建筑空间形态的雏形生成。

在场地要素信息处理的基础上，设计师可以更精准地把握设计核心，将智能体设计重心放在人行为内部特征上。这是因为人行为作为生物有机体的自然属性，在社会环境中表现出动态性、偶发性及不连续性等复杂特征。这些特征要求设计师在进行智能体设计时，充分考虑人的行为模式和规律，以确保设计出的智能体更符合实际使用场景。

人行为的动态性是人自主移动的基本特征，体现了随时间发生位移的底层逻辑，是自组织设计流程的基础。人行为的偶发性特征表明，人会根据自身行动和所处环境进行目标调整。相对于完全可预测的行为模式，偶发的行为更能模拟真实的人群行为，为自组织生成计算性设计方法的不同解集探索提供多种可能性。人行为的不连续性则是对人行为在不同时间节点上的概括。人行为的不连续性将人行为划分成了在动态与静态行为坐标轴上分布的点位，不同的瞬间行为对空间有着差异性的需求，空间的特性也对行为产生主动影响，从而形成行为与空间形态的双向交互。

通过对以上人行为特征的把握，设计师可以建立场地中人行为活动的原型，进而将人转变为可以定义的智能单元，后续以群体智能算法进行方案生成。

9.2.2.3　人居环境自组织逻辑编译

人居环境自组织逻辑编译是一个转变过程，它从关注自组织单元的内部逻辑转变为注重外部单元间相互作用的定义，这一转变旨在将大量各自独立的单元整合为与环境紧密结合的自组织系统。设计师在编译人居环境自组织逻辑时，需着重考虑多智能体的行为规则，包括边界约束规则、移动规则、排斥规则及间距规则等，它们在模拟过程中起到关键作用。同时，设计师还需考虑功能节点的布置，可基于现有的道路网络进行优化，也可以从零开始规划。这些功能节点可能位于现状道路、建筑内部或者城市空间中，将成为多智能体寻径算法的底图。在设计中使用较多的算法如表9-2所示，不同算法在耗时复杂性和检索空间复杂性上存在区别，需结合具体项目进行选择，其中O表示算法的复杂性，V和E分别代表图空间中节点和连线数量。

不同寻径算法对比　　　　　　　　　　　　　　　表9-2

寻径算法分类	时间复杂性	检索空间复杂性
深度优先搜索	O（V+E）	O（V）
广度优先搜索	O（V+E）	O（V）
多源广度优先搜索	O（V+E）	O（V）
狄克斯特拉算法	O（E*log（V））	O（V）
贝尔曼福特算法	O（V*E）	O（V）
多源最短路径算法	O（V^3）	O（V^2）
A*搜索算法	O（E*log（V））	O（V）

在这个设计过程中，地块的形态、面积大小、功能节点位置、建筑的出入口朝向等关键要素都将经历不断演化。地块、建筑、交通组织之间相互影响、相互协同，共同作用于设计的全过程，直至最终达成最初设定的设计目标。在设计过程中，可以融入一些强制性控制条件，如限定区域的顶点移动范围、面积浮动区间、长宽比例及建筑朝向等。同时，多智能体之间基于距离或具体的功能需求产生的互斥等相互作用关系，能够使功能节点在区域内相对均匀地排布[1]。这一过程是对自组织生成计算性设计外部特征的数字化呈现，展现了设计理念的动态实现和优化过程。

在城市设计过程中，为了模拟人群在城市空间中的活动，也可以使用寻径算法。通过对不同寻径算法的选择，可以实现对多智能体最短路径的计算，从而分配其在城市空间中的活动轨迹和空间。这一方法需要将大量无等级差别的个体从不同的空间入口位置送入城市中，每个个体都被赋予依概率分布生成的功能序列信

---

[1] 李飚，郭梓峰，季云竹. 生成设计思维模型与实现——以"赋值际村"为例[J]. 建筑学报，2015（5）：94-98.

息，这意味着每个个体进入空间后都会依据这一功能序列信息依次经过各功能节点。这样的设计策略实际上是对自组织生成计算性设计内部特征的一种抽象表达，它帮助设计师更深入地理解和模拟城市空间中人群的活动模式和行为特征。

在确定了设计的外部与内部特征后，设计师将面临一个由多源信息组成、逻辑严谨的复杂自组织系统（图9-9）。为了有效整理这些条件及其相互之间的关联关系，并使其符合设计需求，设计师可以运用参数化工具将变量转化为抽象的自组织生成结果，后者可以用来描述建筑体量、空间形态和结构模式。这一过程充分利用了各种信息和数学逻辑，旨在实现自组织生形的目标，为城市设计带来全新的可能性和创新性。

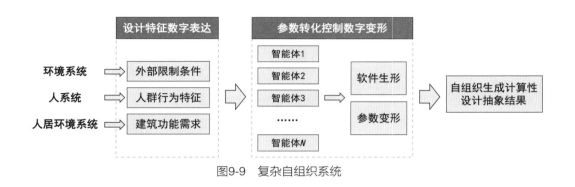

图9-9　复杂自组织系统

9.2.2.4　人居环境自组织方案生形

人居环境自组织方案生形是整个自组织生成计算性设计方法流程的最后一步，也是至关重要的一步。在这一阶段，设计师的任务是将城市与建筑设计问题中抽象的自组织生成结果，基于人的行为或智能体的规则特征，与实际的城市与建筑空间建立起紧密联系。为了满足城市或建筑在采光、视线、景观等方面的需求，设计师必须对建筑形体进行更深入、细致的设计。同时，在这一阶段对计算性设计生成结果的多维度的评估也是必不可少的。设计师需要从多个角度对计算性设计生成结果进行全面评估，包括但不限于建筑的功能性、美观性、实用性及与环境的和谐性等。基于这些评估反馈，设计师需要不断地迭代优化生成过程的规则设定，以确保最终的设计结果能够满足所有的设计需求和目标。

在生形过程中，设计可以通过解读自组织生成的抽象结果提炼设计信息，从而实现从抽象结果到人居环境形态的转换，最后通过环境心理学等跨学科经验评价设计结果并优化。

在人居环境设计中，自组织生成的抽象结果，如多智能体模拟生成的路径和活动热点区域，揭示了使用者复杂的行为模式和空间使用状态。通过数据的深入解读，设计师可以从这些模式中提炼出适用于人居环境设计的关键信息。在城市尺度上，分析人流的流动和聚集模式有助于确定交通干道、公共广场和休闲绿地等的布局。这些分析结果可以指导城市区域的功能分区，如将高密度人流区域规划为商业中心或文化娱乐区，而低密度区域则适合作为住宅区或生态保护区。在建筑尺度上，路径分析可以决定建筑物的入口、核心交通节点及人流通道的布局。这种从数据到设计信息的提炼过程，可将抽象的行为模式转化为具体的设计指令，为人居环境的整体规划提供坚实的基础。纽约高线公园的设计就从对城市中废弃铁路轨迹的解读开始，设计团队通过分析人们如何在城市中移动和聚集，提炼出重塑这一线性空间的设计概念（图9-10）。通过分析人流的流动模式，设计师识别出几个关键节点，将这些节点转化为广场、观景台和花园区域，增强了公园的社交功能和景观体验。

当提炼出设计信息后，下一步就是将这些抽象的数据转化为具象的人居环境形态。在这一过程中，设计师使用参数化设计工具或生成设计算法，将抽象的路径、节点和区域转化为具体的空间形态。例如，在城市设计层面，通过分析城市空间中的人流轨迹，可以生成步行街网、公共交通枢纽及绿地系统，这些都直接影响城市的空间组织方式和人的日常体验。在建筑设计层面，路径和节点可以转化为建筑内部的动线、公共空间配置和功能分区。设计师需要考虑这些空间形态的功能性、适应性及与环境的整合，以确保建筑和城市空间不仅满足使用需求，还能够与自然环境和社会结构有机结合。通过不断优化和迭代，最终生成的设计既具备美学价值，又具有实用性和可持续性。扎哈·哈迪德事务所设计的北京大兴国际机场，利用生成设计和参数化设计工具，将乘客流动轨迹转化为机场的功能布局和流线形态，确保了乘客从机场中心到任何登机口的距离最短，使空间的效率和使用体验最大化，兼顾了功能需求与形态美学要求（图9-11）。

图9-10　高线公园基于人行为的公共空间节点

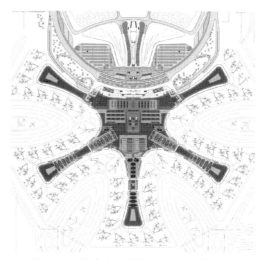
图9-11　北京大兴国际机场一层平面图

在设计的最后阶段，跨学科的评价与优化是实现高质量人居环境的关键。通过引入环境心理学、社会学、生态学等学科的知识，设计师可以全面评估设计对人类行为、社会互动和环境的影响。在城市设计中，通过模拟居民的日常活动和社会交往，设计师可以评估空间的可达性、功能分布的合理性及公共设施的利用率。此类分析有助于优化城市空间的布局，确保城市环境的安全性、宜居性和可持续性。在建筑尺度中，环境心理学提供了重要的参考，帮助设计师理解建筑空间对人的心理和生理影响，从而优化空间尺度、采光、通风和材质选择。通过持续的反馈和优化，设计师能够得到符合人们需求的高品质人居环境，实现从抽象生成结果到具象设计形态的转换。马斯达尔城（Masdar City）是阿布扎比正在开发的一座"零碳"城市，其在设计伊始就结合了环境心理学、生态学和可持续设计的原则，对居民行为模式进行分析，从而优化了城市的街道网络和建筑布局，减少了能源消耗，提高了舒适度并满足了居民社交需求（图9-12）。

图9-12　马斯达尔城二期建设方案

设计师在自组织生成计算性设计的最后阶段，通过深入解读抽象生成结果，提炼出关键的设计信息，并将其转化为具体的人居环境形态。通过跨学科的评估与优化，设计师确保设计不仅在功能性和美观性上达到高标准，还能够与环境和社会需求紧密结合，实现高质量、可持续的城市与建筑空间。这一过程强调了自组织生成方法对设计可行解探索的能力，它通过不断反馈与迭代将抽象的数据和行为模式转化为切实可行的设计方案。

9.2.3　自组织生成计算性设计方法的应用

针对城市设计中区域内复杂交通组织问题，利用自组织生成计算性设计方法中的群体智能算法生成可行方案是一种有效策略（图9-13）。该方法通过模拟智能群体的自组织行为，能够生成适应复杂环境的交通组织方案。以哈尔滨某锅炉厂区和员工宿舍交界处的三角形广场为例，该方案旨在通过城市空间设计激活区域周边活力。具体实践中，需考虑广场的通行需求、天桥的连接作用及人流的日常通勤模式，通过智能群体的自组织演化，形成优化的交通组织方案，以提升该区域的整体活力和通行效率。

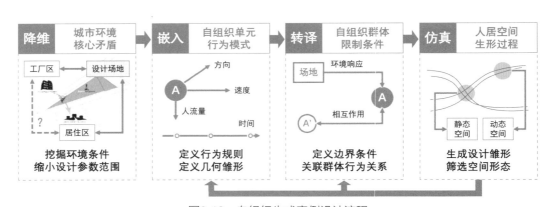

图9-13　自组织生成案例设计流程

9.2.3.1　降维城市环境核心矛盾

在该案例中，降维城市环境核心矛盾需从场地现状出发，寻找设计中需要解决的核心问题。通过10项相关内容的场地分析（场地现状分析、城市地块功能、城市道路系统、区域使用者分析、人流朝向分析、可达性分析、地块交通问题、日常生活活动内容、社会社交属性的重要城市空间节点和功能、潮汐周期），发现场地存在明显潮汐人流、交通效率较低、环境品质较差及现有城市功能需求与场地条件不匹配等核心问题（图9-14）。通过对人行为路径的记录可以寻找到场地中可能存在的人群分布及重要空间节点，充分利用智能群体对个体与群体行为特征模拟的优势。

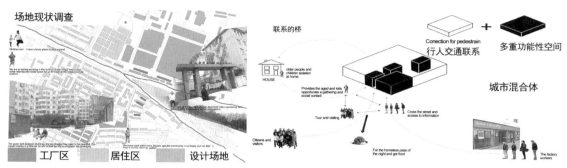

图9-14　场地现状分析

9.2.3.2　嵌入自组织单元行为模式

在完成城市环境核心矛盾的降维后，设计师需要根据待解决的设计问题完成自组织生成过程中单元体的内部设置。在此过程中，定义区域内人群行为模式至关重要，需将个体人作为智能体进行设计考虑。智能群体能实时互动并自下而上反馈，通过整合秩序关系与划分规则，群体能以自组织方式完成设计过程的行为轨迹生成，进而分析城市事件，归纳城市元素与布局等智能要素，实现自组织程序的有序运行。

对场地内人群行为的定义是一个复杂的过程，涉及对环境要素的提取，以及对场地内及周边人群行为特征和相关环境条件的调研与分析。这个过程需要建立人与环境的联系，以便完成计算机模拟并实现设计目标。将场地中的使用者视为动态群体，有助于设定对象的分布状态和活动便捷范围，从而实现场地主体的穿越及对特定功能节点的访问。在此基础上，结合反馈结果，通过几何组织数据，初步形成城市空间与建筑形态设计的雏形。

在场地设计中，考虑到人群的高目的性和方向性，可以将人群视为基于向量的动态群体。通过群体智能算法模拟人群的流量和方向，可以识别出场地内人群自然活动的规律（表9-3）。在设计方案中，将智能群体的活动边界设定于地段边界，将人设置为单个智能体，通过场地中的功能点引导行为方向，并根据人行速度调整智能体活动速度的分析精度。人群流量则对应智能群体的体量，而人群运动方向则反映了群体的向量方向。

场地信息参数　　　　　　　　　　　　　　　　　　　　表9-3

参数	定义	意义	设定方法
时间段	A 上班通勤 8：00 ~ 9：00 B 午间活动 11：30 ~ 13：30 C 下班通勤 17：00 ~ 19：00 D 日常活动	时间因素影响人流方向、速度和人流量	实地观察

参数	定义	意义	设定方法
人流方向	建筑期望建立的三个联系点（1厂区，2广场，3生活区）	动态集群以三点为出发点进行自组织	（1）确定3个出入口的人群属性 （2）根据移动速度将人群分类 （3）设定人群可能的移动目标 （4）根据人流的来源及相关活动确定人流方向
人流量	对现场进行调查确定一定时间内通过某点的个体数量	集群体量	
人行速度	通勤：目的明确，移动速度较快 游走：无目的性或对路径不熟悉，移动速度较慢	集群动态强度	

9.2.3.3 转译自组织群体限制条件

在外部环境和人群系统建立之后，设计师面临着将外部环境和内部设计参数转译为计算机可识别的规则数据的挑战。这个转译过程不仅要求设计师具备高度的专业素养和技术能力，还需要设计师对场地环境和智能体行为有深入理解，以确保数据的准确性和可靠性。通过精确的数据转化，设计师能够引导自组织生成过程，使设计在计算机模拟环境中逐步优化和完善。

在确定并引入影响设计的各种因素后，这些因素被整合进适应的智能群体行为模型中，从而展开对各要素关系的深入研究。通过将不同参数变量融合形成统一的规则，设计师可以建立一个符合数学关系模型的模式。这种模式有助于根据关键要素重新规划群体的动态结构，并通过分析不同参数变量与生成形体之间的关系，最终确定可靠的模拟结果。

在场地设计过程中，智能体对环境的响应是一个关键因素。智能体作为代表个体行为的模型，对场地环境的响应不仅包括对物理空间的适应，如道路、建筑物和自然元素的避让与趋向，还包括对环境中其他变量的响应，如光照、温度和噪声。这些环境变量通过影响智能体的运动速度、方向和停留时间，进一步细化群体的整体行为模式。例如，在模拟过程中，光照强度较低的区域可能会引导智能体避开这些区域，而较为安静或舒适的区域则可能吸引智能体聚集。在动态环境下，智能体的这种响应机制使得整体运动更加符合实际的人的行为规律。

此外，智能体之间的相互作用也在很大程度上决定了群体的运动方式。在模拟中，智能体之间会产生相互影响，通常表现为吸引力和排斥力。例如，当智能体之间的距离过近时，排斥力会促使它们彼此远离，以避免过度拥挤和碰撞；而在某些情况下，如当智能体共享相同的目标或路径时，吸引力会促使它们相互靠近。这些作用力不仅影响智能单体的运动轨迹，还对整个群体的动态模式产生持续影响。通过对这些相互作用的精确建模，能够更好地预测和控制群体的行为模式，确保模拟的结果更接近现实中的人群动态。

这些智能体对环境的响应和相互作用共同构成了多智能体系统中的限制条件。它们决定了智能体如何在场地内移动、聚集或分散，从而影响群体整体的运动方式。通过精确地模拟这些限制条件，能够在虚拟环境中测试和优化不同设计方案，从而找到最佳的城市空间组织方式和建筑布局方案。

9.2.3.4 仿真人居空间生形过程

在该案例中，在完成自组织单元行为模式嵌入和自组织群体限制条件转译的基础上，项目通过整理智能群体的参数变量展开了人群在场地中的行为模拟及人居空间形态生成的流程。

通过结合所收集的数据进行模拟，得到了多智能体的互动轨迹分布结果（图9-15）。模拟结果显示，方向性较强的粒子与空间形态有着紧密的关系；而方向性较弱的粒子在边界内无序流动，往往会产生旋涡聚集效应。通过将旋涡状区域与明确的轨迹叠加，设计师可以得到基础的设计雏形，为下一步的空间形态转化提供依据。

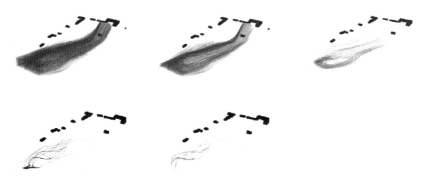

图9-15 部分轨迹模拟结果

设计雏形是对粒子运动轨迹进行筛选后的产物，它代表了在多条流线叠合处理的基础上形成的建筑设计的初始结构。在从建筑初始结构向建筑空间形态进行细化的过程中，需要结合人体运动行为的研究与分析，以确定空间的功能细分方案。作为一个与城市待优化空间相结合的新综合体，这一设计需要提供多种行为的可能性。最基本的活动行为对空间尺度的要求可以分为静态活动、弱动态活动和强动态活动三种类型（表9-4）。不同活动类型需要不同形态的公共空间作为载体。将若干个空间节点或序列以统一的设计语言进行具象化之后，可以连接成一个完整的人居空间形态设计方案，以满足城市空间的多样性和功能性需求。

三种基本活动类型 表9-4

活动类型	活动内容		空间形态
静态活动	闲聊	互动	
弱动态活动	通勤	观景	

活动类型	活动内容	空间形态
强动态活动		

在获得初步可行的人居环境形态设计方案后，深化设计阶段也尤为重要。在此阶段，设计师需要对建筑的光环境、风环境、热环境、能耗、日照、结构等关键性能进行科学分析，同时充分考虑建筑对外部环境的影响及其与环境的适应性。如果方案未能满足性能要求，则需通过调整规则参数重新生成设计雏形，或对空间节点的形态细节进行修改，以优化和迭代方案。这一过程需多次反复进行，直至获得最终设计方案，完成全部自组织生成计算性设计流程（图9-16）。与传统设计手法相比，这种设计方法所呈现的最终结果不仅仅是更为丰富的空间形态与形式，更是对自下而上人群活动的深层理解。

图9-16　最终的生成计算性设计结果

9.3　自适应优化计算性设计方法

自适应优化计算性设计方法在人居环境设计领域展现出了独特优势。当自组织生成计算性设计方法无法满足用户需求或人居环境性能时，自适应优化计算性设计方法能提供不同的设计路径。该方法在自上而下由上位限制条件引导设计的同时，也兼顾了自下而上可能由设计变量产生的影响。这种双重考量使得自适应优化计算性设计方法能够对设计结果的人居环境性能等相关表现做出更精准的把控。

9.3.1　自适应优化计算性设计方法基础

自适应优化计算性设计方法在性能驱动设计方法的基础上，实现了人居环境设计方法与技术的革新。该方法采用多性能目标优化设计策略，旨在提供综合性能表现较为全面的设计方案。其重要流程为多性能目标优化，同时考虑多个性能目标，结合不同的优化算法找寻可行解，并通过不同的决策支持方法为设计师提供直观、科学的决策依据。

9.3.1.1　基于多目标优化的自适应优化计算性设计方法

在诸多人居环境优化设计问题中，非线性函数优化问题是最主要的挑战。这类问题具有优化过程复杂且不直观的难点，同时面临优化效率有限及优化结果易陷入局部最优的困境。为了克服这些难题，启发式算法应运而生。启发式算法能够在有限的搜索空间内进行相对最优可行解的搜索，从而大幅度降低可行解评价次数。这种方法从随机初始解开始，基于给定的设计目标评价函数，采用迭代改进的模式逐步趋近所优化问题的相对最优解。因此，启发式算法非常适用于人居环境优化设计问题的求解。在启发式优化方法中，优化计算是应用较为广泛的一种，它包含了遗传算法、进化规划（evolutionary programming，EP）和进化策略（evolution strategy，ES）三大分支。其中，目标遗传算法是一种基于遗传算法的优化方法，设计师可以使用它对所定义的多个优化目标进行最优解搜索，并通过对各项目标结果的权衡，获得最终帕累托最优集合。

现阶段，广泛使用的多目标优化算法可根据时间序列分为三代。每一代算法都在前一代的基础上进行了改进和优化，旨在更有效地应对人居环境优化设计中的复杂问题（表9-5）。

三代多目标优化算法的特征比较　　　　　　　　　　　　　　　　表9-5

算法	优点	缺点	适用性
MOGA	简单实现，适用于基本优化问题	不具备精英策略，易陷入局部最优	基本多目标优化问题
NSGA	非支配排序，适用性广泛	计算复杂度高	中小规模优化问题
SPEA	保留非支配解，种群多样性强	外部存储开销较大	复杂多目标优化
SPEA2	改进的多样性保护	算法复杂度增加	大规模、多样化优化问题
NSGA-Ⅱ	精英保留、计算效率高	对非常复杂的问题略有局限	大规模多目标优化
HypE	基于超体积的衡量方法，适应性强	适用性可能受问题规模影响	复杂、超高维优化问题

第一代多目标优化算法主要包括多目标遗传算法（multi-objective genetic algorithm，MOGA）和非支配排序遗传算法（non-dominated sorting genetic algorithm，NSGA）两种。MOGA由卡洛斯·丰塞卡（Carlos M. Fonseca）和彼得·弗莱明（Peter J. Fleming）在20世纪90年代初提出。该方法效率高且易于实现，但小生境大小对优化结果影响较大。NSGA由卡扬莫伊·德布（Kalyanmoy Deb）于1994年提出，具有优化目标数量灵活、非支配可行解分布均匀的优点，但优化搜索效率低于MOGA算法，且获得的帕累托相对最优解前端质量略差。MOGA和NSGA两种算法均能有效解决多目标优化问题，但在面对目标较多的设计问题时，基于优化边界进行结果优劣的评估存在困难。

第二代多目标优化算法主要包括加强帕累托遗传算法（strength Pareto evolutionary algorithm，SPEA）和改进的非支配排序遗传算法NSGA-Ⅱ等，在多目标优化问题中广泛应用。埃卡特·齐茨勒（Eckart Zitzler）和洛塔尔·蒂勒（Lothar Thiele）在20世纪末相继提出了SPEA和SPEA2遗传优化算法，借助外部种群来保留迭代过程中的非支配解，并按一定比例引入下一轮迭代，提高优化效率。SPEA2还引入了种群多样性保护、帕累托前沿质量评价等机制，以平衡种群的多样性与收敛性。NSGA-Ⅱ则采用父代与子代种群交叉策略，降低计算复杂度，并结合精英保留策略，提升优化精度与速度。然而，在处理具有高度复杂性和多样性的优化问题时，如城市空间与建筑形态优化问题，这些算法的可行解搜索效率可能面临挑战。此类问题通常涉及多重目标和大量约束条件，如功能布局、能源效率、环境影响及可持续性等方面的综合权衡，导致解空间复杂多样。在迭代次数较少的情况下，算法可能难以充分探索广泛的解空间并有效剔除重复的可行解或过于相似的解，从而影响解的多样性和质量。

第三代多目标优化算法以超空间体估算多目标优化算法（hypervolume estimation algorithm，HypE）为代表，该算法由约翰内斯·贝德尔（Johannes Bader）和埃卡特·齐茨勒在2008年提出。HypE基于超空间指标，在解集质量评价方面进行了强化，能实现对非支配解集的量化评价。通过平衡多设计目标，在城市空间与建筑形态中筛选更均匀分布的解集来优化设计决策，以达成更优的多目标解决方案。

9.3.1.2 基于复杂决策支持的自适应优化计算性设计方法

多性能目标优化过程中的决策支持对于设计师而言至关重要，它提供了更直接、可视化的界面，帮助设计师横向对比不同设计结果中的目标，从而筛选出较为综合的方案。既有的决策支持方法主要可以分为传统图表、多准则决策、工具辅助决策、聚类分析及可视化和自组织映射神经网络五类。

传统图表，如散点图、柱状图等，通过数据可视化方式能够为设计者提供直观的性能数据对比，这有助于设计师快速掌握不同设计方案的性能综合表现，从而筛选出相对最优的设计结果。以散点图为例，它能将非支配解在二维或三维笛卡尔坐标系中进行展示，通过点在空间中的位置描绘非支配解的分布情况和优化目标之间的关系。但在面对3种以上目标的优化问题时，需要借助散点大小、色彩或者其他高维方法进行展示，可视化效果在直观性上降低，决策支持可行性也随之降低。

多准则决策（multi-criteria decision making，MCDM）是一种处理复杂设计问题的决策方法，尤其适用于城市与建筑设计领域。它将设计决策问题分解成多个评价准则，并考虑了各准则在设计方案中的重要性。这种方法帮助设计者在美观性、功能性、可持续性、成本等多个方面综合评估备选方案，从而选择出最优设计方案。MCDM允许在设计过程中综合考虑各种因素，以确保最终设计方案能够满足多重要求。

工具辅助决策可借助Grasshopper平台中的Octopus等工具，协助城市与建筑多性能目标优化。该工具能提供交互式的散点图，将建筑形态或者其他几何特征反映在每个非支配解所在点上，同时支持互动性的探索过程，决策者可以在决策过程中标记偏好的方案。然而，利用该工具在大量高维非支配解之间进行比选仍然十分困难，众多数据点会相互重叠，在高维数据空间内进行比选探索的难度同样较大。

聚类分析及可视化是一种有效的决策方法，通过将数据划分为不同的簇，实现簇内对象高度相似，而簇间对象高度相异。这种方法首先在具有不同特征的非支配解聚类簇间进行比选，分析数据类型特征，从而减少比较次数，显著降低了决策复杂度。然而，既有研究中的聚类方法在可视化表现上仍有不足，通常需要依赖散点图、平行坐标图等传统方式来呈现聚类结果，使得在高维数据和大规模数据的可视化方面存在一定局限。

自组织映射神经网络（self-organizing map，SOM）是由芬兰赫尔辛基理工大学教授尤沃·卡列维·科霍宁（Teuvo Kalevi Kohonen）于20世纪80年代初提出的一种无监督学习人工神经网络。该网络模型可以将高维数据映射到低维空间，实现数据的可视化和聚类分析。其主要逻辑是基于数据结构的自组织，通过将数据样本映射到一个低维的网格结构中，相似的数据样本会被映射到相邻的神经元上，形成一个类似于地图的结构。这一过程需要经过多轮迭代，每轮迭代中神经元的权值会根据其相邻神经元的权值进行调整与更新。自组织映射神经网络不仅可用于数据的聚类分析及可视化，还可以应用于数据降维和特征提取等方面。

9.3.2　自适应优化计算性设计的方法流程

自适应优化计算性设计方法的建构基于性能驱动的人居环境形态设计思维，涵盖四个顺序明确、关系紧密的子流程，分别为人居环境设计问题建模、人居环境复合信息集成、人居环境性能目标映射及设计性能驱动优化决策。该方法在设计过程中以人居环境多性能目标为导向，综合考虑建成环境中可能出现的气候条件、运维状况及使用者行为等多方面因素。然而，由于人在建成环境中的行为模式具有高度随机性和差异性，预测难度较大，因此该方法的实际应用仍然有限。本节将详细介绍人居环境设计过程中各子流程的技术基础与方法流程，旨在呈现完整的自适应优化体系。

9.3.2.1　人居环境设计问题建模

人居环境设计问题建模作为自适应优化计算性设计方法的第一项子流程，其核心在于将复杂的性能复合体系进行降维，提炼出与人居环境质量密切相关的多个并行要素，包括光舒适度、热环境、建筑能耗及城市安全性等。每个要素都具有独立的评价体系和指标，分别对应着不同的城市和建筑形态控制参量。

设计者在筛选形态控制参量时，需关注对性能影响较大的参数类型。这涉及对不同性能指标的建模与分析模拟，以提供多种性能并行计算的系统模型。面向城市与建筑多维度性能设计问题，需要从建筑能耗、自然采光、热舒适性、日照辐射及建筑安全等角度进行单一设计问题的初步界定，进而实现整体设计问题的定义。

在建筑能耗方面，通常采用一系列指标进行评价，包括总能耗、年均能耗密度（EUI）、能源利用效率（EER）、碳排放量和可再生能源比例等。其中，总能耗指的是建筑在使用过程中所消耗的能源总量，年均能耗密度则是以每平方米单位耗能来表示，用于衡量建筑能效。能源利用效率反映了建筑对能源的利用程度，而碳排放量和可再生能源比例则分别关注建筑的环保性能和可再生能源的使用情况。这些指标共同构成了评价建筑能耗的多个维度，有助于全面了解和优化建筑的能源使用状况。

在自然采光性能评价方面，自然光可用性主要体现在采光量和光分布两方面，可通过一系列静态与动态指标进行衡量。其中，采光量的评价指标包括自然采光系数、有效照度、自然采光满足率及年曝光量，这些指标共同反映了自然光的可利用程度。而光分布则主要通过采光均匀度来评价，体现光线在空间中的分布状况。在舒适性方面，自然采光的评价重点在于眩光分析，主要评价指标包括眩光指数和外向视野等（表9-6）。

自然采光性能构成要素   表9-6

自然采光性能	评价指标
自然光可用性	自然采光系数DF
	自然采光满足率DA
	有效照度UDI
视觉舒适性	直射日光
	自然采光眩光指数DGP
	外向视野
能耗	全年照明能耗
	遮阳控制
	太阳辐射贡献量

在热舒适性评价方面，需从室外热舒适性和室内热舒适性两个角度分别考虑，旨在提高建筑整体的热舒适性并降低能耗。根据ASHRAE55-2013标准[①]，热舒适被定义为"对热环境感到满意的意识状态"。为了描述热感觉这一主观评价，研究中常采用以"贝氏标度"和"ASHRAE热感觉标度"为代表的7级评价模式（表9-7），以建立热感觉与热舒适性之间的关联。常用的热舒适性评价指标包括生理等效温度（physiological equivalent temperature，PET）、预测平均投票（predicted mean vote，PMV）和通用热气候指数（universal thermal climate index，UTCI）三种。其中，PMV指标由于缺乏对短波辐射的考虑，在室外热环境的热舒适性评价中受到一定限制。

热感觉标度7级评价模式   表9-7

贝氏标度		ASHRAE热感觉标度	
7	过分暖和	+3	热
6	太暖和	+2	暖
5	令人舒适的暖和	+1	稍暖
4	舒适（不冷不热）	0	中性
3	令人舒适的凉快	1	稍凉
2	太凉快	2	凉
1	过分凉快	3	冷

在城市与建筑设计中，日照辐射是一个重要的考量因素。受不同气候条件影响，存在最大化接收和最大化避免日照辐射两种策略。评价时常用日照时间、直射日照辐射量、散射日照辐射量及阴影和日照的分布区

[①] ASHRAE Standard 55. Thermal environmental conditions for human occupancy[S]. Atlanta, American Society of Heating, Refrigerating and Air-Conditioning Engineers, 2013.

域与时间等指标。无论采取何种策略，设计中都应通过科学合理的单体或组群形态设计方法对日照辐射加以控制与优化。利用完善的计算性设计方法，可以找到城市和建筑形态与日照辐射之间的量化关系，并结合设计目标与设计经验，实现日照辐射驱动的城市与建筑设计。

建筑安全是城市与建筑设计中基础且至关重要的性能，能在灾害发生时有效保障使用者的生命安全。影响建筑安全的主要因素包括两方面：一是建筑、设备及材料等物理环境的稳定性和安全性能，二是疏散通道设计的合理性和科学性。后者直接决定了灾害发生时的人群疏散效率。疏散效率的评价主要涉及疏散通道的长度与宽度、安全出口的位置与布局、疏散节点的分布与密度及疏散标识系统的有效性等关键内容。

通过对以上各方面设计问题的初步界定，设计师可以有效确立整体设计框架，进而为后续各子流程提供明确的方法指导。

9.3.2.2　人居环境复合信息集成

人居环境信息集成旨在利用建筑信息模型技术、人居环境性能模拟技术和参数化编程技术，在方案设计阶段实现多学科信息的有序叠加和参数关联，从而有效提升设计的信息化与自动化水平。其中，"有序叠加"强调了信息集成的逐层复合，应遵循人居环境形态的构成逻辑，旨在形成一个综合的信息体系，涉及建筑信息、环境信息和性能数据三大要素；"参数关联"则指集成后的建筑、环境和性能信息之间的相互关联性，使得设计参量的数值变化能直接驱动人居环境性能目标的对应调整。此外，人居环境信息集成过程还涵盖了一个重要的数据转换步骤，即将设计限制条件、物理环境信息和性能需求约束从文字性或图像性的描述转换为数学表达的数据，为后续性能映射关系建构和人居环境形态多目标优化提供统一的数据与逻辑基础。

在人居环境信息集成过程中，设计者需要同时考虑建筑与城市信息、环境信息和性能信息，并系统化地处理设计目标、设计参量和设计条件三个核心内容，逐步增强设计过程中多学科信息的复合程度（图9-17）。

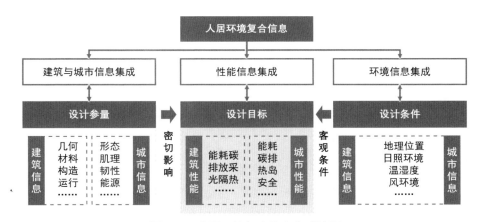

图9-17　人居环境复合信息集成流程

具体地，设计者应在综合考虑环境特征和相关标准规范中的设计要求等设计条件的基础上，明确设计目标，并根据设计目标设置其显著影响作用的设计参量。对于人居环境设计，设计目标可以是能耗、碳排放、室内外热舒适性、采光等具体性能目标，也可以是声环境、空气质量、适老性设计等更广泛的要求；设计参量则涉及建筑几何形态、材料构造、空间使用模式、通风策略等与人居体验密切相关的内容。

随后，设计者根据确定的设计参量，逐步叠加建筑几何信息、材料构造信息、区域气候条件、场地外部环境信息、设备运行信息、使用者信息等多维数据，确保各层级信息的有序整合。在这一过程中，设计参量的调整会引发相关信息的联动变化，形成自适应的设计结构，确保了设计的一致性和信息的动态关联。例如，基于几何形态选择的外墙材料会根据形态变化而自动调整。

最后，基于集成的建筑与城市信息和环境信息，运用性能模拟技术对设计进行评估与优化，以实现各项人居环境性能目标。这一过程所产生的数据集不仅包含建筑形态、环境参数与性能间的隐含关系，还通过统计分析为设计者理解各参数对整体人居环境的影响提供帮助，助力多目标优化设计。

通过这一系统化的信息集成方法，设计者能够从多个维度有效提升人居环境的整体质量，无论是在能耗、舒适度还是环境健康等方面，都能实现更优的设计目标。

9.3.2.3　人居环境性能目标映射

形态与性能映射关系的建构是一个复杂而细致的过程，它基于前述建筑与环境信息集成子流程展开。在这一过程中，设计者需要根据城市与建筑形态设计参量和性能设计目标，应用性能模拟技术和神经网络预测技术，建构起城市空间、建筑形态和性能目标之间的映射关系，为后续设计优化提供支持。

在形态与性能目标映射关系建构过程中，设计者面临着构建神经网络模型的重要任务。这一模型需以形态设计参数为输入、性能目标为输出。构建过程涉及三个核心环节，包括神经网络结构设计，神经网络训练数据生成，神经网络模型训练、验证与测试三方面内容（图9-18）。

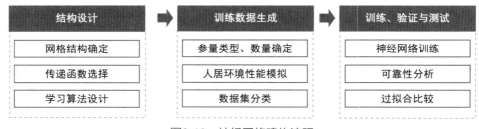

图9-18　神经网络建构流程

（1）神经网络结构设计

在神经网络结构设计中，设计者需重点关注网络结构的确定、传递函数的选择及学习算法的设计等核心环节。神经网络的层数和每层神经元的数量直接影响模型的预测精度和效率。若层数或神经元数量过少，模型可能欠拟合，导致预测能力不足；但若设置过多，则可能引发学习效率降低、模型过拟合、泛化能力减弱等问题。因此，实际应用中，设计者通常采用试错法不断调整网络结构，以期寻找到最优的参数配置。在这一过程中，平衡模型的复杂度和泛化能力至关重要。

神经网络的学习方式主要分为监督学习和非监督学习两类。在监督学习中，训练数据被输入到神经网络模型的输入层，经过网络计算得到预测输出，并与训练数据的期望输出进行比较，计算误差。随后，模型会根据此误差信息不断调整权重系数。经过反复训练，模型的权重逐渐收敛到稳定值。当输入数据发生变化时，模型能够通过更新权重值来适应新的预测任务。

（2）神经网络训练数据生成

训练数据对神经网络模型至关重要。它是模型初步学习、权重调整和性能评估的基础，决定了模型的泛化能力和预测精度。训练数据的生成基于神经网络模型结构设计，根据输入层和输出层的参量类型，通过计算机模拟仿真和建成环境实地测量获取原始数据，并对其进行清洗、分类等处理，最终形成训练数据集、验证数据集和测试数据集。这三组数据集共享相同的数据结构。训练数据集用于模型的初步学习和权重调整，验证数据集则帮助模型在训练过程中进行参数优化和误差修正，测试数据集用于最终评估模型的性能和泛化能力。

在设计阶段，由于难以获取与实际建成环境和结构相似的实测数据，通常采用计算机模拟的方式生成训练数据。此外，为了在尽可能减少训练数据集规模的情况下提高数据的适用性，可使用拉丁超立方体采样法（Latin hypercube sampling，LHS），以较少的模拟次数生成能够反映设计对象总体特征的神经网络训练数据。

（3）神经网络模型训练、验证与测试

在获得训练数据后，设计者可以展开神经网络模型的训练、验证和测试流程。训练过程基于训练数据集进行，训练完成后，再调用验证数据集和测试数据集来分析模型的可靠性。通过比较神经网络预测值与实际性能模拟数据之间的相关系数（r）、预测均方误差（MSE）及评估模型是否过拟合，设计者可以较为准确地判断训练所得模型是否能够准确反映设计参数与性能目标之间的映射关系。

9.3.2.4　设计性能驱动优化决策

多目标优化是一个复杂的过程，它涉及遗传优化搜索、信息建模和神经网络预测技术的耦合应用。这一过程允许设计者直接应用遗传优化模型展开，并通过调整控制参数来调用相关优化算法，从而提高设计效率和质量，缩短设计周期并优化设计决策。

多目标优化过程通常包含三个核心步骤，分别是初始解生成、目标函数评估和解的选择与改进（图9-19）。作为优化过程的起点，初始解生成是指根据问题的约束条件和设计变量，通过随机化算法或特定启发式方法生成一组初始解的过程。在生成初始解后，每个解的目标函数值（即与优化目标相关的性能或效益）都会被计算。

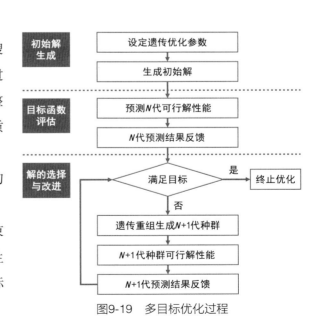

图9-19　多目标优化过程

这个过程可以使用数学模型、仿真工具或数据驱动模型（如神经网络）来评估每个解的表现，并将结果传递回优化算法。最后，优化算法会选择最优解或非支配解，并使用各种策略（如遗传算法中的交叉、变异）来改进这些解，生成新的一代解。该过程反复迭代，直至满足终止条件，得到最终的优化解集。

以下将以建筑形态优化为例，详细说明多目标优化决策流程的具体应用。

在初始解生成过程中，设计者首先设定了一系列遗传优化控制参数，包括优化种群规模、变异算子、交叉算子和选择算子等；然后，在确保建筑形态满足体积、面积和结构要求等基本建筑设计约束条件的前提下，将建筑几何信息作为输入参数传递至遗传优化算法，随机或基于特定规则来生成初始建筑形态，作为初始解。该过程要求对所调用的建筑环境信息进行编码，以将建筑形态设计参数转变为遗传优化计算的载体——代表个体的符号串。

在目标函数评估过程中，利用建构的建筑形态与性能映射关系模型来评估每个建筑形态解在多目标下的性能表现，如能耗水平、热舒适性、采光和结构稳定性等。这些建筑性能目标数值被反馈回遗传优化算法，作为下一轮遗传优化算法的输入。这一反馈机制使得遗传优化算法能够根据预测结果制定更为准确的设计决策，并生成新的建筑形态设计参数组。通过不断重复，算法能够逐步优化建筑形态设计，直至生成一个可行解种群。

在解的选择与改进过程中，遗传优化算法会根据目标性能的评估结果筛选当前的非支配解，并判断是否需要对建筑形态进行调整。在该过程中，算法通过选择、交叉和变异等操作对可行解种群进行重构和更新，从而生成新的建筑形态可行解种群。新生成的解集会经过优化程序进行性能适应度的重新计算，同时基于这些建筑形态解的参数组生成相应的可视化模型。此过程不断迭代，直至找到性能最佳的建筑形态解集，并输出最终的非支配解，作为设计方案的选择基础。

9.3.3 自适应优化计算性设计方法的应用

在重庆某复杂形态办公建筑设计中，其自适应表皮设计提供了一个典型的应用案例。针对重庆独特的气候条件，设计团队结合自适应优化计算性设计方法流程，对该办公建筑主楼东、西立面和副楼南侧大面积采光幕墙展开了针对性的光环境优化设计，以确保室内光环境达到舒适与低能耗标准（图9-20）。

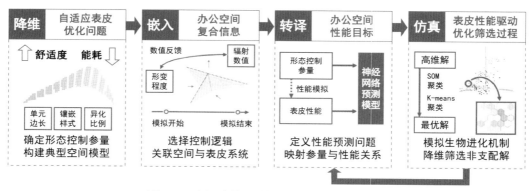

图9-20　自适应优化计算性设计案例设计流程

9.3.3.1　降维自适应表皮优化问题

该办公建筑的主楼和副楼办公空间分别采用了大空间开敞式布局和小空间单元式布局（图9-21）。基于对模拟时间和硬件成本的考量，设计团队选取了主楼和副楼中玻璃幕墙面积大且眩光隐患大的平面作为主要分析对象，特别关注建筑表皮的自适应能力，旨在通过智能调节表皮性能来优化室内光环境、提高舒适度并降低能耗。

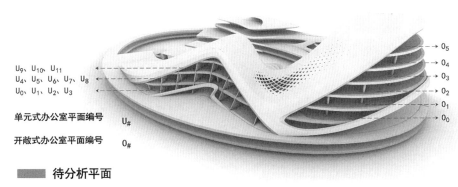

图9-21　待分析平面编号

基于镶嵌几何原理，设计团队应用拓扑生形策略，展开了自适应表皮形态生成探索。设计以正多边形镶嵌几何图形为初始形态，通过特定的空间排布形式，生成了独特的表皮形态和结构。如图9-22所示，括号内的数字表示正多边形的边数，数字的个数表示正多边形的数量，且每个括号内正多边形的单一内角和为360°。这一特性体现了镶嵌几何学中无缝隙、无重叠拼接的组合规律。

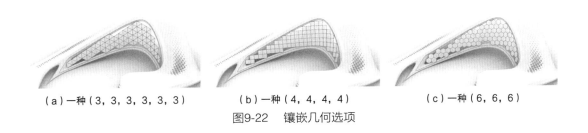

（a）一种（3，3，3，3，3，3）　　　（b）一种（4，4，4，4）　　　（c）一种（6，6，6）

图9-22　镶嵌几何选项

该项目中的自适应表皮形态设计涉及三个关键变量，包括表皮单元边长（unit）、镶嵌样式（style）及新生比例（ratio）。其中，表皮单元边长范围限定在800～2100mm，作为连续变量进行优化。镶嵌样式由三种基础正则镶嵌几何形构成，即正三角形（"0"）、正方形（"1"）、正六边形（"2"），作为离散变量进行优化。新生比例反映了表皮形态从最初的正则镶嵌几何形向新生成表皮形态的变化程度。新生比例值越小，表皮形体与初始正则镶嵌几何形相似度越高；新生比例值越大，相似度越低。为避免产生相同的表皮样式，将新生比例的阈值区间从[0, 1]调整为[0, 0.5]，并作为连续变量进行优化。

由于该建筑设计采用了大面积玻璃幕墙，室内办公空间面临较大眩光风险。为科学评估这一风险，并为后续优化设计提供依据，研究团队选择了照度过量面积百分比（over daylit area percentage，OAP）作为性能分析的核心评判标准，并在此基础上衍生出一系列具体的性能指标，如照度过量面积百分比平均数（Ave-OAP）、照度不足面积百分比平均数（Ave-PAP）、照度过量面积百分比标准差（Std Dev-OAP）、照度不足面积百分比标准差（Std Dev-PAP）、日光眩光概率平均数（Ave-DGP）、日光眩光概率标准差（Std Dev-DGP）及表皮累计形变量（cumulative movement，CM）等（表9-8），其中CM代表建筑自适应表皮一天的累计形变量，作为优化目标能降低建筑表皮运行能耗。这些指标均聚焦于建筑光环境的不利因素，旨在全面、客观地评估玻璃幕墙对室内办公环境的影响。在优化过程中，团队需要权衡平均数函数值和标准差函数值，力求找到能使这些不利因素达到最小值的优化设计方案。

优化目标 表9-8

函数名称		函数	单位
照度过量面积百分比	平均数函数（Average Over Daylit Area Percentage，Ave-OAP）	Min$f$1=Ave–OAP(O)	%
		Min$f$2=Ave–OAP(U)	%
	标准差函数（Standard Deviation of Over Daylit Area Percentage，Std Dev-OAP）	Min$f$3=Std Dev–OAP(O)	%
		Min$f$4=Std Dev–OAP(U)	%
照度不足面积百分比	平均数目标函数（Average Partially daylit Area Percentage，Ave-PAP）	Min$f$5=Ave–PAP(O)	%
		Min$f$6=Ave–PAP(U)	%
	照度不足面积百分比标准差目标函数（Standard Deviation of Partially Daylit Area Percentage，Std Dev-PAP）	Min$f$7=Std Dev–PAP(O)	%
		Min$f$8=Std Dev–PAP(U)	%
DGP平均值函数（Ave-DGP）		Min$f$9=Ave–DGP(O)	%
		Min$f$10=Ave–DGP(U)	%
DGP标准差函数（Std Dev-DGP）		Min$f$11=Std Dev–DGP(O)	%
		Min$f$12=Std Dev–DGP(U)	%
表皮累计形变量（cumulative movement，CM）		Min$f$13=CM(O+U)	%

9.3.3.2 嵌入办公空间复合信息

复杂形态办公建筑自适应表皮优化设计中的复合信息集成涉及两个关键步骤：一是对建筑构件进行详细拆解，二是采集周边环境及气象信息。具体而言，建筑构件被拆解为内墙、顶棚、地板、玻璃幕墙、家具，以及拟设计的建筑表皮构件等多种类型，以便进行进一步的详细分析和性能模拟计算。同时，建筑周边环境和植被信息也被采集，以全面考虑其对建筑性能的影响。此外，采用重庆地区的EPW气象文件（EnergyPlus软件中所用的气象数据文件）作为性能模拟的输入条件参数，确保模拟结果的准确性和可靠性。

该项目实践聚焦于对建筑立面日照辐射量的控制，通过模拟不同时间段内各单元的辐射量，并依据结果动态调整建筑表皮的形变程度，以有效控制辐射，控制逻辑如图9-23所示。首先，对模拟单元进行划分，并设定模拟时间。选取相应建筑立面，将其划分为0.9米×0.9米矩形单元，设定夏季6月21日6：00～19：00和冬季12月21日8：00～15：00为模拟时间段，该时间段内的模拟频率为每小时1次。其次，进行数据采集与映射，提取模拟时段内立面的最大辐射数值R和最小辐射数值r。基于这些数据，启动自适应表皮控制逻辑：最大辐射数值R对应表皮单元形变程度$c=0$，最小辐射数值r对应表皮单元形变程度$c=1$，其他辐射量数值按比例在0～1映射。最后，根据辐射量的变化调整表皮单元形变程度c。当辐射量的增量或减量大于（$R-r$）/10时，则相应地增加或减小c值。随后判断是否到达模拟的结束时间点，若达到则结束模拟，否则重复上述步骤直至模拟时间结束。

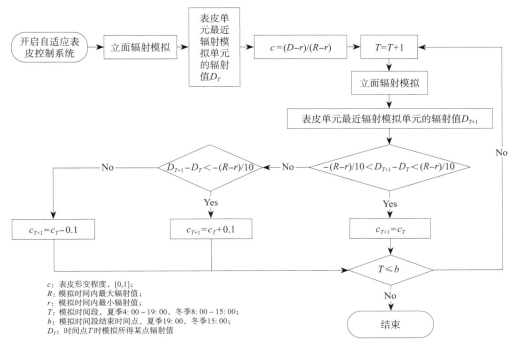

c：表皮形变程度，[0,1]；
R：模拟时间内最大辐射值；
r：模拟时间内最小辐射值；
T：模拟时间段，夏季4：00～19：00，冬季8：00～15：00；
b：模拟时间段结束时间点，夏季19：00，冬季15：00；
D_T：时间点T时模拟所得某点辐射值

图9-23 自适应表皮太阳辐射控制逻辑

9.3.3.3 转译办公空间性能目标

该项目综合应用了拉丁超立方采样技术和人工神经网络建模技术，构建了多目标优化设计过程中的适应度函数评价神经网络模型。

办公空间人工神经网络性能快速预测模型的数据集采集是转译过程的第一步。相关研究表明，设计样本数量大于参数数量2倍以上即较好地体现设计解空间。在该项目中，共利用拉丁超立方采样采集了200组样本数据，数据分布如图9-24所示。这些数据在三个立面的表皮单元尺寸、镶嵌样式和新生比例的设计样本分布上呈现出一致的趋势。其中，表皮单元尺寸分布在（1600, 2100]区间内的设计样本相对较多，南、东、西三个立面

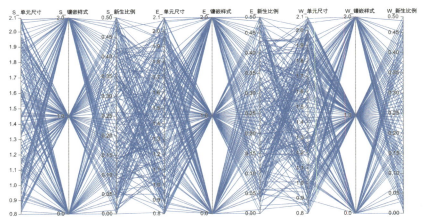

图9-24　设计样本空间分布图

分别有79、75和91个样本；镶嵌样式大部分分布在样式1上，南、东、西三个立面分别有95、94和117个样本；新生比例在三个区域内分布相对平均。此外，设计样本中没有出现大量空白区域，这表明所采集的样本数据能有效代表整个设计空间的数据结构。这对于后续的分析和建模非常重要，能确保数据的全面性和代表性。

　　该项目将200组设计样本输入建筑性能模拟模型，获取相应性能目标并组成训练数据集。训练数据经过归一化处理后，按照3∶2的比例随机分为训练数据和验证数据。

　　之后，该项目用训练数据对神经网络展开训练，接着将验证数据的输入端数据输送给训练完成的预测模型输入端，输出相应的预测性能目标，最后用验证数据的模拟输出值与预测模型的预测输出值进行对比，验证预测模型的预测精度。验证过程以预测值和模拟值的均方根误差（RMSE）和决定系数（R^2）作为神经网络的评价标准。如图9-25 所示，单元式办公室预测模型的均方根误差RMSE为0.14、决定系数R^2为0.91，开敞式办公室预测模型均方根误差RMSE为0.081、决定系数R^2为0.93。预测精确度达到较高水准，可以作为性能模拟程序的替代模型获得性能目标。

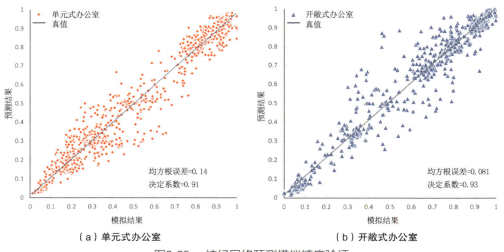

（a）单元式办公室　　　　　　　　　　（b）开敞式办公室

图9-25　神经网络预测模拟精度验证

9.3.3.4　仿真表皮性能驱动筛选优化

在利用训练数据训练人工神经网络后，将预测模型接入多目标优化模块是一个有效提升优化效率的策略。在这一过程中，表皮形体设计参量和建筑性能目标经过预处理，分别作为输入和输出模块。优化程序启动前，设计者需设定种群数量、最大迭代次数、保留率、交叉率、变异率等关键参数。本项目通过神经网络预测模型输出值代替性能模拟输出值，显著提高了高维空间结果搜索效率。

为了解决多目标优化设计过程中目标维数过大导致的决策支持不足问题，可以采取以下几方面策略：首先，通过有效的算法将高维非支配解集的维度降低，以便后续处理和分析；接着，利用聚类分析的方法将降低维度后的非支配解集分为若干类别，以便更好地理解和组织解集；然后，从聚类后的类别中选择综合性能佳的一类非支配解集，继续进行分类和筛选；最后，通过不断筛选和选择，直至选出均衡各项性能指标或者满足设计师要求的非支配解，并据此复原建筑自适应表皮形态。

求解过程的参数设置对算法性能有显著影响。在此案例中设置精英保留率为0.5，意味着在每一代中50%的最优个体将被保留到下一代，这有助于保持种群中的优秀基因，防止因交叉和变异操作而丢失；设置交叉率为0.8，表示有80%的概率两个个体将进行交叉操作，产生新的个体，较高的交叉率有助于在解空间中进行大范围搜索，但也可能导致高适应度值的个体被破坏；设置变异率为0.9，意味着有90%的基因可能发生变异，高变异率有利于增加种群的多样性，但也可能使遗传算法接近随机搜索；设置种群数量为100，提供了足够的采样点，同时避免计算量过大；设置最大迭代次数为50次，决定了算法的运行时间和收敛速度。经过这样的设置，单元式办公室和开敞式办公室都获得了196组非支配解（图9-26）。在图9-26中，每一个非支配解的X、Y、Z值和正方体颜色、尺寸都代表了不同维度数值的大小，设计者难以通过该类图像直接判断不同方案之间的优劣，对该类高维度非支配解设计决策十分不利。

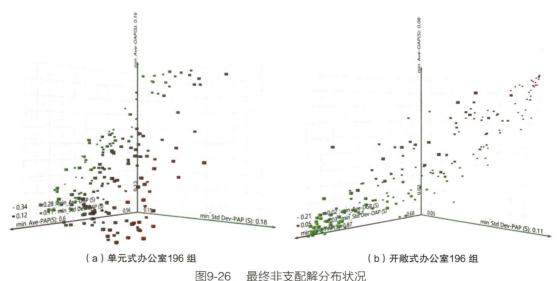

（a）单元式办公室196组　　　　　　　　（b）开敞式办公室196组

图9-26　最终非支配解分布状况

为了降低高维非支配解的决策难度，该项目采取了绘制各维度之间相关性矩阵图的方法。通过观察两两维度之间的相关性（图9-27、图9-28），研究团队发现，相关性大的元素可以选取其中一个维度的数据作

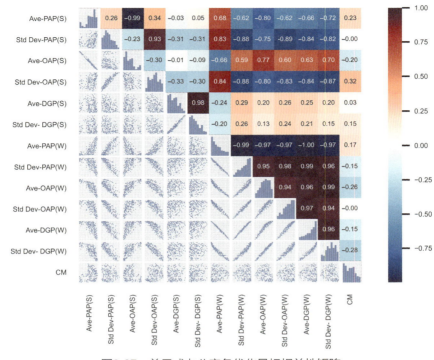

图9-27　单元式办公室各优化目标相关性矩阵

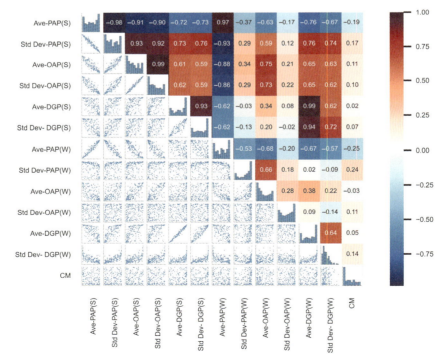

图9-28　开敞式办公室各优化目标相关性矩阵

为代理，从而有效降低数据维度、减轻决策负担。具体来说，在单元式办公室的性能目标中，初始有13个维度，通过分析相关性，成功地将其降低到了5个维度（图9-29）。同样地，在开敞式办公室的性能目标中，也将13个维度降低到了7个维度。这一降维过程不仅为下一步决策降低了难度，同时也有助于提高决策的准确性。

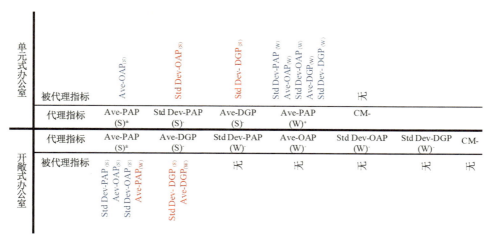

图9-29　性能目标相关性分析

在非支配解集决策支持的过程中，该项目选取了两种决策支持方法，分别为：①非支配解集SOM聚类叠加神经元K-means聚类性能筛选；②缩小范围进一步SOM聚类叠加K-means聚类性能筛选。

根据经验公式（9-1）可知，当输入样本为196时，神经元数量设定为70，构建了一个近似正方形的SOM神经网络竞争层，尺寸为8×9。在本项目中，选择了六边形作为SOM神经网络的拓扑结构，设定种子数为2000、迭代数为500，使用归一化处理的非支配解集数据作为训练数据，对SOM神经网络展开迭代训练，直至达到收敛状态。此过程涉及调整神经元的权重和偏置，以最小化输入数据与神经元输出之间的差异，从而实现对非支配解集的有效分类和识别。

$$SOM\ 神经元数量 = 5 \times \sqrt{N} \qquad\qquad (9\text{-}1)$$

式中，N为训练样本数量，即用于SOM聚类的样本数量。

图9-30（a）展示了每个SOM神经元所包含各项性能指标占比关系，其显示神经元均值整体呈现从左下到右上逐渐减小又逐渐增大的趋势。结合各优化目标的取值趋势，可以大致判断优质神经元聚焦在图表的左下区域。图9-30（b）则进一步展示了各性能目标在SOM神经网络中的分布情况，其中颜色越红表示值越大，越蓝表示值越小。尽管这张图能够大致展示各性能目标的走势，但由于SOM神经元数量过多，导致比较和决策仍存在难度。为了解决这个问题，可以对神经元进行聚类分析。通过聚类分析，可以将相似神经元归为一类，从而降低决策的难度。每一类神经元都具有相似的特征，因此可以根据这些特征进行进一步筛选和决策。这种方法有助于更清晰地识别出性能优异的神经元类别，并为后续的决策提供支持。

之后，叠加K-means聚类方法对单元式办公室和开敞式办公室SOM神经元进行聚类分析。根据组内平方

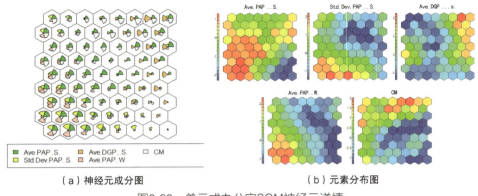

（a）神经元成分图　　　　　　　　　　　　（b）元素分布图

图9-30　单元式办公室SOM神经元详情

和与聚类数量之间的关系图确定单元式办公室的*K*值为4，得到的聚类关系如图9-31所示，聚类效果明显，分界线与神经元距离图中显示的边缘点吻合。聚类分析结果显示，单元式办公室在冬天的性能提升效果比夏天明显，夏季性能中某些性能指标提升不是特别明显，需要进一步筛选分析。

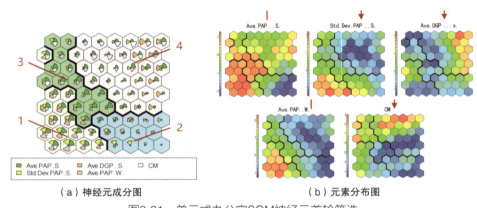

（a）神经元成分图　　　　　　　　　　　　（b）元素分布图

图9-31　单元式办公室SOM神经元首轮筛选

　　为了缩小决策筛选范围，下一步是对单元式办公室第1类神经元包含的非支配解进行进一步SOM聚类分析。这类神经元一共包含45组非支配解。结合前面基于相关性制定的性能目标代理指标关系，为确保Ave-OAP（S）保持在较低水平，需要适当牺牲Ave-PAP（S）性能。经过两轮SOM聚类叠加K-means聚类性能筛选后，第二轮得到了15组非支配解集（图9-32），第三轮则得到5组非支配解集（图9-33）。

　　开敞式办公室与单元式办公室的三轮筛选过程一致，最终都得到共5组非支配解集。通过对两类办公室空间的各5组非支配解集进行综合性能目标和设计参量筛选，成功找到了满足降低眩光风险的设计目标，且大多数性能指标相对均衡的解。以单元式办公室空间为例（表9-9），最终选取183号解。该解除了Ave-PAP和Std Dev-PAP之外的优化目标均处在一个较低值，满足降低眩光风险的设计目标，且大多数性能指标相对均衡，同时对应表皮形体规整无尖角，满足建筑自适应表皮的施工要求，因此被确定为最终解（图9-34）。

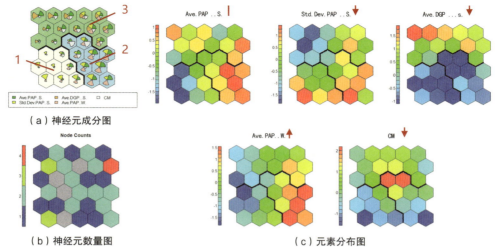

（a）神经元成分图

（b）神经元数量图

（c）元素分布图

图9-32　单元式办公室SOM神经元第二轮筛选

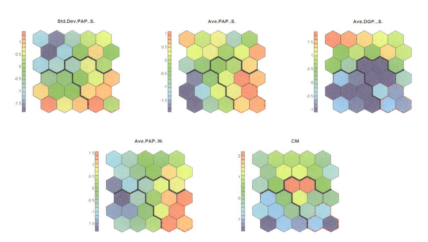

图9-33　单元式办公室SOM神经元第三轮筛选

单元式办公室SOM 聚类第三轮筛选性能结果		表9-9
解序号	性能指标	表皮形态
34号		

解序号	性能指标	表皮形态
39号		
93号		
102号		
183号		

图9-34 最终设计效果

10
计算性设计技术与工具

以计算性思维为核心，充分发挥其在求解与诠释复杂进程方面的优势，结合算法和数据，可以研发计算性设计技术与工具，帮助设计者精准实现设计意图，权衡并改善人居环境性能，探索更多设计可能性，使现代城市与建筑设计更具创新性和灵活性，满足社会和环境的多元需求。计算性设计技术与工具可以分为动态信息集成建模、智慧预测和设计方案决策支持技术与工具三大类。

10.1　动态信息集成建模技术与工具

动态信息集成建模是对计算性设计思维中"模式与关联"的回应。它基于对人居环境中建筑、环境与人行为之间的交互作用机理的深入揭示，同时结合城市空间与建筑形态空间构建逻辑，建立了自然环境、建成环境、使用者行为、建筑性能等信息之间的参数化关联关系。为了实现这一过程，根据动态信息建模的数据流及其类别，搭建动态信息集成建模工具，以全面、实时地反映人居环境中的各种数据信息，为人居环境的优化与设计提供有力支持。人居环境动态信息集成建模中所涉及的数据信息如图10-1所示。

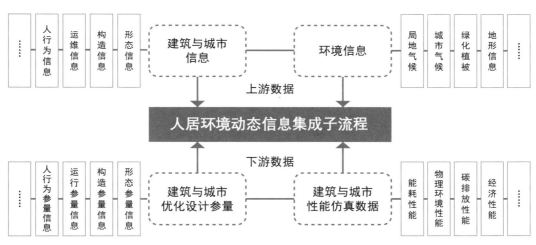

图10-1　人居环境动态信息集成子流程框架

10.1.1　动态信息分类及其特征

气候特征作为影响人居环境质量的重要因素，在动态信息集成建模过程中需要被优先考虑，主要包括自然气候、城市气候及局地小气候等关键数据。同时，各类绿色空间和建筑空间的构成要素也是人居环境智能设计中不可或缺的信息数据，包括绿色植被、水体、建筑布局、材料选择等。根据尺度大小，这些信息数据可以进一步细分为建筑与城市信息和环境信息两大类。

10.1.1.1　环境信息

环境信息所涉及的数据尺度广泛，主要包括地域气候信息和场地环境信息两大类，涵盖了从宏观到微观的多个层面。

地域气候信息是指城市与建筑所处地区、城市的典型年气候数据，具体包括地理坐标数据、环境逐时干球温度、相对湿度、露点温度数据、室外逐时风速与风向信息、日照直射辐射量、散射辐射量、日照直射照度、天空散射照度、水平全局照度和逐时气压等宏观信息。

场地环境信息是中观和微观尺度上的所有实体和非实体要素的集合，它涵盖了设计范围内外的多种环境要素。场地地形信息、局地气候信息、道路交通信息、绿化植被信息及基础设施信息等都是场地环境信息的重要组成部分。其中，场地地形信息对局地风热环境和日照辐射、天然采光具有显著影响，是设计和环境分析的重要依据。局地气候信息通常包括场地内的温度、湿度、风速、风向等逐时变化的微气候数据，这些数据不仅影响建筑的通风策略和热舒适性，还对建筑外部环境的植被生长和使用者体验产生影响。道路信息包括周边道路分布和高程，对理解场地交通状况和进行交通规划具有重要意义，尤其在大型建筑群设计中，道路流线和入口安排需要依赖此类信息。绿化植被信息不仅指现有的植被覆盖情况，还包括可能的生态恢复或景观设计的潜力，它对场地微气候的改善和空气质量的提升有重要作用。基础设施信息则涵盖了场地中的供水、排水、供电、通信等市政设施的分布及能力，这对保障建筑正常运营至关重要。在城市与建筑设计全过程中，环境各要素信息是设计的重要参考，建筑本身与环境的融合程度也是评估设计合理性的重要依据。

10.1.1.2　建筑与城市信息

建筑信息主要包括建筑形态空间几何信息、建筑围护结构材料和构造信息、建筑运维信息和人行为信息等。其中，建筑形态空间几何信息涉及建筑平面形式（如开间、进深、平面几何形式、朝向等）、建筑体量（如层高、层数、形体缩放、旋转和倾斜控制参量等）和建筑开窗（如形式、角度、各朝向窗墙比、高度、宽度和窗台高度等）等详细内容。构造与材料信息涵盖围护结构各层材料、热工参数、力学性能参数及材料厚度等关键数据。运维信息则包括室内设计参数（如设备位置、类型等）、空间使用时间（如人员数量、设备运行时间等）及运行负荷（如供暖、制冷、照明设备负荷及设备启动条件）等重要信息。作为建筑运维信息的重要组成部分之一，建筑使用者的行为状态及其对建筑的控制对建筑的实际性能表现起到决定性作用[①]。建筑使用者会以主动或被动的方式与建筑设备和系统进行互动，如调节温度、开关窗户等，以维持期望的环境舒适水平。国际能源署—建筑与社区节能技术合作委员会的53号附件（IEA EBC annex 53）中

---

① YAN D, O'BRIEN W, HONG T Z, et al. Occupant behavior modeling for building performance simulation: current state and future challenges[J]. Energy and Buildings, 2015(107): 264-278.

将与建筑性能相关的使用者行为定义为：一个人对外部或内部刺激的可观察的行为或反应，或一个人为适应周围环境条件而做出的动作或反应[1]。这些行为包括采暖和制冷的温控行为、灯控行为、开窗行为和遮阳设备控制等，可对建筑能耗产生50%以上的影响[2][3]。其中，开窗行为被确定为全年能源使用密度（energy use intensity，EUI）最高的使用者行为，其次是使用者代谢率调整、服装热阻改变、遮阳设备控制和温控调节等[4]。使用者行为不仅对建筑的冷热负荷和能源消耗产生显著影响，还在很大程度上决定了建筑的技术适应性和室内环境质量。

城市信息主要包括城市形态空间信息、城市基础设施与运维信息、人行为信息等。城市形态空间信息与建筑群特征和街区形状密切相关。建筑物的位置、体量、高度、密度等空间布局信息在很大程度上决定了城市的整体形态和天际线，影响着城市风道、阳光照射和市民的视觉体验，是城市规划和设计中必须考量的基础数据。此外，城市广场、公园、绿地等公共空间的分布也是城市信息中的重要内容。这些信息在城市设计中用于规划城市绿化覆盖率、休闲空间的分布及城市热岛效应的缓解策略。城市中的人行为信息，特别是行人轨迹和寻路行为，反映了人与环境之间的交互关系，是优化人行交通设计和提升场地使用体验的重要参考。其中，寻路行为包括获取自身位置与目的地，获取到达目的地的最优或有效路线，能够识别目的地并找到回程路径，将从起点至终点的整体寻路行为系统分解为一系列可识别的子行为，与环境信息紧密相关[5]。通常情况下，环境信息通过空间元素和空间关系来呈现，寻路者依靠这些信息进行空间校准和定位，形成对城市和建筑环境的空间认知。这一过程涉及对环境中方向、位置、距离和空间结构等属性信息的编码、储存、回忆和解码[6]。

在建筑与城市信息集成过程中，可根据设计不同阶段的需求来集成和预设相关信息，并在后续阶段进行补充和更新。这一过程确保了信息的实时共享、集成和协作，从而提升设计效率与精度。对于改建和扩建项目，建筑信息集成还需要考虑既有建筑的原设计条件和标准、建筑维护和更新记录、劣化退化状态与性能等，以确保新设计与既有建筑的有效融合和整体性能的优化。

10.1.2　动态信息集成与建模技术

计算性设计信息集成技术的长足发展，为人居环境物质性能提升奠定了坚实的算据基础。动态信息集成建模技术能够依据建筑与环境之间的交互作用机理，结合人居环境形态空间构建逻辑，建立起自然环境、建成环境、人行为与性能信息之间的参数化关联关系。

针对人居环境动态信息类型及其特征，笔者团队重点研发了局地光气候信息、城市街区信息和建筑结构与立面信息的动态建模技术。此技术旨在解决局地气候、城市街区及建筑信息获取难题，提升设计者对城市

---

① EBCP. IEA EBC annex 53: total energy use in buildings analysis and evaluation methods[J]. 2017(152): 124-136.
② LIPING W, STEVE G. Window operation and impacts on building energy consumption[J]. Energy and Building, 2015(92): 313-321.
③ US Department of Energy. 2011 table of contents[R]. Buildings Energy Data Book, 2011.
④ LEE Y S, MALKAWI A M. Simulating multiple occupant behaviors in buildings: an agent-based modeling approach[J]. Energy and Building, 2014, 69: 407-416.
⑤ CARPMAN J R, GRANT M A. Wayfinding: a broad view[J]. Handbook of Environmental Psychology, 2002: 427-442.
⑥ TVERSKY B. Distortions in memory for maps[J]. Cognitive Psychology, 1981, 13(3): 407-433.

和建筑信息的参数化控制能力，实现多层级动态信息的自适应协同，以及信息模型与性能模拟引擎的自动化数据交互。

10.1.2.1　基于实地测量的局地气候信息集成建模技术

自然气候条件对人们的生产生活产生着深远影响。合理有效地利用自然气候条件能显著降低建筑能耗，提升人类公共健康水平，从而促进良好人居环境的可持续发展。作为自然环境中最基本的物质元素，自然光的引入具有多重益处。它不仅可以有效减少人工照明的使用以降低照明能耗，还能在一定程度上提升使用者的视觉舒适度，更有利于人体的生理与心理健康[①]。

中国地域辽阔，不同光气候区的采光系数在《建筑采光设计标准》GB 50033—2013中各有规定。对于大多数地区而言，出现最不利采光条件的全阴天空的频率不一且占比较小，传统的建筑采光设计往往导致采光过量，引起使用者视觉不舒适等问题。因此，利用动态采光技术，基于光气候数据进行采光模拟来指导建筑采光设计具有重要意义。

笔者团队针对严寒地区的光气候特点，以哈尔滨地区为例，研发了严寒地区局地光气候信息集成技术。该技术主要包括局地光气候数据获取、天空数据预处理与分析、典型天空模型建构三部分。具体流程如图10-2所示[②]。

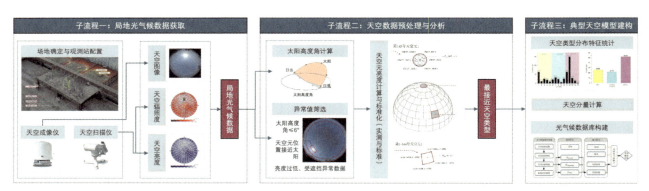

图10-2　严寒地区局地光气候信息集成技术流程

（1）子流程一：局地光气候特征获取

采用实地测量的方法获取局地光气候特征。根据哈尔滨地区日出、日落的时间特征，确定了信息采集时间为每天3：00～20：00。利用天空扫描仪和天空成像仪，以10分钟为周期对全天空半球的亮度、辐射亮度和天空图像信息进行扫描，并实时保存图像信息。这一过程涵盖了春分、夏至、秋分和冬至四个典型日，图10-3所示为实测的天空亮度分布情况。

① DUBOIS M C, BLOMSTERBERG Å. Energy saving potential and strategies for electric lighting in future north european, low energy office buildings: a literature review[J]. Energy and Buildings, 2011, 43(10): 2572-2582.
② 訾迎. 基于局地天空亮度实测的寒地建筑自然采光仿真方法研究[D]. 哈尔滨：哈尔滨工业大学，2019.

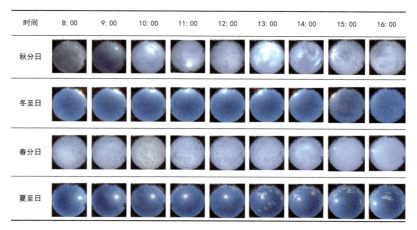

图10-3　一年内典型日天空亮度分布情况

（2）子流程二：天空数据预处理与分析

这一流程主要包括数据分类、数据筛除及采用Tregenza方法进行分析与计算。首先，将采集到的天空亮度数据根据不同太阳高度角分成七大类。接着，筛除太阳高度角过小、天空亮度值异常及可能受周围环境遮挡的数据点。最后，采用英国谢菲尔德大学教授彼得·特雷金扎（Peter Tregenza）提出的方法[①]对局地天空气候数据进行分析与计算，确定局地天空亮度类型。Tregenza方法包括了实测亮度数据标准化、理论亮度数据标准化、实测与理论对比三部分，具体流程如图10-4所示。

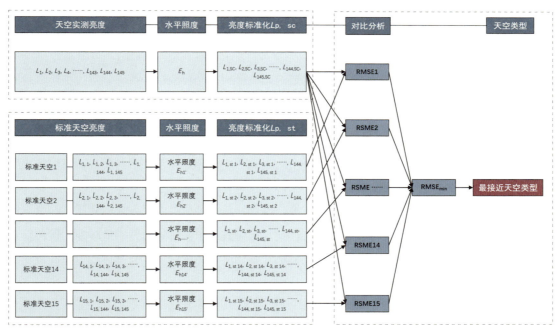

图10-4　天空亮度类型计算与判定流程

---

① JANJAI S, PLAON P. Estimation of sky luminance in the tropics using artificial neural networks: modeling and performance comparison with the CIE model[J]. Applied Energy, 2011, 88(3): 840-847.

（3）子流程三：典型天空模型建构

该流程基于不同天空类型的分布规律，提出了多层级的哈尔滨典型天空模型，旨在构建局地光气候数据库，为采光仿真模拟提供真实的室外光环境数据。通过概率分析的数学统计方法，深入了解当地天空亮度分布的地域性特征，分析其在季节、月份、日时段、日时刻和太阳高度角等方面的分布规律，进而构建哈尔滨地区典型天空模型，流程如图10-5所示。具体方法包括：统计阴天、多云、晴天三类天空的发生频率；确定不同天空类型的频率分量并赋予发生频率系数；按不同权重系数叠加三类天空模型，最终生成哈尔滨地区的典型天空模型（HBRS）。

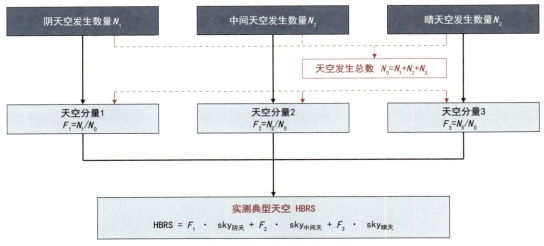

图10-5　典型天空模型建立流程

局地光气候动态信息集成建模技术显著优化了建筑采光模拟的光环境输入条件，解决了传统自然采光模拟中天空模型选择难的问题。该技术有助于设计者在进行自然采光设计或预测时提高预测精度和效率，促进对局地气候的准确响应，对完善性能模拟流程具有重要意义。

10.1.2.2　基于图像识别的建筑空间信息建模技术

近年来，随着建筑环境信息协同建模的持续发展，以及建筑环境信息采集方式的转变，结合信息采集技术的建筑环境信息建模正逐渐成为设计领域的热点。这一趋势得益于信息采集技术的转变，促使信息建模向技术应用发展。建筑环境基础数据获取方式已从传统的测量手段迭代到数字化与智能化采集，提高了集成精度和效率。同时，计算机视觉领域的进步解决了建模中信息缺失的问题，推动了图像识别在建筑空间信息采集与建模中的广泛应用。

无人机作为一种先进的信息采集和存储设备，通过航拍以视频和图像形式记录城市与建筑环境，成为当前城市与建筑环境信息采集的常用方式。通过对航拍图像数据的深度挖掘，可以获取航拍场景的几何及纹理等特征信息，实现非接触式测量，且随着图像处理算法的更新与迭代，数据获取的效率和精度已得到显著提升。

针对城市空间复杂度高、下垫面复杂的瓶颈问题，笔者团队研发了基于无人机低空摄影测量的建筑环境信息建模技术。该技术主要包括无人机图像数据采集、影像外方位元素确定、建筑环境三维重建以及多视交互式单体构建四部分，具体流程如图10-6所示[1][2]。

图10-6　基于无人机测量技术的建筑环境信息集成技术流程

（1）子流程一：无人机图像数据采集

无人机图像采集应在晴朗且光照充足的时间段（如上午或下午）进行，以确保图像质量。在正式采集之前，需借助航线规划软件确定采集设备和采集区域，并设置照片采集的航向重叠率和旁向重叠率，以生成规划航线和航点，提升信息采集效率。图10-7展示了倾斜拍摄的角度。对于复杂的城市建成区域，图像重叠率应在70%以上，最佳范围为80%～85%，以确保建筑环境信息建模效果。在采集过程中，为避免

图10-7　倾斜拍摄角度示意图

地物遮挡产生拍摄盲区，并尽可能多地捕捉建筑环境信息，需先进行正射拍摄，再调整镜头方向与垂直方向的夹角进行倾斜拍摄。图10-8展示了航向重叠率、旁向重叠率与规划航线之间的关系。

（2）子流程二：影像外方位元素确定

在该流程中，首先需要对影像数据进行特征提取，以便进行后续的影像匹配。特征提取的质量对匹配效果和效率有极大影响。因此，通常采用尺度不变特征变换算法（scale invariant feature transform，SIFT）进行影像特征点的提取。完成影像匹配后，接着对所有影像进行自动联合空中三角测量（简称空三测量）。这一

---

① 潘勇杰. 无人机图像数据驱动的建筑环境信息建模技术及应用研究[D]. 哈尔滨：哈尔滨工业大学，2019.
② 王春兴. 基于数字三维重建的工业遗产保护更新设计研究[D]. 哈尔滨：哈尔滨工业大学，2020.

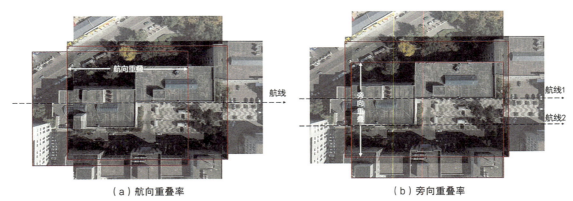

（a）航向重叠率		（b）旁向重叠率

图10-8　倾斜相片采集航线规划示意图

步骤利用事先采集的无人机航拍序列照片及所携带的姿态信息和位置数据，通过摄影测量中的几何关系来恢复航点与航线，进而求解出其他加密点的三维坐标。在这一过程中，光束法区域网平差是目前空三测量中使用最广泛的方法之一，其在精度和效率方面都具有显著优势。

（3）子流程三：建筑环境三维重建

该流程首先根据空三测量所获取的外方位元素来实现立体像对的构建。随后通过影像密集匹配算法生成密集点云，继而通过对点云的三角构网实现三维模型的创建。影像密集匹配的常见算法包括运动恢复（structure from motion，SFM）算法和多目立体视觉（multi view system，MVS）算法。SFM算法通过将一系列局部相互重叠的图像进行特征匹配，推演相机的位置与角度，进而推算出物体特征点。随后经过多次迭代，对被拍摄物体的结构特征进行细化，从而获得物体完整的三维点云数据集，实现二维数据向三维模型数据的转变。此外，在对图像进行三维重建的基础上，还需要对网格进行修复与优化，确保实现建筑环境特征的完整重建。图10-9展示了图像三维重建过程。

图10-9　图像三维重建示例

（4）子流程四：多视交互式单体构建

基于前述建筑环境特征重建子流程的输出成果，进一步构建具有高精度和真实感的建筑单体模型。首先对空三加密成果文件、对应无畸变影像和网格模型数据实施多源数据加载。通过选择任意一张描述该场景的影像并进入该影像视角，根据影像中单体的规则结构线进行线面描绘、体块拉伸等操作，同时可以根据加载的网格模型对建筑单体的边缘结构线进行捕捉描绘。基于多视影像数据和网格模型数据，从多视角观测建筑物不同立面情况，通过交互式描绘建模方式，逆向重建具有丰富几何信息和语义信息的对象单体模型，但模型在该阶段仍为不包含纹理信息的对象单体"白模"，对于模型真实感要求较高的应用场景，还需要对"白模"进行进一步纹理映射与编辑。从纹理是否唯一、透视度大小、光色效果、受遮挡范围大小等角度选择合适的纹理图像进行映射，并对映射不合适的纹理图像进行修饰，最后对纹理映射位置进行放大、移动、裁切和透视变形等局部调整，完成映射区域匹配，输出最终模型。

基于无人机图像数据处理的建筑环境信息建模技术，显著提升了图像重建的效率与精度，打破了传统技术的瓶颈，为快速、真实且准确地进行三维场景现状恢复，并获取建筑环境信息提供了有力支持。

10.1.2.3 基于BIM协同的动态建筑信息集成技术

近年来，BIM技术体系在建筑辅助设计和多专业协同方面表现出了显著作用，这主要得益于其强大的数字化能力。BIM技术不仅提高了设计效率，优化了设计方案，促进了团队协作，还降低了成本。随着数字技术在新时代下的迅猛发展，BIM体系作为建筑领域的数字化技术代表之一，正迅速成为国内外设计机构以及学术研究领域应用的核心工具[1]。

然而，既有建筑信息建模技术体系在计算性设计中面临一些局限，主要包括参数化建模能力缺失、建筑自适应关联能力不足、建筑设计参量缺失及建筑信息跨平台数据交互接口缺失等问题。为了克服这些局限，笔者团队在对BIM技术进行拓展与更新的基础上，提出了基于BIM的自适应动态建筑信息集成技术，旨在增强BIM的参数化建模能力、提升建筑信息的自适应关联能力，并补充建筑设计参量，同时实现建筑信息跨平台的标准化交互，从而推动BIM技术在计算性设计中的更广泛应用。这一技术主要包括建筑信息参数化控制、建筑信息多层级关联和建筑信息标准化交互三项子流程，具体流程如图10-10所示[2]。

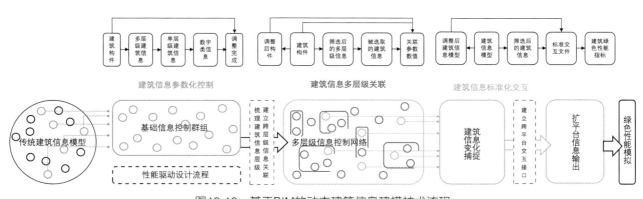

图10-10 基于BIM的动态建筑信息建模技术流程

（1）子流程一：建筑信息参数化控制

参数化控制子流程旨在实现建筑信息的灵活调整与优化。该流程借助BIM平台，对建筑构件参数进行细致划分和平板化处理，以适应平台工作模式。对于包含多种信息类型的参数层级，提取数字类型参数作为控

① 中华人民共和国住房和城乡建设部. 2016—2020年建筑业信息化发展纲要[M]. 北京：中国建筑工业出版社，2016.
② 庄典，面向数字化节能设计的动态建筑信息建模技术研究[D]. 哈尔滨：哈尔滨工业大学，2018.

制主体对象，并基于开发的特定参数的控制程序来实现参数当前数值的获取、目标参数数值的接收、参数调整以及调整结果的反馈。同时，对于同层级或同类型的全部参数，该技术将调用BIM平台内部控制代码进行二次开发，编写参数控制程序，实现批量调整和优化。

（2）子流程二：建筑信息多层级关联

建筑信息多层级关联子流程是BIM技术的一个重要拓展，旨在弥补BIM信息层级划分对计算性设计造成的不利影响。该流程依托BIM平台操作模式，自动提取用户选取的构件数字类参数，并允许用户建构数学关系表达式以组成目标参量。通过引入数学计算引擎，实时计算目标参量的数值结果，这些结果既可直接作为计算性设计的性能指标，又可作为约束参量与模型完成参数互联。当信息模型中相关参数发生变化时，计算引擎将自动重新计算并反馈新的数值结果。最后，该流程与参数化控制子流程整合，实现参数变化时的自动调整。

（3）子流程三：建筑信息标准化交互

建筑信息标准化交互子流程在计算性设计中至关重要，主要体现在数据内容的通用化和交互过程的自动化。该流程首先结合需进行数据交互的建筑性能模拟工具类型和数据格式要求，制定建筑建模工具与性能模拟工具之间的数据交互策略，包括数据交互格式、数据交互端口类型等内容；进而应用参数化编程技术构建数据交互接口，使建模工具中的建筑、环境信息转化为性能仿真模拟工具可读取的数据格式。同时，该流程还实现了交互接口与各层级建筑信息控制模块的自适应协同，确保建筑与环境信息的实时更新，并将更新的性能数据集成至建筑信息模型，从而建立基于多层级信息控制的跨平台数据交互机制。

基于BIM协同的动态建筑信息集成技术能够显著增强设计者对建筑信息的参数化控制能力。该技术通过实现多层级建筑信息的自适应协同，以及建筑信息模型与性能模拟引擎的自动化数据交互，为建筑信息建模平台下的计算性设计研究提供了坚实基础。

10.1.2.4　基于CGAN生成的建筑立面信息集成技术

在城市更新过程中，保留城市街区和建筑等彰显地域特征的历史风格至关重要。这要求设计者深入收集和整理大量当地信息，以提炼出关键要素[①]。传统的信息提取方法主要依赖设计者的草图、提炼、评估和再设计的迭代过程来完成，这一过程不仅主观性强、耗时长，且对设计者的精力要求高。同时，城市更新还需确保立面系统的高性能，这无疑进一步增加了更新的难度。在此背景下，计算性设计为信息集成提供了一种创新性的解决途径。特别是基于生成对抗网络（GAN）的技术，能够从海量图像数据中提取隐藏信息，并生成与给定图像统计相似的新图像。利用这一特性，笔者团队提出了一种使用条件生成对抗网络（CGAN）的建筑立面信息集成技术。该技术主要包括图像数据采集与预处理、建筑立面元素分类与数据集生成、建筑

---

① TIESDELL S, OC T, HEATH T. Revitalizing historic urban quarters[M]. Oxford: Routledge, 1996.

风格转化模型构建及模型训练与评估四个核心部分，具体流程如图10-11所示①。这一技术的应用可以为城市更新过程中的信息提取与立面设计带来显著的效率与质量提升。

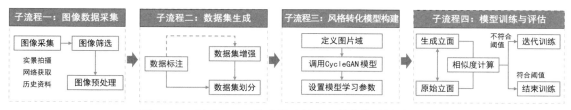

图10-11　基于CGAN生成的建筑立面信息集成技术流程

（1）子流程一：图像数据采集与预处理

图像数据集是引导生成设计过程取得理想结果的决定性因素之一。在构建立面图像数据集时，优先选取当地政府认定为具有历史价值和美学价值的建筑，且这些建筑保存相对完好，以确保采集图像的质量，并保留更多的原始风格信息。选定目标历史建筑后，进行正立面拍摄，初步获取立面图像集。随后，对立面图像集进行筛选，去除透视不正确或被树木严重遮挡的照片，以避免对后续训练过程产生不必要的影响。最后，对筛选后的立面图像集进行校正、缩放，并裁剪为特定分辨率，以确保数据的准确性和一致性。

（2）子流程二：建筑立面元素分类与数据集生成

在整理得到最终的立面图像数据集后，首先，依据立面元素的分类对每幅图像进行颜色标记。通过对不同风格的立面进行语义分割和比较，确定多个类别的元素集，以表示该区域中所有可见的立面组件，包括墙、门、窗、阳台、装饰等。这些不同类别的元素组件用不同的颜色进行标记，同时将门面的背景以及与街道功能相关的广告牌也进行标记。之后，将标记后的完整数据集随机分为训练集和测试集，为下一步的生成训练提供数据基础。此外，针对原始数据集规模偏小的情况，可以通过对标记图像进行数据扩增操作，如水平翻转、5°逆时针旋转和5°顺时针旋转，生成新的标记图像，与原始图像共同构成数据集。

（3）子流程三：建筑风格转化模型构建

基于循环生成对抗网络（CycleGAN）模型实现建筑立面转换与生成。该过程将建筑立面图像域和标签图像域对应到CycleGAN的两个图像域中进行多模型映射与学习。模型包含正向循环和反向循环，正向循环是从真实立面图像生成标签图像，而反向循环则是从手动标记的标签图像生成真实立面图像。两种循环共同作用，以提高算法的可靠性。在训练过程中，需尽可能避免或减少对抗性损失与周期一致性损失，确保两个循环在训练后的表现相匹配。图10-12所示为建筑立面转换与生成技术框架。

（4）子流程四：模型训练与评估

在该流程中，对第一阶段中获取到的数据集展开训练，将得到多样性的训练结果经过多次迭代生成建筑立面，并采用不同的定量和定性评价方法评估生成的立面图像。其中，定量评价常用Frechet Inception

---

① SUN C, ZHOU Y, HAN Y. Automatic generation of architecture façade for historical urban renovation using generative adversarial network[J]. Building and Environment, 2022(212): 108781.

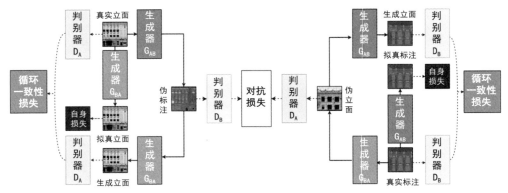

图10-12　基于CycleGAN模型的建筑立面转换与生成技术框架

Distance（FID）法，通过描述样本和真实图像之间分布距离来评估生成信息，其值越低，表明样本数据与目标数据之间的相似性越高。定性评价则常用样本手动评级方法，通过将生成的批处理图像与真实图像进行比较，评估真实性和多样性水平。

10.1.3　动态信息集成与建模工具

基于所提出的动态信息集成建模技术，笔者团队利用Rhino、Autodesk Revit等参数化建模平台，开发了动态信息集成工具；针对不同类型的动态信息，分别研发了环境信息建模工具和建筑信息建模工具。

10.1.3.1　环境信息模型建构工具

光环境与居民的工作生产效率、身体健康和舒适水平密切相关。与人工光相比，自然光具有更好的视觉舒适度，更有利于促进人体的生理及心理健康，同时能提高工作效率，因此合理利用自然采光对建筑设计具有重要意义。针对自然光对室内光环境和使用者光舒适度的影响作用及建筑表皮在舒适改善方面的有效性，笔者团队借助Honeybee光环境模拟工具，提出了基于自适应表皮控制的建筑光环境信息模型建构工具。该工具主要由建筑本体光环境信息模型建构和自适应表皮光环境信息模型建构两个主要模块组成[①]。

（1）模块一：建筑本体光环境信息模型建构

该过程首先将Rhino中围护结构的模型导入Grasshopper，通过材料设置节点设定表面的光学性质，并指定照度计算点。随后，划分表皮单元的排布方式、尺寸和基本型，工具默认提供了正交划分、交错划分和对角划分三种方式供设计者选择。最后，相关信息会被集成为光环境信息模型输出。图10-13所示为建筑光环境信息模型与表皮划分模块参数化数据结构。

（2）模块二：自适应表皮光环境信息模型建构

在确定了表皮单元划分后，设计者可基于表皮单元模块基本形态进行定制化设计。通过模拟生成自适应

---

① 沈林海. 光舒适导向的共享办公建筑模块化自适应表皮优化控制方法[D]. 哈尔滨：哈尔滨工业大学，2021.

表皮在不同状态下的双向散射分布函数（BSDF），并将其以xml文件格式存储。当所有形态的模拟完成后，方可输出文件路径。该工具本身提供了折叠表皮和百叶表皮两种基本设计，这两种设计可用作与设计者自定义的表皮性能进行对照。此外，设计者还可以自行划分表皮排列方式并设计表皮的形态。在输入的形态参量列表中，每个形态参量的取值都代表表皮控制过程中的一个可能状态。图10-14所示为自适应表皮光环境信息模型模块参数化数据结构。

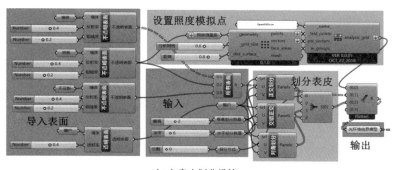

（a）表皮划分模块

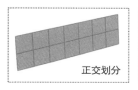

正交划分

对角划分

交错划分

（b）表皮划分方式

图10-13　建筑本体光环境信息模型与表皮划分模块

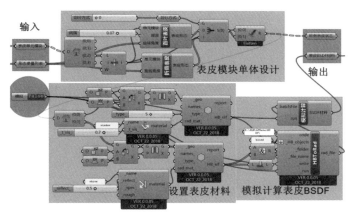

（a）表皮光环信息模块

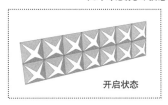

开启状态

闭合状态

（b）两种表皮运动状态

图10-14　自适应表皮光环境信息模型模块与预设的两种表皮形态

10.1.3.2 建筑信息模型建构工具

针对建筑与环境信息集成，笔者团队通过对Revit建筑信息建模常规逻辑和所涉及的建筑信息进行梳理，明确了需集成的建筑信息主要包含建筑构件自身几何位置信息、属性信息以及所属构件族的族参数信息和建筑实体结构构造信息四种类型。基于此，笔者团队研发了建筑环境信息模型建构工具。该工具包含参数化控制模块、多层级关联模块和标准化交互模块，用于建立建筑参数化模型[①]。

（1）模块一：建筑信息模型参数化控制模块

该模块基于集成的建筑环境信息，借助Dynamo平台，将建筑的关键尺寸参数（如开间、进深、外窗高度与宽度、外墙构造层厚度及屋脊高度等）设定为自变量。针对这些参数，笔者团队开发了信息模型参数化控制模块，包括平面尺寸控制、外窗尺寸控制、墙体构造控制和屋脊高度控制四大子模块（图10-15）。

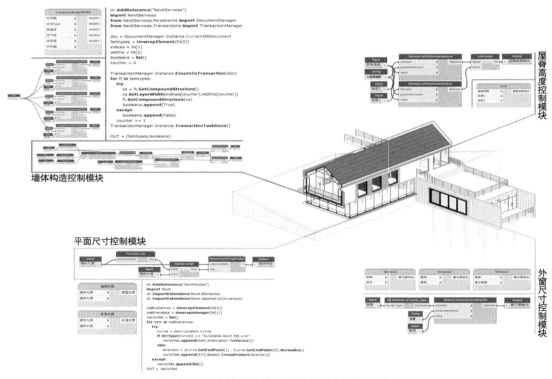

图10-15　建筑信息模型参数化控制模块建构

参数化控制模块建构涉及三类参数命令，即Dynamo平台编程命令、Dynamo平台开源扩展功能集命令，以及需在Dynamo平台内嵌Python窗口中编写的脚本程序。在实际应用中，将多个参数化控制模块进行整合，衍生出如建筑面积、开间进深比等建筑设计变量，并以DYF外部文件形式存储于Dynamo平台，便于后

---

① 孙澄，韩昀松，庄典. "性能驱动"思维下的动态建筑信息建模技术研究[J]. 建筑学报，2017（8）：68-71.

续调用。此过程对Revit平台中的建筑图元信息进行参数化编码，使其植入Dynamo平台，实现了建筑图形信息的参数化控制。同时，将多类型建筑基础信息控制模块平行分布于Dynamo平台，实现了建筑信息平板化，解决了Revit建模平台建筑参数繁复冗杂问题，并衍生出更多元的建筑参数化控制模块，增强了设计者对体形系数、窗墙比、建筑面积等扩展信息的参数化控制能力。

（2）模块二：建筑信息模型多层级关联模块

基于已建构的建筑基础信息和扩展信息参数化控制模块，笔者团队深入分析了基础信息之间、基础与扩展信息之间的关联关系，并在Dynamo平台开发了建筑信息多层级关联模块，旨在实现建筑多层级信息的自适应协同，解决在实际操作中建筑进深参数无法根据建筑开间参数的动态变化进行自适应调整的问题。为实现这一目标，该模块设计了三个核心子模块，包括开间控制子模块、进深控制子模块以及面积控制子模块。三个子模块协同工作，确保建筑信息的多层级关联和自适应调整，具体结构如图10-16所示。

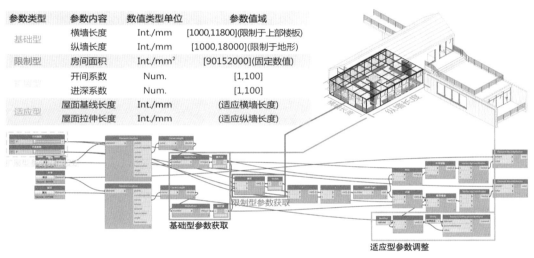

图10-16　建筑信息模型多层级关联模块建构

建筑信息模型多层级关联模块旨在实现建筑多层级信息的自适应协同，包括窗墙比自动计算和体形系数可视化两大核心功能。通过将设计流程中的参数提取、参数筛选、数学关系建构子流程在该模块中具体化，该模块能自动完成窗墙比的计算，并支持设计者手动选择特定墙体来计算该墙体的窗墙比参量，实现对建筑窗墙比设计参量的实时评价。此外，模块中的同族构建参数输出功能可应用于建筑门窗表的自动生成、建筑房间信息自动统计等，对设计后期多专业协同作业及工程信息的交付有着较大促进作用。针对建筑设计中大量运用的建筑体形系数参量，笔者团队开发了体形系数可视化模块（Multi.SF）。该模块能自动完成建筑外围护结构暴露面积、建筑实体结构体积以及建筑全房间体积的统计，并代入体形系数计算公式，实现体形系数的自动计算。此计算结果同样会以弹窗形式呈现，设计者在修改模型后单击刷新即可重复计算，实现了对建筑体形系数的实时评价。

通过建立建筑开间、进深和面积之间的数学关联关系，该模块还实现了屋面尺寸与平面尺寸控制模块的自适应协同，使建筑屋面能够根据空间平面形态自动调整。动态建筑信息建模通过建构关联关系，实现了建筑多层级信息的自适应协同，这一特性有效简化了多方案比较过程中的模型调整工作量，提高了设计效率和质量。

（3）模块三：建筑信息模型标准化交互模块

建筑信息模型标准化交互模块的开发涉及在Visual Studio中运用C#语言，通过添加Revit相关引用，提取建筑信息模型的gbXML元素，如建筑几何、建筑环境、空间分区、系统与设备、人员及设备运行作息等，并编写代码将这些信息输出为gbXML格式。编写的代码作为Revit API插件置入Revit平台，以便在Revit中使用该模块进行建筑信息模型的交互操作；随后，基于原始代码，在Visual Studio中添加Dynamo相关引用，对Revit API代码进行改写转译，以适应Dynamo平台的要求；并将其转化为DLL动态链接库模式，以便将其移植到Dynamo平台。

为了进一步实现建筑信息与模拟引擎间的动态数据交互，将已编写的gbXML输出程序与下端参数控制模块、上端性能模拟模块进行联动。首先，通过整合GBS平台相关程序，创建以gbXML文件为程序输入、以性能指标为程序输出的交互接口模块；其次，将多个参数化控制模块与Boolean判定程序集成，形成参数更新判定模块，用于分析输入数据是否更新；最后，将参数更新判定模块、gbXML交互接口模块、GBS性能模拟工具进行整合，实现Revit平台与GBS平台建筑信息与性能数据的自动交互。这一建构过程如图10-17所示。

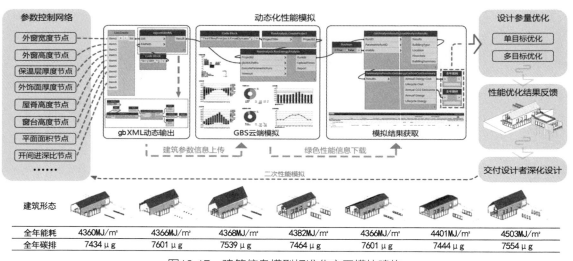

图10-17　建筑信息模型标准化交互模块建构

建筑信息模型标准化交互模块在建筑设计中扮演着重要角色。它是Revit平台下实现基于外部模拟引擎的计算性设计流程的基础，为设计者提供了有力的工具和平台，使得设计过程更加高效和准确。同时，该交互模块也是常规设计流程中用以评价建筑绿色性能所依赖的数据接口，能够实现建筑信息的有效传递和共享，为建筑设计提供全面的数据支持。

建筑信息集成工具的研发在建筑设计的多个阶段均发挥重要作用。在方案设计阶段，它可辅助设计者完成多参数自适应关联，显著提升方案调整效率；在深化设计阶段，该工具能建构多种类型性能优化设计参量，并在Revit平台实现实时计算，辅助设计者进行优化设计决策；在成果输出阶段，能够统计导出建筑构件信息、材料用量等内容，对多专业协同设计起到促进作用。此外，基于gbXML/IFC格式的交互模块研发有助于实现模拟引擎数据交互与建筑信息参数化控制的自适应协同，有利于建立基于多层级信息控制的跨平台数据交互机制。动态信息集成工具的研发为计算性设计流程在既有设计平台体系下的深化实践提供了技术支持。

10.2 智慧预测技术与工具

21世纪以来，科学技术的飞速发展和社会需求的日益多样化推动了人居环境的创新。智慧预测技术为人居环境变革提供了评价工具，与计算性设计思维中"抽象与概括"相呼应[①]。智慧预测技术运用基于数学模型的机器学习工具，通过建立各设计参量与人居环境性能之间的映射关系，量化了建筑能耗、光、热和碳排放等物理环境性能、建筑结构力学性能及使用者行为在人居环境中的作用机制，帮助我们以更高的精度和更全面的视角来预测环境构成中的物质发展趋势。这不仅满足了社会对环境和资源的可持续利用需求，也为未来的人居环境发展奠定了基础。不断完善和研发应用于建筑设计、城市规划和环境分析等领域的智慧预测技术与工具具有重要意义，可实现人与自然的和谐共生，进一步推动人居环境的健康可持续发展。

10.2.1 智慧预测对象及其特征

提高城市的智慧化水平是实现人居环境高质量可持续发展的有效途径之一。这一途径强调推广建筑、环境、人的数字化管理，并加强对人居环境性能和使用者行为模式的评估。在建成环境中，使用者行为和环境性能相互作用，共同影响着能源消耗和使用者的生活舒适度。因此，深入理解建成环境的性能和使用者行为特性，以及它们对环境的影响机制，对利用和开发智慧预测技术与工具至关重要。这是推动低碳、健康、安全的可持续人居环境营造的基本内容。

10.2.1.1 建成环境性能

建成环境性能作为智慧预测的重要对象，关注城市与建筑在能源、热环境、光环境、声环境、空气质量和生态环境等多个领域的综合表现。其核心目标是满足人们对高质量生活环境的需求，同时推动可持续发展目标的实现。

建成环境性能涵盖多个方面，包括能源性能、热舒适度、视觉舒适度、声学舒适度、室内空气质量、空间利用率、城市安全疏散、建筑结构性能等。这些性能相互关联，并受城市与建筑设计、施工技术、设备系统、使用行为等多因素的交互影响，呈现出多维度和复杂性特征。此外，建成环境性能并不一成不变，而是

---

① 保罗·西利亚斯. 复杂性与后现代主义：理解复杂系统[M]. 曾国屏，译. 上海：上海世纪出版集团，2006.

会随着时间的推移以及自然环境变化、人类活动和技术进步等因素发生相应改变，表现出动态性[①]。在全球可持续发展理念的持续推广和技术创新的快速发展背景下，建成环境性能的智慧预测越来越受到重视。在进行智慧预测时，不仅要对影响目标性能的因素进行深入研究和分析，以提高预测准确性和有效性，还需要综合考虑多个性能指标。这是为了确保在提高某一性能指标的同时，不会对其他性能指标产生负面影响，从而实现多目标之间的最佳平衡。例如，在提高能源性能的同时，必须考虑室内光热舒适度和空气质量；在针对视觉舒适度进行设计时，也需要同步考虑遮阳和遮光措施，以减少能源的过度消耗。实时监测建成环境性能，并根据监测结果对环境进行及时调整，有助于实现最佳的性能表现。考虑到建成环境性能的动态性特征，可以借助大数据、云计算等先进技术所具备的强大数据处理与分析能力，来满足实时、精确和动态的预测需求。

智慧预测建成环境性能在多个方面发挥重要作用。它可以为城市规划提供准确的交通、能源、气候和社会经济数据支持，提高城市规划的科学性和有效性。在城市与建筑设计领域，智慧预测可以为设计者提供更多元的设计策略和方案，结合多目标优化和决策方法，辅助设计者在多目标冲突的情况下，确定性能最佳的设计方案，显著提升设计效率。总体而言，建成环境智慧预测可以为设计师、规划师和利益相关者提供有力支持，助力实现可持续发展目标。

10.2.1.2 建成环境使用者行为

建成环境使用者行为主要关注建筑和城市环境中人类活动对环境性能、空间设计等方面的影响。使用者对建筑环境系统设备的操作直接影响着建筑性能，而人们在公共空间中的活动与空间布局等密切相关。良好的空间布局能促进使用者与空间的交互，避免群体危险事件。因此，预测建成环境使用者行为对实现城市与建筑的安全、健康、可持续发展目标至关重要。建成环境使用者行为主要关注建筑和城市环境中人类活动对环境性能、空间设计等方面的影响。使用者对建筑环境系统设备的操作直接影响着建筑性能，而人们在城市公共空间中的活动与空间布局等密切相关。良好的空间布局能促进使用者之间、使用者与空间之间的交互，避免群体危险事件的发生。因此，预测建成环境使用者行为对实现城市与建筑的安全、健康、可持续发展目标至关重要。

受个体特征（如年龄、性别、职业、文化背景、健康状况等）、环境条件（如气候、空气质量、噪声等）和社会经济因素（如收入水平、消费水平、就业状况等）等多种因素的交互影响，建成环境使用者行为在特征和需求上均表现出较大差异，具有多样性、随机性和复杂性。此外，使用者行为还具有极强的动态性特征，其模式和需求会随着时间的推移发生变化[②]。在对建成环境使用者行为进行预测时，需要充分考虑上述多样性影响因素，并对其进行深入了解与分析。同时，实时监测使用者行为，以实现在准确把握使用者行为变化趋势的基础上，满足不同群体的需求和期望，提高预测的准确性和实用性。

---

① 姜玉培，甄峰，孙鸿鹄，等. 健康视角下城市建成环境对老年人日常步行活动的影响研究[J]. 地理研究，2020，39（3）：570-584.
② 刘念雄，莫丹，王牧洲. 使用者行为与住宅热环境节能研究[J]. 建筑学报，2016（569）：33-37.

传统使用问卷调研与分析的方法来获取使用者行为规律和特征，具有适用范围广、成本低、操作简单等优势，但同时存在实际行动与行为想法不一致的问题。随着社会经济和科学技术的快速发展，基于计算性思维的使用者行为预测逐渐受到关注。这一方法将使用者行为信息进行数字转译，借助数据挖掘、机器学习等技术，可以满足实时、精确和动态的预测需求，实现从数据到知识的转换。这进一步深化了对使用者行为动机、模式和规律的认识，为城市与建筑设计决策提供有力支持。

10.2.2　智慧预测技术

鉴于建成环境的多样性和复杂性，有必要利用先进的科学信息技术对其进行预测，以提升城市与建筑设计的智慧化水平。当前基于数据挖掘、人工智能和仿真模拟等技术的建成环境智慧预测，是助力城市和建筑可持续发展的有力支撑。通过对大量实时数据的收集、分析与挖掘，发现数据中的趋势、模式与关系，并对预期结果进行可视化展示，这有助于在城市与建筑设计、施工和运营全过程中较早地对设计方案进行干预，从而实现资源利用效率、环境负担、生态保护和低碳建设运营的最优平衡。基于训练算法的性能预测方法能够解决复杂数据模式识别困难的问题，同时提高预测的准确性和效率。以下将对数据挖掘、神经网络建模和仿真模拟这三种性能预测技术进行详细阐述。

10.2.2.1　基于数据挖掘分析的预测技术

计算机技术的进步显著提升了数据处理和存储的效率。在人居环境中，鉴于能源消耗占比高，进行性能预测并提出合理有效的性能管理方案，以优化城市与建筑能源使用率尤为重要。建筑性能模拟作为一种智慧预测方法，能够快速提取有用信息并发现能源使用中的不足，可以帮助设计者更加精准地优化能源消耗和建筑室内外整体环境。

性能模拟通常需要获取大量初始信息。传统上，这些数据主要依靠实验、测量或专家判断来获取，不仅耗时且成本高，还会受限于可获得的设备与资源。当涉及大规模的城市和建筑模拟时，巨大的数据量需求使得传统数据收集方法缺乏实际应用性。数据挖掘技术利用算法从各大社交媒体、传感器网络、公开数据集等诸多数据库中提取有用信息，并通过统计学、机器学习、模式识别等手段，为能耗数据分析提供了一个无需初始假设就能获取信息的新途径。这项技术不仅能在短时间内处理大量数据，还能识别出数据中的隐藏模式，这在很大程度上解决了传统数据收集方法的局限。迄今为止，数据挖掘技术已广泛应用于工业、商业等社会各领域[①]。

针对不断增长的建筑能源消耗问题，数据挖掘技术在建筑能耗分析中展现出巨大潜力。使用者行为对建筑能耗具有显著影响，然而既有建筑能耗数据分析中对使用者行为的研究尚不完善，已研发的行为程序过于简化，不能反映真实行为的复杂性，降低了模拟预测的精准度，从而使建筑设计难以达到预期效果。基于

---

① D'OCA S, HONG T Z. Occupancy schedules learning process through a data mining framework[J]. Energy and Building, 2015(88): 395-408.

此，笔者所在团队以严寒地区办公空间为例，采用聚类分析和关联规则分析等数据挖掘方法对使用者开窗行为进行分析，从时间、空间和机理三个维度出发，提出了使用者开窗行为预测技术，主要包括预测模型维度建立、使用者开窗行为分类和预测模型架构确定与模型验证三个关键子流程，具体流程如图10-18所示[①]。

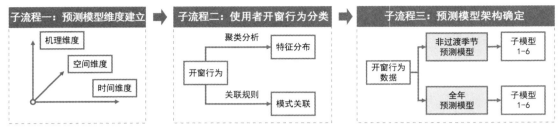

图10-18　使用者开窗行为预测流程

（1）子流程一：预测模型维度建立

在该流程中，首先将使用者开窗行为预测模型架构分成时间、空间和机理三个维度。时间维度包括季节、月份、日期和时刻四个层级，具体按照四季及每个季节的典型月、工作日、周末和节假日及六个具体时间段展开，以充分考虑使用者开窗行为的季节性差异和日常习惯。在空间维度上，包括空间类型、空间规模和制冷类型三个层级。在空间类型上，进一步细分为单元式、开放式办公空间等，以适应不同办公环境的特性。在空间规模上，根据办公空间的使用者人数，划分为单人、双人、3~10人、11~20人和大于20人五个层级，以体现不同规模空间的使用者行为差异。制冷类型包括自然通风、独立空调制冷和中央空调制冷三个层级，以考虑不同制冷方式对使用者开窗行为的影响。同时，在机理维度上，预测模型也进行了深入划分，包括内部促动和内外部促动两个层级。内部促动层级为行为习惯促动类型，即使用者自身的行为习惯对开窗行为的影响；而内外部促动层级则综合考虑了热舒适促动和行为习惯促动，即外部热环境和使用者行为习惯共同作用下对开窗行为的影响。图10-19所示为办公空间使用者开窗行为预测模型架构维度。

（2）子流程二：使用者开窗行为分类

首先，对严寒地区办公空间使用者在时间维度上的季节性

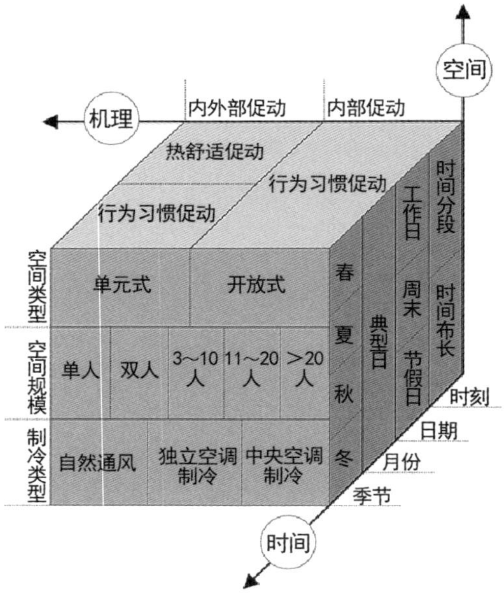

图10-19　使用者开窗行为预测模型架构维度

开窗行为进行K-均值聚类分析，得到了五种春季、三种夏季、四种秋季和四种冬季使用者开窗行为类别。基于四季办公空间使用者开窗行为类型，再次运用K-均值聚类分析对各时间类型进行空间维度特征解析，得出

---

① 张冉. 严寒地区办公空间使用者开窗行为机理及预测模型研究[D]. 哈尔滨：哈尔滨工业大学，2020.

办公空间使用者开窗行为在时间和空间维度上的分布特征。图10-20展示了办公空间使用者开窗行为预测模型空间维度架构，表明开窗行为在不同规模和类型的空间维度中具有相同的时间维度特征。此外，在该流程中，还采用了关联规则算法，从时间、空间和机理三个维度输入办公空间使用者的开窗行为数据，并从数据库中提取频繁的相关联系或模式，从而识别出各参数属性之间的关联性。这为后续的使用者开窗行为分类与预测提供了依据。

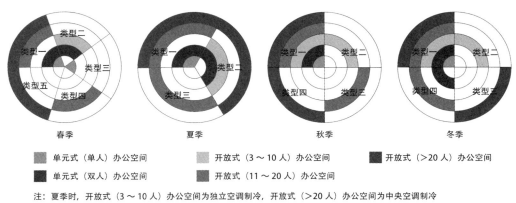

春季　　　　　夏季　　　　　秋季　　　　　冬季

■ 单元式（单人）办公空间　　　　■ 开放式（3～10人）办公空间　　　　■ 开放式（>20人）办公空间
■ 单元式（双人）办公空间　　　　■ 开放式（11～20人）办公空间

注：夏季时，开放式（3～10人）办公空间为独立空调制冷，开放式（>20人）办公空间为中央空调制冷

图10-20　办公空间使用者开窗行为预测模型空间维度架构

（3）子流程三：预测模型架构确定

从时间范围来看，预测模型架构结果可以分为两类，即非过渡季节使用者开窗行为预测模型架构和全年使用者开窗行为预测模型架构。使用非过渡季节的办公空间使用者开窗行为数据作为输入进行关联规则分析，可以揭示该时间段内使用者开窗行为的主要模式和关联因素，并得出非过渡季节严寒地区办公空间使用者开窗行为预测模型架构。该模型分为六个子预测模型，每个子模型关注不同的影响因素或行为模式。在以全年办公空间使用者开窗行为数据作为输入时，通过关联规则分析全年数据，可以得到更全面的行为模式和关联因素。该过程也形成了六个严寒地区办公空间使用者开窗行为预测模型，但这些子模型更加综合，考虑了全年中的各种因素。严寒地区办公空间使用者开窗行为预测模型架构如表10-1所示。

严寒地区办公空间使用者开窗行为预测模型架构					表10-1
非过渡季严寒地区办公空间使用者开窗行为预测模型架构					
	模型1	模型2	模型3	模型4	模型5	模型6
时间维度	AO（S）+AC（W）	WO（S）+AC（W）	WO（S+W）	WO（S+W）	AO（S）+WO（W）	T3（S）+WO（W）
空间维度	▨■■■	■▨	▨	■	▨	■
机理维度	行为习惯（S+W）	行为习惯（S+W）	行为习惯（S+W）	行为习惯（S+W）与热舒适（S+W）	行为习惯（S+W）与热舒适（W）	行为习惯（S+W）

全年严寒地区办公空间使用者开窗行为预测模型架构					
模型1	模型2	模型3	模型4	模型5	模型6
时间维度 WO（SP）+AO（S）+AO（A+W）	T2（SP）+WO（S）+AC（A+W）	T2（SP+A）+WO（S+W）	T5（SP）+WO（S+A+W）	T3（SP）+AO（S）+AC（A）+WO（W）	T4（SP）+T3（S+A）+WO（W）
空间维度					
机理维度 行为习惯（SP+S+A+W）与热舒适（SP）	行为习惯（SP+S+A+W）	行为习惯（SP+S+A+W）	行为习惯（SP+S+A+W）与热舒适（SP+S+W）	行为习惯（SP+S+A+W）与热舒适（W）	行为习惯（SP+S+A+W）

注：1. AO、AC、WO分别表示行为状态类型中的全时段连续开窗模式、全时段连续关窗模式和工作时间开窗模式，SP、S、A、W分别表示季节中的春季、夏季、秋季和冬季。

2. 办公空间类型与规模：单元式（单人）办公空间、单元式（双人）办公空间、开放式（3~10人）办公空间、开放式（11~20人）办公空间、开放式（>20人）办公空间。

3. 夏季时，开放式（3~10人）办公空间为独立空调制冷，开放式（>20人）办公空间为中央空调制冷。

基于数据挖掘的使用者开窗行为预测技术，通过深入分析用户行为数据，丰富了行为预测模型的维度。这一技术不仅提升了行为预测模型的集成应用能力，还优化了模拟平台既有行为程序的准确度。具体而言，它能够帮助我们更准确地预测用户在不同情境下的开窗行为，可有效辅助以提升办公空间室内环境品质为目标的计算性建筑设计。

10.2.2.2 基于神经网络建模的预测技术

人工神经网络（ANN）作为黑箱模型，在解决诸如预测、分类、偏差检测、响应建模等方面都展现出了其强大的能力。神经网络的一个显著特点是它可以根据外界信息动态地调整自身结构，这使得它在为输入与输出之间的复杂关系建模或发现数据中的潜在模式时，具有得天独厚的优势[1]。在建筑领域，通过建立基于建筑设计参量的建筑性能预测神经网络模型，设计者可以便捷地根据诸如建筑层高、建筑朝向等设计参量，快速获取建筑能耗、热不适时间百分比等关键建筑性能指标。基于建筑设计参量的神经网络模型结构如图10-21所示。

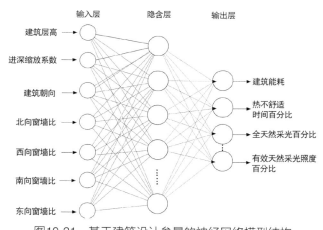

图10-21 基于建筑设计参量的神经网络模型结构

---

[1] 陶奕宏，王海军，张彬，等. 基于智能体和人工神经网络的元胞自动机建模及城市扩展模拟[J]. 地理与地理信息科学，2022，38（1）：79-85.

当前，建成环境性能和使用者行为特征复杂，难以预测。基于神经网络在解决这类独立参数和非线性关系的复杂环境问题应用问题中的显著优势，笔者团队提出了基于神经网络建模的建成环境性能[①]和使用者行为预测技术[②③]，主要包括数据采集与预处理、神经网络结构确定和模型训练与优化三个子流程，如图10-22所示。

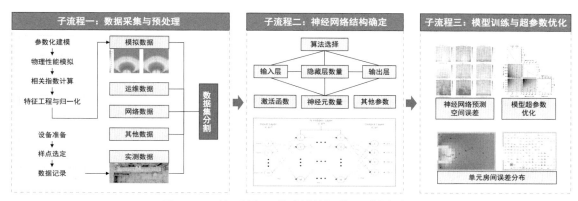

图10-22　基于神经网络建模的智慧预测技术流程

（1）子流程一：数据采集与预处理

作为神经网络训练的基础，采集合适的数据量和数据结构可以在保证神经网络预测性能的前提下提升训练效率、节省训练时间和降低算力成本。因此，在智慧预测时，需要根据预测目标的特征与要求，选择最佳采集方式以确保获取到的数据的可用性。

科学技术的进步使得基于传感器、机械设备和无线通信的实地测试方法，能够更加便捷地获取大量高质量的真实数据。这种方法为那些缺乏有效技术来采集复杂现实信息的场景提供了切实可行的解决方式。笔者团队利用无人机进行了实地测试，对某商业街局部区域的人行为进行了10分钟的高分辨率视频拍摄，并通过Tracker软件对视频进行分析，成功获取了1565名行人的运动数据，实现了对复杂街区行人运动轨迹的数据采集。基于模拟的数据获取方式，因其简单快速、数据质量稳定、数据量可控等优势，已成为当前人居环境性能预测领域的主流数据获取方式。通过拉丁超立方采样等方法筛选模型样本，然后使用模拟工具对参数化模型进行性能指标计算，进而生成拟搭建的神经网络模型的输入变量。例如，笔者团队借助Grasshopper中的Daysim工具，对筛选后的具有不同几何尺寸的办公空间进行了室内年采光性能的模拟与计算，为后续建筑年采光预测的开展提供了基础训练数据。此外，向相关部门申请或进行网络爬取也是有效的数据获取方式，但可能面临审批过程复杂、数据质量等问题，这主要涉及安全性和私密性的考量。

① HAN Y, SHEN L, SUN C. Developing a parametric morphable annual daylight prediction model with improved generalization capability for the early stages of office building design[J]. Building and Environment, 2021(200): 107932.
② SUN S, SUN C, DUIVES D C, et al. Deviation of pedestrian path due to the presence of building entrances[J]. Journal of Advanced Transportation, 2021(01): 5594738.
③ SUN S, SUN C, DUIVES D C, et al. Neural network model for predicting variation in walking dynamics of pedestrians in social groups[J]. Transportation, 2023(50): 837-868.

数据预处理是神经网络模型训练前的重要步骤，包括降低数据维度、数据规范化、中心化、去噪等操作，旨在提高数据质量，提高后续模型的训练效果和效率。针对包含多种数据类型的初始数据集，去除其中对神经网络训练结果影响小的变量，降低训练复杂度并提高模型预测准确度。例如，笔者团队利用特征工程将初始获取的53个变量筛选至16个对网络性能影响最大的变量，显著提升了模型训练效率。变量筛选流程如图10-23所示。

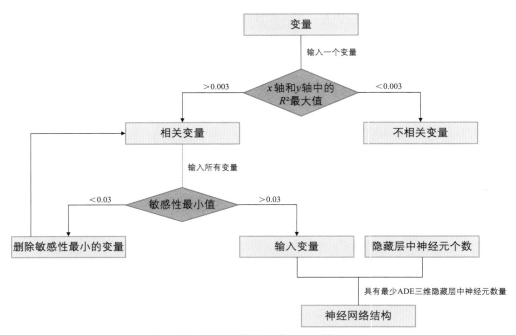

图10-23　神经网络模型输入变量筛选流程

（2）子流程二：神经网络结构确定

在该流程中，根据上一流程中获取到的数据类型和预测需求，确定适合的神经网络类型和架构。全连接神经网络（FCN）作为一种结构相对简单的人工神经网络，广泛应用于预测模型中。FCN由输入层、隐藏层和输出层构成，输入层和输出层的神经元个数依据输入、输出数据的种类来确定。例如，笔者团队根据影响预测目标的主要变量数量确定了用于年采光性能预测的人工神经网络，包含18个输入神经元和4个输出神经元，而用于群体行动轨迹预测的人工神经网络则只需16个输入神经元和2个输出神经元。隐藏层的结构通常依赖设计者经验和试错法来确定。这种方法效率较低且易受主观因素影响。为提高效率，笔者团队提出了一种基于贝叶斯优化搜索的方法，自动确定隐藏层的神经元个数。通过设置隐藏层个数和神经元个数的取值范围，优化算法可以筛选出最佳的模型结构，从而显著提高了神经网络结构的确定效率。

（3）子流程三：模型训练与超参数优化

在该流程中，基于子流程一获取的数据训练人工神经网络，并进行性能优化。在模型运行之前，需要设定一系列超参数，包括训练批量的大小、学习率、层间激活函数、迭代次数等。为了消除传统依赖专业人员经验和试错来确定超参数的局限，笔者团队采用贝叶斯优化算法对最佳训练批量进行自动搜索。此外，团队还采用额外的学习速率调度器和早期停止检测器来辅助学习率的确定，实现了高效且易于收敛的训练过程。针对迭代次数，设置相对较大的最大迭代值，并编写提前终止训练的程序，以确保优化彻底完成，同时避免计算资源浪费，提升模型学习效率。判断是否终止迭代的方式是比较最新一次训练模型的均方误差（MSE）与过去训练结果之间的提升率。若多次迭代而没有显著改进，则终止优化过程，并输出MSE最低的模型作为最终最优模型。MSE的计算如式（10-1）所示：

$$\text{MSE} = \frac{1}{N} \sum_{i=1}^{N} \left(\text{predict}_i - \text{true}_i \right)^2 \tag{10-1}$$

式中，N表示样本总数；i表示第i个样本；predict_i表示预测值；true_i表示真实值。

10.2.2.3 基于仿真模拟的物理性能预测技术

随着现代社会的发展，人类对城市与建筑环境的需求已经不再局限于"实用、坚固、美观"等基础功能，而是更加注重品质性、健康性、节能性及环境友好性等更高层次的特性。这些特性实质上是人居环境性能的全面诠释和本质体现，表明了城市与建筑环境性能并非一成不变，而是随着人类需求的变化和新理论、理念的产生而同步发展与演变的。在早期，人居环境性能的评价涉及诸多方面，包括空间私密性、疏散与抗震性能、环境空气质量、室内舒适度、采光与照明质量、通风效果、结构力学性能、噪声级别、经济性等[1]。对于城市与建筑设计师来说，在方案设计初期阶段，如果能提前获知方案的物理性能，则可以通过整合工具平台、信息建模及优化等手段，对方案进行有针对性调整，从而大幅度提升设计效率。此外，在设计建造过程中，设计者还可以基于结构力学性能预测对物质结构的合理性进行判断，并进行相应的结构优化，使其在满足空间需求的同时，拥有相对合理的结构性能，从而辅助设计者对空间形态进行更加精准的调整和生成。

仿真模拟是一种使用数学模型来测试设计元素在实际条件下性能的技术。设计者可以基于参数化模型所生成的城市或建筑的数字表示形式，根据预期目标或所需结果选择模拟软件，运行后得到量化后的物理性能特征。例如，希望评估通风系统或温度控制的工程师可以使用计算流体力学（CFD）来模拟气流。图10-24所示为基于仿真模拟的人居环境物理性能预测技术流程，包括模拟工具选择、模拟参数设定和模拟结果可视化与分析三个子流程。

图10-24　基于仿真模拟的人居环境物理性能预测技术流程

---

① HONG T Z, LANGEVIN J, SUN K Y. Building simulation: ten challenges[J]. Building Simulation, 2018(11): 871-898.

（1）子流程一：模拟工具选择

目前市面上的仿真模拟工具种类繁多，针对不同需求提供多样化的选择。用于光环境模拟的代表性软件有Adeline、Superlite和Radiance等，用于热环境模拟的软件有Trnsys、ESP-r和HASP等。此外，一些综合性模拟软件如Daysim、EnergyPlus、DeST、DIVA等也通过添加相关模块，实现了光热耦合及建筑能耗性能的模拟与分析。在选择模拟工具时，需要根据需求考虑其准确性、易用性、计算速度及成本等因素。表10-2列出了目前常用的人居环境物理性能工具及其特点。

常用人居环境物理性能仿真模拟工具　　　　　　　　　　　　　　表10-2

工具类型	工具名称	工具特点
光环境模拟工具	Radiance	高精度，扩展性强，需编程能力，Windows操作不便
	Ecotect	建模能力强，操作便捷，仅能模拟全阴天空自然采光
	Dialux	简单易用，以室内照明模拟为主，兼容性强
	Agi32	界面复杂，操作性一般，但成熟度高、兼容性强
	Daysim	高精度全年动态采光和照明模拟，无建模功能
热环境模拟工具	ENVI-met	高精度城市微气候与热环境模拟，需专业知识与高计算资源
	SOLWEIG	室外舒适度评估，界面友好，但专注室外环境
	RayMan	关注太阳辐射和热舒适度，无法模拟室内热环境
能耗模拟工具	eQUEST	用户友好，建模功能丰富，图形界面较弱
	HAP	专注暖通系统设计，适用于全年能耗预测
	EnergyPlus	开源，功能丰富，但需与其他软件结合使用
	PKPM	中国本土开发，符合国内节能标准
风环境模拟工具	Fluent	功能强大，高精度，但对计算资源和专业知识要求高
	Urbawind	专注城市风环境，操作简便，适用于各种规模项目
	OpenFOAM	开源软件，功能丰富，界面不友好
	CFD-ACE+	模拟精度高，学习曲线较陡，对专业知识要求高，计算速度慢
结构模拟工具	ANSYS	功能强大，适用于多种工程领域，学习曲线陡峭
	STAAD.Pro	支持各种结构类型和材料，功能强大，用户界面友好，但学习曲线较陡
	ETABS	针对高层建筑优化，图形界面直观，功能丰富；但软件价格高
	ABAQUS	高精度，功能强大，适用于复杂结构分析，但使用门槛高，价格高
安全疏散模拟工具	Pathfinder	具备复杂行为模拟和可视化功能，软件界面友好；但使用门槛较高，学习曲线较陡
	FDS+Evac	可以处理复杂的建筑和空间布局，支持导入多种建筑模型格式，但计算时间较长，主要用于火灾情况下的人员疏散分析
	BuildingEXODUS	针对建筑和城市规划的专业疏散软件，用户界面友好，具备可视化功能
	STEPS	适用于大型建筑和城市空间的人群疏散分析，用户界面友好，具有可视化功能，需要专业知识

工具类型	工具名称	工具特点
性能 集成工具	VE IES	集成能耗、照明与舒适度分析，功能强大，用户界面直观，但学习曲线较陡，不易上手，软件价格较高
	ESP-r	提供多环境因素分析，功能强大，开源免费，但学习曲线较陡
	TAS	支持全年小时能耗预测和建筑优化，但学习曲线较陡
	CitySim	用于城市大规模能耗和热环境模拟，计算速度快，但学习曲线较陡，对复杂城市环境支持有限

（2）子流程二：模拟参数设定

在对方案性能进行模拟时，需要对影响选定性能的设计参量进行细致设置，以确保模拟工具能够准确进行计算并输出性能特征。模拟参数通常可以分为非设计参量和设计参量两种。非设计参量是对物理性能有直接影响的客观参量，如气象数据、建筑结构传热系数、主动式设备的功率能耗等，可以从相关规范文件中获取。而对于设计参量，由于不同的模拟性能需要设置不同的模拟参数，因此需要首先对影响选定物理性能的设计因素进行深入分析，然后根据设计规范和标准确定设计参量取值及范围。例如，在建筑热工性能模拟时，通常将建筑平面形式、开间、进深和高度等因素作为设计参量输入到模拟工具中。针对建筑结构性能，则应考虑加工工具参数等因素。此外，为了使模拟计算时间和模拟效果相平衡，还需要根据不同模型复杂程度来选择合适的环境精度、环境分辨率、环境分样值和超采样值等模拟参数，从而实现在保证模拟准确性的同时尽量缩短计算时间、提高模拟效率。

（3）子流程三：模拟结果可视化与分析

基于仿真模拟的城市与建筑物理性能预测是一个复杂的过程，涉及对大量数据进行处理和分析。模拟结果的可视化和分析在此过程中起到关键作用，可以帮助设计师、规划师和利益相关者更好地理解模拟结果，从而做出更明智的决策。这一过程包括数据预处理、可视化方法选择、数据分析方法选择、敏感性分析、结果验证与评估、反馈与迭代等多个环节。在进行模拟结果分析之前，对原始数据进行异常值去除、缺失值增补、类型转换等操作，可以确保分析结果的准确性和可靠性。同时，需要根据具体的物理性能指标和需求来选择合适的可视化方法。常见的可视化方法包括二维图表、三维模型、动画、热图、矢量场等，这些方法能够帮助我们更直观地理解和分析模拟结果。在进行模拟结果分析时，为了更好地发掘模拟数据的趋势、模式和关系，需要根据具体问题和目标选择合适的数据分析方法，如描述性统计分析、关联分析、回归分析、聚类分析等，为后续决策提供有力依据。此外，模拟过程中的敏感性分析、模拟结果可靠性验证及结果反馈调整也是模拟结果可视化与分析流程中的重要环节。通过敏感性分析可以了解哪些参数对模拟结果的影响最大，从而帮助设计者调整这些设计参数，进行优化决策。同时，对模拟结果的可靠性进行验证可以确保决策是基于准确和可信的数据而完成。最后，根据分析结果进行反馈与迭代，可以进一步完善模拟模型和预测结果，提高决策的准确性和有效性。

基于仿真模拟的人居环境物理性能预测技术将设计参量与性能特征相联系，为场地设计、建筑布局等提供指导。将与设计参量所对应的方案性能融入设计过程，不仅避免了将绿色建筑标准要求作为附加专项进行二次设计的现象，同时解决了方案设计阶段常规方法无法满足绿色建筑评估体系定量的、强制性的性能指标的问题。该技术为设计者运用优化算法和多方案对比来优化设计方案和进行设计策略决策提供了有力的技术基础。

10.2.3　智慧预测工具

基于神经网络在人居环境智慧预测方面的潜力，笔者团队以神经网络建模技术为基础，研发了建成环境性能智慧预测工具。该工具在概念设计阶段即可对城市与建筑性能进行评估，支持方案设计决策。针对模拟建模计算耗时长、不利于早期设计阶段应用的问题，笔者团队借助机器学习技术，将设计过程中的动态物理过程白箱模型转译为黑箱模型，并与多种性能模拟引擎连接，可以实现对采光、能耗、碳排放等性能的实时动态预测与模拟。此外，笔者团队还研发了基于人工神经网络建模的年日光性能预测工具，为设计初期阶段的建筑形式和开窗决策等提供技术支撑。该工具包括神经网络训练与可视化模块和模拟运行模块两部分。

（1）模块一：神经网络训练与可视化模块

该模块通过二次开发编程调用Matlab神经网络工具箱，对前期采集的数据进行训练，其训练结果相关度满足使用要求，为多目标优化设计模块提供优化问题的适应度函数。神经网络模块界面与训练结果如图10-25所示。此外，该模块还可以通过输入建筑形体参量数值展开建筑性能预测。

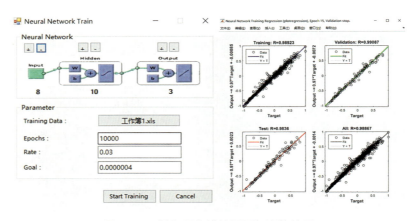

图10-25　神经网络模块界面与训练结果

（2）模块二：模拟运行模块

在模拟运行程序中，采用开源软件包并结合C#编程，通过接口程序连接EnergyPlus建筑能耗与热性能模拟软件和Radiance与Daysim建筑采光性能模拟软件，可以实现对不同建筑形态设计参数下的全年能耗水平、采暖能耗和制冷能耗、室内全天然采光照度百分比、有效天然采光照度百分比等性能指标的实时模拟与计算。设计者可以根据需要模拟的物质性能，通过在工具界面上输入必要信息，如天气文件、项目位置等，并启动计算过程来获得结果。模块还具备自动识别模拟热区的能力，能够区分透明与不透明材质。模拟结束后，结果会被自动输出至Excel文件，并反馈给设计者参考。在进行能耗模拟时，该模块会首先生成能量模型，随后自动生成gbXML文件，并将其同步上传至云端服务器完成能耗计算。

建成环境性能预测工具通过将设计过程中所涉及的动态物理白箱模型转译为基于神经网络的黑箱模型，实现了计算精度和计算效率的统一，为设计创作提供了绿色性能的快速与即时反馈。这是对建筑环境交互复杂性特征的科学回应，能够支撑设计师准确掌握不同设计决策下的城市与建筑绿色性能水平，辅助设计师更高效地探索设计可能性。

10.3 设计方案决策支持技术与工具

在构建人居环境的多维进程中，设计方案决策支持以其独特而核心的地位，推动了整个人居环境设计领域的发展与变革。在设计全过程中，设计方案决策支持是对计算性设计思维中"抽象与概括"的回应。它以参数化模型为基础，专注于设计优化与决策，涉及优化设计参量信息和性能预测数据。优化搜索算法把性能目标作为适应度评价指标，用于评估迭代过程中每一代解的适应度水平，而每一个适应度会有对应的优化设计参量数值。通过这种方法，达到较优性能目标水平的解会在优化搜索中被认定具有较高的适应度，从而被筛选出来并保留。这一系列技术和工具为设计师提供了强大的支持系统，帮助他们更精确地制定设计策略，更科学地做出设计决策，以实现更为可持续和人性化的人居环境。下面对不同方案决策支持技术与工具的核心理念、技术流程、操作与应用作以解析，期望进一步推动计算性设计的持续发展与创新。

10.3.1 决策对象及其特征

作为设计方案决策支持的重要基石，决策对象及其特征对设计过程的高效性和设计方案的精确性具有重要作用。它们影响决策技术与工具的开发与应用，引导设计者选择先进的技术与方法，在复杂、多变的设计环境中制定出更为明智、科学的决策。深入认识决策对象及其特征在设计方案决策中的核心地位与功能，有助于推动决策支持技术与工具的深入研究和创新发展，为营造性能出色、体验卓越的人居环境奠定理论基础。从决定使用者舒适度的多个维度来考量，空间布局、形态参数和建筑表皮是主要的拟优化决策要素。

10.3.1.1 空间布局

伴随现代经济的迅速发展，城市规划不断进步，合理有序的城市空间布局不仅能够保证城市可持续建设，便于城市管理，还能在维持地域特色的基础上提升城市综合竞争力[①]。作为城市的主要形态构成要素，建筑在不同城市地段差异化的组合反映了所在场地的环境特征，在一定程度上细化了城市功能的组织流线。合理的建筑空间布局可实现与城市空间的更好衔接，进而为居民提供高质量的人居环境。此外，作为城市主

---

① 范雨. 基于激光点云的城市建筑空间布局合理规划设计[J]. 激光杂志，2022（43）：229-233.

要功能及空间组成部分和街区空间的基本组成单元，居住空间的合理布局也尤为重要，有助于人群疏散，减少群体危险事件[①]。

空间布局特征可以从平面空间、剖面空间和空间组织三方面进行揭示[②]。图10-26展示了空间布局设计要素。不同组成的空间布局形式直接影响着空间客观物质性能和使用者主观舒适性。借助计算机，设计师已经能够评估当前城市与建筑空间布局下的室内外环境性能并进行实时反馈，以便在设计过程中及时调整方案，平衡其经济性、结构合理性、功能性和可持续性等。随着计算性设计的发展，借助优化算法，设计师可以优化众多参数，逼近在众多目标上的最优解。针对设计中最复杂的"形式—功能"关系，也有了诸多算法解决方案。通过充分运用计算机辅助和优化设计技术，可以在设计初期阶段为提升人居环境物质性能提供有力支持。相关技术的集成应用，旨在在城市和建筑空间布局设计中协同考虑功能性和物理性能，进行可能性探索、方案生成和方案优化。

图10-26 空间布局设计要素

10.3.1.2 形态参数

在对空间进行合理布局以确保功能、需求与经济等方面相对优化的基础上，有必要对与环境进行直接交互作用的城市形态和建筑形态进行科学调度，以实现人居环境质量的提升、能源消耗的降低，以及人类生活舒适度的提高等目标。图10-27展示了城市与建筑形态参数设计要素。

城市形态参数主要由高宽比（H/W）、天空开阔度（sky view factor，SVF）、建筑密度、绿地率等要素构成[③]。与低高宽比相对应的是高天空开阔度，有助于提升自然光照、促进区域通风。然而，过高的天空开阔度可能产生城市热岛效应，不利于提供舒适的城市热环境。此外，建筑密度在土地利用率提升方面存在积极作用，但过大的建筑密度往往会导致绿地率降

图10-27 形态参数设计要素

低、通风不良、空气质量下降等问题[④]。因此，合理的城市形态参数优化有助于调节城市微气候、采光、通风和视觉舒适度，进而解决能源和城市热环境等问题。

---

① 王燕语. 东北城市居住区安全疏散优化策略研究[D]. 哈尔滨：哈尔滨工业大学，2020.
② 刘蕾. 基于光热性能模拟的严寒地区办公建筑低能耗设计策略研究[D]. 哈尔滨：哈尔滨工业大学，2017.
③ 方怡青，曲凌雁. 城市空间形态与空气质量相关性研究综述[J]. 现代城市研究，2018（8）：88-94.
④ 杨俊宴. 城市空间形态分区的理论建构与实践探索[J]. 城市规划，2017，41（3）：41-51.

建筑形态参数涵盖了建筑体形系数、窗墙比、屋顶形状、建筑方位、窗户尺寸和位置，以及外墙材料和颜色等多个方面。与城市形态在人居环境质量和舒适度方面的作用相似，建筑形态通过影响风速、光照和辐射热等气候特征对建筑物质性能产生作用，且各参数之间存在着一定的相互联系。当气流遇到建筑阻挡时，迎风面的气流因受建筑外围护结构的阻碍而发生不同比例的上升、沉降和形成尾流，这在建筑群体空间中情况更为复杂。因此，优化的建筑形态可以很好地组织气流，减少不适风速对环境的影响。此外，屋顶形状与建筑方位也是一对相互影响的参数，不同的屋顶形状和建筑方位会共同影响建筑的太阳能利用、雨水收集和热性能。因此，在进行建筑设计时，需要综合考虑这些参数，以实现最佳的建筑性能和环境适应性。

　　如前所述，城市与建筑形态涉及多个相互联系的参数。基于数据驱动的方法可以更好地理解各参数之间的关系，并预测和评估不同参数组合下的环境性能和舒适度，为决策最优形态提供依据。此外，多目标优化算法的应用也提供了在平衡各种环境性能的基础上进行智能决策的可能，可显著提升设计效率。总而言之，城市与建筑形态参数的智能优化决策对提高环境性能和人们的舒适度具有重要意义。为了实现这一目标，运用先进技术，并与利益相关者密切合作，可以共同推动城市与建筑形态参数的合理优化，从而建设宜居、可持续的人居环境。

10.3.1.3　建筑表皮

　　建筑物所在的位置面临多变的气候条件和局地物理环境。建筑表皮作为建筑的外围护结构，不仅在物理上隔离了内外部环境，同时承担着建筑内外物质信息交换媒介的职责，是建筑感知外界环境的关键方式[①]。传统的静态建筑表皮往往难以满足多样化的功能需求。例如，在保证室内充足自然光线的同时，需要避免产生眩光。同样，由于自然气候的季节性变化，建筑表皮需要在冬季允许充足的入射光加热室内环境以减少供暖能耗，而在夏季则要尽可能减少太阳直射以降低室内温度并节约制冷能耗。面对这些挑战，具有调节功能的可变表皮应运而生。当建筑的使用需求发生变化时，其结构的可变性使得空间调整更为便捷。更重要的是，建筑表皮还应当能够感知外部环境的变化，并作为相应的反馈调节，可借助传感器监测室内外状况。通过技术调整表皮单元的尺寸和定位，以管理室内与外界的自然元素流动，从而确保室内的舒适度并有效减少能源消耗。自适应表皮设计要素及其功能如图10-28所示。

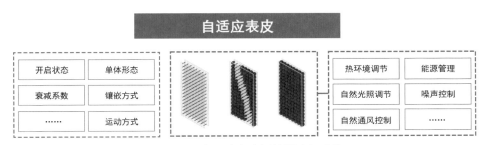

图10-28　自适应表皮设计要素与功能

---

① HAUSLADEN G, SALDANHA M D, LIEDL P, et al. Climate skin: building-skin concepts that can do more with less energy[M]. Switzerland: Birkhäuser, 2008: 1-3.

通过调整建筑表皮设计，可以高效地管理建筑室内外风速和风向，确保风环境达到舒适标准，并增强建筑的通风性能。除了风速和风向管理，建筑表皮在采光和遮阳方面也有广泛应用。通过旋转、叠加和滑动等多种手段，可以灵活地调整光线的入射面积、位置和强度。同时，结合材料的反射属性，可以进一步调整光线的照射方向。这样，在自动化系统的辅助下，可以充分利用自然光满足室内使用需求。同时，这种智能化的建筑表皮还能根据使用者的舒适度和个人喜好进行微调，达到光照和温度的最佳平衡，从而提升舒适度的同时降低整体能耗[①]。

可变建筑表皮的显著特征之一是能够在特定时间内发生空间位移或形态调节，其工作机制是一种信息交互流程，涵盖了"感知—计算—反馈—调控"等步骤，从而动态地控制表皮单元的状态。这种自适应方式有助于应对各种气候变化，实时调整建筑表皮形态，优化建筑环境。

10.3.2 设计方案决策支持技术

以提升人居环境质量为目标，根据所需决策的目标及其特征，笔者团队针对人居环境物质性能目标的优化数量，提出了单性能目标驱动和多目标性能驱动的决策支持技术。

10.3.2.1 单性能目标驱动的决策支持技术

计算机辅助数字生成与性能数值模拟技术对人居环境设计展现出了重要价值，但同时也给方案优化设计带来了新的挑战和难题。随着数据驱动方法的蓬勃发展，机器学习算法为解决这一难题提供了新的思路。通过构建静态性能预测模型，能够提高基于模型的环境决策效率，为人居环境设计带来更多的可能性和创新点。

在建筑领域，实现高效科学的性能化建筑方案设计已成为研究重点。建筑性能涵盖空间的私密性、光环境质量、通风性能、空气质量和空间噪声等多个方面。根据美国堪萨斯大学的一项针对室内环境性能权重分析的研究结果可知，光环境和热环境在室内环境性能中占据重要地位，其权重系数高达74.1%[②]。为了智能优化建筑使用者的视觉舒适度，笔者团队提出了一种基于光舒适预测的建筑自动百叶窗决策支持技术。该技术通过目标区域识别、百叶板初始状态确定、室内光性能实时评估以及百叶板工作状态组合优化等步骤，实现了智能优化建筑光环境的目的，具体流程如图4-29所示[③]。

（1）子流程一：目标区域识别

为了平衡眩光感知和日光利用，有效减少季节性供热与制冷能耗并提升光舒适度，一种创新的遮阳控制方法被提出。该方法首先将室内空间进行划分，在视线高度处定义一个虚拟的可覆盖室内区域的矩形水平工

① ATTIA S, BILIR S, SAFY T, et al. Current trends and future challenges in the performance assessment of adaptive façade systems[J]. Energy and Buildings, 2018(179): 165-182.
② ERHORN H, SZERMAN M. Documentation of the software package Adeline (9 volumes) [M]. Stuttgart: Fraunhofer Institute for Building Physics IBP, 1994: 42-43.
③ LUO Z, SUN C, DONG Q, et al. An innovative shading controller for blinds in an open-plan office using machine learning[J]. Building and Environment, 2021(189): 107529.

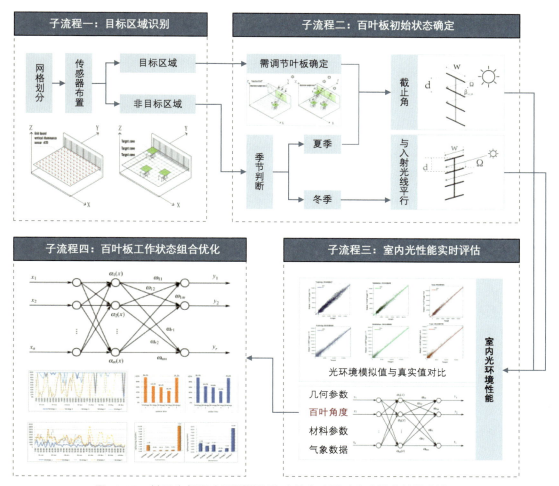

图10-29 基于光舒适度预测模型的建筑自动百叶窗决策支持技术流程

作面，并将该平面划分为一系列0.6米×0.6米的正方形网格，每个网格区域配置有一个垂直指向窗户的自动传感器，通过传感器感知网格占用信息，识别出需要充足采光和避免眩光的"目标区域"。网格划分和目标区域识别如图10-30所示。这一过程为后续的遮阳控制提供了基础，有助于实现室内光环境优化。

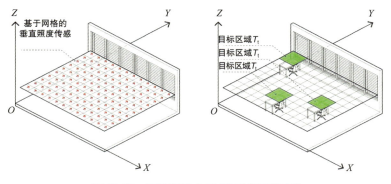

图10-30 网格划分与目标区域识别示意

（2）子流程二：百叶板初始状态确定

在该流程中，依据太阳位置和目标区域间的相关性进行目标区域和非目标区域百叶板初始工作状态的确定，旨在避免每个目标区域受到阳光直射。

针对目标区域的遮阳控制，首先根据入射光线是否同时穿过目标区域水平工作面、建筑立面和百叶板来确定需要调整的百叶板单元（TB）。这一判断基于光线与目标区域及建筑立面的相交情况。如果存在一束光线与目标区域水平工作面和建筑立面同时相交，则表明该区域受到直射光线的影响。此时，需要进一步根据该光线落在百叶窗上的具体位置来精确确定需要调整的百叶板单元。针对多目标区域同时出现的情况，可以根据式（10-2）确定需要调节的百叶板。

$$S_t^T \bigcap S_z^B \neq 0, z \in [1, n] \tag{10-2}$$

式中，z表示百叶板或百叶板单元；n表示百叶窗的百叶板总数；S_t^T表示入射光线与目标区域视线高度平面的交点集合；S_z^B表示入射光线与百叶板面的交点集合。

在确定了需要调节的百叶板单元之后，根据太阳剖面角Ω、百叶板宽度w、相邻百叶板间的垂直距离d等形态参数计算百叶板的初始开启角度（截止角度$\beta_{cut\text{-}off}$），见式（10-3）。

$$\beta_{cut-off} = \arcsin\left(\frac{d}{w}\cos\Omega\right) - \Omega, \Omega = \arctan\left[\frac{\tan\theta_{sun}}{\cos(\theta_{sun} - \theta_{surf})}\right] \tag{10-3}$$

式中，Ω表示太阳剖面角；θ_{sun}表示太阳高度角；θ_{surf}表示立面高度角；w表示百叶板宽度；d表示相邻百叶板之间的垂直距离。

针对非目标区域的百叶板状态确定，主要目的是平衡眩光和能耗水平。根据夏季和冬季气候特征，采取不同策略。在夏季，以眩光防止为主，将百叶板的初始状态设置为截止角度；在冬季，则将初始角度设置为与入射光线平行的太阳剖面角数值，以便为所有非目标区域提供最大的直接辐射照度，从而降低供暖成本。目标区域和非目标区域百叶板初始状态如图10-31所示。

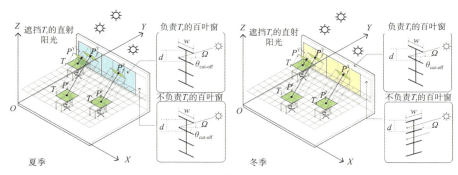

图10-31　目标区域和非目标区域百叶板初始状态示意图

（3）子流程三：室内光性能实时评估

通过上述子流程确定的百叶窗初始状态设定可避免室内阳光直射，但仍需关注建筑高层高亮度区日光过度扩散导致的眩光问题。为解决这一问题，可以通过进一步调整百叶板倾斜角限制目标区域光照强度来解决。此过程需要借助采光工具如DIVA，实时计算与评估室内光环境性能，以确定百叶板倾斜角调整后的采光量和舒适水平。考虑到建筑地理位置和气候条件的差异性，百叶板倾斜角度具有多样性和多变性。为简化过程，笔者团队搭建了基于径向基函数神经网络的离线代理模型，替代基于光线追踪的模拟过程，可以快速根据百叶板倾斜角获取室内日光性能，便于后续进行优化。模型训练所用的输入变量是当地气候数据、建筑几何参数、材料参数和百叶板倾斜角度，输出变量是由模拟得到的目标区域当前百叶状态下室内视线高度处的日光照度水平。

（4）子流程四：百叶板工作状态组合优化

为满足季节性采光量和光舒适需求，百叶板工作状态呈现多种组合方式。优化百叶板单元控制组合，以找到最合适的百叶窗工作状态，这一过程至关重要。在该流程中，首先将上一流程生成的离线代理模型嵌入控制器，以便获取百叶板工作状态及对应的室内光环境性能。然后，根据式（10-4）计算目标区域视线高度所在平面（T_t）的瞬时光照水平（$E_{v,t}$），并排序得到室内目标区域光照亮度最小值（$E_{v,\min}$）。

$$E_{1,t} = E'_{1,t} + E'_{2,t} + \cdots + E'_{z,t} + \cdots + E'_{n,t} - (n-1)E'_{0,t}, E_{v,t} \in (0, 2670) \quad \text{with}$$
$$\max\left\{E_{v,\min} \in \left\{E_{v,1}, E_{v,2}, E_{v,3}, \cdots, E_{v,t}, \cdots, E_{v,m}\right\}\right\} \tag{10-4}$$

式中，$E'_{1,t}$，$E'_{2,t}$，$\cdots$，$E'_{n,t}$ 表示每个百叶板对目标区域水平面处的照度；$E'_{z,t}$ 表示单个百叶板（B_z）对目标区域水平面处（T_t）的照度，通过关闭 B_z 之外的所有百叶板之后检测得到；$E'_{0,t}$ 表示所有百叶板关闭时的目标区域水平面处的照度；$E_{v,\min}$ 表示所有目标区域的照度最小值。

为了实现百叶板工作状态下目标区域的光舒适度，同时最大化室内采光量，需要在保证目标区域无眩光的照度值上限（2670lx）之内，尽量提升所有目标区域水平面处的照度值中的最小值。该照度值上限可通过式（10-5）计算得到，它代表了在不引起眩光的情况下目标区域可以承受的最大照度水平。

$$DGPs = 6.22x10^{-5}E_v + 0.184 \tag{10-5}$$

式中，$DGPs$ 表示眩光概率（0.35）；E_v 表示某目标区域水平面处的照度值；x 表示无眩光照度周转值。

利用改进的Gutmann RBF在线代理模型对百叶板工作状态进行优化，旨在实现目标区域水平面处的 $E_{v,\min}$ 最大化。优化过程包括全局搜索、初始样本选择等步骤，当 $E_{v,t}$ 超过2670lx时，将其归零并自动进入下一轮计算。根据经验定义，当改进停滞在每个目标时间超过500次时，迭代自动停止。Python中使用了OpenSource库RBFOPT来完成代理模型优化。同时，笔者团队设计了一个最优函数用于在约束条件下以递归的方式实现 $E_{v,\min}$ 最大化，如式（10-6）所示。

$$E_{v,\min}(t) = \begin{cases} 0, \text{if } E_{v,t} > 2670 \\ E_{v,t}, \text{otherwise} \end{cases} \tag{10-6}$$

基于光舒适度预测的建筑自动百叶窗决策支持技术实现了遮阳配置参数、实时性和天气之间的动态相关性模拟。该技术通过连接在Grasshopper平台内的真实组件传达各种建议的控制器进行自动操作，以达到优化室内光环境的目的。

10.3.2.2 高维多性能目标驱动的决策支持技术

建筑行业正由传统的高能耗模式转向高性能模式，这一过程中，建筑的能耗性能需要与其他环境、社会和经济方面的性能协同优化。方案设计阶段涉及众多性能目标，高维多性能目标优化问题常见，该阶段的设计决策对建筑各项性能影响巨大。然而，传统基于建筑性能模拟的多目标优化方法存在局限性，不善于解决高维多性能目标优化问题，且既有建筑多目标优化方法在决策支持和系统化优化技术与流程方面存在不足。因此，需要发展新的优化方法与工具，以支持设计者在方案设计阶段作出更加科学、高效的决策，推动高性能建筑的发展。

针对以上问题，笔者团队通过梳理建筑性能优化设计思维和流程演变，深入研究了建筑方案多目标优化设计的相关理论，并提出了基于SOM神经网络的建筑高维多性能目标决策支持技术，该技术主要包括建筑优化目标导向神经元层次聚类筛选、建筑优化目标导向神经元筛选和建筑设计参量导向神经元筛选三部分。具体流程如图10-32所示[1]。

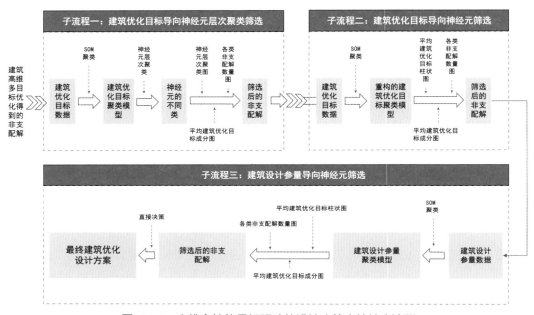

图10-32　高维多性能目标驱动的设计决策支持技术流程

（1）子流程一：建筑优化目标导向神经元层次聚类筛选

在进行神经元层次聚类筛选时，首先对建筑优化目标数据进行SOM聚类，并在此基础上对神经元进行层次聚类，形成"神经元类—神经元（非支配解类）—非支配解"三个层级的分类关系。通过视觉探索式决策机制综合获取决策支持信息，选择较优的神经元类，进而得到筛选后的非支配解。其次，如果剩余非支配解的建筑优化目标仍有可提升空间，则再次对这些非支配解的建筑优化目标数据进行SOM聚类，形成"神

---

① 刘倩倩. 方案设计阶段建筑高维多目标优化与决策支持方法研究[D]. 哈尔滨：哈尔滨工业大学，2020.

经元—非支配解"两个层级的分类关系。同样根据视觉探索式决策机制，选择较优神经元，进而得到建筑优化目标导向筛选结果。

（2）子流程二：建筑优化目标导向神经元筛选

建筑优化目标导向神经元筛选是实现建筑多性能权衡的关键步骤。在这一过程中，决策者能够利用视觉探索式决策机制，快速查看、分析和比较非支配解的建筑优化目标数据。通过这一机制，设计者可以选择在多目标性能上达到较优权衡的非支配解。作为决策支持流程的前一阶段，建筑优化目标导向神经元筛选得到的非支配结果将决定后续建筑设计参量导向神经元筛选的选择范围。因此，如果希望探索更多的方案设计可能性，可以在优化目标的范围限定上设置得更加宽松，以保留更多的非支配解；而如果更重视建筑性能，则可以将建筑优化目标范围设置得更加确切，保留较少的非支配解。这一筛选流程为设计者提供了灵活性和选择权，以根据具体需求和目标进行设计方案的优化与权衡。

（3）子流程三：建筑设计参量导向神经元筛选

该流程是在一定设计空间内，进一步探索可能的设计方案并选择最满意方案的过程。在这一过程中，首先对筛选出的非支配解的建筑设计参量数据进行SOM聚类，形成"神经元—非支配解"两个层级的分类关系。借助视觉探索式决策机制，综合所得的信息，选择较优神经元。这些神经元代表的非支配解可能为一个或多个，它们的优化目标和建筑设计参量数值差别不大。在这种情况下，通过直接对比这些非支配解，就可以确定最终的建筑优化设计方案。经过前期的建筑优化目标导向神经元筛选，剩余的非支配解在目标性方面已经达到较优水平，而建筑设计参量仍有一定的变动空间。对于设计者而言，不同设计参量值带来的不同设计效果也是决定最终方案的重要因素。因此，建筑设计参量导向神经元筛选能够确保最终的建筑优化设计方案在设计参量值上具有较高满意度，从而保证较好的设计效果。与以往仅以建筑优化目标为导向进行筛选的决策支持方法相比，建筑设计参量导向神经元筛选的引入是决策支持流程上的重要创新点，使决策支持过程更加贴近传统建筑学的设计决策过程，为设计者提供了更多考虑设计效果和设计参量变动的空间。

基于SOM神经网络的决策支持技术在建筑优化中展现出独特优势。该技术不仅兼顾了建筑优化目标与建筑设计参量两方面的比选，而且在建筑设计参量导向神经元筛选阶段创新性地引入了平均建筑设计参量成分图的筛选模式。这一模式的引入使得在探索多种设计可能性的同时，能够实现多性能目标的权衡，有效解决了建筑多目标优化，尤其是高维多目标优化的决策难题。

10.3.3　设计方案决策支持工具

基于所提出的设计方案决策支持技术，笔者团队研发了对应的决策支持工具，包括单性能目标导向的建筑方案决策支持工具和高维多性能目标导向的建筑方案决策支持工具。

10.3.3.1　单性能目标导向的建筑方案决策支持工具

得益于Grasshopper中的Galapagos等易于使用的工具降低了复杂优化技术的使用门槛，启发式设计方法在建筑优化设计中得到广泛应用。为了推动自适应表皮优化设计方法的普及，笔者团队基于"模式与关联"思维，构建了建筑光环境动态信息模型，并利用遗传优化算法在Grasshopper平台上研发了光舒适性能导向的建筑自适应表皮优化设计工具。该工具为建筑设计人员提供了完整的配套工具链，主要包括表皮光环境控制策略生成模块和表皮光环境控制结果评估模块两部分。

（1）模块一：表皮光环境控制策略生成模块

在此模块中，主要流程为：以光环境信息模型、表皮BSDF材料和epw文件为输入，通过迭代计算每个单元表皮区域的独立采光贡献并保存结果。具体步骤为，将ladybug_Fly设为True，对每个单元表皮区域进行迭代，分别将每个BSDF材料赋予该表皮单元，同时将除了当前计算区域之外的窗户部分替换为反射率为0的纯黑材料。之后，使用Run Simulation节点执行模拟，计算其独立采光贡献，并将计算结果以"表皮编号+状态编号"命名，保存在指定文件夹中，最终输出保存文件路径列表。随后，运用元编程（meta-programming）的方式预先在GhPython节点编写代码模板，根据设计者的输入让程序自动生成构建整数规划模型的代码，并写入计算机本地环境。此过程涉及动态代码生成，与元编程的核心概念相符，即代码作为数据进行处理，以生成或修改程序行为。具体实现时，程序会导入采光贡献数据，接受漫射水平照度值DHR和直射太阳照度值DNR作为输入条件，生成天空模型矩阵，并结合导入的采光贡献数据进行表皮状态优化，最终输出对应时刻的最优表皮配置列表。该优化过程主要采用模块化控制方法，允许设计者将一系列表皮编号连入控制组端口，对同一树形数据路径下的表皮单元施加额外约束，以便分析比较不同控制策略的表现。计算sUDI时，默认照度区间为300～2000lx，但设计者也可以自定义期望的光环境优化区间。该模块最终会输出一系列表皮状态最优列表，以及在当前最优表皮状态下计算得到的sDGP与sUDI指标。图10-33和图10-34所示分别为自适应表皮单元照度贡献计算模块和表皮整数规划优化模块。

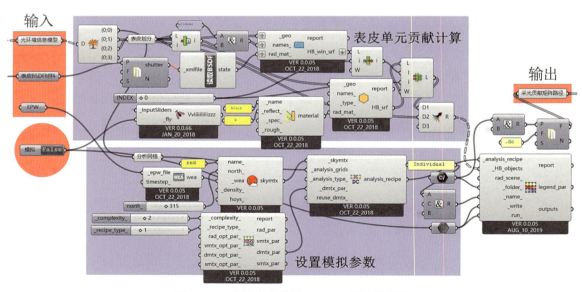

图10-33　自适应表皮单元照度贡献计算模块

（2）模块二：表皮光环境控制结果评估模块

在该模块中，首先读取表皮单元设计模块的控制策略结果和表皮单元贡献计算模块结果，进而计算实际的光环境指标，并通过绘制分析图为设计者提供直观参考。自适应表皮优化结果可视化模块如图10-35所示。为了深入分析某个具体时刻的表皮光环境优化效果，模块利用采光贡献值和整数规划结果作为输入条件，通过代理模型计算各照度点的采光照度值，并使用着色网格来表示光环境的分布情况，同时可视化各表皮单元的状态。此外，模块还提供了时间轴分布可视化功能，允许用户设定特定的时间段进行分析，如设定仅分析冬季下午工作时间的采光贡献效果，并据此重新计算全年的采光指标，从而为设计者提供更加灵活和全面的评估工具。

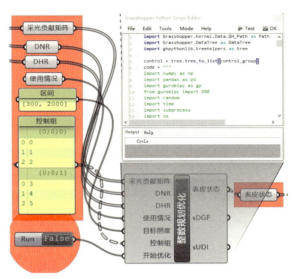

图10-34　表皮整数规划优化模块

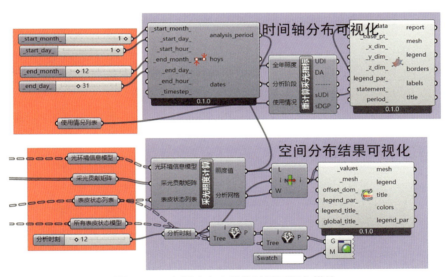

图10-35　自适应表皮优化结果可视化模块

为了能使所提出的表皮光环境优化在实践中易于应用，基于Grasshopper开发的自适应表皮优化设计工具将优化子流程中的关键步骤封装成了独立模块，简化了表皮单元贡献计算和代理模型构建过程，同时使用Ghpython与本地Python环境交互，实现整数规划公式的构建。该工具的研发简化了设计师在建筑设计过程中的操作，使得表皮光环境优化更易于实际应用，大大提升了方案设计效率。

此外，为解决设计师在性能驱动的建筑自适应表皮形态设计过程中面临的相关工具与技术不熟悉的问题，笔者团队基于常用的参数化设计平台，采用可视化编程和节点编程技术，开发了专门的建筑自适应表皮形态性能驱动设计工具。该工具主要包括自适应表皮形体生成模块、自适应表皮形变设计模块、自适应表皮形态优化模块三个核心模块[①]。

（1）模块一：自适应表皮形体生成模块

自适应表皮形体生成模块（form design）主要由两部分组成：基于镶嵌几何的表皮形体生成电池和基于分形几何的表皮形体生成电池（图10-36）。该模块能够在给定范围的建筑立面上生成建筑自适应表皮形体，但此时生成的表皮形体不包含形变方式，仅为表皮的框架形体。模块内电池的输入端由建筑立面和形体生成参数组成，输出端为生成的自适应表皮形体模型。这一形体生成模块能够将拟设计的建筑立面转化为自适应表皮的初始形体，从而为下一步的形变设计提供模型基础。各电池类别、名称与功能介绍如表10-3所示。

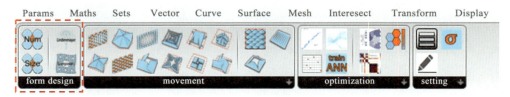

图10-36　表皮形体生成模块

形体生成模块电池介绍　　　　　　　　　　　　　　　　　　表10-3

所属类别	电池名称	功能简介
镶嵌几何	AFF_Tiling（Size）	可实现基于镶嵌几何的自适应表皮形体生成，单元大小由输入尺寸参数决定
	AFF_Tiling（Num）	可实现基于镶嵌几何的自适应表皮形体生成，单元大小由输入单元数量和立面尺寸决定
分形几何	AFF_Sierpinski	可实现基于谢尔宾斯基地毯分形逻辑的自适应表皮形体生成，单元大小由输入单元数量和立面尺寸决定
	AFF_Lindenmayer	可实现基于毕达哥拉斯树分形逻辑的自适应表皮形体生成，单元大小由输入单元数量和立面尺寸决定

（2）模块二：自适应表皮形变设计模块

自适应表皮形变设计模块（movement）主要由基于几何变换的表皮形变设计电池和基于仿生学的表皮形变设计电池组成（图10-37）。该模块负责为已生成的表皮形体设计形变方式，其输入端包括上一步生成的表皮形体模型和形变设计参数，输出端则为同时具备形体和形变方式的自适应表皮模型。此模块旨在整合表皮的初始形体和表皮形变，探究自适应表皮不同形变方式的利弊，进一步拓展自适应表皮形与动的组合的可能性。表10-4列举了四个电池的所属类别、名称与功能简介。

---

① 王加彪. 建筑自适应表皮形态性能驱动设计研究[D]. 哈尔滨：哈尔滨工业大学，2021.

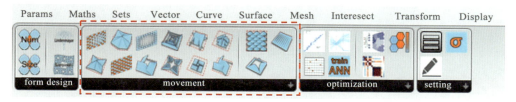

图10-37　表皮形变设计模块

形变设计模块电池介绍　　　　　　　　　　　　　　　　表10-4

所属类别	电池名称	功能简介
几何变换	AFF_RegularStar-PolygonFold	可实现基于旋转折叠的自适应表皮形变设计，通过调整参数改变不同的旋转折叠形体
	AFF_rotate	可实现基于旋转的自适应表皮形变设计，通过调整参数改变旋转轴位置
仿生学	AFF_Bio-Material-Deformation	可实现基于吸湿形变材料仿生的自适应表皮形变设计
	AFF_Bio-FishScale	可实现基于鱼鳞形态仿生的自适应表皮形变设计

（3）模块三：自适应表皮形态优化模块

自适应表皮形态优化模块（optimization）主要由多目标优化相关电池和SOM聚类相关电池组成（图10-38）。其核心功能是对前两个步骤生成的建筑自适应表皮原型进行多目标优化设计，并通过SOM聚类分形的方法从众多设计选项中决策出最终形态。为了实现这一功能，模块内的电池通过调用Ladybug+Honeybee和Octopus等设计工具，将建筑性能模拟、人工神经网络和多目标优化等设计功能集成于一体，便于设计者在自适应表皮形态设计过程中能够便捷进行数据交接，显著提高了设计效率。同时，模块还融入SOM聚类分析方法，有效降低了高维非支配解集的决策难度，帮助设计者更准确地选择出最优的设计方案。表10-5列举了该模块内核心电池所属类别、名称与功能简介。

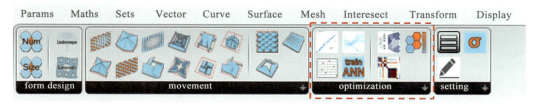

图10-38　表皮形态优化模块

所属类别	电池名称	功能简介
几何变换	AFF_LHS	可对优化参量进行拉丁超立方采样,输入相应参数可设置采样大小
	AFF_TRA-ANN	可利用前期建立的训练数据对神经网络进行训练,利用训练数据验证集对神经网络预测精度进行验证
仿生学	AFF_CLUSTER	可输入非支配解集,对其进行SOM聚类,输入值包括非支配解集和SOM结构参数,输出值为SOM神经元编号、神经元内非支配解分布情况等
	AFF_U-matrix	可对SOM聚类结果进行数据可视化,包括SOM神经元类别可视化、非支配解集性能目标分布可视化等

10.3.3.2 多性能目标导向的建筑方案决策支持工具

为支持设计者在高维非支配解间筛选并制定最终建筑优化设计方案决策,笔者团队研发了建筑高维多性能目标优化决策支持平台[①]。该平台集成了拉丁超立方采样、参数化建模、建筑性能模拟、神经网络建模与训练及高维多目标优化等多个模块,借助Ladybug + Honeybee、Octopus、Crow等工具,实现了对建筑形态和绿色性能的实时模拟与优化。采用NSGA-Ⅱ遗传算法,通过迭代运算对设计方案进行选择,有效支持了设计者在高维非支配解间的决策制定过程。各类既有工具在该平台中的应用如图10-39所示。

图10-39　建筑高维多目标优化平台中集成的工具

针对建筑多目标优化问题,笔者团队研发了基于SOM神经网络的建筑多目标优化设计决策支持工具,旨在帮助设计者在大量非支配设计解中进行比较和选择。该工具利用SOM聚类技术挖掘非支配解的数据特征,并通过可视化结果和互动式筛选界面,引导设计者进行理想的建筑非支配解选择。此工具主要包含数据导入及SOM聚类、SOM神经网络拓扑结构与聚类结果观察、建筑优化目标导向筛选及建筑设计参量导向筛选四部分。

---

① YE Y, RICHARDS D, LU Y, et al. Measuring daily accessed street greenery: a human-scale approach for interming better urban planning practices[J]. Landscape and Urban Planning, 2018,191(4).

（1）模块一：数据导入及SOM聚类

SOM Clustering界面主要由表格区域和按钮与参数输入区域构成，如图10-40所示。其中，表格区域的主要作用是展示和检查非支配解数据，同时可以对建筑设计参量和建筑优化目标进行命名；按钮与参数输入区域则包含数据导入、行列转置、建筑设计参量与建筑优化目标索引输入、神经网络大小设置及SOM神经网络聚类功能按钮与输入框。通过该界面，用户可以方便地实现多目标优化设计结果的自动导入和矩阵转置，更改参量名称，设置建筑设计参量和建筑优化目标行号索引，调整神经网络大小设置等操作。这些功能使得SOM Clustering界面能够完成非支配解数据处理与SOM聚类，并能将聚类模型数据输入其他界面，为后续的建筑优化设计决策提供支持。在每轮筛选中，都需要先利用该界面建立聚类模型，因此SOM Clustering界面具备的功能是其他界面功能实现的基础。

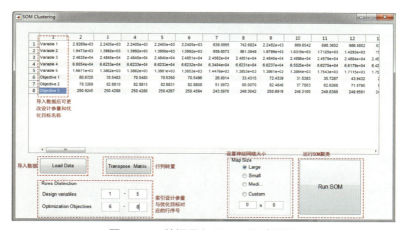

图10-40 数据导入及SOM聚类界面

（2）模块二：SOM神经网络拓扑结构与聚类结果观察

该模块面板提供了强大的功能，允许设计者自由切换建筑设计参量与建筑优化目标的SOM神经网络并进行可视化表达。具体而言，它能够显示SOM神经网络的U矩阵图，从而直观反映出神经网络的拓扑结构和神经元之间的距离。此外，设计者还可通过输入设计参量编码，观察所选参量与SOM神经网络的数据拟合情况。这一功能使得设计者能够判断当前的聚类效果是否满意，以及是否需要重新进行聚类操作（图10-41）。总的来说，该模块面板为设计者提供了一个直观、易用的工具，以支持他们在建筑多目标优化设计中的决策制定过程。

SOM Topology界面主要由三维投影图区域、U矩阵图区域以及按钮与参数输入区域构成，如图10-42所示。其中，三维投影图区域的主要作用是展示神经网络聚类模型与非支配解数据在三维空间内的关系，帮助决策者直观地理解数据在三维空间中的分布。U矩阵图区域的主要作用是展示神经网络的U矩阵图，使决策者能理解SOM神经网络在二维空间内的平铺结构和神经元之间的距离关系，从而更深入地了解神经网络的拓扑结构。按钮与参数输入区域包括建筑优化目标与建筑设计参量切换按钮和三维投影图维度索引输入框，提供灵活的交互方式，使决策者能够根据需要切换查看不同的优化目标与建筑设计参量，并调整三维投影图

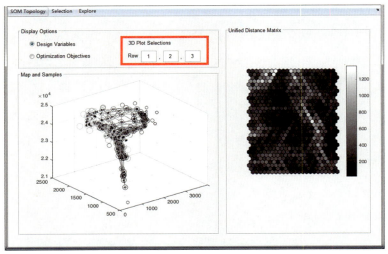

图10-41　SOM神经网络拓扑结构与聚类结果观察界面

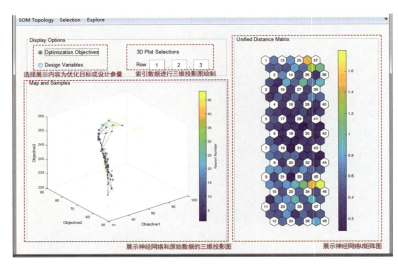

图10-42　SOM Topology界面

的维度索引。

　　在SOM Topology界面，用户可以选择展示建筑设计参量或建筑优化目标的聚类模型，并通过U矩阵图及三维投影图来理解神经网络拓扑结构和数据拟合情况。具体功能如下：在Display Options面板中，允许用户选择数据可视化对象，即建筑设计参量（design variables）聚类模型或建筑优化目标（optimization objectives）聚类模型。右侧Unified Distance Matrix面板中会展示所选建筑设计参量或建筑优化目标聚类模型的U矩阵图，体现神经网络拓扑结构和神经元距离。在3D Plot Selections对应的输入框内，用户可输入需进行可视化的三个维度建筑设计参量或建筑优化目标序号，三维投影图将展示SOM神经网络对非支配解数据的拟合情况。若神经网络神经元分布与数据分布情况近似，说明拟合度较高，可以进入后续的筛选步骤。总的来说，SOM Topology界面能够展示非支配解数据的聚类结果，有助于决策者理解SOM聚类原理和神经网络拓扑结构，使决策者能够快速判断数据拟合度，确保聚类结果的可靠性。

（3）模块三：建筑优化目标导向筛选

Selection界面主要由选择区域、辅助选择区域和按钮与参数输入区域构成，如图10-43所示。其中，选择区域的主要作用是展示平均建筑优化目标柱状图或神经元层次聚类图，便于决策者借助鼠标操作完成非支配解选择；辅助选择区域的主要作用是展示平均建筑优化目标成分图和各类非支配解数量图，提供具体的平均建筑优化目标值和解数量，为决策提供支持；按钮与参数输入区域包含神经元层次聚类按钮与输入框、取消选择按钮、载入表格按钮和导出到Excel文件按钮，提供灵活的操作和数据导出功能。

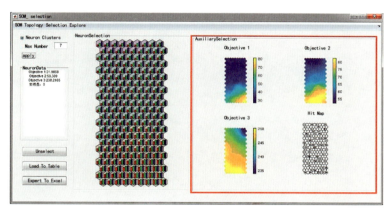

图10-43　建筑优化目标导向筛选界面

借助Selection界面进行非支配解筛选时，用户可以根据SOM神经网络的神经元数量选择是否进行层次聚类。若神经元数量较多，可单击Neuron Clusters按钮，设置最大聚类数，之后Neuron Selection面板中会展示神经元层次聚类图，便于用户进行非支配解的选择。若不进行层次聚类，则该面板中将展示平均建筑优化目标柱状图。在筛选过程中，用户可利用Neuron Selection面板进行选择，并参考Auxiliary Selection面板中展示的平均建筑优化目标成分图和各类非支配解数量图来辅助决策。同时，Neuron Data面板将实时展示鼠标所在单元格对应的一类非支配解的平均建筑优化目标值和解数量。筛选时，用户可通过单击鼠标选择满意的建筑优化目标单元格，被选中的单元格边线会变为红色。若选择有误，可以单击Unselect按钮取消选择并重新选取。每个单元格代表一类非支配解数据，当选择完成后，用户可单击Load To Table按钮将筛选结果载入SOM Clustering界面的表格，以备下一轮筛选；也可单击Export To Excel按钮将筛选结果导出到Excel表格，以便与其他程序对接。总的来说，Selection界面提供了建筑优化目标导向的筛选功能，支持神经元层次聚类筛选和神经元筛选两种模式，使决策者能够利用视觉探索和鼠标操作筛选出多建筑性能权衡较优的非支配解。

（4）模块四：建筑设计参量导向筛选

Explore界面同样由选择区域、辅助选择区域和按钮与参数输入区域构成，如图10-44所示。其中，选择区域的主要作用是展示平均建筑设计参量效果图，支持鼠标交互筛选操作；辅助选择区域的主要作用是展示平均建筑设计参量成分图和各类非支配解数量图，提供具体的设计参量值和解数量，辅助设计参量导向筛选；按钮与参数输入区域包含导入图片按钮、取消选择按钮、载入表格按钮和导出到Excel文件按钮，提供灵活的操作和数据导出功能。

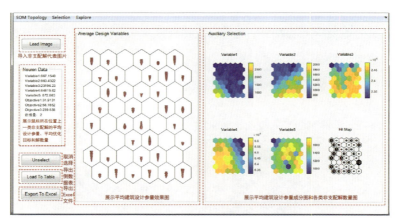

图10-44　建筑设计参量导向筛选界面

利用Explore界面，用户可以深入探索非支配解所代表的各种可能的建筑设计方案。首先，需要将非支配解对应的设计方案图片导入工具，并确保图片的序号与非支配解的序号一一对应。导入成功后，Average Design Variables面板中的神经元单元格内将展示非支配解代表的图片，这些图片直观地反映了相应一类非支配解的平均建筑设计参量效果。如果某个神经元内没有非支配解，即非支配解数量为0，则相应的单元格中将不会显示图片。在浏览图片时，可以通过在有图片的单元格上单击鼠标右键来放大图像，以便更仔细地观察建筑设计方案的细节。同时，Auxiliary Selection面板将展示辅助决策的平均建筑设计参量成分图和各类非支配解数量图。左侧的Neuron Data面板同样能实时反映鼠标所在位置的一类非支配解数据信息，包括平均建筑设计参量值、平均建筑优化目标值和聚类到该神经元的非支配解数量。在Average Design Variables面板中，可以通过单击鼠标左键来选择建筑设计参量达到满意的单元格。一旦确定了所选的非支配解，同样可将这些非支配解的数据导出到Excel表格，以便与其他程序进行对接或进一步分析。总的来说，Explore界面实现了建筑设计参量导向的筛选功能，并支持非支配解对应设计方案图片的导入。通过提供全面的辅助决策信息，该界面使决策者能够探索更多方案设计可能，并选择建筑设计参量较为满意的非支配解。

基于SOM神经网络的建筑多目标优化设计决策支持工具的研发，旨在实现方案优化设计决策结果在多性能目标间的较优权衡，同时确保建筑设计参量的满意度。该工具通过预处理样本数据并输入SOM神经网络模型进行训练，构造出具有决策能力的综合评估模型，有效提升了优化搜索速度并解决了决策支持难题。这一研发工作从优化和决策支持两方面丰富了现有的建筑多目标优化设计理论与方法，并为相关实践提供了技术工具支撑。

11
计算性设计助力未来城市营造

进入21世纪，全球面临着气候变化、能源危机等多重挑战，世界各国纷纷推出"碳达峰""碳中和"时间表，可持续发展理念越来越成为全球的共识。中国作为唯一做出实现"碳中和"承诺的发展中大国，力争于2030年前达到碳排峰值，努力争取在2060年前实现"碳中和"。同时，随着我国城镇化率在2019年突破60%，未来我国城市将进入一个经济、社会、文化等空间的全新组织与营造阶段。人本、健康、低碳、韧性、智慧、精细将是城市下一步发展的重要导向。如何在未来城市营造过程中实现对这一系列新挑战和新目标的综合考量，是对未来城市规划与设计领域提出的新任务。

从未来城市营造面临的难点和瓶颈问题来看，城市作为复杂的整体系统，其营造过程往往涉及多个不同的空间层面，不同空间层面的要素之间又存在着大量复杂的自变量与因变量的关系，其中不乏存在约束关系和矛盾关系的性能指标，这使得城市营造问题变得复杂。同时，相同的规划设计决策对城市性能指标呈现差异化影响，甚至是此消彼长，如何实现城市空间决策与性能指标之间的权衡改善，已成为城市规划设计决策制定的难点和瓶颈问题。

而新城市科学（new urban science）引领下的一系列计算性设计新技术与新数据涌现对城市规划与设计至关重要，能够运用量化分析与数据计算途径来深入分析和研判城市发展规律，助力实现城市自动化、智慧化和精细化的营造过程[1][2]。依托规划设计与科学和技术的紧密融合，计算性设计助力未来城市营造的全过程可归纳为三个典型方向（图11-1）。其中，方向一是计算性设计对国土空间规划的助力。计算性设计技术可以促进各类型国土信息数据快速整合、分析和可视化展示，推进国土空间规划的"双评价"方法和模式的创新。同时，可以利用计算性设计方法开展城镇开发边界的动态模拟和预测，通过数据整合、规则制定、数字化转换等流程，在不同规划目标、战略方向及发展趋势条件下开展未来城镇发展状态的模拟与预测，有助于在最短时间内预测未来的发展方向。此外，通过实时采集、获取居民的日常行为、公共设施状态、经济运行指标等属性信息，实现基于大数据的城市体检和风险诊断，识别城市发展中的问题，并及时进行规划策略的调整、补充和完善。方向二强调计算性设计方法与技术对城市设计的助力。对于城市空间形态分析来说，数据获取途径与质量的提升，使得开展城市空间形态的各类特征的量化评估成为可能，而物理环境模拟技术的进步则为准确模拟和预测城市设计方案的物理性能提供了支撑，同时虚拟现实等侧重研究人与城市空间之间互动关系的技术工具的巨大进步，则为人本尺度的空间与行为研究提供了实现路径，而生成式人工智能算法的出现则为城市设计方案的智能化生成提供了可能。因此，计算性设计技术可以支持城市形态绿色性能的量

① 叶宇，黄镐，张灵珠. 量化城市形态学: 涌现、概念及城市设计响应[J]. 时代建筑，2021（1）: 34-43.
② BATTY M，沈尧. 城市规划与设计中的人工智能[J]. 时代建筑，2018（1）: 24-31.

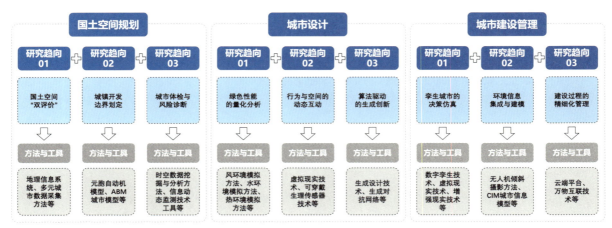

图11-1 计算性设计助力未来城市营造的发展趋势

化分析，进行以人为本的空间行为需求循证分析，并实现算法驱动的城市设计方案生成创新。方向三则强调计算性设计对城市建设管理的助力。基于数字孪生技术的城市决策仿真，通过构建接近真实城市的数字决策模型，可以实现现实世界和数字世界之间的交互，帮助理解城市系统中尚不了解的事物。同时，基于物联网的环境信息集成与建模不同类型的数据，能帮助管理者了解城市建设所带来的正面或负面效益，以此实现对城市建设管理的动态反馈。此外，通过建立监测系统实现建设过程的精细化管理，可以帮助建设管理部门实时掌控规划设计方案的真实实施情况和运行状态，从而动态调整并及时应对突发状况。

计算性思维在城市营造全过程的赋能，能够带来"更多元的利益相关者参与""更快速的迭代设计过程""更精准的性能评估反馈""更优化的设计方案输出选择"等方面的显著变革与收益，实现设计过程的真正革新。相对于传统规划设计的方法逻辑，计算性设计驱动的城市规划设计面对上述新挑战与新趋势，展现出更强的适应性。具体来说，计算性设计驱动的城市规划设计能够通过诊断、重构、推演、监管四个方面的转型（图11-2），实现对未来城市营造的全面赋能。通过"诊断"可以实现全样本、全时空地观测城市空间问题，也可以对不同人群、产业等的需求进行精准画像，从而助力规划师突破个人经验与认知局限，深入诊

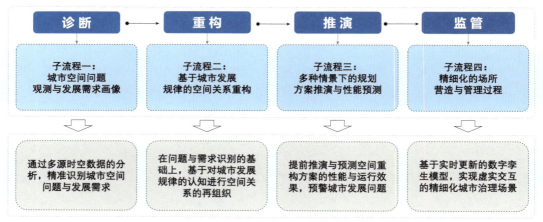

图11-2 计算性设计驱动的城市规划设计转型环节

断城市；"重构"环节强调在诊断城市问题与发展需求的基础上，基于城市发展规律进行经济、社会、生态与空间之间耦合互动关系的再组织，以此促进城市空间的内在变革；通过"推演"可以实现对城市空间重构方案的智能模拟，提前推演与预测空间重构方案的运行效果，以此预警城市发展问题，制订应对措施并持续优化；"监管"环节则针对精细化的场所营造与管理过程，基于实时更新的数字孪生城市模型，叠加静态与动态数据，精准呈现城市运行状态，以此实现虚实交互的精细化城市治理场景。

综上所述，计算性思维立足系统科学与复杂性科学思想，通过诊断、重构、推演、监管，为未来城市营造赋予新动能，并在人工智能时代语境下愈发呈现出多元化发展趋向。鉴于城市本身的复杂性、面临风险挑战的多样性及对可持续发展的重要性，城乡规划学科的长足发展势必要与"智慧""数字化"紧密融合。通过计算性设计为城市赋能，推动未来城市的健康、可持续发展。这一理念已在一系列规划设计实践与应用研究中得到体现，展现了计算性设计在未来城市营造中的巨大潜力。

11.1 牡丹江市国土空间总体规划：基于多源数据的"双评价"

资源环境承载能力和国土空间开发适宜性评价（简称"双评价"）作为国土空间规划编制的前提和基础，对科学有序地统筹布局生态空间、农业空间和城镇空间，划定生态保护红线、永久基本农田控制线和城镇开发边界具有重要意义，其成果服务于国土空间规划实施的各阶段全流程，同时也为实施国土空间规划监测评估预警提供重要抓手。计算性设计方法与技术可以从多源数据获取、数据集成与分析、数字化与可视化结果呈现等方面为"双评价"诊断技术的攻关过程提供支持。

11.1.1 计算性设计助力"双评价"基础数据的多源获取过程

基础数据作为"双评价"的重要工作基础，其完整性、准确性和数据精度直接影响"双评价"结果的权威性。而对于大部分城市来说，历史欠账较多导致部分基础数据难以获取，且数据来源多样，涉及不同行政部门，数据搜集及协调工作面临挑战。特别是涉及保密的数据，如土壤污染数据等，获取难度更大。此外，搜集到的数据精度参差不齐，导致数据的前期处理工作量增大，进而影响"双评价"工作的推进以及"双评价"结果的权威性。因此，在"双评价"工作中，需要重视基础数据的搜集、整理与质量控制，以确保评价结果的准确性和可靠性。

根据《资源环境承载能力和国土空间开发适宜性评价技术指南（征求意见稿）》的要求，"双评价"工作涉及的数据主要包括基础类、土壤类、水资源类、环保类、生态类、气象类、农业类、矿产类、灾害类等几大类型。通常来说，"双评价"的数据来源以当地政府部门提供为主，但由于评价指标的复杂性和多样性，部分缺失数据难以通过相关权威机构获取。因此，为了提高基础数据可溯性与权威性，并缩减人力成本，基于计算性设计思维，可以利用多种数据收集技术进行多源数据的获取与收集，能够有效满足"双评价"实际工作需求，具有计算合理性、操作简易性、数据权威性等特征。

通常来说，可用于国土空间规划"双评价"的基础数据可以从以下两种主要渠道获得。一是开源数据平台。例如，通过地理空间数据云或中国科学院资源环境科学与数据中心等平台，可以获取大尺度的高程、地表覆盖等DEM数据信息，这些数据通过GIS平台转换为栅格数据后可以为"双评价"中的生态适宜性和脆弱性评估提供数据支持。二是Landsat卫星数据。Landsat 8卫星搭载的ETM+传感器的数据精度为30m，这些数据包括瞬时地表温度、植被覆盖信息等，对"双评价"中的资源环境承载力评估和国土空间开发适宜性评价具有重要价值。

在牡丹江市国土空间规划项目的"双评价"研究中，笔者团队采取了多元化的数据获取策略，以确保评价工作的全面性和准确性。除了传统的从各政府部门获取基础数据的方式以外，还利用开源数据平台获取了牡丹江市的高程信息和地表覆盖信息等关键数据（图11-3）。这些数据为笔者团队提供了准确的地理空间信息，使得后续的"双评价"分析能够基于更加坚实的数据基础进行。

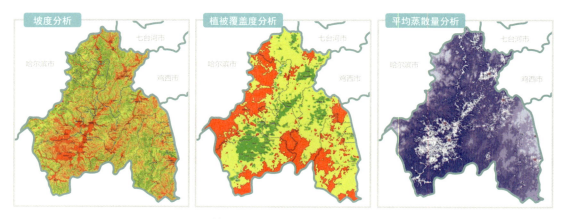

图11-3　基于开源数据平台的数据获取与分析

11.1.2　计算性设计助力多源数据的集成与分析过程

地理信息系统（GIS）能够完成大尺度范围内各类型地理空间数据信息的处理、集成、分析、评价、模拟等工作，并实现对模拟分析结果的可视化呈现。GIS在"双评价"过程中的引入主要是为了实现以下目标。

第一，利用GIS将采集到的多源数据信息进行转换，并整合到同一操作平台，从而实现对"双评价"所需空间数据信息的系统性整理和存储。集成在GIS平台中的数据信息主要包括空间数据信息和属性数据信息。空间数据信息主要以栅格和矢量两种形式表达，包括地形、道路、植被等要素的形状、尺寸、位置、距离等；属性数据信息则涵盖土地利用类型、土壤类型、地表覆盖类型等方面的各类环境信息。建立用于"双评价"的基础数据库是GIS在"双评价"过程中引入的初始环节。

第二，GIS系统具有强大的空间分析功能，主要包括单因子分析和多因子叠合分析。单因子分析主要是利用GIS工具箱中的水文学、核密度分析等工具展开单因子的计算和分析。笔者团队在牡丹江市国土空间规划"双评价"的开展过程中，针对生态保护重要性、农业生产适宜性和城镇建设适宜性三个维度的10个单因子分别展开了计算和分析，获得了各单因子的综合评分值（图11-4）。多因子叠合分析则针对复杂研究对象，考虑多因子、多系统的综合影响。在国土空间规划的"双评价"环节，多因子叠合分析可用于支持判别适宜于生态保护、农业生产和城镇建设的不同区域。

在牡丹江市国土空间规划项目的"双评价"过程中，笔者团队构建了三个核心评价体系。针对生态保护重要性的综合评价，构建了以生态系统服务功能重要性和生态脆弱性为核心的评价体系；针对农业生产适宜性的综合评价，构建了以种植业、畜牧业和渔业生产适宜性为核心的评价体系；针对城镇建设适宜性的综合评价，构建了以土地资源、水资源、灾害因素等作为基础指标，以区位优势度和地块连片度因素作为修正指标的评价体系。在完成各单因子的评价后，在GIS数据分析平台中进行相应的叠加计算，分别得到生态保护重要性、农业生产适宜性和城镇建设适宜性的综合评价结果（图11-4）。

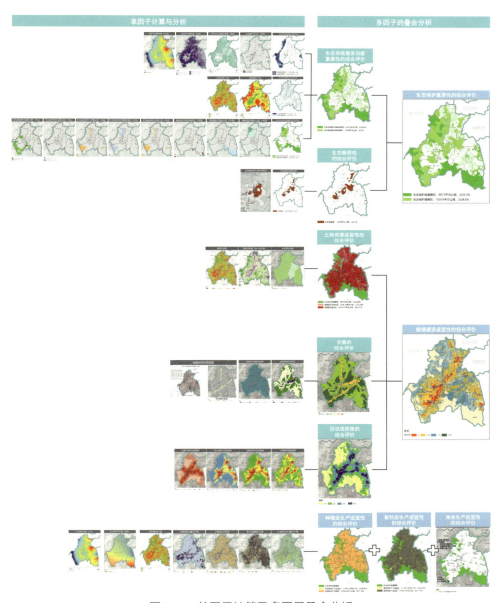

图11-4 单因子计算及多因子叠合分析

11.1.3 计算性设计助力"双评价"结果的数字化和可视化呈现

在ArcGIS软件中，可以将点、线、面数据根据对应的坐标系以地图的方式进行可视化。在图层属性中，通过调整Symbology窗口的相关参数，可以灵活调整图层的展示内容、色彩组合方式、透明度、分类方式，从而满足不同场景下的可视化需求。以牡丹江市国土空间规划项目的"双评价"结果为例，ArcGIS发挥了重要作用。为了清晰表达不同等级的各类空间在牡丹江市域范围内的分布情况，运用Quantities功能将生态保护重要性、农业生产适宜性和城镇建设适宜性的综合评价结果分为多个级别，通过赋予各级别不同的色彩，可以清晰地展现出牡丹江市域范围内各类型区域的面积占比及其相应的集聚位置，为诊断生态保护、农业生产与城镇建设之间的矛盾与冲突区域提供了有力支持。特别是城镇建设适宜性综合评价，通过将评价结果分为高适宜性、较高适宜性、一般适宜性和较低适宜性四个级别（图11-5），可以明确识别出城镇建设适宜区与不适宜区的面积，为规划决策提供了科学依据。

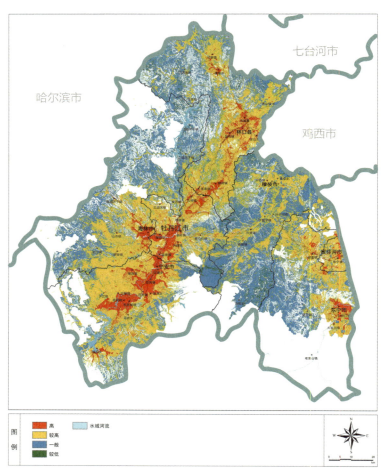

图11-5　城镇建设适宜性综合评价结果的分级图

由于国土空间规划的"双评价"过程往往涉及众多指标，其基础数据处理、分析与评价、模拟等工作量相当庞大。在此背景下，笔者团队在牡丹江市国土空间规划"双评价"的开展过程中，基于计算性设计思维、方法与技术，通过深入理解"双评价"过程所涉及的相关指标及其相互关系，并结合相关技术规程的评价要求，提出了一套可扩展、可适应调整的评价框架。这一框架的应用，不仅提高了"双评价"的精度和效率，也为国土空间规划的科学性和合理性提供了有力支持。未来应继续深化计算性设计方法与技术在国土空间规划中的应用，不断提升"双评价"过程的精度和效率，并加强对国土空间利用情况的实时监测，以便动态地修正和完善"双评价"过程，确保规划的科学性和时效性。这将为国土空间的可持续利用和发展提供更为坚实的技术支撑。

11.2　重庆两江协同创新区核心区设计总控：全过程精细化管理

随着我国城镇化进入下半程，城市建设正逐步向高质量发展转变，规划管理也逐步走向精细化。然而，城市建设管理过程因涉及更多利益群体、专业部门，以及未来的不确定性，而面临前所未有的复杂性和矛盾性。在此背景下，现行城市建设管理观念和方法的不适应问题愈发凸显，难以有效发挥引导和调控作用，因而亟待调整、改进和创新，以适应城市建设发展过程中的新需求。尤其是当前我国正处于持续推进国家治理体系和治理能力现代化的关键阶段，城市作为现代化的重要载体，更加需要探索新型治理体系。因此，面对新的挑战和机遇，复杂建设工程的全过程管理与实施急需引入计算性设计技术与工具，以驱动建筑工程项目管理制度和实施机制的创新与完善。

11.2.1　计算性设计助力城市全场景要素建模与动态更新

从目前已开展的建筑工程项目实施管理制度的研究与实践来看，一系列致力于提升城市建设品质的管理制度逐渐兴起，如城市及其重点地区层面的城市总规划师、总设计师制度，社区层面的责任规划师、社区规划师制度，建筑层面的建筑师负责制、工程总承包模式等。许多学者针对这些制度的工作内容、管理模式和团队组成等进行了初步探索。然而，由于这些制度仍处于初期探索阶段，且在不同地区的实践面临的需求和问题各异，因此尚未形成公认的制度实施路径，尤其缺乏引入计算性设计思维与方法的指导路径。

在各层次、各类型的新型建设管理制度中，城市总设计师制度专门针对从规划设计走向建设实施的过渡环节，旨在保障城市设计动态、高效实施，是城市建设品质和公众公共利益的重要保障。由于这一阶段的建设管理面临复杂、多变、多元的不确定性风险与挑战，因此亟待在城市总设计师制度的全过程引入计算性设计思维与方法。其中，在制度的初始阶段，计算性设计可以从全场景要素的城市环境信息集成与建模、建筑设计方案的实时更新和动态整合两个方面为建设项目管理提供重要支撑。

11.2.1.1　基于无人机倾斜摄影进行全场景要素的城市环境信息集成与建模

城市全场景要素的建模过程主要包含三个核心环节：首先，需要利用无人机倾斜摄影、图像三维重建等技术，快速进行全场景要素的城市环境信息的初步采集、集成与建模，这一步骤为构建高精度的数字化城市全场景要素模型提供数据基础；其次，在完成基础数据的采集以及基本模型要素信息的构建后，需要研发构建能够与不同设计工具交互、互通的三维数字模型底座软件平台，以实现将不同设计单位的建筑设计方案整合到同一数字模型中；最后，在完成全场景要素的城市环境信息的采集、集成、建模后，可以进一步开展各类要素的详细模拟分析，这一步骤有助于识别城市建设管控过程中需要重点解决的各类问题（图11-6）。

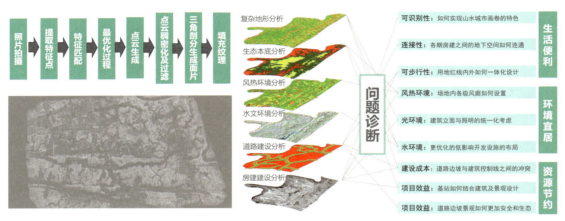

图11-6 全场景要素的城市环境信息集成、建模与分析流程

在重庆两江协同创新区核心区的设计总控咨询项目中，在基于无人机倾斜摄影进行城市全场景要素信息采集和初步建模的基础上，笔者团队与重庆市勘测院密切合作，基于重庆市勘测院开发的全域空间三维数字底座平台，进一步构建了重庆两江协同创新区核心区的高精度数字模型（图11-7）。该数字模型具有高度的兼容性和互通性，可以与SketchUp、3d Max、Rhino等设计模型无缝对接，不仅实现了设计方案的动态更新与整合，还使得设计方案能够实时查看与评审，极大地提高了工作效率和准确性。通过这一数字模型，两个团队能够预先发现可能存在的组团与组团之间、建筑与建筑之间的设计矛盾问题，为项目的顺利推进提供了有力支撑。

图11-7 重庆两江协同创新区核心区的高精度数字模型

11.2.1.2 城市环境信息模型的动态更新与实时审查

在完成三维数字模型底座平台构建后，团队在建设项目管控的各阶段将相应的设计方案模型实时融入整个园区模型中，以辅助设计方案审查。针对重庆独特的山地城市特点，团队在高精度和高准度的城市全场景要素模型中进行设计方案的实时审查，这一过程不仅实现了"人视点"的建筑设计方案审查，还能发现更多

建筑与周边自然环境相冲突的矛盾点。由图11-8可以看出，通过实时更新建筑设计方案模型在城市全场景要素模型中的状态，团队能够有效地审查未来建筑建成后与周边自然山水环境之间的关系，从而更有效地塑造特色鲜明的山水城市[①]。

图11-8　建筑设计方案的实时仿真与评审

11.2.2　计算性设计助力城市绿色性能智慧预测

在完成全场景要素的建模之后，笔者团队针对重庆独特的地形条件和气候环境，采取了多项创新技术进行优化设计。针对重庆湿热的气候环境，采用风热智慧仿真技术，展开城市空间形态优化设计，打造主次多级风廊，提升了城市开放空间风环境品质（图11-9）。此外，针对山地城市复杂的地形地貌条件及海绵城市的建设需求，采用径流仿真技术获取用地的水文敏感性特征，为场地内的低影响开发（LID）设施布局决策制定提供支撑，营造生态安全格局。

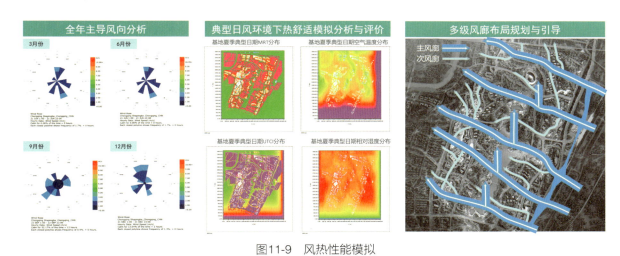

图11-9　风热性能模拟

① 孙澄，王飞，解文龙. 城市总设计师制度的全过程实施路径探索——以重庆两江协同创新区大学大院大所聚集区为例[J]. 建筑学报，2022（S1）：246-252.

11.2.3　计算性设计助力精细化的多维管控过程

进入到城市总设计师制度的设计方案管控阶段，为了实现精细化的多维管控，笔者团队搭建了集质量、进度和成本于一体的总控云端管理平台，实现了各类型管理要求与信息的查询、反馈和调整，同时监测各期房建项目的进度和成本。具体来说，总控管理平台由总控管理系统和总控评审系统两个核心系统组成。这两个系统协同工作，确保设计方案的精细化管控得以有效实施。

11.2.3.1　总控管理系统

总控管理系统作为项目管理的重要工具，包含三大核心功能：一是实时跟踪建设进展，在系统的功能页面内展示各建设项目的最新进展情况，系统管理员能够随时掌握项目动态，并对场地相关信息进行修改和增补，保证信息的准确性和时效性；二是详细展示各建设地块的设计导则要求，包含上位规划文件、城市设计概要等关键信息，为项目团队提供明确的设计指导和参考；三是展示各建设地块与其他相邻组团之间的关系和协调要求，促进不同组团之间的协调与共融，确保整体项目的和谐统一。

在重庆两江项目中，笔者团队构建的总控管理系统包含多个工作界面（图11-10），并具有管理员与普通用户（即各个设计单位）两类登录角色。管理员可以对系统内容进行上传与编辑。普通用户登录后，可以在系统的场地功能页面内浏览整体场地的建设情况和效果，查看相关基础信息，也可进入各期房建页面，详细了解其当前建设情况与预期建成效果。各设计单位也可以从系统下载相关上位规划文件和各期房建的城市设计概要。

图11-10　总控管理系统与评审系统的操作界面

11.2.3.2　总控评审系统

总控评审系统则包含三个方面的核心功能。一是项目进度管理与跟踪，总控管理系统能够实时显示项目进度情况及与各设计单位和专家的相关评审工作日程安排，并通过系统及时通知各参与方，确保项目按时推进。二是设计成果上传与评审，这是评审系统的核心功能。设计单位上传成果，管理员将成果文件分配给专家进行分配，专家进行评审及意见反馈上传，管理方可据此决定评审结果。三是意见反馈与设计调整跟踪，设计单位根据专家建议进行修改，直至设计成果达到要求，系统全程跟踪调整过程，确保设计质量。

在重庆两江项目中，笔者团队构建的总控评审系统包含多个工作界面（图11-10），并具有三类登录角色，即管理员、设计单位与专家，这三类角色对应评审流程中的不同环节。其中，项目评审页面是评审系统的核心功能，重点在于实现多地、多时、多人、多专业交叉的方案审查，实现对项目质量和项目成本的综合把控，并确保项目评审过程的公平、公正、公开。而项目进度填报页面主要由设计单位填报，并进行自我评价。管理员端则负责判断成果进度是否满足阶段性要求，以此把控项目进度。

从计算性设计的应用效果来看，在当前大型复杂建设工程全面走向全过程动态管理的背景下，基于计算性设计技术积极探索新型设计管理制度，有助于促进复杂建设项目管理过程中各项管理制度之间的融合与衔接。率先探索在建设工程项目全过程中高质量管理的技术方法，能够为未来国内其他地区开展此类制度实践提供路径借鉴。笔者团队在重庆两江协同创新区核心区的总控咨询服务项目中，在城市设计总控的初始阶段，利用无人机倾斜摄影技术进行全场景要素的城市环境信息集成与建模，实现了建设情况的高精度数字化还原，为建筑设计方案评价提供了重要支撑。从园区的实际建设情况来看，高精度和高准度的城市全场景要素模型，能够实时仿真模拟项目建成后的体验效果，为地形环境复杂的山水城市设计提供了审查依据，有助于优化整个园区内建筑与环境的对话关系，促进组团之间的风貌协调。在城市设计总控的设计方案管控阶段，搭建质量、进度和成本一体化的总控云端管理平台，有效促进了设计方、建设方和管理方团队之间的快速有效交流与融入，削减了各方之间的信息壁垒，使得建筑设计团队在方案设计之初即可充分理解各方要求，避免了因设计要求不明确而产生的设计工作反复等问题。同时，总控云端管理平台的公开和透明特征促进了各团队之间的沟通交流，通过互学、互鉴，提升园区建筑集群的整体品质。

11.3 双鸭山双矿全域土地综合整治规划：动态监测与情景推演

2015年，住房和城乡建设部提出大力开展"城市双修"工作，旨在通过"城市双修"解决快速城镇化过程中所引发的生态系统破坏严重等"城市病"，探索转型时期城市可持续发展的更新方式。"城市双修"不仅是实现我国城市精细化治理与城市转型发展的重要手段，也是探索开发资源逐渐枯竭后城市工矿地区甚至城市应对转型发展的有效途径。而计算性设计方法与技术可以从动态监测与沉陷风险诊断、发展情景推演与综合效益测算等方面助力"城市双修"的推进过程。

11.3.1 计算性设计助力动态监测与沉陷风险诊断过程

"城市双修"即生态修复和城市修补，是治理"城市病"、改善人居环境、转变城市发展方式的有效手段，能够促使城市发展由量的扩展转入质的提升，对生态文明建设意义重大。其中，"生态修复"旨在有计划、有步骤地修复被破坏的山体、河流、植被，恢复城市生态系统的自我调节功能。需要开展生态修复的地区往往长期采用粗放型发展模式，以破坏生态环境为代价来换取高速的发展过程，因而对区域自然生态环境造成严重破坏，且存在较大安全隐患，往往为地质灾害多发地。

在开展生态修复的过程中，首先需要对目标区域展开深入调查，精准识别现状问题并诊断生态系统破坏的具体成因，从而明确生态环境问题突出、亟待进行生态修复的具体区域。因此，如何利用计算性设计方法与技术进行现状情况的精准摸查，是为"城市双修"提供辅助决策依据并确保"城市双修"工作精准、有效开展的关键。

通常来说，"城市双修"基底数据可由以下两种渠道获得。一是地理国情监测数据成果。例如，由国务院统一部署开展的第三次全国国土调查数据，全面采用优于1米分辨率的卫星遥感影像制作调查底图，能够反映土地利用的覆盖情况，为制订针对性的决策提供辅助参考。二是基于无人机、无人测量船等新型工具获取精细化的影像数据。这些新型数据获取方式可以弥补传统数据时效性差、精度低的局限性，为"城市双修"中的问题诊断环节提供新的数据源。同时，通过将传统数据和新型数据互相验证、结合使用，可以进一步提高数据的质量和精度，以此支撑所需修复地区的复杂问题诊断需求。

从"城市双修"系统诊断的技术流程来看，首先需要利用无人机、无人测量船等新型工具开展调研，系统化、精细化地采集"城市双修"过程所需的各类型环境要素的相关地理空间信息（包括山、水、林、田、湖、草等生态要素，以及所需修复的废弃地等人工要素），为保护自然资源、修复生态环境提供数据基础。然后，可以根据不同城市对"城市双修"的差异化需求，在基础性地理监测数据的基础上灵活补充并完善相关调查内容和技术指标数据，最终形成"城市双修"的地物实体位置与属性信息。在此基础上，可以利用多种技术分析手段，梳理和分析自然资源与生态环境方面存在的重大问题，以识别生态环境问题突出、亟待开展生态修复的具体区域，确定"城市双修"的工作重点。结合GPS技术，对水域部分进行精细化测量，确保数据的全面性和准确性。

在双鸭山双矿全域土地综合整治项目中（图11-11），笔者团队采用了计算性设计技术手段，全方位无死角地收集基础数据，并进行了深入的问题诊断。利用无人机搭载高分辨率相机，对沉陷地坑塘进行低空航拍，获取高清低空遥感影像，利用Hi-Boat10无人测量船结合GPS对水域部分进行精细化测量，进而将无人机和无人测量船获取的数据进行整合，形成完整的基础数据集，确保数据的全面性和准确性。然后，对遥感影像进

图11-11　生态修复过程中的数据采集、提取与系统诊断

行分类信息提取，提取出地表覆盖、沉陷形态等关键信息。运用专业的地表沉陷变形预计系统，分析沉降变化、预测沉陷值。根据沉陷程度和稳定性，将全部坑塘划分为稳定区、待稳区和采动区，为后续的修复工作提供指导。在此基础上，对该片区域现有问题做出诊断，包括耕地影响诊断、矸石山现状诊断、村庄压煤诊断等。全面的基础数据收集和问题诊断，为后续的生态修复和城市修补工作提供有力的数据支持和技术保障。

11.3.2 计算性设计助力发展情景推演与综合效益最大化的实现过程

"城市双修"作为城市空间发展和精细化治理的新方法、新模式，旨在实现生态、经济、社会、文化等多重价值的"共赢"。其过程涉及发展情景推演与综合效益评价。在这一过程中，GIS工具的应用至关重要，它能够实现地理空间数据信息的转换和输入，并在此基础上进行各单因子的评价与分析。例如，笔者团队在双鸭山双矿全域土地综合整治项目中，构建了包含区位条件、水土条件、周边景区联系三大类，以及交通枢纽可达性、坡长坡度、地表植被覆盖等八小类因子的情景模型，并利用GIS工具箱进行了单因子评价。

在得到所有单因子的评价结果后，利用GIS工具箱中的多因子加权叠合分析工具，开展不同发展导向下的因子叠合分析。在这一步骤中，确定各单因子的权重是关键，可以通过专家打分法、层次分析法、熵值法等主客观权重计算方法确定。通过改变因子权重，可以得到城市在不同发展情景下的发展情况与预测结果，这些结果展示了城市未来发展的可能性。通过不同发展结果的对比、分析与博弈，可以寻求实现多重价值"共赢"的规划策略最优解，从而增强城市规划的科学性和有效性。例如，在双鸭山双矿全域土地综合整治项目中，笔者团队在构建了情景模型之后，优先考虑生态效益和社会效益，运用层次分析法（AHP）与博弈计算进行耦合分析，以期望效益最大化制订矿区修复技术路线。在此基础上，根据评价结果，从宏观角度判断各矿区发展方向（图11-12），为"城市双修"提供科学依据和决策支持。

计算性设计在"城市双修"项目中展现出显著的应用效果。由于"城市双修"项目往往针对人地之间发展矛盾突出、生态环境问题复杂的地区，这些地区在发展过程中由于缺乏系统性规划的指导而面临诸多挑战。如果采用传统的规划模式，极易出现因现状情况认知不清而导致规划决策偏差或失误。因此，引入计算性设计方法与技术显得尤为必要。从数据采集、风险诊断、情景推演、多重效益权衡、动态监测等方面创新"城市双修"的技术流程，从而有效实现"城市双修"的多重效益"共赢"目标。以双鸭山双矿全域土地综合整治项目为例，计算性设计方法与工具的应用为不同发展状况和发展需求的矿区制订适合自身的生态修复策略和空间发展策略提供了科学支撑。同时，通过综合效益最大化的权衡，结合各矿区的周边条件，分别确立了不同矿区的未来发展定位。

展望未来，基于计算性设计思维和方法可以进一步改进"城市双修"的技术流程，在整体提升其科学性的同时，不断加强现状数据收集及发展情景推演的精度、准度和效率。同时，也需要利用计算性设计技术和工具进一步加强"城市双修"项目的动态监测和实施后评估机制建设，对后续的生态修复和城镇发展进行实时监测，并依据动态实施结果及时调整生态修复策略。这将有助于确保"城市双修"项目的持续成功实施和优化，推动城市实现更可持续、更和谐的发展。

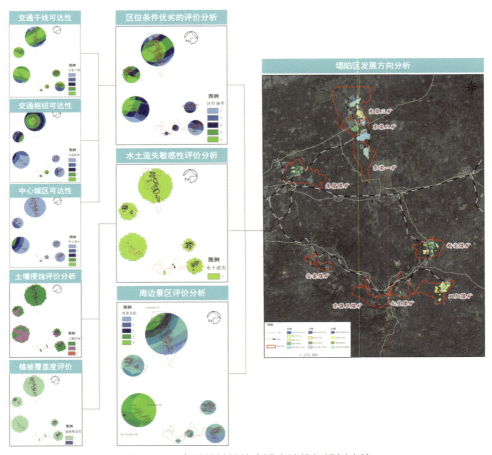

图11-12　多重效益的综合博弈计算与规划决策

11.4　历史街区风貌特色保护与传承研究：历史建筑立面设计方案自动生成

历史街区中的城市风貌特色保护与传承在旧城更新中扮演着举足轻重的角色，承载着保护和传承城市历史文化的重任。自1931年《雅典宪章》提出历史街区内建筑更新改造的原则以来，尊重并继承任何特定历史时期的外部美学特征，便成为历史街区建筑更新改造的重要指导原则。这些历史风格的保存不仅对单个建筑而言至关重要，更关乎整个历史街区的可识别性和文化连续性。然而建筑师与城市设计师在开展历史街区的更新改造过程中，常常面临如何抽象提炼既有历史建筑风格特征的难题，导致设计师在整个设计流程中虽然花费了大量时间研究历史建筑的立面比例、风格、材质等，但得到的结果往往带有较强的主观性，缺乏客观、量化的评估标准。为了破解这一难题，基于计算性设计思维与方法的技术流程和决策工具应运而生（图11-13）。这些新技术和工具不仅能够实现建筑立面设计方案的抽象化自动生成，显著提高设计流程的工作效率，而且能够为多样化立面设计方案的权衡决策过程提供客观的量化评估数据支持[①]。

---

① SUN C, ZHOU Y, HAN Y. Automatic generation of architecture facade for historical urban renovation using generative adversarial network[J]. Building and Environment, 2022(212): 108781.

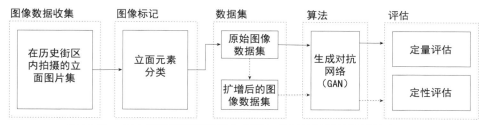

图11-13　历史街区建筑风貌特色保护与传承的计算性设计技术流程

11.4.1　计算性设计助力历史建筑立面的风格识别、抽象提炼与设计生成

在历史街区更新场景下，自动生成设计展现出了巨大潜力，尤其是在建筑立面设计方面。不同于设计师依赖主观直觉进行设计，自动生成设计能够通过算法和数据分析，提供更为客观、精准的设计方案。由于历史建筑立面的风格识别与抽象提炼过程都与视觉图像密切相关，计算性设计方法中的生成对抗网络（GAN）方法因此备受关注。GAN最早由古德费罗等在2014年提出[①]，其核心理念是生成与给定数据集在统计上相似的新数据。在视觉图像方面，GAN已取得了显著的成功应用，尤其是在生成人脸图像方面。这些成功的应用性研究证明，GAN具有强大的图像处理和生成能力。因此，将GAN应用于历史街区建筑立面的自动生成设计具备极强的可行性。通过处理大量立面图像数据，GAN能够学习到历史建筑立面的风格特征，并自动生成符合这些特征的新立面设计方案。

笔者团队在哈尔滨中央大街历史街区风貌保护与传承的研究中应用了基于GAN的历史建筑立面设计方法。首先，选定75座不同风格的历史建筑，分别进行正立面拍摄，得到157张原始照片。经过对原始照片进行筛选、调整分辨率等步骤，确定了13个类别的元素集以表示该区域所有可见的立面组件。在此基础上，通过图像处理方法来扩展数据集规模[②]，最终得到460对图像，其中368对作为训练集，92对作为测试集（图11-14）。

之后，基于CycleGAN模型构建了建筑立面转换与生成工具的详细框架。在此框架中，包含两个生成器（G_{AB}和G_{BA}）以及两个鉴别器（D_B和D_A）。生成器负责在训练样本中捕捉建筑立面风格，将图像进行转换；而鉴别器则用于区分输入图像的真实性，估算生成的标签属于真实标签的概率。通过正向和反向循环，实现了立面图像和标签图像之间的循环转换。训练后，生成器G_{AB}能够将真实的立面图像转换为带有分类立面元素的标记图像，而包含所选历史区域的提取风格的G_{BA}则能根据输入的标签图像生成相应的正立面。

在完成建筑立面的转换与生成工具的构建之后，通过对数据集展开训练，可以得到多样性的训练结果。经过多次迭代之后生成的建筑立面，不是特定立面的简单复制，而是抽象表达，涉及色彩、材料、元素、构图等方面，能够支持后续的方案评价与决策。笔者团队在哈尔滨中央大街历史街区风貌保护与传承研究中，进行了300次迭代训练，图11-15展示了原始和扩充数据集的模型训练结果。

---

① GOODFELLOW I J, JEAN P-A, MIRZA M, et al. Generative adversarial networks[EB/OL]. (2014-06-10) [2024-12-18]. http://arxiv.org/abs/1406.2661.
② CZERNIAWSKI T, MA J W, LEITE F. Automated building change detection with amodal completion of point clouds[J]. Automation in Construction, 2021(124): 103568.

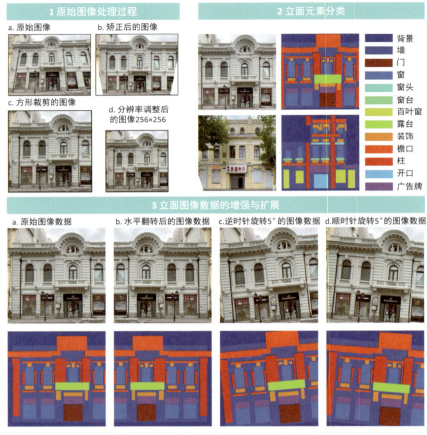

图11-14　立面图像数据集的构建过程

图11-15　建筑立面的训练生成结果

11.4.2　计算性设计助力历史建筑立面方案的评价

在研究中，笔者团队还重点基于FID方法[①②]开展了历史建筑立面生成方案的定量评价。FID分数越低，表示样本和目标图像之间的相似度越高，是评估GAN模型质量最直观、应用最广泛的方法。研究通过将生成的批处理图像与真实图像进行比较来评估真实性和多样性水平。FID曲线显示出每五轮学习后，原始训练数据集和生成立面图像之间的相似度（图11-16）。研究结果显示，无论是原始数据集还是增强数据集，FID曲线都在第150次迭代之前表现出FID值显著降低的趋势，并且在中点之后表现稳定，第200次迭代之后两条曲线都开始稳定到接近最终状态，说明第200次迭代之后生成的设计方案具备更加真实的外观。

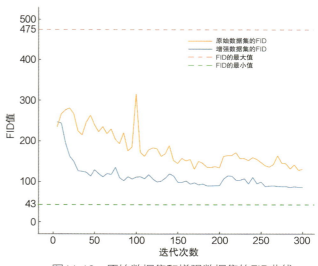

图11-16　原始数据集和增强数据集的FID曲线

从计算性设计的应用效果来看，基于CycleGAN模型的自动提取、提炼、识别和生成历史建筑立面方案表现出色。其不仅避免了对原始立面的简单复制，而且能够通过立面色彩、材料、元素、构图等方面的抽象表达，实现在保持立面风格"兼容性"基础上的"差异性"创新，完全符合历史街区建筑立面的更新设计要求。此外，基于FID的生成方案评价结果显示，自动生成的建筑立面方案与原始历史建筑立面的材料、元素、色彩等方面存在紧密联系，表明基于CycleGAN模型生成的建筑立面在整体外观上与既有历史街区的建成环境相协调。为了进一步测试模型的实用性，笔者团队还将该技术方法应用于哈尔滨中华巴洛克历史街区，该区域与中央大街历史街区具备不同的建筑风貌特点。应用效果显示，该模型不仅能够生成高真实性的建筑立面方案，而且在立面材质填充与比例划分方面也表现良好，所生成的方案多样性强，为历史街区建筑风貌的有机更新提供了有力的科学决策支持。

11.5　社区安全疏散优化研究：疏散模拟与社区空间形态重构

在全球自然和人为灾害频发的背景下，尽管当前城市基础设施建设不断完善，但灾害仍对城市安全构成威胁，城市防灾体系的构建与完善也日益受到关注[③]。在社区这一城市应急防灾的基本单元，同时也是城

① BORJI A. Pros and cons of GAN evaluation measures[EB/OL]. CoRR, (2018-10-24) [2024-12-18]. http://arxiv.org/abs/1802.03446.
② HEUSEL M, RAMSAUER H, UNTERTHINER T, et al. GANs trained by a two time-scale update rule converge to a local nash equilibrium[EB/OL]. CoRR, (2018-01-12) [2024-12-18]. http://arxiv.org/abs/1706.08500.
③ 谷溢. 城市空间夜间防灾策略研究[D]. 天津：天津大学，2012.

市公共安全事故的高风险场所，确保安全疏散是提高城市抗风险能力的重要一环。然而，高密度人群聚集给社区安全疏散设计带来了巨大挑战，需要全面考虑疏散人群、疏散环境和疏散管理等多方面的复杂要素。计算性设计思维与方法的发展，以及对人群动态行为模拟技术的持续探索，为高度仿真社区疏散过程提供了可能，也为防灾减灾视角下的社区空间形态推演与优化技术攻关提供了有力支撑[1]。

11.5.1　计算性设计助力社区疏散的模拟模型构建

鉴于社区规划要素的复杂性，有必要拟合社区空间形态，并结合疏散模拟平台，建构社区安全疏散信息模型。这一过程对掌握疏散全过程规划形态与疏散效率及人群拥堵之间的潜在关联机制至关重要，有助于解析防灾减灾视角下社区空间形态优化所面临的关键问题。具体来看，社区疏散拥堵机制的诊断过程包括模型构建、平台选择、数据处理与数据分析环节（图11-17）。

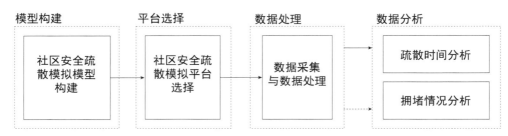

图11-17　计算性设计导向的社区疏散拥堵机制诊断的技术流程

11.5.1.1　社区空间数据采集与典型形式提炼

建筑布局、路网结构、街坊形态、出入口设置是影响社区疏散流线的主要空间要素。针对我国大多数社区的整体空间尺度大、人群数量大的特点，在空间模型建构与疏散模拟中应当重点考虑城市路网结构与街坊形态这两类要素。为了实现对这两类要素的有效数据采集以及理想模型构建，需要首先根据卫星图像和地理信息数据对社区路网结构与街坊形态要素进行抽样调研，继而制定形式处理原则，实现对社区典型形式的提取。

通常来说，抽样调研所需内容可以通过可视化城市图像获得。例如，利用Google Earth卫星图像[2]和Open Street Map平台[3]获取相关地理信息数据。Google Earth提供了丰富的卫星图像资源，能够直观地观察到社区的整体布局和路网结构；而Open Street Map则是一个开放的地理信息数据平台，提供了详细的街道、建筑等地理信息，对研究社区的空间形态非常有帮助。在获取了这些地理信息数据后，可以借助Google Earth pro等工具进一步提取场地的空间数据，如建筑高度、道路宽度、街坊形态等。通过对这些样本的关键空间信息进行整理和分类，可以更清晰地了解社区的空间特征，为下一步总结社区典型形式提供基础。这样的调

① 王燕语. 东北城市居住区安全疏散优化策略研究[D]. 哈尔滨：哈尔滨工业大学，2020.
② DEKKER D. Smart cities, sensors & 3D GIS[D]. Delft: Delft University of Technology, 2015.
③ SABRI S, PETTIT C J, KALANTARI M, et al. What are essential requirements in planning for future cities using open data infra-structures and 3D data models?[C]. 14th Computers in Urban Planning and Urban Management (CUPUM2015), Boston, 2015: 314-317.

研方法不仅高效，而且能够确保数据的准确性和可靠性，为后续研究提供有力支持。

在完成样本数据收集之后，需要将社区的真实肌理抽象转译为典型形式，这是城市形态研究的有效手段之一。这样的处理方法优势在于可以提高研究成果的普适性，同时避免多变量、多研究结果带来的影响。运用以典型形式为对象的理想模型，既能体现制约模拟结果的建筑、道路与场地等空间要素的构成规则，又简化了不必要的变量条件与冗余信息，有利于针对少数关键空间变量展开系统化的深入研究。

笔者团队在东北地区开展了深入的社区安全疏散研究，覆盖了该地区34座城市，共5727个社区。通过科学的抽样方法，共抽取了375个社区作为调研样本，很好地代表了东北地区的主要城市特征。在研究过程中，笔者团队对社区样本的肌理进行了细致的分类处理和归纳提炼，最终得到了六类具有典型特征的社区形式（图11-18）。

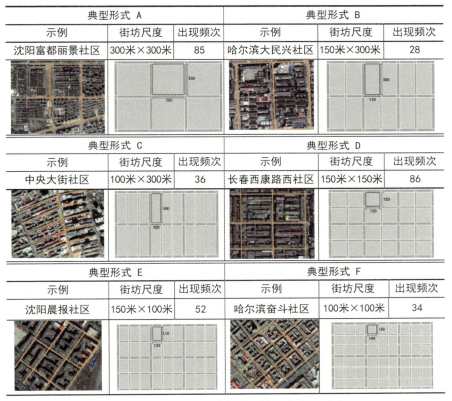

图11-18 东北地区城市社区的六种典型形式

11.5.1.2 社区理想模型构建

在提取了社区典型形式后，为了更深入地研究并构建基于典型形式的理想模型，需要通过更详尽的参数设定来确定制约人群疏散效果的空间信息，减少参变量以排除不必要的干扰，并简化冗余空间数据，从而提高计算机模拟的效率。其中，为了建立完整的社区疏散空间模型，对避难空间、道路以及街坊出入口等要素的相关参数（如避难空间服务半径、各级道路宽度、出入口之间的距离等）进行设定十分重要。而这些参数的设定可以重点依据《城市居住区规划设计标准》GB 50180—2018，并结合当地社区的实际建设情况进行综合判断。综上所述，通过详尽的参数设定，并依据相关规范和当地社区的实际情况，可以构建出更加准确、有效的社区疏散空间模型，为进一步研究和应用奠定基础。

笔者团队在开展的东北地区社区安全疏散研究中，基于总结提炼的六种典型社区形式，通过以避难空间为中心向周边扩展建立600米范围的缓冲区[①]，预估算例模型中辐射到的居住区面积为216万平方米。此外，将模型中街坊与城市道路衔接的出入口之间的距离设置为50米，道路系统中设置宽度为30米的次干道及宽度为20米的支路，道路两侧人行道宽度设为3米，并于道路交叉口设置人行横道，最终构建出如图11-19所示社区疏散研究的理想模型。这一模型不仅充分考虑了避难空间的辐射范围、道路系统的规划以及出入口的设置等关键因素，还严格遵循了相关的规划设计规范，为后续的社区安全疏散研究提供了有力支撑。

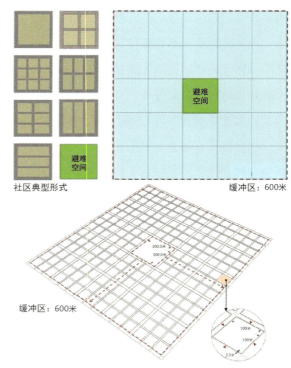

图11-19　东北地区城市社区疏散研究的理想模型

11.5.1.3　模拟平台与实验方案

在完成社区理想模型构建后，下一步是基于该模型进行安全疏散模拟。在这一阶段，Pathfinder作为基于智能体模型（agent-based model）的疏散模拟工具，常被作为开展社区安全疏散模拟实验的平台。智能体模型可以被定义为一系列能够自主决策的智能体（agent）构成的集合，每一个智能体都能够根据预设的规则和条件，并结合实际环境因素作出相应的反应[②]。该模型在动态模拟中的个体交互以及展现由个体交互产生的群体行为方面有着显著优势，因此在涉及大量独立个体的疏散模拟领域有着广泛应用[③]。智能体模型的基本框架包括了智能体、环境以及交互原则。智能体包含了每一个独立个体的特征和属性；环境则是指智能体所在的场景，在疏散研究中是疏散行为展开的场所；交互原则制约着智能体对环境和其他智能体的识别方式，直接影响到行为判定结果[④]。Pathfinder软件基于智能体模型，使用转向行为（steering behaviors）来模拟人群的运动。其具有强大的三维显示功能，可适用于不同建筑类型以及城市空间的人群正常和疏散情况的行

---

① 苏幼坡. 城市灾害避难与避难疏散场所[M]. 北京：中国科学技术出版社，2006.
② BONABEAU E. Agent-based modeling: methods and techniques for simulating human systems[C]. Proceedings of the National Academy of Sciences of the USA, Online, 2002, 99(10): 7280-7287.
③ CHEN X, MEAKER J W, Zhan F B. Agent-based modeling and analysis of hurricane evacuation procedures for the florida keys[J]. Natural Hazards, 2006, 38(3): 321-338.
④ PARISI D R, DORSO C O. Microscopic dynamics of pedestrian evacuation[J]. Physica A, 2005(354): 606-618.

为模拟[1]。在路径生成规则方面，Pathfinder采用A*作为路径生成算法，以最短时间为路径生成标准，路径由三角形网格边缘的点构成，并采用"绳索拉伸"（string pulling）的方法对生成的路径进行平滑处理[2]。该平台在路径计算中根据当前区域的局部信息以及完整空间的全局信息，将模型中的可选道路划分为不同尺度，从而将最终疏散目的拆分为多个子目标，智能体通过"生成路径—跟随路径"这一过程的重复，依次达成子目标，直至疏散完成。此外，Pathfinder软件还可以通过设置转向行为规则实现对疏散个体运动行为的独立控制，这使得它能够模拟人群行为对环境变化作出的适当反应，从而保证人群对道路及出入口等行为空间的动态选择。在选定模拟实验平台后，就可以按照社区的典型形式分别进行疏散模拟实验，提取每种形式的疏散信息及数据，以掌握其疏散特点。同时，可以通过在不同社区典型形式中控制单一空间变量（如路网密度）的变化，来构建符合不同研究需求的分析样本对比组，以此分析结构差异对疏散情况的影响规律。

11.5.1.4　算例模型简化

在选定了模拟平台并制订了实验方案后，就可以开始初步的实验测试。然而，由于社区尺度和规模较大，导致疏散行为模拟量巨大、耗时过长。在这种情况下，对理想的算例模型进行简化就显得尤为必要。笔者团队在开展的东北地区社区安全疏散研究中，根据城市尺度典型形式空间模型的路网及街坊的对称性特点，以避难空间的西侧边界和北侧边界为轴线，提取了约四分之一的居住区模型作为简化模型（图11-20）。在完成模型简化后，还需要进一步的实验测试，以验证模型简化的可行性和有效性。通过模拟验证，笔者团队发现简化模型与完整模型的疏散时间只相差23秒，误差率仅为0.8%。这一结果充分证明了简化模型的准确性和可靠性。在后续的研究中，笔者团队使用简化模型对所有典型社区形式进行安全疏散分析。

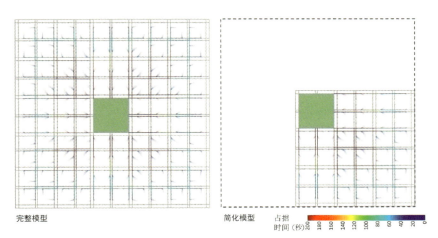

图11-20　完整及简化算例模型的人群累计路径

① SINGH D, PADGHAM L. Community evacuation planning for bushfires using agent-based simulation: demonstration[C]. International Conference on Autonomous Agents & Multiagent Systems, Istanbul, Turkey, 2015.
② Thunderhead Engineering. Pathfinder technical reference manual[EB/OL]. (2020-01-31)[2025-04-02]. https://support.thunderheadeng.com/docs/pathfinder/2020-1/technical-reference-manual/#_d.

11.5.2　计算性设计助力社区疏散模拟结果的数据收集

社区疏散模拟实验得到的数据，可以按照图11-21所示流程进行处理。首先通过分析人群动态移动过程和人群密度实时变化，得到各典型形式的全时程疏散概况。然后，根据疏散场景中人群聚集特征，分别建立结果导向和过程导向的观测指标，提取各典型形式疏散场景详细信息，其中总疏散时间为结果导向的观测指标，空间节点的疏散时间及拥堵情况为过程导向的观测指标。空间节点观测对象包括街坊、道路和交叉路口三类。接着，以路网结构、街坊形态等为空间变量，根据模拟方案中设定的对比组，分析上述指标在特定场景中的演变规律，得到相应变量影响下的疏散时间和拥堵情况变化机制。最后，根据数据分析结果，结合疏散场景拥堵时间信息和拥堵区位信息，提出提高社区居民安全疏散的优化策略。

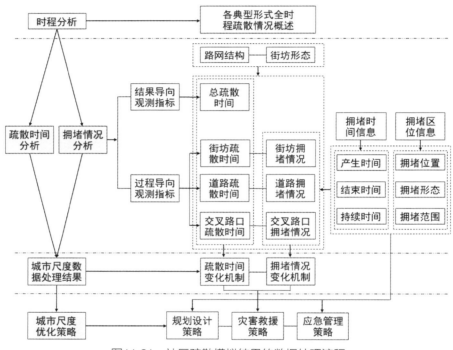

图11-21　社区疏散模拟结果的数据处理流程

在数据处理流程中，总疏散时间是指模型中所有人群完成疏散的耗时，而节点疏散时间则是指空间节点被避难人群占据的时间。当人群动态移动中出现人群密度过高、行进速度下降、人群阻塞现象显著时，被视为拥堵现象产生。为了更全面地了解疏散过程，可以标记疏散全过程拥堵区域产生的区位信息和时间信息，包括拥堵区域的类型、出现位置和拥堵形态，从而实现对社区不同区域的安全性划分。同时，标记拥堵区域的起始时间、结束时间及持续时间，建立不同典型形式疏散过程推移的时间线。

除了对图11-21中相关指标数据进行收集与分析以外，还可以从时间维度对人群疏散过程进行拆解，以此获取疏散过程中不同时间点的人群实时位置、行为轨迹及密度变化。通过对疏散场景时间推进过程的精确掌握，可以有效推断出拥堵位置、拥堵范围、产生时间及持续时间等关键参数，这些参数是判断社区疏散安全形式的重要依据。在开展的东北地区社区安全疏散研究中，笔者团队针对六种典型社区形式分别开展了六个时间节点（60秒、110秒、210秒、400秒、900秒、2100秒）的人群疏散过程模拟。表11-21展示了典型形式A在不同时间节点的疏散人群实时位置、行为轨迹和密度变化。

社区典型形式A在不同时间节点的人群分布情况　　　　　　　　　　　　表11-1

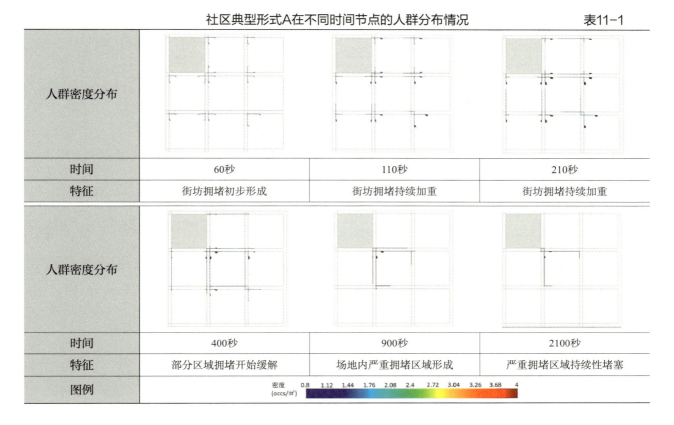

人群密度分布			
时间	60秒	110秒	210秒
特征	街坊拥堵初步形成	街坊拥堵持续加重	街坊拥堵持续加重
人群密度分布			
时间	400秒	900秒	2100秒
特征	部分区域拥堵开始缓解	场地内严重拥堵区域形成	严重拥堵区域持续性堵塞
图例	密度 0.8 1.12 1.44 1.76 2.08 2.4 2.72 3.04 3.26 3.68 4 (occs/m²)		

11.5.3 计算性设计助力社区疏散时间与拥堵情况分析

社区空间安全疏散的影响要素多样，其中路网结构和街坊形态作为空间变量，对疏散时间和拥堵情况的变化规律具有重要影响。探讨这两者如何具体作用于疏散过程，是优化社区安全疏散策略的关键。下面将重点结合已开展的东北地区社区安全疏散研究，探讨路网结构和街坊形态对疏散时间与拥堵情况的具体影响机制。

11.5.3.1 路网结构对疏散时间的影响分析

在东北地区社区安全疏散研究中，典型形式A～F的路网密度逐渐增加，这一特点为探讨路网结构对疏散时间的影响规律提供了有效的对比组。分析从整体疏散时间和节点疏散时间两方面进行，节点疏散时间包括了街坊疏散时间和道路疏散时间。

在整体疏散时间方面，典型形式A～F的模拟结果基本符合路网密度增加疏散时间下降的趋势。进一步分析疏散人数随时间的变化过程，可以观察到两个明显的阶段。在第一阶段，人群密度尚未达到拥堵程度，避难者行为相对自由，可以根据自己的判断和选择进行疏散。在这个阶段，路网密度较大的典型形式可以为避难者提供更多备选路径，从而提高了人群到达避难空间的速度。然而，在第二阶段，随着场地内形成全面拥堵，大多数避难者的行为受到了拥堵区域的限制。此时，无论路网结构如何，人群行为都局限在拥堵区域内，无法有效更新整体路网的拥堵信息，导致不同路网结构下的人群到达率趋于一致，显示出拥堵对疏散效率的严重影响（图11-22）。

在街坊疏散时间分析方面，笔者团队深入探讨了宏观尺度下社区人群疏散时街坊与街坊、街坊与道路之间的相互关联和制约关系，对每个独立街坊完成疏散的时间分别进行了分析。典型形式A～F的街坊疏散时间如图11-23所示。从结果来看，随着路网尺度的减小，街坊疏散时间逐渐减小，这表明更密集的路网为居民提供了更多、更便捷的疏散路径，从而有助于缩短疏散时间；同时，每种典型形式不同街坊的疏散时间差异也趋于平稳，这意味着在路网结构相对均匀的情况下，各街坊的疏散效率相对接近。只有典型形式

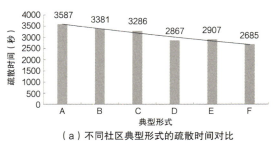

（a）不同社区典型形式的疏散时间对比

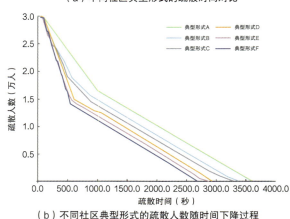

（b）不同社区典型形式的疏散人数随时间下降过程

图11-22　不同社区典型形式的整体疏散时间和疏散人数

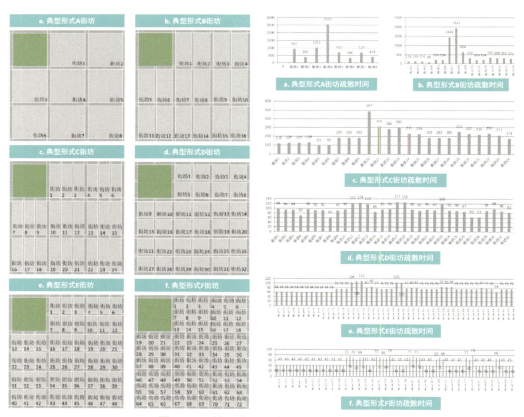

图11-23　社区典型形式的街坊疏散时间

A、B、C的部分街坊出现了疏散时间远大于周边区域的现象，体现出了较强的波动性。典型形式A的街坊疏散时间差长达2196秒，典型形式F的街坊疏散时间差仅为52秒，这种明显差异表明，不同路网结构和街坊形态对疏散时间的影响是显著的。

　　在道路疏散时间分析方面，笔者团队针对六种典型形式的道路结构进行了深入研究。这些道路结构存在着尺度、比例、节点数量等差异。为了形成有效的对比组，选取长度、位置相同的路段进行分析。典型形式A～F的城市次干道南北向主要路段和东西向主要路段的疏散时间如图11-24所示。数据分析结果显示，随着路网尺度的减小，城市次干道疏散时间呈逐渐减少的趋势，但单个路段的疏散时间变化规律存在较大差异，这反映了不同路段在疏散过程中的独特性和复杂性。位于避难空间东南方向最远端的南北向路段R_{SN1}和东西向路段R_{EW1}、位于避难空间南侧的南北向道路R_{SN4}、R_{SN7}，以及位于避难空间东侧的道路R_{EW3}，疏散时间波动幅度相对平缓。这些受路网尺度影响较小的路段均位于远离避难空间的位置（东侧、南侧、东南方向的远端路段），人群疏散方向单一，且路段后方未出现持续涌入的人群，因此维持了相对平稳的疏散时间。相比之下，避难空间东南方向区域中紧邻避难空间的路段，如R_{SN5}、R_{EW5}、R_{SN2}、R_{EW4}，是疏散情况最为严峻的区域，消耗的疏散时间最长。这些路段作为人群汇集至避难空间的最后路段，人群使用率过高。在这种情况下，即使大幅度减小路网尺度，增加道路节点，对疏散时间的减少效果也有限。

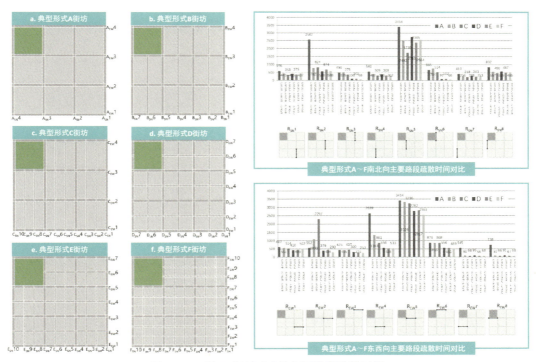

图11-24　社区典型形式的主要路段疏散时间

11.5.3.2　街坊形态对疏散时间的影响分析

　　街坊形态在人群疏散层面具有重要影响，主要体现在人群分布方式和交会方式上。下面重点结合已开展的东北地区社区安全疏散研究，探讨街坊边长、比例等形态要素如何影响社区街坊和道路疏散时间的变化规律。

在街坊疏散时间方面，为了以区块为单位进行街坊疏散时间的对比分析，按照人群疏散方向将社区理想模型划分为三个区块。六种典型形式不同区块街坊疏散时间如图11-25所示。模拟结果表明，街坊形态对疏散时间有显著影响。具体而言，正方形街坊的疏散时间在不同区块相近，而长方形街坊由于边长差异导致与避难空间的衔接边界长度不同，进而产生疏散时间上的差异。在长方形街坊中，与避难空间衔接边界较短的区块因路段节点多而疏散时间较少。这一发现可以为疏散管理人员的职能细化分配提供有效支持，帮助优化疏散策略、提高疏散效率。

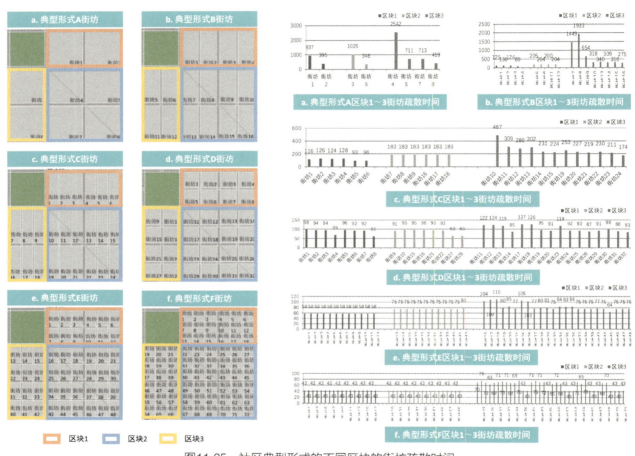

图11-25　社区典型形式的不同区块的街坊疏散时间

在道路疏散时间方面，六种典型形式不同区块道路疏散时间如图11-26所示。模拟结果表明，街坊形式为正方形的典型形式A、D、F，其区块1南北向路段和区块2东西向路段的疏散时间相近，同样，区块1东西向路段和区块2南北向路段的疏散时间也相近。这是因为与避难空间垂直的路段是避难人群有效缩短与避难空间距离的关键，而与避难空间平行的路段则起辅助转移的作用。对于长方形街坊的典型形式B、C、E，由于街坊形态导致区块1的南北向道路长度大于区块2的东西向道路长度，因此消耗了相对较多的疏散时间。这一发现强调了街坊形态在规划疏散路线和分配疏散管理人员职能时的重要性，以优化疏散策略并减少疏散时间。

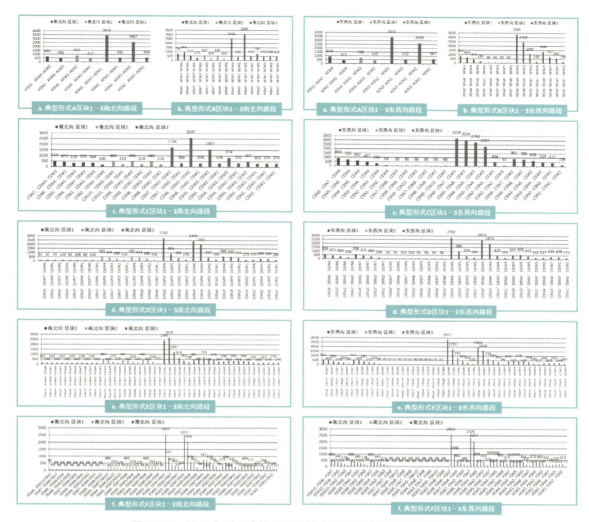

图11-26　社区典型形式的不同区块中不同方向路段的疏散时间

11.5.3.3　路网结构对拥堵情况的影响分析

针对模拟中显示的人群密度动态变化过程，社区的人群堵塞主要包含了街坊拥堵、道路拥堵和道路交叉口拥堵，因此主要针对这三个要素来分析不同社区典型形式的拥堵特点。

在数据分析中，将街坊出入口出现瓶颈现象视为拥堵的开始，并且街坊拥堵主要集中在街坊出入口位置。六种典型形式街坊的拥堵点持续时间及分布情况如图11-27所示。随着路网尺度的减小，街坊的累计拥堵时间逐渐减少，这表明较小的路网尺度有助于缓解整体的拥堵状况。同时，单个拥堵点持续时间也随路网尺度的减小而稳步下降。此外，由图11-27可以看出，尽管路网尺寸减小，但典型形式街坊的拥堵点数量并未减少，这意味着在较小的路网中，拥堵点仍然存在，但持续时间较短。

在道路拥堵情况的分析中，特别关注了人群密度维持4人／米²且行进速度贴近停滞状态的拥堵路段，这些路段不仅会增加疏散时间，还可能引发避难人群恐慌心理（图11-28）。通过分段解析拥堵路段发现，六种典型形式的拥堵路段均集中于避难空间的东南区域。典型形式A的拥堵区域尤为严重，由多条拥堵距离大于

300米的道路构成，大大增加了人群推挤的可能性，降低了疏散过程的安全性。然而，随着路网密度逐渐增加，长距离拥堵路段所占比例有所降低。在典型形式D、E、F中未出现大于300米的拥堵路段，这一趋势同样体现在拥堵路段持续时间上。除了长距离拥堵道路外，拥堵区域边界常常围绕道路转角形成长度相对较短的拥堵路段。该类路段是疏散过程中容易忽略的潜在危险区域，利用疏散模拟手段对人群密度进行动态监控，可以有效识别出这些拥堵路段的位置和时间信息，从而为疏散策略的制订提供重要依据。

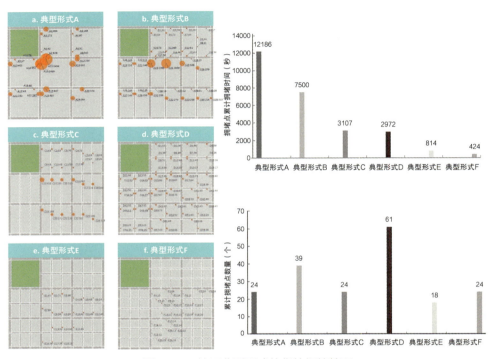

图11-27　社区典型形式的街坊拥堵情况

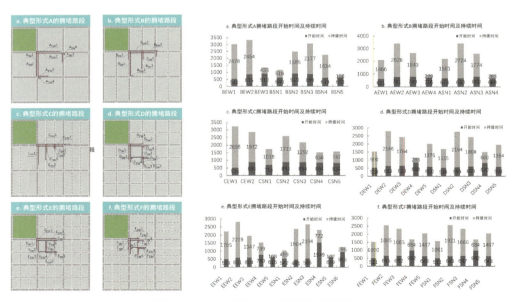

图11-28　社区典型形式的道路拥堵情况

在道路交叉口拥堵情况的分析中发现，六种典型形式均出现了不同程度的拥堵现象。拥堵路口的数量和位置未体现出明显规律（图11-29），但拥堵点数量并没有随道路密度增加而改变。值得注意的是，在拥堵持续时间上，同一典型形式中的道路交叉口拥堵时间随着与避难空间的距离增大而逐渐减小。避难空间作为人群移动的终点，其周边区域拥堵最为严重，六种典型形式均在该区域形成了严重的路口拥堵。这些观察结果对理解和管理道路交叉口拥堵情况具有参考意义。

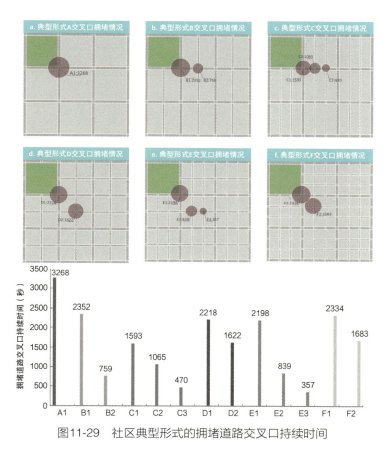

图11-29　社区典型形式的拥堵道路交叉口持续时间

11.5.4　计算性设计助力社区形态重构与优化

在完成社区疏散信息模型建立与量化数据分析后，将人群安全疏散的模拟分析结果应用到城市的规划、建设与管理等各层面至关重要。为此，需要深入分析疏散时间过长、拥堵情况严重等安全疏散隐患与社区空间形态的内在关联。针对人群在道路选择和汇集上的特征，可以提出一系列优化设计策略，并通过规划形式优化前后疏散时间和拥堵情况的数据对比，验证设计策略的有效性。

11.5.4.1　路网密度优化

社区典型形式的人群疏散模拟结果揭示了路网尺度对避难人群疏散效率的重要影响。路网尺度过大会导致避难人群可利用的逃生路径单一，无法有效分散和疏导密集人群，从而增加人群集聚风险。然而，对于已形成固定路网结构的城市区域而言，重新改变路网密度耗费巨大且难以实施。针对这一问题，结合社区级疏散以步行为主要交通方式的特点，笔者团队提出了在街坊内部设立人行交通系统与城市道路相连的策略，旨在将街坊划分为多个更小的居住单元，从而在不改变原有车行交通系统的基础上，有效加大人行交通路网密度，达到显著提高疏散效率的效果。

以笔者团队所开展的东北地区社区安全疏散研究中的典型形式A为例，避难空间周边300米的缓冲区是拥堵多发区。在该范围内的街坊内增设对外开放的人行通道，形成更小的人行交通单元（图11-30），可有效提高居住区疏散效率。优化后路网密度增加，人群可选择备选疏散道路，疏散时间共减少了612秒，且所有街坊拥堵点持续时间均得到了改善。0～300米范围内街坊拥堵点持续时间大幅度降低，严重拥堵点消失，有效提高了疏散安全系数。同时，多条长距离拥堵路段减小幅度超过50%，道路利用的均衡性得到提升。

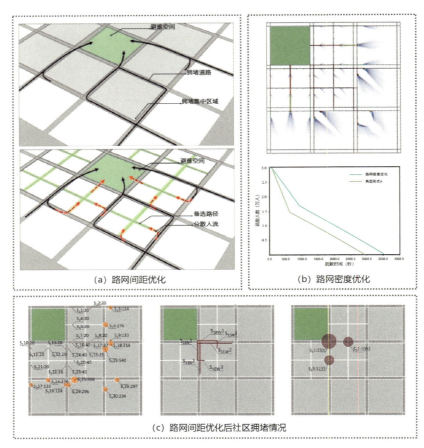

图11-30　社区典型形式A路网优化后的疏散性能表现

11.5.4.2　潜在拥堵道路优化

社区疏散过程中，主要疏散路径常因人群汇流而引发长距离拥堵，多方向人流汇集现象则进一步加重了疏散压力，在部分堵塞路段甚至出现人群停滞的情况。由于拥堵人群无法及时了解行进方向的道路信息，急躁情绪可能引发盲目的推挤行为，从而造成混乱。因此，对于疏散任务繁重的路段，拓宽人行通道是提升疏散效率的重要手段之一。

通过扩展拥堵路段宽度，社区典型形式A的总体疏散时间急剧下降，提速幅度达30%。模拟结果显示，当拥堵路段的人行通道拓展宽度达到1.5米时，总体疏散时间减少至2510秒，较优化前减少了1077秒。优化后，虽然街坊拥堵点数量没有发生变化，但多数拥堵点持续时间减少了100～200秒。特别是由于外部道路堵塞导致的严重拥堵点A11、A15，优化后其持续时间下降幅度达到了62%，且未出现街坊内外人群交汇的情况。拥堵路段和路口的产生位置与优化前相似，但拥堵路段长度和路口持续时间都得到了显著改善（图11-31）。此外，疏散模拟结果能够为居住区安全改造提供定量依据，有助于避免操作的盲目性。

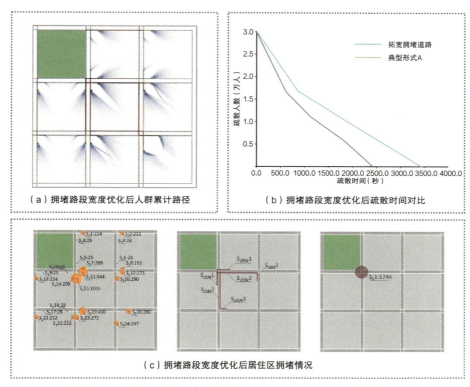

（a）拥堵路段宽度优化后人群累计路径 　（b）拥堵路段宽度优化后疏散时间对比

（c）拥堵路段宽度优化后居住区拥堵情况

图11-31　社区典型形式A拥堵路段宽度优化后的疏散性能表现

计算性设计在社区安全疏散中的应用效果显著，通过建构社区安全疏散信息模型，整合社区空间信息、人群疏散行为信息和疏散场景信息，为维护社区安全疏散提供优化策略，从而实现社区规划与人群疏散特征的有效结合，能够拓展防灾减灾视角下社区规划研究的深度，提升社区安全疏散理论研究的水平。计算性设计思维与方法的引入，有助于深入了解社区疏散时间及拥堵程度，探讨城市路网和街坊形态对安全疏散的影响机制。同时，基于疏散模拟结果提出的具有针对性和科学性的优化策略，能够切实提升社区疏散效率、减少拥堵可能，为社区应灾优化策略提供方法借鉴和数据参考，提升安全疏散视角下居住区规划、灾害救援和应急管理的决策水平。

12
计算性设计革新绿色建筑创作

随着工业文明引发的资源短缺、环境污染、气候变暖等问题日益严重，社会各界开始重新反思文明与自然的关系，倡导人类文明与自然生态的和谐共处，推动了工业文明向生态文明的转变。党的十八大以来，生态文明建设理念深入人心，党中央、国务院高度重视生态文明建设，先后出台了一系列重大决策部署，以加快我国生态文明体制改革。建筑作为当代文明的物质载体，其产业规模庞大，是国民经济的重要板块。建筑绿色性能优化设计影响着建筑用能效率、碳排放水平、室内物理环境舒适度等方面，对提升人居环境品质、推动我国生态文明建设具有重要意义。同时，人工智能技术发展为建筑创作提供了有力支撑，进一步强化了建筑产业"智能+"发展趋势，以回应结构性供给需求，提升建筑空间品质[1]。

"建筑绿色性能研究"关注建筑与环境系统的交互，旨在建立绿色性能分类与评价体系，并解析建筑设计参量与绿色性能的相关性，为建筑绿色性能优化设计提供理论基础[2]。从绿色建筑性能的目标导向来看，国内外均对此展开了广泛研究，如英国的建筑研究环境评估方法（BREEAM）、美国的能源与环境评估标准（LEED）、德国的可持续建筑评估体系（DGNB）、日本的建筑物综合环境性能评价体系（CASBEE）、新加坡的绿色建筑标志（Green Mark）、韩国的绿色建筑评价标准（GBCC）等。我国在2019年颁布了《绿色建筑评价标准》GB/T 50378—2019，将建筑绿色性能体系由"四节一环保"拓展为涉及建筑安全耐久、健康舒适、生活便利、资源节约和环境宜居等多方面的综合性能，加速推动了我国绿色建筑性能评价体系的复合化发展[3]。通过对这些分类与评价体系的研究，有助于识别绿色建筑性能的优化目标集（图12-1）。

建筑绿色性能的复合化回应了我国"双碳"目标和"健康中国2030"国家战略，其意义重大，但同时也对绿色建筑创作提出了新的挑战。一方面，从绿色建筑创作的过程来看，其性能受多方面因素影响，包括建筑围护结构、设备运行工况、使用者行为、局地气候环境等。优化设计需对多学科交叉信息与海量建筑环境数据进行分析和处理，需要多学科知识体系的深度交叉。同时，绿色性能间存在着复杂的相互作用，使建筑设计决策对不同绿色性能呈现出差异化影响，增大了权衡优化的技术复杂性和设计难度。另一方面，近年来我国绿色建筑性能要求持续提升。2019年9月实施的《近零能耗建筑技术标准》GB/T 51350—2019相较于2015年版《公共建筑节能设计标准》GB 50189—2015，要求能耗进一步降低60%～75%。不仅是能效，建筑产业碳排放也将持续降低，建成环境空间品质要求不断提升，从而推动我国绿色建筑性能标准的整体攀升。面对这一趋势，绿色建筑创作尤其是方案阶段，需充分考虑绿色性能的提升，涉及多类型设计参量和海量数

---

① 孙澄，韩昀松. 基于计算性思维的建筑绿色性能智能优化设计探索[J]. 建筑学报，2020（10）：88-94.

② WANG W, ZMEUREANU R, RIVARD H. Applying multi-objective genetic algorithms in green building design optimization[J]. Building and Environment, 2005, 40(11): 1512-1525.

③ 住房和城乡建设部. 绿色建筑评价标准：GB/T 50378—2019[S]. 北京：中国建筑工业出版社，2019.

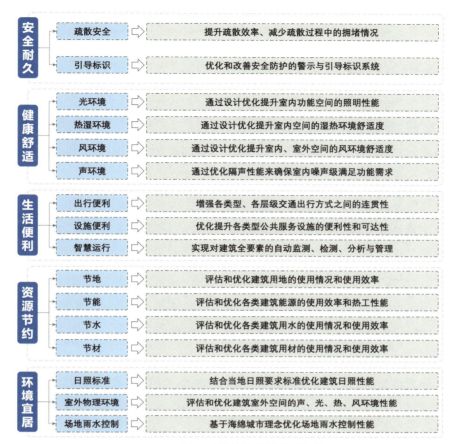

图12-1　绿色建筑性能的优化目标集

据分析。因此，如何在方案创作前期综合环境影响、设计参量和使用需求，充分探索绿色建筑设计可能性，已成为当前绿色建筑创作需要解决的关键问题。

融合数学理论、工程思维和计算机技术的当代计算性思维正推动建筑学、计算机科学、环境科学等多学科知识体系的交叉融通，促进机器学习、进化计算等前沿技术和环境性能评价等方法与建筑学科的融合。这一趋势为建筑绿色性能的提升带来了新机遇（图12-2），对解决建筑绿色性能优化设计中的基础科学和关键技术问题具有指导意义。

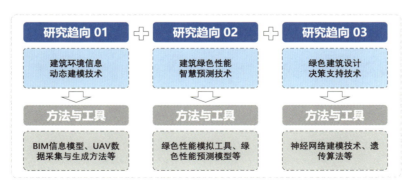

图12-2　计算性设计革新绿色建筑创作的发展趋势

具体来看，基于计算性思维的建筑绿色性能智能优化设计，立足复杂性科学视角与人居环境系统观展开理论探索，通过革新设计流程框架与数据体系，提出新的设计方法，并综合应用进化搜索、人工神经网络等人工智能算法，研发建筑绿色性能智能预测和智能优化设计决策支持技术。计算性思维正是通过降维、嵌入、转译、仿真四个方面（图12-3），实现对绿色建筑创作的赋能。①降维，绿色建筑设计是一个涉及多阶段联动、多专业协同的复杂过程，面对复合化、多约束、交互紧密的性能要求，其决策过程难度高。通过降维策略，结合人工智能技术流程与绿色建筑设计流程，可以将复杂的绿色性能指标之间的约束关系分级、分层构建为多维度、多阶段且相互关联的数学矩阵，回应建筑创作不同阶段的绿色性能指标体系考虑需求，支撑建筑师对建筑复合化绿色性能指标的权衡考虑。②嵌入，绿色建筑设计的可能性探索受限于建筑师个人经验和设计认知水平，难以在数量大、类型多且层级复杂的绿色建筑设计参量体系中充分挖掘设计潜力并权衡改善绿色性能。通过嵌入策略，在绿色建筑创作过程中融入"规定导向自组织生成"过程，可以实现基于特定规则的建筑形态空间、材料构造等设计参量的自下而上生成，从而突破建筑师个人经验与认知局限，助力其拓展绿色建筑设计可能性，更好地权衡改善建筑绿色性能。③转译，由于绿色建筑性能涉及的物理进程多、非线性特征明显，绿色建筑创作过程中，建筑师难以实时获取不同设计决策下的绿色性能水平，无法进行科学决策，且受限于设计效率无法充分探索设计可能性。通过转译策略，将绿色建筑创作涉及的动态物理过程白箱模型转译为基于数据挖掘的黑箱模型，科学回应建筑环境交互的复杂性特征，实现绿色建筑创作过程中的绿色性能即时反馈，有助于建筑师准确掌握不同设计决策下的建筑绿色性能水平，更加高效地探索绿色建筑设计可能性。④仿真，通过仿真，可以借鉴生物进化机理，在绿色建筑创作过程中融入"性能驱动自适应优化"过程，实现绿色性能导向下的建筑设计方案自适应优化，发挥人工智能技术优势，对绿色建筑设计可能性进行全局搜索，权衡改善建筑绿色性能。

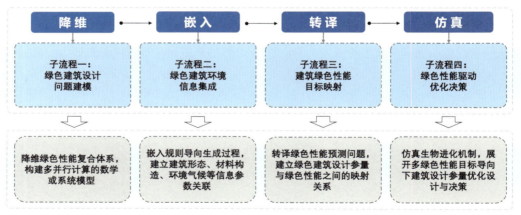

图12-3　计算性设计赋能绿色建筑创作过程

综上所述，计算性思维立足系统科学与复杂性科学思想，通过降维、嵌入、转译、仿真，为绿色建筑创作赋予了新动能，并在人工智能时代语境下愈发呈现出多元化、产业化趋势。结合人工智能时代语境下的建筑产业"智能+"发展需求，笔者团队从建筑绿色性能的多个方面开展了基于计算性思维的设计实践与应用研究，以期为建筑绿色性能智能优化设计提供技术路线参考，助力我国生态文明建设和建筑产业信息化转型。

12.1 长春理工大学新图书馆设计：多绿色性能的高维多目标优化

健康舒适与资源节约是绿色建筑设计中的两个重要方面。健康舒适强调对室内空气品质、声环境与光环境品质及室内热湿环境的保障，而资源节约则注重节地与土地利用、节能与能源利用、节水与水资源利用及节材与绿色建材利用。然而，由于建筑本身是一个复杂的系统，其各项设计参量之间多是相互关联的[1]，甚至具有此消彼长的负相关关系。例如，建筑室内健康舒适（如温湿度、照度、风环境等）与建筑运行中的资源节约（如能量消耗等）两种绿色性能之间便存在明显的矛盾关系。传统设计中若追求一种性能的提升，往往意味着另一种性能的下降。由于这两种建筑绿色性能最能被居住者感知，且二者耦合关系密切，因此在实际设计和学术研究中，二者通常是被同时考虑的，以实现更低能耗下的最高室内健康舒适度。

在建筑设计的各阶段中，方案设计阶段是建筑性能优化方法介入的最佳阶段。在该阶段建筑师需要全面考虑所有设计要求，并调动各种设计要素，进而制定对建筑性能水平具有重大影响的方案决策。为了寻求设计上的最优解，设计师往往需要对多个优化目标进行综合考虑和优化。传统设计中多采用基于建筑师自身经验的经验导向优化方法和基于建筑性能模拟与建筑师经验的模拟试错优化方法。然而，这两种方法存在效率低下且过于依赖建筑师经验的局限性，因此很难找到真正的最优化选择。随着计算机技术的发展，通过开发优化程序与模拟程序结合的自动优化方法，可以实现在设计空间中自动搜寻最优解或非支配解，为建筑多绿色性能的高维多目标优化设计提供更强大的辅助工具。计算性设计在革新建筑方案设计阶段多绿色性能优化过程中，涵盖了优化参量选取与数据生成、建筑参数化建模及建筑性能模拟、预测模型建立、高维多目标优化等一系列主要流程[2]。

12.1.1 计算性设计革新优化参量选取与数据生成

由于建筑性能受多重环境因素影响，且对设计参量变化的敏感度较高，因此在开展建筑多绿色性能的高维多目标优化之前，首先需要基于设计方案及其所处气候区的情况确定优化目标及优化参量。以严寒地区的建筑围护结构优化设计过程为例，建筑能耗性能和采光性能之间的冲突是建筑围护结构优化设计面临的重要挑战。通常来说，降低窗墙比虽能减少建筑能耗，但很可能影响自然采光，对使用者的健康和工作效率产生

---

① HAMDY M, HASAN A, SIREN K. Applying a multi-objective optimization approach for design of low-emission cost-effective dwellings[J]. Building and Environment, 2011, 46(1): 109-123.
② 刘倩倩. 方案设计阶段建筑高维目标优化与决策支持方法研究[D]. 哈尔滨：哈尔滨工业大学，2020.

不利影响，特别是在图书馆等需要良好阅读环境的建筑中。因此，建筑围护结构设计在提高能效和保证采光质量方面起着至关重要的作用。同时，考虑到经济因素，建筑围护结构的设计变得更加复杂，需要在围护结构的成本和能效之间找到恰当的平衡点。

在长春理工大学新图书馆的围护结构优化设计中，笔者团队综合考虑了多重环境因素，选取与建筑环境影响相关的年均能耗密度（EUI）指标、与环境空间品质相关的空间全天然采光百分比（sDA）指标和有效天然采光百分比（UDI）指标，以及与经济性相关的围护结构造价（BEC）指标作为建筑优化目标。确定优化目标后，进行建筑设计参量的选择，选取的建筑设计参量包括图书馆层高、不同类型的天窗及侧窗宽度、外墙墙体构造类型和窗户玻璃类型（图12-4），并且根据既有建筑立面设计特点和要求，确定了设计参量的约束范围。

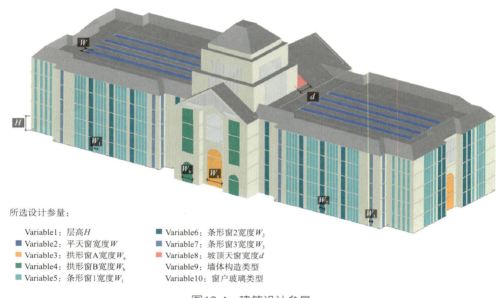

所选设计参量：

Variable1：层高 H

■ Variable2：平天窗宽度 W

■ Variable3：拱形窗A宽度 W_a

■ Variable4：拱形窗B宽度 W_b

■ Variable5：条形窗1宽度 W_1

■ Variable6：条形窗2宽度 W_2

■ Variable7：条形窗3宽度 W_3

■ Variable8：坡顶天窗宽度 d

Variable9：墙体构造类型

Variable10：窗户玻璃类型

图12-4　建筑设计参量

12.1.2　计算性设计革新神经网络预测模型构建

在确定优化目标及建筑设计优化参量之后，需要针对建筑性能模拟需求进行神经网络训练数据集的生成、预测模型的构建与训练。

12.1.2.1　神经网络训练数据集生成

神经网络预测模型通过学习样本点分布规律来拟合出整个数据空间的分布情况，因此需要在设计空间内抽取样本点，并对其进行建筑性能模拟，以制作建筑设计参数与建筑性能模拟值对应的训练数据集。在新图书馆的围护结构优化设计中，为了减少模拟次数、提升优化效率，笔者团队选择了拉丁超立方采样方法抽取可行解样本。利用DSE插件的Sampler组件执行拉丁超立方采样，设置采样组数为200组，得到可行解样本的

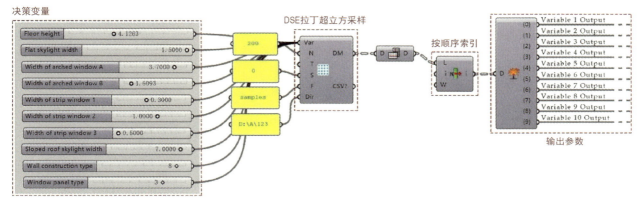

图12-5　拉丁超立方采样模块

建筑设计参量值，如图12-5所示。这一步骤对构建准确的神经网络预测模型至关重要，有助于在后续的优化设计中提高效率和准确性。

在完成了设计样本的抽取并得到可行的建筑设计参量值之后，需要对可行解样本进行建筑性能模拟。在该过程中，首先需要在 Grasshopper平台建立建筑参数化模拟模型，并输入包括建筑参数化热区模型、建筑运行信息、设备信息、材料构造热工参数和光学参数、室外环境参数、模拟设置参数、各种边界参数等在内的众多参数信息。之后，利用Ladybug和Honeybee工具中的组件可以将这些参数信息集成，并且在同平台下借助EnergyPlus、Radiance、Daysim等模拟内核进行建筑环境性能模拟。利用性能模拟结果可以计算建筑性能目标值，并将这些目标值输出到其他程序模块。在长春理工大学新图书馆的优化设计中，笔者团队利用Honeybee的相关组件将体量模型转化为热工分区模型（图12-6）。对建筑设计参数样本逐组进行能耗、采光性能模拟，得到每组建筑设计参量值对应的EUI值、sDA值和UDI值，如图12-7所示。

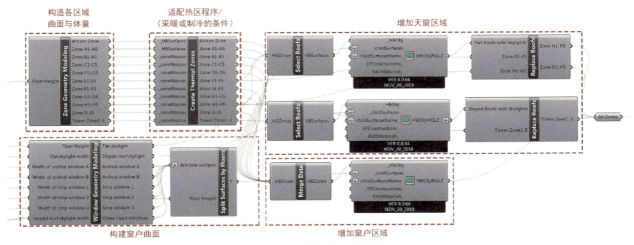

图12-6　参数化建模模块

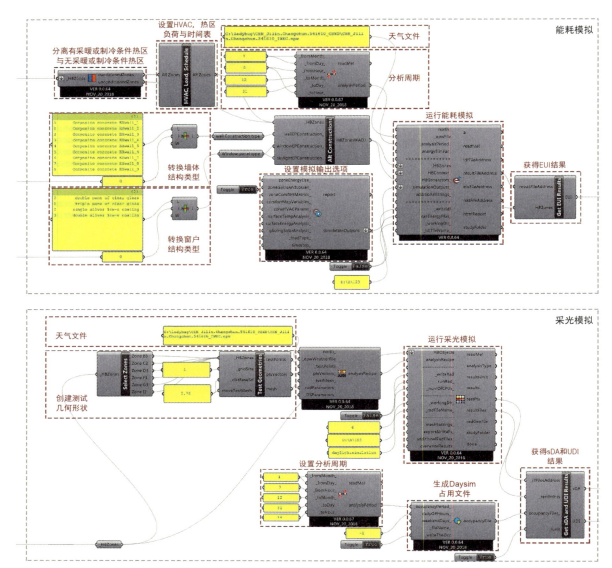

图12-7　建筑能耗及采光模拟模块

12.1.2.2　神经网络预测模型建模与训练

之后，进行神经网络预测模型建模与训练，主要构建了EUI、sDA和UDI三个神经网络预测模型。这些模型的输入端训练数据均为设计空间内可行解样本的建筑设计参量值，而输出端分别输出对应的建筑年均能耗密度（EUI）值、建筑空间全天然采光百分比（sDA）值和建筑有效天然采光百分比（UDI）值。为了优化模型参数，笔者团队在长春理工大学新图书馆的优化设计中将200组样本数据随机分为训练数据集和验证数据集，分别以最小化神经网络训练数据预测值与模拟值的均方误差（MSE）、最大化验证数据预测值与模拟值的线性相关系数（R）作为优化目标，利用Octopus插件的SPEA 2优化算法对神经网络层数、学习率等参数进行了优化（图12-8）。

得到神经网络预测模型后，还需要对模型精度进行验证。笔者团队在新图书馆的优化设计中，对EUI、

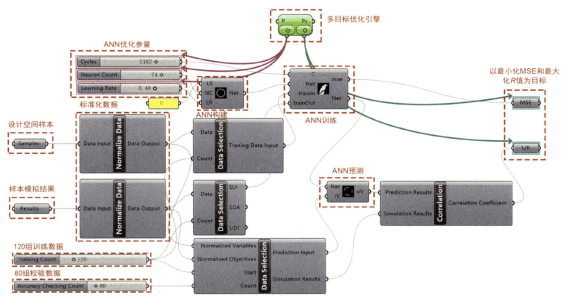

图12-8 神经网络建模与训练

sDA和UDI三个神经网络预测模型进行了验证。结果显示，EUI模型训练数据预测值与模拟值的均方误差降低到0.001，验证数据预测值与模拟值的相关系数达到0.973；sDA模型训练数据的均方误差降低到0.0009，验证数据的相关系数达到0.986；UDI模型训练数据的均方误差降低到0.001，验证数据的相关系数达到0.983，如图12-9所示。经验证，神经网络预测模型无过度拟合现象，达到了较高预测精度，可以作为建筑性能模拟程序的替代模型。

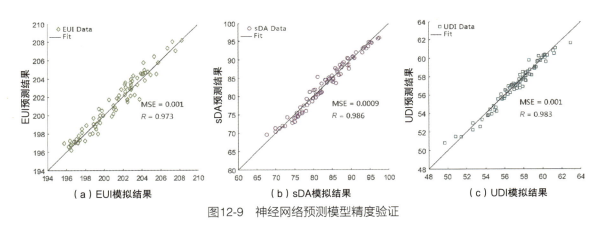

图12-9 神经网络预测模型精度验证

12.1.3 计算性设计革新高维多目标优化

在长春理工大学新图书馆的优化设计中，笔者团队利用训练成功的神经网络预测模型计算EUI、sDA、UDI等优化目标函数值，并结合围护结构造价数学公式计算得出了围护结构造价目标值。采用Octopus平台的HypE算法依据多个优化目标函数值进行寻优，构建的高维多目标优化算法模块如图12-10所示。该优化算

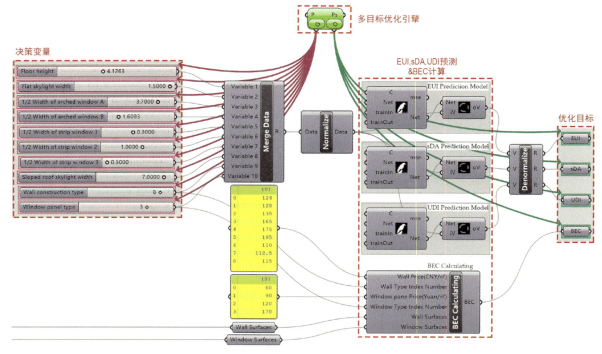

图12-10　高维多目标优化算法模块

法对建筑设计参数进行选择、交叉、变异与重组，在迭代过程中应用精英保留策略，并引入超体积贡献度指标作为判断解支配关系的依据，从而很好地平衡了算法在高维情况下收敛性和分布性之间的表现[1]。在寻优过程中，设置精英保留率为0.5、交叉率为0.8、变异率为0.9、种群数量为100、迭代次数为50次。

12.1.3.1　非支配解验证分析

在长春理工大学新图书馆优化设计中，采用了高维多目标优化方法。经过50次迭代，最终得到了176个非支配解，如图12-11所示。这些解在三个坐标轴上分别对应着围护结构造价函数值（BEC）、空间全天然采光百分比目标函数值（1/sDA）和有效天然采光百分比目标函数值（1/UDI），并用色彩倾向来表示建筑年均能耗密度值。图12-11中色彩饱和度越高、明度越低的点表示迭代次数越高的一代解；色彩饱和度最高、明度最低的一系列点（深红和深绿色）表示最后一代解，即最终得到的非支配解。代表可行解的点越接近坐标原点，表示其采光性能和围护结构造价性能越好。从色彩变化可以看出，随着迭代次数的增加，优化搜索到的解逐渐向非支配解前沿收敛。

在建筑优化设计中，了解建筑优化目标的分布情况与相关性至关重要。在长春理工大学新图书馆项目中，通过绘制建筑优化目标相关性矩阵图进行分析，矩阵的上三角部分展示不同优化目标之间的相关系数，下三角部分由目标空间的二维散点图组成。矩阵的对角部分表示非支配解在各目标维度上的分布。结果显

---

① 申瑞珉. 高维多目标进化算法及其软件平台研究[D]. 湘潭：湘潭大学，2015.

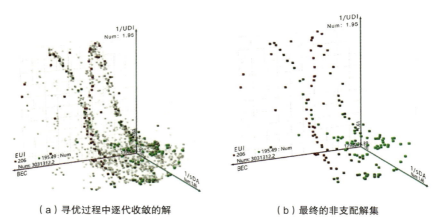

（a）寻优过程中逐代收敛的解　　　　　　　　（b）最终的非支配解集

图12-11　高维多目标寻优结果

示，非支配解在EUI值域内分布均匀，且多分布在sDA值大于90%、UDI值约为60%、BEC值小于2.5×10^6元的范围内，证明了优化过程可以实现不同目标之间的权衡。上三角部分的相关系数表明，sDA与EUI之间存在显著的正相关关系，sDA与UDI之间则存在显著的负相关关系。EUI与BEC的相关系数为0.602，两者间似乎存在正相关关系，但一般情况下两者呈负相关，可能原因是非支配解的墙体构造大多采用性价比更高的聚苯乙烯泡沫板作为保温层，能在相对低的价格区间内达到较好的保温效果（图12-12）。

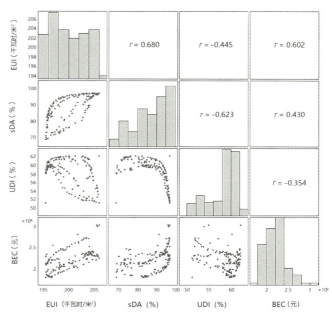

图12-12　建筑优化目标相关性矩阵图

此外，为了深入分析设计参量与优化目标之间的关系，将非支配解的建筑设计参量和建筑优化目标值用平行坐标图进行展示（图12-13）。图中左侧的10个纵轴代表建筑设计参量，而右侧的4个纵轴则代表建筑优化目标。每一条不同颜色的折线代表一个不同的非支配解，从而清晰地展示了各解在设计参量和优化目标上的表现。在非支配解的各设计参量中，笔者团队发现层高参量的变化范围较为广泛，且区间分布均匀。平天窗的宽度集中分布在较低的数值范围内，拱形窗A的宽度则分布在中高数值范围内，拱形窗B的宽度在较低数值范围内分布更为集中，条形窗1的宽度在较高和较低数值范围内都有较为集中的分布，条形窗2的宽度在较高数值范围内更为集中，条形窗3的宽度则在较低数值范围内更为集中，坡顶天窗的宽度则主要集中分布在最高值和最低值附近。在非支配解的墙体和窗户构造方面，墙体构造主要有5、6、7、8四种类型，而窗户构造有1、2、3三种类型，并且大多数解都采用了序号3代表的窗户玻璃类型。关于优化目标的性能值域，非支配解EUI的值域为195.5～206.0千瓦时/米²，其值越低表示建筑单位面积的年均能耗越少；sDA的值域为68.7%～97.0%，其值越高表示满足天然采光照度和时长标准的房间面积在采光测试总面积中的占比越高；UDI的值域为51.2%～62.2%，其值越高表示满足最低照度需求且无眩光的采光测点在所有测点中占比越高；BEC的值域为（1.8～3.0）×10⁶元，其值越低表示建筑围护结构造价越低。因此，在比较筛选非支配解时，应选择sDA值和UDI值较高而EUI值和BEC值较低的解。然而，图12-13中建筑优化目标的纵轴之间连线错综复杂，说明多个建筑优化目标间具有复杂的相关关系。例如，当EUI值较低时，sDA值很少达到较高水平；当sDA值较高时，UDI值会明显下降；当BEC值较低时，sDA值也同样有较低的倾向。因此，找到四个建筑优化目标之间权衡较优的解是一项极具挑战性的任务。

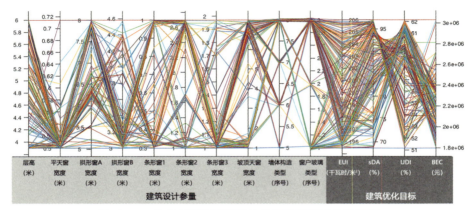

图12-13　非支配解的建筑设计参量和建筑优化目标值

12.1.3.2　非支配解比选决策

为得到多建筑性能目标权衡的非支配解，需首先进行建筑优化目标的导向筛选。从大量解中提取176个非支配解的建筑优化目标数据，构建了一个尺寸为13×5（行数×列数）的SOM神经网络，利用归一化的建筑优化目标数据进行迭代训练，直至网络收敛，得到一个能够展示非支配解数据分布的SOM聚类模型，如图12-14所示。模型中，同一类非支配解颜色相同，由红色到紫色的渐变表示神经元序号递增。从U矩阵图可以

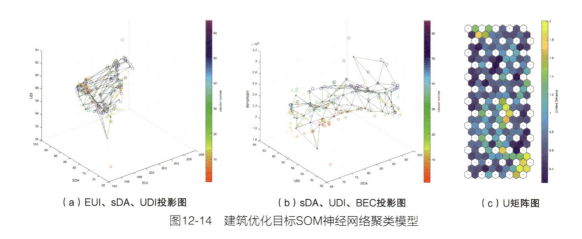

（a）EUI、sDA、UDI投影图　　　　　（b）sDA、UDI、BEC投影图　　　　　（c）U矩阵图

图12-14　建筑优化目标SOM神经网络聚类模型

看出，神经网络模型较好地拟合了非支配解数据的分布，并能将高维数据的分布特征在二维平面内展示出来。

由于神经元数目较多不便比较，因此笔者团队对神经元进行了层次聚类，得到了神经元层次聚类图（图12-15）。同时，为了更深入地了解各类非支配解的特性，计算了每类非支配解的数量，并绘制了各类非支配解数量图。此外，还计算了每类非支配解的平均建筑优化目标值，并据此绘制了平均建筑优化目标成分图。在层次聚类图中，神经元被分为了不同灰度表示的类。通过对照平均建筑优化目标成分图，可以发现红色多边形线框范围内的神经元在EUI、UDI和BEC三个性能上得到了较好权衡，即EUI值较低、UDI值较高、BEC值较低。同时，这些神经元对应的sDA值可选范围较广。再对照各类非支配解数量图，可以发现红色线框范围内的一类神经元对应的非支配解数量较多，这有利于后续的探索工作，因而选择红色线框范围内的一类神经元进行深入研究。

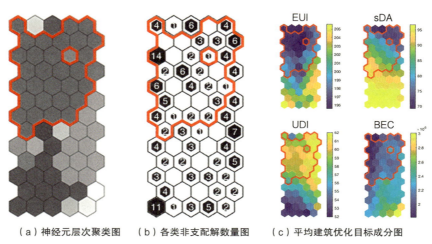

（a）神经元层次聚类图　（b）各类非支配解数量图　（c）平均建筑优化目标成分图

图12-15　建筑优化目标导向神经元层次聚类筛选

明确选择结果后，利用神经元序号索引对应的非支配解得到图12-16所示82个非支配解。这些非支配解的EUI指标值域为195.6~201.3千瓦时/米²，sDA指标值域为70.0%~94.4%，UDI指标值域为57.3%~62.0%，BEC指标值域为（1.8~2.3）×10⁶元。这些非支配解是在多目标优化过程中得到的，它们代表了在不同目标之间的权衡。

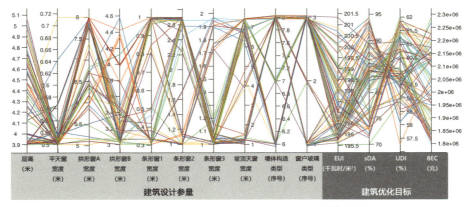

图12-16　建筑优化目标导向神经元层次聚类筛选结果

为了更深入地了解各类非支配解的特性，笔者团队计算了每类非支配解的平均建筑优化目标值，并绘制了平均建筑优化目标柱状图。在此柱状图中，红、绿、青、紫四色柱形分别对应EUI、sDA、UDI、BEC四个目标值的相对大小。同时，笔者团队还计算了每类非支配解的数量，并绘制了各类非支配解数量图。此外，笔者团队还利用平均建筑优化目标值绘制了平均建筑优化目标成分图（图12-17）。

（a）平均建筑优化目标柱状图   （b）各类非支配解数量   （c）平均建筑优化目标成分图

图12-17   建筑优化目标导向的神经元筛选

（1）建筑优化目标导向的神经元筛选

经过一轮筛选后，如果非支配解的建筑优化目标还有提升空间，可以继续进行建筑优化目标导向的筛选。为此，通过重构建筑优化目标SOM神经网络，并设置新的神经网络尺寸为4×3（行数×列数），提取首轮筛选后所得的82个非支配解的建筑优化目标数据，同样利用归一化的数据训练神经网络，从而得到新的建筑优化目标聚类模型。计算各类非支配解的平均建筑优化目标值，并绘制了平均建筑优化目标柱状图。同时，还计算了每类非支配解的数量，绘制各类非支配解数量图，利用平均建筑优化目标值绘制了平均建筑优化目标成分图。在平均建筑优化目标柱状图中，红、绿、青、紫四色柱形分别对应EUI、sDA、UDI、BEC四个目标值的相对大小。通过对照平均建筑优化目标成分图，可以发现UDI值波动范围很小，而BEC值波动范围较大，这说明在多目标权衡时，UDI值重要性较低，而BEC值重要性较高。在平均建筑优化目标柱状图的所有单元格中，第一行后两个单元格和第二行前两个单元格中的柱状图呈现中间较高、两端较低趋势，这表示sDA值和UDI值较高，而EUI值和BEC值较低，因此多目标权衡性较好。然而，当对照各类非支配解数量图时，可以发现第二行两个单元格对应的BEC值较高，且数据量很少。因此，笔者团队选择了第一行红色多边形线框内单元格代表的神经元进行后续研究。

明确所选神经元之后，利用神经元序号索引对应的非支配解，得到24个非支配解，如图12-18所示。非支配解EUI指标的值域为196.0～198.4千瓦时/米^2，sDA指标的值域为82.0%～91.5%，UDI指标的值域为59.0%～60.9%，BEC指标的值域为（1.8～2.0）×10^{6}元。

（2）建筑设计参量导向的神经元筛选。笔者团队针对剩余的24个非支配解作了进一步分析，由于这些解在建筑优化目标上的差异较小，转而关注建筑设计参量对这些解的影响。首先，提取了这些非支配解的建筑设计参量数据，构成建筑设计参量矩阵，并进行归一化处理；接着，构建了新的SOM神经网络，设置神经网络尺寸为3×3（行数×列数），利用归一化的建筑设计参量数据训练SOM神经网络，从而得到建筑设计

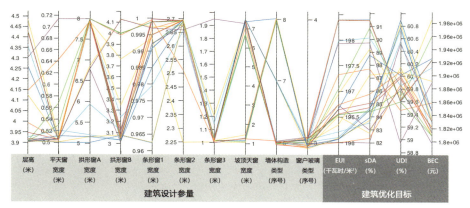

图12-18 建筑优化目标导向的神经元筛选结果

参量SOM聚类模型。为了更直观地了解各类非支配解的特性，计算了各类非支配解的平均设计参量值，并将平均建筑设计参量值对应的设计方案效果图置入相应神经元单元格中，对于数据量为0的单元格则留白处理。这样，就得到了平均建筑设计参量效果图。同时，计算了每类非支配解的数量，绘制了各类非支配解数量图，根据平均建筑设计参量值绘制了平均建筑设计参量成分图（图12-19）。通过对照平均建筑设计参量效果图和平均建筑设计参量成分图可以发现，对方案设计效果影响较大的两个建筑设计参量为层高和坡顶天窗宽度。在红色六边形范围内的设计方案中，层高最高、坡顶天窗宽度尺寸适宜，且只有一个非支配解。因此，无须进一步比较，直接选择红色六边形范围内的神经元进行后续研究。

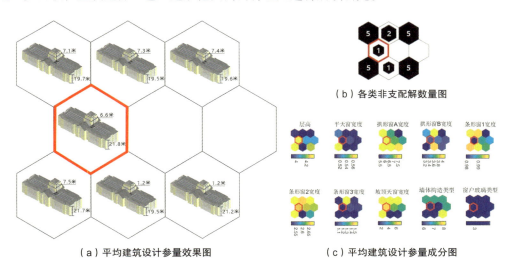

图12-19 建筑设计参量导向的神经元筛选

明确所选神经元之后，通过神经元序号索引找到了对应的非支配解，这个解就是最终的建筑优化设计方案，如图12-20所示。然而，值得注意的是，建筑设计参量的选择和最终方案的确定在很大程度上受到主观因素的影响。因此，制定决策时存在因决策主体不同而产生差异性结果的可能性。

基于计算性设计的应用，笔者团队的研究在长春理工大学新图书馆的围护结构优化设计中取得了显著成效，最终建筑优化设计方案在多个目标性能上均得到提升，且达到相对最优权衡，其与其他非支配解的性能对比如图

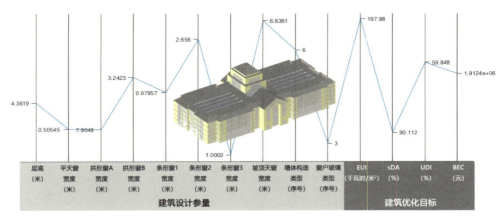

图12-20　最终的建筑优化设计方案

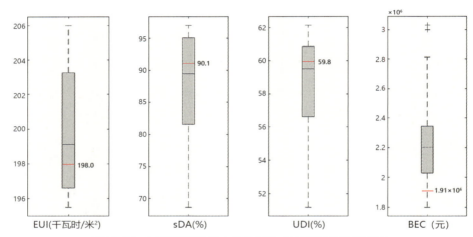

图12-21　最终建筑优化方案与其他非支配解的性能对比

12-21所示。具体来说，该方案的EUI性能优于非支配解集中63.6%的解，sDA性能优于52.3%的解，UDI性能优于60.8%的解，BEC性能更是优于86.9%的解。与原始设计方案相比，如表12-1所示，优化设计方案的EUI值降低了5.1千瓦时/米²，即每年大致可节约15.3万千瓦时能源；sDA值增加11.0%；UDI值增加4.4%，室内采光环境得到显著改善。同时，围护结构造价（BEC）减少了1.9×10^5元。从表12-1中数据可以看出，所选优化设计方案的各目标性能都明显优于原设计方案。由此可见，基于计算性思维构建的高维多目标多绿色性能优化平台及基于SOM神经网络的决策支持平台，能够很好地辅助建筑师的设计过程，提升绿色建筑的室内健康舒适性能及资源节约性能。

原始方案与所选最优设计方案的性能对比　　　　　　　　　　　　　表12-1

项目	建筑设计参量										建筑优化目标			
变量名	H	W	W_a	W_b	W_1	W_2	W_3	d	T_{wall}	T_{win}	EUI	sDA	UDI	BEC
单位	米	米	米	米	米	米	米	米	—	—	千瓦时/米²	%	%	元
原始方案	4.5	1.5	6.6	3.3	0.6	1.2	1.5	7.5	0	0	203.1	79.1	55.4	2.10×10^6
优化设计方案	4.4	0.5	7.9	3.2	1.0	2.7	1.0	6.6	6	3	198.0	90.1	59.8	1.91×10^6

12.2 哈尔滨（深圳）产业园区科创总部建筑设计：性能模拟与多目标优化集成工具平台

针对既有建筑绿色性能模拟分析技术的局限性，笔者团队研发了建筑多性能目标优化设计集成化工具平台，并在哈尔滨（深圳）产业园区科创总部项目中进行了应用。该平台解决了既有建筑性能模拟工具建模周期长、模拟耗时长的技术局限问题，大幅度提升了建筑绿色性能模拟分析效率与精度；同时，突破了建筑信息建模工作量大、高维多目标优化问题求解难、优化设计解空间探索广度差等技术瓶颈，有效支持建筑师提升决策制定精度和效率；此外，该平台还解决了既有工具上下游数据格式差异大、交互难的技术难题，实现了数据交互自动化，优化了工具界面，降低了学习成本，提升了工具平台的可推广性。该集成化工具平台为建筑师和绿色建筑研究人员提供了有效的设计方法和研究工具，具有重要的技术价值。

12.2.1 计算性设计革新集成化平台的流程架构

集成化平台构建的总体开发目标是充分考虑BIM的信息输入与提取功能，并结合神经网络优化算法和遗传优化算法在优化设计中的应用，实现BIM模型与优化设计方法的有机整合。该平台旨在实现建筑能耗计算、建筑采光计算以及多目标优化设计的有机结合，同时追求设计流程清晰、操作人性化、计算科学合理及表达方式直观生动的目标。通过此平台的开发和应用，期望能够显著提高建筑优化设计效率，降低设计难度，为广大建筑设计行业人员提供有效的设计应用指导。

在集成化平台总体开发目标的基础上，可以细化出具体的功能开发目标。首先，集成工具平台应能支持BIM模型中参数化信息的读取，包括建筑构件几何信息、建筑材料构造信息等，确保信息的准确性和完整性；接着，应能实现建筑关键几何信息的自动化计算功能，包括窗墙比计算、建筑面积统计等，提高设计效率和准确性；然后，还应能设置不同建筑设备和建筑运行时参数，综合全年不同时刻的气象条件，计算出建筑能耗负荷和建筑内自然采光的光照度等重要信息，为建筑性能优化设计提供依据；最后，平台通过集成优化设计方法和工具，帮助建筑师在多个设计目标之间找到最佳平衡点，实现多目标背景下的建筑设计最优化。

12.2.1.1 集成化工具平台数据流

在实际的软件工程项目中，通常采用结构化自顶向下的开发思路，通过结构化分析工具，如数据流图，将整体的开发目标进行自顶向下分解。具体来说，就是将复杂的系统开发任务分解成各子流程，每个子流程再进一步细化为更具体的任务。通过这种分解方式，软件系统相应地也就分解成各模块，每个模块都承担着特定的功能，共同协作以实现整体的系统目标。同时，对应的数据流也会依层次进行分解，确保数据的流动和处理与系统的模块化结构相匹配，如图12-22所示。

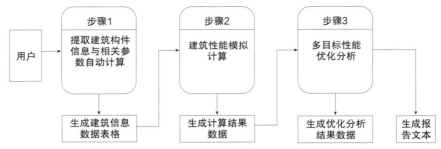

图12-22　集成化工具平台应用数据流图

在系统开发之前，将以上建立的数据流图导入，是结构化方法中的一个重要步骤。这一步骤的目的是根据数据流图来建立系统的功能模型，并完成需求分析工作。随后，系统建立模型软件的数据库时，需要先将数据库中的主要实体表示为E-R图（实体—关系图），如图12-23所示。E-R图能够清晰地展示出数据库中实体之间的关系，是数据库设计的基础。通过E-R图，可以进一步理解数据的组织结构和实体间的相互作用，从而为后续的系统设计和开发工作提供有力支持。

12.2.1.2　集成化工具平台架构和模块

集成化工具平台采用C#作为开发语言，以Microsoft Visual Studio 2017为开发工具，使用MVC模型作为框架。MVC架构将系统分为View、Controller、Model三个核心组件，在三个组件之间定义了明确的交互方式，确保了系统

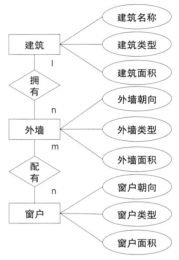

图12-23　集成化工具平台数据库E-R图

层次的清晰性。其中，Controller组件负责业务逻辑流程的控制；Model组件的功能则是进行系统数据的管理，通过接收UI的输入和控制命令，调用相应的Model实现某些功能；View组件的功能则是实现与用户的交互。从MVC架构的运行流程来看，Controller组件首先接收到用户的具体请求，并决定应该调用哪个Model来进行处理。之后，Model组件基于业务逻辑进行用户请求的处理并反馈相应的数据。最终，Controller组件通过相应的视图格式化模型返回数据，并通过View组件呈现给用户。该系统支持多种形式与用户交互，包括基于Command的UI、基于对话框及系统菜单的UI以及图形交互UI。

对于BIM而言，最重要的两个版块是模型及模型的信息。通常来说，BIM模型中会包含了大量的参数信息，而这些信息是建筑设计过程中各专业协同工作的关键。其核心在于实现各类型参数信息（如建筑模型的几何信息、构造信息、构件信息、材质的各类型物理参数等）的有效传递。这些参数信息存储在数据库中，通过开放的API接口函数可以直接提取并导出到Excel表格中，便于进一步分析和应用。集成化工具平台则重点包含用于处理和管理这些信息的模块。

（1）窗建筑关键几何信息的自动化计算：窗墙比计算与导出模块

建筑中外门窗是重要的围护构件，承担了保温、夏季隔热、冬季得热等多项任务，不仅影响建筑物的安

全、耐用性，还关乎采光、通风等功能性要求。外门窗设置不合理或功能单一、易老化会导致一系列问题，如能耗增加、室内热舒适性降低、空气质量下降、声环境和光环境变差等，这些问题都会影响建筑的正常使用。因此，在建筑设计过程中，时刻关注所设计建筑的窗墙比显得非常有必要，有助于提升建筑的整体性能和舒适度。

（2）性能模拟、神经网络与多目标优化设计模块

性能模拟工具的核心功能在于进行建筑的性能模拟与优化分析。该模块能够基于既有参数，通过调用EnergyPlus能耗计算核心和Radiance采光计算核心等，实现对建筑物采光性能和能耗等的实时计算。这一特性极大地方便使用者根据模拟计算结果迅速调整和优化建筑方案，从而满足特定的性能目标。

神经网络训练工具主要功能是通过神经网络模型实现对建筑物日照采光水平和能耗水平的快速计算。该工具通过输入大量原始的训练数据，能够在计算精度和计算效率上达成统一。此外，还可以通过调用第三方软件中神经网络计算引擎，实现建筑物性能水平的快速模拟。

建筑多目标优化设计工具主要功能是通过遗传优化方法实现对建筑物的多目标优化设计。首先通过将神经网络计算引擎生成的数据输入遗传优化模块，这些数据可能包括建筑物的能耗、采光水平、建筑容积率等关键性能指标。基于这些数据，能够分析建筑设计中不同目标之间的关系，并构建多目标优化模型。通过遗传算法的迭代计算，可以生成满足多个性能目标的优化建筑设计方案。

12.2.2　计算性设计革新集成化平台的工具研发

图12-24展示了集成化平台的软件菜单界面，整个工具的计算模块布局清晰，便于用户快速了解和使用。通过单击最左侧的分析与设计集成平台，可以调出相应的软件弹框。

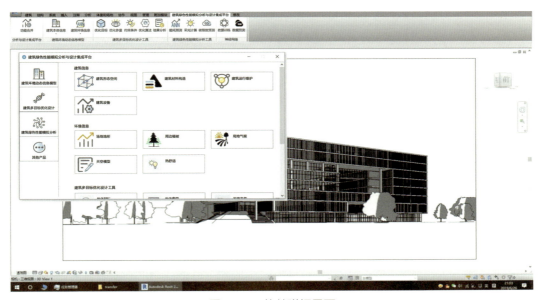

图12-24　软件弹框界面

鼠标单击建筑本体信息栏时，会弹出包含构件信息、窗墙比信息、建筑面积统计、建筑形态空间、建筑材料构造、建筑设备等建筑本体信息统计的下拉列表，这些数据均由软件自动统计生成，为使用者提供了便捷的数据查看方式。同样，当鼠标单击建筑环境信息栏时，也会弹出一个下拉列表，用于输入或查看场地地形、周边植被、微气候环境、天空模型等建筑环境信息。这种设计使得使用者能够轻松地访问和管理建筑本体及环境的关键信息，提高了工作效率和准确性。

　　软件通过上一步建立了对建筑几何形状、材料构造、设备运行信息的建模和管理，实现了对环境和建筑性能信息的集成。接下来通过接口程序连接其他专业软件，如EnergyPlus和Radiance，对不同建筑形态设计参数下的全年能耗水平、采暖能耗和制冷能耗、室内全天然采光照度百分比、有效天然采光照度百分比等性能指标展开模拟计算，性能模拟界面如图12-25所示。

　　在上一步操作的基础上，应用神经网络建模建构了建筑形态设计参量与性能设计目标之间的映射关系，通过接口程序连接Matlab神经网络工具箱，可以实现神经网络模型的优化，界面如图12-26所示。在此基础上，进一步应用遗传优化算法，以建筑性能设计的多项指标为设计目标，展开建筑性能设计的多目标优化分析，界面如图12-27所示。

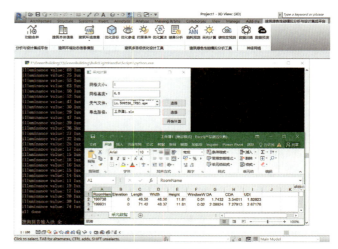

图12-25　性能模拟界面

图12-26　神经网络训练界面

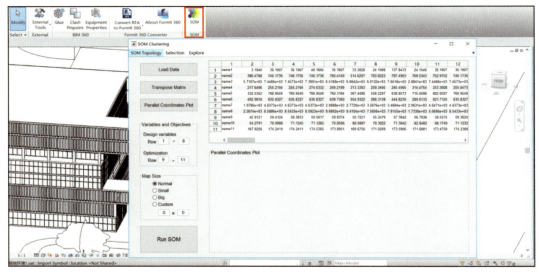

图12-27　多目标优化设计界面

12.2.3　计算性设计革新集成化平台的应用过程

哈尔滨（深圳）产业园区作为深哈合作的首个启动项目，旨在打造东北首个对接粤港澳大湾区的产业生态服务平台，设计注重创新引领和绿色生态，体现现代科创园区特点。笔者团队在园区科创总部项目设计中（图12-28）应用该集成化工具平台，展开了多性能导向下的建筑优化设计效果对比实验。实践验证了该集成化

图12-28　集成化工具平台实际应用案例

工具平台相比于既有设计工具，在多性能导向建筑设计问题上具有更显著的决策支持效果。

建筑优化设计的主要目的旨在通过对建筑形态空间设计参量的数值调整，如建筑层高、开窗尺度、开间尺度等，来提升建筑采光性能和降低能耗水平，如图12-29所示。在这一过程中，设计团队采用多种评价

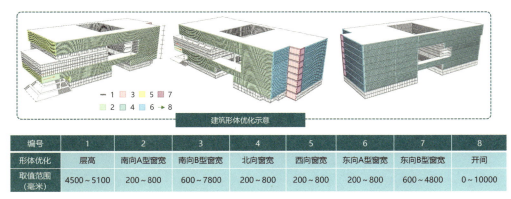

建筑形体优化示意

编号	1	2	3	4	5	6	7	8
形体优化	层高	南向A型窗宽	南向B型窗宽	北向窗宽	西向窗宽	东向A型窗宽	东向B型窗宽	开间
取值范围（毫米）	4500~5100	200~800	600~7800	200~800	200~800	200~800	600~4800	0~10000

图12-29　建筑形体优化与设计参量取值范围设置

指标来评估建筑的天然采光与能耗等性能，其中以全天然采光百分比和有效天然采光百分比作为两个重要的评价指标。采光设计重点优化的区域如图12-30所示。此外，能耗强度也是衡量建筑能耗性能的关键指标之一。通过对这些指标的综合考量，设计团队能够更全面地评估和优化建筑的采光与能耗等性能，以实现更可持续和舒适的建筑环境。

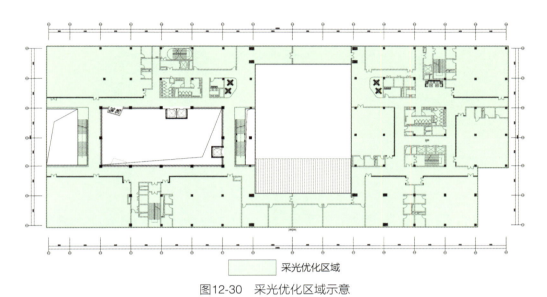

采光优化区域

图12-30　采光优化区域示意

优化设计过程中进行了集成化工具平台的使用实验，旨在评估其对设计精度和效率的影响。实验选取三组具备建筑学专业基础，熟练掌握BIM和性能模拟软件工具的受测者，确保他们了解建筑形态空间参量对建筑性能的影响。实验在相同配置的计算机上进行，以保证严谨性。对比分析三组实验得出的能耗、DA和UDI单项性能以及综合性能相对最优方案（图12-31），结果显示，集成化工具平台决策支持组的综合方案在三项性能上均有显著提升，且提升幅度高于其他方案，表明集成化工具平台在建筑优化设计中具有显著优势。

图12-31　建筑设计方案的优化过程（EUI单位：千瓦时/米²）

进一步从计算性设计的应用效果来看，对上述方案的性能权衡水平分析表明：集成化工具平台决策支持组最终筛选出的综合最优方案对三项性能目标的权衡较好（图12-32），且各单项性能最优方案也呈现出较好的均衡性。这说明集成化工具平台能够帮助设计者更好地权衡多个绿色性能目标，实现更全面的建筑优化设计。

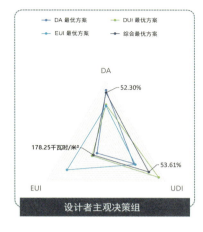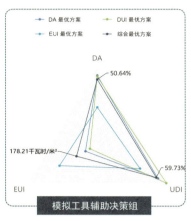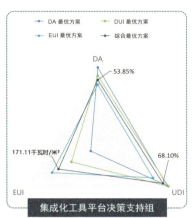

图12-32　性能权衡水平对比分析

为了进一步验证集成化工具平台的应用效果，笔者团队对三组实验获得的所有设计方案进行了聚类分析（图12-33），结果表明：在聚类得到的多绿色性能权衡较优的区域共有18个方案，其中12个方案来自集成化工具平台决策支持组，远多于其他两组，说明应用集成化工具平台可显著加强设计者对多绿色性能的权衡能力。

在设计精度方面，为了验证集成化工具平台对设计可能性探索的广度，笔者团队采用了拉丁超立方采样法对全部设计可能性进行抽样，并应用SOM神经网络将其聚类为

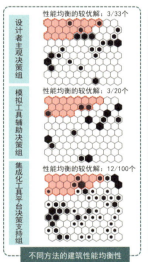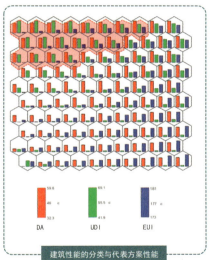

图12-33　设计方案聚类分析

100类。随后，将三组实验得出的所有方案分类至其中，结果表明，集成化工具平台决策支持组探索了100类设计可能中的63类，远远高于其他两组。这说明集成化工具平台可有效拓展对设计可能性的探索广度，为设计者提供更多元化的设计方案选择（图12-34）。

在设计效率方面，对三组实验耗时的分析表明，集成化工具平台决策支持组的建模和决策耗时显著少于其他两组。尽管其总体耗时高于其他两组，但这主要是由于其中无人值守的耗时比例很高。这意味着设计者可以在无人值守过程中从事其他设计工作，充分利用非工作时间，从而有效提升设计效率（图12-35）。这一结果表明，集成化工具平台在提高设计效率方面具有显著优势。

图12-34　设计可能性探索能力比较

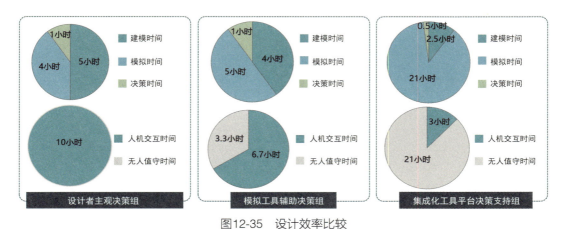

图12-35　设计效率比较

12.3　重庆两江协同创新区核心区五期房建设计：跨尺度性能预测与优化设计

在重庆两江协同创新区核心区五期房建项目中（图12-36），笔者团队在建筑群体及建筑单体尺度应用研发的绿色性能驱动计算性设计技术和工具，显著提升了项目绿色性能。下面将依次介绍建筑环境信息集成、绿色性能智慧预测与性能驱动设计决策支持技术在项目中的实际应用。

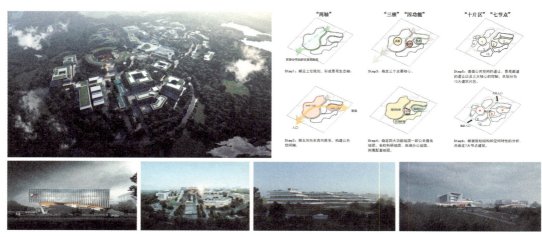

图12-36　重庆两江协同创新区核心区五期房建项目

12.3.1　计算性设计革新建筑环境信息集成

在初期，对标绿色性能评价标准，应用性能驱动计算性设计平台，构建优化设计参量与优化目标（图12-37）。其中，设计控制参量包括不同建筑高度、建筑占地面积、绿地面积、天空视域因子、房间纵深比、建筑高度、体量旋转角度、体形系数、窗墙比等，优化目标包括建筑平均能耗密度、平均风速比、夏季典型日室外通用热气候指数、场地雨水径流控制率、容积率、室内有效采光照度面积比、室内空间有效采光系数、室内热舒适指标等。之后，实现建筑群体及建筑单体尺度下的建筑环境信息集成，用于后续多维性能信息交互式分析与评估。

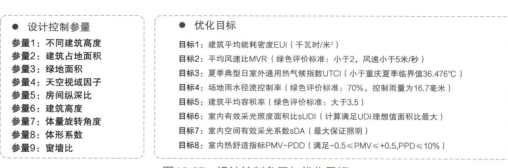

图12-37　设计控制参量与优化目标

基于集成的建筑环境信息，展开建筑群体及其中各项目的建筑形态空间初始方案的生成设计。在不同功能单体建筑的建模任务中，借助信息集成技术，采用程序性建模技术，将基本几何体量转译为建筑信息模型，从几何拓扑到信息交互，实现复杂信息降维操作，保证后续建筑细节上的性能评价分析。具体流程如图12-38所示。

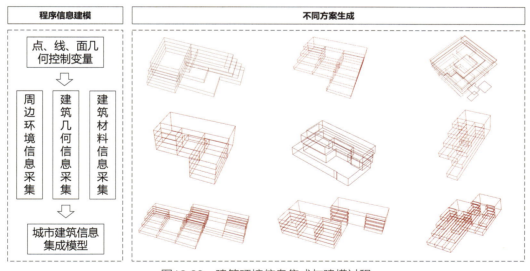

图12-38　建筑环境信息集成与建模过程

基于集成的建筑环境信息，进一步通过性能模拟融入建筑绿色性能信息。例如，在五期房建的云上共享核心办公楼设计中，将建筑外表面日照辐射、室内自然采光等绿色性能信息融入计算性设计平台，构建优化设计目标与优化设计参量的映射关系模型（图12-39）。

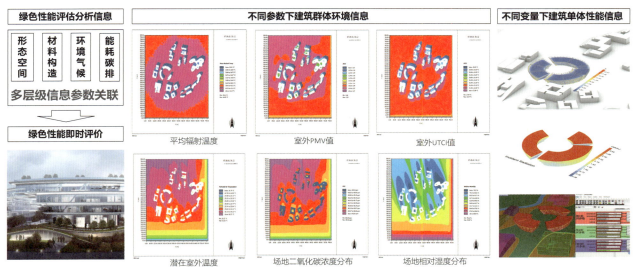

图12-39　性能模拟融入建筑绿色性能信息

12.3.2　计算性设计革新性能智慧预测与优化决策

项目借助人工智能深度学习映射建模技术，实现环境多维信息与绿色性能之间的智能转译。在五期项目中，建筑体量布局复杂，局地微气候预测难度高。而传统模拟耗时过长，算力需求大。针对上述挑战，笔者团队采用循环生成对抗网络，建构风环境、热舒适等性能预测模型，快速实现几何模型到室外风环境与热舒适信息的端到端交互，实现绿色性能智慧预测（图12-40）。

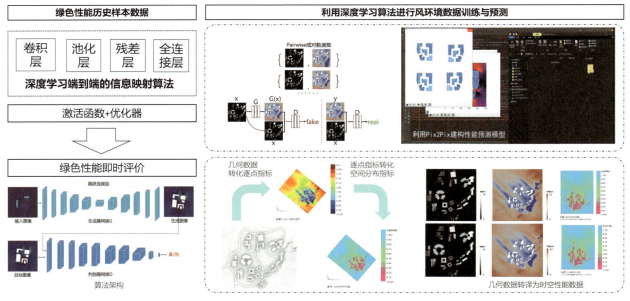

图12-40　建筑绿色性能的智慧预测

最后，整合绿色性能预测模型和设计决策支持模型，发挥聚类技术与进化计算优势，通过全局搜索获得非支配解集，实现场地风扩大系数、建筑得热、HVAC建筑能耗等绿色性能目标的权衡改善，辅助建筑群体及建筑单体设计参量的优化设计决策制定（图12-41）。

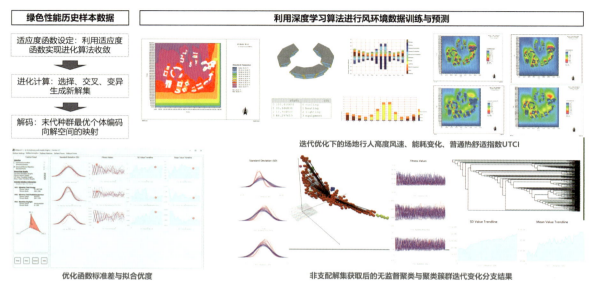

图12-41　建筑绿色性能的优化设计

为了获取计算性设计工具在提升建筑群体及建筑单体绿色性能方面的效果，在设计过程中也将主观设计方案、模拟辅助主观决策方案与智能复合目标决策方案进行了平衡效果对比。从计算性设计的应用效果来看，应用计算性设计方法、技术和工具，有效提升了设计过程的信息化与自动化水平，提高了绿色城市与建筑设计效率。绿色性能智慧预测与设计决策支持可实现无人值守下的绿色性能驱动设计，建筑师可并行开展设计工作，有效提升了设计效率。最终，在重庆两江协同创新区核心区五期房建设计过程中，实现了建筑体块变化丰富、形式现代并具有科技感的设计效果。同时，根据场地的高差变化，设计团队提出了"云上新城的空间高度利用""山水书苑的生态体验塑造"等设计策略，进而形成了科研实验区和而不同的建筑形态和空间格局。

12.4　商业建筑空间的寻路研究：安全疏散性能优化

绿色建筑安全耐久性能是其评价中最为基础且重要的部分，需考虑多方面因素。包括建筑区域的安全性、建筑结构及其附属结构的安全耐久性、建筑内部设施的安全耐久性及建筑内部通行空间的紧急疏散要求等。其中，建筑疏散性能的优化因涉及众多因素，常需设计师耗费大量精力进行针对性设计，以避免室内空间浪费或者通行空间难以满足疏散要求的情况发生。

近年来，商业建筑设计呈现出功能复合化、空间多样化的特点与趋势，以满足消费者对购物体验的多元需求。然而，建筑空间环境复杂程度的提高也带来寻路认知困难等问题，特别是不合理的空间布局会大大降低环境的易读性，影响消费者的购物体验，甚至带来安全隐患。总体而言，人们的寻路认知主要由以下两个具有先后顺序的阶段组成：首先通过现场学习或地图学习的方式获取空间片段之间的拓扑信息；然后在此基础上结合运用环境地标，建构完整的空间布局知识，形成整体方位认知，从而为目标绝对位置的判断提供依据。因此，建筑空间结构是否清晰易读、便于理解，对拓扑关系的认知具有重要影响；而环境寻路地标是否突出、引人注目，对具体位置的引导和判断也会起到不可忽视的作用。眼动追踪与虚拟现实等技术的发展为突破传统寻路认知实验方法的局限提供了可能，也为优化商业建筑寻路设计提供了支持[①]。

12.4.1　计算性设计革新建筑空间布局易读性的优化过程

人们在进行寻路决策时，主要基于对空间环境的拓扑关系认知。在结构复杂、要素多样的公共建筑室内环境中，使用者能否轻松识别所处的空间片段，并正确理解各空间元素间的连接关系，对减少寻路困惑、提升建筑环境体验尤为重要。具体来看，寻路过程中，人们对建筑布局和拓扑关系的认知可能受到布局形式和个体差异的多重影响。了解建筑布局特征对人们寻路认知体验的作用规律，对提升使用者的建筑体验具有重要意义。

计算性设计思维与方法引导下的建筑空间布局易读性优化流程为：首先针对建筑空间在视觉、认知等方面的显著性特征指标的计算方法，以及个体寻路观察中眼动指标的选取过程进行详细说明，为后续二者间的量化关系研究提供数据支持。在此基础上，根据商业建筑地上和地下空间环境的不同特征，分别针对不同环境条件下地标对象的显著性指标与眼动指标数据展开相关分析和阶层回归分析，建立二者之间的量化关系，以此提升使用者在商业建筑中的认知体验和寻路效率。

12.4.1.1　指标选取与数据收集方法

在建筑空间布局易读性的量化指标选取上主要关注两类指标，即互连密度（ICD）值和基于空间句法的空间关系分析变量。ICD指标用于量化建筑平面的复杂性，但其在衡量空间关系方面存在较大局限性，无法反映出空间的形状、边界或角度关系等特征，适用性有限。相比较而言，基于空间拓扑关系计算的空间句法指标能够更准确地量化建筑室内的空间构形特征，并通过数值和图示直观表示局部空间元素在整体网格系统中的拓扑特性和连接地位。考虑到寻路过程中人们对空间知识的获取和拓扑关系的建构主要基于视觉观察，空间元素的视觉可达性对人们理解建筑环境具有重要作用。因此，可以选取基于视域网格的视线法计算指标，如连接度、视觉整合度和视觉可理解度，作为衡量商业建筑空间布局易读性的测量指标。

在个体空间能力的量化指标选取上，方向感是一个重要指标，它与人们日常面临的寻路问题紧密相关，反映了人们在移动过程中对自己所在位置和空间方向的感知意识。此外，寻路策略也在一定程度上反映了个体的空间能力，且对不同策略的使用倾向也会影响其认知结果与寻路表现。方向感和寻路策略都可以通过量表（表12-2、表12-3）实现定量评估，从而为基于布局易读性的寻路认知量化分析提供相应的个体差异化指标。

---

① 杨阳. 商业建筑空间环境寻路认知机制及设计策略研究[D]. 哈尔滨：哈尔滨工业大学，2020.

方向感量表	表12-2

序号	内容
1	我非常善于指认方向
2	我认为在环境中寻找新的路线是很重要的
3	我的方向感非常差
4	旅行时我经常选择尝试新的路线
5	我不喜欢探索
6	我会以东南西北几个正方向来思考身处的环境
7	我很愿意看地图
8	我对辨认方向有一定困难
9	迷路时我会感到很焦虑
10	我总是走最短的路径
11	我在不熟悉的建筑中很容易迷路
12	我不太会混淆左右
13	我很擅长看地图
14	在新环境中旅行时，我会尽量记住景观细节
15	我不喜欢指认方向
16	我倾向于用大量的心理图像进行视觉化思考
17	对我来说，知道我在哪个位置并不重要
18	我不太担心迷路
19	即使只去过一次我也通常可以记住路线
20	对于所处的环境，我脑海中没有空间地图的概念

室内寻路策略量表		表12-3

策略类型	序号	室内寻路策略内容
定向策略	1	每次转弯后，我都知道自己面朝的方向
	2	我可以不假思索地确认出我在建筑内的朝向
	3	我始终能够记得我是从建筑的哪个方向进入建筑的
	4	我能够知道我在建筑内的方向，如东、南、西、北
	5	我需要花费很大的脑力弄清楚自己在建筑内的朝向
	6	我可以想象出我所面朝方向的建筑外面的景象
路线策略	7	我经常使用那些指示建筑不同区域的明显标识
	8	我经常使用商场里的地图来帮助我确定自己的方位
	9	我会按照门牌号和其他方位标识来找寻目的地
	10	我会向他人或前台服务人员询问路线
建筑结构	11	建筑内布局的规则性和对称性对帮助我寻路非常重要
	12	所有走廊相交之处都是直角对帮助我寻路非常重要
	13	建筑内所有走廊的布局都很有规律对帮助我寻路非常重要

在寻路认知测量指标选取上，主要关注认知地图和路径轨迹两方面。认知地图能反映寻路者对外部空间关系和空间知识的内在表征，而路径轨迹则可以直观呈现其基于空间认知的寻路决策结果。其中，认知地图的绘制采取关系图解形式，并对绘制结果进行评分。路径轨迹的相关指标则用于反映被试者的决策结果及其寻路绩效，包括路径选择决策结果、正确或错误的转弯次数及完成任务的路径长度等。通过量化处理认知地图和路径轨迹，生成相应的认知程度评分指标和寻路绩效指标，为后续与布局易读性相关联的统计描述和量化分析奠定基础。

12.4.1.2 基于虚拟现实技术的使用者寻路决策模型

在完成指标选取后，采用虚拟现实技术模拟商业建筑室内空间的寻路认知环境，开展环境条件可控的寻路实验，实现高效的寻路行为数据采集。

在实验软件平台方面，基于Unity 3D引擎和C#语言，实现实验交互和虚拟场景移动坐标数据收集。在实验硬件平台方面，高性能图形工作站结合半球面沉浸式虚拟现实系统，由5台SONNOC SNP-LW6500激光工程投影机结合曲面屏围合而成，呈现沉浸式建筑室内虚拟环境（图12-42）。

在被试者选择方面，为了尽可能减少由场景适应度和操作熟练度差异所造成的误差，实验中选取的被试者应能够熟练操作计算机；且在正式实验前，每名被试者都需要进入热身场景进行充分练习，包括移动、视角转换和菜单调用等操作，以熟悉虚拟场景中的空间感受和交互过程。

图12-42　半球面沉浸式虚拟现实系统

在实验流程与步骤方面，为了模拟商业建筑中的日常寻路行为，可以将被试者的初始位置设于商业建筑的首层入口处，然后让被试者根据提示依次寻找位于某楼层的目标店铺，完成探索寻路任务；进而根据上一阶段形成的记忆返回初始入口位置，完成记忆寻路任务。在设计路线时，考虑尽可能使被试者在寻路过程中经过更多的公共区域，以形成较为完整的空间认知。实验中被试者按照随机顺序分别在两个虚拟场景中完成寻路任务和认知程度调查，实验具体流程如图12-43所示。

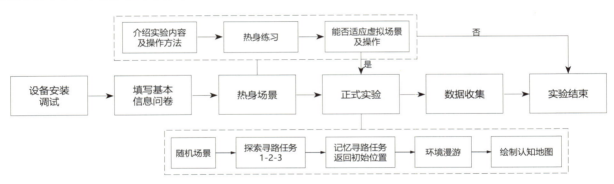

图12-43　实验流程图

在数据收集与处理方面，建筑环境数据主要包括虚拟实验中的寻路目标空间单元的布局易读性指标，如视觉整合度（L1）、连接值（L2）和可理解度（L3）。这些指标分别从全局和局部角度衡量了目标元素与其他空间元素的关系，以及目标元素反映整个空间系统特征的能力。个人属性数据主要包括性别、年龄等个人信息，以及基于方向感和室内寻路策略量表的自评结果。这些数据有助于理解不同个体在寻路过程中的差异和影响因素。虚拟实验中获取的寻路认知数据主要包括对空间认知与寻路行为两部分测量的数据。其中，空间认知数据涉及认知地图和认知评价：认知地图依据被试者绘制的地图及其初始位置标注情况，按照测评标准进行评分量化；认知评价则通过调查问卷收集被试者对任务难度和认知确定性的主观感受。寻路行为数据通过虚拟实验平台的计算引擎实时监测并记录，包括移动坐标、任务时长和过程视频等，以获取路径轨迹图和其他寻路行为数据。在路径轨迹数据处理方面，重点关注路径相似率，以及寻路过程中的折返、绕路等现象，结合寻路过程记录探索这些现象的发生原因。

12.4.1.3 布局易读性与寻路认知的关联性分析

根据虚拟实验获取的布局易读性指标、个体空间能力指标和寻路认知测量指标，分别对布局易读性与空间认知和寻路表现之间的关联关系进行定性与定量分析，分析结果可以为建筑环境的寻路效果评估提供依据，也可为相关设计策略的提出奠定基础。

（1）布局易读性与空间认知的关联性分析

在整体布局形式的认知方面，笔者团队在哈尔滨哈西万达广场购物中心（线形商业空间布局代表）和凯德广场购物中心学府店（环形商业空间布局代表）的寻路研究中，重点考察了被试者对中庭相对位置及水平通道转折角度的认知程度。研究发现，虽然大多数被试者能够正确分辨两个虚拟空间中各水平通道的整体连接关系（线形或环形），但仍有部分被试者对其空间转折角度出现了认知错误。例如，在哈西万达广场购物中心，有被试者未意识到主要水平通道两端的角度转折，或将通道转折处的中庭位置误认（图12-44）。这表明，尽管大多数被试者能把握整体布局，但对细节的认知仍存在提升空间。

（a）哈西万达广场认知地图举例　　　　（b）凯德广场认知地图举例

图12-44　哈西万达和凯德广场认知地图举例

在布局形式对中庭认知的影响方面，研究发现，不同布局形式条件下，被试者对中庭数量、形状和尺寸特征的认知程度存在显著差异（表12-4）。具体而言，环形布局的凯德广场在中庭数量认知上优于线形布局的哈西万达广场，而哈西万达广场在中庭尺寸认知上的评分显著高于凯德广场。虽然在中庭形状认知方面两种场景没有显著差异，但哈西万达广场的评分仍略高于凯德广场。这表明，线形布局更有利于人们对中庭空间相关特征的认知和记忆，且人们对中庭尺寸的敏感性相对更高，而对形状则相对模糊。

不同布局形式下中庭特征认知程度单因素方差检验结果　　　　表12-4

中庭特征	1（哈西万达广场）		2（凯德广场）		*F*值	显著性
	均值	标准差	均值	标准差		
中庭数量	0.52	0.51	0.85	0.37	6.90	0.011*
形状特征	3.36	0.99	3.15	1.19	0.45	0.506
尺寸特征	3.00	1.29	1.81	0.90	14.79	0.000***
认知总分	6.88	1.79	5.81	1.44	5.58	0.022*

注：***表示$p<0.001$，**表示$p<0.01$，*表示$p<0.05$。

在被试者对所绘认知地图特征信息及位置标注的主观确定性方面，统计结果显示，哈西万达广场的评分数值普遍高于凯德广场。进一步分析发现，被试者对其所绘认知地图的平面构形确定性方面存在显著差异，而对初始位置标注确定性和中庭特征确定性方面则不存在统计上的显著差异。通过Pearson相关分析，研究发现各项确定性指标均与SOD值（方向感）呈现出显著的正相关关系，即方向感更强的寻路者对其空间认知的结果更有信心（表12-5）。然而，使用者的主观确定性却与实际所得的认知评分之间不存在显著的相关关系，这表明在看似容易理解的串联式布局空间中，人们对三维空间特征的认知与方向判断可能无法有效地映射到二维的认知地图中，二者之间存在一定程度的脱节，从而引发了个体对认知映射结果的不自信。

各项认知确定性指标与认知评分及个体属性测量数据的相关分析结果　　表12-5

布局形式	变量	相关			
		认知评分	定向策略	布局策略	SOD
线形	构形确定性	0.440	0.297	0.123	*0.637**
	中庭特征确定性	0.436	0.391	0.199	*0.695***
	初始位置确定性	0.359	0.328	−0.108	*0.902***
环形	构形确定性	0.007	−0.024	*0.545**	*0.614**
	中庭特征确定性	0.387	0.073	0.188	*0.558**
	初始位置确定性	0.178	0.281	−0.124	*0.710**

注：*代表在0.05级别相关性显著，**代表在0.01级别相关性显著，***代表在0.001级别相关性显著。

（2）布局易读性与寻路绩效的关联性分析

寻路行为是人们在空间认知基础上进行决策的直观表现，涉及整体的平面布局形式及目标所在位置与整体空间系统的拓扑连接关系。研究寻路过程不仅关注空间认知的建立，还涉及决策制定及执行。例如，在哈尔滨哈西万达广场购物中心和凯德广场购物中心的寻路研究中，笔者团队探索了建筑布局易读性对寻路表现的影响，通过从路径轨迹、路径长度和寻路难度评价等方面展开定性和定量分析，尝试建立了环境特征、个体因素和寻路绩效指标之间的关联关系，为相关行为预测和环境优化设计提供基础依据。

①路径轨迹分析。

在路径轨迹分析方面，结合寻路路径轨迹结合访谈数据展开定性分析，可以深入了解寻路者对外部空间关系的内在理解及其寻路决策结果，从而揭示建筑布局易读性特征对个体寻路认知结果的深层作用机制。分析路径轨迹时，可将其划分为水平移动（竖向交通设施选择）—垂直移动—水平移动（目标搜索）三个阶段。综合被试者在两个虚拟场景中完成探索寻路任务时生成的路径轨迹图（图12-45）及实验过程视频和访谈记录发现，路径选择产生差异的空间节点主要集中于选择竖向交通设施阶段和移动至目标楼层后的搜索阶段。

根据实验过程记录和访谈情况归纳，该阶段产生路径差异的原因主要包括两种情况：一是受空间环境布局可视范围影响，由于被试者位于初始位置时可视范围内可选择的竖向交通设施情况不同，导致选择相似性存在差异。基于Depthmap软件生成的视线转过角度深度（angular step depth）可视化分析结果（图12-46）

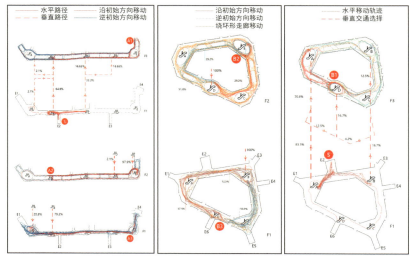

图12-45　哈西万达广场和凯德广场寻路路径轨迹

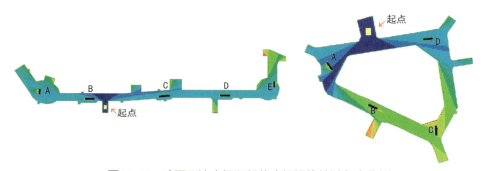

图12-46　哈西万达广场和凯德广场视线转过角度分析

可以直观反映出上述差异。该分析图表示了从初始位置出发，视线到达某一空间元素位置时需要转过的最小角度。分析结果表明，以初始位置为基点，哈西万达广场的直接可视范围相对更大（图中蓝色区域），且可视区域内的扶梯数量更多，被试者的选择分布也相对分散。二是由于被试者的选择倾向不同而导致路径差异，通常来说，大多数被试者倾向于选择可视范围内距离最近的扶梯，但也有部分被试者倾向于在初步了解整体环境布局情况的基础上进行选择。

在被试者移动至目标楼层后的搜索阶段，建筑空间的布局形式对被试者寻路策略的使用和路径选择的结果也有显著影响。如前所述，哈西万达广场的线形布局更利于被试者判断自身在整体空间中的相对位置和方向，并由此规划出全局的最优路线（图12-47）。而凯德广场的环形布局则因不存在尽端位置而导致被试者更倾向于选择局部最短路径，或随机选择顺时针或逆时针方向展开路径探索（图12-47）。

②路径长度分析。

根据虚拟实验平台记录的被试者移动坐标数据，可以计算出每位被试者在各寻路任务中的路径长度。从统计结果来看，在哈西万达广场场景中，被试者在任务A1中的路径长度波动较大（图12-48），但在任务A2和A3中的路径长度曲线整体趋于平缓。其中，任务A2中有一名被试者因错过目标而出现了多次折返现象，

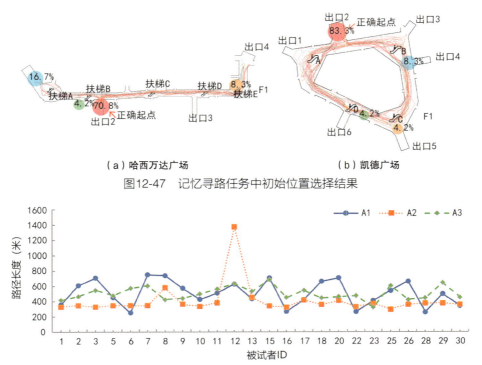

（a）哈西万达广场　　　　　　　（b）凯德广场

图12-47　记忆寻路任务中初始位置选择结果

图12-48　被试者在哈西万达广场场景中各项寻路任务的路径长度

因此产生了较为极端的异常值。相比较而言，在凯德广场场景中，三个任务的路径长度曲线波动均更为明显，且波动范围更大（图12-49）。特别是任务B2中的波动幅度最大，多位被试者均出现了数值较大的异常值，而任务B1和B3的曲线趋势相对平缓。比较两个场景中的路径长度曲线趋势可以看出，相比于哈西万达广场，凯德广场中的个体差异更为明显。

图12-49　被试者在凯德广场场景中各项寻路任务的路径长度

分析图12-50和图12-51可以直观地看出，哈西万达广场的线形布局使得主要水平通道的观察环境相对直观，位于主要线形通道的空间元素可视情况比较均衡，但通道尽端转折空间视觉整合度相对较低。相比之下，凯德广场的环形布局路径转折多，且水平通道内侧界面的视觉整合度低，可能导致被试者在寻路时因视角问题产生观察盲区，导致错过内侧界面的目标对象，产生重复绕圈现象。

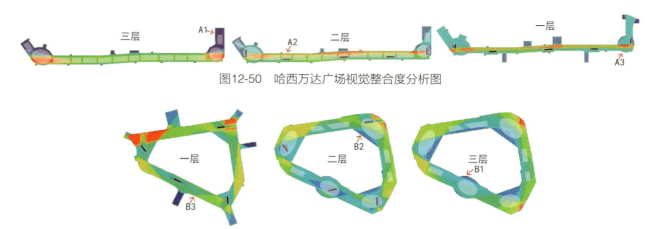

图12-50 哈西万达广场视觉整合度分析图

图12-51 凯德广场视觉整合度分析图

　　为了定量分析建筑易读性与寻路绩效的相关关系，研究中还选取了额外路径长度比率R_e来度量被试者的寻路绩效。两种布局形式下整体和各项任务的额外路径长度比率箱形图如图12-52所示，通过箱形图可以直观地看出各项数据的离散程度和异常值。从离散程度来看，凯德广场中R_e值的离散程度较高，显示被试者的寻路路径存在较大差异。从异常值来看，哈西万达广场中的任务A2与凯德广场中的任务B2、B3中均观察到极端值，且凯德广场中的异常程度更为显著。单因素方差分析结果表明，两种布局形式下被试者的R_e值特征有显著差异，表明人们的寻路绩效会因建筑平面布局形式的不同而呈现出显著差异。从平均值来看，哈西万达广场的R_e值（0.68）明显低于凯德广场的R_e值（1.61），表明线形布局较环形布局中被试者的全局路线规划能力更优。

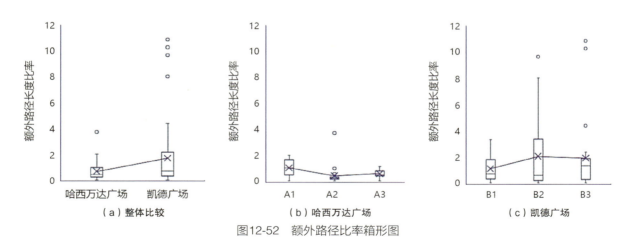

（a）整体比较　　　　　　　（b）哈西万达广场　　　　　　　（c）凯德广场

图12-52 额外路径比率箱形图

　　③寻路难度分析。

　　在被试者对寻路过程的难度评价中，凯德广场中的寻路任务难度评价普遍高于哈西万达广场，尤其在空间定向方面表现出显著差异。具体数据显示，凯德广场的任务难度评价均值（4.88）明显高于哈西万达广场（3.28），表明使用者在凯德广场的空间环境中辨别方向时遇到更多困难。以布局形式为自变量进行单因素方差分析，结果显示，仅定向难度评价指标存在显著差异（$p<0.01$），而寻路整体难度、定位难度和初始位置定位难度方面的评价指标均不存在统计上的显著差异。这说明建筑布局形式主要影响个体方向判断时的主观感受，而对具体定位时的感受影响不大。在寻找未知位置的特定目标时，建筑布局形式主要作为制定整体定向策略的参考，而对具体位置的定位则主要依靠局部的店铺环境信息。为了排除局部环境信息差异造成的判断干扰，实验中两个虚拟场景的视觉界面基本一致，因此使用者对具体位置的定位难度评价没有显著差异。

对寻路难度、寻路绩效和认知确定性指标进行相关分析（表12-6），结果表明，在线形布局场景中，使用者对寻路整体任务的难度评价与其认知地图测评数据之间呈现显著的负相关关系，其相关系数为-0.5（$p=0.013<0.05$），表明对空间布局的认知越清晰，相应的寻路难度越低。同时，使用者的主观难度评价与认知确定性评价也呈现出了显著的负相关关系，表明使用者实际寻路的主观感受与其对空间布局的认知程度具有较强的关联性。而在环形布局场景中，主观难度评价与客观寻路表现数据之间均没有呈现出显著的相关关系，表明使用者的寻路感受与实际认知情况的关联性较弱。

各项难度评价指标与其他主客观测量数据的相关性分析结果 表12-6

布局形式	变量				相关				
		D	D_p	D_d	C_c	C_a	C_s	S_m	SOD
线形	D	1	0.905***	0.811***	-0.601**	-0.623**	-0.610*	-0.500*	-0.495*
	D_p		1	0.877***	-0.652**	-0.585**	-0.565*	-0.403	-0.351
	D_d			1	-0.526*	-0.486*	-0.734**	-0.190	-0.332
环形	D	1	0.514*	0.405*	-0.063	-0.282	0.196	-0.219	0.099
	D_p		1	0.652***	-0.157	-0.141	0.088	-0.236	-0.237
	D_d			1	0.043	-0.237	-0.094	0.219	-0.437

注：*代表在0.05级别相关性显著，**代表在0.01级别相关性显著，***代表在0.001级别相关性显著。

通过分别对客观寻路和主观寻路难度评价的相关测量数据进行分析可以看出，使用者在线形和环形布局场景中的实际寻路表现具有明显差异。具体来说，线形布局下的寻路表现呈现出更强的规律性，使用者能够更容易地理解和预测寻路过程，个体的寻路绩效可以通过目标位置的易读性指标进行预测，且其主观感受与认知情况具有显著关联。而环形布局下使用者的寻路表现和主观感受表现出更强的随机性，使用者难以形成稳定的寻路预期，无法通过所选指标进行预测或估计，使用者倾向于在对整体布局形式进行大致判断后，采取沿随机方向"边走边看"的策略，更多地依赖局部环境信息来做出具体的寻路决策。

12.4.2　计算性设计革新建筑要素对象显著性的优化过程

除了建筑空间的拓扑连接关系外，局部区域内的地标信息对寻路决策也具有重要影响，尤其是商业建筑空间环境中独立的品牌商铺，常被作为室内定位和寻路导引的重要地标元素。地标是环境中显著且突出的要素，对寻路者具有更强的吸引力。具有更高显著性的地标具有"锚定"作用，能有效降低寻路者的识别时间与错误率，提高路径决策效率。品牌商铺在商业建筑寻路中不仅作为目的地，还承担着地标参照物的角色，对寻路过程具有双重作用。因此，合理评估品牌商铺地标的显著性，并通过设计优化加以提升，成为商业建筑空间环境寻路决策的另一个关键问题。

12.4.2.1 指标选取与数据收集方法

根据空间对象的显著性理论框架，商业建筑店铺地标对象的显著性特征主要由视觉吸引力、认知吸引力和空间吸引力构成，三个方面分别对应其视觉外观、功能业态和空间位置的特征属性。为了深入研究商业建筑空间环境中店铺地标对象特征指标与显著性水平之间的关系，笔者团队从视觉显著性、认知显著性和空间显著性三个方面选取相应的指标（表12-7），从而为相关研究奠定了基础。

地标对象显著性特征量化指标与度量标准 表12-7

一级指标	二级指标	度量标准	说明
视觉显著性指标（S_v）	颜色属性（S_{v1}）	S_{v1_h1}，S_{v1_s1}，S_{v1_v1} S_{v1_h2}，S_{v1_s2}，S_{v1_v2}	店铺立面和招牌H、S、V三颜色分量差异值
	立面尺寸（S_{v2}）	高×宽	店铺对象矩形立面面积
	设计特色（S_{v3}）	$\sum \alpha$，$\alpha \in \{T: 1, F: 0\}$	设计特色分项叠加之和
认知显著性指标（S_c）	品牌特征（S_{c1}）	$\sum \beta$，$\beta \in \{T: 1, F: 0\}$	品牌特征分项叠加之和
	品牌等级（S_{c2}）	{1, 2, 3, 4}	国际知名4，全国连锁3，本地品牌2，其他1
	独特性（S_{c3}）	{1, 2, 3}	唯一3，同类数量介于1～5为2，超过5为1
空间显著性指标（S_s）	空间位置（S_{s1}）	{1, 2, 3, 4, 5}	按照通道两侧1、通道交叉口2、中庭3、扶梯或电梯口4及出入口5进行分类赋值
	空间距离（S_{s2}）	$d / \bar{d}_i$	对象距最近节点i的距离与节点i附近所有对象距离的算术平均值之比

（1）视觉显著性指标

视觉显著性指标（S_v）是衡量店铺对象在视觉方面对寻路者吸引力水平的重要指标。具体来说，若店铺对象在颜色、立面尺寸和设计特色上与周围环境形成强烈对比，则表明该店铺对寻路者具有较高的视觉吸引力。其中，颜色差异（S_{v1}）关注店铺立面及其招牌标识与周围环境的颜色对比程度，立面尺寸（S_{v2}）考虑店铺立面尺寸与周围环境的相对大小，设计特色（S_{v3}）则涉及店铺立面及其招牌标识的设计独特性与周围环境的差异。这三方面共同构成了衡量店铺对象对寻路者视觉吸引力的综合指标。

①颜色差异。颜色对比与差异（S_{v1}）是衡量店铺对象视觉显著性与突出效果的关键指标之一。在评估颜色体系时，HSV颜色模式常被用作主要参数，其中色相（H）、饱和度（S）和明度（V）是描述店铺对象颜色的重要分量。为了量化颜色分量的差异度，可以计算色相、饱和度和明度的差值，以全面衡量店铺对

象与周围环境的颜色对比程度。商业店铺的颜色差异指标主要分为两类，即能够反映店铺对象与相邻店铺及周围环境整体对比情况的立面颜色差异指标（包括色相差异S_{v1_h1}、饱和度差异S_{v1_s1}和明度差异S_{v1_v1}），以及能够反映店铺招牌与其背景对比的招牌颜色差异指标（包括色相差异S_{v1_h2}、饱和度差异S_{v1_s2}和明度差异S_{v1_v2}）。这些指标共同构成了评估店铺视觉设计效果的重要依据。

②立面尺寸。在商业建筑环境中，使用者的寻路表现会受到店铺规模的影响。例如，规模较小的店铺可能因不易被察觉而导致使用者错过目标，而规模较大的店铺则因其显著的立面尺寸（S_{v2}）几乎吸引了所有路过者的注意，并成为他们记忆和认知地图中的方向地标。这表明，立面尺寸作为直观反映店铺规模的指标，对衡量对象的视觉吸引力具有重要作用。因此，在商业建筑设计中，合理规划和利用店铺规模及其立面尺寸，有助于提升使用者的寻路体验和空间认知效果。

③设计特色。商业空间店铺对象的设计特色主要体现在其店面和招牌等的特殊装饰上，主要包括店铺立面中是否存在特殊的形状或造型设计及结合特殊灯带设计所形成的环境氛围。为了量化这些设计特色，可以采用布尔变量进行赋值。具体来说，可以为每一种设计特色类型定义一个布尔变量，如果店铺立面中存在这种设计特色，则变该量的值为T，否则为F，店铺整体的设计特色（S_{v3}）通过对各分项的叠加计算结果来赋值，值越高，说明店铺的设计特色越丰富。综上所述，通过布尔变量赋值和分项叠加计算的方法，可以有效地量化商业空间店铺对象的设计特色。

综合来说，商业建筑空间环境中店铺地标的视觉吸引力（S_v）是一个综合指标，可以通过颜色差异（S_{v1}）、立面尺寸（S_{v2}）和设计特色（S_{v3}）三项二级指标来衡量。其中，颜色差异又分为店铺整体立面与周围环境的差异值及其招牌与背景环境的差异值两项，分别用HSV颜色模式中的色相、饱和度和明度三个分量进行计算。通过量化这些指标，可以更准确地评估店铺地标在视觉上的吸引力，并为商业建筑设计和空间规划提供有力依据。

（2）认知显著性指标

认知吸引力（S_c）指标是衡量商业建筑店铺对象语义特征的重要指标，它关注的是店铺对象如何被使用者认知和理解，而非仅仅基于立面界面的特征描述。在商业建筑中，店铺对象的认知吸引力主要体现在其业态属性和使用者对店铺的认知程度上。那些被人们所熟知或在名称、品牌形象等方面具有独特性的店铺，往往更容易吸引使用者的关注。为此，选取店铺对象的品牌特征（S_{c1}）、品牌等级（S_{c2}）及其独特性（S_{c3}）作为表征其认知吸引力的衡量指标。

在探讨商业建筑中店铺地标的认知吸引力时，品牌特征（S_{c1}）是一个核心指标。这一指标关注的是店铺如何通过其品牌属性吸引使用者的注意。在商业环境中，店铺的品牌特征往往与其业态类型紧密相关，并且能够通过特殊的装饰风格或突出的品牌标识来体现。为了具体衡量品牌特征（S_{c1}），可以采用布尔变量进行赋值。当店铺对象具有明确的品牌特征时，赋值为T（真）；而当店铺没有表现出特殊的品牌特征时，赋值为F（假）。这些布尔变量可以代表不同的品牌特征分量，如特殊的装饰风格、突出的品牌标识、与业态类型的一致性等。

①品牌特征。品牌特征（S_{c1}）作为一个核心指标，关注的是店铺如何通过其品牌属性吸引使用者的注意。在沿水平路径行进时，使用者可能更容易注意到能够明确反映店铺业态类型或品牌的地标对象。店铺的业态类型、商品类别以及与之相匹配的特殊装饰风格和突出的品牌标识，都是构成其品牌特征的重要元素，这些元素共同作用于使用者的认知过程，帮助其快速识别并记住特定的店铺。品牌特征指标（S_{c1}）的各项分量可采用布尔变量进行赋值，当店铺对象具有明确的品牌特征时赋值为T，无特殊特征时赋值为F，分量加和为指标的最终赋值。

②知名程度。在商业建筑环境中，使用者对建筑空间环境，尤其是品牌店铺的熟悉程度，对其寻路表现及主观感受具有显著影响。在感知环境信息和选择路径时，使用者也更倾向于选择熟悉的空间对象作为参考地标，以辅助其决策。然而，由于环境或对象的熟悉程度受到个体主观差异的影响较大，因此难以对其进行统一衡量。品牌等级作为一个相对客观的指标，能够在一定程度上反映出该品牌在社会大众中的影响力。通常，品牌等级越高，其知名程度越高，知晓或熟悉该品牌的消费者比例就越高，被选择为寻路参照物的可能性也越大。虽然消费者个体对品牌的认知程度存在差异，但普遍而言，消费者群体对各品牌的熟悉程度仍呈现出一定的规律性。因此，研究中选取店铺对象的品牌等级（S_{c2}）来表征人们在对象熟悉度方面的认知属性，并且按照"国际知名""全国连锁""本地品牌"和"其他"的划分标准，采用定序量表法从4到1分别对其进行赋值。这样的赋值方法能够相对客观地反映品牌的知名度和影响力，进而帮助我们理解使用者如何选择熟悉的品牌店铺作为寻路的参考地标。

③独特性。根据商业建筑内各业态类别的整体规划和配置需求，同类业态中不同类型的店铺数量设置会存在一定差异性。例如，文娱业态中的电影院、电玩城和KTV等类型的店铺通常具有唯一性，而餐饮业态中的饮品店或快餐店等则会出现多家同类店铺。在选取室内地标时，对象的独特性和唯一性是一个重要的考虑因素。因为独特的地标能够有效避免记忆混淆问题，提高其认知吸引力。因此，可以通过统计该商业建筑内某一对象的同类店铺数量来衡量其独特性（S_{c3}）。为了简化统计与运算过程，可以对其进行等级划分和参数赋值。具体来说，若为商业建筑内唯一店铺则赋值为3，同类店铺数量介于1～5则赋值为2，同类店铺数量超过5赋值为1。通过这样的等级划分和参数赋值，可以更直观地了解店铺在商业建筑内的独特性情况，并为后续的地标选取和认知吸引力评估提供依据。

（3）空间显著性指标

空间吸引力（S_s）指标是衡量店铺在商业建筑中空间位置重要程度的关键指标。它主要基于商业建筑的空间关系特征和消费者行为习惯，从营业空间店铺对象与重要室内节点之间的空间位置关系和距离关系两个核心方面展开研究。这两个方面共同决定了店铺在空间上的吸引力，进而影响消费者的行为模式和选择偏好。为了量化店铺对象的空间位置特征属性（S_{s1}），可根据对象位置的可达性和人流密度将其划分为以下五个类别，并依次按照1～5的顺序进行赋值。

①空间位置。商业建筑中的重要空间节点因其高可达性和吸引性，对人们的寻路观察和空间认知具有显著影响。当人们在三维空间环境中进行寻路时，对象的位置属性对其空间吸引力具有重要影响。例如，位于

水平通道交叉口或扶梯对面的店铺更容易吸引人们的注意。为了量化店铺对象的空间位置特征属性（S_{s1}），根据对象位置的可达性和人流密度，将其划分为水平通道两侧、水平通道交叉口、中庭、扶梯或电梯厅口、出入口五个类别，并依次按照1~5的顺序对其进行赋值。当对象同时满足多个位置特征时，按照影响更大的位置特征对其赋值，如位于中庭扶梯对面的店铺应按照扶梯位置特征将其赋值为4。这样的赋值方法能够更准确地反映店铺对象在商业建筑中的空间位置特征属性。

②空间距离。除相对位置关系外，店铺对象与商业建筑重要空间节点的距离关系也是决定其空间吸引力特征的关键因素。一般来说，店铺与节点的距离越近，就越容易吸引寻路者的注意，并被选择为参考点；反之，如果距离较远，显著性就会越低，更容易被忽略。为了量化这种距离关系对空间吸引力的影响，研究选取店铺对象至重要节点交叉口的空间距离作为指标参数之一。具体计算方法为：选取距离该店铺对象最近的重要空间节点计算二者之间的距离数值，对于仅存在唯一立面的对象，计算该立面中心至节点交叉口的水平距离；对于存在多个立面的转角对象，以主要人流方向为基础，计算其可视面投影中心至节点交叉口的水平距离；在此基础上，用该距离数值除以同一节点附近所有对象距离的算术平均值，得到的结果即为表征店铺对象空间距离属性的指标参数（S_{s2}）。通过这种方法，可以更准确地评估店铺对象与商业建筑重要空间节点的距离关系对其空间吸引力的影响。

12.4.2.2　基于眼动追踪技术的使用者寻路决策模型

环境感知和认知心理学的相关研究表明，人们对外部环境信息的加工处理和关注程度可以通过视觉注意分配来体现。眼动注视数据是衡量空间对象显著性的重要指标，能够真实地反映人们对空间环境要素的注意力分配情况。近年来，眼动追踪技术的发展提升了眼动数据的精确性和采集方式的灵活性，为基于注意力分配的空间对象显著性评估和寻路过程研究提供了技术支持。通过分析寻路过程中的注视点变化和可视化映射结果（图12-53~图12-55），可以辅助研究者了解人们的信息获取和加工过程，更准确地理解其寻路观察行为。笔者团队在哈尔滨哈西万达广场购物中心和凯德广场购物中心学府店的寻路研究中，利用可穿戴式眼动仪测量数据，提取寻路者在重要空间节点范围内进行路径选择时的眼动观察指标，为店铺

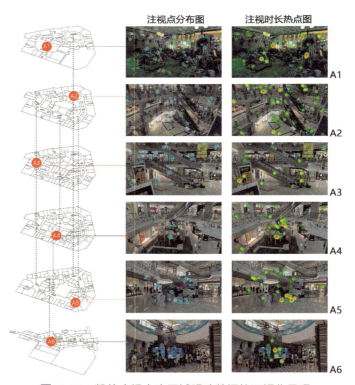

图12-53　凯德广场中庭区域眼动数据的可视化呈现

图12-54　凯德广场寻路过程中的注视点变化

图12-55　凯德广场局部节点区域注视轨迹映射图

对象显著性特征数据与寻路观察时注意力分配指标的量化关系分析及模型建构提供了数据基础。

（1）时间片段截取

在提取相关的眼动指标数据前，需截取有效时间片段，以确保数据能够反映寻路过程中的注意力分配情况。遵循的主要原则包括：选取寻路中间过程片段，减少因起点和目标终点引起的观察数据干扰；选取路径转折处的节点范围时间区间，以统计决策节点处的眼动数据和注意力分布情况。基于这些原则，根据现场眼动追踪寻路实验中获取的路径轨迹生成热点图（图12-56），直观展示寻路路径选择和决策的主要范围。热点图中颜色变化明显的区域表明路径轨迹在此分流，预测寻路者在该区域内

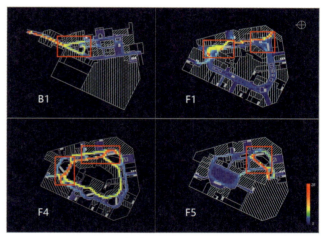

图12-56　凯德广场寻路轨迹热点图

对不同店铺对象的注意力分配会有一定差异。因此，重点选取这些区域范围内的主要空间节点进行数据处理与定量研究，以分析店铺对象的吸引力和显著性。

（2）眼动指标选取

城市环境领域的相关研究已证明眼动数据在衡量寻路者注意力分配和建筑地标显著性时的有效性。对于静止的图像类刺激材料，首次注视时间（TFF）、注视点数量（FC）和总注视持续时间（TFD）等指标均对建筑地标显著性具有一定的解释能力。在移动式眼动追踪实验中，由于首次注视时间受时间片段截取方式的影响较大，难以客观反映个体的视觉兴趣分布情况，因此应重点提取与使用者兴趣分布相关的注视数据，包

括总注视持续时间（TFD）、平均注视时间（AFD）、注视点数量（FC）、首次注视持续时间（FFD）等，以及与认知过程相关的访问数据，即总访问持续时间（TVD）、平均访问持续时间（AVD）和访问次数（VC）等共七类指标。这些数据可作为衡量店铺对象整体吸引力和显著性的基础数据。以凯德广场B1层中部分节点附近的店铺对象为例，所获取的各项眼动指标数据均值统计情况如表12-8所示。

B1层部分节点附近店铺对象眼动指标数据均值统计　　　　　　表12-8

节点	店铺编号	TFD（毫秒）	AFD（毫秒）	FC（个）	FFD（毫秒）	TVD（毫秒）	AVD（毫秒）	VC（个）
1	B1-12	1.02	0.27	3.55	0.32	1.42	0.64	1.91
	B1-10	0.79	0.30	2.63	0.35	1.06	0.74	1.38
	B1-86	1.47	0.30	4.54	0.34	2.86	1.47	2.92
	B1-87	1.51	0.31	5.00	0.36	2.59	1.16	2.90
	B1-25	0.90	0.27	3.45	0.31	1.14	0.96	1.27
	B1-26A	0.98	0.36	2.67	0.37	1.16	0.66	1.56
	B1-26B	0.49	0.35	1.43	0.35	0.51	0.41	1.14
2	B1-07	0.92	0.29	3.11	0.29	1.52	0.73	2.11
	B1-08/09	1.02	0.26	4.00	0.22	1.40	0.47	2.78
	B1-11	0.75	0.35	2.70	0.36	0.89	0.71	1.30
	B1-78	1.34	0.36	4.18	0.42	1.81	0.70	2.91
	B1-80	0.88	0.28	2.71	0.24	0.96	0.67	1.29
	B1-82	1.62	0.34	4.92	0.45	2.30	0.98	2.92
	B1-83	1.01	0.28	3.63	0.36	1.17	0.58	1.75

根据不同眼动指标所表征的数据涵义，在信息搜索类任务中，首次注视持续时间可以反映出刺激目标对观察者的吸引程度；总注视持续时间则表征刺激目标对观察者的重要程度以及观察者对相关信息的加工程度，注视持续时间越长表明该区域越能吸引观察者注意；访问次数则可以反映出观察者在信息加工和认知过程中的确认度，访问次数越多表示观察者对该刺激目标的检视次数越多。在寻路者的环境信息接收和加工过程中，研究选取了首次注视持续时间、总注视持续时间和访问次数作为主要眼动指标，以衡量使用者的注意力分配情况。这些指标分别反映了使用者的兴趣度、加工度和对不同对象的对比与确认度。以凯德广场B1层节点附近的店铺为例，如图12-57所示相关眼动指标的箱形图可以直观展示数据的离散程度和异常值情况。

由图12-57所示结果可以看出，相比较而言，指标FFD的波动相对较小，表明各店铺对象的首次注视持续时间差异较小；而指标TFD和VC的波动则相对较大，即各店铺对象的总注视持续时间和访问次数存在较明显差异。通过对所获取的店铺对象的各项特征指标数据和眼动指标数据进行统计分析研究，可以进一步探索眼动指标之间出现差异的深层原因，以及不同显著性特征因素对室内潜在地标吸引力的影响机制。这为商业建筑室内地标的筛选和寻路设计的优化提供了数据支撑和依据。

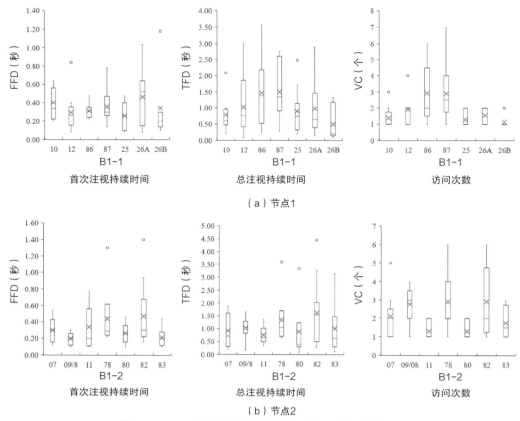

（a）节点1

（b）节点2

图12-57　B1层部分节点附近店铺对象眼动指标箱形图

12.4.2.3　对象显著性与地标观察的关联性分析

通过对商业建筑室内环境中店铺对象的不同显著性特征数据与眼动观察数据之间的关联性进行系统分析，采用相关性分析和多元阶层回归分析等方法，可以从视觉、认知和空间三个层级深入探究影响商业建筑店铺地标显著性的主要指标，以及这些指标与地标显著性之间的函数关系，从而不仅为已建成环境的地标筛选提供科学依据，也为相关设计的优化提供有力支持。

（1）视觉显著指标与眼动指标的相关性分析

视觉显著性指标是衡量商业建筑内店铺对象在视觉上吸引顾客注意力能力的重要参数，主要包括三类指标：一是反映对象在颜色方面突出程度的特征指标（S_{v1}），包括店铺立面与周围相邻店铺以及店铺招牌与背景底板在色相、饱和度和明度上的差异值；二是店铺立面面积尺寸特征指标（S_{v2}），是衡量店铺立面在物理尺寸上占据程度和显著性的关键参数；三是店铺立面设计特色指标（S_{v3}），包括形状、图案、装饰元素等，这些都能影响顾客的视觉感知和记忆。结合现场眼动实验数据，通过Pearson相关分析，可以判断对象视觉显著性指标与眼动指标之间的相关关系。表12-9展示了现场寻路实验中地下和地上空间中各节点周边店铺的各项视觉显著性指标与眼动指标测量数据的相关系数与数据矩阵。这个数据矩阵提供了丰富的信息，通过它可以直观地看到不同视觉显著性指标与眼动指标之间的相关性。

店铺对象视觉显著性指标与眼动指标测量数据的相关关系　　　　表12-9

变量	平均数	标准差	相关							
			S_{v1_h1}	S_{v1_s1}	S_{v1_v1}	S_{v1_h2}	S_{v1_s2}	S_{v1_v2}	S_{v2}	s_{v3}
地下空间环境										
S_{v1_h1}	66.62	46.35	1.00							
S_{v1_s1}	22.00	16.27	0.070	1.00						
S_{v1_v1}	34.32	28.12	*0.666**	0.375	1.00					
S_{v1_h2}	71.46	56.46	0.517	−0.107	−0.055	1.00				
S_{v1_s2}	29.69	27.78	*−0.585**	−0.444	−0.465	0.001	1.00			
S_{v1_v2}	56.15	30.41	−0.476	−0.139	−0.404	−0.109	0.292	1.00		
S_{v2}	3.85	4.25	0.245	−0.227	−0.091	0.173	−0.296	0.414	1.00	
s_{v3}	0.43	0.51	−0.196	0.545	0.190	*−0.593**	−0.346	0.028	−0.228	1.00
FFD	0.34	0.61	0.221	0.554	0.500	0.214	−0.258	−0.378	−0.375	0.411
TFD	1.05	0.32	0.125	0.270	**0.708***	−0.467	−0.268	0.016	−0.184	**0.817****
VC	2.01	0.73	0.081	0.127	**0.631***	**−0.580***	−0.293	−0.115	−0.084	**0.721****
地上空间环境										
S_{v1_h1}	78.88	53.83	1.00							
S_{v1_s1}	27.38	17.20	*−0.599**	1.00						
S_{v1_v1}	21.85	12.32	*−0.528**	0.486	1.00					
S_{v1_h2}	97.85	91.56	0.083	−0.064	−0.254	1.00				
S_{v1_s2}	36.69	25.30	0.378	*0.683**	0.307	−0.177	1.00			
S_{v1_v2}	63.00	22.34	0.172	0.054	0.006	0.232	0.237	1.00		
5_{v2}	1.12	1.30	−0.439	0.293	0.537	0.093	0.194	0.509	1.00	
S_{v3}	0.38	0.51	−0.116	0.130	0.177	−0.396	0.108	0.523	0.344	1.00
FFD	0.28	0.06	0.062	0.174	0.293	−0.230	0.301	0.477	0.333	0.304
TFD	1.26	0.76	−0.390	**0.751****	0.423	−0.216	0.455	0.379	**0.743***	**0.562***
VC	2.30	0.80	−0.344	**0.900****	0.348	−0.256	**0.703****	0.155	0.421	0.445

注：*代表在0.05级别相关性显著，**代表在0.01级别相关性显著。

　　总结来说，在地下空间环境中，与使用者视觉注视行为和访问行为密切相关的视觉显著性特征指标主要集中在对象的明度属性特征与设计特色上。这意味着，在地下空间中店铺或地标如果具有较高的明度差异和独特的设计风格，就更容易吸引顾客的注意力和访问行为。与之不同的是，在地上空间环境中，对象的饱和度属性特征与眼动指标（包括视觉注视和访问行为）均呈现出显著的相关性。此外，与视觉注视行为相关的主要因素还包括立面尺寸和设计特色。同时，与视觉访问行为相关的则还有招牌的饱和度属性特征，这表明招牌的饱和度在地上空间中对引导顾客的访问行为具有特定作用。

（2）认知显著性指标与眼动指标的相关性分析

　　如前所述，店铺对象的认知显著性指标包括三类：反映对象品牌LOGO或主题的特殊标识指标（S_{c1}），品牌等级指标（S_{c2}），以及反映店铺业态在商场中的唯一性和独特性的指标（S_{c3}）。表12-10所示为现场实验中各节点周边店铺的各项认知显著性指标与眼动指标测量数据的相关性分析结果。分析结果表明，在地下空间环境中，店铺对象的认知特征指标与部分眼动指标呈显著相关关系；而这种关系在地上空间环境中并不明显。具体来说，在地下空间环境中，总注视持续时间与品牌等级指标呈负相关关系，说明随着店铺品牌等级的提升，使用者对其的注视时长相应减少，这是因为知名品牌的信息更容易被快速识别和加工，导致注视时间缩短。同时，TFD指标与独特性指标（S_{c3}）之间存在中度的正相关关系。这表明，店铺的独特性越突出，使用者对其的注视时间就越长。店铺的独特性可能源于其独特的业态、设计或主题，这些因素都能吸引使用者的注意。比较上述两项认知显著性指标与TFD指标的相关系数绝对值发现，地下空间环境中店铺的独特性对视觉观察行为的影响大于品牌等级，是一个更为重要的吸引因素。在访问次数方面，使用者的视觉访问行为与反映对象品牌LOGO或主题的特殊标识（S_{c1}）呈正相关，与其他认知显著性特征无关，这说明具有鲜明品牌LOGO或主题的店铺更容易吸引使用者的视觉访问。

店铺对象认知显著性指标与眼动指标测量数据的相关关系　　　　　　　表12-10

变量	平均数	标准差	相关			平均数	标准差	相关		
			S_{c1}	S_{c2}	S_{c3}			S_{c1}	S_{c2}	S_{c3}
		地下空间环境						地上空间环境		
S_{c1}	0.57	0.65	1.00			0.54	0.66	1.00		
S_{c2}	2.29	0.58	−0.274	1.00		3.08	0.28	0.210	1.00	
S_{c3}	1.21	0.99	0.264	−0.515	1.00	1.23	0.60	0.292	0.386	1.00
FFD	0.34	0.61	−0.269	−0.459	0.486	0.28	0.06	−0.078	0.332	0.461
TFD	1.05	0.32	0.429	*−0.628**	*0.644**	1.26	0.76	0.198	−0.062	0.401
VC	2.01	0.73	*0.622**	−0.475	0.499	2.30	0.80	0.191	−0.115	0.050

注：*代表在0.05级别相关性显著。

（3）空间显著性指标与眼动指标的相关性分析

除视觉和认知显著性外，店铺对象的空间显著性指标包括对象所在空间位置的节点类型（S_{s1}）及其与最近节点的空间距离（S_{s2}）两项，上述指标在不同空间环境中对眼动测量数据的影响有所差异，其与相应眼动测量数据的相关关系统计结果如表12-11所示。分析结果表明，不论在地上或地下空间环境中，店铺对象的空间显著性特征仅与访问次数呈现出一定的相关关系，而与首次注视持续时间和总注视持续时间无关，这说明空间显著性主要影响的是行人的访问行为，而不是其注视行为。具体来说，在地下空间环境中，店铺到最近节点的空间距离指标（S_{s2}）与访问次数（VC）之间存在显著的负相关，这意味着店铺离节点越近越能吸引行人的视觉访问，因为节点是行人流动的交汇点，店铺靠近节点更容易被注意到。而在地上空间环境中，店铺所在空间节点类型（S_{s1}）与访问次数之间存在显著的正相关，这表明，位于某些特定节点（如主要入口、交通枢纽等）的店铺更容易吸引行人的视觉关注。

店铺对象空间显著性指标与眼动指标测量数据的相关关系　　　　表12-11

变量	平均数	标准差	相关		平均数	标准差	相关	
			S_{s1}	S_{s2}			S_{s1}	S_{s2}
地下空间环境					地上空间环境			
S_{s1}	2.21	1.05	1.00		2.77	1.01	1.00	
S_{s2}	1.01	0.63	−0.389	1.00	1.00	0.31	−0.120	1.00
FFD	0.34	0.61	0.220	0.056	0.28	0.06	0.249	0.341
TFD	1.05	0.32	0.461	−0.517	1.26	0.76	0.456	0.140
VC	2.01	0.73	0.384	*−0.653**	2.30	0.80	***0.564***	0.172

注：*代表在0.05级别相关性显著。

总结来看，在地下空间环境中，店铺的立面设计特色、与周围环境的明度差异、品牌独特性对消费者的注视时间和访问次数有显著影响。具体来说，设计特色鲜明、明度差异大、品牌独特的店铺更容易吸引消费者的目光和访问。同时，品牌等级较高的店铺可能因消费者熟悉度较高而减少注视时间。在地上空间环境中，店铺与周围环境的饱和度差异、立面面积及设计特色成为影响消费者注视时间的主要因素。此外，店铺与周围环境的饱和度差异、招牌与背景的饱和度差异以及店铺所在的空间位置也会影响消费者的访问次数，但这些因素的影响程度逐渐减弱。

以上对店铺对象显著性特征指标和寻路者眼动指标两两之间的相互关系进行了探讨，为了更深入地理解显著性特征指标对眼动注意力指标的共同作用结果，还需根据上述结果进行进一步的回归分析，以实现更为科学地选取对象显著性的预测特征指标，并为制定相关寻路设计策略提供更为合理和准确的依据。从计算性设计的应用效果来看，本研究聚焦于建筑寻路中的空间拓扑关系认知和地标信息获取两大关键问题，搭建了基于眼动追踪和虚拟现实技术的寻路实验平台，旨在客观测量寻路认知行为数据。通过数据分析，深入探讨了建筑空间布局易读性与寻路认知绩效之间的关系，以及地标对象显著性与寻路观察眼动指标之间的关联性，为优化建筑设计和提升寻路体验提供了科学依据。一方面揭示了建筑空间布局易读性与寻路认知测量数据之间的关联性关系与影响作用规律，并提出了相应的寻路设计策略。通过虚拟实验数据分析，笔者团队发现线形和环形两种典型串联布局形式在空间特征认知、寻路定向难度评价、认知地图标注及寻路绩效等方面存在显著差异。线形布局的匀质空间可能导致局部空间的特征认知的混淆，而环形布局的闭合环路则可能增加方向判断和地图信息匹配的难度。线形布局中的额外路径比率参数可以根据目标位置的视觉整合度和可理解度指标进行预测，而环形布局的路径选择较为随机。另一方面，笔者团队还揭示了地标显著性与寻路观察眼动数据的量化关系，并建构了不同空间环境下的视觉观察与访问预测模型。根据眼动指标的认知维度特征，选取了总注视持续时间和访问次数作为衡量寻路观察注意力分配的眼动指标，并采用多元阶层回归分析法得出了地下和地上空间环境中显著性特征指标和眼动指标的量化函数关系。在三类显著性特征指标中，视觉显著性特征对人们寻路观察行为的影响最大，认知显著性特征次之，而空间显著性特征的影响相对最小，可以忽略不计。综上所述，针对商业建筑空间环境的寻路认知设计研究是一个常议常新的综合性课题。随着相关实验技术的突破和发展，需要合理引入其他领域最新的数据采集及分析技术，以弥补传统寻路认知研究的缺失和技术局限。这将有助于加强对主观过程的客观测量，并根据当前商业建筑空间环境现状中存在的关键问题提出有针对性的设计建议。

12.5 居住区强排方案生成设计研究：室外光环境性能优化

环境宜居性重点关注建筑周边场地的生态与景观以及建筑室外的物理环境，这涵盖了建筑光、声、风及热环境等多个方面。建筑室外环境的舒适度对使用者的体验有着显著影响，尤其在居住区，作为居民日常休闲的主要场所，其室外环境的舒适度尤为重要。设计师通常通过优化居住区的强排方案来提升室外环境的舒适度，强排方案是在满足地块规划指标和相关规范的前提下，追求经济利益最大化的居住区规划方案。强排方案设计需满足详细规划中对用地面积、容积率、绿化率、建筑密度等规划指标的控制条件，设计者需通过不断调整建筑布局与组合方式，以便在高效利用土地资源的同时，确保建筑周围的室外物理环境宜人。

既有居住区的强排方案设计是一个复杂且细致的过程，涵盖了土地分析、单体选型、日照间距确定、容积率测算以及产品分布分析等多个步骤。其中，日照间距确定是强排方案设计的关键，设计者需依据相关规范要求确定日照间距，并据此排布建筑单体。然而，这一过程往往需要通过日照模拟分析来进行居室日照性能的检验和修正，以确保设计满足日照要求。但在高密度居住区中，由于楼栋之间的建筑阴影相互遮挡情况十分严重，设计者需根据日照模拟分析结果进行反复调整与优化。这一人工试错的设计方法不仅降低了居住区强排方案设计的效率，还增加了设计成本；且限于建筑设计周期的紧迫性，亟需更加智能、高效的居住区强排设计方法。因此，笔者团队针对计算机辅助居住区强排设计问题进行了深入研究[1][2]，并据此展开了居住区强排方案的自动生成设计方法探索。其中，基于使用条件生成对抗网络（CGAN）的居住区强排方案生成设计方法是研究成果之一，具体流程如图12-58所示。

12.5.1 计算性设计革新训练数据集的制作

在构建居住区CGAN模型之前确定训练数据集模式并制作训练数据集是关键步骤。通常，训练数据集的样本模式有三种，它们分别代表了居住区轮廓与总平面图之间的不同对应关系，分别为：模式a数据集，包含居住区轮廓图像（以色块图形式）与强排方案总平面图（图底关系图）；模式b数据集，包含居住区轮廓图像（以轮廓线形式）与强排方案总平面图（图底关系图）；模式c数据集；包含居住区轮廓图像（以色块图形式）与强排方案总平面图（卫星图像）。每种模式的数据集样本都展示了居住区轮廓与总平面图的相互对应关系（图12-59）。其中，模式a和模式b数据集通常来源于CSDN网站，由研究者使用QGIS工具进行筛选，并通过图像处理工具进行后期处理以得到所需的数据集样本；而模式c的数据集则来源于百度地图的卫星地

① 丛欣宇. 基于CGAN的居住区强排方案生成设计方法研究[D]. 哈尔滨：哈尔滨工业大学，2020.
② 孙澄，丛欣宇，韩昀松. 基于CGAN的居住区强排方案生成设计方法[J]. 哈尔滨工业大学学报，2021，53（2）：111-121.

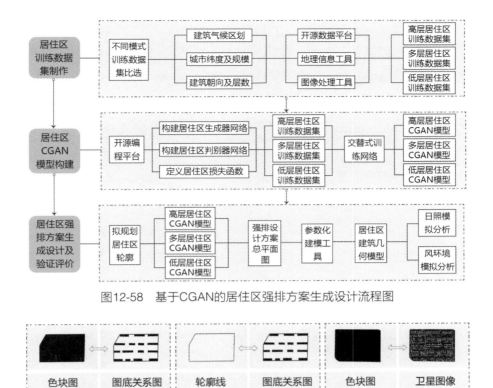

图12-58 基于CGAN的居住区强排方案生成设计流程图

（a）模式a数据集   色块图 图底关系图

（b）模式b数据集   轮廓线 图底关系图

（c）模式c数据集   色块图 卫星图像

图12-59 不同模式训练数据集

图模式，由研究者在网页上对居住区进行筛选，同样通过图像处理工具进行后期处理而得到数据集样本。

12.5.1.1 不同模式训练数据集测试

在制作训练数据集之前，可以对不同模式训练数据集的结果进行对比分析，这有助于选定模型生成图像与真实图像相似度较高的模式。为了量化这种相似度，常采用图像结构相似性算法（structural similarity index，SSIM）作为工具，来计算真实图像与预测图像之间相似度。在针对夏热冬冷地区的居住区强排方案生成设计研究中，笔者团队制作了模式a（色块图—图底关系图）、模式b（轮廓线—图底关系图）、模式c（色块图—卫星图像）三种模式的训练数据集，每种模式的训练数据集中都包含了220张图像，其中20张被用于测试模型的训练效果。基于开源编程平台Anaconda，利用深度学习框架TensorFlow，在交互式编辑工具Jupyter notebook上对三种模式的训练数据集进行了测试。图12-60展示了迭代200次后不同模式训练数据集的测试结果。在生成图像清晰度方面，模式a与模式b的训练数据集测试结果都表现出色，能够生成清晰的建筑边界，且建筑多呈行列式布置。然而，模式b的训练数据集的某些测试结果在居住区边缘区域会出现图像模糊不清的情况，多个建筑相互连接，难以区分；模式c的训练数据集测试结果可大致看出建筑的排布方式，但建筑边界并不清晰，会给后续的方案设计带来困难。在生成图像的真实度方面，根据表12-12所示计算结果进行了评估。模式c的训练数据集对应的SSIM指标较低，说明其生成的图像与真实图像的相似度较低。而模式a的训练数据集对应的SSIM指标，除样本1略低于模式b外，其他均高于模式b。因此，在后续研究中，笔者团队选择了使用模式a的训练数据集训练模型，因为其模型生成图像与真实图像的相似度高于使用模式b与模式c的训练数据集，这一选择有助于提高居住区强排方案生成设计的准确性和效率。

不同模式的训练数据集SSIM计算结果 表12-12

模式	模式a				模式b				模式c			
样本 序号	1	2	3	4	1	2	3	4	1	2	3	4
SSIM	0.783	0.969	0.924	0.835	0.797	0.870	0.917	0.821	0.435	0.341	0.710	0.500

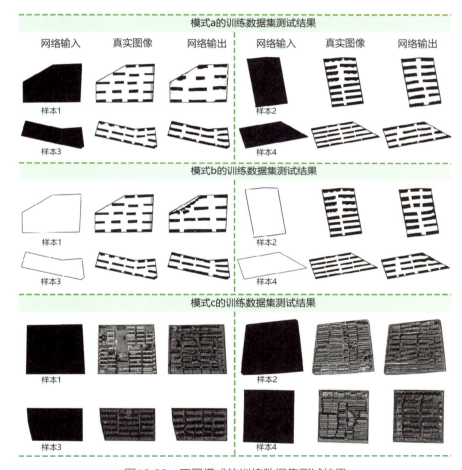

图12-60　不同模式的训练数据集测试结果

12.5.1.2　训练数据集的制作

训练数据集的原始数据来源是CSDN网站上下载的城市Shapefile格式文件。Shapefile作为一种矢量格式的图形文件，在地理信息系统（GIS）领域中应用广泛。它主要由shp、shx与dbf等格式的文件组成，每个文件都承载着不同的信息。其中，shp文件属于图形格式，专门用于存储构成要素的几何形体信息，记录了城市地图中各种地理要素的形状和位置，如建筑物的轮廓、道路走向等；shx文件属于图形索引格式，可以记录几何形体在shp文件中的具体位置，借助其使用者在搜索特定几何形体时能够更快速地定位，从而提高了数据处理的效率；dbf文件属于属性数据格式，采用dBase IV的数据存储格式，存储与几何形体相关的属性信息，如建筑物的名称、用途、高度等。

图12-61所示为制作训练数据集流程，首先，使用开源地理信息工具QGIS，打开并读取城市建筑信息的Shapefile格式文件，根据建筑位置属性与层数信息的对应关系，将居住区细分为高层、多层、低层三类，依据容积率这一关键指标，对各类居住区样本进行筛选。其次，调整图层显示模式，以不同灰度值来直观表示居住区内不同层高的建筑，层数越高灰度数值越小，从而在图像上形成清晰的区分度。之后，将各居住区样本图像按照统一的比例导出，确保数据的一致性，并使用专业的图像处理工具进行批量化处理，将其转换为网络模型可读取的图像格式。最后，使用Photoshop等图像编辑软件对居住区样本图像进行必要的缩放处理，绘制各居住区样本的建筑控制线轮廓，并导出总平面图，使用自动批处理工具绘制居住区样本的轮廓图像，并使用Python语言将居住区轮廓图像与对应的总平面图横向拼接，形成完整的训练数据集样本。笔者团队在针对夏热冬冷地区的居住区强排方案生成设计研究中，基于该数据制作流程，生成了包含1502个样本的训练数据集，涵盖了高层、多层与低层不同类型的居住区，为后续的深度学习模型训练提供了坚实的数据基础。

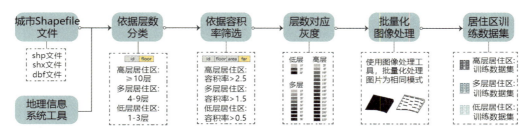

图12-61　训练数据集生成流程

12.5.2　计算性设计革新强排方案的生成模型

居住区CGAN模型由居住区生成器网络与居住区判别器网络两个主要部分组成，两个网络通过相互对抗博弈的方式不断优化和提升生成图像的质量。居住区生成器网络的输入为居住区轮廓图像，输出为居住区强排方案总平面图。居住区生成器网络采用U-Net编码器—解码器网络架构，同时包含使输入与输出共享底层信息的跳跃连接结构，有助于提高生成图像的精度和真实度。居住区生成器网络以卷积层作为编码器、反卷积层作为解码器，编码器负责对输入的居住区轮廓图像进行特征向量提取，并通过下采样操作逐步减小图像的尺寸，同时增加特征图的数量；解码器对编码器输出的特征向量进行上采样操作，逐步恢复图像的尺寸，并通过卷积操作丰富输出的居住区强排方案总平面图的特征信息。居住区生成器网络的随机噪声以dropout层的形式输入，为生成过程引入随机性，有助于生成多样化的图像。居住区判别器网络的输入为相互对应的居住区轮廓图像与强排方案总平面图。其中，强排方案总平面图分为真实图像与居住区生成器网络生成的图像。居住区判别器网络采用传统的卷积网络结构，用于提取输入图像的特征信息，并引入PatchGAN网络结构，将居住区强排方案总平面图等分计算输出后再取预测概率平均值，这种方法有助于提高判别器对图像局部特征的判别能力。居住区生成器网络与居住区判别器网络的损失函数，在CGAN损失函数的基础上采用L1损失函数，提升生成居住区强排方案总平面图的精度与真实度。

12.5.2.1 居住区CGAN模型的构建

高层、多层、低层居住区CGAN模型的构建往往是基于开源编程平台Anaconda，使用深度学习框架TensorFlow，在交互式编辑工具Jupyter notebook上进行。Anaconda是基于Python语言的开源编辑工具，其中包含180多个科学包及其依赖项，保证了使用者在不同项目环境之间顺利进行切换。Jupyter notebook是一个在线科学计算平台，允许使用者编写代码、查看计算输入与输出结果，并整合可视化多媒体资源，它支持多种编程语言，包括Python，并可通过Aanconda软件进行安装并使用。

居住区CGAN模型构建分为训练与预测两部分。训练是神经网络自身优化学习的过程，通过调整生成器网络与判别器网络的权重值，使其Loss函数逐渐收敛，最终达到学习的目的；预测是指使用训练好的居住区CGAN模型对居住区强排方案总平面图进行预测。最终基于预测方案的日照模拟分析与风环境模拟分析结果，对其进行可行性评价。构建居住区CGAN模型的具体步骤如下。

①确定居住区CGAN模型的输入、输出图像与训练数据集样本模式。模型的输入为居住区轮廓图像（或户型轮廓图像），输出为居住区强排方案总平面图（或户型方案平面图），模型输入与输出图像均为灰度图像，通道数设置为1。训练数据集分为低层、多层、高层居住区训练数据集与户型方案训练数据集，分别将其输入网络进行训练，得到低层、多层、高层居住区CGAN模型与户型方案CGAN模型。

②读取训练数据集后对其中的图像进行预处理。将原始图像进行处理并整理为可输入神经网络的数据形式，读取图像并编码为jpg格式，然后将图像分割为输入数据和目标数据。

③定义网络结构。研究将居住区训练数据集分为两部分，其中训练集用于训练居住区CGAN模型，测试集用于对模型训练效果进行测试。接下来，构建居住区CGAN的生成器网络与判别器网络，定义模型的损失函数。在模型每次迭代后，计算居住区生成器网络与居住区判别器网络的损失函数值。最终模型损失函数值趋于平稳，代表模型逐渐收敛，训练完成。

④训练模型并测试结果。将实际居住区轮廓作为输入图像，输入网络模型，得到预测的居住区强排方案总平面图。计算生成方案的容积率，并进行日照模拟分析与风环境模拟分析，对其可行性进行评价。

12.5.2.2 居住区CGAN模型的参数选取

基于确定的居住区CGAN模型结构，对模型中的超参数进行调整与优化是一个关键步骤。超参数是在模型学习与训练过程之前设置的参数，不是通过迭代训练得到的数据，而是需要人为设定的。在训练开始前，还需要对居住区CGAN模型的部分超参数进行调试和优化，从而提高学习的能力、优化训练效果。由于模型各超参数相对独立，因此可使用控制变量法进行调整和优化。具体方法是控制其他参数不变，只改变待调试的参数，然后观察训练结果，选择结果最好的数值作为最终模型的训练参数。超参数包括优化器超参数与模型超参数。

结合在CGAN模型中，优化器超参数对训练效果和速度有着至关重要的影响。笔者团队在夏热冬冷地区开展的居住区强排方案生成设计研究中，对包括学习率（learning rate）与迭代次数（epoch）在内的优化器超参数进行了系统调试与优化，而模型超参数则参考pix2pix算法，采用其默认设置。在CGAN模型中，优化器超参数对训练效果和速度有着至关重要的影响。因此，笔者团队对学习率（learning rate）和迭代次数（epoch）进行了系统调试。

①学习率：学习率取值范围在0～1。学习率过小，会降低训练收敛的速度，需经过多次迭代训练才可达到训练最优点；学习率过大，会导致容易越过训练最优点，训练难度高，模型难以收敛。以低层居住区CGAN模型为例，由于模型训练一次需1050s，耗时较长，因此研究在调试学习率时，在pix2pix算法初始学习率0.0002的基础上，选取初始学习率数值0.0001、0.0002、0.0003进行调试，将迭代次数设置为175次，观察不同学习率下的居住区生成器网络与判别器网络损失函数变化趋势。研究的损失函数计算采用Adam算法。Adam算法是梯度下降算法的一种变形，训练时可减小波动，保证模型快速收敛。不同学习率的测试结果如图12-62所示，初始学习率为0.0001、0.0002与0.0003对应的居住区生成器网络与判别器网络损失函数无明显区分，居住区生成器网络损失函数呈上升趋势，居住区判别器损失函数呈下降趋势。从图像测试结果来看，初始学习率为0.0002的模型，生成图像的清晰度、可行度与真实度均较高；从训练时长来看，初始学习

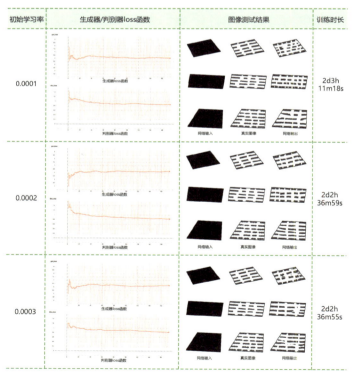

图12-62　不同初始学习率的测试结果

率数值越小，其训练耗时越长。综合考虑，最终模型训练的初始学习率设置为0.0002。

②迭代次数：以低层居住区CGAN模型为例，学习率设置为0.0002，迭代次数设置为500次，训练过程中居住区生成器网络与居住区判别器网络的损失函数变化如图12-63所示。训练初始阶段居住区生成器网络与居住区判别器网络的损失函数均呈现波动变化状态。生成器网络的损失函数在100次迭代前呈现波动下降，在100~200次迭代阶段基本维持数值稳定，200次迭代后损失函数值逐渐上升，是由于模型开始出现过拟合或学习速度过快导致的不稳定现象；判别器网络的损失函数在130次迭代前也呈现波动状态，130~175次迭代阶段基本维持数值稳定，175次迭代后损失函数值逐渐下降，这表明判别器网络在逐渐提升对生成图像真伪的判别能力。研究中的居住区CGAN模型训练收敛的标准为生成器网络的损失函数值上升至一定数值后维持稳定，判别器网络的损失函数值下降至一定数值后维持稳定。尽管CGAN模型较难收敛稳定，但综合考虑生成图像质量与训练时间成本，训练500次迭代后的模型生成器、判别器的损失函数趋势正确，且生成图像效果可基本符合设计要求，因此模型训练的迭代次数设置为500次。这一设置既保证了模型有足够的训练时间以学习生成高质量的居住区强排方案，又避免了过长的训练时间导致的不必要的计算资源浪费。

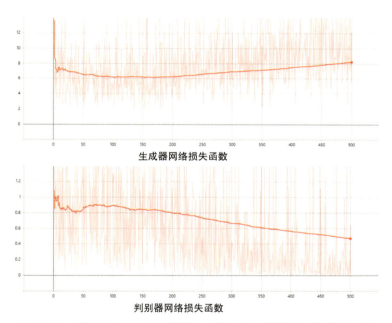

图12-63　低层居住区CGAN模型生成器网络及判别器网络损失函数

12.5.2.3　居住区CGAN模型训练过程及测试

在夏热冬冷地区开展的居住区强排方案生成设计研究，训练数据集共1050个样本，其中高层、多层和低层居住区样本数分别为350个、450个和250个，下面以低层居住区CGAN模型为例进行说明。图12-64显示了不同迭代次数后的测试结果，在训练过程中，随着迭代次数的增加，生成的建筑边缘逐渐变得更加清晰，这表明模型正在逐渐学习到居住区的空间布局和建筑特征。同时，建筑排布也更加接近实际情况，说明模型在逐渐提升对居住区强排方案的生成能力。然而，生成结果也与居住区形状有关，对于形状较规则的居住区，模型可在迭代次数较少时就能生成较合理的结果，这是因为其具有较为简单的空间布局和建筑特征，模型容易学习到其规律。相比之下，形状不规则的居住区需模型经过多次迭代后才能生成合理结果，这是因为其具有更为复杂的空间布局和建筑特征，模型需要更多的训练时间来学习和适应其变化。

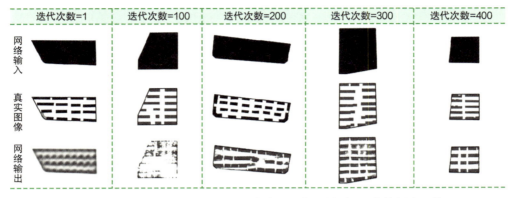

图12-64　低层居住区CGAN模型生成器网络及判别器网络的损失函数

图12-65展示的是多层、高层居住区CGAN模型训练过程中的损失函数变化情况，呈现出了预期的趋势。具体来说，居住区生成器网络的损失函数呈上升趋势，而居住区判别器网络的损失函数呈下降趋势，均为正确趋势，表明模型正在按照预期进行学习。

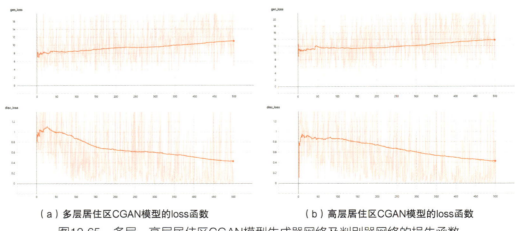

（a）多层居住区CGAN模型的loss函数　　　　　（b）高层居住区CGAN模型的loss函数

图12-65　多层、高层居住区CGAN模型生成器网络及判别器网络的损失函数

图12-66展示了模型训练500次迭代后的测试结果。此时模型输出图像较接近真实图像，建筑尺寸合理，布局符合实际情况。具体来说，建筑进深、南北向与东西向楼间距均为合理尺寸，建筑多呈南北向行列式布局，高层居住区模型输出的部分图像的轮廓边缘出现灰色、面宽较大的建筑，可作为商服、教育等其他辅助功能用房。在高层、多层、低层居住区CGAN模型的测试结果中，建筑日照间距有较明显的区别，高层居住区模型输出图像前后排建筑间距最大，多层间距居中，低层间距最小，符合实际情况。

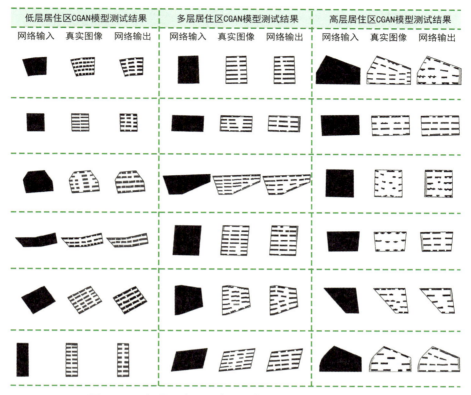

图12-66　低层、多层、高层居住区CGAN模型测试结果

12.5.3　计算性设计革新强排方案的生成设计及验证评价

居住区CGAN模型能够生成包含高度信息的居住区强排方案总平面图，其中建筑的不同灰度数值代表其高度。居住区强排方案生成设计流程如图12-67所示。首先，将各居住区轮廓向内偏移一定尺寸得到建筑控制线轮廓，高层居住区偏移尺寸为10m，多层与低层为6m，并将其按照相同比例导出为网络模型可读取的格式；然后，将这些数据输入训练好的低层、多层、高层居住区CGAN模型，并得到相应的强排设计方案总平面图；最后，在Rhino参数化建模工具中，根据图像的像素灰度数值与建筑层数的对应关系确定建筑层数，从而构建居住区建筑几何模型。此外，为了验证生成的强排设计方案的可行性，还可以设计生成方案的验证评价环节，对其进行日照或风环境的模拟分析，以确保其符合规范要求。日照模拟分析可借助Rhino及

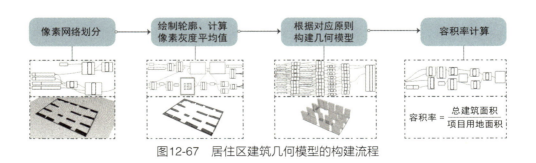

图12-67　居住区建筑几何模型的构建流程

其插件Grasshopper、Ladybug来实现，而风环境模拟分析则可应用Rhino及其插件Grasshopper、Butterfly及仿真模拟引擎blueCFD来完成。

在笔者团队对夏热冬冷地区的居住区建筑研究中，基于CGAN模型，针对三个不同居住区轮廓生成的高层、多层、低层居住区强排设计方案如图12-28所示，包括模型输出方案及使用参数化建模工具构建的居住区建筑几何模型。对于同一居住区，构建的三个网络模型可生成相应的低层、多层、高层建筑强排设计方案，且生成结果有明显区别，表现为建筑间距随建筑高度增加而增大。部分高层与多层建筑生成方案中边缘区域生成了低层围合式建筑，适用于作为商服等辅助功能用房。容积率计算结果表明，生成的居住区强排设计方案容积率较高，均属于高密度设计方案，有效利用了城市土地资源，满足强排设计要求。

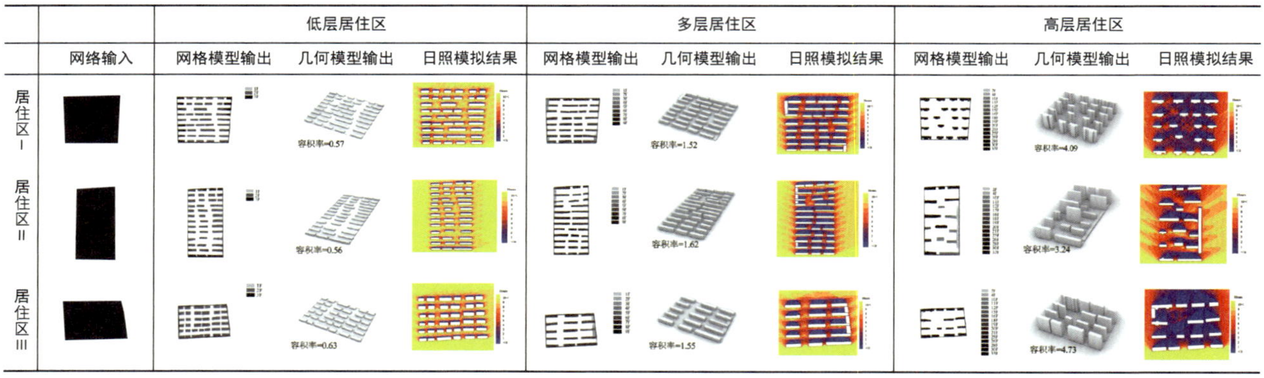

图12-68　低层、多层、高层居住区CGAN模型生成方案与日照模拟分析结果

12.5.3.1　日照模拟分析的验证评价

从日照模拟的结果来看（图12-68），低层居住区方案内的测试点均可满足大寒日2小时日照要求；多层居住区方案1和方案3全部测试点均可满足大寒日2小时日照要求，而方案2的96%测试点可满足日照要求；高层居住区方案1的93%测试点可满足大寒日2小时日照要求，方案2全部测试点均可满足，方案3的84%测试点可满足。总体来看，各居住区方案在不同程度上满足了大寒日的日照要求。

12.5.3.2　风环境模拟分析的验证评价

风环境模拟分析的结果显示（图12-69），三个居住区的低层生成方案在夏季和冬季的风速都在5米/秒以下，均在满足人体舒适度要求的风速范围内，风环境表现良好。在夏季，居住区1的平均风速为0.42米/秒，舒适风面积比为40%，静风区面积比为63%；居住区2的平均风速为0.78米/秒，舒适风面积比为83%；居住区3的平均风速为0.46米/秒，静风区面积比为55%，舒适风面积比为45%。由于居住区2南北向长度较东西向长度大，迎风面面积较大，因此居住区内部风环境较为适宜。在冬季，居住区1的平均风速为1米/秒，舒适风面积比为89%，静风区面积比为11%；居住区2的平均风速为0.64米/秒，舒适风面积比为61%；居住区3的平均风速为0.68米/秒，静风区面积比为20%，舒适风面积比为80%。

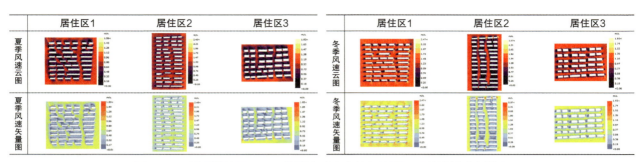

图12-69　低层居住区CGAN模型生成方案的冬夏季风环境模拟分析结果

　　多层居住区方案的夏季和冬季风环境模拟显示（图12-70），三个居住区的多层生成方案风速都在5米/秒以下，均在满足人体舒适度要求的风速范围内，风环境同样表现良好。在夏季，居住区1的平均风速为0.62米/秒，舒适风面积比为60%，静风区面积比为40%；居住区2的平均风速为0.68米/秒，舒适风面积比为70%；居住区3的平均风速为0.65米/秒，舒适风面积比为70%。虽然东侧有商服建筑，但由于其层数较低，主导风向为偏南风，因此未对居住区内部风环境造成不利影响。在冬季，居住区1的平均风速为0.78米/秒，舒适风面积比为80%，静风区面积比为20%；居住区2的平均风速为1米/秒，舒适风面积比为81%；居住区3的平均风速为 0.96米/秒，舒适风面积比为80%。多层居住区方案的冬季风环境均较为适宜。

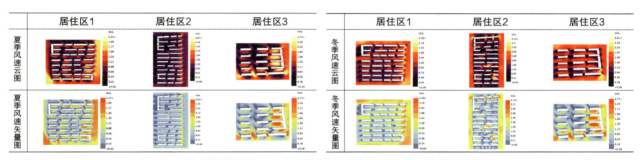

图12-70　多层居住区CGAN模型生成方案的冬夏季风环境模拟分析结果

　　高层居住区方案的夏季和冬季风环境模拟显示（图12-71），三个居住区的高层生成方案在风环境表现上有所差异。在夏季，居住区1的平均风速为0.68米/秒，舒适风面积比为59%，静风区面积比为41%；居住区2的平均风速为1.22米/秒，舒适风面积比为90%；居住区3由于南侧建筑较高，阻挡了夏季的偏南风，因此内部风环境较差，平均风速为0.53米/秒，舒适风面积比为40%。在冬季，居住区1的平均风速为1.67米/秒，舒适风面积比为92%，静风区面积比为8%；居住区2的平均风速为1米/秒，舒适风面积比为74%；居住区3的迎风面开口面积较大，因此内部风速较大，其平均风速为1.66米/秒，舒适风面积比为91%。整体来看，居住区2在夏季表现出较好的风环境，而居住区1和居住区3在冬季的风环境相对更适宜，舒适风面积比保持在较高水平。需要注意的是，居住区3在夏季由于南侧建筑的影响，风环境较差。

　　从计算性设计的应用效果来看，将深度学习技术应用于居住区强排设计，能够通过学习强排方案总平

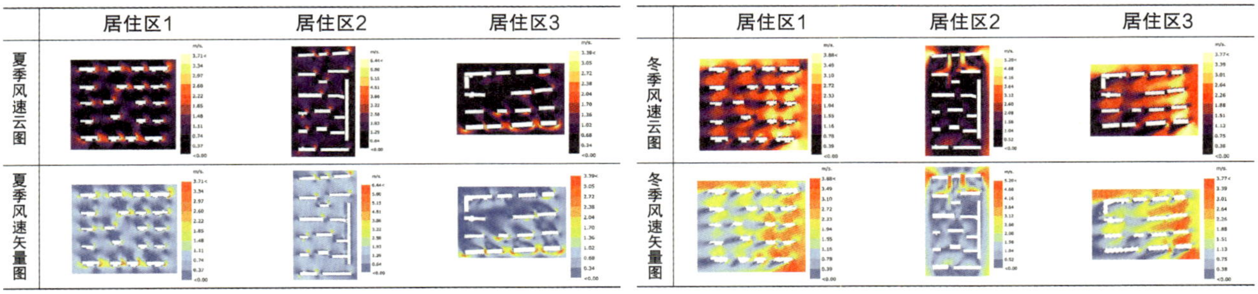

图12-71　高层居住区 CGAN 模型生成方案的冬夏季风环境模拟分析结果

面图中的建筑排布规律，预测对应的强排设计方案，提高设计效率，且生成的设计方案在风环境和日照方面均表现良好。笔者团队构建的基于CGAN模型的居住区强排方案生成设计方法可为居住区强排设计提供有力支撑。该方法生成的低层建筑设计方案可满足日照要求，多层和高层建筑方案中的大部分空间可满足日照要求。同时，该方法大幅度提高了居住区强排设计效率，训练成功的居住区CGAN模型可在3秒内生成居住区强排设计方案。此外，风环境模拟分析结果显示，生成的高层、多层、低层居住区内部夏季与冬季的风速均在人体舒适度要求范围内。综上所述，基于CGAN模型的居住区强排方案生成设计方法在多个方面都表现出其可行性和优势。

13

计算性设计赋能智慧人居场景

　　智慧人居场景是以建筑为平台，借助人工智能、物联网等先进技术，实现建筑构件的智能连接，并通过实时采集与分析使用者的需求数据，动态调整建筑构件，从而创造出具有良好人机交互能力的智慧空间。这一场景的实现依赖于多种创新技术，如高效交互技术和虚实映射技术。在智慧人居场景的发展过程中，面临着诸多核心挑战，但同时也迎来了计算性思维所带来的新机遇（图13-1），具体包括：①面向气候环境波动的场景要素自适应交互技术。如何能够对环境波动进行动态响应，尤其是深入考量极端气候环境特征，是智慧人居场景构建面临的关键挑战之一，基于感官体验的自适应交互技术可以优化用户与交互对象之间的使用体验，使场景要素能够动态适应交互环境。②使用者需求与场景要素之间的多渠道高效传动技术。智慧人居场景的自适应设计需基于具体的物理构件来实现动力传递，使用者需求与场景要素之间的高效传动问题一直是阻碍智慧人居场景实现的关键难题，基于多通道需求信息的高效互联技术能够实现包括眼神交互、脑电交互、肢体语言交互等在内的多渠道交互过程。③虚实复合的智能控制与调节技术。智慧人居场景需要基于控制逻辑进行形态与构造调节，其智能控制对场景的响应效果有重要影响。合理的智慧人居场景控制逻辑能够及时有效地展开环境响应，改善建筑性能。不同的建筑性能目标之间存在复杂的交互作用关系，如天然采光性能与热舒适及建筑能耗之间的负相关关系，权衡并改善这些负相关的建筑性能是智慧人居场景智能化控制的关键问题。这些新机遇为智慧人居场景的构建提供了创新的思路和方法，有望推动智慧人居场景的发展和应用。

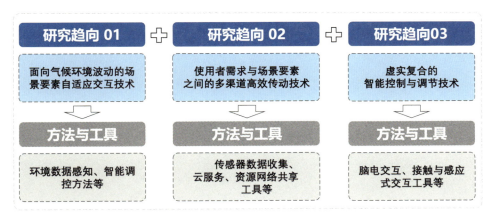

图13-1　计算性设计赋能智慧人居场景构建的发展趋势

　　计算性设计赋能智慧人居场景构建，相较于传统方法，其内在逻辑需要从多方面转型，具体体现在诊断、嵌入、仿真、运维四个方面（图13-2）。通过"诊断"，可以了解用户的本能动作和行为经验，洞悉行为背后的原因和需求，抓住交互痛点，推理出符合用户行为习惯的交互方式；"嵌入"，则强调在智慧人居场景构建中融入"规定导向自组织生成"过程，实现基于特定规则的智慧人居场景与环境信息集成建模，为交互仿真提供平台；通过"仿真"，帮助用户获得身临其境的交互体验，参照使用者行为与外界环境之间的互动变化关系计算和预测最佳性能的智慧人居场景方案，并持续优化；"运维"，是指用户通过虚拟现实技术多渠道感受智慧人居场景氛围并进行信息传递，将运维过程中用户使用需求的反馈预先在设计阶段实现，提升智慧人居场景设计与运维的信息化水平。

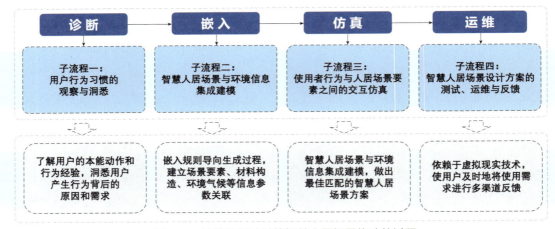

图13-2　计算性设计赋能智慧人居场景构建的过程

13.1　牡丹江1946文化创意产业园建筑改造设计：遮阳设施智能控制

实现大型侧光式开放办公室内的采光舒适和季节性热舒适是一个富有挑战性的问题，尤其是当办公室内有多个百叶窗，并且占用位置在空间和时间上不断随机变化时。

为解决这一难题，笔者团队开展了一系列研究，成功开发出一种先进的基于模型控制的百叶自动控制器，为大型侧光式开放办公室提供了创新的解决方案。通过实现分区控制，控制器能够针对办公室内不同区域的光线需求进行精准调整，以工作位置垂直眼部照度为依据进行优化，为使用者提供更加舒适的办公空间光环境[143]。控制器结合了实时日光模拟和基于径向基函数的两种代理模型（在线代理模型和离线代理模型）技术，这一技术组合使得控制器能够更加准确地预测和调整光线。离线代理模型能够在最坏的情况下及时预测任何占用位置的垂直照度，而在线代理模型则能够通过加速优化程序迅速产生最佳的遮阳组合，确保办公室内的光线始终保持在舒适范围内。

笔者团队在牡丹江1946文化创意产业园建筑改造项目中开展了相关计算性设计方法和技术的应用。始建于1946年的牡丹江木工机械厂作为具有重要历史文化价值的工业遗产，在保留旧建筑的基础上，被改造成了文创产业园。基于园区文化创意产业的定位，将西南侧的原有工业厂房改造为办公性质的创意孵化器。其更新改造的难点在于东北严寒地区气候特征的挑战与厂房使用性质向办公属性的转化两个方面。因此，经济有效地实现厂房建筑更新改造，创造高品质新型办公空间成为设计重点。

13.1.1 计算性设计赋能建筑遮阳设施自动控制策略开发

针对开放式办公空间设计，笔者团队提出了一种创新的基于模型的百叶窗自动遮阳控制方法。该方法是通过整合实时日照模拟和基于径向基函数的两种代理模型生成的神经网络来预测和优化目标区域的垂直眼部照度（E_v）。离线代理模型能够预测任何工作位置在最差情况下的垂直眼部照度，而在线代理模型则能生成最佳遮阳角度组合，减少眩光发生的同时增强自然采光。此方法还能根据季节进行调整，夏季阻挡直射阳光，冬季则允许太阳辐射以降低采暖负荷。与现有系统相比，笔者团队提出的控制系统在开放式办公空间采光、照明能源和HVAC成本节约之间实现了更好的权衡。

13.1.1.1 模型概况

该控制系统的测试是基于严寒地区哈尔滨市的某个典型开放办公室进行的，该办公室南侧由六面连续的双层Low-E玻璃及铝制窗框组成玻璃幕墙，其视觉透射率（VLT）为65%，太阳得热系数（SHGC）为0.28。这六个由电动机驱动的外部覆盖百叶的窗户，每个百叶窗包含16个不可伸缩的扁平铝制百叶板，间距为131毫米，与百叶板宽度相同。百叶板两侧反射率为70%，可实现漫反射，倾斜角度可调，变化范围为–90°~90°，以10°的固定增量变化。正倾角表示百叶板上侧朝外，负倾角表示百叶板上侧朝内。

在该开放式办公室测试中，笔者团队采用了精细的仪器布置来全面评估提出的百叶窗自动遮阳控制方法。办公室内等间距放置了12个矩形工作台，每个工作台中心放置了一个光度计，用于采集和比较工作平面照度（WPI）。同时，室外的太阳直接辐射和散射辐射由专门安装在室外的传感器进行实时监测。为了模拟现实中不断变化的办公区域使用条件，笔者团队还用0~12随机假设数值来代表每小时不同数量用户使用着不同的办公区域。此外，12台配备4.5毫米鱼眼镜头的数码相机被用于捕捉180°圆形高动态范围（HDR）图像，并用于日照眩光可能性（DGP）的计算来探索控制器的实际性能。这些相机安装在三脚架上，高度为1.3米（眼高），距离窗户的不同距离分别为0.6米、1.8米、3米和4.2米，且所有镜头都垂直于窗户，以确保能够获得最坏视觉方向下的最高风险眩光数值。垂直光度计安装在每个镜头的顶部，具有完全相同的视角。根据测试期，测试选择了8个具有代表性的工作日，分别是6月21~24日和12月21~24日，以覆盖夏季和冬季的不同日照条件。夏季工作时间为9: 00~17: 00，冬季工作时间则为9: 00~15: 00，以模拟实际使用情况。详细的仪器布置如图13-3所示。

13.1.1.2 模型构建及模型验证

基于前面提出的办公室模型基本情况及具体参数，笔者团队应用Rhino、Grasshopper和GHPython软件对该自动遮阳案例模型进行了参数化构建。这一模型具有高度的灵活性，可以通过简单更改参数中的变量来直观调整其配置。为了模拟日照环境，采用了DIVA工具，它结合了Evalglar和Radiance，能够以可靠的精度对模型的日光性能进行数值分析。遮阳配置参数和天气参数之间的动态相关性通过Grasshopper平台内的组件进行有效传达。在模拟设置中，笔者团队使用了从White Box Technologies为ASHRAE开发的IWEC2中获得的

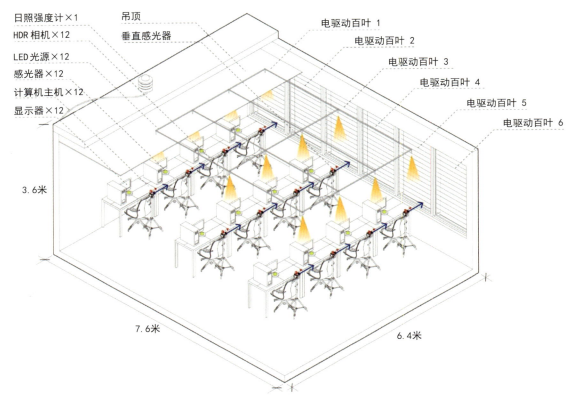

图13-3　办公室模型及仪器布置

哈尔滨市气候数据，这些数据集的记录时间长达12～25年，为模拟提供了坚实的数据基础[1]。同时，为了更准确地反映多变的天空条件，笔者团队选择了佩雷斯（Perez）的全天候天空模型[2][3]。为了确保模拟结果的准确性，笔者团队还参考了前人的研究来设置Radiance的关键参数[4]。

为确保模型输出的DGP及E_v值的准确性，笔者团队在建成的相同开放式办公室空间中进行了实测。该实测在2019年的四个选定日期中进行（6月21日、6月22日、12月21日和12月22日），这四天内天空情况各不相同。测量是在9: 00～17: 00进行的，所有百叶板角度在夏季设置为0°，在冬季设置为60°。实际测试中使用的主要设备包括：佳能5D mark Ⅱ相机，带有鱼眼变焦镜头和光度计的设备，用于图像校准的亮度计以及安置于室外屋顶的校准日射强度计，用于收集天空模拟输入参数的辐照度值。由于无法使用与数字模型中相同数量的相机集群的限制，相机和光度计每小时按顺序从一个位置移动到另一个位置。

对于HDRI的获取，笔者团队在每个测试位置拍摄了一系列具有不同曝光时间的低动态范围图片。随

① ZHANG Q, HUANG J, LANG S. Development of typical year weather data for chinese locations[J]. ASHRAE Transactions, 2002, 108(6): 1063-1075.
② CHRISTOPH F R, ANDERSEN M. Development and validation of a radiance model for a translucent panel[J]. Energy and Buildings, 2006, 38(7): 890-904.
③ PEREZ R, SEALS R, MICHALSKY J. All-weather model for sky luminance distribution-preliminary configuration and validation[J]. Sol. Energy, 1993, 50(3): 235-245.
④ JONES N L, REINHART C F. Experimental validation of ray tracing as a means of image-based visual discomfort prediction[J]. Building and Environment, 2017(113): 131-150.

后，借助Photosphere软件，在每个时间点将这些图片合并生成了HDR图片。为了纠正可能存在的晕影效果，使用了Radiance中的"pcomb"命令。之后，根据灰色目标板上的亮度计检测到的亮度，对合并后的HDR进行了校准。最后，笔者团队将调整后的HDRI输入Evalglare，生成了DGP值。同时，也在相同的情况下获得了相应的模拟DGP值和E_v值。图13-4显示了测量和模拟的DGP值之间的良好拟合，尽管E_v值的拟合程度不如DGP值的拟合程度高，但也展现出了比较好的拟合效果。因此，这一验证过程证明了前面提出的模拟过程及构建的模拟模型的可靠性。

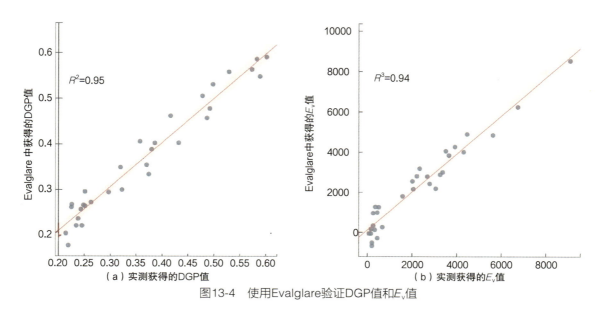

图13-4　使用Evalglare验证DGP值和E_v值

13.1.2　计算性设计赋能代理模型构建

笔者团队初步提出的控制方案包括两个核心步骤。首先，根据定义的参数系统，计划在不同时间节点对每个百叶窗的百叶板进行精确的角度调整。这一调整的目的是有效防止阳光直射到正在使用的工作区域内，从而确保工作环境的舒适度。其次，笔者团队还计划对每个百叶窗的百叶板在指定的约束范围内进行微调，目的是进一步降低E_v值，并消除正在使用区域可能产生的眩光，以提供更加优质的光环境。为了使这一控制策略在运行过程中更加稳定，并能在工作区域实现最佳的光舒适环境，笔者团队提出了运用离线及在线两种代理模型组合对控制器进行调控。这种组合调控方式有望使控制系统更加精准、高效地响应环境变化。

13.1.2.1　离线代理模型构建——快速预测

为了应对不断变化的天气条件，笔者团队在控制器中引入了具有内置径向基函数神经网络（RBFNN）的代理模型作为核心算法。这一模型的设计初衷是替代传统的基于剧烈光线追踪的模拟方法，旨在以较低的计算成本快速预测不同输入值对应的输出值，从而提高控制器的响应速度和效率。在该过程中，机器学习方法发挥了关键作用。它帮助控制器在应用前通过RBFNN模型的离线训练得到一个经过充分训练的离线模型。

在本次实践研究中，笔者团队指定了两个独立的离线代理模型，以充分考虑不同季节性特征对光环境调控的影响。这两个模型的数据基础来源于13.1.1.2节中提及的经过验证的模型模拟结果，它们分别包含了29268个和23436个场景的数据集，涵盖了6月和12月每个百叶窗区域的使用总小时数，为模型提供了丰富且具有代表性的训练样本。为了验证这两个离线代理模型的准确性，笔者团队在实验期间还收集到了真实的数据集。具体来说，6月21~24日收集了3894个数据点，而12月21~24日则收集了3030个数据点，用作准确性测试的数据集，并通过图13-5（a）和图13-5（b）中的右图进行了展示。除测试数据外，还将剩余的数据随机按比例分成两组，其中70%的数据被用作模型训练的训练集，以确保模型能够充分学习到数据的特征和规律；而30%的数据则被用作模型验证的验证集，以评估模型在未知数据上的表现。这一数据划分的过程通过图13-5（a）和图13-5（b）的左图和中图进行了清晰展示。通过这样的数据处理和模型训练验证流程，笔者团队期望能够得到具有较好泛化能力和准确性的离线代理模型，为后续的实时光环境调控提供有力支持。

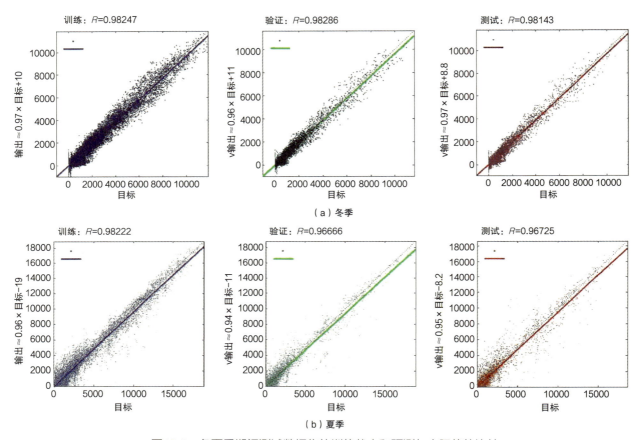

图13-5　冬夏季期间测试数据集的训练状态和预测与实际值的比较

在机器学习模型的构建过程中，训练集用于模型的训练，通过调整模型参数以拟合数据；验证集则用于评估模型性能并进行超参数调整，确保模型具有良好的泛化能力；而测试集则用于追踪训练过程中的错误，最终评估模型的性能和泛化能力，模拟模型在真实场景下的表现。在本次实践研究中，两个离线代理模型在夏季和冬季的决定系数r^2分别达到了约0.98和0.97，表明模型具有较好的预测能力。同时，这两个模型在使用时能够快速给出反馈，每次反馈时间不到0.01s，显示了模型的高效性。

13.1.2.2 在线代理模型构建——快速优化

为实现室内采光及工作区光环境最优，需要优化不同百叶区不同控制角度组合。该任务属于极值探索相关问题，传统方法如模拟退火和遗传算法虽可实现该目标，但该类方法由于效率低下，较短时间内输出结果不太可能。针对此问题，笔者团队基于径向基函数（RBF）增强了基于代理模型的最优化工具（即在线代理模型）。近些年的研究[1][2]也验证了RBF代理模型在各种全局优化环境中的有效性。

在此项研究中，笔者团队采用了Gutmann提出的RBF[3]的改进模式来进行最终优化，并在全局搜索阶段、初始样本选择和模型质量机制方面进行了一系列的修改，旨在提高优化效率和准确性。该部分的总体控制工作流程如图13-6所示。

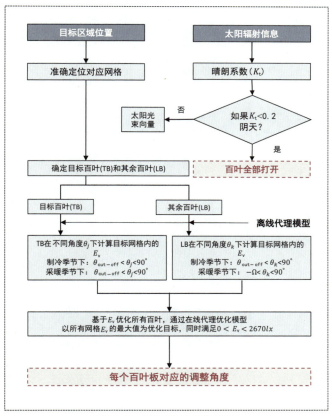

图13-6 控制系统工作流程

① MÜLLER J, PAUDEL R, SHOEMAKER C A, et al. Mahowald, CH4 parameter estimation in CLM4.5bgc using surrogate global optimization[J]. Geosci.Model Dev., 2015(8): 3285-3310.
② WORTMANN T, COSTA A, NANNICINI G, et al. Advantages of surrogate models for architectural design optimization[J]. AI EDAM, 2015, 29(4): 471-481.
③ COSTA A, NANNICINI G. RBFOpt: an open-source library for black box optimization with costly function evaluations[J]. Math. Program.Comput., 2018, 10(4): 597-629.

13.1.3　计算性设计赋能智能控制策略的开发与验证

将初步运行方案与离线及在线代理模型相结合，得到了面向开放式办公室、基于人员实时使用情况的分区百叶窗控制策略。为了验证这一策略的有效性，笔者团队成员将其与其他五种控制策略（表13-1）在相同环境下进行了模拟。模拟完成后，将以小时为单位的数据进行绘图，并从眩光表现、采光性能、人工照明节能及太阳得热四个方面进行了平行比较。

遮阳百叶窗控制策略　　　　　　　　　　　　　　　　　表13-1

策略1	策略2	策略3	策略4	策略5	策略6
可变角度+TZ+识别+RBFNN优化	可变角度+TZ+识别	可变遮挡角度	固定遮挡角度—0°	固定遮挡角度—45°	固定遮挡角度—90°

13.1.3.1　眩光表现

在评估眩光表现时，采用的评估指标为GDP值，图13-7展示了除策略6之外的五种控制策略在实验场景所有分区中不同小时内出现的最高DGP值。这一图表可以帮助了解各种控制策略在不同时间段内可能产生的眩光程度。为了更全面地评估眩光对人员舒适度的影响，笔者团队还分析了测试期间四个眩光舒适等级出现的频率，如图13-8所示。

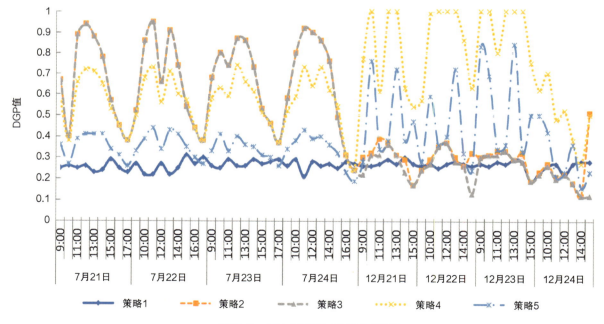

图13-7　每小时观察点最高DGP值

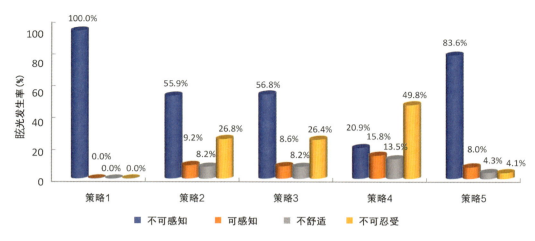

图13-8　不同眩光等级出现的频率

笔者团队提出的控制策略在整个实验周期内成功地将DGP值控制在0.3以下，有效抑制了可感知眩光。具体而言，该策略在冬季允许部分直射阳光进入室内时，也能保持DGP值不超过0.3；相比之下，策略2和策略3虽能阻挡冬季偶尔出现的眩光，却未能有效应对夏季过度漫射太阳辐射引起的眩光。此外，图13-8中的数据也显示了基于截止角的控制策略在眩光控制方面的局限性，特别是在冬季，固定角度的遮阳设施表现不佳。

13.1.3.2　采光性能

本次实验中，采光性能的评估指标是基于UDI变化而来，具体变形为空间比率而非时间比率，旨在通过性能分析来评估不同控制策略下的采光性能。采用符合$UDI_{100-2000lx}$的桌面比例R_t来作为评估标准，即$R_t=n/N$，其中n表示满足$UDI_{100-2000lx}$的桌面数量，N表示所有目标桌面数量（有人占用桌面）。策略1～5的采光性能表现具体如图13-9所示。

当自然采光为唯一光源时，除策略6之外的所有控制策略R_t的值均呈现较大范围的波动，但相比之下，笔者团队提出的控制策略表现更为稳定，波动范围相对较小。图13-10总结了试验期间不同季节内各策略累计满足较好照度$UDI_{100-2000lx}$的比例。通过图13-10可知，在两个季节内，相较于传统的基于截止角的遮阳策略，笔者团队提出的控制策略能提供更舒适日光强度的日光分布。为进一步探讨日光强度和分布，笔者团队绘制了图13-11。图13-11显示，尽管笔者团队提出的控制策略会显著降低日光进入量，无法保证每时每刻桌面照度都在500lx以上，但这也意味着该策略在眩光控制方面表现出色。简言之，该策略在平衡日光进入量和眩光控制方面取得了良好效果。

13.1.3.3　人工照明节能

在人工照明节能方面，笔者团队通过对比夏季和冬季试验期间的累计照明负荷（图13-12）发现，策略1在照明节能方面并未显著优于其他四种遮阳策略（策略2～5）。这一结果主要是因为其较为严格的抗眩光设定导致

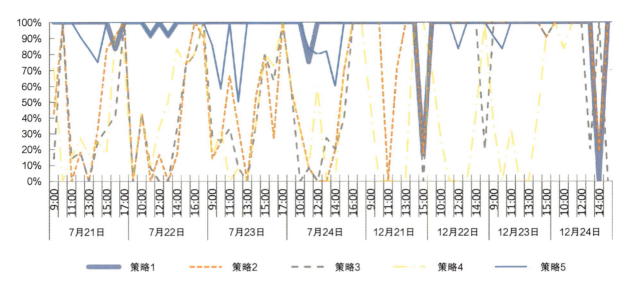

图13-9 满足UDI₁₀₀₋₂₀₀₀lx的比例

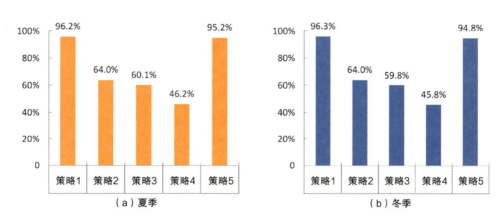

（a）夏季 （b）冬季

图13-10 冬夏季累计满足较好照度UDI₁₀₀₋₂₀₀₀lx的比例

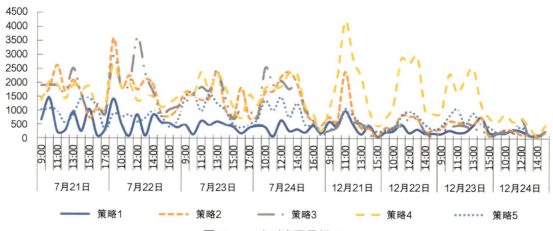

图13-11 实时桌面最低WPI

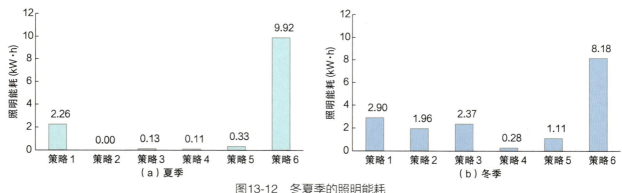

图13-12　冬夏季的照明能耗

的，尤其在夏季，这一设定对照明节能产生了明显的负面影响。然而，与策略6相比，笔者团队提出的策略在减少照明需求方面效果显著。具体来说，在夏季该策略减少了77%的照明需求，而在冬季减少了64%。策略6代表的是在百叶窗全遮挡情况下人工照明的峰值能耗，与此相比，笔者团队的策略在节能方面具有明显优势。

13.1.3.4　太阳辐射得热

在太阳辐射得热评估方面，假设太阳直射于玻璃是室内温度升高的主要原因。此时计算不同季节期间窗户接收到垂直入射太阳辐射的累积量，结果如图13-13所示。图13-13表明，在夏季，笔者团队提出的控制策略在防止太阳得热方面与策略2和策略3具有相同的能力；而在冬季，该策略能产生一定的太阳得热累积，对开放式办公室冬季节能及用户体验具有显著意义。此外，当室内工作人员较少时，太阳的得热累积量还有一定的上升潜力。

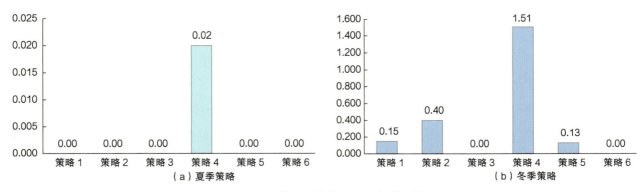

图13-13　冬夏季直接垂直照射累积量

从计算性设计的应用效果来看，遮阳设施的智能控制技术被应用于牡丹江1946文化创意产业园建筑改造项目中，实现了室内实时采光调节，进一步提升了厂房高大空间下的办公自然采光使用性能。具体策略为：采用动态横向多重柔性百叶表皮作为侧向采光外立面，使其具有自适应自然采光调节的能力（图13-14）。该表皮搭载了笔者团队研发的智能控制技术，能够根据实际需求进行实时调节。其优化目标旨在最小化使用区域眩光、最大化自然采光，并在冬季降低非使用区域的日照以降低室内暖通能耗。为实现这一目标，采用了人眼垂直照度条件下最大优化法。在临界角控制方式的基础上进行优化。此方法建立了项目模型及相应的径向神经网络预测模型，利用模型预测数据快速预估室内不同表皮形态下的采光情况，并获取最优解，以实现及时控制，达到夏日遮阳隔热、节约人工照明以及保证室内视觉舒适的复合性能优化效果。

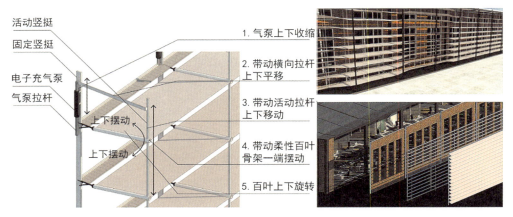

图13-14　动态横向多重柔性百叶表皮

应用结果表明，相较于传统的建筑自适应优化系统，笔者团队所改造的自适应表皮在水平照度获取上具有显著优势，能够实现室内有效照度范围内的自然采光最大化，并节约人工照明能耗。具体表现为：在典型测试日内，该系统能保证70%~85%的最大有效水平照度面积比（图13-15），冬至日性能可提高25%。同时，能够确保室内环境眩光维持在90%以上的未察觉水平（图13-16），以及节约测评区位10%~30%的人工照明能耗。在室内辐射照度获取上，笔者团队所开发的自适应动态表皮系统能在不造成使用区域眩光的情况下，实现冬日局部空间得热，从而减少室内供暖能耗。此外，在室内眩光测评上，该系统能在所有使用区域的最大眩光概率视角下，实现96%以上的时间段无可察觉眩光。

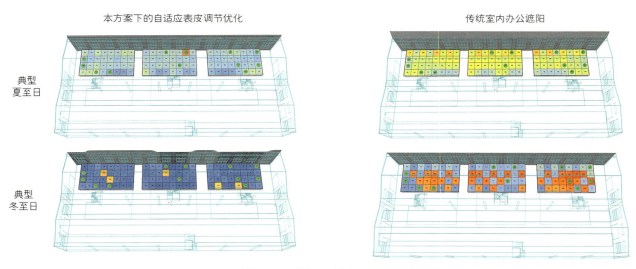

图13-15　测评区域水平照度对比评价

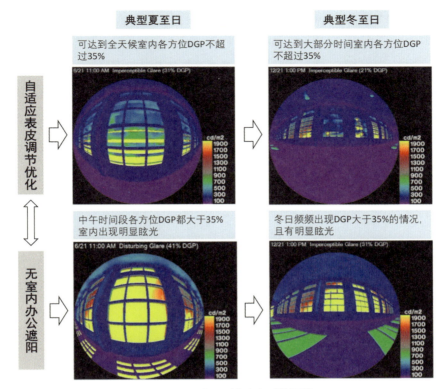

典型夏至日　　　　　　　　　　典型冬至日

可达到全天候室内各方位DGP不超过35%　　　可达到大部分时间室内各方位DGP不超过35%

自适应表皮调节优化

中午时间段各方位DGP都大于35%室内出现明显眩光　　　冬日频频出现DGP大于35%的情况，且有明显眩光

无室内办公遮阳

图13-16　测评区域眩光对比评价

13.2 办公空间的使用者开窗行为预测技术研究

随着数字化建筑设计的发展，性能模拟技术虽已广泛应用于建筑性能的优化与评价，但既有使用者行为程序过于简化，无法反映真实行为的复杂性，影响了模拟预测的精准度，从而使设计难以达到预期效果[1][2]。尤其是开窗行为程序的不完善，导致建筑物理环境和能耗性能模拟预测值与实际值之间存在差异。由于调研与实测难度大，相关研究仅涵盖部分气候区和建筑空间类型，且预测模型缺乏集成应用性，导致其无法与建筑性能模拟平台有效链接进行模拟预测。

针对建筑设计中存在的开窗行为预测准确度低的问题，笔者团队开展了一系列研究。笔者团队进行了大量调研与实测工作，力求获得较为准确的严寒地区办公空间人员开窗行为机理。同时，基于计算性思维，笔者团队构建了严寒地区办公空间人员开窗行为预测模型，并以哈尔滨市某开放式办公室为例，对该预测模型的性能进行了验证[3]。

① US Department of Energy. 2011 Table of contents[R]. Buildings Energy Data Book, 2011.
② LUO M, CAO B, ZHOU X, et al. Can personal control influence human thermal comfort? a field study in residential buildings in china in winter[J]. Energy and Building, 2014(72): 411-418.
③ 张冉. 严寒地区办公空间使用者开窗行为机理及预测模型研究[D]. 哈尔滨: 哈尔滨工业大学，2020.

13.2.1 计算性设计赋能使用者开窗行为特征确定

在本次实践研究中，笔者团队采用了实地调研、问卷调查和实测等数据采集方法，提出了主客观结合的行为数据采集方案，建构了使用者开窗行为及相关因素的数据集合。数据采集流程分为横向调查与纵向调查两个部分。通过横向调查获得了办公空间、使用者及使用者行为的基本特征，并基于这些特征选择了纵向调查的样本，制定了调查流程与内容。通过长期的问卷调查与实测，采集了不同办公空间中使用者对热、声和空气质量的主观心理评价数据，以及对应的适应性行为数据，得到了使用者舒适度与开窗行为的基本特征。依据既有研究的发展趋向和不足，基于理论分析结果，提出了办公空间使用者开窗行为数据采集方案。该方案综合采用传感器实测等客观测量方法、问卷调查与访谈等主观测量方法，从客观、主观和主客观结合三方面，采集了严寒地区办公空间、使用者及其开窗行为的相关数据（图13-17）。

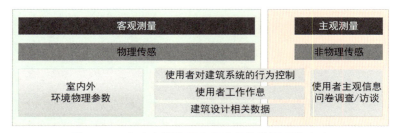

图13-17 办公空间使用者开窗行为数据采集方案

13.2.1.1 数据采集

数据采集的流程分为两部分，分别为办公空间及使用者基本特征调查和办公空间使用者舒适度及开窗行为调查，如图13-18所示。首先，通过办公空间及使用者基本特征调查采集背景信息，明确基本特征。在此基础上，结合建筑性能模拟平台中的使用者开窗行为模拟计算方法与控件设定要求，设计办公空间使用者舒适度及开窗行为调查的数据采集流程，并选择其数据采集对象。然后，通过办公空间使用者舒适度及行为调查，追踪了不同类型办公空间中使用者舒适感受与评价及行为状态的改变。同时，在各季节的典型月份，利

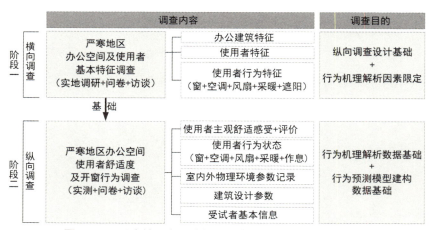

图13-18 严寒地区办公空间使用者开窗行为数据采集流程

用实测设备连续记录室内外物理环境的参数变化、使用者的作息情况和开窗行为变化。这一过程从主观与客观两方面全面记录了建筑及其物理环境、使用者及其开窗行为信息。

在本次研究中，办公空间及使用者基本特征调查被设定为横向调查，办公空间使用者舒适度及其行为调查则属于纵向调查。横向调查的特点是在一个特定的时间点进行数据采集，且每个数据采集对象仅参与一次调查。通过横向调查，获得了办公空间及其使用者的基本特征，为纵向调查的流程设计、样本选择及行为机理解析因素的筛选提供了重要依据。而纵向调查则是在不同的时间点进行数据采集。每个数据采集对象会反复参与调查，以便更深入地追踪和解析使用者的舒适度及其行为变化。

严寒地区办公空间及使用者基本特征调查流程如图13-19所示。首先，笔者团队对办公建筑的朝向和所在街道的走向等进行了实地调研。在实地调研过程中，还征集了愿意参加长期纵向调查的办公空间使用者，并对他们进行了问卷调查。问卷的内容主要包括三部分，分别是使用者所在办公空间特征、使用者自身的基本特征及其行为特征。笔者团队利用"问卷星"平台制作了问卷，并通过常用的社交软件微信平台发布了问卷，随机抽取了调研办公建筑中的使用者来填写问卷。在正式调查开始前进行了预调查，并对问卷的内容与发送方式等进行了适当调整，以确保调查的顺利开展。同时，还对问卷进行了再测信度检验，以保证问卷数据的有效性和可靠性。

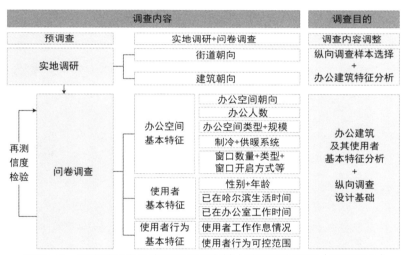

图13-19　严寒地区办公空间及使用者基本特征调查流程（横向调查）

在研究中，采用了追踪式纵向问卷调查的方法，即在一定时间内对同一样本进行反复问卷投放或者数据测试。数据采集时间线为2017年夏季至2018年春季，为期12个月。在此期间，笔者团队进行了问卷调查和实测，实测分别在4月、7月、9～10月以及12月至次年1月进行。此过程旨在从主观和客观两个角度，追踪在不同季节中、不同类型办公空间的使用者对热环境、声环境和室内空气质量的主观感受与评价，以及室内外物理环境数据、使用者开窗行为和在室情况行为变化，为分析办公空间使用者与建筑的互动关系提供了重要的数据集。

严寒地区办公空间使用者舒适度及其开窗行为调查的流程如图13-20所示，主要包括四个部分，分别为问卷预测试、初始问卷、日常问卷和最终问卷。在每个季节均进行实测和问卷调查。问卷在每个季节的典型

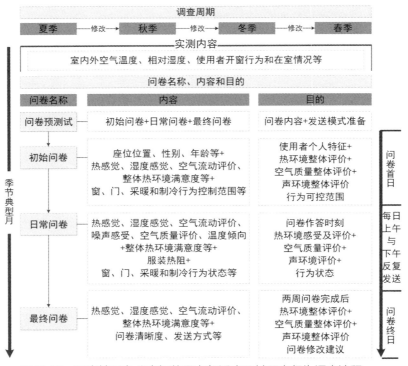

图13-20　严寒地区办公空间使用者舒适度及其开窗行为调查流程

月工作日反复进行，发送时刻为每日10: 00和15: 00。问卷内容包括使用者热感觉、湿度感觉、空气流动评价、室内空气质量等主观感受，以及使用者着装的热阻水平、门窗及制冷采暖设备的使用情况等客观行为。同时，使用实测设备记录室内物理环境参数情况，以便更全面地了解办公空间的使用者舒适度和行为模式。在综合考虑了办公空间的朝向、类型、使用时间和可用设备等特征后，最终选定了位于哈尔滨市核心区域的6座办公建筑中的10个办公空间。最终，在对数据有效性进行验证后，完成了对数据的收集工作。

13.2.1.2　数据分析

在自愿参与调查的办公空间与设备数量均受限的条件下，基于办公空间及使用者基本特征，依据数据采集对象选择原则，笔者团队进行了办公空间使用者舒适度及其开窗行为调查。调查共覆盖了10个办公空间和82名使用者，在全年的时间内收集了与开窗行为相关的数据。每个季节均投放了1400份问卷，全年共收集到5079份有效问卷。通过对这些问卷的统计和分析，得到了不同类型办公空间的使用者舒适水平及其行为状态的分析结果。

根据分析结果，使用者在不同季节最大限度保证室内舒适度的情况下，开窗行为情况的基本特征如下所述。

春季时，各办公空间的使用者开窗行为变化如图13-21所示。整体而言，各办公空间使用者开窗行为活跃。然而，在开窗行为的具体特征上，使用者之间存在较大差异性和不规律性。红色方框标注的样本显示，其使用者开窗行为发生频次较少且开窗时长相对短暂；相反，绿色方框标注的样本显示，其使用者的开窗时长较长，且在部分日期表现出昼夜连续开窗行为。然而，即使在这些样本中，开窗发生的时刻和时长也并不相同，进一步体现了春季使用者开窗行为的多样性和差异性。

　　夏季时，图13-21展示了各办公空间中的使用者开窗行为的分布情况。与春季相比，夏季办公空间使用者的开窗行为呈现出更为明显的规律性。对于自然通风和独立空调制冷的办公空间，使用者的开窗行为主要表现为两种类型：第一类为红色方框标注的样本，使用者表现出昼夜连续开窗的行为，且持续整个夏季，这显示出使用者在这一季节对室内环境的特定需求或习惯，行为惰性特征较为明显；第二类为绿色方框标注的样本，使用者开窗行为主要发生在工作时段内，与其作息密切相关，使用者到达办公空间时会开窗，离开时则关窗。在中央空调制冷的办公空间中，使用者开窗行为也呈现出类似的分布，可以划分为上述两种类型。特别地，在第二类行为中，制冷模式影响了办公空间使用者的开窗时长。当使用空调设备时，尽管使用者会保持原有的行为习惯，即到达办公空间即开启窗口，但开窗的时长会缩短，以适应室内制冷环境的需求。

　　秋季时，各办公空间的使用者开窗行为的分布情况如图13-21所示。使用者的开窗行为活跃度相较于其他季

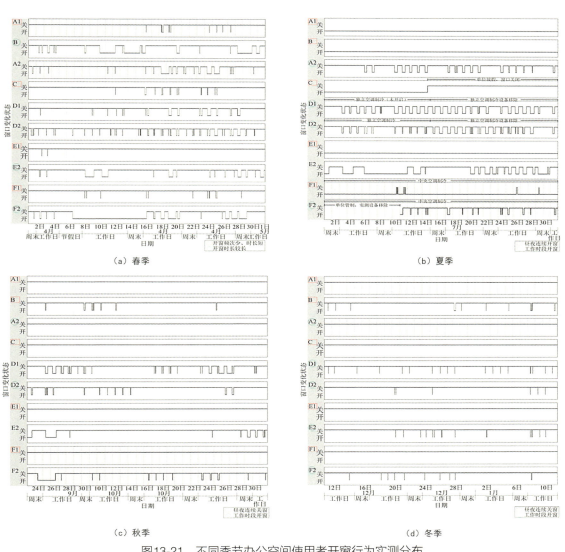

（a）春季　　　　　　　　　　　　　　　　（b）夏季

（c）秋季　　　　　　　　　　　　　　　　（d）冬季

图13-21　不同季节办公空间使用者开窗行为实测分布

节有所下降。尽管秋季与春季室内外物理环境相似，但使用者开窗的频次和时长均明显减少，呈现出显著的季节性差异。具体来说，办公空间使用者的开窗行为在秋季也表现出一定的规律性，可以划分为两种主要类型：第一类为红色方框标注的样本，这类使用者在整个秋季从不开启窗口；第二类为绿色方框标注的样本，这类使用者的开窗行为主要发生在工作时段内，其到达办公空间即习惯性地开启窗口，以改善室内空气质量或调节室内温度。然而，与春季和夏季相比，在秋季的开窗时长可能更短。这两类行为与夏季的使用者开窗行为具有一定的对应性，表明办公空间使用者在不同季节中表现出相似的习惯性行为特征，并且具有季节延续性。

冬季时，各办公空间的使用者开窗行为分布情况如图13-21所示。办公空间使用者的开窗行为活跃度进一步下降，具体表现为开窗频次减少、开窗时长缩短。使用者行为的规律性在冬季更为明显，行为分布类型与秋季保持一致，显示出行为的季节延续性特征。对于第二类绿色方框标注的样本，使用者的开窗行为依然与工作作息紧密相关。不过，与其他季节不同的是，冬季使用者多更倾向于在午休后到达办公空间时开启窗口。这一变化可能与冬季的室内外温差、空气质量以及个人习惯等因素有关。

总的来说，办公空间使用者的开窗行为在不同季节表现出一定的规律性和季节延续性。具体来说，部分使用者在夏季倾向于保持窗口连续开启，而在秋季和冬季则倾向于保持窗口连续关闭。在春季，这部分使用者的行为活跃度相对较低，显示出稳定的惰性行为特征。另一部分使用者的开窗行为则主要发生在工作时段，这种行为变化与工作作息紧密相关，多为到达办公空间即开启窗口。尽管在不同季节这部分使用者的开窗频次和时长有所差异，但其行为活跃度总体上高于其他样本。

13.2.2 计算性设计赋能使用者开窗行为预测模型构建

在深入分析严寒地区办公空间使用者开窗行为特征机理的基础上，笔者团队运用计算性设计方法和技术建构了办公空间使用者开窗行为预测模型。首先，提出预测模型架构的方法，采用数据挖掘技术，从时间、空间和机理三个维度出发，提出了行为预测模型的架构。然后，基于模型架构，开发了适用于严寒地区办公空间使用者开窗行为预测的配置文件，研发可链接常用建筑性能软件 DesignBuilder 的办公空间使用者开窗行为预测模型程序，并提出了预测模型的应用策略，以指导模型在实际项目中的应用。随后，笔者团队对所建构的办公空间模拟模型进行了可靠性验证，解析了既有使用者开窗行为程序导致的建筑性能模拟结果偏差。然后以建筑性能的实测值作为检验标准，验证了模型程序是否能够获得与实测值接近的模拟结果，并论证了行为预测模型对模拟结果的修正程度。

13.2.2.1 使用者开窗行为预测模型架构

在构建办公空间使用者开窗行为预测模型的过程中，笔者团队严格遵循了应用性、平衡性和标准化原则，并提出了一套系统的模型架构方法。首先，制定了如图13-22所示预测模型架构建立流程，采用聚类分析

图13-22　使用者开窗行为预测模型架构的建立流程

法对时间维度和空间维度的开窗行为实测数据进行类型划分，得出了行为在时间和空间上的分布规律。采用关联规则算法，从时间维度、空间维度和机理维度输入办公空间使用者开窗行为数据，探寻行为之间的内在联系和分类规则，建构使用者开窗行为模型，该模型能够反映行为在三个维度上的特征，并提供预测和解释使用者开窗行为的能力。

在开展建筑环境性能模拟与评价的过程中，通常情况下选择对非过渡季节（夏季与冬季）进行深入分析与研究。在这两个季节，建筑环境的性能差异最为显著，同时使用者的行为模式也相对稳定，为研究者提供了更有利的研究条件。针对非过渡季节的办公空间使用者开窗行为，笔者团队收集了大量实测数据，进行关联规则分析，成功构建了非过渡季节严寒地区办公空间使用者开窗行为的预测模型。这一架构分为六个子预测模型，每个子模型都专注于不同的开窗行为特征或影响因素，从而提供了更全面、更准确的预测能力（图13-23）。为了更清晰地展示夏季和冬季预测模型架构的差异，分别用S和W进行了标记。

在时间维度，笔者团队对预测模型进行了深入分析。结果显示，预测模型1、预测模型3和预测模型4具有季节延续性特征，这意味着它们在不同季节中的表现具有一定的稳定性和连续性。而预测模型2、预测模型5和预测模型6则呈现出夏冬各不相同的特征，表明这些模型在夏季和冬季的表现存在显著差异。进一步观察发现，在夏季和冬季，各预测模型的时间维度类型多为AO、AC和WO类型的组合，这揭示了使用者开窗行为在特定时间段内的规律性和模式化。在空间维度，预测模型1展现出了广泛的适用性，能够适用于多种空间维度，包括单人、双人的单元式办公空间以及规模大于10人的开放式办公空间。在行为机理维度，笔者团队发现严寒地区办公空间使用者开窗行为的季节性差异十分明显。在夏季和冬季，预测模型的机理维度多为行为习惯促动类型，仅有少数预测模型的机理维度还包含热舒适促动类型。为了更全面地了解办公空间使用者开窗行为的变化规律，笔者团队进一步以全年办公空间使用者开窗行为数据作为数据的输入，进行了关联规则分析，得到了六个严寒地区办公空间使用者开窗行为预测模型架构（图13-24）。其中，春季和秋季的

图13-23　非过渡季节严寒地区办公空间使用者开窗行为预测模型架构

	模型1	模型2	模型3	模型4	模型5	模型6
时间维度	WO(SP)+AO(S) +AO(A+W)	T2(SP) +WO(S) +AC(A+W)	T2(SP+A) +WO(S+W)	T5(SP) +WO (S+A+W)	T3(SP)+AO(S) +AC(A) +WO(W)	T4(SP) +T3(S+A) +WO(W)
空间维度						
机理维度	季节	季节	季节	季节	季节	季节
	行为习惯 (SP+S+A+W)	行为习惯 (SP+S+A+W)	行为习惯 (SP+S+A+W)	行为习惯 (SP+S+A+W)	行为习惯 (SP+S+A+W)	行为习惯 (SP+S+A+W)
	热舒适(SP)			热舒适 (SP+S+W)	热舒适(W)	

行为状态类型
AO：全时段连续开窗模式；AC：全时段连续关窗模式；WO：工作时间开窗模式
季节
SP：春季；S：夏季；A：秋季；W：冬季
办公空间类型与规模
开放式(3~10人)办公空间　　单元式(单人)办公空间　　单元式(双人)办公空间
开放式(11~20人)办公空间　　开放式(>20人)办公空间
注：夏季时，开放式(3~10人)办公空间为独立空调制冷，开放式(>20人)办公空间为中央空调制冷

图13-24　全年严寒地区办公空间使用者开窗行为预测模型架构

预测模型架构结果分别用SP和A标记，以便能够更清晰地了解不同季节下预测模型的特点和差异。

同时，严寒地区办公空间使用者的开窗行为表现出了明显的季节性特征，特别是在夏季至冬季的转变过程中，其行为惰性特征尤为显著。在春季，其行为的时间维度主要为WO类型；在秋季，其行为的时间维度则与冬季相同，为AC类型。在空间维度，全年与非过渡季节预测模型的架构完全相同，这进一步证实了严寒地区办公空间使用者开窗行为的空间特征在不同季节之间的连续性和稳定性。在行为机理维度，各严寒地区办公空间使用者开窗行为预测模型的季节性差异明显。从全年周期看，预测模型的机理维度仍然以行为习惯促动类型为主，部分预测模型的机理维度仅在特定季节会包含热舒适促动类型。

此外，对于工作日，严寒地区办公空间使用者开窗行为预测模型与建筑性能模拟平台DesignBuilder的既有行为程序存在显著差异。多数预测模型的日均开窗时数明显低于既有行为程序，最大差异可达6小时。对于周末，两者在时间维度上的差异同样显著，主要体现在春季和夏季（图13-25）。既有行为程序未考虑使用

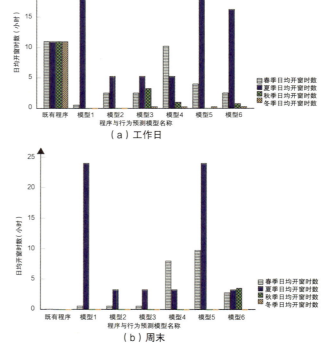

图13-25　使用者开窗行为预测模型与既有行为程序的日均开窗时数对比

者的加班行为和行为惰性，其周末开窗时长日均值为0，不能真实反映办公空间使用者的开窗行为。在行为机理维度，预测模型更多地考虑了使用者行为习惯和热舒适需求对开窗行为的影响，而既有行为程序未充分考虑这些因素，导致其在模拟实际开窗行为时存在一定偏差。

13.2.2.2 办公空间使用者开窗行为预测模型程序

基于严寒地区办公空间使用者开窗行为预测模型架构，并通过解析常用建筑性能模拟平台（如DesignBuilder）中既有行为程序的特征，笔者团队编写了专门的办公空间使用者开窗行为预测模型配置文件，旨在研发适用于严寒地区并能链接DesignBuilder平台的办公空间使用者开窗行为预测模型程序。在DesignBuilder中，模拟办公空间使用者开窗行为时，通常可以选择计算型或计划型自然通风计算方法。这两种方法都包含7/12模块程序和Compact模块程序两种计算模块。为了确保模型的灵活性和准确性，本研究采用Compact模块程序来研发开窗行为预测模型程序。与既有建筑性能模拟平台行为程序相比，笔者团队所研发的预测模型程序在多个维度展现出显著的优越性，能够代表严寒地区办公空间使用者开窗行为的真实属性与特征。具体来说，首先体现在时间维度的丰富性上，预测模型程序不仅考虑了季节和月份的变化，还针对严寒地区的季节性差异特征进行了详细的程序研发，使得预测更加准确。在日期时间维度，与既有程序简单地将周末的开窗行为频次和时长均定义为0不同，新模型程序考虑了周末的加班行为、昼夜开窗行为等特征，增加了相应的行为程序开发，使得预测更加贴近实际。在时刻时间维度，所研发的预测模型程序设定了多种行为模式，能够有效反映严寒地区办公空间使用者在一天中不同时刻的真实行为表现，而既有程序仅设定了一种固定的行为模式。其次体现在空间维度的拓展上，模型程序将空间类型拓展为单元式办公空间和开放式办公空间，并对空间规模的层级进行了详细划分。每一空间维度的行为程序，包括此空间类型和规模可产生的多个行为模式，使得模型能够更全面地反映办公空间使用者开窗行为的多样性。同时，体现在对地域性的充分考虑上，所研发的模型程序具有明确的地域针对性，适用于我国严寒地区办公空间。充分考虑了严寒地区的气候特征和地理位置，研发了相应的行为程序，而既有程序则没有考虑地域性差异。综上所述，笔者团队研发的严寒地区办公空间使用者开窗行为预测模型程序不仅在时间、空间和地域性方面进行了全面的考虑和拓展，还更加贴近严寒地区办公空间使用者的真实行为表现，使得模型程序在预测和模拟严寒地区办公空间使用者开窗行为方面具有更高的准确性和实用性。

（1）办公空间预测模型构建（以单元式办公空间为例）

在研发办公空间使用者开窗行为预测模型程序前，按照行为预测模型架构的维度来划分行为预测模型配置文件的结构是至关重要的，可以确保配置文件的系统性和逻辑性，便于后续的模块程序开发和集成测试。如表13-2所示为一个基于行为预测模型架构维度的严寒地区单元式办公空间使用者开窗行为预测模型配置文件的结构划分和内容编写示例。

（a）过渡季节使用者开窗行为预测模型配置文件											
工作日						周末					
春季行为预测模型配置文件											
春季类型1											
每日时间段划分	6-9am	9-12am	12am-3pm	3-6pm	6-9pm	9pm-6am	6-9am	9-12am	12am-3pm	3-6pm	6-9pm	9pm-6am
开窗时长（小时）	0	0.25	0.25	0	0	0	0	0.25	0.25	0	0	0
春季类型2											
每日时间段划分	6-9am	9-12am	12am-3pm	3-6pm	6-9pm	9pm-6am	6-9am	9-12am	12am-3pm	3-6pm	6-9pm	9pm-6am
开窗时长（小时）	0.5	0.5	0.5	0.5	0.25	0.25	0	0.25	0.25	0	0	0
春季类型3											
每日时间段划分	6-9am	9-12am	12am-3pm	3-6pm	6-9pm	9pm-6am	6-9am	9-12am	12am-3pm	3-6pm	6-9pm	9pm-6am
开窗时长（小时）	0.5	0.5	0.5	0.5	0.5	1.5	1.25	1.5	1	1	1	4
秋季行为预测模型配置文件											
秋季类型1											
每日时间段划分	6-9am	9-12am	12am-3pm	3-6pm	6-9pm	9pm-6am	6-9am	9-12am	12am-3pm	3-6pm	6-9pm	9pm-6am
开窗时长（小时）	0	0	0	0	0	0	0	0	0	0	0	0
（b）非过渡季节使用者开窗行为预测模型配置文件											
工作日						周末					
夏季行为预测模型配置文件											
夏季类型1											
每日时间段划分	6-9am	9-12am	12am-3pm	3-6pm	6-9pm	9pm-6am	6-9am	9-12am	12am-3pm	3-6pm	6-9pm	9pm-6am
开窗时长（小时）	3	3	3	3	3	9	3	3	3	3	3	9
夏季类型2											
每日时间段划分	6-9am	9-12am	12am-3pm	3-6pm	6-9pm	9pm-6am	6-9am	9-12am	12am-3pm	3-6pm	6-9pm	9pm-6am
开窗时长（小时）	1	1.75	1.5	1	0	0	1	1	1	0.25	0	0
冬季行为预测模型配置文件											
冬季类型1											
每日时间段划分	6-9am	9-12am	12am-3pm	3-6pm	6-9pm	9pm-6am	6-9am	9-12am	12am-3pm	3-6pm	6-9pm	9pm-6am
开窗时长（小时）	0	0	0	0	0	0	0	0	0	0	0	0
冬季类型2											
每日时间段划分	6-9am	9-12am	12am-3pm	3-6pm	6-9pm	9pm-6am	6-9am	9-12am	12am-3pm	3-6pm	6-9pm	9pm-6am
开窗时长（小时）	0	0	0.25	0	0	0	0	0	0	0	0	0

注：am：上午；pm：下午。

基于行为预测模型配置文件的层次和内容，笔者团队编写了严寒地区单元式办公空间使用者开窗行为预测模型程序，如图13-26所示。该程序根据不同的季节和时间段，采用相应的配置文件来预测使用者的开窗行为。在过渡季节，预测模型包含3个春季程序和1个秋季程序。春季程序分别采用预测模型时间维度架构

春季程序1	春季程序2	春季程序	秋季程序
Through: 31 May, For: Weekdays, Until: 09:00, 0, Until: 09:15, 1, Until: 12:00, 0, Until: 12:15, 1, Until: 24:00, 0, For: Weekends, Until: 09:00, 0, Until: 09:15, 1, Until: 12:00, 0, Until: 12:15, 1, Until: 24:00, 0, For: Holidays, Until: 24:00, 0, For: All Other Days, Until: 24:00, 0,	Through: 31 May, For: Weekdays, Until: 08:30, 0, Until: 09:30, 1, Until: 14:30, 0, Until: 15:30, 1, Until: 18:00, 0, Until: 15:15, 1, Until: 21:00, 0, Until: 21:15, 1, Until: 24:00, 0, For: Weekends, Until: 11:45, 0, Until: 12:15, 1, Until: 24:00, 0, For: Holidays, Until: 24:00, 0, For: All Other Days, Until: 24:00, 0,	Through: 31 May, For: Weekdays, Until: 08:30, 0, Until: 09:30, 1, Until: 14:30, 0, Until: 15:30, 1, Until: 18:00, 0, Until: 18:30, 1, Until: 22:30, 1, Until: 24:00, 0, For: Weekends, Until: 06:45, 0, Until: 10:30, 1, Until: 12:00, 0, Until: 13:00, 1, Until: 15:00, 0, Until: 16:00, 1, Until: 18:00, 0, Until: 19:00, 1, Until: 21:00, 0, Until: 24:00, 0, For: Holidays, Until: 24:00, 0, For: All Other Days, Until: 24:00, 0,	Through: 31 Oct, For: Weekdays, Until: 24:00, 0, For: Weekends, Until: 24:00, 0, For: All Other Days, Until: 24:00, 0,

（a）过渡季节

夏季程序1	夏季程序2	冬季程序1	冬季程序2
Through: 31 Aug, For: Weekdays Summer Design Day, Until: 24:00, 1, For: Weekends, Until: 24:00, 1, For: Holidays, Until: 24:00, 0, For: All Other Days, Until: 24:00, 0,	Through: 31 Aug, For: Weekdays Summer Design Day, Until: 08:00, 0, Until: 10:45, 1, Until: 13:30, 0, Until: 16:00,1, Until: 24:00, 0, For: Weekends, Until: 08:00, 0, Until: 10:00, 1, Until: 14:00, 0, Until: 15:15, 1, Until: 24:00, 0, For: Holidays, Until: 24:00, 0, For: All Other Days, Until: 24:00, 0,	**部分1** Through: 31 Dec, For: Weekdays, Until: 24:00, 0, For: Weekends, Until: 24:00, 0, For: All Other Days, Until: 24:00, 0, **部分2** Through: 31 Dec, For: Weekdays Winter Design Day, Until: 24:00, 0, For: Weekends, Until: 24:00, 0, For: All Other Days, Until: 24:00, 0,	**部分1** Through: 31 Dec, For: Weekdays, Until: 12:00, 0, Until: 12:15, 1, Until: 24:00, 0, For: Weekends, Until: 24:00, 0, For: All Other Days, Until: 24:00, 0, **部分2** Through: 31 Dec, For: Weekdays Winter Design Day, Until: 12:00, 0, Until: 12:15, 1, Until: 24:00, 0, For: Weekends, Until: 24:00, 0, For: All Other Days, Until: 24:00, 0,

（b）非过渡季节

图13-26　严寒地区单元式办公空间使用者开窗行为预测模型程序

的春季类型1、类型2和类型3的配置文件编写，秋季程序采用预测模型时间维度架构的秋季类型1配置文件编写。在夏季和冬季，预测模型包含2个夏季程序和2个冬季程序。夏季程序采用预测模型时间维度架构的夏季类型1和类型2配置文件编写，冬季程序采用预测模型时间维度架构的冬季类型1和类型4配置文件编写。

（2）办公空间预测模型应用策略（以单元式办公空间为例）

基于严寒地区办公空间使用者开窗行为预测模型架构的结果，可以明确的是，相同空间维度的办公空间，在不同时间维度，使用者的开窗行为会展现出不同特征。因此，在研究严寒地区办公空间使用者开窗行为预测模型的应用策略时，需结合模型架构，以空间维度为脉络，为不同类型和规模的办公空间提供对应的预测模型。以单元式办公空间为例，在提出应用策略前，需首先依据空间维度构建办公空间使用者开窗行为预测模型的维度信息，进而提出相应的分类文件，如表13-3所示。该策略能够指导建筑师和建筑环境性能评价人员，在建筑设计过程中，应用严寒地区办公空间使用者开窗行为预测模型指导建筑性能模拟。

严寒地区单元式办公空间使用者开窗行为预测模型分类文件　　　　　　表13-3

空间维度		预测模型	时间维度	机理维度	
单元式 办公空间	单人	模型1	WO(SP)+AO(S)+AC(A+W)	热舒适（SP）	季节+习惯 （AL）
		模型5	T3(SP)+AO(S)+AC(A)+WO(W)	热舒适（W）	
	双人	模型2	T2(SP)+WO(S)+AC(A+W)	—	
		模型1	WO(SP)+AO(S)+AC(A+W)	热舒适（SP）	

注：SP：春季；S：夏季；A：秋季；W：冬季；AL：全部季节；AO：全时段连续开窗；AC：全时段连续关窗；WO：工作时间内开窗；T：使用者开窗行为类型。

依据严寒地区单元式办公空间使用者开窗行为预测模型程序和分类文件，笔者团队提出了预测模型的应用策略，如图13-27所示。应用策略在空间维度主要由办公空间类型、规模及制冷模式等层次构建，在时间维度主要依据季节的变化构建。应用策略具有高度的灵活性和扩展性，在进行非过渡季节建筑性能模拟时，可以单独应用夏季和冬季的行为预测模型程序；而在进行全年时段的建筑性能模拟时，则可以使用全年各季节的行为预测模型程序进行综合模拟。

13.2.3 计算性设计赋能预测模型的模拟验证

基于上述提出的办公空间使用者开窗行为预测模型，笔者团队进行了相关模拟实验，对该预测模型的性能进行了验证。

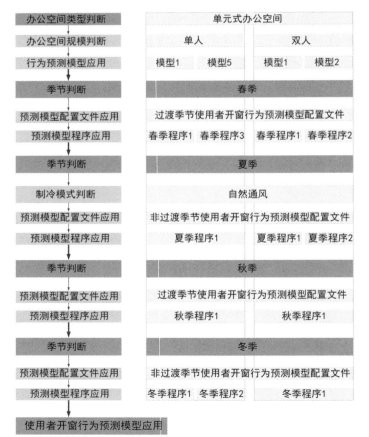

图13-27 严寒地区单元式办公空间使用者开窗行为预测模型应用策略

13.2.3.1　办公空间使用者开窗行为预测模型的模拟验证方案

为验证严寒地区办公空间使用者开窗行为预测模型的有效性，笔者团队提出了办公空间使用者开窗行为预测模型验证方案，如图13-28所示。验证方案主要通过数据采集验证、数据解析验证和结果验证三个方面来验证研究结果的科学性和有效性。

具体的验证流程如图13-29所示。通过办公空间的模拟模型建构、模拟模型可靠性验证和行为预测模型有效性验证三个阶段，可以全面验证严寒地区办公空间使用者开窗行为预测模型的有效性，为建筑设计、能源管理及环境控制提供更为准确和可靠的依据。

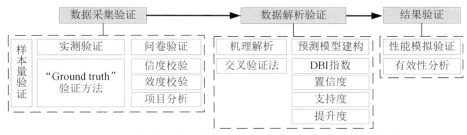

图13-28　严寒地区办公空间使用者开窗行为预测模型验证方案

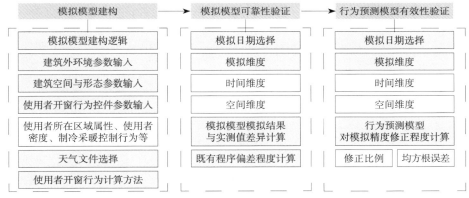

图13-29　严寒地区办公空间使用者开窗行为预测模型验证流程

13.2.3.2　办公空间模拟模型构建与验证结果（以单元式办公空间为例）

依据建筑性能模拟平台DesignBuilder，可以按照以下步骤建构单元式办公空间和开放式办公空间的模拟模型，并对其可靠性进行验证，同时解析既有行为程序所导致的模拟精度偏差程度。

（1）办公空间模拟模型构建

本次实践研究基于DesignBuilder v5.5版本，通过分级建构流程，详细设定建筑及其场地、建筑本体、体块、内部空间等属性，确保模拟模型的精确性。在模拟建模过程中，特别关注行为活动控件模块的设定，包括区域类型、使用者在室率、环境控制等，这些模块对办公空间内部环境性能具有重要影响，如图13-30所示。通过精细设定，DesignBuilder能够准确模拟并优化办公空间的环境性能，为建筑设计提供有力支持。

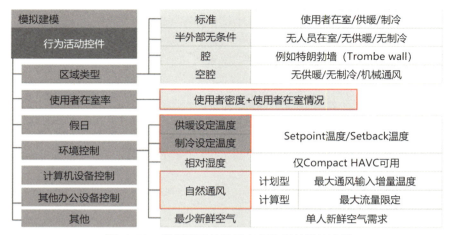

图13-30　模拟模型的使用者行为相关模块设置

（2）单元式办公空间模拟模型验证结果（以夏季情况为例）

在针对单元式办公空间的模拟模型验证过程中，笔者团队主要关注了单人和双人规模的单元式办公空间。验证的目的是分析在单元式办公空间中，使用DesignBuilder办公空间使用者既有开窗行为程序与实际办公空间使用者开窗行为状态下的模拟结果和实测值的差异比例，得出建筑性能模拟平台既有行为程序导致的模拟结果的偏差程度，为后续的优化和改进提供了方向。

在夏季，单人规模的单元式办公空间的实际开窗行为均为连续开窗，其模拟模型的验证结果如图13-31所

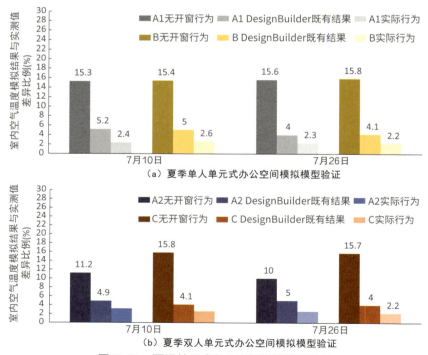

图13-31　夏季单元式办公空间模拟模型验证

示。在7月10日和7月26日，办公空间A1无开窗行为，既有行为程序和实际行为的室内空气温度模拟结果与实测值之间存在一定的差异比例，范围在2.4%~15.3%，温度差异值在0.8~4.8摄氏度。这表明，即使模型考虑了开窗行为，但由于实际使用中的复杂性（如开窗幅度、频率等），模拟结果仍存在一定偏差。双人规模的单元式办公空间在夏季实际开窗行为有所不同（A2仅在办公时间开窗，C连续开窗）的情况下，模拟模型的验证结果如图13-31所示。在7月10日，办公室间A1无开窗行为，既有行为程序和实际行为的室内空气温度模拟结果与实测值的差异比例范围在3.2%~11.2%，温度差异值在1~3.5摄氏度；在7月26日，尽管室外空气温度略有降低，但不同行为状态下的办公空间模拟结果与实测值间的差异比例和温度差异与7月10日相似。办公空间C与单人办公空间A1和B的验证结果类似，进一步验证了模拟模型在夏季开窗行为下的表现。

13.2.3.3 办公空间使用者开窗行为预测模型的模拟验证结果（以单元式办公空间夏季情况为例）

在验证了办公空间模拟模型的可靠性后，采用模拟验证法进行实例检验，主要比较了严寒地区办公空间使用者开窗行为预测模型程序与DesignBuilder中既有开窗行为程序的室内空气温度模拟结果。通过对比模拟结果与实测值，从总均值和每小时均值两个方面进行了详细分析。利用修正值、修正比例和均方根误差等指标解析研究所得出的行为预测模型程序，对建筑性能模拟计算结果的修正作用，旨在验证严寒地区办公空间使用者开窗行为预测模型的有效性。

单人规模的单元式办公空间使用者开窗行为预测模型程序的验证结果如图13-32（a）所示。办公空间使用者开窗行为预测模型程序对办公空间A1的总均值修正为0.56℃，对办公空间B的总均值修正为0.5摄氏度。在每小时均温的比较中，对于办公空间A1，在9：00~18：00的工作时段，模型程序对模拟结果的修正值为0.32~0.69摄氏度；而对于办公空间B，在10：00~18：00的工作时段，模型程序对模拟结果的修正值为0.49~0.68摄氏度。

双人规模的单元式办公空间使用者开窗行为预测模型程序的验证结果如图13-32（b）所示。办公空间使用者开窗行为预测模型程序对室内空气温度的模拟结果显示，对办公空间A2的总均值修正为0.04摄氏度，对办公空间C的总均值修正为0.76摄氏度。在每小时均温的比较中，对于办公空间A2，在7：00~18：00的工作时段，模型程序对模拟结果的修正值为0.07~0.31摄氏度；而对于办公空间C，在7：00~9：00、12：00~18：00的工作时段，模型程序对模拟结果的修正值为0.19~0.58摄氏度。综上所述，行为预测模型程序对办公空间室内空气温度的模拟结果具有一定的修正作用，提高了模拟的准确性。

同时，笔者团队对单元式办公空间在不同季节（春秋及冬季）以及单人、双人情况下进行了预测模型模拟结果的验证，并对不同规模的开放式办公空间全年预测模型的模拟结果进行了验证，结果汇总统计如表13-4所示。通过对每小时均温的模拟结果进行数据处理，并计算行为预测模型程序和DesignBuilder既有行为程序室内空气温度的模拟结果与实测值的均方根误差发现，前者的均方根误差均显著小于后者，从而证明了研究所得模型能够更准确地模拟和预测办公空间使用者的开窗行为，从而为建筑设计提供更加可靠的模拟支持。

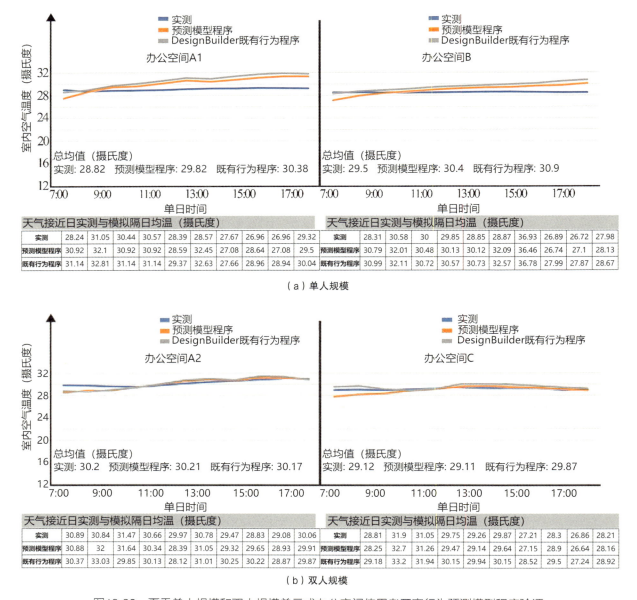

天气接近日实测与模拟隔日均温（摄氏度）										
实测	28.24	31.05	30.44	30.57	28.39	28.57	27.67	26.96	26.96	29.32
预测模型程序	30.92	32.1	30.92	30.92	28.59	32.45	27.08	28.64	27.08	29.5
既有行为程序	31.14	32.81	31.14	31.14	29.37	32.63	27.66	28.96	28.94	30.04

天气接近日实测与模拟隔日均温（摄氏度）										
实测	28.31	30.58	30	29.85	28.85	28.87	36.93	26.89	26.72	27.98
预测模型程序	30.79	32.01	30.48	30.13	30.12	32.09	36.46	26.74	27.1	28.13
既有行为程序	30.99	32.11	30.72	30.57	30.73	32.57	36.78	27.99	27.87	28.67

（a）单人规模

天气接近日实测与模拟隔日均温（摄氏度）										
实测	30.89	30.84	31.47	30.66	29.97	30.78	29.47	28.83	29.08	30.06
预测模型程序	30.88	32	31.64	30.34	28.39	31.05	29.32	29.65	28.93	29.91
既有行为程序	30.37	33.03	29.85	30.13	28.12	31.01	30.25	30.22	28.87	29.87

天气接近日实测与模拟隔日均温（摄氏度）										
实测	28.81	31.9	31.05	29.75	29.26	29.87	27.21	28.3	26.86	28.21
预测模型程序	28.25	32.7	31.26	29.47	29.14	29.64	27.15	28.9	26.64	28.16
既有行为程序	29.18	33.2	31.94	30.15	29.94	30.15	28.52	29.5	27.24	28.92

（b）双人规模

图13-32　夏季单人规模和双人规模单元式办公空间使用者开窗行为预测模型程序验证

　　从计算性设计的应用效果来看，通过对严寒地区办公空间使用者开窗行为进行数据采集和解析，得出了严寒地区办公空间使用者开窗行为机理，建构了相应的行为预测模型，并研发了可链接常用建筑性能模拟平台的预测模型程序。此模型程序的应用策略经过模拟分析验证，显示出其对严寒地区办公空间的室内空气温度模拟结果的显著修正作用。特别是在非夏季季节，即春季、秋季和冬季，模型对室内空气温度模拟结果的修正比例较高，分别达到11.62%、9.8%和16.32%，而在夏季的修正比例为7.66%。这表明研究所得的预测模型在严寒地区的办公空间设计中具有重要的应用价值，尤其是在非夏季季节，能够更准确地预测和调控室内空气温度，提升办公环境的舒适度。

严寒地区办公空间使用者开窗行为预测模型验证结果统计　　　　表13-4

验证指标		季节	单元式办公空间				开放式办公空间			
			A1	B	A2	C	D1	D2	F1	F2
均方根误差	行为预测模型程序	春	1.44	1.24	1.38	0.89	0.63	0.66	0.50	—
		夏	1.39	0.91	0.56	0.51	1.06	0.46（0.36）	1.08	1.77
		秋	1.07	0.65	1.59	1.08	0.67	0.76	0.46	0.41
		冬	1.56	0.66	1.37	0.70	0.69	0.69	0.72	0.28
	DesignBuilder既有行为程序	春	2.67	2.27	3.40	2.12	1.48	1.43	1.96	—
		夏	1.82	1.27	0.60	0.53	1.10	1.69（0.37）	1.72	3.02
		秋	2.11	1.81	3.44	2.20	1.84	0.77	1.69	0.79
		冬	2.56	1.55	2.84	2.23	3.44	2.29	3.25	2.69
修正比例（%）		春	5.48	2.45	10.69	8.75	11.62	4.55	8.34	—
		夏	1.94	1.69	0.13	2.61	0.17	0.11（0.26）	7.66	1.72
		秋	7.14	5.47	9.80	3.98	6.54	5.08	5.88	2.22
		冬	4.60	2.79	13.80	8.67	16.32	10.34	11.82	10.51

13.3　室外开放空间行人群体的行动轨迹分析与预测研究

随着社会经济的发展和人民需求的增长，商业区域已经发生了显著变化，演变为人们享受休闲时光、行人聚集以及开展多样化商业活动的空间[1][2]。近些年来，为了进一步提升购物体验，许多商业区域开始实施行人优先策略，转变为只允许行人通行的模式。这样的变革为行人提供更加宽敞、舒适的行走和休闲空间，使得商业区域成为更加宜人的城市公共空间。然而，商业活动的繁荣也带来一些新的问题。为了吸引更多消费者，商家时常在商业区域举办各种活动，这些活动往往会吸引大量行人聚集。虽然这增加了商业区域的活力和吸引力，但行人过度聚集也会导致步行环境拥挤，不仅降低了购物体验，还可能引发危险事故[3][4]。因此，深入理解行人在复杂人行环境下的流动规律变得尤为重要。通过科学地研究和分析行人的行为模式和流动特点，我们可以更好地进行商业活动区域的划分和行人区域的管理，有助于优化商业区域的空间布局，提升行人的通行效率，为商业区行人提供更加安全的通行环境。

基于上述问题及当下研究情况，笔者团队深入进行了一系列相关研究。利用神经网络技术分析了影响社

① YOSHIMURA Y, AMINI A, SOBOLEVSKY S, et al. Analysis of pedestrian behaviors through non-invasive bluetooth monitoring[J]. Applied Geography, 2017(81): 43-51.
② GONG V X, DAAMEN W, BOZZON A, et al. Estimate sentiment of crowds from social media during city events[J]. Journal of the Transportation Research Board, 2019, 2673(11): 836-850.
③ XU X, ZHOU X, CHEN J. Risk analysis of stampede accidents in large business district[C]. International Symposium on Engineering Management, Beijing, China, 2009.
④ HU M, FANG Z, LIU S, et al. Study on evolution mechanism of fateful stampede accident based on graphical evaluation and review technique[C]. Proceedings of the 2010 IEEE International Conference on Systems, Man and Cybernetics, Istanbul, Turkey, 2010.

会群体行人运动的变量，以及这些不同变量对行人运动的具体影响程度，成功构建了可以用于预测行人步行状态变化的人工神经网络模型。该模型可以根据不同的空间功能准确预测行人密度和分布情况，有助于更好地管理人群、优化行人空间设计及改造①。通过应用研发的模型，规划师和设计师可以更加科学地规划和设计行人空间，从而提升城市的整体通行效率和行人的步行体验。

13.3.1　计算性设计赋能行人群体辨识及数据提取

为解决行人群体辨识及其运动模式分析的复杂问题，笔者团队基于计算性设计思维，开发了基于图像数据的行人群体辨识流程。该流程综合考虑了行人的出发地、目的地、行走间距、速度差和方向差这五个关键角度，对行人进行相似性分组。为了进一步提高辨识的准确性，笔者团队还结合了人工审核步骤，对具有相似性的行人进行更深入的社会群体划分。同时，为了有效提取和分析行人群体的运动轨迹，笔者团队利用开源技术的视频分析软件"Tracker"，构建了一套群体轨迹提取方法。这一方法能够准确地追踪和记录行人群体在商业区域中的运动轨迹，为后续的深入研究提供数据支持。为了验证和展示研究成果，笔者团队选取了哈尔滨市中央大街抗洪胜利纪念塔附近的一个繁华的商业区步行街作为实践研究区域。如图13-33所示，该区域是一个专为行人设计的空间，紧邻哈尔滨市著名旅游景点——抗洪胜利纪念塔，因此，该区域的行人流量大，行人组成结构多样，为进行行人群体运动相关研究提供了得天独厚的条件。该研究区域长60米、宽9米。

该区域包含六个主要的起点和目的地，分别为区域左侧、区域左下的台阶斜坡区域、区域右侧、购物中心出入口以及两个餐厅出入口。除左、右两侧外，该区域被建筑表面、扶手、台阶和斜坡围合，形成了该区域的边界，研究中该区域内的人员流动在这六个点间进行并被统计。

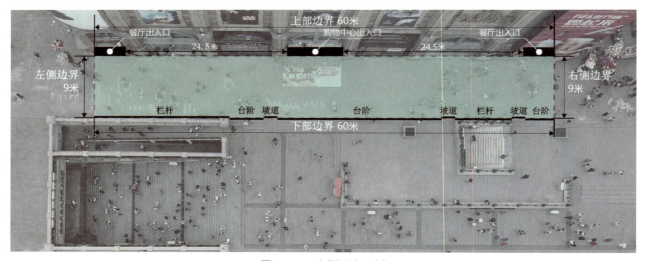

图13-33　案例研究区域

---

① SUN S, SUN C, DUIVES D C, et al. Neural network model for predicting variation in walking dynamics of pedestrians in social groups[J]. Transportation, 2023(50): 837-868.

在本次实践中，使用了无人机（UAV）于区域正上方录制视频，以全面观察整个区域并统计行人流动情况。在10分钟的视频中，有1565名行人出现在研究区域内。其中，体形明显小于其他行人的儿童以及使用拐杖和轮椅的行人被视为需要他人帮助行走的人员。视频中多数人可以独立行走和选择路线，只有少数人需要他人的帮助。在视频录制期间，所有行人行为平静，没有任何异常举动。

13.3.1.1　人员分组

在本次实践研究中，由于关注社会群体中成员的步行行为，因此排除了平均步行速度异常（即速度小于0.5 m/s）的行人。研究基于上述无人机采集的视频数据，进行了两个阶段的分组过程。首先在第一阶段采用启发式方法识别具有相似轨迹的行人。这一步骤主要依赖于行人的运动轨迹相似性，包括出发地、目的地、行走间距、速度差和方向差五个角度进行分析。然后在第二阶段进行人工审核第一阶段的结果，进一步识别社会群体。这一阶段是在第一阶段的基础上，通过人工判断行人的社会属性，从而更准确地划分不同的社会群体。

第一阶段是由程序自动执行的，包含六个步骤，其中五个步骤用于确定行人之间的相似性，第六步则是根据相似性分析的结果识别可能的分组。在前五个步骤中，将每名行人的轨迹与同时出现在摄像机图像中的所有其他行人的轨迹进行比较，任何满足所有标准的对象都被视为同一组的一部分。如图13-34所示，首先，在研究区域的六个预定起点中选择与正在分析的特定行人共享同一起点的行人，这是识别可能属于同一社会群体的行人的第一步。类似地，在第二步中识别具有相同目的地的行人，这一步进一步缩小了可能属于同一社会群体的行人范围。在第三步中，计算这些行人在整个行走轨迹中相互之间的距离，如果距离的平均值小于1.5米，则认为其满足同一组的关系标准，这一步考虑了行人在行走过程中的空间接近度[①]。在第四步考虑行人之间的速度差，如果速度差的平均值小于0.5米/秒，则视为两人为一组，这一步考虑了行人在行走过程中的速度相似性。第五步是根据行走方向的差异来确定行人之间的关系，如果行走方向差平均值小于25度，则判定两人是有关系的。在第六步中，所有有关系的两名行人首先被

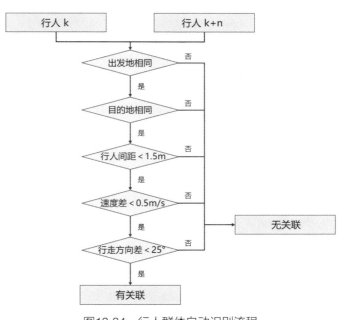

图13-34　行人群体自动识别流程

---

① LI X, DUAN P, ZHENG S, et al. A study on the dynamic spatial-temporal trajectory features of pedestrian small group[C]. 2nd International Symposium on Dependable Computing and Internet of Things(DCIT), Wuhan, China, 2015.

视为一个两人组，如A组行人a与B组行人b相关，则将两组合并，并删除原来的两个组，重复该过程直到不能进一步组合，最终确定一个行人群体中的所有成员。通过这六个步骤，可以有效地识别出具有相似步行行为的行人群体，为后续的社会群体分析和研究提供基础。

在第二阶段，笔者团队进一步细化和调整了行人群体的分组。这一阶段的主要任务是将第一阶段中被排除在外的成员重新考虑并可能加入到相应的群体中，同时排除那些表现出不规则行为的群体。将行人添加到群体中有一个标准，而排除不规则群体有三个标准。将视频中与已确定组中的任何人有明显交互行为（如触摸、等待、转身说话等）的行人或行人组添加到该群体中。同时，在这项研究中制定了排除不规则群体的三个标准：一是，某种因素（如食品摊、垃圾箱等）会吸引特定的行人，使得他们的行为难以用统一的模型来解释。因此，这类被特定因素吸引的群体将被排除。二是，因为孩子的行为往往比成年人更随意，他们的动作会影响群体中其他人的动作，为了保持群体行为的相对一致性，有孩子的群体将被排除。三是，停下来寻找方向或在到达目的地后往回走的行人群体将被排除在外，因为在这种情况下，这类群体的减速或返回不是由本研究中考虑的因素引起的。分组结果最终是通过遵照上述标准手动调整来实现的。第二阶段的研究工作进一步细化了行人群体的分组，通过添加新成员和排除不规则群体，使得最终的分组结果更加准确可靠。

13.3.1.2 群体轨迹提取

在本次实践研究中，使用了由无人机捕获的高分辨率（2720像素×1536像素）视频数据，由于云台摄像机的稳定性，每个时间间隔（0.5秒）的平均测量误差能够控制在0.0173米这一极小范围内。为了从视频中提取行人的运动轨迹，研究团队基于开源Java框架开发了"Tracker"视频分析软件。在软件应用中，为了进一步减小测量误差，研究团队选择了视频中的不变背景（即实验区域的建筑立面）作为参考，固定了坐标系原点、x轴的正方向以及单位长度。这一步骤对提高测量的准确性至关重要。为了将视频中的轨迹数据转换为GPS级别的坐标，研究团队应用了透视变换技术。考虑到无人机的高海拔拍摄角度以及每个人在视频中所占的像素数量有限，研究主要关注了行人的上半身运动轨迹。在执行半自动跟踪程序后，软件产生的跟踪误差通过目视检查进行手动校正，以确保数据的准确性。

在执行上述流程并手动校准之后，我们发现大多数行人属于不同的群体，如图13-35所示。有805名行人在社会群体中行走，提供了34005个可用数据，适用于训练和测试。视

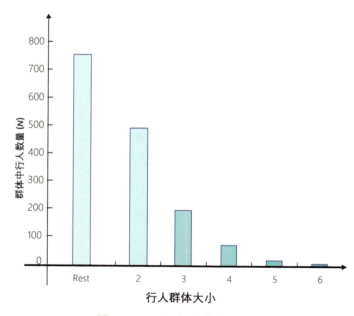

图13-35　不同行人群体的数量

频中最大的行人群体由6人组成，但多数群体仅含2人或者3人，分别占所有行人的50%和30%，与其他学者的研究结果相似①。其余行人单独行走、缓慢移动（<0.5米/秒）或表现出本研究未考虑的行为（如迷路、被其他因素吸引等），约有750人。在本研究中还观察到，群体成员通常共同行走，但在行人密度较高时，较大群体会分裂为较小群体，并在经过拥挤区域后重新团聚，过程中成员保持在一定范围内一起行走。

13.3.2　计算性设计赋能行人群体的行为预测

在基于计算性设计思维成功对群体人员进行分组并提取群体轨迹数据后，笔者团队利用人工神经网络开发了可以模拟预测行人群体运动的新方法。该方法全面考虑了多种因素对行人群体运动的影响，包括成员自身的运动特征、人际交互、人与环境的交互，以及群体与群体间的交互等。与传统研究方法相比，该方法考虑的因素更加全面，特别是将群体的形成过程纳入考虑范围，使得对实际情况的反映更加准确。

13.3.2.1　训练输入值确定

在该实践案例中，构建的人工神经网络的输入变量被分为五组，具体为行人运动特征、行人—环境交互、行人间交互、组内关系及组间关系，如图13-36所示。为了全面而精确地反映复杂的环境影响（包括不确定数量的障碍物、临近的行人和行人群体领头人等），笔者团队深入分析了对行人运动造成影响的所有因素，并将其系统地量化为53个变量，用以训练人工神经网络。然而，在实际操作过程中，笔者团队发现如果直接将图13-36中所示53个变量全部用于神经网络的训练，不仅效率低下，而且训练效果并不理想。因此，针对具体案例筛选与预测目标相关性最大的变量成为一个重要步骤。这一筛选过程旨在优化神经网络的输入，以提升训练效率和预测准确性。

在该过程中，笔者团队使用分支定界技术来推导具有最佳精度的神经网络模型。该过程起初相对简单，但随着变量逐步添加到模型中，其复杂性也随之增加。该案例中群体行走行为的变量筛选及最佳神经网络的选择通过三个关键步骤实现。在第一个流程中，过滤掉预测能力不足的变量（$R^2<0.003$）；在第二个流程中，选择出具有足够相对重要性的变量；在第三个流程中，根据预测模型的评价位移误差（ADE）来确定神经元的个数。通过这三个步骤，笔者团队能够有效地推导出具有最佳精度的神经网络模型。

在本次针对哈尔滨中央大街步行街区域的应用研究中，笔者团队进行了严谨的变量筛选。在第一个流程中，有18个变量R^2值大于0.003，这表明它们具有较强的预测能力。进入第二个流程后，当所有具有较强预测能力的变量都作为输入变量时，笔者团队发现其中有16个变量会显著影响群体中行人的行动加速能力。因此，这16个变量被最终选定为模型的输入变量。这16个变量在最终神经网络模型中的相对重要性（I）以及它们在x轴和y轴方向上的贡献（C_x、C_y）如表13-5所示。这些变量能够全面而准确地表征当前行人的运动特征、行人与环境之间的交互、行人间的交互、组群内部的关系以及组群之间的关系。

---

① JAMES J. The distribution of free-forming small group size[J]. American Sociological Review, 1953(18): 569-570.

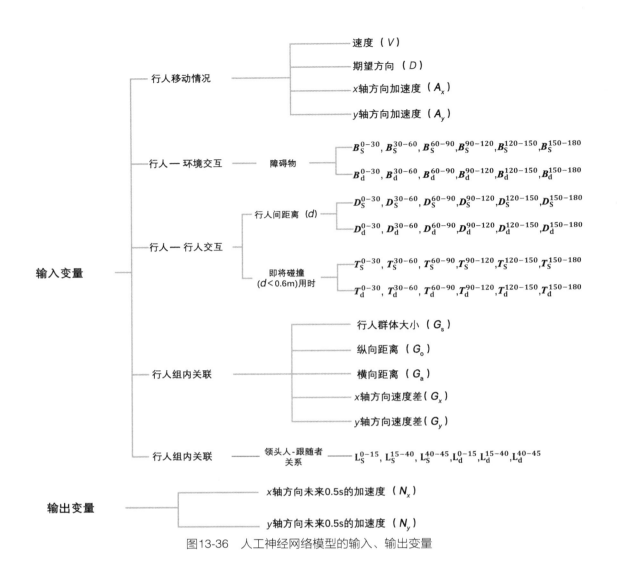

图13-36 人工神经网络模型的输入、输出变量

输入变量在神经网络模型中的相对重要性（I）及贡献（C_x、C_y）　　　表13-5

变量	I	C_x	C_y
V	0.1377	−1.0525	0.0044
D	0.2023	0.2487	0.8056
A_x	0.2724	0.3180	−0.0273
A_y	0.3197	−0.0280	1.6436
B_d^{0-30}	0.1017	0.1928	−0.0204
B_d^{30-60}	0.1352	0.1503	0.2502
B_d^{60-90}	0.1581	−0.2976	−0.0554
B_d^{90-120}	0.1162	0.0839	−0.1110
T_s^{0-30}	0.0656	−0.0453	−0.1510
T_d^{0-30}	0.0742	−0.0243	−0.4749

变量	I	C_x	C_y
$T_d^{30\text{-}60}$	0.0398	0.0261	−0.1696
G_o	0.0657	0.1716	0.1793
G_a	0.0434	−0.0273	0.3694
G_x	0.0875	0.1718	−0.0439
G_y	0.1204	0.0326	−0.0179
$L_s^{0\text{-}15}$	0.0601	0.0610	−0.0728

13.3.2.2　最优神经网络结构确定

在第三个流程中，笔者团队使用了之前筛选出的16个变量作为输入值，并对神经网络隐藏层中的神经元数量进行了调整。让神经元数量在1～70逐一取值，并对每个取值进行训练和测试。最终，笔者团队得到了在不同神经元数量下神经网络隐藏层的平均位移误差（ADE），结果如图13-37所示。通常情况下，无论是训练精确度还是预测精确度，都会随着隐藏层中神经元数量的增加而有所提升。当神经元数量增加到一个特定的阈值（在本次研究中该阈值为17）之后，预测值的平均位移误差（ADE）并没有继续降低，反而由于过度拟合而开始上升。因此得出结论，在本次实践研究中，当神经网络隐藏层包含17个神经元时，预测模型表现出最佳的预测精度。

因此，经过严谨的变量筛选和神经网络结构优化，最终针对哈尔滨中央大街步行街区域构建的神经网络包含16个输入变量且其隐藏层中的神经元数量被确定为17个。基于这一优化结果，笔者团队成功建立起相关的人工神经网络预测模型，用以精准预测该商业步行区内行人群体的行动情况。同时，笔者团队还对该模型的性能进行了全面验证，确保其在实际应用中能够发挥出色的预测效果。

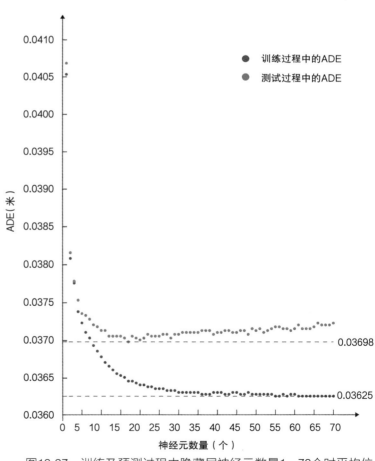

图13-37　训练及预测过程中隐藏层神经元数量1～70个时平均位移误差（ADE）

13.3.3 计算性设计赋能行人群体行为预测模型的验证

为了验证笔者团队开发的神经网络预测模型的有效性，笔者团队采用相同数据集构建了其他三种最为常见且先进的模型，分别为离散模型[1]、社会力（SF）模型[2]和社会LSTM模型[3]，并将其预测性能与笔者团队开发的神经网络模型预测性能进行比较。

行人群体数据集被分为前5分钟和后5分钟。对于社会LSTM模型和笔者团队开发的模型，前5分钟的数据集用于训练，后5分钟的数据集用于检验；而离散模型和SF模型由前5分钟的数据集构建，并直接用于预测后5分钟的行人情况。由于社会LSTM模型只能预测12步后行人状态，为了客观比较，其余三个模型每个模型都预测12步。

最终，四种模型在12步后（即6秒后）的平均位移误差（ADE）和最终位移误差（FDE）如表13-6所示。这些指标是衡量模型预测精度的关键指标，其中ADE衡量了预测路径与真实路径之间的平均偏差，而FDE则特别关注了预测的最终目的地与真实最终目的地之间的距离。该预测的精度随着预测步数的增加而降低，因此预测12步后的平均位移误差（ADE）要显著大于只预测1步的数值较低的ADE值和FDE值，表明模型具有更好的预测精度。通过比较这些值，可以评估每种模型在预测行人行为方面的有效性，并确定哪种模型在特定应用场景中表现最佳。

根据表13-6所示数据，可以观察到基于数据的模型（即社会LSTM模型和笔者团队开发的模型）在预测精确度上表现更佳，这与以往学者的研究成果相吻合，进一步验证了数据驱动模型在行人预测任务中的有效性[4]。与社会LSTM模型相比，笔者团队提出的模型有更高的精确度，这一优势可能源于笔者团队开发的模型所采用的更加全面的输入变量集。包含更多相关且准确信息的输入变量集，能够帮助模型更好地捕捉行人行为的复杂性和多变性，从而提升预测精确度。

	四种模型预测精度比较	表13-6
模型	ADE	FDE
离散模型	1.0701	2.0132
SF 模型	1.4717	2.2984
社会LSTM模型	0.6326	1.3255
本研究的神经网络模型	0.3559	0.6863

[1] ROBIN T, ANTONINI G, BIERLAIRE M, et al. Specification, estimation and validation of a pedestrian walking behavior model[J]. Transportation Research Part B: Methodological, 2009, 43(1): 36-56.

[2] ZANLUNGO F, IKEDA T, KANDA T. Potential for the dynamics of pedestrians in a socially interacting group[J]. Physical Review E, 2014(89): 012811.

[3] ALAHI A, GOEL K, RAMANATHAN V, et al. Social LSTM: human trajectory prediction in crowded spaces[C]. 2016 IEEE Conference on Computer Vision and Pattern Recognition (CVPR), Las Vegas, NV, 2016.

[4] KOTHARI P, KREISS S, ALAHI A. Human trajectory forecasting in crowds: a deep learning perspective[J]. arXiv, 2007: 03639.

从计算性设计的应用效果来看，笔者团队提出的神经网络预测模型展现出如下四个方面的主要优势：首先，模型能够预测行人较长时间后的目的地，这是社会LSTM模型所不具备的功能；其次，模型能同时解析人与人的交互以及人与环境的交互，而社会LTSM模型仅限于人与人之间的交互分析；再次，作为非网格预测模型，笔者团队研发的神经网络模型能够体现距离对特定行人的影响，提供更为精细的预测结果；最后，在研发的神经网络模型中，行人群体的确定结合了程序和人工核验，显著提升了预测的准确性。此外，该神经网络模型对城市空间设计，尤其是商业步行空间的设计具有重要的指导意义。设计师可以利用模型预测空间使用，确定瓶颈，为空间的合理使用、改造及风险规避提供有力支持。

14

计算性设计驱动建筑智慧建造

当代建筑建造方法与技术正经历着深刻的转型变革,其中,数控建造技术的引入是重要标志,如工业机器人、3D打印等,正革新着建筑营建模式,打通了建筑计算性设计从虚拟空间中"生成"到实际物理空间中"建造"的环节,迎来了建筑计算性设计发展成熟的历史契机。这种"智慧建造"方式,利用数控工具实现设计与建造的一体化,将极大地提升建造效率与精度,推动建筑行业信息化与工业化的融合发展。

进入到智慧建造阶段之后,虚拟与现实逐渐趋向于融合发展状态。在此背景下,建筑师们需要在设计阶段就思考和探索从概念到建成的全过程所需解决的问题及工具和技术。尤其新兴智慧建构工具,如机械臂、3D打印机、数控机床等,将建筑带入智慧建造时代。随着计算性设计技术的应用与社会审美的转变,建筑行业呈现出非标准化、个性化与定制化的发展趋势。建筑行业开始逐步摒弃传统建造模式,向工业4.0模式转型。这一模式以信息物理系统(cyber-physical system,CPS)为基础,为构建具备实时感知、动态控制和信息反馈等功能的一体化数控建造平台奠定理论基础。同时,机械臂作为智慧建造的核心工具,具备精度与效率的双重优势,成为研究热点。

建筑智慧建造流程主要解决两大核心问题:一是建筑方案形体生成的数学逻辑,为设计和建构提供指南,包括空间定位、比例尺度选取等;二是与建筑形态特征有关的智慧建造策略。在明确建筑方案的数字化模型和形态生成及建构的数学逻辑后,智慧建造流程进入实体建造阶段。这一流程采用"生形—模拟—迭代—建造"的模式,如图14-1所示。其中,"生形"是物理模型与机器算法的结合,"模拟"涉及建筑性能的全面评价,"迭代"是多目标性能导向下的方案优化过程,而"建造"阶段则强调实时反馈和动态调整,以降低建造误差、提高建造精度与效率。

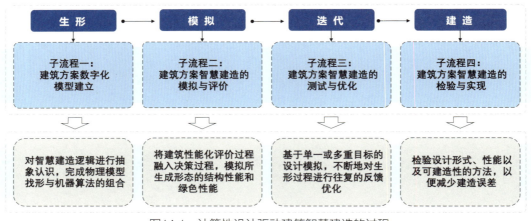

图14-1 计算性设计驱动建筑智慧建造的过程

一般而言，建造过程可分为两种逻辑：一种是预制装配式，从基本单元出发，组织整体结构或表皮，如网格划分法、切片法等；另一种是从建筑整体出发，将整体分解为构件进行建构，如一体成型法等。针对不同建构方法及策略，需选取相应的建筑方案智慧建造工具，进行装配式或者一体化成型建造。智慧建造工具包括软件工具和硬件工具，软件如Processing、Firefly、Autodesk Review、RhinoCAM、KUKA|prc、SurfCAM等，硬件主要分为二维加工设备（如激光切割机、数控冲床等）与三维加工设备（如机械臂、3D打印机等）。

14.1 一体成型：计算性设计驱动混凝土结构装配式建造

建筑业因工业化、信息化程度相对落后，正面临粗放发展的问题。特别是在非线性建筑造型日益增多的当下，建筑结构与形态之间的分裂现象愈发明显。混凝土作为建筑工程中应用最为广泛的建筑材料之一，具有来源丰富、成本低、可塑性高、强度高等显著优点，在建筑结构性能领域展现出巨大的提升潜力。随着计算性设计思维的兴起和数字技术的快速发展，我们现在有能力通过计算性设计来减少或者去除无效、低效的材料，从而提高混凝土结构性能。这种方法不仅使建筑设计的表达更加高效，也使其实现过程更加精准。为了具体说明建筑智慧建造的一般流程，笔者以计算性设计2020国际工作营的建成作品——"可计算的混凝土"为例进行阐述。这一作品展示了如何利用计算性设计思维、方法和技术对混凝土这一传统建筑材料进行创新性应用，从而实现建筑智慧建造的目标。

14.1.1 计算性设计驱动混凝土结构的形态生成

混凝土拱壳结构形态的生成是一个复杂而精细的过程，采用了图解静力学生形原理。为了实现图解静力学的三维空间化，借助了RhinoVAULT软件平台。这一平台通过采用推力线网格分析（thrust network analysis）的计算模拟方式，为设计师提供了直观的工具，帮助其探索和创造仅存压力的结构造型设计。该拱壳的投影结构线半径被设定为1.5米，拱壳跨度为3米，其中间红色的网格是进行生形计算的初始网格。这一过程不仅考虑了结构的内在应力，还处理了结构的外在形态，为混凝土拱壳结构的设计提供了新的有效路径。

在混凝土拱壳结构的设计过程中，使用RhinoVAULT软件对初始的红色网格进行分析是至关重要的一步。这一分析能够得出结构在水平平衡受力下的形图解与力图解，为设计师提供了直观的受力分布情况。在形图解中，每一个交点的受力状态都可以通过"力的平行四边形法则"进行拆分，进而在力图解中以多边形的形式展现出来。这样的拆分使得每一点的受力情况都得到了详细的大小与方向的解析，为后续的结构优化提供了有力依据。图14-2中清晰地展示了结构网格进行水平平衡的优化迭代过程。经过不断调整和优化，当水平平衡达到后，设计师会给定形态所需的高度，并继续计算该拱壳在垂直方向的平衡。这一步骤是确保拱壳结构在三维空间中都能达到稳定状态的关键。最终，通过这一系列的计算和分析，设计师能够得到拱壳的原始形态。接下来还需要通过3D打印技术制作缩尺模型，对结构形态的合理性进行推敲，并评估是否存在

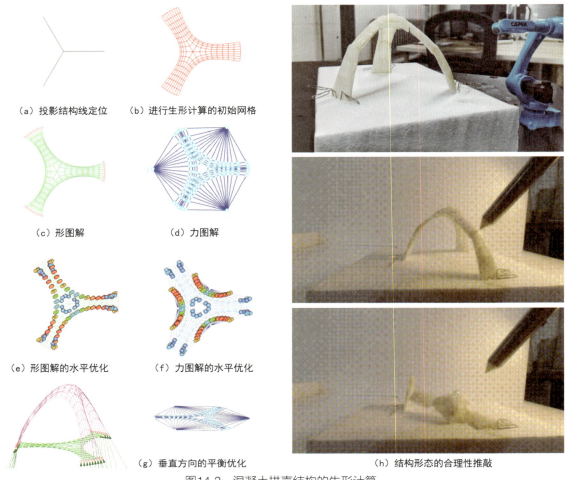

（a）投影结构线定位　　　（b）进行生形计算的初始网格

（c）形图解　　　　　　　（d）力图解

（e）形图解的水平优化　　（f）力图解的水平优化

（g）垂直方向的平衡优化　　　（h）结构形态的合理性推敲

图14-2　混凝土拱壳结构的生形计算

坍塌风险。这一步骤是连接设计与实际建造的桥梁，确保了设计的可行性和安全性。

14.1.2　计算性设计驱动混凝土结构形态的性能模拟

在计算性设计驱动混凝土结构形态的性能模拟这一环节，笔者团队采用了Grasshopper中的千足虫插件（Milipede）来进行深入的结构受力分析。这一分析过程涵盖了模型建立、模型求解运算器以及输出结果运算器等多个关键步骤，其核心目的在于模拟并评估结构受力薄弱处的刚度系数（stiffness coefficient）。刚度，作为材料或结构在受力时抵抗弹性变形能力的重要指标，反映了材料或结构弹性变形的难易程度。在宏观弹性范围内，刚度与构件所承受的荷载和产生的位移之间呈现出正比关系，即它表示了引起单位位移所需的力。而刚度的倒数称为柔度，描述了单位力作用下所产生的位移。值得注意的是，刚度还可以进一步细分为静刚度和动刚度。本建造项目中主要关注的是静刚度，它对确保建筑结构的稳定性和安全性具有至关重要的作用。通过精确模拟和计算静刚度，能够更有效地优化混凝土结构的设计，从而提升其整体性能。

如图14-3所示，在该图中，颜色的深浅被用来直观地表示结构刚度的优劣，颜色越深代表结构的刚度越

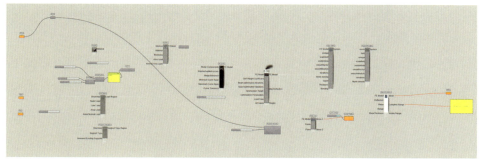

（a）受力分析的逻辑程序

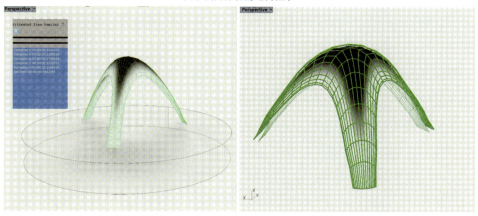

（b）结构刚度系数的模拟 　　　　　　（c）结构刚度性能模拟结果

图14-3　混凝土拱壳结构的刚度系数模拟及计算结果

好。为了达到理想的结构性能，本研究在进行构件优化处理时，通过Grasshopper的生形运算器成功地将结构的应力线与刚度分布进行了关联分析。基于这一分析结果，在刚度表现较好的中心部位实施了减材设计，具体做法是相应地减小了应力肋梁的尺寸，以实现材料的优化利用。与此同时，在刚度相对较差的边缘位置，则采取了增材设计策略。通过加厚结构并加粗肋梁设计，有效地增强了这些关键部位的结构强度。经过这一系列的精细化设计和优化，最终得到的混凝土拱壳结构形态充分展示了计算性设计的巨大潜力和应用价值。

如图14-4所示混凝土拱壳结构形态渲染图，清晰地展示了本研究在构件优化处理后的成果。在刚度较好的中心部位，通过减材设计形成了孔洞，这些孔洞的尺寸各异，最小的孔洞长为10.5厘米，宽为2.3厘米，深度为4.3厘米；而最大的孔洞则长达16.5厘米，宽达7.2厘米，但深度仅为0.1厘米。这种差异化的孔洞设计，既满足了结构刚度的需

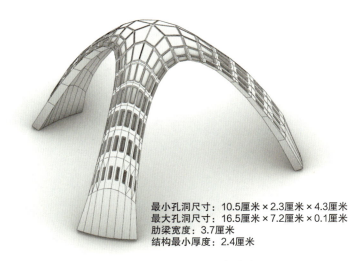

最小孔洞尺寸：10.5厘米×2.3厘米×4.3厘米
最大孔洞尺寸：16.5厘米×7.2厘米×0.1厘米
肋梁宽度：3.7厘米
结构最小厚度：2.4厘米

图14-4　混凝土拱壳结构形态渲染图

求，又实现了材料的节约。同时，在结构的肋梁部分也进行了相应优化。肋梁的宽度从3.7厘米开始，随着向结构顶部的延伸而逐渐减小，直至完全消失于结构顶部。这种设计不仅增强了结构的整体美感，还进一步提高了材料的利用率。值得注意的是，结构最薄处仅为2.4厘米，这充分展示了本研究在优化结构性能方面的显著成果。通过Grasshopper的生形运算器成功将结构的应力线与刚度分布进行关联，实现了对结构的精准优化。最终得到的混凝土拱壳结构形态不仅具有良好的结构性能，还展现出独特的建筑美学。

14.1.3　计算性设计驱动混凝土结构的优化与施工建造

在建造流程的优化设计中，首先将结构拆分为四个部分，这一策略极大地简化了施工过程。特别地，其中三个支撑部分的设计允许使用同一套模具即可完成浇筑，这大大降低了模具的制作和使用成本。经过精确计算，确定最终需要的模具尺寸为60厘米×60厘米×60厘米，并且仅需6块模具即可完成整个结构的浇筑工作。在确定了模具的尺寸和数量后，进一步规划了模具的热线切割路径，以确保切割的精确性和效率。随后，利用铣削技术对模具进行了精准加工，以确保其形状和尺寸的准确无误。最终得到了项目的构成爆炸图，清晰地展示了各部件之间的组装关系，为施工阶段提供了直观指导和参考，如图14-5所示。此外，针对结构在水平方向上可能产生的侧推力问题，专门定制了角度与形态相匹配的钢铁支座，并采用钢丝进行连接固定。这一设计不仅有效地解决了侧推力问题，还进一步增强了结构的稳定性和安全性。

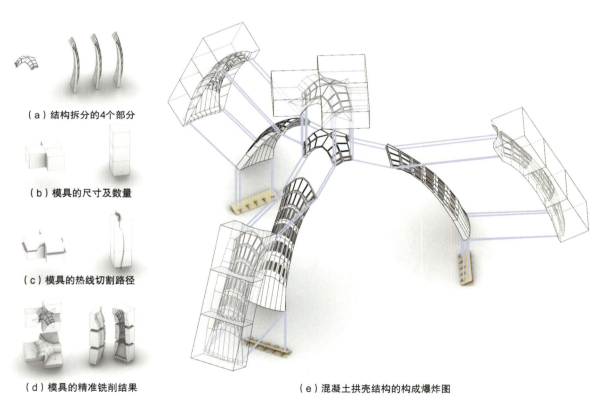

（a）结构拆分的4个部分

（b）模具的尺寸及数量

（c）模具的热线切割路径

（d）模具的精准铣削结果

（e）混凝土拱壳结构的构成爆炸图

图14-5　混凝土拱壳结构的建造流程拆解

在模具加工环节，采用了斯普禄软件（SprutCAM）进行精准铣削的模拟优化，这一步骤确保了在实际加工之前能够对铣削过程进行精确预测和调整，从而避免可能的误差和浪费。通过模拟优化，不仅得到了最佳的铣削路径和参数，还将这些程序离线导出，为后续的实际加工提供了准确指导。在自主建造阶段，将导出的程序输入机器人系统，机器人便能够按照预设的路径和参数进行自主铣削和建造工作。这一过程不仅大大提高了建造效率，还确保了建造的精准度和质量。最终，成功实现了从设计到建造的全程数字化、自动化和精准化，如图14-6所示。

在建造流程中，笔者团队对材料的选择和配合比进行了深入研究和试验。为了确保结构的质量和成本效益，进行了7种不同材料及配合比的材料试验，如图14-7所示。这些试验涵盖了各种可能的材料组合和配合

图14-6　混凝土拱壳结构的机器人自主建造过程

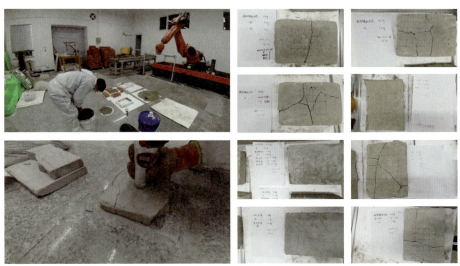

（a）不同混凝土配方进行力学测试　　　　　　（b）不同混凝土配方的力学测试结果

图14-7　混凝土抗压强度试验

比方案，以确保能够找到最佳选择。在试验过程中采用了混凝土回弹仪，使用回弹法检测混凝土抗压强度。这种方法能够准确、快速地评估混凝土的强度特性，提供了重要的数据支持。经过对试验结果的详细分析和比较，最终选取了材料成本最低、强度最高的配合比方案，如图14-8所示。这一配合比方案不仅满足了结构强度要求，还大大降低了材料成本，提高了整体经济效益。

通过此项实践研究可以看出，计算性设计思维在混凝土拱壳结构智慧建造中的应用取得了显著成效。如图14-9所示，搭建结果充分展示了计算性设计的优势。在混凝土拱壳结构中，通过精确计算和设计，实现了孔洞尺寸和肋梁宽度的优化布局。孔洞尺寸从小到大，最小的为10.5厘米长、2.3厘米宽、4.3厘米深，最大的为16.5厘米长、7.2厘米宽、0.1厘米深。这种设计既满足了结构需求，又实现了材料的最大化节约。相应

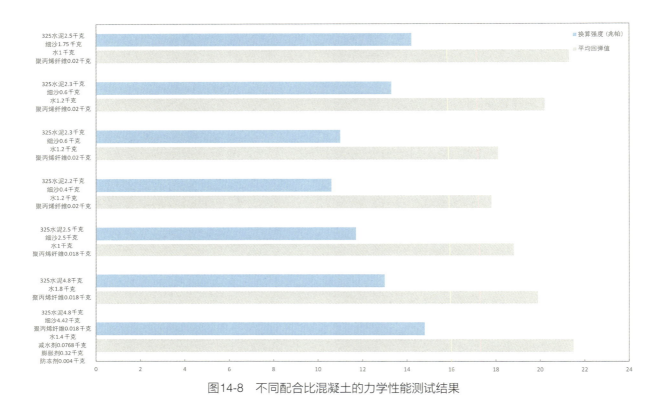

图14-8　不同配合比混凝土的力学性能测试结果

图14-9　搭建结果

的肋梁宽度也逐渐变化，从3.7厘米开始逐渐减小，直至在结构顶部消失，这种设计也进一步提升了结构的轻盈感和美学价值。更为突出的是，该混凝土拱壳结构实现了不使用任何粘结剂的自承重离散结构建造，是技术上的一大创新。同时，该结构还实现了建筑结构的精细化节材，既取得了良好的结构性能，又展现了极佳的美学性能。这一应用成果也充分证明了计算性设计在推动建筑创新和可持续发展方面的巨大潜力。

14.2　预制装配式：计算性设计驱动冰拱壳装配式建造

对于一些力学性质不稳定的脆弱材料，如冰雪，探索如何以更强的结构去搭建是一个挑战，而这也正是智慧建造技术需要深入探索的领域。下面笔者将通过计算性设计2019国际工作营的建成作品——冰拱壳的计算生成及机器人预制装配式建造为例，来详细阐述以冰雪材料为核心的建筑智慧建造的一般流程[①]。

这一流程首先始于对冰雪材料的深入研究和理解，包括其力学性质、稳定性以及在不同环境条件下的变化等。基于这些研究，设计师们利用先进的计算性设计技术，对冰拱壳结构进行了精细化计算和模拟，以确保其在满足美学和功能性需求的同时，也能具备足够的稳定性和承载能力。

在计算生成阶段，设计师们通过算法优化和模拟测试，不断调整和完善冰拱壳的结构设计，直到找到一个既美观又实用的最优解。随后，他们利用机器人技术进行预制装配式建造，将冰雪材料精确地切割、塑形和组装成设计好的冰拱壳结构。

这一建造过程不仅展示了智慧建造技术在处理脆弱材料方面的独特优势，而且为冰雪建筑的设计和施工提供了新的思路与方法。通过计算性设计和机器人技术的结合，可以更加精准地控制冰雪材料的形状和结构，从而创造出更加稳定、美观和实用的冰雪建筑作品。

14.2.1　计算性设计驱动冰拱壳结构的形态生成

冰拱壳的形态设计灵感植根于我国东北地区独特的户外气候条件及特定的场地需要之中。场地位于校园内的一片空地上，是师生日常穿行的必经之地，其设计不仅要满足实用功能，还要融入校园环境，成为一道亮丽的风景线。冰拱壳主要是作为冬季校园的景观亭，为师生们提供一个交流空间和观赏点。在设计形态时，顶部采用了镂空设计，而三面开洞不仅最大限度地保留了开放的形态，使得亭内空间与外部环境相互渗透，同时也有效减小了结构自重，使得这一冰雪建筑更加稳固且持久。冰拱壳结构形态的生成采用了图解静力学生形原理，这一原理为设计师们提供了一种直观且有效探索仅存压力结构造型设计的手段。为了实现图解静力学在三维空间中的实际应用，选择了RhinoVAULT软件平台作为辅助工具。在RhinoVAULT平台上，利用推力线网格分析的计算模拟方式，对冰拱壳的结构形态进行了深入探索和优化。这一过程帮助设计者直观地理解和把握结构的力学特性，能够创造出既符合力学原理又具有独特美感的冰拱壳结构。如

---

① 王聪. 结构性能驱动的建筑数字化设计与建造一体化方法研究[D]. 哈尔滨：哈尔滨工业大学，2020.

图14-10所示，冰拱壳的水平及竖向图解清晰地展示了其结构形态的各细节。在此基础上，对形图解与力图解进行进一步优化，以确保结构在水平方向上达到均衡状态。这一优化过程是一个对图形进行迭代求解的过程，通过迭代计算，逐渐缩小冗余度范围，找到最合理的结构形态。在求解平衡的过程中，需要对形图解和力图解的优先等级进行决策。在正常情况下，为了保持结构的独特形态和美学价值，会优先保留形图解。然而，在某些特殊情况下，如果仅保留形图解无法达到均衡状态，则需要灵活调整策略。可以选择力图解与形图解均等调整，以确保结构在力学和形态上都能达到最佳状态；或者根据具体情况优先调整形图解，以在保持结构独特形态的同时尽可能实现力学平衡。

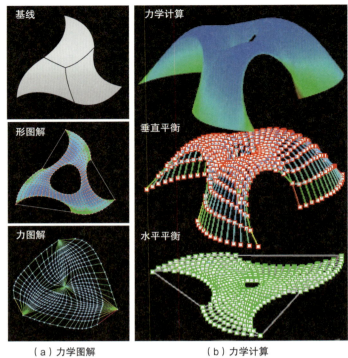

（a）力学图解　　　　　　　（b）力学计算

图14-10　力学图解与力学计算

在冰拱壳结构形态设计过程中，RhinoVAULT软件平台扮演了至关重要的角色。利用这一工具，对推力线网格进行了深入分析，旨在得到其在水平平衡受力下的形图解与力图解。通过RhinoVAULT的计算，能够获得竖向均衡的结果，此时软件会自动生成立体的薄壳造型，其是冰拱壳结构形态的初步形态，它已经具备了基本的力学特性和美感。然而，在计算获得水平均衡和竖向均衡的过程中，可能会遇到无法收敛至容差内的结果。这时，设计者需要运用专业知识和既往经验，通过调整优化选项、增加迭代次数、适当调整冗余度等方法解决这一问题。如果初次生成的壳体高度与预期相差较大，可以在RhinoVAULT的设置中调整薄壳的高度值，并重新计算竖向均衡。最终，通过RhinoVAULT内置的算法进行力学计算，冰拱壳结构形态达到了竖向平衡和水平平衡。

在壳体结构设计中，高度值的设置是一个关键因素，它直接影响结构的稳定性和最终的计算结果。若壳体的高度值设置过大，有可能导致计算过程中的不收敛问题，意味着结构无法达到一个稳定的均衡状态，进而可能影响整个设计的可行性和安全性。笔者团队在冰拱壳结构设计中将薄壳高度设为1.8米，而跨度最大处达到了6米。在这样的设计参数下，特别需要注意壳体高度的合理性以及其对结构整体稳定性的影响。

14.2.2　计算性设计驱动冰拱壳结构形态的性能模拟

在将由RhinoVAULT生成的拱壳结构集成到Karamba3D中进行结构性能模拟分析时，需要遵循一系列步骤来确保分析的准确性和有效性。将3个拱脚设为拱壳结构的支撑点，确保支撑点的位置与RhinoVAULT中的设置一致。同时，在Karamba3D中进行有限元分析之前，需先完成结构的参数设置。设置壳体初始厚度为1厘米，定义荷载，包括沿z轴方向向下的重力荷载以及垂直于曲面的面荷载。在设定已知厚度的情况下，对壳体结构进行受力分析，使用Karamba3D的有限元分析功能来计算壳体的应力分布和形变。得出初始分析结果，包括壳体的形变、应力分布、壳体厚度方面的性能表现。将分析结果与预期或设计要求进行比较，以评估壳体的结构性能（图14-11）。通过比较这些图表可以直观地看到优化对壳体结构性能的影响，并据此进一步调整设计参数以达到最佳性能。

从壳体优化前后在自重情况下的应力分布情况来看，三个拱脚的部分应力相对明显，这是因为拱脚作为支撑点承受了较大荷载。优化后的壳体应力范围明显减小，说明优化过程有效地降低了壳体的应力水平。除此之外，可以看出壳体表面形变较为均匀，说明壳体在自重作用下的变形是整体性的，没有出现局部过大变形。颜色较深的部位产生的形变较大，这些部位是壳体结构中的薄弱环节或者受力较大部位，最大形变量为0.267厘米，位移较大的部分多集中在壳体顶部较窄处及壳体的外边缘，这些部位需要加强设计。壳体初始厚度为1厘米，优化后的厚度根据壳体截面的受力情况在1～10厘米变化，说明优化过程对壳体的厚度进行了合理调整，以适应不同部位的受力需求，从而提高了壳体的整体性能。

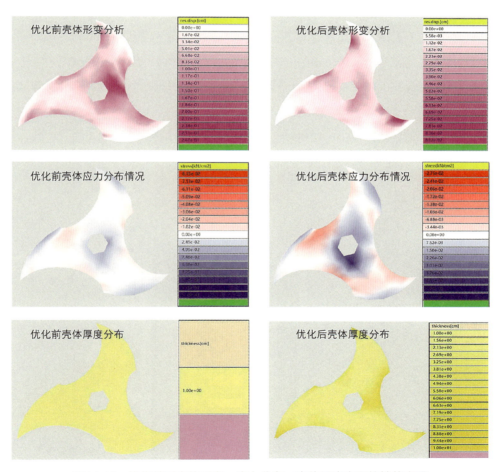

图14-11 优化前后壳体形变、应力分布、壳体厚度方面的性能表现

14.2.3 计算性设计驱动冰拱壳结构的优化与施工建造

形态设计完成后，单元面板的划分与生成是确保结构可制造性和可装配性的关键步骤。如图14-12所示，本次研究中选择了三角形网格对偶的方法来划分壳体，这种方法能够生成均匀且稳定的面板结构，有助于提高壳体的整体强度和稳定性。在设计过程中，使用Grasshopper算法对划分出的单元网格进行自动编号，这一步骤确保了每个单元都有一个唯一的标识符，便于后续的管理和追踪。提取出单元的平面并将其平铺于水平面上，以便检查核对每个单元的形状和尺寸，确保符合设计要求。最终生成了117块面板，如图14-12所示，且所有单元没有一个是相同的，这意味着每块面板都是独一无二的，需要根据其特定的形状和尺寸进行加工和装配。单元与所有编号——对应，这种对应关系为后续的加工和装配提供了极大便利。在实际加工过程中，根据每个单元块的尺寸大小对毛坯进行编号划分，并提前将编号标记在毛坯上，可以确保在加工时直接将对应编号的加工程序与毛坯相对应，无须再对照数字模型，提高了加工效率。在装配时只需找到对应编号的聚苯乙烯泡沫模板冰块并取出，按照数字模型的位置进行放置即可，这种方式简化了装配过程，降低了出错率。所有面板模型均平铺放置，有助于在现场装配时进行查找和定位，提高了装配效率和准确性。

在建造流程中，首先是基于数字加工技术对流程进行设计及优化。在数字加工环节，选取了热线切割与CNC铣削结合的方法进行离散单元建造。这一方案分为两个关键步骤：首先，通过热线切割的方式对整块聚苯乙烯泡沫进行精确切割，按照计算获得的单元模板尺寸及厚度切割并进行编号；其次，利用机械臂铣削技术，将分割后的聚苯乙烯泡沫单元进行精细的成型加工，以达到所需的形状和尺寸。

考虑到拱壳在拱脚处存在的水平推力，确保拱壳结构的整体稳定性至关重要。为此，建造方案中采用了市面上易于采购的标准规格毛冰（尺寸为1.6米×0.8米×0.6米）作为底部基础，以有效地平衡拱壳底部的水平推力。在数字模型中，根据每个拱脚的精确尺寸，将标准规格的毛冰置于三个拱脚处。这一步骤确保了在

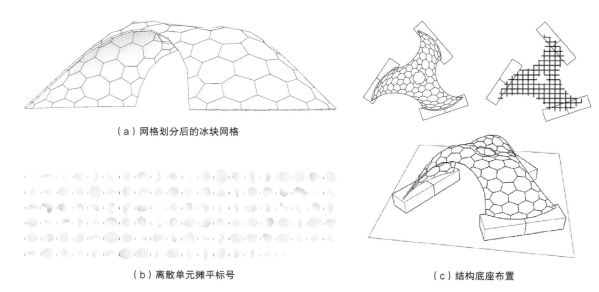

（a）网格划分后的冰块网格

（b）离散单元摊平标号

（c）结构底座布置

图14-12 单元面板划分及编号

实际建造过程中毛冰基础能够与拱脚紧密配合，提供必要的水平推力平衡。在实际建造过程中，通过放线对毛冰基础进行测量及切割加工，便于拱壳模板及整体结构的定位，确保建造的准确性，同时毛冰基础可以为模板及拱壳结构提供水平方向的平衡力，进一步增强了结构的稳定性。

建造过程的仿真模拟及优化确实是物质化过程中至关重要的环节。这一环节通过将设计阶段生成的离散单元与机器人加工程序相连接，实现了自动化模拟仿真，并能够检测加工过程中是否存在碰撞风险。同时，它还能自动计算机器人的加工路径并生成相应的加工文件。在模拟过程中，笔者团队发现了铣削加工中主要的两个限制因素，即机器人的奇异点和单元尺寸限制。奇异点是指机器人在运动过程中某些特定姿态下关节角度的组合会导致其失去一个或多个自由度，从而影响其运动能力；而单元尺寸限制则是指由于工件尺寸过大或过小，可能超出机器人的加工范围或导致加工精度下降。

针对这些限制因素，笔者团队设计了反馈调整机制。如果加工尺寸受限，系统会向设计环节反馈，以便调整相关参数。在实验过程中，由于单元多为简单几何体块且表面平整，因此刀具与工件之间的碰撞风险较低。所以，在流程中主要关注固定基座及工件自身的碰撞检测。为了验证算法的准确性和模拟仿真工具的实用性，笔者团队还依据机器人的实际工作流程设计了一套自动生成、优化调整的路径计算流程。这一流程首先将机械臂在物理环境中的坐标置入模拟仿真工具，以确定初始位置。然后，对运动轨迹进行设定，并通过调整机器人的姿态，使机器人末端的姿态与实际位置保持一致。在模拟仿真工具平台中，可以获取到一系列的重要数据，包括机器人运动路径、运行时间和运动速度等。这些数据提供了宝贵参考，帮助我们进一步优化建造过程，提高加工效率和精度。

如图14-13所示，工作流程的第一步是利用专门的程序提取出构成拱壳的离散单元，这些单元都被赋予了唯一编号，以便在后续步骤中进行识别和跟踪。提取出来的单元按照其厚度和尺寸进行详细分类；第二步是根据单元尺寸与前期预处理的模板相匹配，匹配成功的单元会被精确地置入对应的模板，确保每个单元在模板中的位置都是准确无误的；第三步是将根据模板自动生成的加工程序导入机械臂，机械臂会按照程序的指令对聚苯乙烯泡沫模板进行精确的实体加工。通过加工，最终会得到用于浇筑的单元模板，用于后续的浇筑步骤，以形成完整的拱壳结构。

在拱壳结构单元划分之后，使用基于Rhino-Grasshopper平台下的KUKA|prc进行加工模拟。这一步骤确保了在实际加工之前可以对整个加工过程进行精确模拟和优化，从而提高加工效率和精度。在传统的铣削加工过程中，通常是根据铣削的区域及精度要求，在机械臂的末端安装相应尺寸的铣刀，图14-14展示了传统的铣削加工过程。具体来看，首先应根据铣刀的刀

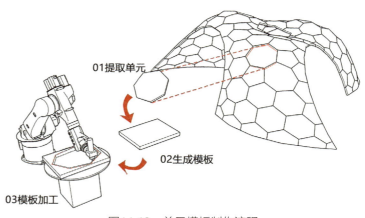

01提取单元

02生成模板

03模板加工

图14-13　单元模板制作流程

刀长度和直径对铣削过程中的进刀率及下刀深度进行设置。如冰拱壳结构单元加工中使用的铣刀总长度为200毫米，刃长为70毫米、刃径为10毫米。在设置铣削参数时，必须考虑加工材料的硬度及其他性能，以确保加工过程的顺利进行。进刀率和下刀深度是铣削加工中的两个关键参数。进刀率一般小于100%，是为了避免加工过程中过载和刀具损坏。同时，下刀深度也不得超过铣刀的刃长，否则会造成加工遗漏，影响加工质量。在实际加工中，为了提高加工效率，应在可能的情况下尽量增大进刀率和下刀深度值。然而，这必须在确保加工质量和刀具寿命的前提下进行。因此，需要综合考虑材料的性能、刀具的耐用度以及加工精度的要求。

为了保证实体加工物件与计算机模型的一致性，需要对工件进行试验，并根据试验结果调整加工工艺。在铣削聚苯乙烯泡沫模板时，由于铣刀的几何形状，构件的边缘往往会留下圆弧形的纹理。在这种情况下，加工工件不论是直接作为建筑构件还是作为建筑浇筑模板，都不仅会影响工件的美观，还可能造成一定误差。为了解决这个问题，可以在铣削完成后增加一次边缘的扫掠铣削，如图14-15所示。这一步骤的目的是对边缘纹理进行平整，以达到目标精度及美观要求。

为了充分体现机器人加工技术和冰雪材料的潜能，实践中采用了两类离散单元的制造方式，一类是通过铣削聚苯乙烯泡沫模板，利用室外寒冷气候的天然优势进行注水浇筑。注水前在模具的表面附着工业保鲜膜，以便冻结成型后快速脱模。另一类是采用机械臂对冰块进行直接铣削，冰块铣削加工是在预制的标准冰块中直接铣削出拱壳内表面的曲面，铣削完成后单元冰块即可从毛冰中分离，直接用于建造。两种机械臂制作冰块单元的方法（图14-16）在铣削范围、成型方式、加工精度、成型质量等方面存在差异：在铣削范围方面，冰块模板的铣削范围较小，由于材料的硬度差异，铣削冰块的速度要远低于铣削聚苯乙烯泡沫模板。

图14-14　传统的铣削加工过程

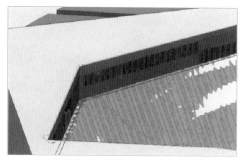

（a）数控建造的精细化加工——边缘未扫掠示意图　　　（b）数控建造的精细化加工——扫掠后效果

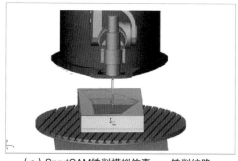

（c）SprutCAM铣削模拟仿真——铣削纹路　　　（d）SprutCAM铣削模拟仿真——扫掠边缘

图14-15　精细化加工及铣削处理图解

在成型方式方面，冰块模板铣削完成后可直接用于建造；聚苯乙烯泡沫模板需要经过额外处理后才能用于浇筑和冷冻成型。在加工精度方面，冰块模板可将数字模型尺寸准确传递到实体模型，达到较高精度；聚苯乙烯泡沫模板在制模的过程中也能达到同等精度，但结冰过程中的膨胀会影响最终精度。在成型质量方面，冰块模板采用的冰采自江河中，气泡和裂缝较少，且透明性好；聚苯乙烯泡沫模板中注水结冰而成的冰块则存

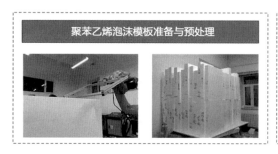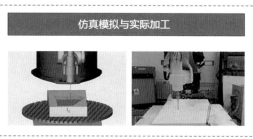

图14-16　聚苯乙烯泡沫模板和冰块单元的制造流程

在气泡和裂缝，透明性不佳。

在制作完成离散单元之后，开始进行现场装配式建造（图14-17）。第一步为场地处理。在放置三块底部基础冰块后，为了防止其因推力发生移位，需要对场地基础进行增强。建造中使用塑料膜与模板围成一个"泳池"状的基地，并注水使其自然冻结成冰基础。这一步骤旨在巩固底部基础冰块，将其连接为一个整体，以便更好地平衡冰拱壳的侧推力，场地基础历时三天冷冻完成。第二步为支撑模板的制作与搭建。采用激光切割方式依照拱壳内表面的支撑模型进行加工。在室内完成局部搭建后，将其移动到场地中的底部基础之上进行拼装并加固，为下一步的离散单元冰块装配提供了支撑结构。第三步为离散单元冰块装配。从聚苯乙烯泡沫模板中取出冰块，按照数字模型中的编号从拱脚到拱顶进行装配。使用3D打印模型及标号进行现场装配指导。冰块之间通过压力和冰雪混合物进行连接与粘结，以保持整体结构在达到平衡状态前的稳定。第四步为支撑模板拆除。在冰壳整体结构自然条件下达到稳定状态后，进行模板拆除工作。拆除过程分为两个阶段，首先将支撑模板拆分成三段，然后将其依次从结构下撤离。为了保证拆除过程中的稳定性，由人员对模板进行支撑，并进行切割，直到将模板全部撤离出结构。

从计算性设计的应用效果来看，计算性设计方法与技术的应用在不影响整体结构性能和美观的前提下，显著提升了冰拱壳单元的加工效率。建成后效果与数字模型进行对比发现，单元背面突起程度及位置与数字模型中基本一致，反映出该流程具有较高的建造精度，能够满足设计要求。然而机器人铣削的工作效率及模板材料的利用率也有待进一步提升，以便更好地适应工业化批量生产的需求，并降低成本。

此外，笔者团队通过设计建造一体化流

（a）场地处理与基础制作

（b）支撑模板的制作与搭建

（c）离散单元冰块装配

（d）支撑模板拆除

图14-17　现场装配建造流程

程，在拱结构实践中创新性地建立了一种设计、分析、建造离散壳体结构的方法。该方法不仅适用于拱形钢结构，还同样可用于搭建玻璃纤维、纸、木壳等轻量或新型材料，展现出广泛的适用性。这一方法的应用，有望为建筑行业带来新的发展机遇，特别是在实现几何形态更加复杂的建筑形式方面展现出巨大潜力。未来，笔者团队将进一步拓展此框架，增加制造约束、材料约束、施工约束、设计约束和系列约束的优化环节，以推动建筑技术的不断进步。

图表来源

<hr>

上篇

第1章

图1-1	OSTWALD M J, WILLIAMS K. Mathematics in, of and for architecture: a framework of types[M]//Architecture and mathematics from antiquity to the future. Cham: Birkhäuser, 2015: 31-57.
图1-2、图1-3	STORRER W A. The architecture of Frank Lloyd Wright: a complete catalog[M]. Chicago. : University of Chicago Press, 2002: 23.
图1-4	GEHRY F. Tectonic arts[EB/OL]. (2018-05-12) [2024-12-18]. https://www.artforum.com/features/ frank-gehry-talks-with-julian-rose-238794/.
图1-5	Data, matter, design: strategies in computational design[M]. London: Routledge, 2020: 8-9.
图1-6	ZANELLI A, MONTICELLI C, JAKICA N, et al. Lightweight energy: membrane architecture exploiting natural renewable resources[M]. Berlin: Springer, 2023.
图1-7	SPALLONE R, VITALI M. Rectangular ratios in the design of villas from Serlio's manuscript for book VII of architecture[J]. Nexus Network Journal, 2019, 21(2): 293-328. SPALLONE R, VITALI M. Geometry, modularity and proportion in the extraordinario libro by Sebastiano Serlio: 50 portals between regola and licentia[J]. Nexus Network Journal, 2020, 22(1): 139-167.
图1-8	WILSON J M. Ancient architecture and mathematics: methodology and the Doric temple[M]//Architecture and mathematics from antiquity to the future. Base1: Birkhäuser, 2015: 271-295.
图1-9	SPERLING G. The quadrivium in the pantheon of rome[M]//Architecture and mathematics from antiquity to the future. Cham: Birkhäuser, 2015: 215-227.
图1-10、图1-12	FLETCHER R. Geometric proportions in measured plans of the Pantheon of Rome[J]. Nexus Network Journal, 2019, 21(2): 329-345.
图1-11	REYNOLDS M. The octagon in Leonardo's drawings[J]. Nexus Network Journal, 2008, 10(1): 51-76.
图1-13	The Mathematical Works of Leon Battista Alberti[M]. Berlin: Springer Science & Business Media, 2010: 190.
图1-14	PEREIRA A N. Renaissance in Goa: Proportional systems in two churches of the sixteenth century[J]. Nexus Network Journal, 2011, 13(2): 373-396.
图1-15	KAPPRAFF J. Musical proportions at the basis of systems of architectural proportion both ancient and modern[J]. NEXUS-Architecture and Mathematics, 1996.
图1-16	HUERTA S. Oval domes: History, geometry and mechanics[J]. Nexus Network Journal, 2007, 9(2): 211-248.
图1-17	SMYTH-PINNEY J M. The geometries of S. Andrea al Quirinale[J]. The Journal of the Society of Architectural Historians, 1989, 48(1): 53-65.

图1-18   BELLINI F. Le cupole di Borromini: la scientia costruttiva in età barocca[M]. Milan: Mondadori Electa, 2004.

图1-19   傅熹年. 中国古代建筑史 (第二卷) [M]. 北京：中国建筑工业出版社，2001：318.

图1-20   凯文·林奇. 城市形态[M]. 林庆怡，译. 北京：华夏出版社，2001：9，54，61.

图1-21   QUINN JC, WILSON A. Capitolia[J]. Journal of Roman Studies, 2013(103): 117-173.

图1-22   ADDIS W. Building: 3000 years of design engineering and construction[M]. London: Phaidon, 2007: 387-391.

图1-23   FINGER B. 13 Skyscrapers children should know[M]. New York and London: Prestel Publishing, 2016.

图1-24、 ADDIS W. Building: 3000 years of design engineering and construction[M]. London: Phaidon, 2007:
图1-25   387-391.

图1-26   Hidden Architecture. Rue Franklin Apartments [EB/OL]. (2015-06-03) [2023-10-18]. https://hiddenarchitecture.net/rue-franklin-apartments/.

图1-27   FRAMPTON K. Le Corbusier[M]. Madrid: Ediciones Akal, 2001: 21.

图1-28、 KURRER K E. The history of the theory of structures: searching for equilibrium[M]. Hoboken: John
图1-29   Wiley & Sons, 2018.

图1-30、 ADDIS W. Building: 3000 years of design engineering and construction[M]. London: Phaidon, 2007:
图1-31   387-391.

图1-32   CANDELA F. General formulas for membrane stresses in hyperbolic paraboloidical shells[J]. Journal Proceedings, 1960, 57(10): 353-372.

图1-33   ANDERSON S, DIESTE E, HOCHULI S. Eladio Dieste: innovation in structural art[M]. New York: Princeton Architectural Press, 2004: 175-210.

图1-34   ADDIS W. Building: 3000 years of design engineering and construction[M]. London: Phaidon, 2007: 387-391.

图1-35   BROWN J L. Covered coliseum: Dorton Arena[J]. Civil Engineering Magazine Archive, 2014, 84(8): 46-49.

图1-36、 COHEN P S. Contested symmetries: and other predicaments in architecture[M]. New York: Princeton
图1-37   Architectural Press, 2001: 111.

图1-38   EISENMAN P, SOMOL R. Peter Eisenman: diagram diaries[M]. London: Thames & Hudson, 1999.

图1-40   Zaha-hadid Architects. Blueprint Pavilion Interbuild 95 [EB/OL]. (2018-05-12) [2023-10-18]. https://www.zaha-hadid.com/design/blueprint-pavilion-interbuild-95-2/.

图1-41   BIRD L, LABELLE G. Re-animating Greg Lynn's embryological house: a case study in digital design preservation[J]. Leonardo, 2010, 43(3): 243-249.
          CCA. Greg Lynn's embryological house: case study in the preservation of digital architecture[EB/OL]. (2024-02-14)[2024-12-18]. https://www.docam.ca/conservation/embryological-house/GL3ArchSig.html.

图1-42   Zaha Hadid Architects. Norkpark Railway Station[EB/OL]. (2023-02-12) [2024-02-12]. https://www.zaha-hadid.com/architecture/nordpark-railway-stations.

图1-43   Zaha Hadid Architects. Zaragoza bridge pavilion [EB/OL]. (2023-02-14) [2024-12-20]. https://www.zaha-hadid.com/design/zaragoza-bridge-pavilion/.

图1-44   Zaha Hadid Architects. jockey-club-innovation-tower [EB/OL]. (2023-02-14) [2024-12-20]. https://www.zaha-hadid.com/architecture/jockey-club-innovation-tower/.

图1-45   阿里·拉希姆. 催化形制：建筑与数字化设计[M]. 叶欣，译. 北京：中国建筑工业出版社，2012.

图1-46	MAYNE T, ALLEN S. Combinatory urbanism: The complex behavior of collection form[M]. New York: Stray Dog Café, 2011.
图1-47	SKA. Kartal-Pendik Urban Regeneration Master Plan [EB/OL]. (2023-02-14) [2024-12-20]. https://www.saffetkaya.com/portfolio/kartal-pendik-urban-regeneration-master-plan/#.
图1-48	SCHUMACHER P. Parametricism: a new global style for architecture and urban design[J]. Architectural design, 2009, 79(4): 14-23.

第2章

图2-1	凯文·林奇. 城市形态[M]. 林庆怡，译. 北京：华夏出版社，2001.
图2-2	NEUFERT E. Bauentwurfslehre[M]. Berlin: Ullstein, 1962.
图2-3	HENGEVELD J. Piet Blom[M]. Amersfoort: Jaap Hengeveld Publications, 2007.
图2-4	ABRAHAMS T. Revisit: Habitat 67, Montreal, Canada, by Moshe Safdie[J]. The architectural review, 2018(5).
图2-5	LIN Z. Nakagin capsule tower and the Metabolist movement revisited[J]. Architectural Education, 2011, 65: 13-32.
图2-6	WILSON JONES M. Ancient Architecture and Mathematics: methodology and the Doric temple[J]. Architecture and Mathematics from Antiquity to the Future: Volume I: Antiquity to the 1500s, 2015: 271-295.
图2-7	SPALLONE R, VITALI M. Geometry, modularity and proportion in the extraordinario libro by Sebastiano Serlio: 50 portals between regola and licentia[J]. Nexus Network Journal, 2020, 22(1): 139-167.
图2-8	FLETCHER R. Golden proportions in a great house: Palladio's villa emo[J]. Architecture and Mathematics from Antiquity to the Future: Volume II: The 1500s to the Future, 2015: 121-138.
图2-9	FLEMING S, REYNOLDS M. Timely timelessness: traditional proportions and modern practice in Kahn's Kimbell Museum[J]. Nexus Network Journal, 2006, 8(1): 33-52.
图2-10	FERNÁNDEZ-LLEBREZ J, FRAN J M. The church in the Hague by Aldo van Eyck: the presence of the Fibonacci numbers and the golden rectangle in the compositional scheme of the plan[J]. Nexus Network Journal, 2013, 15: 303-323.
图2-11	勒·柯布西耶. 模度[M]. 张春彦，译. 北京：中国建筑工业出版社，2011.
图2-12 ~ 图2-14	梁思成. 营造法式注释[M]. 北京：中国建筑工业出版社，1983.
图2-15、 图2-16	王贵祥，刘畅，段智钧. 中国古代木构建筑比例与尺度研究[M]. 北京：中国建筑工业出版社，2011.
图2-17	STAIB G. Components and systems: modular building: design, construction, new technologies[M]. Basel: Birkhäuser, 2008: 14-15.
图2-18 ~ 图2-20	ADDIS W. Building: 3000 years of design engineering and construction[M]. London: Phaidon, 2007: 387-391.
图2-21	FERREIRA SILVA M, JAYASINGHE L B, WALDMANN D, et al. Recyclable architecture: prefabricated and recyclable typologies[J]. Sustainability, 2020, 12(4): 1342.
图2-22	BEMIS A F. The evolving house: The economics of shelter[M]. Basel: Technology Press, 1934.

图2-23 GROPIUS W, WACHSMANN K. The packaged house: a wartime proposal[J]. The Dream of the Factory-Made House, 2021.

IMPERIALE A. An American wartime dream: the packaged house system of Konrad Wachsmann and Walter Gropius[C]. Proceedings 2012 ACSA Fall Conference, Philadelphia, Pennsylvania, USA, 27-29th September 2012.

图2-24 WACHSMANN K. The turning point of building: structure and design[M]. New York: Reinhold Publishing Corporation, 1961.

图2-25 KURRER K E. Zur Komposition von Raumfachwerken von Föppl bis Mengeringhausen[J]. Stahlbau, 2004, 73(8): 603-623.

第3章

图3-1 HAUER E. Erwin Hauer: continua-architectural walls and screens[M]. Princeton: Princeton Architectural Press, 2004.

图3-2 SCHOEN A H. Infinite periodic minimal surfaces without self-intersections[R]. NASA Technical Note, No. C-98, 1970.

图3-3 UNStudio. Arnhem central masterplan[EB/OL]. (2017-3) [2023-02]. https://www.unstudio.com/en/page/12109/arnhem-central-masterplan.

图3-4 SIBYL M N. Moholy-Nagy Experiment in Totality[M]. Cambridge: MIT Press, 1969: 1-20.

图3-5 CARPO M. The digital turn in architecture 1992—2012[M]. Hoboken: John Wiley & Sons, 2012.

图3-6 MELENDEZ F. Drawing from the model: fundamentals of digital drawing, 3D modeling, and visual programming in architectural design[M]. Hoboken: John Wiley & Sons, 2019: 69.

图3-7 Looking@Cities. Perspective: a tool for designing in three-dimensional space. [EB/OL]. (2018-07-28) [2023-02-28]. https://lookingatcities. info/2018/07/28/perspective-a-tool-for-designing-in-three-dimensional-space/.

图3-8 TAYLOR B. New principles of linear perspective[M]. London: John Ward, 1749.

图3-9 ~
图3-14 ANDERSEN K. The geometry of an art: the history of the mathematical theory of perspective from Alberti to Monge[M]. Berlin: Springer Science & Business Media, 2008.

图3-15 ADDIS W. Building: 3000 years of design engineering and construction[M]. London: Phaidon, 2007: 387-391.

图3-16 EASTMAN C M. Building product models: computer environments supporting design and construction[M]. Boca Raton: CRC Press, 2018: 36.

图3-17 邹强. 浅谈实体建模：历史、现状与未来[J]. 图学学报，2022，43（6）：987-1001.

图3-18 FANKHÄNEL T, LEPIK A. The architecture machine: the role of computers in architecture[M]. Basel: Birkhäuser, 2020.

图3-19 BÉZIER P E. Example of an existing system in the motor industry: the Unisurf system[J]. Proceedings of the Royal Society of London. A. Mathematical and Physical Sciences, 1971, 321(1545): 207-218.

图3-20 BAUMGART B G. A polyhedron representation for computer vision[C]. Proceedings of the National Computer Conference and Exposition, Anaheim, California, 1975: 589-596.

图3-21 WYLIE C, ROMNEY G, EVANS D, et al. Half-tone perspective drawings by computer[C]. Proceedings of the Joint Computer Conference, Anaheim, California, 1967: 49-58.

图3-22 APPEL A. Some techniques for shading machine renderings of solids[C]. Proceedings of the Joint Computer Conference, San Francisco, California, 1968: 37-45.

图3-23 ARVO J, KIRK D. Fast ray tracing by ray classification[J]. A Siggraph Computer Graphics, 1987, 21(4): 55-64.

图3-24	BLINN J F, NEWELL M E. Texture and reflection in computer-generated images[J]. Communications of the A, 1976, 19(10): 542-547.
图3-25	BAHADURSINGH N. 8 Renderings that represent the epic evolution of architectural visualization[EB/OL]. [2023-02-15]. https://architizer.com/blog/inspiration/stories/renderings-that-changed-architecture.
图3-26	CCA. Greg Lynn's embryological house: case study in the preservation of digital architecture[EB/OL]. (2024-02-14)[2024-12-18]. https://www.docam.ca/conservation/embryological-house/GL3ArchSig.html.
图3-27	BIJL A. Computer aided architectural design[M]//Advanced Computer Graphics. Springer, Boston, MA, 1971: 433-448.
图3-28	BIJL A, SHAWCROSS G. Housing site layout system[J]. Computer-Aided Design, 1975, 7(1): 2-10.
图3-29、图3-30	EASTMAN C M. Building product models: computer environments supporting design and construction[M]. Boca Raton: CRC Press, 2018: 36.
图3-31	EASTMAN C, HENRION M. GLIDE: A language for design information systems[J]. A SIGGRAPH Computer Graphics, 1977, 11(2): 24-33.
图3-32	EASTMAN C M. Prototype integrated building model[J]. Computer-Aided Design, 1980, 12(3): 115-119.
图3-33	WEISBERG D. History of CAD[EB/OL]. (2023-03-27)[2025-05-17]. https://www.shapr3d.com/history-of-cad/parametric-technology-corporation.
图3-34	EASTMAN C M. Building product models: computer environments supporting design and construction[M]. Boca Raton: CRC Press, 2018: 36.
图3-35	Archsupply. Open Buildings Generative Components[EB/OL]. (2024-02-14) [2024-12-18]. https://download.archsupply.com/get/download-openbuildings-generativecomponents.
图3-36	YAN W. Parametric BIM SIM: Integrating parametric modeling, BIM, and simulation for architectural design[J]. Building Information Modeling: BIM in Current and Future Practice, 2015: 57-77.
图3-37	Architectural Community. 10 Grasshopper Tips for Architects[EB/OL]. (2023-02-12) [2024-12-18]. https://www.re-thinkingthefuture.com/architectural-community/a2324-10-grasshopper-tips-for-architects.
图3-38	Sébastien Bourbonnais. Sensibilités technologiques: expérimentations et explorations en architecture numérique 1987-2010. Architectures Matérielles [D]. Paris: Université Paris-Est, 2014. FRANK O, GEHRY. Frank O. Gehry: Guggenheim Museum Bilbao[M]. NewYork: Solomon R. Guggenheim Museum, 2003.
图3-39	WEISBERG D. History of CAD[EB/OL]. (2023-03-27)[2025-05-17]. https://www.shapr3d.com/history-of-cad/parametric-technology-corporation.
图3-40	MELENDEZ F. Drawing from the Model: Fundamentals of Digital Drawing, 3D Modeling, and Visual Programming in Architectural Design[M]. Hoboken: John Wiley & Sons, 2019: 69.
图3-41	BURRY M. BIM and MetaBIM: Design Narrative and Modeling Building Information[J]. Building Information Modeling: BIM in Current and Future Practice, 2015: 349-362.
图3-42	WHITEHEAD H. Laws of form[J]. Architecture in the Digital Age: Design and Manufacturing, 2003: 81-100.
图3-43	EASTMAN C M, EASTMAN C, TEICHOLZ P, et al. BIM Handbook: a guide to building information modeling for owners, managers, designers, engineers and contractors[M]. John Wiley & Sons, 2011:35.

第4章

| 图4-1、图4-2 | ADDIS B, KURRER K E, LORENZ W. Physical Models: Their Historical and Current Use in Civil and Building Engineering Design[M]. Hoboken: John Wiley & Sons, 2020: 36-37. |

图4-3　SMEATON J. A Narrative of the Building and a Description of the Construction of the Edystone Lighthouse with Stone[M]. J. Smeaton, 1791.

图4-4、
图4-5　KURRER K E. The History of the Theory of Structures: Searching for Equilibrium[M]. Hoboken: John Wiley & Sons, 2018: 476.

图4-6　T. A. 马克斯，E. N. 莫里斯. 建筑物·气候·能量[M]. 陈士骃，译. 北京：中国建筑工业出版社，1990：8.

图4-7　ADDIS W. Building: 3000 Years of Design Engineering and Construction[M]. London: Phaidon, 2007: 387-391.

图4-8　PATTE P. Essai sur l'architecture théâtrale ou de l'Ordonnance la plus avantageuse à un salle de spectacles, relativement aux principes de l'optique & de l'acoustique. Avec un examen des principaux théâtres de l'Europe, & une analyse des écrits les plus importans sur cette matière[M]. Chez Moutard, 1782.

图4-9　PETERS B, PETERS T. Computing the Environment: Digital Design Tools for Simulation and Visualisation of Sustainable Architecture[M]. Hoboken: John Wiley & Sons, 2018: 14-27.

图4-10　MILLINGTON J. Elements of civil engineering[M]. Philadelphia: Smith & Palmer, 1839.

图4-11　ADRIAENSSENS S, BLOCK P, VEENENDAAL D, et al. Shell Structures for architecture: form finding and optimization[M]. London: Routledge, 2014.

图4-12　HUERTA S. Structural Design in the Work of Gaudí[J]. Architectural Science Review, 2006, 49(4): 324-339.

图4-13　ABEL J F, CHILTON J C. Heinz Isler - 50 years of new shapes for shells: preface[J]. Journal of the International Association for Shell & Spatial Structures, 2011, 52(3): 131-134.

图4-14　CLOTON J C. form-finding and fabric forming in the work of Heinz Isler[C]. Proceedings of International Conference on Fatigue and Fracture, Nagoya, Japan, 2012.

图4-15　THODE D. Die rettung des, weißen tempels[J]. Die Bauwirtschaft, 1974, 28 (51/52): 2066-2067.

图4-16　OBERTI G. The development of physical models in the design of plain and reinforced concrete structures[J]. L'Industria Italiana del Cemento, 1980, 9: 659-690.

图4-17　FLACHSBART O, WINTER H. Modellversuche über die belastung von gitterfachwerken durch windkräfte[J]. Der Stahlbau, 1935, 8(8): 57-63.

图4-18　DRYDEN H L, HILL G C. Wind Pressure on Structures[M]. Washington: US Government Printing Office, 1926: 697-732.

图4-19、
图4-20　GLAESER L. The Work of Frei Otto[M]. New York: The Museum of Modern Art, 1972.

图4-21～
图4-23　NAVVAB M. Development and use of a hemispherical sky simulator[D]. Los Angeles: University of California, 1981.

图4-24　CALCAGNI B, PARONCINI M. Daylight Factor Prediction in Atria Building Designs[J]. Solar Energy, 2004, 76(6): 669-682.

图4-25、
图4-26　CHANG J H. Thermal Comfort and Climatic Design in the Tropics: An Historical Critique[J]. The Journal of Architecture, 2016, 21(8): 1171-1202.

图4-27　MEGGERS F, GUO H, TEITELBAUM E, et al. The Thermoheliodome - Air Conditioning Without Conditioning the Air, Using Radiant Cooling and Indirect Evaporation[J]. Energy and Buildings, 2017(157): 11-19.

图4-28　YASUHISA T, MOTOO K, DANIEL B, et al. Concert Halls by Nagata Acoustics[M]. Switzerland AG: Springer Nature, 2020.

图4-29、图4-30	ITO T. Toyo Ito 2 2002-2014[M]. Tokyo: TOTO Publishing, 2014.
图4-31、图4-32	KOOLHAAS R. Elements of Architecture[M]. Cologne: Taschen, 2018.
图4-33、图4-34	Stedelijk Base. [EB/OL]. (2020-02-28) [2025-04-28]. https://www.karamba3d.com/project/stedelijk-base/.
图4-35 ~ 图4-37	KOLAREVIC B. Architecture in the Digital Age: Design and Manufacturing[M]. London: Spon Press, 2003.
图4-38	ASTANA NATIONAL LIBRARY. [EB/OL]. (2021-12-10) [2025-04-29]. https://big.dk/projects/astana-national-library-5572.
图4-39	范德比尔特一号/KPF. [EB/OL]. (2020-10-13) [2025-05-16]. https://www.archdaily.cn/cn/949369/fan-de-bi-er-te-hao-kpf.
图4-40	Grand Central Terminal Pedestrain Studies[EB/OL].(2016-07-20)[2025-05-16]. https://ui.kpf.com/blog/2016/5/20/grand-central-terminal-pedestrian-studies.

第5章

图5-1	PHILIP STEADMAN. Binary Encoding of a Class of Rectangular Built-Forms[M]. London: University College London, 2021.
图5-2	FRAZER J. An evolutionary architecture THEMES VII[M]. London: Architectural Association Publications, 1995.
图5-3	STINY G. Ice-ray: A note on the generation of Chinese lattice designs[J]. Environment and Planning B: Planning and Design, 1977, 4(1): 89-98.
图5-4	KNIGHT T W. The Generation of Hepplewhite-Style Chair Back Designs[J]. Environment and Planning B: Planning and Design, 1980, 7(2): 227-238.
图5-5 ~ 图5-9	STINY G, MITCHELL W J. The Palladian Grammar[J]. Environment and Planning B: Planning and Design, 1978, 5(1): 5-18.
图5-10	KONING H, EIZENBERG J. The Language of the Prairie: Frank Lloyd Wright's Prairie Houses[J]. Environment and Planning B: Planning and Design, 1981, 8(3): 295-323.
图5-11	KNIGHT T W. The 41 steps[J]. Environment and Planning B: Planning and Design, 1981, 8(1): 97-114.
图5-12	DOWNING F, FLEMMING U. The Bungalows of Buffalo[J]. Environment and Planning B: Urban Analytics and City Science, 1981, 8(3): 269-293.
图5-13、图5-14	KNIGHT T W. Transformations of De Stijl Art: the paintings of Georges Vantongerloo and Fritz Glarner[J]. Environment and Planning B: Planning and Design, 1989, 16(1): 51-98.
图5-15、图5-16	KNIGHT T. Application in architectural design and education and practice[R]. NSF (National Science Foundation) / MIT (Massachusetts Institute of Technology) Workshop on Shape Computation, 1999.
图5-17、图5-18	DUARTE J. Towards the Mass Customization of Housing: The Grammar of Siza's Houses at Malagueira[J]. Environment and Planning B: Planning and Design, 2005.
图5-19	DUARTE J P. A discursive grammar for customizing mass housing: the case of Siza's houses at Malagueira[J]. Automation in Construction, 2005, 14(2): 265-275.
图5-20 ~ 图5-22	BEIRÃO J, DUARTE J. Urban grammars: towards flexible urban design[C]. Proceedings of eCAADe 23, Lisbon, Portugal, 2005: 491-500.

图5-23　PRUSINKIEWICZ P, HANAN J. Lindenmayer systems, fractals, and plants[M]. New York: Springer-Verlag, 1989.

图5-24、
图5-25　CHAN C, CHIU M. A simulation study of urban growth patterns with fractal geometry[C]. Proceedings of CAADRIA, Singapore, 2000: 55-64.

图5-26、
图5-27　SERRATO-COMBE A. Lindenmayer systems-experimenting with software string rewriting as an assist to the study and generation of architectural form[C]. Proceedings of SIGRADI, Lima, Peru, 2005: 161-166.

图5-28、
图5-29　RIAN I M, SASSONE M. Tree-inspired dendriforms and fractal-like branching structures in architecture: a brief historical overview[J]. Frontiers of Architectural Research, 2014, 3(3): 298-323.

图5-30　FLEMMING U. Representation and generation of rectangular dissections[C]. IEEE, San Francisco, USA, 1978.

图5-31、
图5-32　KEATRUANGKAMALA K, SINAPIROMSARAN K. Optimizing architectural layout design via mixed integer programming[M]. Dordrecht: Springer, 2005: 175-184.

图5-33　XU J, LI B. Searching on residential architecture design based on integer programming[C]. Proceedings of CAADRIA, Wellington, New Zealand, 2019. 263-270.

图5-34　HUA H, HOVESTADT L, TANG P, ET AL. Integer programming for urban design[J]. European Journal of Operational Research, 2019, 274(3): 1125-1137.

图5-35　COATES P, HEALY N, LAMB C, et al. The use of cellular automata to explore bottom-up architectonic rules[C]. Eurographics UK Chapter 14th Annual Conference, Imperial College London, 1996. WATANABE M S. Induction Design: A Method for Evolutionary Design[M]. Basel: Birkhäuser, 2002.

图5-36、
图5-37　CHRISTIANE M, KVAN T. Adapting cellular automata to support the architectural design process[J]. Automation in Construction, 2007, 16(1): 61-69.

图5-38、
图5-39　ARAGHI S K, STOUFFS R. Exploring cellular automata for high density residential building form generation[J]. Automation in Construction, 2015, 49: 152-162.

图5-40　FRAZER J. An evolutionary architecture[M]. London: Architectural Association Publications, 1995.

图5-41、
图5-42　Generative design for architectural space planning[EB/OL]. (2021-01) [2023-02]. https://www.autodesk.com/autodesk-university/article/Generative-Design-Architectural-Space-Planning.

图5-43　Swarm urbanism[EB/OL].(2009-09-27)[2025-05-16]. https://neilleach.wordpress.com/wp-content/uploads/2009/09/swarm-urbanism_056-063_lowres.pdf.

图5-44　TERO A, TAKAGI S, SAIGUSA T, et al. Rules for biologically inspired adaptive network design[J]. Science, 2010.

图5-45、
图5-46　The Liwa Oasis city[EB/OL]. (2018-11-06) [2025-05-16]. https://urbanmorphogenesislab.com/physa-city-02.

图5-47、
图5-48　TABADKANI A, SHOUBI M V, SOFLAEI F, et al. Integrated parametric design of adaptive facades for user's visual comfort[J]. Automation in Construction, 2019, 106: 102857.

图5-49　矶崎新. 上海喜马拉雅中心[J]. 城市环境设计，2009（11）：74-77.

图5-50、
图5-51　LÓPEZ D, VAN M T, BLOCK P. Tile vaulting in the 21st century[J]. Informes de la Construcción, 2016, 68(544): 33-41.

图5-52、
图5-53　WEN B, XIN Y, ROLAND S, et al. SwarmBESO: Multi-agent and evolutionary computational design based on the principles of structural performance[C]. Proceedings of CAADRIA, Online, 2021: 241-250.

图5-54　PRICE C. The square book (architectural monographs) [M]. Cambridge: Academy Press, 2003.

图5-55、
图5-56　TRAJKOVSK A. How adaptive component based architecture can help with the organizational requirements of the contemporary society?[D]. Tokyo: University of Tokyo, 2014.

图5-57	何宛余，赵珂，王楚裕. 给建筑师的人工智能导读[M]. 上海：同济大学出版社，2021.
图5-58	Subdivided Pavilions (2005)[EB/OL]. (2005-12-01) [2025-04-29]. https://www.michael-hansmeyer.com/subdivided-pavilions.
图5-59 ~ 图5-61	LEACH N. Architecture in the age of artificial intelligence: an introduction to AI for architects[M]. New York: Bloomsbury Visual Arts, 2022.
图5-62、图5-63	GATYS L A, ECKER A S, BETHGE M. A neural algorithm of artistic style[J]. Journal of Vision, 2015.
图5-64	LEACH N. Architecture in the age of artificial intelligence: an introduction to AI for architects[M]. Bloomsbury Visual Arts, New York, 2022.
图5-65	CAMPO M D, MANNINGER S, SANCHE M, et al. The Church of AI: an examination of architecture in a posthuman design ecology[C]. Proceedings of CAADRIA, Wellington, New Zealand, 2019: 767-772.
图5-66	ZHU J-Y, PARK T, ISOLA P, et al. Unpaired image-to-image translation using cycle-consistent adversarial networks[C]. 2017 IEEE International Conference on Computer Vision, Venice: IEEE, Boston, USA, 2017: 2242-2251.
图5-67	BOLOJAN D. Creative AI: augmenting design potency[J]. Architectural Design, 92: 22-27.
图5-68、图5-69	Peaches & Plums[EB/OL]. (2021-12-13) [2025-04-29]. https://span-arch.org/peaches-plums/.

第6章

图6-1 ~ 图6-3	Data, matter, design: strategies in computational design[M]. London: Routledge, 2020: 8-9.
图6-4	NASHAAT B, WASEEF A. Kinetic Architecture: concepts, history and applications[J]. International Journal of Science and Research, 2018, 7(4): 752.
图6-5	RANDL C. Revolving architecture: a history of buildings that rotate, swivel, and pivot[M]. New York: Princeton Architectural Press, 2008.
图6-6	EMANUEL M. Contemporary architects[M]. Berlin: Springer, 2016.
图6-7	欧雄全，吴国欣. 明日畅想——建筑电讯派思想对未来城市建筑空间设计发展导向的影响[J]. 新建筑，2018（3）：126-129.
图6-8、图6-9	YANCHANKA S. In motion: from kinetic architecture theory to computational realisation[D]. Torino: Politecnico di Torino, 2021.
图6-10	Ernst Giselbrecht + Partner. Connected architecture[M]. London: Scan Client Publishing, 2017.
图6-11	RMIT Design Hub[EB/OL]. (2021-01) [2023-02]. https://www.seangodsell.com/rmit-design-hub.
图6-12	FOX M. Interactive architecture adaptive world[M]. New York: Princeton Architectural Press, 2016.
图6-13	Media-Ict Building CZFB[EB/OL]. (2012-03-11) [2025-04-29]. https://www.ruiz-geli.com/projects/built/media-tic.
图6-14	Soma-architecture. Theme Pavilion Expo Yeosu[EB/OL].(2022-10-24)[2025-05-17]. https://www.soma-architecture.com/index.php?page=theme_pavilion&parent=2#.
图6-15 ~ 图6-19	FOX M. Interactive Architecture Adaptive World[M]. New York: Princeton Architectural Press, 2016.
图6-20、图6-21	BUCKLIN O, BORN L, KÖRNER A, et al. Embedded sensing and control: concepts for an adaptive, responsive, modular architecture[C]. Proceedings of ACADIA, Online, 2020: 74-83.

图6-22、图6-23	TABADKANI A, ROETZEL A, LI H, et al. Simulation-based personalized real-time control of adaptive facades in shared office spaces[J]. Automation in Construction, 2022, 138: 104246.
图6-24	瓦伦丁·比尔斯，安德里亚·德普拉塞斯，丹尼尔·拉德纳，等. 甘腾拜因葡萄酒酿造厂，弗莱施，瑞士[J]. 世界建筑，2007（4）：42-45.
图6-25、图6-26	AUGUGLIARO F. The flight assembled architecture installation: cooperative construction with flying machines[J]. IEEE Control Systems Magazine, 2014, 34(4): 46-64.
图6-27 ~ 图6-29	ZHANG K, CHERMPRAYONG P, XIAO F, et al. Aerial additive manufacturing with multiple autonomous robots[J]. Nature, 2022(609): 709-717.
图6-30、图6-31	MENGES A, KNIPPERS J. Architektur forschung bauen: ICD/ITKE 2010-2020[M]. Basel: Birkhäuser, 2021.
图6-32 ~ 图6-34	DÖRFLER K, SANDY T, GIFTTHALER M, et al. Mobile robotic brickwork: automation of a discrete robotic fabrication process using an autonomous mobile robot[C]. Robotic Fabrication in Architecture, Art and Design, Springer, Sydney, Australia, 2016: 205-217.
图6-35	KONRAD G, BAUR M, ALEKSANDRA A, et al. DFAB House: a comprehensive demonstrator of digital fabrication in architecture[M]. London: UCL Press, 2020: 130-139.
图6-36、图6-37	NORMAN H, WANGLER T, MATA-FALCÓN J, et al. Mesh mould: an on-site, robotically fabricated, functional formwork[C]. Second Concrete Innovation Conference, Tromsø, Norway, 2017.
图6-38 ~ 图6-40	THOMA A, ADEL A, HELMREICH M, et al. Robotic fabrication of bespoke timber frame modules[M]. Robotic Fabrication in Architecture, Art and Design, Montreal: Springer, 2019: 447-458.
图6-41 ~ 图6-43	NICOLAS R, BERNHARD M, JIPA A, et al. Complex architectural elements from UHPFRC and 3D printed sandstone[C]. Designing and Building with UHPFRC, 2017.
图6-44	KEATING S J, LELAND J C, CAI L, et al. Toward site-specific and self-sufficient robotic fabrication on architectural scales[J]. Science Robotics, 2017, 2(5): 8986.
图6-45、图6-46	Mx3d. MX3D Bridge[EB/OL]. (2023-10-24) [2025-05-17]. https://mx3d.com/industries/mx3d-bridge/.
图6-47、图6-48	徐卫国. 世界最大的混凝土3D打印步行桥[J]. 建筑技艺，2019（2）：6-9.
图6-49、图6-50	TAI Y-J, BADER C, LING A, et al. Designing (for) decay: parametric material distribution for hierarchical dissociation of water-based biopolymer composites[C]. Proceedings of the IASS Annual Symposium, Boston, USA, 2018.
图6-51	GERMS R, MAREN G V, VERBREE E, et al. A multi-view VR interface for 3D GIS [J]. Computers & Graphics, 1999, 23(4): 497-506.
图6-52、图6-53	BELCHER D, JOHNSON B. MxR: a physical model-dased mixed reality interface for design collaboration, simulation, visualization and form generation[C]. Proceedings of ACADIA, Minneapolis, USA, 2008: 464-471.
图6-54、图6-55	Hololens[EB/OL]. (2016-08-15) [2025-04-29]. https://www.dezeen.com/2016/08/03/microsoft-hololens-greg-lynn-augmented-realityarchitecture-us-pavilion-venice-architecture-biennale-2016/.
图6-56、图6-57	JAHN G, NEWNHAM C, BERG N, et al. Making in mixed reality: holographic design, fabrication, assembly, and analysis of woven steel structures[C]. Proceedings of ACADIA, Mexico City, Mexico, 2018: 88-97.
图6-58	Project Correl[EB/OL]. (2018-12-01) [2025-04-29]. https://www.zaha-hadid.com/architecture/project-correl/.

图6-59、图6-60	HAHM S. Sound space: an interactive VR tool to visualize room acoustics for architectural designers[C]. Proceedings of ACADIA, Austin, USA, 2019: 346-351.
图6-61、图6-62	BARSAN-PIPU C, SLEIMAN N, MOLDOVAN T. Affective computing for generating virtual procedural environments using game technologies[C]. Proceedings of ACADIA, Oline, 2020: 120-129.
图6-63、图6-64	Loop Immersive Sound Lounge[EB/OL]. (2019-11-29) [2025-04-29]. https://www.zaha-hadid.com/design/loop-immersive-sound-lounge/.
图6-65	Exhibitions[EB/OL]. (2008-07-30) [2025-05-16]. https://art.team-lab.cn/e/planets/.
图6-66、图6-67	INFLEXIÓN P[EB/OL]. (2020-11-03) [2025-05-16]. https://www.stirworld.com/see-features-an-architectural-conference-in-vr-by-space-popular-reflects-virtual-togetherness.
图6-68、图6-69	Nftism at Art Basel Miami Beach[EB/OL]. (2021-04-17) [2025-05-16]. https://www.zaha-hadid.com/design/nftism-at-art-basel-miami-beach/.

下篇

第7章

图7-1、图7-2	ALEXANDER C. A city is not a tree[M]. Portland: Sustasis Press/Off The Common Books, 2017.
图7-3	布莱恩·劳森. 设计思维：建筑设计过程解析 (第3版) [M]. 范文兵，译. 北京：知识产权出版社，中国水利水电出版社，2007.
图7-5	改绘自 JONES J C. The design method: design methods reviewed[M]. Boston: Springer, 1966: 295-310.
图7-6	改绘自 ARCHER B. Whatever became of design methodology[J]. Design Studies, 1979, 1(1): 17-18.
图7-7	改绘自 DARKE J. The primary generator and the design process[J]. Design Studies, 1979, 1(1): 36-44.
图7-8	布莱恩·劳森. 设计思维：建筑设计过程解析（第3版）[M]. 范文兵，译. 北京：知识产权出版社，中国水利水电出版社，2007.
图7-9	Rolandsnooks. STUDIO ROLAND SNOOKS[EB/OL]. (2022-02-14) [2024-12-18]. http://www.rolandsnooks.com/yeosu-pavilion.
图7-10	PINTOS P. Steampunk Pavilion / Gwyllim Jahn & Cameron Newnham + Soomeen Hahm Design + Igor Pantic[EB/OL]. (2019-10-11) [2024-12-18]. https://www.archdaily.com/926191/steampunk-pavilion-gwyllm-jahn-and-cameron-newnham-plus-soomeen-hahm-design-plus-igor-pantic.
图7-11	REFFAT R M. Computing in architectural design: reflections and an approach to new generations of CAAD[J]. Journal of Information Technology in Construction (ITCON) , 2006, 11(45): 655-668.

第8章

图8-2、图8-3	斯蒂芬·马歇尔. 街道与形态[M]. 苑思楠，译. 北京：中国建筑工业出版社，2011.
图8-4	尼科斯，刘洋. 连接分形的城市[J]. 国际城市规划，2008（6）：81-92.
图8-5	BOONSTRA B, BOELENS L. Self-organization in urban development: towards a new perspective on spatial planning[J]. Urban Research & Practice, 2011, 4(2): 99-122.
图8-6	魏冬. 异形建筑数字化建造的实施——哈尔滨大剧院[J]. 建筑技艺，2017（11）：112-118.
图8-7	长崎Agri高原酒店婚礼小教堂，日本[J]. 世界建筑导报，2018，33（2）：16.
图8-8	冥想之森：岐阜县市政殡仪馆[J]. 建筑创作，2014（1）：344-351.

图8-9	KARANOUH A, KERBER E. Innovations in dynamic architecture[J]. Journal of Facade Design and Engineering, 2015, 3(2): 185-221.
图8-11、图8-12	仲文洲. 形式与能量环境调控的建筑学模型研究[D]. 南京：东南大学，2020.
图8-13	贾永恒，孙澄，董琪. 非线性结构表皮的计算性设计研究及建造实践[J]. 建筑学报，2023（2）：69-73.
图8-14	ENRIQUE L, CEPAITIS P, ORDOÑEZ D, et al. CASTonCAST: Architectural freeform shapes from precast stackable components[J]. VLC arquitectura. Research Journal, 2016, 3(1): 85-102.
图8-15	MELE T V, MEHROTRA A, ECHENAGUCIA M T, et al. Form finding and structural analysis of a freeform stone vault[C]. Proceedings of IASS Annual Symposia. International Association for Shell and Spatial Structures (IASS) , Tokyo, Japan, 2016(8): 1-10.
图8-16	NGUYEN D. El Croquis 147 Toyo Ito 2005-2009[M]. Madrid: El Croquis, 2009.
图8-17	ARSLAN SELÇUK S, GÜLLE N B, MUTLU AVINÇ G. Tree-like structures in architecture: Revisiting Frei Otto's branching columns through parametric tools[J]. SAGE Open, 2022, 12(3): 21582440221119479.
图8-19	杨俊宴，曹俊. 动·静·显·隐：大数据在城市设计中的四种应用模式[J]. 城市规划学刊，236（2017）：39-46.
图8-21、图8-22	MIT media lab. Looking beyond smart cities[EB/OL]. (2015-02-14) [2024-12-18]. https://www.media.mit.edu/groups/city-science/projects/.
图8-24	KINGFAR. Considerations and practical guidelines for eeg data collection[EB/OL]. (2022-02-14)[2025-04-18]. https://www.kingfar.cn/blog/considerations-and-practical-guidelines-for-eeg-data-collection.
图8-25	SCHWEIKER M, AMPATZI E, ANDARGIE M S, et al. Review of multi-domain approaches to indoor environmental perception and behaviour[J]. Building and Environment, 2020. 176: 106804.
图8-26	CARPO M, MARTIN R, VARDOULI T. L'architecture à l'heure du numérique, des algorithmes au projet[J]. Traduction de Étienne Gomez, 2019, 2: 113-140.
图8-27	Plethora-project. Bloom[EB/OL]. (2019-09-29) [2024-12-18]. https://www.plethora-project.com/bloom.
图8-28、图8-29	Joelsimon. Evolving floorplans[EB/OL]. (2019-09-29) [2024-12-18]. https://www.joelsimon.net/evo_floorplans.html?utm_medium=website&utm_source=archdaily.com.
图8-30	ONYIA M, NWULU N, AIGBAVBOA C, et al. Re-skilling human resources for construction 4.0: implications for industry, academia and government[M]. Switzerland: Springer, 2021.
图8-31 ~ 图8-33	ZHANG Y, GRIGNARD A, LYONS K, et al. Machine learning for real-time urban metrics and design recommendations[C]. Proceedings of ACADIA 2018 Conference, Mexico City, 2018.
图8-34	BADUGE S K, THILAKARATHNA S, PERERA J S, et al. Artificial intelligence and smart vision for building and construction 4. 0: Machine and deep learning methods and applications[J]. Automation in Construction, 2022, 141: 104440.
图8-35	VERMA A, PRAKASH S, SRIVASTAVA V, et al. Sensing, controlling, and IoT infrastructure in smart building: A review[J]. IEEE Sensors Journal, 2019, 19(20): 9036-9046.

第9章

| 图9-10 | The high line. Design[EB/OL]. (2018-02-14) [2024-12-18]. https://www.thehighline.org/design/. |
| 图9-11 | Archdaily. Beijing Daxing international airport / Zaha Hadid architects[EB/OL]. (2019-09-29) [2024-12-18]. https://www.archdaily.cn/cn/925569/bei-jing-da-xing-guo-ji-ji-chang-zha-ha-star-ha-di-de-jian-zhu-shi-wu-suo. |

图9-12	Archdaily. CBT unveils community-oriented phase 2 masterplan for Masdar city[EB/OL]. (2017-06-28) [2024-12-18]. https://www.archdaily.com/873748/constructionunderway-on-masdar-citys-community-oriented-phase-2-masterplan.
图9-14 ~ 图9-16	游泽浩. 基于动态群体智能的建筑空间形态图解设计手法研究[D]. 哈尔滨：哈尔滨工业大学，2018.
图9-21 ~ 图9-34	王加彪. 建筑自适应表皮形态性能驱动设计研究[D]. 哈尔滨：哈尔滨工业大学，2021.
表9-1、表9-3	游泽浩. 基于动态群体智能的建筑空间形态图解设计手法研究[D]. 哈尔滨：哈尔滨工业大学，2018.
表9-8、表9-9	王加彪. 建筑自适应表皮形态性能驱动设计研究[D]. 哈尔滨：哈尔滨工业大学，2021.

第10章

图10-3 ~ 图10-5	訾迎. 基于局地天空亮度实测的寒地建筑自然采光仿真方法研究[D]. 哈尔滨：哈尔滨工业大学，2019.
图10-7 ~ 图10-9	潘永杰. 无人机图像数据驱动的建筑环境信息建模技术及应用研究[D]. 哈尔滨：哈尔滨工业大学，2019.
图10-12	SUN C, ZHOU Y, HAN Y. Automatic generation of architecture facade for historical urban renovation using generative adversarial network[J]. Building and Environment, 2022(212): 108781.
图10-13、图10-14	沈林海. 光舒适导向的共享办公建筑模块化自适应表皮优化控制方法[D]. 哈尔滨：哈尔滨工业大学，2021.
图10-15 ~ 图10-17	孙澄，韩昀松，庄典. "性能驱动"思维下的动态建筑信息建模技术研究[J]. 建筑学报，2017，（8）：68-71.
图10-19、图10-20	张冉. 严寒地区办公空间使用者开窗行为机理及预测模型研究[D]. 哈尔滨：哈尔滨工业大学，2020.
图10-23	SUN S, SUN C, DORINE C. Duives, Serge P. Hoogendoorn. Neural network model for predicting variation in walking dynamics of pedestrians in social groups[J]. Transportation, 2022.
图10-30、图10-31	LUO Z, SUN C, DONG Q, et al. An innovative shading controller for blinds in an open-plan office usingmachine learning[J]. Building and Environment, 189 (2021) 107529.
图10-33 ~ 图10-35	沈林海. 光舒适导向的共享办公建筑模块化自适应表皮优化控制方法[D]. 哈尔滨：哈尔滨工业大学，2021.
图10-36 ~ 图10-38	王加彪. 建筑自适应表皮形态性能驱动设计研究[D]. 哈尔滨：哈尔滨工业大学，2021.
图10-39 ~ 图10-44	刘倩倩. 方案设计阶段建筑高维多目标优化与决策支持方法研究[D]. 哈尔滨：哈尔滨工业大学，2020.
表10-1	张冉. 严寒地区办公空间使用者开窗行为机理及预测模型研究[D]. 哈尔滨：哈尔滨工业大学，2020.
表10-3	刘蕾. 基于光热性能模拟的严寒地区办公建筑低能耗设计策略研究[D]. 哈尔滨：哈尔滨工业大学，2017.
表10-4 ~ 表10-6	王加彪. 建筑自适应表皮形态性能驱动设计研究[D]. 哈尔滨：哈尔滨工业大学，2021.

第11章

图11-3 ~
图11-5　孙澄青年科学家工作室成果/牡丹江国土空间总体规划（2021年）。

图11-6 ~
图11-10　孙澄青年科学家工作室成果/重庆两江协同创新区核心区设计总控（2021年）。

图11-11 ~
图11-12　孙澄青年科学家工作室成果/双鸭山双矿全域土地综合整治规划（2021年）。

图11-13 ~　SUN C, ZHOU Y, HAN Y. Automatic generation of architecture facade for historical urban renovation
图11-16　using generative adversarial network[J]. Building and Environment, 2022(212): 108781.

图11-17 ~　王燕语. 东北城市居住区安全疏散优化策略研究[D]. 哈尔滨：哈尔滨工业大学，2020.
图11-32

第12章

图12-4 ~　SUN C, LIU Q, HAN Y. Many-objective optimization design of a public building for energy, daylighting
图12-12　and cost performance improvement[J]. Applied Sciences. 2020, 10(7): 2435.

图12-13 ~　刘倩倩. 方案设计阶段建筑高维多目标优化与决策支持方法研究[D]. 哈尔滨：哈尔滨工业大
图12-21　学，2020.

图12-24 ~　孙澄青年科学家工作室成果/哈尔滨（深圳）产业园区科创总部项目（2019年）。
图12-35

图12-36 ~　孙澄青年科学家工作室成果/重庆两江协同创新区核心区五期房间设计（2021年）。
图12-41

图12-42 ~　杨阳. 商业建筑空间环境寻路认知机制及设计策略研究[D]. 哈尔滨：哈尔滨工业大学，2020.
图12-57

图12-58 ~　丛欣宇. 基于CGAN的居住区强排方案生成设计方法研究[D]. 哈尔滨：哈尔滨工业大学，2020.
图12-71

第13章

图13-3 ~　LUO Z, SUN C, DONG Q, et al. An innovative shading controller for blinds in an open-plan office using
图13-5,　machine learning. Building and Environment. 2021(189): 107529.
图13-7 ~
图13-13

图13-14 ~　孙澄青年科学家工作室成果/牡丹江1946文化创意产业园建筑改造设计（2021年）。
图13-16

图13-17 ~　张冉. 严寒地区办公空间使用者开窗行为机理及预测模型研究[D]. 哈尔滨：哈尔滨工业大学，
图13-32　2020.

图13-33 ~　SUN S, SUN C, DUIVES DC, Hoogendoorn SP. Deviation of pedestrian path due to the presence of
图13-37　building entrances[J]. Journal of Advanced Transportation. 2021, 5594738.

第14章

图14-2 ~　孙澄青年科学家工作室成果/计算性设计驱动混凝土结构装配建造（2021年）。
图14-9

图14-10 ~　孙澄青年科学家工作室成果/计算性设计驱动冰拱壳装配建造（2020年）。
图14-17

参考文献

---

[1]   ABEL J F, CHILTON J C. Heinz Isler - 50 years of new shapes for shells: preface[J]. Journal of the International Association for Shell & Spatial Structures, 2011, 52(3): 131-134.

[2]   ADCOCK C E. Marcel Duchamp's notes from the large glass: an n-dimensional analysis[M]. Ann Arbor: UMI Research Press, 1983: 64.

[3]   ADDIS B, KURRER K E, LORENZ W. Physical models: their historical and current use in civil and building engineering design[M]. Hoboken: John Wiley & Sons, 2020: 36-37.

[4]   ADDIS B. The Crystal Palace and its place in structural history[J]. International journal of space structures, 2006, 21(1): 3-19.

[5]   ADDIS W. Building: 3000 years of design engineering and construction[M]. London: Phaidon, 2007: 387-391.

[6]   ADRIAENSSENS S, BLOCK P, VEENENDAAL D, et al. Shell structures for architecture: form finding and optimization[M]. London: Routledge, 2014.

[7]   AKIN O. Models of architectural knowledge: an information processing view of architectural design[M]. Pittsburgh: Carnegie-Mellon University, 1979.

[8]   ALAHI A, GOEL K, RAMANATHAN V, et al. Social LSTM: human trajectory prediction in crowded spaces[C]. 2016 IEEE Conference on Computer Vision and Pattern Recognition(CVPR), Las Vegas, NV, 2016.

[9]   ALEXANDER C. A city is not a tree[M]. Portland: Sustasis Press/Off The Common Books, 2017.

[10]   ALEXANDER C. Notes on the synthesis of form[M]. Cambridge: Harvard University Press, 1964.

[11]   ALLEN P M. Cities and regions as self-organizing systems: models of complexity[M]. London: Routledge, 1997: 82-96.

[12]   ANDERSEN K, ANDERSEN K. Brook Taylor's role in the history of linear perspective[M]. New York: Springer New York, 1992.

[13]   ANDERSEN K. The geometry of an art: the history of the mathematical theory of perspective from Alberti to Monge[M]. Berlin: Springer Science & Business Media, 2008.

[14]   ANDERSON S, DIESTE E, HOCHULI S. Eladio Dieste: innovation in structural art[M]. New York: Princeton Architectural Press, 2004: 175-210.

[15]   ANDRÉ L-G. Milieu et techniques[M]. Paris: Albin Michel, 1945: 373-377.

[16]   PICON A. Architecture and Mathematics: between hubris and restraint[J]. Mathematics of Space, Architectural Design, 2011, 81(4): 28-35.

[17]   APPEL A. Some techniques for shading machine renderings of solids[C]. Proceedings of the joint computer conference, San Francisco, California, USA, 1968: 37-45.

[18]   ARAGHI S K, STOUFFS R. Exploring cellular automata for high density residential building form generation[J]. Automation in Construction, 2015, 49: 152-162.

[19]　aramba 3D. Stedelijk BASE[EB/OL]. (2022-10-24)[2024-12-17]. https://www.karamba3d.com/project/stedelijk-base/.

[20]　Architectural Community. 10 Grasshopper tips for architects[EB/OL]. (2023-02-12)[2024-12-18]. https://www.re-thinkingthefuture.com/architectural-community/a2324-10-grasshopper-tips-for-architects.

[21]　Archsupply. Open Buildings Generative Components[EB/OL]. (2024-02-14)[2024-12-18]. https://download.archsupply.com/get/download-openbuildings-generativecomponents.

[22]　ARVO J, KIRK D. Fast ray tracing by ray classification[J]. A Siggraph Computer Graphics, 1987, 21(4): 55-64.

[23]　ASHRAE Standard 55. Thermal environmental conditions for human occupancy [S]. Atlanta, GA: American Society of Heating, Refrigerating and Air-Conditioning Engineers, 2013.

[24]　ATTIA S, BILIR S, SAFY T, et al. Current trends and future challenges in the performance assessment of adaptive façade systems[J]. Energy and Buildings, 2018(179): 165-182.

[25]　AUGUGLIARO F. The flight assembled architecture installation: cooperative construction with flying machines[J]. IEEE Control Systems Magazine, 2014, 34(4): 46-64.

[26]　Autodesk. Generative design for architectural space planning[EB/OL]. (2023-10-24)[2024-12-17]. https://www.autodesk.com/autodesk-university/article/Generative-Design-Architectural-Space-Planning.

[27]　AZUMA R T. A survey of augmented reality[J]. Presence of Teleoperators & Virtual Environments, 1997, 6(4): 355-385.

[28]　BACHL M, FERREIRA D C. City-GAN: learning architectural styles using a custom conditional GAN architecture[J]. CoRR, 2019, abs/1907. 05280.

[29]　BANHAM R. Architecture of the well-tempered environment[M]. Chicago: University of Chicago Press, 2022.

[30]　BARSAN-PIPU C, SLEIMAN N, MOLDOVAN T. Affective computing for generating virtual procedural environments using game technologies[C]. Proceedings of ACADIA, Online, 2020: 120-129.

[31]　BATTY M. Modelling cities as dynamic systems[J]. Nature, 1971, 231(5303): 425-428.

[32]　BATTY M. The new science of cities[M]. Cambridge: MIT Press, 2013.

[33]　BAUMGART B G. A polyhedron representation for computer vision[C]. Proceedings of the national computer conference and exposition, California, USA, 1975: 589-596.

[34]　BEIRÃO J, DUARTE J. Urban grammars: towards flexible urban design[C]. Proceedings of eCAADe 23, Copenhagen, Denmark, 2005: 491-500.

[35]　BELCHER D, JOHNSON B. MxR: a physical model-based mixed reality interface for design collaboration, simulation, visualization and form generation[C]. Proceedings of ACADIA, Sherbrooke, Canada, 2008: 464-471.

[36]　BEMIS A F. The evolving house: the economics of shelter[M]. Basel: Technology Press, 1934.

[37]　PALOP B. The fathers of digital architecture are reunited in a new exhibition [EB/OL]. (2013-07-19)[2024-12-18]. https://www.vice.com/en/article/kbne89/the-fathers-of-digital-architecture-are-reunited-in-a-new-exhibition.

[38]　BERLAGE H P. Iain boyd whyte trans. hendrik petrus berlage: thoughts on style, 1886-1909[M]. Santa Monica: The Getty Center Publication Program. 1996: 139.

[39]　BERTALANFFY L. General system theory: foundations, development, applications[M]. New York: George Braziller, 1969.

[40]　BETTENCOURT L. Introduction to urban science: evidence and theory of cities as complex systems[M]. Cambridge: MIT Press, 2021.

[41]　BÉZIER P E. Example of an existing system in the motor industry: the Unisurf system[J]. Proceedings of the Royal Society of London. A. Mathematical and Physical Sciences, 1971, 321(1545): 207-218.

[42]　BÉZIER P. The mathematical basis of the UNIURF CAD system[M]. Oxford: Butterworth-Heinemann, 2014.

[43]　BI Z, WANG X. Computer aided design and manufacturing[M]. Hoboken: John Wiley & Sons, 2020.

[44]　BIG. Astana national library[EB/OL]. (2012-11-10)[2024-12-17]. https://big.dk/projects/astana-national-library-5572.

[45]　BIJL A, RENSHAW T, BARNARD D F. The use of graphics in the development of computer aided environmental design for two storey houses[J]. Building Science Series, 1971, 39: 21.

[46]　BIJL A, SHAWCROSS G. Housing site layout system[J]. Computer-Aided Design, 1975, 7(1): 2-10.

[47]　BIJL A. Computer aided architectural design[M]. Boston: Advanced Computer Graphics. Springer, 1971: 433-448.

[48]　BIRD L, LABELLE G. Re-animating Greg Lynn's embryological house: a case study in digital design preservation[J]. Leonardo, 2010, 43(3): 243-249.

[49]　BLINN J F, NEWELL M E. Texture and reflection in computer generated images[J]. Communications of the ACM, 1976, 19(10): 542-547.

[50]　BLOCK P, VAN M T, LIEW A. Structural design, fabrication and construction of the armadillo vault[J]. The Structural Engineer: Journal of the Institution of Structural Engineer, 2018, 96(5): 10-20.

[51]　BOCK T. Construction robotics[M]. Dordrecht: Kluwer Academic Publishers, 2007.

[52]　BOGUMIL R J. The reflective practitioner: how professionals think in action[J]. Proceedings of the IEEE, 1985, 73(4): 845-846.

[53]　BOLLINGER J G, DUFFIE N A. Computer control of machines and processes[M]. New York: Addison-Wesley, 1988.

[54]　BOLOJAN D. Creative AI: augmenting design potency[J]. Architectural Design, 92: 22-27.

[55]　BONABEAU E. Agent-based modeling: methods and techniques for simulating human systems[C]. Proceedings of the National Academy of Sciences of the USA, Online, 2002, 99(10): 7280-7287.

[56]　BONO E. Practical thinking[M]. London: Vermilion, 2017.

[57]　BORJI A. Pros and cons of GAN evaluation measures[EB/OL]. CoRR, (2018-10-24)[2024-12-18]. http://arxiv.org/abs/1802.03446.

[58]　BOW R H. A treatise on bracing: with its application to bridges and other structures of wood or iron[M]. New York: Van Nostrand, 1874.

[59]　BRAGDON C F. A primer of higher space(the Fourth Dimension)[M]. Manaus: Manas Press, 1913.

[60]　BRANDER D, BÆRENTZEN A, CLAUSEN K, et al. Designing for hot-blade cutting[C]. Advances in Architectural Geometry, Zurich, Switzerland, 2016.

[61]　BRENTANO F. Psychology from an empirical standpoint[M]. London: Routledge, 2014.

[62]　BROADBENT G. Design in architecture: architecture and the human sciences[M]. Hoboken: John Wiley & Sons, 1973.

[63]　BROWN C, LIEBOVITCH L. Fractal analysis[M]. New York: Sage, 2010.

[64]　BROWNE C B. A survey of monte carlo tree search methods[J]. IEEE Transactions on Computational Intelligence and AI in Games, 2012, 4(1): 1-43.

[65]　BRUNÉS T. The secrets of ancient geometry and its use[M]. Berlin: Rhodos, 1967.

[66]　BUCHANAN R. Wicked problems in design thinking[J]. Design Issues, 1992, 8(2): 5-21.

[67]　BUCKLIN O, BORN L, KÖRNER A, et al. Embedded sensing and control: Concepts for an adaptive, responsive, modular architecture[C]. Proceedings of ACADIA, Online, 2020: 74-83.

[68]　BURRY M. BIM and MetaBIM: design narrative and modeling building information[J]. Building Information Modeling: BIM in Current and Future Practice, 2015: 349-362.

[69]　CAETANO I, SANTOS L, LEITÃO A. Computational design in architecture: defining parametric, generative, and algorithmic design[J]. Frontiers of Architectural Research, 2020, 9(2): 287-300.

[70]　CALCAGNI B, PARONCINI M. Daylight factor prediction in atria building designs[J]. Solar Energy, 2004, 76(6): 669-682.

[71]　CAMPO M D, MANNINGER S, SANCHE M, et al. The church of AI: an examination of architecture in a posthuman design ecology[C]. Proceedings of CAADRIA, Hong Kong, China, 2019: 767-772.

[72]　CANDELA F. General formulas for membrane stresses in hyperbolic paraboloidical shells[J]. Journal Proceedings. 1960, 57(10): 353-372.

[73]　CARPMAN J R, GRANT M A. Wayfinding: a broad view[J]. Handbook of Environmental Psychology, 2002: 427-442.

[74]　CARPO M. The alphabet and the algorithm[M]. Cambridge: MIT Press, 2011: 64-65.

[75]　CARPO M. The digital turn in architecture 1992-2012[M]. Hoboken: John Wiley & Sons, 2012.

[76]　CARPO M. The second digital turn: design beyond intelligence[M]. Cambridge: MIT press, 2017: 94.

[77]　CASTELLS M. The rise of the network society[M]. Hoboken: Wiley-Blackwell, 2000.

[78]　CATMULL E. A system for computer generated movies[C]. Proceedings of the ACM annual conference, Boston, Massachusetts, 1972, 1: 422-431.

[79]　CAUDELL T P, MIZELL D W. Augmented reality: an application of heads-up display technology to manual manufacturing processes[C]. Hawaii International Conference on System Sciences, Maui, Hawaii, USA, IEEE, 1992.

[80]　CCA. Greg Lynn's embryological house: case study in the preservation of digital architecture[EB/OL]. (2024-02-14)[2024-12-18]. https://www.docam.ca/conservation/embryological-house/GL3ArchSig.html.

[81]　CÉSAR D. Revue générale de l'Architecture et des Travaux Publics[J]. Abraxas-libris, 1857(15): 346-348.

[82]　CHAN C, CHIU M. A simulation study of urban growth patterns with fractal geometry[C]. Proceedings of CAADRIA , Bangkok, Thailand, 2000: 55-64.

[83]　CHAN Y H E, SPAETH A B. Architectural visualisation with conditional generative adversarial networks(cGAN)[C]. Anthropologic: Architecture and Fabrication in the Cognitive Age, Berlin, Germany, 2020(2): 299-308.

[84]　CHANG J H. Thermal comfort and climatic design in the tropics: an historical critique[J]. The Journal of Architecture, 2016, 21(8): 1171-1202.

[85]　CHEN N, ZHANG Y, STEPHENS M, et al. Urban data mining with natural language processing: social media as complementary tool for urban decision making[C]. Proceedings of Future Trajectories of Computation in Design: 17th International Conference, Istanbul, Turkey, 2017: 101-109.

[86]　CHEN X, MEAKER J W, ZHAN F B. Agent-based modeling and analysis of hurricane evacuation procedures for the florida keys[J]. Natural Hazards, 2006, 38(3): 321-338.

[87]　CHOMSKY N. Syntactic structures[M]. Berlin: Walter de Gruyter, 2002.

[88]　CHRISTIANE M, KVAN T. Adapting cellular automata to support the architectural design process[J]. Automation in Construction, 2007, 16(1): 61-69.

[89]　CHRISTOPH F R, ANDERSEN M. Development and validation of a radiance model for a translucent panel[J]. Energy and Buildings, 2006, 38(7): 890-904.

[90]　CLOTON J C. Form-finding and fabric forming in the work of Heinz Isler[C]. Proceedings of International Conference on Fatigue and Fracture, Tokyo, Japan, 2012.

[91]　COATES P, HEALY N, LAMB C, et al. The use of cellular automata to explore bottom-up architectonic

rules[C]. Eurographics UK Chapter 14th Annual Conference, Imperial College London, 1996.

[92]   COHEN P S. Contested symmetries: and other predicaments in architecture[M]. New York: Princeton Architectural Press, 2001: 1-6.

[93]   COLOMINA B. The medical body in modern architecture[M]//Cynthia davidson. Anybody. Cambridge: MIT Press, 1997: 228-239.

[94]   COONS S A. Surfaces for computer-aided design of space forms[R]. Massachusetts Inst of Tech Cambridge Project Mac, 1967.

[95]   COSTA A, NANNICINI G. RBFOpt: an open-source library for black box optimization with costly function evaluations[J]. Math. Program. Comput., 2018, 10(4): 597-629.

[96]   COSTA E C E, VERNIZ D, VARASTEH S, et al. Implementing the santa marta urban grammar a pedagogical tool for design computing in architecture[C]. 37th Conference on Education and Research in Computer Aided Architectural Design in Europe and 23rd Conference of the Iberoamerican Society Digital Graphics, eCAADe + SIGraDi 2019, Porto, Portugal, 2019.

[97]   CROS S. The metapolis dictionary of advanced architecture: city, technology and society in the information age[M]. New York: Actar Publishers, 2003.

[98]   CROSS N. Designerly ways of knowing[J]. Design Studies, 1982, 3(4): 221-227.

[99]   CSORDAS T J. Embodiment as a paradigm for anthropology[M]//Body/meaning/healing. New York: Palgrave Macmillan US, 2002: 58-87.

[100] CZERNIAWSKI T, MA J W, LEITE F. Automated building change detection with amodal completion of point clouds[J]. Automation in Construction, 2021(124): 103568.

[101] D'OCA S, HONG T Z. Occupancy schedules learning process through a data mining framework[J]. Energy and Building, 2015(88): 395-408.

[102] DAHAN‐DALMEDICO A. Mathematics and the sensible world: representing, constructing, simulating[J]. Architectural Design, 2011, 81(4): 18-27.

[103] DARKE J. The primary generator and the design process[J]. Design Studies, 1979, 1(1): 36-44.

[104] Data, matter, design: strategies in computational design[M]. London: Routledge, 2020: 19-35.

[105] DEKKER D. Smart cities, sensors & 3D GIS[D]. Delft University of Technology, 2015.

[106] DEL CASTILLO SÁNCHEZ Ó. Proportional systems in late-modern architecture: the case of alejandro de la sota[J]. Nexus Network Journal, 2016, 18(2): 505-531.

[107] DELEUZE G, GUATTARI F. A thousand plateaus: capitalism and schizophrenia[M]. Minneapolis: University of Minnesota Press, 1987.

[108] DELEUZE G. Difference and repetition[M]. New York: Columbia University Press, 1994.

[109] DENNING P J, TEDRE M. Computational thinking[M]. Cambridge: MIT Press, 2019.

[110] DI SALVO S. Computational design for architecture[EB/OL]. (2020-08-15)[2024-12-17]. Resilient Architecture. https://architetturaresiliente.com/computational-design-for-architecture/.

[111] DOESBURG V T. Towards a plastic architecture[J]. de Stijl, 1924, 12(1): 78-83.

[112] DÖRFLER K, SANDY T, GIFTTHALER M, et al. Mobile robotic brickwork: automation of a discrete robotic fabrication process using an autonomous mobile robot[C]. Robotic Fabrication in Architecture, Art and Design, Springer, Vienna, Austria, 2016: 205-217.

[113] DOUCETTE M. Computational design: the future of how we make things is tech-driven[EB/OL]. (2018-09-04)[2024-12-17]. https://www.visualcapitalist.com/computational-design-future-tech-driven/.

[114] DOWNING F, FLEMMING U. The bungalows of buffalo[J]. Environment and Planning B: urban analytics

and city science, 1981, 8(3): 269-293.

[115] DRYDEN H L, Hill G C. Wind pressure on structures[M]. Washington: US Government Printing Office, 1926: 697-732.

[116] DRYSDALE J J, HAYWARD J W. Health and comfort in house building, or, ventilation with warm air by self-acting suction power: with review of the mode of calculating the draught in hot-air flues; and with some actual experiments[M]. London: E. & FN Spon, 1872.

[117] DUARTE J P. A discursive grammar for customizing mass housing: the case of Siza's houses at Malagueira[J]. Automation in Construction, 2005, 14(2): 265-275.

[118] DUARTE J P. Democratized architecture: grammars and computers for Siza's mass houses[M]. Macau, Elsevier Press, 1999: 729-740.

[119] DUBOIS M C, BLOMSTERBERG Å. Energy saving potential and strategies for electric lighting in future north european, low energy office buildings: a literature review[J]. Energy and Buildings, 2011, 43(10): 2572-2582.

[120] EASTMAN C M, EASTMAN C, TEICHOLZ P, et al. BIM handbook: a guide to building information modeling for owners, managers, designers, engineers and contractors[M]. Hoboken: John Wiley & Sons, 2011: 35.

[121] EASTMAN C M. Building product models: computer environments supporting design and construction[M]. Boca Raton: CRC Press, 2018: 36.

[122] EASTMAN C M. Modeling of buildings: evolution and concepts[J]. Automation in Construction, 1992, 1(2): 99-109.

[123] EASTMAN C M. Prototype integrated building model[J]. Computer-Aided Design, 1980, 12(3): 115-119.

[124] EASTMAN C, HENRION M. GLIDE: a language for design information systems[J]. A SIGGRAPH Computer Graphics, 1977, 11(2): 24-33.

[125] EBCP. Final report annex 53: total energy use in buildings analysis and evaluation methods[J]. 2017(152): 124-136.

[126] EDEMSKAYA E, AGKATHIDIS A. Rethinking complexity: Vladimir Shukhov's steel lattice structures[J]. Journal of the International Association for Shell and Spatial Structures, 2016, 57(3): 201-208.

[127] EISENMAN P, SOMOL R. Peter Eisenman: diagram diaries[M]. London: Thames & Hudson, 1999.

[128] EMANUEL M. Contemporary architects[M]. Berlin: Springer, 2016.

[129] ENRIC R. Media-ICT building CZFB[EB/OL]. (2012-12-24)[2024-12-17]. https://www.ruiz-geli.com/projects/built/media-tic.

[130] ERHORN H, SZERMAN M. Documentation of the software package Adeline(9 volumes)[M]. Stuttgart: Fraunhofer Institute for Building Physics IBP, 1994: 42-43.

[131] Ernst Giselbrecht + Partner. Connected architecture[M]. London: Scan Client Publishing, 2017.

[132] EVANS R. The projective cast: architecture and its three geometries[M]. Cambridge: MIT press, 2000.

[133] FAN Z, LIU J, WANG L, et al. Automated layout of modular high-rise residential buildings based on genetic algorithm[J]. Automation in Construction, 2023(152): 104943.

[134] FANKHÄNEL T, LEPIK A. The architecture machine: the role of computers in architecture[M]. Basel: Birkhäuser, 2020.

[135] FEENBERG A. Questioning technology[M]. London: Routledge, 2012.

[136] FERNÁNDEZ-LLEBREZ J, FRAN J M. The church in the Hague by Aldo van Eyck: the presence of the Fibonacci numbers and the golden rectangle in the compositional scheme of the plan[J]. Nexus Network Journal, 2013, 15(1): 303-323.

[137] FERREIRA S M, JAYASINGHE L B, WALDMANN D, et al. Recyclable architecture: prefabricated and recyclable typologies[J]. Sustainability, 2020, 12(4): 1342.

[138] FLACHSBART O, WINTER H. Modellversuche über die Belastung von Gitterfachwerken durch Windkräfte[J]. Der Stahlbau, 1935, 8(8): 57-63.

[139] FLEMING S, REYNOLDS M. Timely timelessness: traditional proportions and modern practice in Kahn's Kimbell Museum[J]. Nexus Network Journal, 2006, 8(1): 33-52.

[140] FLEMMING U. Representation and generation of rectangular dissections[C]. IEEE, New York, USA, 1978.

[141] FLETCHER R. Geometric proportions in measured plans of the Pantheon of Rome[J]. Nexus Network Journal, 2019, 21(2): 329-345.

[142] FLETCHER R. Golden proportions in a great house: Palladio's villa emo[J]. Architecture and Mathematics from Antiquity to the Future, 2000(2): 73-85.

[143] FLUSSER V. The shape of things: a philosophy of design[M]. London: Reaktion Books, 1999.

[144] FOX M. Interactive architecture adaptive world[M]. New York: Princeton Architectural Press, 2016: 90-97.

[145] FRAMPTON K. Le Corbusier[M]. Madrid: Ediciones Akal, 2001: 27-30.

[146] FRANK L W. Application in architectural design and education and practice[R]. NSF(National Science Foundation)/ MIT(Massachusetts Institute of Technology)Workshop on Shape Computation, 1999: 729-740.

[147] FRAZER J. An evolutionary architecture[M]. London: Architectural Association Publications, 1995.

[148] FRIEDMAN Y. Towards a scientific architecture[J]. Cambridge: The MIT Press, 1975.

[149] FRINGS M. Mensch und Maß: anthropomorphe elemente in der architekturtheorie des quattrocento[M]. Weimar: Verlag und Datenbank für Geisteswissenschaften, 1998.

[150] FUNDACIÓN A. INFLEXIÓN P[EB/OL]. (2023-03-13)[2024-12-17]. https://fundacion.arquia.com/mediateca/filmoteca/p/Conferencias/Detalle/787.

[151] GALANOS T, LIAPIS A K, YANNAKAKIS G N. Architext: language-driven generative architecture design[J]. arXiv, 2023.

[152] GARDNER M. The fantastic combinations of John Conway's new solitaire game life[J]. Science American, 1970, 223(10): 120-123.

[153] GASSET J. History as a system[M]. New York: Norton, 1941.

[154] GATYS L A, ECKER A S, BETHGE M. Image style transfer using convolutional neural networks[C]. 2016 IEEE Conference on Computer Vision and Pattern Recognition(CVPR), Las Vegas, NV, 2016: 2414-2423.

[155] GATYS L A, ECKER A S, BETHGE M. A neural algorithm of artistic style[J]. Journal of Vision, 2015.

[156] GENTNER D. Structure-mapping: a theoretical framework for analogy[j]. cognitive science, 1893, 7(2): 155-170.

[157] GEOFFREY E H, OSINDERO S, THE Y M. A fast learning algorithm for deep belief nets[J]. Neural computation, 2006: 1527-1554.

[158] GERMS R, Maren G V, VERBREE E, et al. A multi-view VR interface for 3D GIS[J]. Computers & Graphics, 1999, 23(4): 497-506.

[159] GLAESER L. The work of Frei Otto[M]. New York: The Museum of Modern Art, 1972.

[160] GOLVIN J C. Comment expliquer la forme non elliptique de l'amphithéâtre de Leptis Magna?[J]. Études de lettres, 2011(1-2): 307-324.

[161] GONG V X, DAAMEN W, BOZZON A, et al. Estimate sentiment of crowds from social media during city events[J]. Journal of the Transportation Research Board, 2019, 2673(11): 836-850.

[162] GOODFELLOW I J, JEAN P-A, MIRZA M, et al. Generative adversarial networks[EB/OL]. (2014-06-10) [2024-12-18]. http://arxiv. org/abs/1406.2661.

[163] GOODFELLOW I, POUGET-ABADIE J, et al. Generative adversarial nets[M]//Neural Information Processing Systems. Cambridge: MIT Press, 2014.

[164] KOHLER M. The robotic touch-how robots change architecture[C]//Fiftyseven Ten Lectures Series at the Scott Sutherland School of Architecture (2018), 2018.

[165] GREGOTTI V. Lecture at the New York architectural league[J]. Section A, 1983, 1(1): 8-9.

[166] GRIGNARD A, MACIA N, PASTOR L A, et al. CityScope andorra: a multi-level interactive and tangible agent-based visualization[C]. Proceeding of the 17th International Conference on Autonomous Agents and Multi-Agent Systems(AAMAS), Stockholm, Sweden, 2018: 1939-1940.

[167] GRIGNARD A. GAMA 1. 6: advancing the art of complex agent-based modeling and simulation[C]. International Conference on Principles and Practice of Multi-Agent Systems, Dunedin, New Zealand, 2013(8291): 117-131.

[168] GROPIUS W. The scope of total architecture[M]. London: Routledge, 1955: 79.

[169] GROSS M D. Grids in design and CAD[J]. Proceedings of Association for Computer Aided Design in Architecture, 1991: 1-11.

[170] HAHM S. Sound space: An interactive VR tool to visualize room acoustics for architectural designers[C]. Proceedings of ACADIA, Austin, USA, 2019.

[171] HAKEN H, PORTUGALI J. The face of the city is its information[J]. Journal of Environmental Psychology, 2003, 23(4): 385-408.

[172] HAMDY M, HASAN A, SIREN K. Applying a multi-objective optimization approach for design of low-emission cost-effective dwellings[J]. Building and Environment, 2011, 46(1): 109-123.

[173] HAN Y, SHEN L, SUN C. Developing a parametric morphable annual daylight prediction model with improved generalization capability for the early stages of office building design[J]. Building and Environment, 2021(200): 107932.

[174] HARTOG F. Regimes of historicity[M]. New York: Columbia University Press, 2015.

[175] Harvard Graduate School of Design. 2022 Digital design prize: george guida's multimodal architecture: applications of language in a machine learning aided design process[EB/OL]. (2022-03-02)[2024-12-18]. https://www.gsd.harvard.edu/project/2022-digital-design-prize-george-guidas-multimodal-architecture-applications-of-language-in-a-machine-learning-aided-design-process/.

[176] HAUER E. Erwin Hauer: continua-architectural walls and screens[M]. New York: Princeton Architectural Press, 2004.

[177] HAUSLADEN G, SALDANHA M D, LIEDL P, et al. Climate skin: building-skin concepts that can do more with less energy[M]. Switzerland: Birkhäuser, 2008: 1-3.

[178] HAWKES D. The environmental tradition: studies in the architecture of environment[M]. London: Taylor & Francis, 1995.

[179] HEINLEIN R A. And he built a crooked house[J]. Astounding Science Fiction, 1941, 26(6): 68.

[180] HEUSEL M, RAMSAUER H, UNTERTHINER T, et al. GANs trained by a two time-scale update rule converge to a local nash equilibrium[EB/OL]. CoRR, (2018-01-12)[2024-12-18]. http://arxiv.org/abs/1706.08500.

[181] HILL J. Actions of architecture: architects and creative users[M]. London: Routledge, 2003.

[182] HILLIER B, LEAMAN A, STANSALL P, et al. Space syntax[J]. Environment and Planning B: Planning and design, 1976, 3(2): 147-185.

[183] HILLIER B, O'SULLIVAN M P, MUSGROVE J. Knowledge and design[M]. 1984.

[184] HILLIER B. Space is the machine[M]. Cambridge: Cambridge University Press, 1998.

[185] HOLLAND J H. Hidden order: how adaptation builds complexity[M]. Addison Wesley Longman Publishing Co., Inc., 1996.

[186] HONG T Z, LANGEVIN J, SUN K Y. Building simulation: ten challenges[J]. Building Simulation, 2018(11): 871-898.

[187] HORST W J, MELVIN M R. Dilemmas in a general theory of planning[J]. Policy Sciences, 1973(4): 155-169.

[188] HOSKINS E M. The OXSYS system[J]. Computer Applications in Architecture, Applied Science Publishers, London, 1977: 343-391.

[189] HOWARD S. Filippo Brunelleschi[J]. The cupola of Santa Maria del Fiore, London, A. Zwemmer, 1980.

[190] HU M, FANG Z, LIU S, et al. Study on evolution mechanism of fateful stampede accident based on graphical evaluation and review technique[C]. Proceedings of the 2010 IEEE International Conference on Systems, Man and Cybernetics, Istanbul, Turkey, 2010.

[191] HUA H, HOVESTADT L, TANG P, et al. Integer programming for urban design[J]. European Journal of Operational Research, 2019, 274(3): 1125-1137.

[192] HUERTA S. Oval domes: history, geometry and mechanics[J]. Nexus Network Journal, 2007, 9(2): 211-248.

[193] HUNTINGTON E. Civilization and climate[M]. New Haven: Yale University Press, 1924.

[194] Investopedia. Smart contracts[R/OL]. (2024-06-12)[2024-12-17]. https://www.investopedia.com/terms/s/smart-contracts.asp.

[195] IRMINGER J O V. Wind pressure on buildings[J]. Experimental researches, 1936: 42.

[196] ITO T. Toyo Ito 2 2002-2014[M]. Tokyo: TOTO Publishing, 2014.

[197] JACOB E H. Ventilation[J]. Nature, 1886, 33(845): 222.

[198] JAHN G, NEWNHAM C, BERG N, et al. Making in mixed reality: holographic design, fabrication, assembly, and analysis of woven steel structures[C]. Proceedings of ACADIA, Mexico City, Mexico, 2018: 88-97.

[199] JAMES J. The distribution of free-forming small group size[J]. American Sociological Review, 1953(18): 569-570.

[200] JANJAI S, PLAON P. Estimation of sky luminance in the tropics using artificial neural networks: modeling and performance comparison with the CIE model[J]. Applied Energy, 2011, 88(3): 840-847.

[201] JANUSZKIEWICZ K. Projektowanie parametryczne oraz parametryczne narzędzia cyfrowe w projektowaniu architektonicznym[J]. Architecturae et Artibus, 2016, 8(3): 43-60.

[202] JEANNOUVEL. Arab World Institute(AWI)[EB/OL]. (2023-01-24)[2024-12-17]. http://www.jeannouvel.com/en/projects/institut-du-monde-arabe-ima/.

[203] JHC Architects. Louis Vuitton Seoul Project, Seoul[EB/OL]. (2023-02-12)[2024-12-18]. https://jhcarchi.com/04-LV.

[204] JODIDIO P. Zaha Hadid[M]. Cologne: Taschen, 2016: 47-49.

[205] JOHNSON T E. Sketchpad III: a computer program for drawing in three dimensions[C]. Proceedings of the spring joint computer conference, Detroit, Michigan, USA, 1963: 347-353.

[206] JONES J C. Design methods: seeds of human futures[M]. New York: John Wiley & Sons, 1970.

[207] JONES J C. The design method: design methods reviewed[M]. Boston: Springer, 1966: 295-309.

[208] JONES M W. Designing the roman corinthian capital[J]. Papers of the British School at Rome, 1991, 59(1): 89-151.

[209] JONES N L, REINHART C F. Experimental validation of ray tracing as a means of image-based visual discomfort prediction[J]. Building and Environment, 2017(113): 131-150.

[210] JOURAWSKI D I. Remarques sur les poutres en treillis et les poutres pleines en tôle[J]. Annales des ponts et chaussées, 1860, 3(2): 128.

[211] KALAY Y E. Architecture's new media: principles, theories, and methods of computer-aided design[M]. Cambridge: MIT press, 2004.

[212] KALYANMOY D. A fast and elitist multi-objective genetic algorithm: NSGA-II[J]. IEEE transactions on evolutionary computation, 2002, 6(2): 182-197.

[213] KAPPRAFF J. Musical proportions at the basis of systems of architectural proportion both ancient and modern[J]. Architecture and mathematics from antiquity to the future: Volume I: Antiquity to the 1500s, 2015: 549-565.

[214] KATO H, BILLINGHURST M. Marker tracking and HMD calibration for a video-based augmented reality conferencing system[C]. 2nd International Workshop on Augmented Reality(IWAR 99), 1999.

[215] KEATING S J, LELAND J C, CAI L, et al. Toward site-specific and self-sufficient robotic fabrication on architectural scales[J]. Science Robotics, 2017, 2(5): 8986.

[216] KEATRUANGKAMALA K, SINAPIROMSARAN K. Optimizing architectural layout design via mixed integer programming[M]. Dordrecht: Springer, 2005: 175-184.

[217] KHAIRADEEN A A, LEE O J. Facade style mixing using artificial intelligence for urban infill[J]. Architecture, 2023, 3(2): 258-269.

[218] KHOSHNEVIS B. Automated construction by contour crafting-related robotics and information technologies[J]. Automation in Construction, 2004, 13(1): 5-19.

[219] KINUGAWA H, TAKIZAWA A. Deep learning model for predicting preference of space by estimating the depth information of space using omnidirectional images[C]. Proceedings of 37 eCAADe and XXIII SIGraDi Joint Conference, Porto, Portugal, 2019: 61-68.

[220] KIRKBRIDE R, TYNG A. Number is form and form is number[J]. Interview of Anne G. Tyng, FAIA, Nexus Network Journal, 2005, 7(1): 66-74.

[221] KNIGHT T W. Color grammars: designing with lines and colors[J]. Environment and Planning B: planning and design, 1989, 16(4): 417-449.

[222] KNIGHT T W. The forty-one steps: the language of japanese tea-room designs[J]. Environment and Planning B: Planning and Design, 1981, 8(1): 97-114.

[223] KNIGHT T W. The generation of hepplewhite-style chair back designs[J]. Environment and Planning B: planning and design, 1980, 7(2): 227-238.

[224] KNIGHT T W. Transformations of De Stijl art: the paintings of Georges Vantongerloo and Fritz Glarner[J]. Environment and Planning B: planning and design, 1989, 16(1): 51-98.

[225] KOLAREVIC B. Architecture in the digital age: design and manufacturing[M]. London: Spon Press, 2003: 38-40.

[226] KONING H, EIZENBERG J. The language of the prairie: Frank Lloyd Wright's prairie houses[J]. Environment and Planning B: planning and design, 1981, 8(3): 295-323.

[227] KONRAD G, BAUR M, ALEKSANDRA A, et al. DFAB house: a comprehensive demonstrator of digital fabrication in architecture[M]. UCL Press, London, 2020: 130-139.

[228] KOOLHAAS R. Elements of Architecture[M]. Cologne: Taschen, 2018.

[229] KOOPMANS T C, BECKMANN M. Assignment problems and the location of economic activities[J]. Econometrica: journal of the Econometric Society, 1957: 53-76.

[230] KOSTOF S. The practice of architecture in the ancient world: Egypt and Greece[J]. The architect: Chapters in

the history of the profession, 1977: 3-27.

[231] KOTHARI P, KREISS S, ALAHI A. Human trajectory forecasting in crowds: a deep learning perspective[J]. arXiv, 2007: 03639.

[232] KPF. One Vanderbilt[EB/OL]. (2022-11-24)[2024-12-17]. https://ui.kpf.com/projects.

[233] KURRER K E. The history of the theory of structures: searching for equilibrium[M]. Hoboken: John Wiley & Sons, 2018: 476.

[234] KURRER K E. Zur komposition von raumfachwerken von föppl bis mengeringhausen[J]. Stahlbau, 2004, 73(8): 603-623.

[235] KVAN T. Data-informed design: a call for theory[J]. Architectural Design, 2020, 90(3): 26-31.

[236] LANGTON C G. Life at the edge of chaos in artificial life II[J]. New York: Addison-Wesley, 1991: 41-91.

[237] LANSING S J. Complex adaptive systems[J]. Annu. Rev. Anthropol., 2003(32): 183-204.

[238] LATOUR B. Why has critique run out of steam? From matters of fact to matters of concern[J]. Critical inquiry, 2004, 30(2): 225-248.

[239] LAVIRON G J H. Revue générale de l'architecture et des travaux publics[J]. L'Artiste, 1840: 136-38.

[240] LAWSON B. How designers think: the design process demystified[M]. London: Routledge, 2005.

[241] LEE Y S, MALKAWI A M. Simulating multiple occupant behaviors in buildings: an agent-based modeling approach[J]. Energy and Building, 2014, 69: 407-416.

[242] LENG Y, RUDOLPH L, PENTLAND A S, et al. Managing travel demand: location recommendation for system efficiency based on mobile phone data[C]. Proceedings of Data for Good Exchange(D4GX), New York, NY, 2016.

[243] LEWRICK M, LINK P, LEIFER L. The design thinking playbook: mindful digital transformation of teams, products, services, businesses and ecosystems[M]. Hoboken: John Wiley & Sons, 2018.

[244] LI X, DUAN P, ZHENG S, et al. A study on the dynamic spatial-temporal trajectory features of pedestrian small group[C]. 2nd International Symposium on Dependable Computing and Internet of Things(DCIT), Wuhan, China, 2015.

[245] LIN C-H, GAO J, TANG L, et al. Magic3D: high-resolution Text-to-3D content creation[J]. 2023 IEEE/CVF Conference on CVPR, 2023.

[246] LINDENMAYER A. Mathematical models for cellular interaction in development[J]. Journal of Theoretical Biology, 1968(18): 280-315.

[247] LIPING W, STEVE G. Window operation and impacts on building energy consumption[J]. Energy and Building, 2015(92): 313-321.

[248] LÓPEZ D, VAN M T, BLOCK P. Tile vaulting in the 21st century[J]. Informes de la Construcción, 2016, 68(544): 33-41.

[249] LUO M, CAO B, ZHOU X, et al. Can personal control influence human thermal comfort? a field study in residential buildings in china in winter[J]. Energy and Building, 2014(72): 411-418.

[250] LUO Z, SUN C, DONG Q, et al. An innovative shading controller for blinds in an open-plan office using machine learning[J]. Building and Environment, 2021(189): 107529.

[251] LYNCH K. The image of the city[M]. Cambridge: MIT press, 1964: 73-74.

[252] LYNN G, KELLY T. Animate form[M]. New York: Princeton Architectural Press, 1999.

[253] LYNN G. Folds, bodies & blobs: collected essays[M]. Paris: La lettre volée, 1998.

[254] MACDONALD W L. The Pantheon: design, meaning, and progeny[M]. Cambridge: Harvard University Press, 2002.

[255] MARCH L, RUDOLPH M, SCHINDLER. Space reference frame, modular coordination and the row[J]. Nexus Network Journal, 2003, 5(2): 51-64.

[256] MARCH L, WITTKOWER R. Architectonics of humanism: essays on number in architecture[M]. London: Academy Editions, 1998.

[257] MARCH L. The architecture of form[M]. Cambridge: Cambridge University Press, 1976.

[258] MAYNE T, ALLEN S. Combinatory urbanism: the complex behavior of collection form[M]. New York: Stray Dog Café, 2011.

[259] MEGGERS F, GUO H, TEITELBAUM E, et al. The thermoheliodome - air conditioning without conditioning the air, using radiant cooling and indirect evaporation[J]. Energy and Buildings, 2017(157): 11-19.

[260] MELENDEZ F. Drawing from the model: Fundamentals of digital drawing, 3D modeling, and visual programming in architectural design[M]. Hoboken: John Wiley & Sons, 2019.

[261] MENGES A, AHLQUIST S. Computational design thinking[M]. Hoboken: John Wiley & Sons, 2011.

[262] MENGES A, KNIPPERS J. Architektur forschung bauen: ICD/ITKE 2010-2020[M]. Basel: Birkhäuser, 2021.

[263] MICHAEL H. Subdivided Pavilions(2005)[EB/OL]. (2023-12-27)[2024-12-17]. https://www.michael-hansmeyer.com/subdivided-pavilions.

[264] MICHIEL H. Encyclopaedia of mathematics: Supplement volume II[M]. Berlin: Springer Science & Business Media, 2012.

[265] MILLINGTON J. Elements of civil engineering[M]. Philadelphia: smith & palmer, 1839: 652f.

[266] MORRIS A. Introduction to design[M]. Upper Saddle River: Prentice Hall, 1962.

[267] MÜLLER J, PAUDEL R, SHOEMAKER C A, et al. Mahowald, CH4 parameter estimation in CLM4. 5bgc using surrogate global optimization[J]. Geosci. Model Dev., 2015(8): 3285-3310.

[268] Mx3d. MX3D Bridge[EB/OL]. (2022-10-24)[2024-12-17]. https://mx3d.com/industries/infrastructure/mx3d-bridge/.

[269] NAIK N, PHILIPOOM J, RASKAR R, et al. Streetscore: predicting the perceived safety of one million streetscapes[C]. IEEE Conference on Computer Vision & Pattern Recognition Workshops, Columbus, USA, 2014.

[270] NASHAAT B, WASEEF A. Kinetic architecture: Concepts, history and applications[J]. International Journal of Science and Research, 2018, 7(4): 752.

[271] NAVVAB M. Development and use of a hemispherical sky simulator[D]. Los Angeles: University of California, 1981.

[272] NEUFERT E. Bauentwurfslehre[M]. Berlin: Ullstein, 1962: 30.

[273] NEUMANN V J, TIBOR V. The neumann compendium[M]. Singapore: World Scientific, 1995: 628.

[274] NICOLAS R, BERNHARD M, JIPA A, et al. Complex architectural elements from UHPFRC and 3D Printed Sandstone[C]. Designing and Building with UHPFRC, Paris, France, 2017.

[275] NIEPERT M, AHMED M, KUTZKOV K. Learning convolutional neural networks for graphs[C]. Proceedings of the 33rd International Conference on Machine Learning, New York, NY, 2016: 2014-2023.

[276] NORMAN H, WANGLER T, MATA-FALCÓn J, et al. Mesh mould: an on site, robotically fabricated, functional formwork[C]. Second Concrete Innovation Conference, Copenhagen, Denmark, 2017.

[277] NUSSBAUM B. Annual design awards[J]. Business Week, 2005, 27(7): 62-63.

[278] OBERTI G. The development of physical models in the design of plain and reinforced concrete structures[J]. L'Industria Italiana del Cemento, 1980, 9: 659-690.

[279] OLGYAY V. Design with climate: bioclimatic approach to architectural regionalism-new and expanded

edition[M]. Princeton: Princeton university press, 2015.

[280] OSMAN Y. The use of tools in the creation of form: Frank (L. Wright & O. Gehry)[C]. Reinventing the Discourse-How Digital Tools Help Bridge and Transform Research, Education and Practice in Architecture-Twenty First Conference of the Association for Computer Aided Design In Architecture(ACADIA), New York, USA, 2001: 48.

[281] OSTWALD M J, WILLIAMS K. Mathematics in, of and for architecture: a framework of types[M]// Architecture and Mathematics from Antiquity to the Future. Cham: Birkhäuser, 2015: 31-57.

[282] O'SULLIVAN D, HAKLAY M. Agent-based models and individualism: is the world agent-based?[J]. Environment and Planning A, 2000, 32(8): 1409-1425.

[283] OVERY P. Light, air and openness: modern architecture between the wars[M]. London: Thames & Hudson, 2007.

[284] PALLADIO A. The four books on architecture[M]. Cambridge: MIT Press, 2002.

[285] PARISI D R, DORSO C O. Microscopic dynamics of pedestrian evacuation[J]. Physica A, 2005(354): 606-618.

[286] PARK J H, RUDOLPH M, SCHINDLER. Proportion, scale and the row[J]. Nexus Network Journal, 2003, 5(2): 65-72.

[287] PATTE P. Essai sur l'architecture theatrale. Ou de l'ordonnance la plus avantageuse à une salle de spectacles, relativement aux principes de l'optique & de l'acoustique. Avec un examen des principaux théâtres de l'Europe, & une analyse des écrits les plus importans sur cette matiere[M]. Chez Moutard, 1782.

[288] PEREIRA A N. Renaissance in Goa: proportional systems in two churches of the sixteenth century[J]. Nexus Network Journal, 2011, 13(2): 373-396.

[289] PEREZ R, SEALS R, MICHALSKY J. All-weather model for sky luminance distribution-preliminary configuration and validation[J]. Sol. Energy, 1993, 50(3): 235-245.

[290] PÉREZ-GÓMEZ A. Attunement: architectural meaning after the crisis of modern science[M]. Cambridge: MIT Press, 2016.

[291] PERRAULT C. Ordonnance des cinq espèces de colonnes selon la méthode des anciens[M]. Paris: JB Coignard, 1979.

[292] PETERS B, PETERS T. Inside smartgeometry: expanding the architectural possibilities of computational design[M]. Hoboken: John Wiley & Sons, 2013.

[293] PETERS B, PETERS T. Computing the environment: digital design tools for simulation and visualisation of sustainable architecture[M]. Hoboken: John Wiley & Sons, 2018: 14-27.

[294] PETERSEN A. The philosophy of niels bohr[J]. Bulletin of the atomic scientists, 1963, 19(7): 8-14.

[295] PICKERING A. The cybernetic brain: sketches of another future[M]. Chicago: University of Chicago Press, 2010.

[296] PICON A. The materiality of architecture[M]. Minneapolis: University of Minnesota Press, 2021: 8-9.

[297] PRICE C. The square book(Architectural Monographs)[M]. Cambridge: Academy Press, 2003.

[298] PRIGOGINE I, LEFEVER R. Theory of dissipative structures[M]. Synergetics. Vieweg Teubner Verlag, Wiesbaden, 1973: 124-135.

[299] Principles of modeling and simulation: a multidisciplinary approach[M]. Hoboken: John Wiley & Sons, 2011.

[300] PROVOST F, FAWCETT T. Data science and its relationship to big data and data-driven decision making[J]. Big Data, 2013, 1(1): 51-59.

[301] PRUSINKIEWICZ P, Hanan J. Lindenmayer systems, fractals, and plants[M]. New York: Springer-Verlag, 1989.

[302] PRUSINKIEWICZ P. Graphical applications of L-systems[C]. Proceedings of Graphics Interface, Vancouver, B. C., Toronto, Canada, 1986: 247-253.

[303] PUPPI L, PALLADIO A. Andrea Palladio: das Gesamtwerk[M]. Stuttgart: Deutsche Verlag-Anstalt, 1994.

[304] QUERIN O M, STEVEN G P, XIE Y M. Evolutionary structural optimization(ESO)using a bi-directional algorithm[J]. Engineering Computations, 1998, 15: 1034-1048.

[305] RANDL C. Revolving architecture: a history of buildings that rotate, swivel, and pivot[M]. New York: Princeton Architectural Press, 2008.

[306] RESCH R D. The topological design of sculptural and architectural systems[C]. Proceedings of the national computer conference and exposition, New York, USA, 1973: 643-650.

[307] REYNOLDS M. The octagon in Leonardo's drawings[J]. Nexus Network Journal, 2008, 10(1): 51-76.

[308] RIAN I M, SASSONE M. Tree-inspired dendriforms and fractal-like branching structures in architecture: a brief historical overview[J]. Frontiers of Architectural Research, 2014, 3(3): 298-323.

[309] RISENFELD R. Applications of B-spline approximation to geometric problems of CAD[D]. Syracuse: Syracuse University, 1973.

[310] ROBIN T, ANTONINI G, BIERLAIRE M, et al. Specification, estimation and validation of a pedestrian walking behavior model[J]. Transportation Research Part B: Methodological, 2009, 43(1): 36-56.

[311] ROLAND S, ROBERT S. Urbanism[EB/OL]. (2023-11-21)[2024-12-17]. https://www.kokkugia.com/filter/research/swarm-urbanism.

[312] ROMNEY G W. Computer assisted assembly and rendering of solids[M]. Salt Lake City: The University of Utah, 1969.

[313] ROSE V. De architectura libri decem[M]. Leipzig: Teubneri, 1867.

[314] ROSENBLATT F. The perceptron: a probabilistic model for information storage and organization in the brain[J]. Psychological review, 1958, 65(6): 386.

[315] ROTH B, RASTEGAR J, SCHEINMAN V. On the design of computer controlled manipulators[M]//On Theory and Practice of Robots and Manipulators. Vienna: Springer, 1974: 93-113.

[316] ROWE C. The Mathematics of the ideal villa and other essays[M]. Cambridge: The MIT press, 1982: 2-26.

[317] ROWE P G. Design thinking[M]. Cambridge: MIT Press, 1987.

[318] ROWLAND J M. Developments in structural form[M]. Cambridge: MIT Press, 1975: 75.

[319] RUBIO-HERNANDEZ R. A wall for all seasons: a sustainable model of a smooth glass skin[J]. rita, 2017(8): 70-77.

[320] RUSSELL A L. Modularity: an interdisciplinary history of an ordering concept[J]. Information & Culture, 2012, 47(3): 257-287.

[321] SABRI S, PETTIT C J, KALANTARI M, et al. What are essential requirements in planning for future cities using open data infrastructures and 3D data models?[C]. 14th Computers in Urban Planning and Urban Management(CUPUM2015), Boston, 2015: 314-317.

[322] HUERTA S. Structural design in the work of Gaudí[J]. Architectural Science Review, 2006, 49(4): 324-339.

[323] SCHIEVE W C, ALLEN P M. Self-organization in the urban system, self-organization and dissipative structures: applications in the physical and social sciences[M]. Austin: University of Texas Press, 1982: 142-146.

[324] SCHOEN A H. Infinite periodic minimal surfaces without self-intersections[R]. NASA Technical Note, No. C-98, 1970.

[325] SCHUMACHER P. Parametricism 2.0: Rethinking architecture's agenda for the 21st century[M]. Hoboken: John Wiley & Sons, 2016.

[326] SCHUMACHER P. Parametricism: A new global style for architecture and urban design[J]. Architectural Design, 2009, 79(4): 14-23.

[327] SCOTT A J, STORPER M. The nature of cities: the scope and limits of urban theory[J]. International Journal of Urban and Regional Research, 2015, 39(1): 1-15.

[328] Sean Godsell. RMIT Design Hub[EB/OL]. (2022-11-24)[2024-12-17]. https://www.seangodsell.com/rmit-design-hub.

[329] SELÇUK S A, GÜLLE N B, AVINÇET G M. Tree-like structures in architecture: revisiting frei otto's branching columns through parametric tools[J]. SAGE Open, 2022: 12(3).

[330] SEMPER G. The four elements of architecture and other writings[M]. Cambridge: Cambridge University Press, 1989: 189-195.

[331] SERLIO S, ROSENFELD M N. Serlio on domestic architecture[M]. Lowell: Courier Corporation, 1996.

[332] SERRATO-COMBE A. Lindenmayer systems-experimenting with software string rewriting as an assist to the study and generation of architectural form[C]. Proceedings of SIGRADI, Buenos Aires, Argentina, 2005: 161-166.

[333] SIBYL M N. Moholy-Nagy Experiment in Totality[M]. Cambridge: MIT Press, 1969: 1-20.

[334] SILVESTRE J, IKEDA Y, GUENA F. Artificial imagination of architecture with deep convolutional neural network[C]. Living Systems and Micro-Utopias: Towards Continuous Designing, Melbourne, 2016: 881-890.

[335] SIMON A H. The sciences of the artificial[M]. Cambridge: MIT Press, 1969.

[336] SIMON J. Evolving floorplans[EB/OL]. (2017-10-12)[2024-12-17]. https://www.joelsimon.net/evo_floorplans.

[337] SINGH B, Sellappan N, Kumaradhas P. Evolution of industrial robots and their applications[J]. International Journal of Emerging Technology and Advanced Engineering, 2013, 3(5): 763-768.

[338] SINGH D, PADGHAM L. Community evacuation planning for bushfires using agent-based simulation: demonstration[C]. International Conference on Autonomous Agents & Multiagent Systems, Istanbul, Turkey, 2015.

[339] SMEATON J. FRS[M]. London: T. Telford, 1981: 35-38.

[340] SMEATON J. A narrative of the building and a description of the construction of the Edystone Lighthouse with stone[M]. J. Smeaton, 1791.

[341] SMITH A M. Ptolemy's theory of visual perception: an English translation of the Optics[M]. Philadelphia, PA: American Philosophical Society, 1996.

[342] SMITH R. Fabricating the Frank Gehry legacy: The story of the evolution of digital practice in Frank Gehry's office[M]. Rick Smith, 2017: 100-123.

[343] SNOOKS R. Behavioral tectonics: agent body prototypes and the compression of tectonics[J]. Architectural Intelligence, 2022(1): 9.

[344] SODDU C. The design of morphogenesis. an experimental research about the logical procedures in design processes[J]. Demetra Magazine, 1994, 1: 56-64.

[345] Soma-architecture. Theme Pavilion Expo Yeosu[EB/OL]. (2022-10-24)[2024-12-17]. https://soma-architecture.com.

[346] SPALLONE R, VITALI M. Geometry, modularity and proportion in the extraordinario libro by Sebastiano Serlio: 50 portals between regola and licentia[J]. Nexus Network Journal, 2020, 22(1): 139-167.

[347] SPALLONE R, VITALI M. Rectangular ratios in the design of villas from Serlio's manuscript for book VII of architecture[J]. Nexus Network Journal, 2019, 21(2): 293-328.

[348] Span-arch. Peaches & Plums[EB/OL]. (2022-10-08)[2024-12-17]. https://span-arch.org/peaches-plums/.

[349] SPRAGUE T S. Floating Roofs: the Dorton arena and the development of modern tension roofs[M]//

Structures and Architecture. Boca Raton: CRC Press, 2013: 1137-1144.

[350] STAIB G. Components and systems: modular building: design, construction, new technologies[M]. Basel: Birkhäuser, 2008: 14-15.

[351] STEINFELD K. GAN Loci[C]. ACADIA 19: Ubiquity and Autonomy, Austin, Texas, 2019: 392-403.

[352] STEVIN S. De beghinselen der weeghconst[M]. Inde druckerye van Christoffel Plantijn, Françoys van Raphelinghen, 1973.

[353] STINY G, GIPS J. Shape grammars and the generative specification of painting and sculpture[C]. Proceedings of IFIP Congress, Boston, USA, Ljubljana, 1971.

[354] STINY G. Ice-ray: a note on the generation of Chinese lattice designs[J]. Environment and Planning B: Planning and Design, 1977, 4(1): 89-98.

[355] STROUD I. Boundary representation modelling techniques[M]. Berlin: Springer Science & Business Media, 2006.

[356] Studio Lynn. HoloLens[EB/OL]. (2022-10-24)[2024-12-17]. https://www.studiolynn.at/.

[357] SUN C, ZHOU Y, HAN Y. Automatic generation of architecture facade for historical urban renovation using generative adversarial network[J]. Building and Environment, 2022(212).

[358] SUN S, SUN C, DUIVES D C, et al. Deviation of pedestrian path due to the presence of building entrances[J]. Journal of Advanced Transportation, 2021, 5594738.

[359] SUN S, SUN C, DUIVES D C, et al. Neural network model for predicting variation in walking dynamics of pedestrians in social groups[J]. Transportation, 2023(50): 837-868.

[360] SUTHERLAND I E. Sketchpad a man-machine graphical communication system[J]. Simulation, 1964, 2(5): 3-20.

[361] SWAIN M. The evolution of computational design[J/OL]. (2020-05-20)[2024-12-17]. Australian Design Review. https://www.australiandesignreview.com/architecture/the-evolution-of-computational-design/.

[362] SWALLOW P, DALLAS R, JACKSON S, et al. Measurement and recording of historic buildings[M]. London: Routledge, 2016.

[363] T. A. 马克斯，E. N. 莫里斯. 建筑物·气候·能量[M]. 陈士骣，译. 北京：中国建筑工业出版社，1990：8.

[364] TABADKANI A, ROETZEL A, LI H, et al. Simulation-based personalized real-time control of adaptive facades in shared office spaces[J]. Automation in Construction, 2022, 138: 104246.

[365] TABADKANI A, SHOUBI M V, SOFLAEI F, et al. Integrated parametric design of adaptive facades for user's visual comfort[J]. Automation in Construction, 2019, 106: 102857.

[366] TAI Y-J, BADER C, LING A, et al. Designing(for)decay: parametric material distribution for hierarchical dissociation of water-based biopolymer composites[C]. Proceedings of the IASS Annual Symposium, Brescia, Italy, 2018.

[367] TAO X, ZHANG P, HUANG Q, et al. AttnGAN: fine-grained text to image generation with attentional generative adversarial networks[C]. IEEE, San Francisco, USA, 2017.

[368] TAVERNOR R. On Alberti and the art of building[M]. New Haven: Yale University Press, 1998.

[369] TAYLOR B. New principles of linear perspective[M]. Michigan: Gale Ecco, 2018: 145-247.

[370] Teamlab. Exhibitions[EB/OL]. (2022-10-24)[2024-12-17]. https://www.teamlab.art/zh-hans/.

[371] TERO A, TAKAGI S, SAIGUSA T, et al. Rules for biologically inspired adaptive network design[J]. Science, 2010.

[372] TESSMANN O. Collaborative design procedures for architects and engineers[D]. Kassel: University of Kassel, 2008.

[373] THODE D. Die Rettung des, weißen tempels[J]. Die Bauwirtschaft, 1974, 28(51/52): 2066-2067.

[374] THOMA A, ADEL A, HELMREICH M, et al. Robotic fabrication of bespoke timber frame modules[C]. Robotic Fabrication in Architecture, Art and Design, Springer, Montreal, Canada, 2019: 447-458.

[375] Thunderhead Engineering. Pathfinder technical reference[M]. 2016.

[376] TIESDELL S, OC T, HEATH T. Revitalizing historic urban quarters[M]. Oxford: Routledge, 1996.

[377] TRAJKOVSK A. How adaptive component based architecture can help with the organizational requirements of the contemporary society?[D]. Tokyo: University of Tokyo, 2014.

[378] TURING A M. Computing machinery and intelligence[J]. Mind, 1950, 59: 433-460.

[379] TVERSKY B. Distortions in memory for maps[J]. Cognitive Psychology, 1981, 13(3): 407-433.

[380] Urbanmorphogenesislab. The Liwa Oasis city[EB/OL]. (2023-04-14)[2024-12-17]. https://www. urbanmorphogenesislab.com/.

[381] US Department of Energy. 2011 Table of contents[R]. Buildings Energy Data Book, 2011.

[382] VAZQUEZ E, DUARTE J, POERSCHKE U. Masonry screen walls: a digital framework for design generation and environmental performance optimization[J]. Architectural Science Review, 2021, 64(3): 262-274.

[383] VERSPRILLE K J. Computer-aided design applications of the rational B-spline approximation form[M]. Syracuse: Syracuse University, 1975.

[384] VIDLER A. Diagrams of diagrams: architectural abstraction and modern representation[J]. Representations, 2000(72): 1-20.

[385] WACHSMANN K. The turning point of building: structure and design[M]. New York: Reinhold Publishing Corporation, 1961.

[386] WANG W, ZMEUREANU R, RIVARD H. Applying multi-objective genetic algorithms in green building design optimization[J]. Building and Environment, 2005, 40(11): 1512-1525.

[387] WANG Y, CROMPTON A, AGKATHIDIS A. The hutong neighbourhood grammar: a procedural modelling approach to unravel the rationale of historical beijing urban structure[J]. Frontiers of Architectural Research, 2023, 12(3): 458-476.

[388] WATANABE M S. Induction design: a method for evolutionary design[M]. Basel: Birkhäuser, 2002.

[389] WEINBAUM S G. Pygmalion's spectacles[M]. Seattle: Createspace Independent Publishing Platform, 2018.

[390] WEISBERG, D. The engineering design revolution cad history[M]. Cambridge: MIT Press, 2008: 444-448.

[391] WEN B, XIN Y, ROLAND S, et al. SwarmBESO: multi-agent and evolutionary computational design based on the principles of structural performance[C]. Proceedings of CAADRIA, Kyoto, Japan, 2021: 241-250.

[392] WERBOS P J. Applications of advances in nonlinear sensitivity analysis[C]. Proceedings of the 10th IFIP Conference, NYC, 1981: 762-770.

[393] WEST D B. Introduction to graph theory[M]. Upper Saddle River: Prentice Hall, 2001.

[394] WHITEHEAD H. Laws of form[J]. Architecture in the digital age: design and manufacturing, 2003: 81-100.

[395] WHITELAW I. A measure of all things: the story of man and measurement[M]. London: Maillan, 2007.

[396] WIEDERHOLD G, MCCARTHY J. Arthur Samuel: pioneer in machine learning[J]. IBM Journal of Research and Development, 1992, 36(3): 329-331.

[397] WILSON JONES M. Ancient architecture and mathematics: methodology and the Doric temple[M]// Architecture and Mathematics from Antiquity to the Future. Cham: Birkhäuser, 2015: 284.

[398] WING J M. Computational thinking[J]. Commuicatioins of the ACM, 2006, 49(3): 33-35.

[399] WINKELMANN F C, BIRDSALL B E, BUHL W F, et al. DOE-2 supplement: version 2.1E[R]. Lawrence Berkeley Lab. CA(United States); Hirsch (James J.) and Associates, Camarillo, CA (United States), 1993.

[400] WINSLOW C E A, HERRINGTON L P, GAGGE A P. Physiological reactions of the human body to varying environmental temperatures[J]. American Journal of Physiology-Legacy Content, 1937, 120(1): 1-22.

[401] WITT A. Formulations: architecture, mathematics, culture[M]. Cambridge: MIT Press, 2022: 56.

[402] WITTKOWER R. Architectural principles in the age of humanism[M]. New York: WW Norton & Company, 1971: 124-135.

[403] WOLFRAM S, GAD-EL-HAK M. A new kind of science[J]. Appl. Mech. Rev., 2003, 56(2): B18-B19.

[404] WOLFRAM S. Universality and complexity in cellular automata[J]. Physical D: Nonlinear Phenomena, 1984, 10(1-2): 1-35.

[405] WORTMANN T, COSTA A, NANNICINI G, et al. Advantages of surrogate models for architectural design optimization[J]. AI EDAM, 2015, 29(4): 471-481.

[406] WORTMANN T. Efficient, visual, and interactive architectural design optimization with model-based methods[D]. Singapore: Singapore University of Technology and Design, 2018.

[407] WU W, FU X-M, TANG R, et al. Data-driven interior plan generation for residential buildings[J]. ACM Transactions on Graphics, 2019, 38(6): 1-12.

[408] WYLIE C, ROMNEY G, EVANS D, et al. Half-tone perspective drawings by computer[C]. Proceedings of the joint computer conference, Anaheim, California, USA, 1967: 49-58.

[409] XIE Y M, STEVEN G P. Shape and layout optimization via an evolutionary procedure[C]. Proceedings of the International Conference on Computational Engineering Science, Hong Kong, 1992.

[410] XU J, LI B. Searching on residential architecture design based on integer programming[C]. Proceedings of CAADRIA, Hong Kong, China, 2019: 263-270.

[411] XU X, ZHOU X, CHEN J. Risk analysis of stampede accidents in large business district[C]. International Symposium on Engineering Management, Beijing, China, 2009.

[412] YAN D, O'BRIEN W, HONG T Z, et al. Occupant behavior modeling for building performance simulation: current state and future challenges[J]. Energy and Buildings, 2015(107): 264-278.

[413] YAN W. Parametric BIM SIM: integrating parametric modeling, BIM, and simulation for architectural design[J]. Building information modeling: BIM in current and future practice, 2015: 57-77.

[414] YE Y, RICHARDS D, LU Y, et al. Measuring daily accessed street greenery: a human-scale approach for informing better urban planning practices[J]. Landscape and Urban Planning, 2018, 191(4).

[415] YOSHIMURA Y, AMINI A, SOBOLEVSKY S, et al. Analysis of pedestrian behaviors through non-invasive bluetooth monitoring[J]. Applied Geography, 2017(81): 43-51.

[416] Zaha Hadid Architects. Norkpark railway station[EB/OL]. (2024-02-14)[2024-12-18]. https://www.zaha-hadid.com/architecture/nordpark-railway-stations/.

[417] ZAHA-hadid. Loop immersive sound lounge[EB/OL]. (2020-10-24)[2024-12-17]. https://www.zaha-hadid.com/design/loop-immersive-sound-lounge/.

[418] ZAHA-hadid. NFTism at Art Basel Miami Beach[EB/OL]. (2021-12-14)[2024-12-17]. https://www.zaha-hadid.com/design/nftism-at-art-basel-miami-beach/.

[419] ZAHA-hadid. Project Correl[EB/OL]. (2022-10-24)[2024-12-17]. https://www.zaha-hadid.com/architecture/project-correl/.

[420] ZANLUNGO F, IKEDA T, KANDA T. Potential for the dynamics of pedestrians in a socially interacting group[J]. Physical Review E, 2014(89): 012811.

[421] ZEISING A. Aesthetische forschungen von Adolf Zeising[M]. Frankfurt: Meidinger sohn & comp, 1855.

[422] ZHANG K, CHERMPRAYONG P, XIAO F, et al. Aerial additive manufacturing with multiple autonomous

robots[J]. Nature, 2022(609): 709-717.

[423] ZHANG Q, HUANG J, LANG S. Development of typical year weather data for chinese locations[J]. ASHRAE Transactions, 2002, 108(6): 1063-1075.

[424] ZHANG Y, GRIGNARD A, LYONS K, et al. Machine learning for real-time urban metrics and design recommendations[C]. Proceedings of ACADIA 2018 Conference, Mexico City, 2018.

[425] ZHANG Y. CityMatrix: an urban decision support system augmented by artificial intelligence[D]. Cambridge: Massachusetts Institute of Technology, 2017.

[426] ZHU J-Y, PARK T, ISOLA P, et al. Unpaired image-to-image translation using cycle-consistent adversarial networks[C]. 2017 IEEE International Conference on Computer Vision, Venice: IEEE, 2017: 2242-2251.

[427] ZUK W, CLARK R. Kinetic architecture[M]. New York: Van Nostrand Reinhold, 1970.

[428] 阿里·拉希姆. 催化形制：建筑与数字化设计[M]. 叶欣，译. 北京：中国建筑工业出版社，2012：27-28.

[429] 埃森曼. 彼得·埃森曼：图解日志[M]. 陈欣欣，何捷，译. 北京：中国建筑工业出版社，2005.

[430] 柏格森. 时间与自由意志[M]. 吴士栋，译. 北京：商务印书馆，2011：61-113.

[431] 柏拉图. 蒂迈欧篇[M]. 谢文郁，译. 上海：上海人民出版社，2005：29-66.

[432] 保罗·西利亚斯. 复杂性与后现代主义：理解复杂系统[M]. 曾国屏，译. 上海：上海世纪出版集团，2006.

[433] 布莱恩·劳森，设计思维：建筑设计过程解析（第3版）[M]. 范文兵，译. 北京：知识产权出版社，中国水利水电出版社，2007.

[434] 布莱恩·劳森. 设计师怎样思考——解密设计[M]. 杨小东，译. 北京：机械工业出版社，2008：46.

[435] 丛欣宇. 基于CGAN的居住区强排方案生成设计方法研究[D]. 哈尔滨：哈尔滨工业大学，2020.

[436] 范雨. 基于激光点云的城市建筑空间布局合理规划设计[J]. 激光杂志，2022（43）：229-233.

[437] 方怡青，曲凌雁. 城市空间形态与空气质量相关性研究综述[J]. 现代城市研究，2018（8）：88-94.

[438] 谷溢. 城市空间夜间防灾策略研究[D]. 天津：天津大学，2012.

[439] 郭松林，肖健夫，邢凯. 基于模拟仿真的商业综合体室内步行街疏散优化策略[J]. 城市建筑，2017（26）：51-54.

[440] 韩冬辰. 面向数字孪生建筑的"信息—物理"交互策略研究[D]. 北京：清华大学，2020.

[441] 何宛余，赵珂，王楚裕. 给建筑师的人工智能导读[M]. 上海：同济大学出版社，2021.

[442] 黄冠迪. 论系统论八原理的整体结构——评《系统论——系统科学哲学》[J]. 系统科学学报，2022，30（1）：11-16.

[443] 姜玉培，甄峰，孙鸿鹄，王文文. 健康视角下城市建成环境对老年人日常步行活动的影响研究[J]. 地理研究，2020，39（3）：570-584.

[444] 杰伦·拉尼尔. 虚拟现实：万象的新开端[M]. 赛迪研究院专家组，译. 北京：中信出版集团，2018.

[445] 杰米·萨斯坎德. 算法的力量：人类如何共同生存？[M]. 李大白，译. 北京：北京日报出版社，2022.

[446] 卡尔纳普. 科学哲学和科学方法论[M]. 江天骥，译. 北京：华夏出版社，1990.

[447] 凯文·林奇. 城市形态[M]. 林庆怡，译. 北京：华夏出版社，2001：54-55.

[448] 康德. 判断力批判. 上卷[M]. 韦卓民，译. 北京：商务印书馆，1964.

[449] 克鲁夫特. 建筑理论史：从维特鲁威到现在[M]. 王贵祥，译. 北京：中国建筑工业出版社，2005.

[450] 莱昂·巴蒂斯塔·阿尔伯蒂. 建筑论：阿尔伯蒂建筑十书[M]. 王贵祥，译. 北京：中国建筑工业出版社，2010：10-11.

[451] 莱曼·弗兰克·鲍姆. 万能钥匙[M]. 北京：现代出版社，2017.

[452] 勒·柯布西耶. 模度[M]. 张春彦，译. 北京：中国建筑工业出版社，2011：27.

[453] 李飚，郭梓峰，季云竹. 生成设计思维模型与实现——以"赋值际村"为例[J]. 建筑学报，2015（5）：94-98.

[454] 梁思成. 营造法式注释[M]. 北京：中国建筑工业出版社，1983.

[455] 刘蕾. 基于光热性能模拟的严寒地区办公建筑低能耗设计策略研究[D]. 哈尔滨：哈尔滨工业大学，2017.

[456] 刘念雄，莫丹，王牧洲. 使用者行为与住宅热环境节能研究[J]. 建筑学报，2016（569）：33-37.

[457] 刘倩倩. 方案设计阶段建筑高维多目标优化与决策支持方法研究[D]. 哈尔滨：哈尔滨工业大学，2020.

[458] 吕帅，赵一舟，徐卫国，等. 基于游牧空间思想的建筑空间生成方法初探——以茨城快速机场概念设计为例[J]. 城市建筑，2013（19）：30-33.

[459] 麦克·巴迪，沈尧. 城市规划与设计中的人工智能[J]. 时代建筑，2018（1）：24-31.

[460] 麦克卢汉. 理解媒介：论人的延伸[M]. 吴士栋，译. 北京：商务印书馆，2000：40.

[461] 曼德布罗特. 大自然的分形几何学[M]. 陈守吉，凌复华，译. 上海：上海远东出版社，1998.

[462] 梅拉妮·米歇尔. 复杂[M]. 唐璐，译. 长沙：湖南科学技术出版社，2011.

[463] 苗东升. 系统科学精要[M]. 北京：中国人民大学出版社，1998.

[464] 欧雄全，吴国欣. 明日畅想——建筑电讯派思想对未来城市建筑空间设计发展导向的影响[J]. 新建筑，2018（3）：126-129.

[465] 潘勇杰. 无人机图像数据驱动的建筑环境信息建模技术及应用研究[D]. 哈尔滨：哈尔滨工业大学，2019.

[466] 蒲宏宇，刘宇波. 元胞自动机与多智能体系统在生成式建筑设计中的应用回顾[J]. 建筑技术开发，2021，48（5）：23-28.

[467] 钱学森，于景元，戴汝为. 一个科学新领域——开放的复杂巨系统及其方法论［J］. 自然杂志，1990（1）：3-10，64.

[468] 茹斯·康罗伊·戴尔顿. 空间句法与空间认知[J]. 世界建筑，2005（11）：41-45.

[469] 申瑞珉. 高维多目标进化算法及其软件平台研究[D]. 湘潭：湘潭大学，2015.

[470] 沈林海. 光舒适导向的共享办公建筑模块化自适应表皮优化控制方法[D]. 哈尔滨：哈尔滨工业大学，2021.

[471] 沈雄，徐伟. 系统科学视角下的当代建筑形态分析研究[J]. 华中建筑，2023，41（3）：37-41.

[472] 施远，李飚. 基于规则筛选及多智能体系统的旧城公共空间更新策略探索——以江苏省淮安市老旧城区为例[C]. 智筑未来——2021年全国建筑院系建筑数字技术教学与研究学术研讨会，湖北，中国，2021：486-495.

[473] 史向红. 中国唐代木构建筑文化[M]. 北京：中国建筑工业出版社，2012：36.

[474] 苏幼坡. 城市灾害避难与避难疏散场所[M]. 北京：中国科学技术出版社，2006.

[475] 孙澄，丛欣宇，韩昀松. 基于CGAN的居住区强排方案生成设计方法[J]. 哈尔滨工业大学学报，2021，53（2）：111-121.

[476] 孙澄，韩昀松，任惠. 面向人工智能的建筑计算性设计研究[J]. 建筑学报，2018（9）：98-104.

[477] 孙澄，韩昀松，庄典. "性能驱动"思维下的动态建筑信息建模技术研究[J]. 建筑学报，2017（8）：68-71.

[478] 孙澄，韩昀松. 基于计算性思维的建筑绿色性能智能优化设计探索[J]. 建筑学报，2020（10）：88-94.

[479] 孙澄，梅洪元. 现代建筑创作中的技术理念[M]. 北京：中国建筑工业出版社，2007.

[480] 孙澄，王飞，解文龙. 城市总设计师制度的全过程实施路径探索——以重庆两江协同创新区大学大院大所聚集区为例[J]. 建筑学报，2022（S1）：246-252.

[481] 唐·伊德. 技术与生活世界：从伊甸园到尘世[M]. 韩连庆，译. 北京：北京大学出版社，2012.

[482] 陶奕宏，王海军，张彬，等. 基于智能体和人工神经网络的元胞自动机建模及城市扩展模拟[J]. 地理与地理信息科学，2022，38（1）：79-85.

[483] 田利. 建筑设计基本过程研究[J]. 时代建筑，2005（3）：72-74.

[484] 瓦尔特·本雅明. 机械复制时代的艺术作品[M]. 王才勇，译. 北京：中国城市出版社，2002.

[485] 瓦伦丁·比尔斯，安德里亚·德普拉塞斯，丹尼尔·拉德纳，等. 甘腾拜因葡萄酒酿造厂，弗莱施，瑞士[J]. 世界建筑，2007（4）：42-45.

[486] 王春兴，基于数字三维重建的工业遗产保护更新设计研究[D]. 哈尔滨：哈尔滨工业大学，2020.

[487] 王聪. 结构性能驱动的建筑数字化设计与建造一体化方法研究[D]. 哈尔滨：哈尔滨工业大学，2020.

[488] 王贵祥，刘畅，段智钧. 中国古代木构建筑比例与尺度研究[M]. 北京：中国建筑工业出版社，2011.

[489] 王贵祥. 匠人营国：中国古代建筑史话[M]. 北京：中国建筑工业出版社，2015.

[490] 王贵祥. 唐宋时期建筑平立面比例中不同开间级差系列探讨[J]. 建筑史，2003（3）：13-14.

[491] 王加彪. 建筑自适应表皮形态性能驱动设计研究[D]. 哈尔滨：哈尔滨工业大学，2021.

[492] 王燕语. 东北城市居住区安全疏散优化策略研究[D]. 哈尔滨：哈尔滨工业大学，2020.

[493] 维克托·迈尔·舍恩伯格. 大数据时代：生活、工作与思维的大变革[M]. 周涛，译. 杭州：浙江人民出版社，2012.

[494] 维纳. 控制论：或关于在动物和机器中控制和通信的科学[M]. 郝季仁，译. 北京：北京大学出版社，2007.

[495] 维特鲁威. 建筑十书[M]. 高履泰，译. 北京：中国建筑工业出版社，1986：16-17.

[496] 伍时堂. 让建筑研究真正在研究建筑——肯尼思·弗兰姆普顿新著《构造文化研究》简介[J]. 世界建筑，1996（4）：78.

[497] 刑日瀚. 矶崎新·中国1996—2006[M]. 武汉：华中科技大学出版社，2007.

[498] 徐卫国. 世界最大的混凝土3D打印步行桥[J]. 建筑技艺，2019（2）：6-9.

[499] 杨俊宴，曹俊. 动·静·显·隐：大数据在城市设计中的四种应用模式[J]. 城市规划学刊，2017（4）：39-46.

[500] 杨俊宴. 城市空间形态分区的理论建构与实践探索[J]. 城市规划，2017，41（3）：41-51.

[501] 杨阳. 商业建筑空间环境寻路认知机制及设计策略研究[D]. 哈尔滨：哈尔滨工业大学，2020.

[502] 叶宇，黄鎔，张灵珠. 量化城市形态学：涌现、概念及城市设计响应[J]. 时代建筑，2021（1）：34-43.

[503] 叶宇，庄宇，张灵珠，等. 城市设计中活力营造的形态学探究——基于城市空间形态特征量化分析与居民活动检验[J]. 国际城市规划，2016，31（1）：26-33.

[504] 叶宇. 新城市科学背景下的城市设计新可能[J]. 西部人居环境学刊，2019，34（1）：13-21.

[505] 英格伯格·弗拉格，等. 托马斯·赫尔佐格：建筑+技术[M]. 北京：中国建筑工业出版社，2003：182.

[506] 袁烽，陆明，朱蔚然. 走向共享协同的建筑机器人建造平台——FUROBOT数字建造软件研发[J]. 当代建筑，2022（6）：24-28.

[507] 原研哉. 设计中的设计[M]. 纪江红，朱锷山，译. 济南：山东人民出版社，2006.

[508] 约翰·H. 霍兰. 隐秩序：适应性造就复杂性[M]. 周晓牧，韩晖，译. 上海：上海科教出版社，2011.

[509] 约翰·H. 米勒，斯科特·E. 佩奇. 复杂适应系统：社会生活计算模型导论[M]. 隆云滔，译. 上海：上海人民出版社，2012：10-11.

[510] 约翰·霍兰，霍兰. 陈禹. 涌现：从混沌到有序[M]. 上海：上海科学技术出版社，2006：1-10.

[511] 张柏洲，李飚. 基于多智能体与最短路径算法的建筑空间布局初探——以住区生成设计为例[J]. 城市建筑，2020，17（27）：7-10，20.

[512] 张光鉴. 相似论[M]. 南京：江苏科技出版社，1992.

[513] 张冉. 严寒地区办公空间使用者开窗行为机理及预测模型研究[D]. 哈尔滨：哈尔滨工业大学，2020.

[514] 赵红斌. 基于设计方法论的建筑设计过程研究[J]. 建筑与文化，2014（6）：148-149.

[515] 中华人民共和国国家标准. 建筑模数协调标准：GB/T 50002—2013[S]. 北京：中华人民共和国住房和城乡建设部，2014.

[516] 中华人民共和国住房和城乡建设部. 2016—2020年建筑业信息化发展纲要[M]. 北京：中国建筑工业出版社，2016.

[517] 仲文洲，张彤. 环境调控五点——勒·柯布西耶建筑思想与实践范式转换的气候机制[J]. 建筑师，2019（6）：6-15.

[518] 仲文洲. 形式与能量环境调控的建筑学模型研究[D]. 南京：东南大学，2020.

[519] 住房和城乡建设部. 绿色建筑评价标准：GB/T 50378—2019[S]. 北京：中国建筑工业出版社，2019.

[520] 祝培生，路晓东. 丹麦国家广播公司音乐厅建筑声学设计[J]. 电声技术，2013，37（7）：1-4，9.

[521] 庄典，面向数字化节能设计的动态建筑信息建模技术研究[D]. 哈尔滨：哈尔滨工业大学，2018.

[522] 訾迎. 基于局地天空亮度实测的寒地建筑自然采光仿真方法研究[D]. 哈尔滨：哈尔滨工业大学，2019.

[523] 邹强.浅谈实体建模：历史、现状与未来[J]. 图学学报，2022，43（6）：987-1001.

后 记

计算性设计在工程实践需求和科学进步的共同推动下，正逐渐成为解决当代复杂工程问题的重要设计思想和方法。而建筑学这一古老学科，在智能化与计算性发展的趋势下，也焕发出勃勃生机，展现出多元化的创新与探索。

笔者深耕计算性设计研究领域迄今已二十余载，带领团队不断溯源其理论、凝练其方法，研发技术工具、展开实践探索，力求通"计算性设计"之变，成"建筑学发展"之言，未有懈怠。牵头成立了中国建筑学会计算性设计学术委员会，旨在规范引导相关研究与实践，促进跨学科交叉研究及前沿方向探索，加速机器学习、数据挖掘、云端计算等前沿技术理论在规划、设计与建造等方面的深化应用。这些工作积累与成果为本书提供了扎实的写作基础。

本书历经三年成稿，凝聚了笔者和团队在计算性设计领域二十余年的研究与实践成果。在撰写过程中，笔者反复推敲、几易其稿，力求能为有意深入学习计算性设计的读者提供一本内容全面、科学严谨的专业书籍，同时也希望为时间有限但希望对此领域有所了解的读者呈现一本直观易懂、图文并茂的参考读物。若能达成这一目标，将是笔者最大的欣慰。在本书即将付梓之际，衷心感谢所有为本书付出辛勤工作的老师与同学，特别是解文龙、骆肇阳、杨阳、韩昀松、董琪等老师及董禹含、许敏、周亦然、任晨霄、冷晓煦、吕卓轩、王大阳等同学。同时，对中国建筑工业出版社的贡献、各界贤达的帮助指导，尤其是徐冉女士、刘静女士的大力协助表示深深的谢意。尽管笔者力求完满，但难免存有疏漏、片面之处，敬请读者不吝批评指正。

驰而不息，久久为功。计算性设计的发展需要持续的努力和投入，相信在国内外同仁的共同推动下，计算性设计将为我国人居环境发展贡献更多的智慧与力量。

孙澄

2024年9月 于哈尔滨